高等学校计算机专业系列教材

分布式计算、云计算与大数据

第2版

林伟伟 刘波 刘发贵 编著

机械工业出版社
CHINA MACHINE PRESS

本书对第 1 版做了修订，紧跟分布式计算、云计算与大数据相关领域的新技术，以应用需求为背景讲解相关技术原理和应用方法，主要内容包括：分布式计算的基本原理和编程开发技术，云计算的原理和关键技术、主流云计算平台和编程开发方法，云原生技术、云计算安全技术与标准及云存储技术，大数据的分析处理关键技术、计算模式和编程技术、平台，大数据应用开发方法和典型应用案例等。

本书可以作为计算机相关专业本科高年级学生和研究生的教材，也可供相关技术人员参考使用。

图书在版编目（CIP）数据

分布式计算、云计算与大数据 / 林伟伟，刘波，刘发贵编著 . —2 版 . —北京：机械工业出版社，2024.4

高等学校计算机专业系列教材

ISBN 978-7-111-75344-5

Ⅰ. ①分… Ⅱ. ①林… ②刘… ③刘… Ⅲ. ①分布式数据处理－高等学校－教材 ②云计算－高等学校－教材 ③数据处理－高等学校－教材 Ⅳ. ① TP274 ② TP393.027

中国国家版本馆 CIP 数据核字（2024）第 056666 号

机械工业出版社（北京市百万庄大街 22 号 邮政编码 100037）
策划编辑：朱 劼 责任编辑：朱劼 郎亚妹
责任校对：孙明慧 陈 越 责任印制：任维东
天津嘉恒印务有限公司印刷
2024 年 7 月第 2 版第 1 次印刷
185mm × 260mm · 28 印张 · 626 千字
标准书号：ISBN 978-7-111-75344-5
定价：89.00 元

电话服务 网络服务
客服电话：010-88361066 机 工 官 网：www.cmpbook.com
010-88379833 机 工 官 博：weibo.com/cmp1952
010-68326294 金 书 网：www.golden-book.com

机工教育服务网：www.cmpedu.com

前　言

背景

分布式计算从20世纪六七十年代到现在，一直是计算机科学技术理论与应用的热点问题，特别是最近几年随着互联网、移动互联网、社交网络应用的发展，急需分布式计算的新技术——云计算、大数据，来满足和实现新时代计算机的应用需求。云计算、大数据等新技术本质上都是分布式计算的发展和延伸，现有的相关书籍很少把经典分布式计算、新兴的云计算和大数据等技术综合起来，并以应用需求为背景来剖析这些技术的原理和应用方法。2015年出版的教材《分布式计算、云计算与大数据》正是为了满足这一新的发展趋势和需求而编写的，对云计算、大数据等新技术的研究与应用具有重要的意义。

教材出版几年来，师生和广大读者反映使用效果良好，评价较高。然而，最近十年，分布式计算、云计算、大数据相关技术领域日新月异，技术飞速发展，涌现出很多新模式、新方法、新技术。为此，我们对第1版教材进行了修订，第2版教材一方面删除或精简了Web服务、RMI、Socket编程等比较陈旧的内容，另一方面新增了ACID原则、CAP定理、BASE理论等分布式基础理论，云原生技术、边缘计算、三大主流资源管理调度系统（Borg、Mesos和YARN）、云安全与技术标准等技术方法内容，K8s、OpenStack、容器相关实践技术等内容，使教材的内容与时俱进，与分布式计算、云计算和大数据技术的发展相适应。

内容规划

本书内容包括：分布式计算的基本原理（分布式计算模式、分布式基础问题与理论等）和编程开发技术（Socket、客户服务器、RMI和P2P编程技术），云计算的原理、关键技术（体系结构、数据存储、计算模型、资源调度、虚拟化）、主流云计算平台（谷歌云计算、亚马逊云计算、阿里云计算、华为云计算）、编程开发方法（CloudSim仿真编程、OpenStack程序开发），云原生技术（容器、微服务、K8s、服务网格等）、云计算安全技术与标准及云存储技术，大数据的分析处理关键技术、计算模式和编程技术（MapReduce、Spark）、平台（Hadoop、HDP等），大数据应用开发方法和典型应用案例（实时医疗大数据分析案例和保险大数据分析案例）等。全书共11章，各章之间的层次关系如下所示。

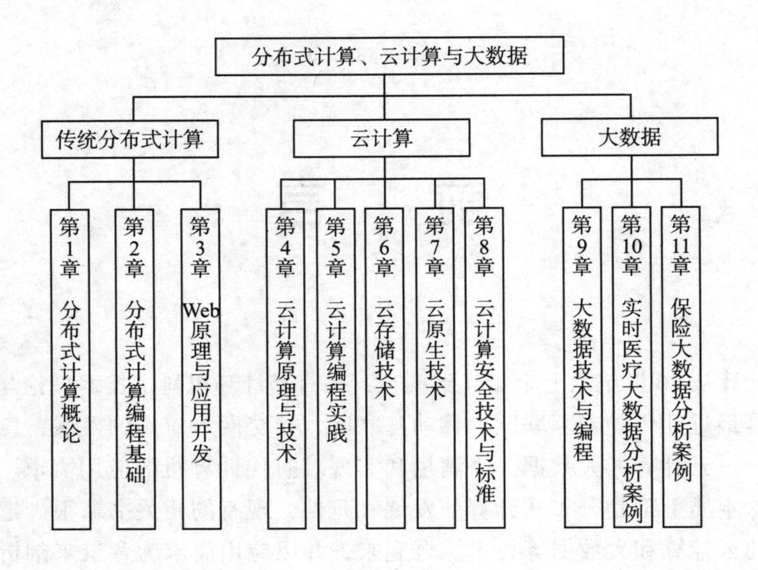

教学资源与使用方法

本书配有 PPT 课件和课后习题参考答案，使用本书进行教学的教师可以在机械工业出版社机工教育服务网 www.cmpedu.com 或者 https://course.cmpreading.com 申请，或者发送邮件至 linww@scut.edu.cn 或 lin_w_w@qq.com 通过编者获取本书相关教学资源。

本书可以作为计算机相关专业本科高年级学生和研究生的教材，学生最好在学习操作系统、计算机网络、面向对象编程语言之后学习本书。全书内容可根据不同的教学目的和对象进行选择。例如，对于本科类的分布式计算相关课程，可以选择分布式计算相关章节（第 1 ～ 6 章）重点讲解；对于本科类的云计算相关课程，可以选择分布式计算和云计算相关章节（第 1 ～ 8 章）重点讲解；对于本科类的大数据相关课程，可以选择分布式计算和大数据相关章节（第 1 ～ 6 章和第 9 ～ 11 章）重点讲解；对于研究生的课程，可以选择云计算和大数据相关章节重点讲解。根据本书的定位，建议每章讲授最低学时分配如下。

章名	建议重点讲授章节	建议学时
第 1 章	1.1，1.2，1.3	2
第 2 章	所有小节	6
第 3 章	3.1.3，3.3，3.4，3.5，3.6，3.7	6
第 4 章	4. 1，4. 2，4.3	6
第 5 章	5.1，5.3，5.4，5.5	6
第 6 章	6.1，6.2	4
第 7 章	7.1，7.2，7.3	6
第 8 章	8.2，8.3	2
第 9 章	9.2，9.3，9.4，9.5	6
第 10 章	所有小节	2
第 11 章	所有小节	4

此外，本书的教学应该配有相应的实验教学内容，建议实验课程的学时数不少于理论课程学时数的三分之一。

致谢

本书由林伟伟教授负责总体设计、组织和把关，刘波教授和刘发贵教授负责整体润色和审校。本书各章内容的编写由项目组多位博士生和硕士生参与完成，他们是张子龙、郭超、徐思尧、吴文泰、汤元丰、罗潇轩、吴伟正等，在编写本书的过程中，他们投入大量精力进行程序设计与资料收集和整理工作，在此特别表示感谢。

衷心感谢美国纽约大学的李克勤院士、克莱姆森大学的 James Z. Wang 教授等人对本书编写的指导和鼓励。

尽管笔者投入了大量的精力、付出了艰辛的努力，然而受知识水平所限，错误和疏漏之处在所难免，恳请广大读者批评指正。如果有任何问题和建议，可发送邮件至 linww@scut.edu.cn 或 lin_w_w@qq.com。

华南理工大学　林伟伟

2023 年 12 月 30 日于广州

目　录

第 1 章　分布式计算概论

分布式计算是云计算的基础，云计算包含并行计算、网格计算、集群计算等分布式计算技术；另外，云计算也是一种新型的分布式计算技术，是传统分布式计算的进一步发展。为此，本章首先介绍分布式计算的定义、优缺点，其次概述分布式计算的相关模式，包括单机计算、并行计算、网络计算、对等计算、集群计算、网格计算、云计算、雾计算、边缘计算、移动边缘计算、移动云计算和大数据计算等，再次讨论分布式基础问题与理论，最后介绍经典分布式计算系统。本章讨论的分布式计算相关概念将为读者理解后续章节内容打下基础。

1.1　分布式计算的概念

1.1.1　定义

从分布式计算诞生到现在已经过去很长的时间，分布式计算伴随着并行计算的出现而出现。早期，人们利用并行计算在一台计算机上同时完成多项任务，但是，并行运行并不足以构建真正的分布式系统，因为它需要一种机制来在不同的计算机之间或者运行在计算机上的程序之间进行通信。因此催生了多台计算机（两台以上）的分布式计算。早期的分布式计算系统主要面向科学计算与研究，如梅森素数大搜索计划（GIMPS）、SETI@home、Einstein@Home、BOINC 等。随着互联网技术与应用的飞速发展，Facebook、Google、Amazon、Netflix、LinkedIn、Twitter 等互联网公司变得异常庞大，它们开始构建跨越多个地理区域和多个数据中心的大型分布式计算系统。

分布式计算是一门计算机科学，主要研究对象是分布式系统。在介绍分布式计算的概念之前，首先简单讨论什么是分布式系统。简单地说，分布式系统是由若干通过网络互联的计算机组成的软硬件系统，且这些计算机互相配合以完成一个共同的目标（这个共同的目标通常被称为“项目”）。分布式计算的一种简单定义为，在分布式系统上执行的计算。

更为正式的定义为：分布式计算是一门计算机科学，它研究如何把一个需要巨大的计算能力才能解决的问题分成许多小的部分，然后把这些小的部分问题分配给多台计算机进行处理，最后把各部分的计算结果合并起来得到最终的结果。本质上，分布式计算是一种基于网络的分而治之的计算方式。

1.1.2　优缺点

在万维网（World Wide Web，WWW）出现之前，单机计算是计算的主要形式。自 20 世纪 80 年代以来，受 WWW 流行的影响，分布式计算得到飞速发展。分布式计算可以有效利用全球联网机器的闲置处理能力，助力缺乏研究资金的、公益性质的科学研究，加速人类的科学进程。下面详细介绍分布式计算的优点。

- 高性价比。分布式计算往往可以采用价格低廉的计算机。今天的个人计算机比早期的大型计算机具有更出色的计算能力，而且体积和价格大幅下降。再加上Internet连接越来越普及且价格低廉，大量互连计算机为分布式计算创建了一个理想环境。因此，分布式计算相对传统的小型机和大型机等单机计算具有更好的性价比。
- 资源共享。分布式计算体系反映了计算结构的现代组织形式。每个组织在面向网络提供共享资源的同时，独立维护本地组织内的计算机和资源。采用分布式计算，组织可非常有效地汇集资源。
- 可伸缩性。在单机计算中，可用资源受限于单台计算机的能力。相比而言，分布式计算有良好的伸缩性，对资源需求的增加可通过提供额外资源来有效解决。例如，将更多支持电子邮件等类似服务的计算机添加到网络中，可满足对这类服务需求增长的需要。
- 容错性。由于可以通过资源复制维持故障情形下的资源可用性，因此，与单机计算相比，分布式计算提供了容错功能。例如，可在网络的不同系统上维护数据库备份拷贝，以便当一个系统出现故障时，还可以访问其他拷贝，从而避免服务瘫痪。尽管不可能构建一个能在故障面前提供完全可靠服务的分布式系统，但在设计和实现系统时最大化系统的容错能力，是开发者的职责。

然而，无论何种形式的计算，都有其利与弊的权衡。分布式计算发展至今，仍然有很多需要解决的问题，其主要的挑战有：

- 多点故障。分布式计算存在多点故障情形。由于涉及多台计算机且都依赖于网络来通信，因此一台或多台计算机的故障或一条或多条网络链路的故障，都会导致分布式系统出现问题。
- 安全性低。分布式系统为非授权用户的攻击提供了更多机会。在集中式系统中，所有计算机和资源通常都只受一个管理者控制，而分布式系统的非集中式管理机制包括许多独立组织。分散式管理使安全策略的实现和增强变得更为困难，因此，分布式计算在安全攻击和非授权访问防护方面较为脆弱，并可能会影响到系统内的所有参与者。
- 大规模资源调度的复杂性。资源调度通常是一个NP-hard问题，大规模资源调度往往具有很高的复杂性和不确定性。

1.2 分布式计算模式

随着互联网与移动互联网应用的快速发展，出现了很多新的分布式计算模式与范型，如云计算、雾计算、大数据计算等。这些新型计算模式或新技术本质上是分布式计算的发展和延伸。与分布式计算相关的计算模式有很多，下面讨论单机计算、并行计算、网络计算、对等计算、集群计算、网格计算、云计算、雾计算、边缘计算、移动边缘计算、移动云计算和大数据计算等，以便大家更好地理解和区分各种分布式计算模式。

1.2.1 单机计算

与分布式计算相对应的是单机计算，或称集中式计算。在单机计算模式下，计算机不与任何网络互连，因而只使用本计算机系统内可被即时访问的所有资源。在最基本的单机计算模式中，一台计算机在任何时刻只能被一个用户使用。用户在该系统上执行应用程序，不能访问其他计算机上的任何资源。在PC上使用文字处理程序或电子表格处理程序时，应用的就是这种被称为单用户单机计算的计算模式。

多用户也可参与单机计算。在该计算模式中，并发用户可通过分时技术共享单台计算机中的资源，我们称这种计算方式为集中式计算。通常将提供集中式资源服务的计算机称为大型机（mainframe）。用户可通过终端设备与大型机系统相连，并在终端会话期间与之交互。

如图1-1所示，与集中式计算模式不同，分布式计算包括在通过网络互连的多台计算机上执行的计算，每台计算机都有自己的处理器及其他资源。用户可以通过工作站完全使用与其互连的计算机上的资源。此外，通过与本地计算机及远程计算机交互，用户可访问远程计算机上的资源。WWW是该类计算的最佳例子。当通过浏览器访问某个Web站点时，一个诸如IE的程序将在本地系统运行并与运行于远程系统中的某个程序（即Web服务器）交互，从而获取驻留于另一个远程系统中的文件。

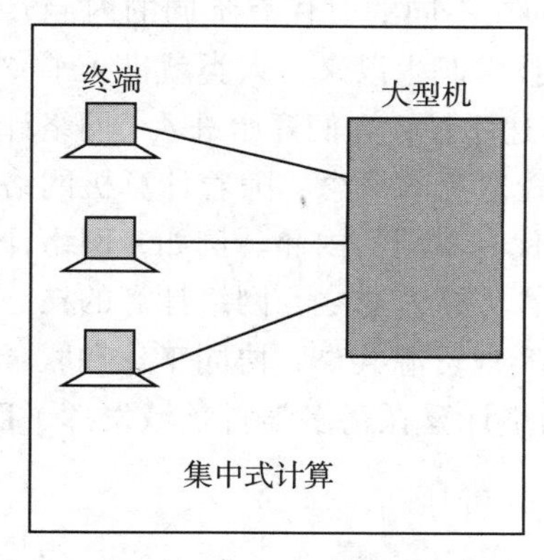

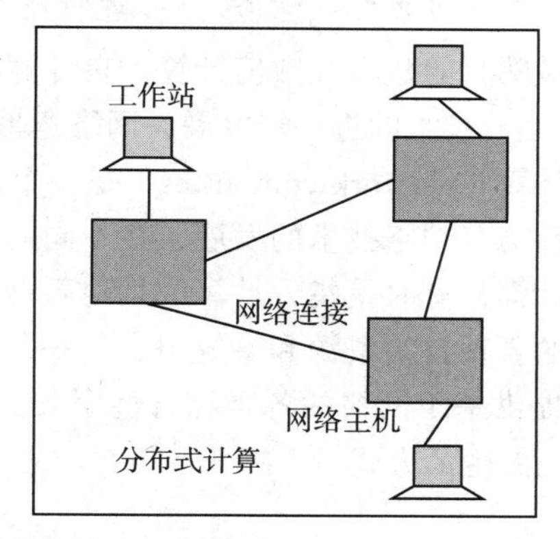

图1-1 集中式计算与分布式计算

1.2.2 并行计算

并行计算（parallel computing）或称并行运算是相对于串行计算的概念（如图1-2所示），最早出现于20世纪六七十年代，是指在并行计算机上所做的计算，即采用多个处理器来执行单个指令。并行计算通常同时使用多种计算资源解决计算问题，是提高计算机系统计算速度和处理能力的一种有效手段。它的基本思想是用多个处理器来协同求解同一问题，即将被求解的问题分解成若干部分，各个部分均由一个独立的处理机来计算。

并行计算可分为时间上的并行计算和空间上的并行计算。时间上的并行计算是指流水线技术，而空间上的并行计算则是指用多个处理器并发地执行计算。传统意义上的并行计算与分布式计算的区别是：分布式计算强调任务的分布执行，而并行计算强调任务的并发执行。特别要注意的是，随着互联网技术的发展，越来越多的应用利用网络实现并行计算，这种基于网络的并行计算实际上也属于分布式计算的一种模式。

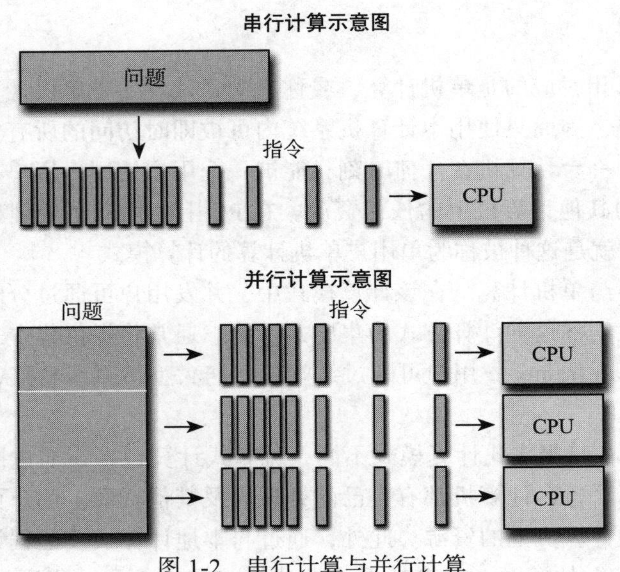

图 1-2 串行计算与并行计算

1.2.3 网络计算

首先介绍“计算”的概念。“计算”这个词在不同的时代有不同的内涵，一般人们都会想到最熟悉的数学和数值计算。自计算机技术诞生以来，人类就进入了“计算机计算时代”。随着技术的进一步发展，网络宽带迅速增长，人们开始进入“网络计算时代”。

网络计算（network computing）是一个比较宽泛的概念，随着计算机网络的出现而出现，并且随着网络技术的发展，在不同的时代有不同的内涵。例如，网络计算有时是指分布式计算，有时是指云计算或其他新型计算方式。总之，网络计算的核心思想是把网络连接的各种自治资源和系统组合起来，以实现资源共享、协同工作和联合计算，为各种用户提供基于网络的各类综合性服务。网络计算在很多学科领域发挥了巨大作用，改变了人们的生活方式。

1.2.4 对等计算

对等计算又称为 peer-to-peer 计算，简称为 P2P 计算。对等计算源于 P2P 网络，P2P 网络是无中心服务器，是依赖用户群交换的互联网体系。与客户机 – 服务器结构的系统不同，在 P2P 网络中，每个用户端既是节点，又有服务器的功能，任何一个节点都无法直接找到其他节点，必须依靠其用户群进行信息交流。

与传统的客户机 – 服务器模式不同，对等计算的体系结构让传统意义上作为客户机的各台计算机直接互相通信，而这些计算机实际上同时扮演着服务器和客户机的角色。因此，对等计算模式可以有效减少传统服务器的压力，使这些服务器可以更加有效地执行其专属任务。例如，利用对等计算模式的分布式计算技术，我们有可能将网络上成千上万的计算机连接在一起，使其共同完成极其复杂的计算。将成千上万台 PC 和工作站集结在一起所能达到的计算能力是非常可观的，这些计算机形成的“虚拟超级计算机”能达到的运算能力甚至是现有的单个大型超级计算机无法达到的。

1.2.5 集群计算

集群计算（cluster computing）是指计算机集群将一组松散集成的计算机软件或硬件连接起来，使其高度紧密地协作完成计算工作。在某种意义上，它们可以被看作一台计算机。集群系统中的单个计算机通常被称为节点，通过局域网连接，也有其他可能的连接方式。集群计算机通常用来改进单个计算机的计算速度和/或可靠性。一般情况下，集群计算机的性价比比单个计算机（比如工作站或超级计算机）的性价比要高得多。

根据组成集群系统的计算机之间的体系结构是否相同，可将集群分为同构集群与异构集群。集群计算机按功能和结构可以分为高可用性集群（high-availability cluster）、负载均衡集群（load balancing cluster）、高性能计算集群（high-performance cluster）。集群计算与网格计算有以下区别：网格本质上就是动态的，资源则可以动态出现，可以根据需要将资源添加到网格中或从网格中删除资源，而且网格的资源可以分布在本地网、城域网或广域网上；而集群计算中包含的处理器和资源的数量通常都是静态的。

1.2.6 网格计算

网格计算（grid computing）是指利用互联网把地理上广泛分布的各种资源（计算、存储、带宽、软件、数据、信息、知识等）连成一个逻辑整体，就像一台超级计算机，为用户提供一体化信息和应用服务（计算、存储、访问等）。网格计算强调资源共享，任何节点都可以请求使用其他节点的资源，任何节点都需要贡献一定资源给其他节点。

具体来说，网格计算是伴随着互联网技术而迅速发展起来的，它将地理上分布的计算资源（包括数据库、贵重仪器等各种资源）充分运用起来，协同解决复杂的大规模问题，特别是解决仅靠本地资源无法解决的复杂问题，是专门针对复杂科学计算的新型计算模式。如图 1-3 所示，这种计算模式利用互联网把分散在不同地理位置的计算机组织成一个“虚拟的超级计算机”，其中每一台参与计算的计算机就是一个“节点”，而整个计算机是由成千上万个“节点”组成的“一张网格”，所以这种计算方式叫作网格计算。这样组织起来的“虚拟的超级计算机”有两个优势，一是数据处理能力超强，二是能充分利用网络的闲置处理能力。简单地讲，网格是把整个网络整合成一台巨大的超级计算机，实现计算资源、存储资源、数据资源、信息资源、知识资源、专家资源的全面共享。

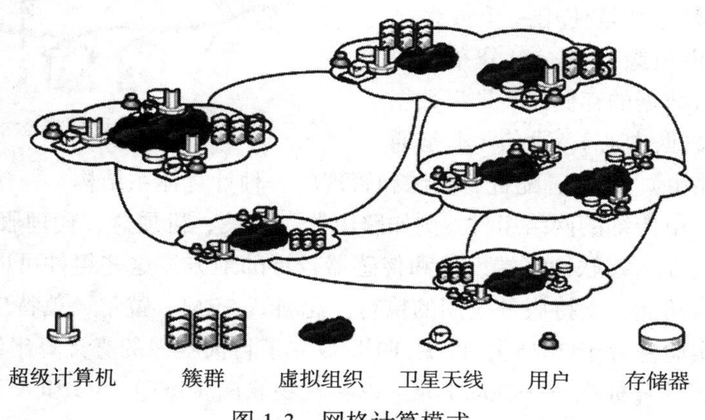

图 1-3 网格计算模式

1.2.7　云计算

云计算（cloud computing）的概念最早由Google公司提出。如图1-4所示。这个概念包含两层含义，一是商业层面，即以“云”的方式提供服务，二是技术层面，即各种客户端的“计算”都由网络负责完成。通过把云和计算相结合，Google在商业模式和计算架构上展现了与传统的软件和硬件公司的不同。

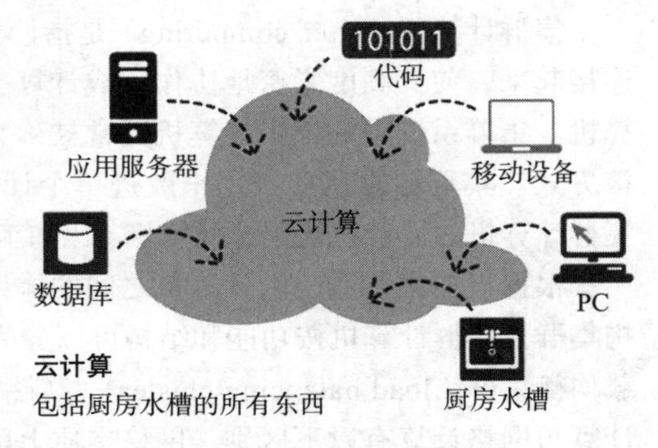

图1-4　云计算概念示意图

目前，人们对于云计算的认识在不断发展变化，对于云计算仍没有普遍一致的定义。通常，云计算是指由分布式计算、集群计算、网格计算、并行计算、效用计算等传统计算机和网络技术融合而形成的一种商业计算模型。从技术上看，云计算是一种基于互联网的计算方式，通过这种方式，共享的软硬件资源和信息可以按需求提供给计算机和其他设备。当前，云计算的主要形式包括基础设施即服务（IaaS）、平台即服务（PaaS）和软件即服务（SaaS）。

1.2.8　雾计算

雾计算（fog computing）这个词在2011年由美国哥伦比亚大学的斯特尔佛教授首先提及，他当时的目的是利用“雾”来阻挡黑客入侵。雾计算是思科公司（Cisco）在2014年的Cisco Live 2014会议上首次提出的概念，是云计算的延伸，这个架构可以将计算需求分层次、分区域处理，以化解可能出现的网络塞车现象。

雾计算是一种分布式的计算模型，作为云数据中心和物联网（IoT）设备/传感器之间的中间层，提供计算、网络和存储设备，让基于云的服务离物联网设备和传感器更近（如图1-5所示）。雾计算的名字源自“雾比云更贴近地面（数据产生的地方）”。雾计算是使用一个或多个终端用户或用户边缘设备，以分布式协作架构进行大量数据的存储（不是将数据集中存储在云数据中心）、通信（不是通过互联网骨干路由）、控制、配置、测试和管理的一种计算体系结构。

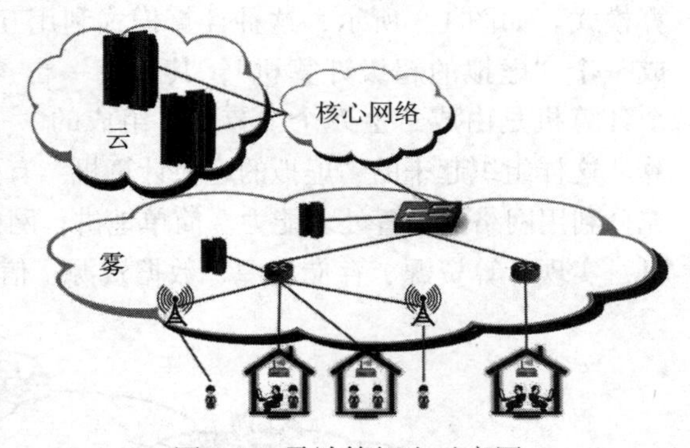

图1-5　雾计算概念示意图

雾计算环境由传统的网络组件（例如路由器、开关、机顶盒、代理服务器、基站等）构成，可以安装在离物联网终端设备和传感器较近的地方。这些组件可以提供不同的计算、存储、网络功能，支持服务应用的执行。思科、ARM、戴尔、英特尔、微软和普林斯顿大学边缘实验室等于2015年11月19日成立了目前唯一的雾计算组织——OpenFog联盟，创建了雾计算标准——OpenFog，以实现物联网（IoT）、5G和人工智能（AI）应用的数据密集型需求，促进雾计算的发展。

1.2.9 边缘计算

云计算大多采用集中式管理的方法，使云服务创造出较高的经济效益。在万物互联的背景下，应用服务需要低延时、高可靠性以及数据安全，而传统云计算无法满足这些需求。当前，线性增长的集中式云计算能力已无法匹配爆炸式增长的海量边缘数据，基于云计算模型的单一计算资源已不能满足大数据处理的实时性、安全性和低能耗等需求。在现有以云计算模型为核心的集中式大数据处理的基础上，需要以边缘计算模型为核心，面向海量边缘数据的边缘式大数据处理技术，二者相辅相成，应用于云中心和边缘端大数据处理，解决万物互联时代云计算服务不足的问题。

边缘计算（edge computing）是指在网络边缘执行计算的一种新型计算模型，边缘计算中边缘的下行数据表示云服务，上行数据表示万物互联服务，而边缘计算的边缘是指从数据源到云计算中心路径之间的任意计算和网络资源。图 1-6 表示基于双向计算流的边缘计算模型。云计算中心不仅从数据库收集数据，也从传感器和智能手机等边缘设备收集数据，这些设备既是数据生产者又是数据消费者，因此，终端设备和云中心之间的请求传输是双向的。网络边缘设备不仅从云中心请求内容及服务，还可以执行部分计算任务，包括数据存储、数据处理、数据缓存、设备管理、隐私保护等。因此，需要更好地设计边缘设备硬件平台及其软件关键技术，以满足边缘计算模型中可靠性和数据安全性的需求。

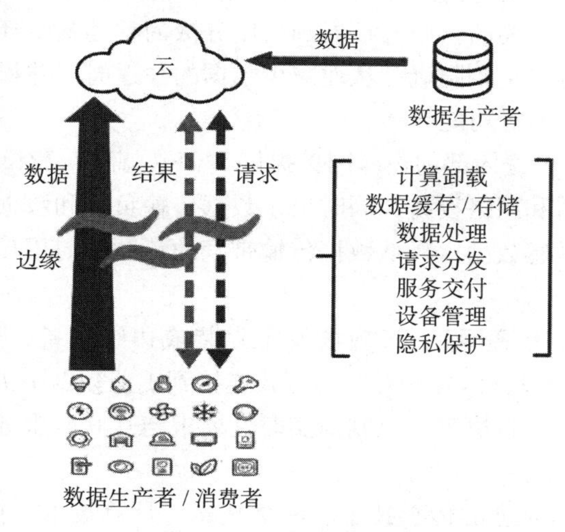

图 1-6 边缘计算模型

边缘计算产业联盟（Edge Computing Consortium，ECC）对边缘计算的定义为：边缘计算是指在靠近物或数据源头的网络边缘侧，融合网络、计算、存储、应用核心能力的开放平台，就近提供边缘智能服务，满足行业数字化在敏捷连接、实时业务、数据优化、应用智能、安全与隐私保护等方面的关键需求。万物联网应用需求的发展催生了边缘式大数据处理模式，即边缘计算模型，其能在网络边缘设备上增加执行任务计算和数据分析的处理能力，将原有云计算模型的部分或全部计算任务迁移到网络边缘设备上，降低云计算中心的计算负载，减缓网络带宽的压力，提高万物互联时代数据的处理效率。

边缘计算与雾计算的概念相似，原理也相似，即都是在网络边缘进行的计算。边缘计算和雾计算的关键区别在于以下两点。一是智能和计算发生的位置。雾计算中的智能发生在本地局域网络层，数据的处理是在雾节点或者 IoT 网关进行的。边缘计算则是将智能、处理能力和通信能力都放在边缘网关或者直接的应用设备中。二是雾计算具有层次性更强且更平坦的架构，其中几个层次形成网络，而边缘计算依赖于不构成网络的单独节点。雾计算在节点之间具有广泛的对等互连能力，边缘计算在孤岛中运行其节点，需要通过云实现对等流量传输。边缘计算可以广泛应用于云端向网络边缘侧转移的各个场景，包括但不限于以下场景。

- 云计算任务迁移：云计算中的大多数计算任务在云计算中心执行，这会导致响应延时较长，损害用户体验。根据用户设备的环境可确定数据分配和传输方法，EAWP（Edge Accelerated Web Platform）模型改善了传统云计算模式下较长响应时间的问题，一些学者已经开始研究解决云迁移在移动云环境中的能耗问题。在边缘计算中，边缘端设备借助其一定的计算资源实现从云中心迁移部分或全部任务到边缘端执行。移动云环境借助基站等边缘端设备的计算、存储、网络等资源，实现从服务器端迁移部分或全部任务到边缘端执行，例如通过分布式缓存技术提高网页加载和 DNS 解析速度，或者将深度学习的分析、训练过程放在云端，生成的模型部署在边缘网关直接执行，优化效率、提升产能。
- 边缘视频分析：在本地对视频进行简单处理，选择性地丢弃一些静止或无用的画面，只将有用的数据传输到云端，减少带宽浪费，节省时间。
- 车联网：将汽车需要的云服务扩展到高度分散的移动基站环境中，并使数据和应用程序能够安置在车辆附近，从而减少数据的往返时间并提供实时响应、路边服务、附近消息互通等功能。
- 智能家居：通过家庭内部的边缘网关提供 Wi-Fi、蓝牙、ZigBee 等多种连接方式，连接各种传感器和网络设备，同时出于数据传输负载和数据隐私的考虑，在家庭内部就地处理敏感数据，降低数据传输带宽的负载，向用户提供更好的资源管理和分配。
- 智能制造（工业互联网）：将现场设备封装成边缘设备，通过工业无线和工业 SDN 网络将现场设备以扁平互联的方式连接到工业数据平台，与大数据、深度学习等云服务对接，解决工业控制高实时性要求与互联网服务质量的不确定性之间的矛盾。
- 智慧水务：利用先进的传感技术、网络技术、计算技术、控制技术、智能技术，对二次供水等设备进行全面感知，集成城市供水设备、信息系统和业务流程，实现多个系统间大范围、大容量数据的交互，从而进行全程控制，实现故障自诊断、可预测性维护，以降低能耗，保证用水安全。
- 智慧物流：通过专用车载智能物联网终端，实时全面采集车辆、发动机、油箱、冷链设备、传感器等的状态参数、业务数据以及视频数据，视频、温控、油感、事件联动，全面感知车辆运行状况，形成高效低耗的物流运输综合管理服务体系。

1.2.10 移动边缘计算

万物互联的发展实现了网络中多类型设备（如智能手机、平板计算机、无线传感器及可穿戴的健康设备等）的互联，而大多数网络边缘设备的能量和计算资源有限，这使万物互联的设计变得尤为困难。移动边缘计算是在接近移动用户的无线电接入网范围内提供信息技术服务和云计算能力的一种新的网络结构，并已成为一种标准化、规范化的技术。

2014 年，ETSI 提出对移动边缘计算术语进行标准化，并指出移动边缘计算提供了一种新的生态系统和价值链。利用移动边缘计算，可将密集型移动计算任务迁移到附近的网络边缘服务器。ETSI 是欧盟正式承认为欧洲标准化组织（ESO）的三个机构之一，在全球拥有超过 800 个成员组织，成员包括大型和小型私营公司、研究机构、学术界、政府和公共组织的多元化组合，例如微软、英特尔、思科、华为等。ETSI 的多接入边缘计算（Multi-access Edge Computing，MEC）定义为：为应用程序开发人员和内容提供商提供云计算功能和位于网络边缘的 IT 服务环境，其特点是超低延迟和高带宽以及可以被应用程序实时访问的无线网络信息。多接入边缘计算是移动边缘计算的扩展。

如图 1-7 所示，移动边缘计算是指利用无线接入网络就近提供电信用户所需服务和云端计算功能，创造出一个具备高性能、低延迟与高带宽的电信级服务环境，加速网络中各项内容、服务及应用的下载，让消费者享有不间断的高质量网络体验。移动边缘计算把无线网络和互联网两种技术有效融合在一起，在无线网络侧增加计算、存储、处理等功能，构建开放式平台以植入应用，并通过无线 API 开放无线网络与业务服务器之间的信息交互，对无线网络与业务进行融合，将传统的无线基站升级为智能化基站。

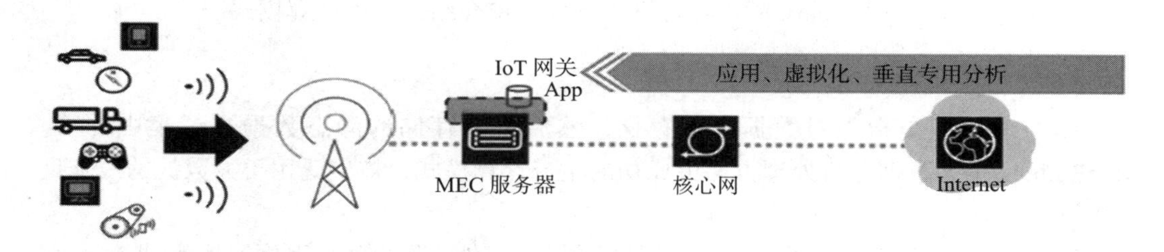

图 1-7　移动边缘计算概念示意图

移动边缘计算模型强调在云计算中心与边缘设备之间建立边缘服务器，在边缘服务器上完成终端数据的计算任务，但移动边缘终端设备基本不具有计算能力。相比而言，边缘计算模型中，终端设备具有较强的计算能力，因此，移动边缘计算是一种边缘计算服务器，是边缘计算模型的一部分。

1.2.11　移动云计算

移动云计算被定义为“移动云生态系统中云计算服务的可用性。这合并了许多元素，包括使用者、企业、家庭基站、转码、端到端安全性、家庭网关和启用移动宽带的服务”。

基于云计算的定义，移动云计算是指通过移动网络以按需、易扩展的方式获得所需的基础设施、平台、软件（或应用）等的一种 IT 资源或（信息）服务的交付与使用模式。如图 1-8 所示，移动云计算是云计算技术在移动互联网中的应用，本质上是基于移动终端获取各种云端服务的技术。

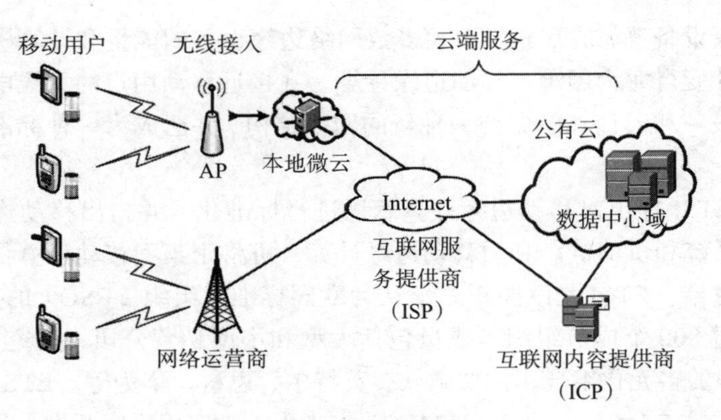

图 1-8　移动云计算概念示意图

此外，IBM 对移动云计算的定义为：移动云计算利用云计算向移动设备交付应用。这些移动应用可以通过快速、灵活的开发工具进行远程部署。在 cloMobile 上，云应用可以通过云服务快速构建或修改。这些应用可以交付到具备不同操作系统、计算任务和数据存储功能的许多不同设备上。因此，用户可以访问在其他情况下不受支持的应用。

1.2.12　大数据计算

随着互联网与计算机系统需要处理的数据量越来越大，大数据计算逐渐成为一种重要的数据分析处理模式。当前在大数据计算方面，主要模式有基于 MapReduce 的批处理计算、流式计算、基于 Spark 的内存计算。下面简单介绍这三种计算模式。

1. 基于 MapReduce 的批处理计算

批处理计算是指先对数据进行存储，然后再对存储的静态数据进行集中计算。MapReduce 是大数据分析处理方面最成功的主流计算模式，被广泛用于大数据的线下批处理分析计算。

MapReduce 计算模式的主要思想是将要执行的问题（例如程序）拆解成 Map 和 Reduce 两个函数操作，然后对分块的大数据采用“分而治之”的并行处理方式分析和计算数据。MapReduce 计算流程如图 1-9 所示，通过 Map 函数的程序将数据映射成不同的分块，分配给计算机集群处理以达到分布式运算的效果，再通过 Reduce 函数的程序将结果汇总，输出所需要的结果。MapReduce 提供了一个统一的并行计算框架，把并行计算涉及的诸多系统层细节都交给计算框架去完成，因此大大减轻了程序员进行并行化程序设计的负担。

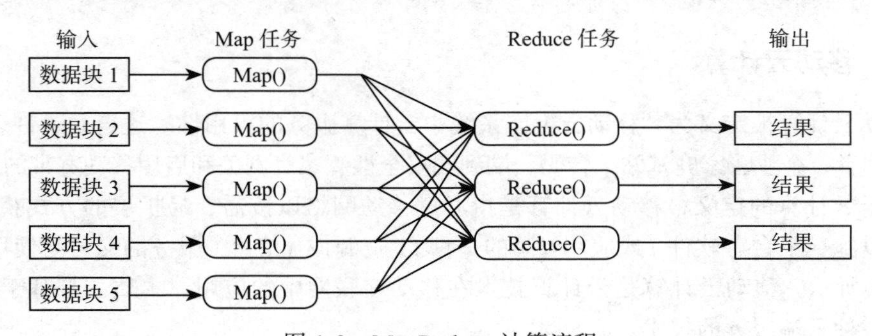

图 1-9　MapReduce 计算流程

2. 流式计算

大数据批处理计算关注数据处理的吞吐量，而大数据流式计算更关注数据处理的实时性。如图 1-10 所示，在流式计算中，无法确定数据的到来时刻和到来顺序，也无法将全部数据存储起来。因此不再进行流式数据的存储，而是当流动的数据到来后在内存中直接进行数据的实时计算。流式计算具有很强的实时性，需要对应用源源不断产生的数据实时地进行处理，使数据不积压、不丢失，常用于处理电信、电力等行业应用以及互联网行业的访问日志等。Facebook 的 Scribe、Apache 的 Flume、Twitter 的 Storm、Yahoo 的 S4、UC Berkeley 的 Spark Streaming 都是典型的流式计算系统。

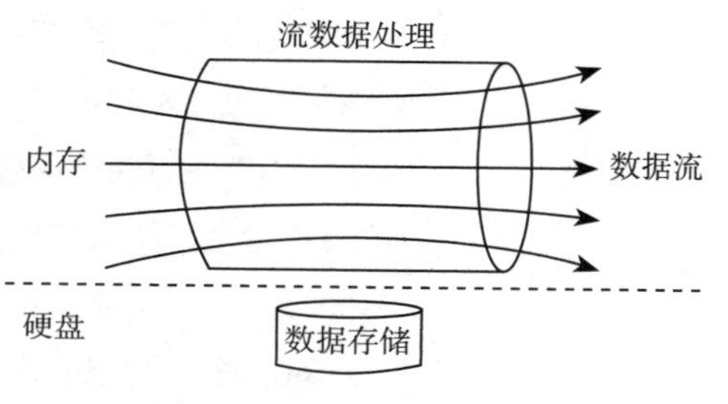

图 1-10　大数据流式计算

3. 基于 Spark 的内存计算

Spark 是 UC Berkeley AMP 实验室开源的类似 Hadoop MapReduce 的分布式计算框架，输出和结果保存在内存中，不需要频繁读写 HDFS，数据处理效率更高。如图 1-11 所示，由于在 MapReduce 计算过程中需要读写 HDFS 存储（访问磁盘 I/O），而在 Spark 内存计算过程中，使用内存替代了使用 HDFS 存储中间结果，即在进行大数据分析处理时使用分布式内存计算，访问内存要比访问磁盘快得多，因此，基于 Spark 的内存计算的数据处理性能会提高很多，特别是针对需要多次迭代大数据计算的应用。

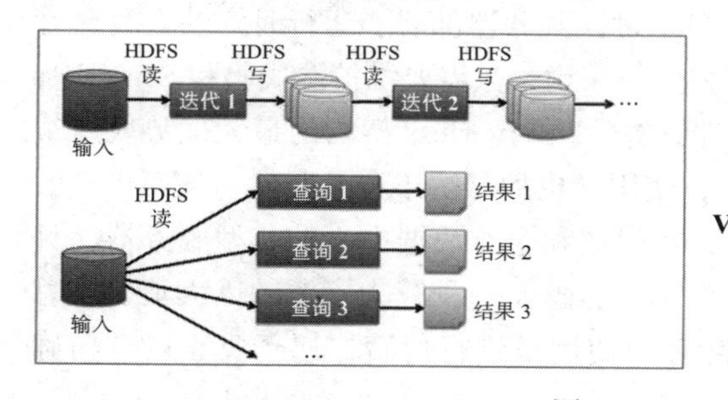

VS

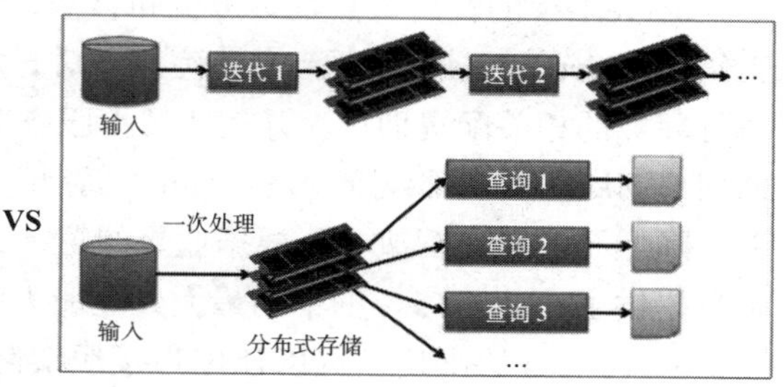

图 1-11　Spark 内存计算

1.2.13　无服务器计算

无服务器计算英文为 Serverless Computing，通常也被简称为 Serverless，它并不是指没有服务器，而是指对于用户，服务器变得“不可见”（或者“无感知”），是指开发者不需要直接管理服务器资源。Serverless 是一种云计算模型，它允许开发者编写和部署功能单元（函数）而无须关心底层的服务器基础设施。在 Serverless 架构中，云服务提供商负责动态管理和分配服务器资源，根据实际需要为函数执行提供计算资源。

Serverless 的核心目的就是在云计算的基础上向前迈进一步，彻底“包揽”所有的环境工作，直接提供计算服务。在 Serverless 架构下，开发者只需编写代码并上传，云平台就会自动准备好相应的计算资源，完成运算并输出结果，从而大幅简化开发运维过程。也就是说，Serverless 是云计算的进一步延伸，所以，它继承了云计算最大的特点——按需弹性伸缩、按需付费。

从层级上来看，Serverless 在传统云计算 SaaS 的应用层级上又加了一层——函数层，如图 1-12 所示。函数层的颗粒度更细，可以更灵活地满足用户的算力需求。

图 1-12 FaaS 与 IaaS、PaaS、SaaS 的关系

按照 CNCF 对 Serverless 的定义，Serverless 架构是采用 FaaS 和 BaaS 来解决问题的一种设计，即 Serverless = FaaS + BaaS。FaaS 就是 Function as a Service（函数即服务）。每个函数都是一个服务，函数可以由任何语言编写，直接托管在云平台，以服务的形式运行，通过事件触发。BaaS 则是 Backend as a Service（后端即服务）。云平台提供后端组件整合，开发者无须开发和维护后端服务，通过 API/SDK 的调用，便可获得数据存储、消息推送、账号管理等功能。

Serverless 的背后依然是虚拟机和容器。只不过，服务器部署、运行时安装、编译等工作都由 Serverless 计算平台负责完成。对开发人员来说，只需要维护源代码和 Serverless 执行环境的相关配置即可。这就叫“无服务器计算”。Serverless 架构的最大优势就是帮助用户彻底摆脱基础设施管理这样的“杂事”，使用户更加专注于业务开发，从而提升效率，降低开发和运营成本。根据业界的统计，在商业和企业数据中心的典型服务器，日常只提供了 5% ～ 15% 的平均最大处理能力的输出，这是一种算力资源的巨大浪费。总之，Serverless 的出现，可以让用户按照实际算力使用量进行付费，属于真正的“精确计费”。

1.3 分布式基础问题与理论

1.3.1 拜占庭将军问题

拜占庭将军问题是 1982 年由图灵奖获得者莱斯利 · 兰波特（Leslie Lamport）在论文“ The Byzantine Generals Problem ”中提出的分布式对等网络通信容错问题。其主要观点是，在存在消息丢失的不可靠信道上试图通过消息传递的方式达到一致性是不可能的。在分布式计算中，不同的计算机通过通信交换信息并达成共识，从而按照同一套协作策略行动；但有时系统中的成员计算机可能会发送错误的信息，用于传递信息的通信网络也可能导致信息损坏，使网络中不同的成员关于全体协作的策略得出不同结论，从而破坏系统一致性。拜占庭将军问题被认为是容错性问题中最难的问题类型之一。

为了便于理解，莱斯利·兰波特在其论文中通过拜占庭将军的故事将问题描述为：一群拜占庭将军各带领一支军队共同围困一座城市拜占庭（东罗马帝国的首都）。如图 1-13 所示，为了简化问题，军队的行动策略只有两种：进攻（Attack，后面简称 A）或撤退（Retreat，后面简称 R）。如果这些军队不是统一进攻或撤退，就可能造成灾难性后果，因此将军们必须通过投票来达成一致策略：同进或同退。因为将军们分别在城市的不同方位，所以他们只能通过信使互相联系。在投票过程中，每位将军都将自己的投票信息（A 或 R）通知其他所有将军，这样一来每位将军根据自己的投票和其他所有将军送来的信息就可以分析出共同的投票结果，从而决定行动策略。

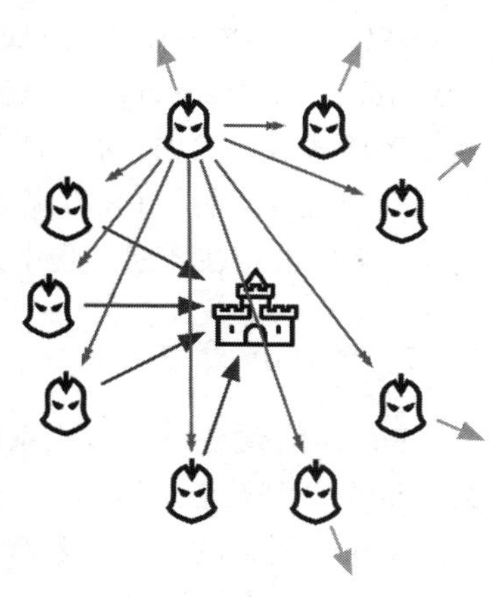

图 1-13　拜占庭将军问题示意图

这个抽象模型的问题在于：将军中可能存在叛徒，他们不仅会发出误导性投票，还可能选择性地发送投票信息。由于将军之间需要通过信使通信，叛变将军可能通过伪造信件来以其他将军的身份发送假投票。即使在保证所有将军都忠诚的情况下，也不能排除信使被敌人截杀，甚至被敌人间谍替换等情况。因此很难通过保证人员可靠性及通信可靠性来解决问题。假使那些忠诚（或没有出错）的将军仍然能通过多数投票来决定他们的战略，便称达到了拜占庭容错。在此，票都会有一个默认值，若消息（票）没有被收到，则使用此默认值来投票。

将上述故事映射到分布式系统中，将军便成了机器节点，信使就是通信系统。

莱斯利·兰伯特在其论文中提出了几个解决方案，达到了拜占庭容错。其中一个为 BFT(Byzantine Fault Tolerant，拜占庭容错）算法，假设将军总数是 N，叛徒将军数为 F，则当 $N \geqslant 3F+1$ 时，问题才有解，才能达成共识。只要有问题的将军的数量不到三分之一，仍可以达到“拜占庭容错”，原因是把同样的标准下放到“军官与士官的问题”时，在背叛的军士官不足三分之一的情况下，有问题的军士官可以很容易地被发现。比如有军官 A、士官 B 与士官 C，当 A 要求 B 进攻，却要求 C 撤退时，即使 B 与 C 交换所收到的命令，B 与 C 仍不能确定是否 A 有问题，因为 B 或 C 可能将已篡改的消息传给对方。也就是说，当将军总数为 3、叛徒将军数为 1 时，系统无法达成一致或拜占庭容错。当将军总数为 4、叛徒将军数为 1 时，系统可以达成一致或拜占庭容错。以函数来表示，将军的总数为 n，其中背叛者的数量为 t，则只要 $n > 3t$ 就可以容错。

拜占庭容错算法是面向拜占庭问题的容错算法，解决的是在网络通信可靠但节点可能出现故障或作恶的情况下如何达成共识。长期以来，拜占庭问题的解决方案都存在运行过慢或复杂度过高的问题，实用拜占庭容错（Practical Byzantine Fault Tolerance，PBFT）算法解决了该问题。其核心思想是：对于每一个收到命令的将军，都要去询问其他人，他们收到的命令是什么。也就是说，利用不断的信息交换让可行的节点确认哪一个记录选择是正确的，即发现其中的背叛者。PBFT 算法本质上就是利用通信次数换取信用。每个命令的执行都需要节点间两两交互去核验消息，通信代价是非常高的。通常，采用PBFT算法，节点间的通信复杂度是节点数的平方级。

1999年，这一算法由Castro和Liskov在论文“Practical Byzantine Fault Tolerance and Proactive Recovery”中提出。该算法首次将拜占庭容错算法的复杂度从指数级降低到了多项式级，目前已得到广泛应用。其可以在恶意节点不超过总数1/3的情况下同时保证安全性和活性。PBFT算法采用密码学相关技术（RSA签名算法、消息验证编码和摘要）确保消息在传递过程中无法被篡改和破坏。

1.3.2 Paxos算法

Paxos问题是指分布式系统中存在故障，但不存在恶意节点的场景（即消息可能丢失或重复，但无错误消息）下的共识达成问题，这也是分布式共识领域最为常见的问题。解决Paxos问题的算法主要有Paxos算法和Raft算法。

Paxos算法是分布式一致性算法，用来解决一个分布式系统如何就某个值（决议）达成一致的问题。但需要注意的是，Paxos经常被误称为“一致性算法”，但“一致性”和“共识”并不是同一个概念。Paxos是一种共识算法。

1990年，Leslie Lamport在其论文“The Part-time Parliament”中提出的Paxos共识算法，在工程角度实现了一种最大化保障分布式系统一致性的机制。Paxos算法被广泛应用于Chubby、ZooKeeper等分布式系统中。Leslie Lamport在论文中通过一个故事描述了Paxos算法问题：古代爱琴海的Paxos岛通过议会的形式修订法律，执法者在议会大厅中表决通过法律，并通过服务员传递纸条的方式交流信息，每个执法者会将通过的法律记录在自己的账目上，问题在于执法者和服务员都不可靠，他们随时会因为各种事情离开议会大厅，服务员也有可能重复传递消息，并随时可能有新的执法者（或者是暂时离开的）回到议会大厅进行法律表决，因此，议会协议要求保证在上述情况下能够正确地修订法律并且不会产生冲突。

Paxos是首个得到证明并被广泛应用的共识算法，通过消息传递来逐步消除系统中的不确定状态。其基本思路类似于两阶段提交：多个提案者先要争取到提案的权利（得到大多数接受者的支持）；成功的提案者发送提案给所有人进行确认，得到大部分人确认的提案成为批准的结案。

Paxos算法有时也被称为Paxos协议，它是少数在工程实践中被证实的强一致性、高可用的去中心化分布式协议。Paxos协议的流程较为复杂，但其基本思想却不难理解，类似于人类社会的投票过程。在Paxos协议中，有一组完全对等的参与节点，这组节点各自就某事件做出决议，如果某个决议获得了超过半数节点的同意则生效。Paxos协议中只要有超过一半的节点正常，就可以很好地对抗停机、网络分化等异常情况。

1.3.3 ACID原则

在数据库系统中，事务（transaction）是指由一系列数据库操作组成的一个完整的逻辑过程。例如，银行转账过程中要从原账户扣除金额和向目标账户添加金额，这两个数据库操作的总和构成一个完整的逻辑过程，不可拆分。这个过程被称为一个事务，具有

ACID 特性。

ACID 是指数据库管理系统在写入或更新资料的过程中，为保证事务是正确可靠的所必须具备的四个特性：原子性（atomicity，或称不可分割性）、一致性（consistency）、隔离性（isolation，又称独立性）和持久性（durability）。

- 原子性：一个事务中的所有操作，或者全部完成，或者全部不完成，不会结束在中间某个环节。事务在执行过程中发生错误，会被回滚（rollback）到事务开始前的状态，就像该事务从来没有执行过一样。也就是说，事务不可分割、不可约简。
- 一致性：在事务开始之前和事务结束以后，数据库的完整性没有被破坏。这表示写入的资料必须完全符合所有的预设约束、触发器、级联回滚等。
- 隔离性：数据库允许多个并发事务同时对其数据进行读写和修改，隔离性可以防止多个事务并发执行时由于交叉执行而导致数据不一致。事务隔离分为不同级别，包括未提交读（read uncommitted）、提交读（read committed）、可重复读（repeatable read）和串行化（serializable）。
- 持久性：事务处理结束后，对数据的修改是永久的，即便系统故障也不会丢失。

1.3.4 CAP 定理

1. CAP 定理的发展历史

1985 年，Fischer、Lynch 和 Patterson 三位学者证明了异步通信中不存在任何一致性的分布式算法（FLP impossibility），即在异步通信场景中，即使只有一个进程失败，也没有任何算法能保证非失败进程达到一致性。因此，人们开始寻找分布式系统设计的各种因素。既然一致性算法不存在，找到一些设计因素并进行适当的取舍以最大限度地满足系统需求，就成为当时的重要议题。

2000 年 7 月，加州大学伯克利分校的 Eric Brewer 教授在 ACM 的分布式计算原则（Principles of Distributed Computing）研讨会上，首次提出了著名的 CAP 猜想。两年后，麻省理工学院的 Seth Gilbert 和 Nancy Lynch 从理论上证明了 Brewer 教授 CAP 猜想的可行性。从此，CAP 理论正式在学术上成为分布式计算领域的公认定理，并深深地影响了分布式计算的发展。

CAP 定理是指对于一个分布式计算系统来说，不可能同时满足一致性（consistency）、可用性（availability）和分区容错性（partition tolerance），这三项基本需求，最多只能同时满足其中的两项。

- 一致性：所有节点访问同一份最新的数据副本。在分布式系统中的所有数据备份在同一时刻具有同样的值。
- 可用性：对数据更新具备高可用性。集群中的部分节点出现故障后，集群整体还能响应客户端的读写请求。
- 分区容错性：当分布式系统集群中的某些节点无法联系时仍能正常提供服务。分区是指是否允许集群中的节点之间无法通信。由于是分布式系统，必须满足分区容错性，因为网络的不可靠性必定会导致两个机器节点之间无法进行网络通信，从而导致数据无法同步。

2. CAP 定理的应用

CAP 猜想在被证实和规范化后，被正式称为 CAP 定理，极大地影响了大规模 Web 分布式系统的设计。当在分布式存储系统中应用 CAP 定理时，最多只能实现上述两项需求。而由于当前的网络硬件肯定会出现延迟或丢包等问题，因此分区容错性是必须要实现的。所以，我们在设计分布式系统时只能在一致性和可用性之间进行权衡。

事实上，在设计分布式应用系统时，这三项基本需求最多只能同时实现两项，不可能三者兼顾，如图 1-14 所示。

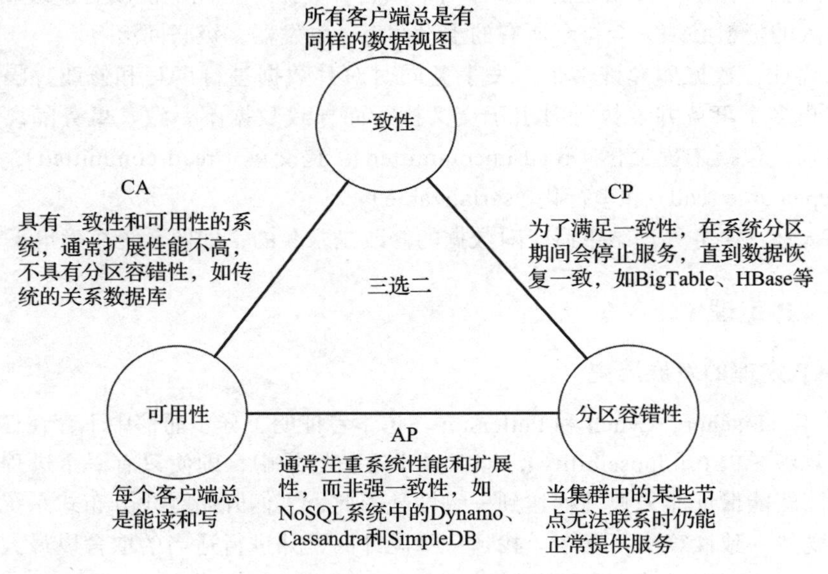

图 1-14　CAP 定理的应用

如果选择分区容错性和一致性，那么即使有节点出现故障，操作必须既一致又能顺利完成，所以必须 100% 保证所有节点之间有很好的连通性。这是很难做到的。因此，最好的办法就是将所有数据放到同一个节点中。但显然这种设计是不满足可用性的，即一旦系统遇到网络分区或其他故障，受到影响的服务就需要等待一定的时间，因此在等待期间系统无法对外提供正常的服务，即不可用，如 BigTable、HBase。

如果要满足可用性和一致性，那么为了保证可用性，则数据必须要有副本（replica）。因此，系统显然无法容忍分区。当同一数据的两个副本被分配到两个无法通信的分区时，会返回错误的数据，如关系数据库。另外，需要明确的一点是，对于一个分布式系统而言，分区容错性是一个最基本的要求，因为分布式系统中的组件需要被部署到不同的节点。

最后分析满足可用性和分区容错性的情况。要满足可用性，说明数据必须要在不同节点中有副本。还必须保证在产生分区的时候操作仍然可以完成。那么，操作必然无法保证一致性，如 Dynamo、Cassandra、SimpleDB。

3. CAP 问题实例

为了让读者更好地理解 CAP 定理的概念，下面通过一个具体的分布式应用的例子进行说明。如图 1-15 所示，假如有两个应用 A 和 B 分别运行在两个不同的服务器 N_1 和 N_2 上。A 负责向它的数据仓库（主存储器）写入数据，而 B 则从另一个数据库副本（备份存储器）读取数据。服务器 N_1 通过发送数据更新消息给服务器 N_2 来实现同步，以达到两个数据库之间的一致性。客户端应用程序调用 put(d) 方法更新数据 d 的值，应用 A 会收到该命令并将新数据通过 write() 方法写入它的数据库，然后服务器 N_1 向服务器 N_2 发送消息以更新在另一个数据库副本里的 d' 的值，随后客户端应用调用 get(d) 方法想要获取 d 的值，B 会收到该命令并调用 read() 方法从仓库副本里读出 d' 的值，此时 d' 已经更新为新值，因此，整个系统看起来是一致的。

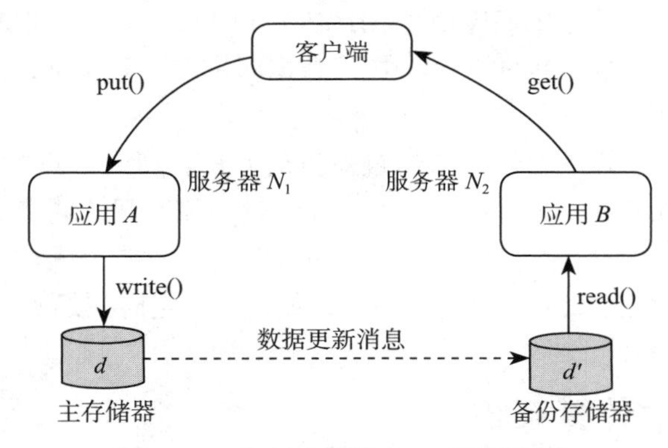

图 1-15　分布式系统 CAP 问题实例

假如服务器 N_1 和 N_2 之间的通信被切断了（网线断了），如果希望系统是容错的，则将两个数据库之间的消息设定为异步消息，那么系统仍然可以继续工作，但是数据库副本内的数据不会更新，随后用户读到的数据便是过期的数据，这就造成数据的不一致。即使将数据更新消息设定为同步的也不行，这会使服务器 N_1 的写操作和数据更新消息成为一个原子性事务，一旦消息无法发送，服务器 N_1 的写操作就会随着数据更新消息发送失败而回滚，导致系统无法使用，违背了可用性。

CAP 定理告诉我们，在大规模的分布式系统中，分区容错性是基本要求，所以要对可用性和一致性有所取舍。对于上面的实例，我们可以选择使用最终一致模型，数据更新消息可以是异步发送的，但如果服务器 N_1 在发送消息时无法得到确认，那么它就会重新发送消息，直到服务器 N_2 上的数据库副本与服务器 N_1 达到一致为止，而客户端则需要面临不一致的状态。实际上，如果你从购物车中删除一个商品记录，它很可能再次出现在你的交易记录里，但是显然，相对于较高的系统延迟来说，用户可能更愿意继续他们的交易。对于大多数 Web 应用来说，牺牲一致性来换取高可用性是主要的解决方案。

1.3.5　BASE 理论

ACID 要求强一致性，通常用于传统的数据库系统。而 BASE 要求最终一致性，通过牺牲强一致性来达到可用性，通常用于大型分布式系统。BASE 理论是对 CAP 中的一致性和可用性进行权衡的结果，其核心思想是：即使无法做到强一致性，每个应用也都可以根据自身业务特点，采用适当的方式使系统达到最终一致性。

BASE 是 Basically Available（基本可用）、Soft state（软状态）和 Eventually consistency

（最终一致性）三个短语的缩写。BASE理论是对CAP中AP的扩展，通过牺牲强一致性来获得可用性，当出现故障时允许部分不可用，但要保证核心功能可用，允许数据在一段时间内是不一致的，但最终达到一致状态。满足BASE理论的事务，我们称之为“柔性事务”。

- 基本可用：分布式系统在出现故障时，允许损失部分可用功能，保证核心功能可用。例如，电商网站交易付款出现问题后，依然可以正常浏览商品。
- 软状态：允许系统中的数据存在中间状态，并认为该中间状态不会影响系统整体可用性，即允许系统不同节点的数据副本之间进行同步的过程存在延时。由于不要求强一致性，因此BASE允许系统中存在中间状态（也叫软状态），该状态不影响系统可用性，如订单的“支付中”“数据同步中”等状态，待数据最终一致后状态改为“成功”状态。
- 最终一致性：最终一致性是指经过一段时间后，所有节点数据都将会达到一致，即强调的是系统中所有的数据副本，在经过一段时间的同步后，最终能达到一致的状态。如订单的“支付中”状态，最终会变为“支付成功”或者“支付失败”，使订单状态与实际交易结果达成一致，但需要一定时间的延迟、等待。

1.4 经典分布式计算系统

1.4.1 WWW

如图1-16所示，WWW是目前为止最大的分布式系统，WWW是环球信息网（World Wide Web）的缩写，中文名称为“万维网”“环球网”等，通常被简称为Web。它是一个由许多互相链接的超文本组成的系统，通过互联网访问。在该系统中，每个有用的事物都被称为一种“资源”，并且由一个全局的统一资源标识符（Uniform Resource Identifier，URI）标识。这些资源通过超文本传输协议（Hypertext Transfer Protocol，HTTP）传送给用户，而用户通过点击链接来获得资源。万维网并不等同于互联网，万维网只是互联网所能提供的服务之一，是依靠互联网运行的一项服务。

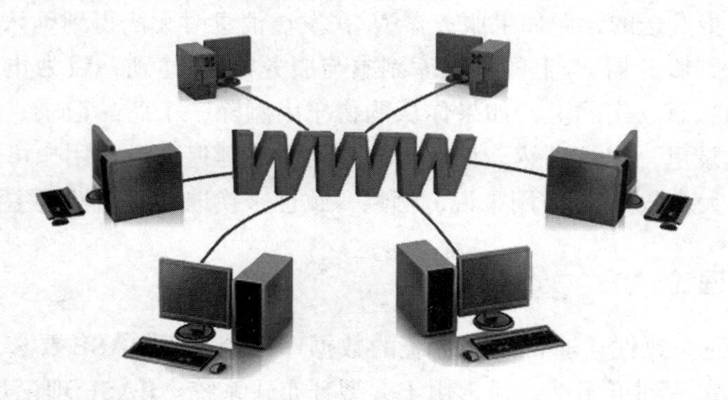

图1-16 WWW系统示意图

WWW是建立在客户机/服务器模型之上的，以超文本标注语言（标准通用标记语言下的一个应用）与超文本传输协议为基础，能够提供面向Internet服务的、一致的用户界面的信息浏览系统。其中 WWW 服务器采用超文本链路来链接信息页，这些信息页既可放置在同一个主机上，也可放置在不同地理位置的主机上。超文本链路由统一资源定位器（URL）维持，WWW 客户端软件（即 WWW 浏览器）负责信息显示与向服务器发送请求。

1.4.2 SETI@home

SETI@home（Search for Extra Terrestrial Intelligence at home，寻找外星人）是一个利用全球联网的计算机共同搜寻地外文明的项目，本质上是一个由互联网上的多台计算机组成的处理天文数据的分布式计算系统。SETI@home 由美国加州大学伯克利分校的空间科学实验室开发，它试图通过分析阿雷西博射电望远镜采集的无线电信号，搜寻能够证实地外智能生物存在的证据，该项目的参考网站为 http://setiathome.berkeley.edu。

SETI@home 是目前因特网上参加人数最多的分布式计算项目。如图 1-17 所示，在用户的个人计算机上，SETI@home 程序通常在屏幕保护模式下或在后台运行。它利用的是多余的处理器资源，不影响用户正常使用计算机。SETI@home 项目自 1999 年 5 月 17 日开始正式运行。至 2004 年 5 月，累计进行了近 5×10^{21} 次浮点运算，处理了超过 13 亿个数据单元。截至 2005 年关闭之前，它吸引了 543 万用户，这些用户的计算机累计工作 243 万年，分析了大量积压数据，但是该项目没有发现外星文明的直接证据。SETI@home 是迄今为止最成功的分布式计算试验项目。

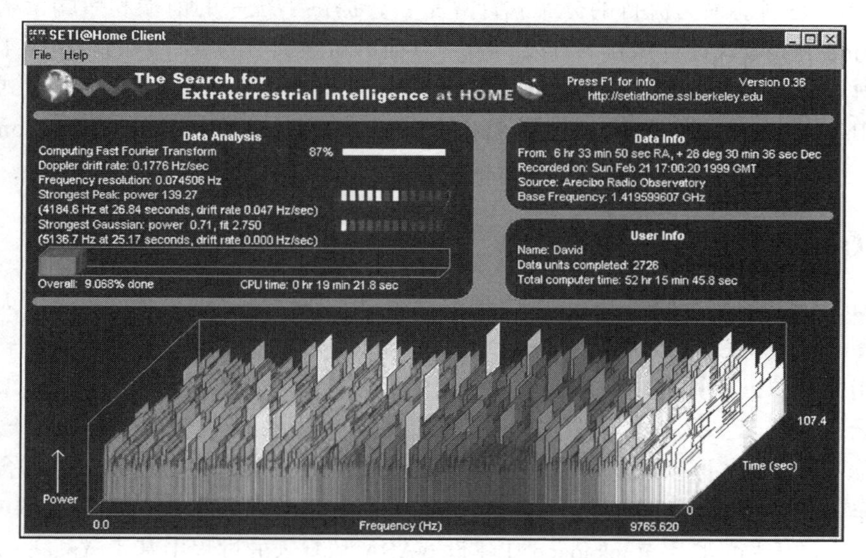

图 1-17 SETI@home 系统客户端

1.4.3 BOINC

BOINC 是 Berkeley Open Infrastructure for Network Computing 的首字母缩写，即伯克利开放式网络计算平台，是由美国加州大学伯克利分校于 2003 年开发的一个利用互联网计算机资源进行分布式计算的软件平台。BOINC 最早是为了支持 SETI@home 项目而开发的，之后逐渐成为主流的分布式计算平台，用于众多的数学、物理、化学、生命科学、地球科学等学科类别的项目。如图 1-18 所示，BOINC 平台采用传统的客户机－服务器构架：服务器部署于计算项目方的服务器，一般由数据库服务器、数据服务器、调度服务器和 Web 门户组成；客户机部署于志愿者的参与计算机节点，一般由分布在网络上的多个用户计算机组成，负责完成服务端分发的计算任务。客户机与服务器之间通过标准的互联网协议进行通信，实现分布式计算。

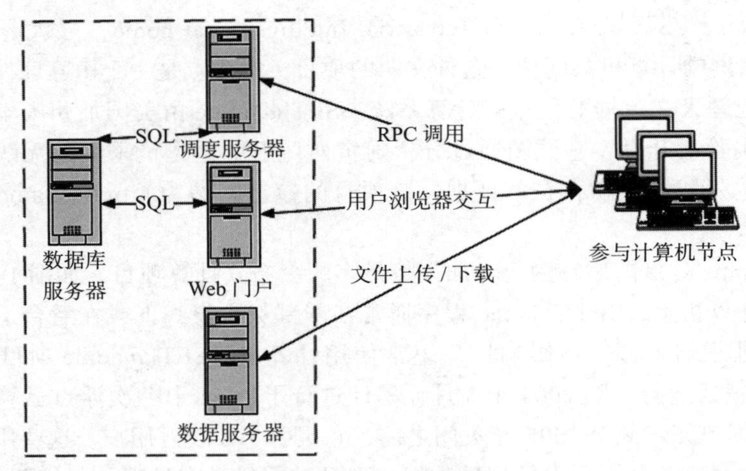

图 1-18　BOINC 平台的体系结构

BOINC 是当前最为流行的分布式计算平台，提供了统一的前端和后端架构，一方面大大简化了分布式计算项目的开发，另一方面，对参加分布式计算的志愿者来说，参与多个项目的难度也大大降低。目前已经有超过 50 个基于 BOINC 平台的分布式计算项目，BOINC 平台上的主流项目包括 SETI@home、Einstein@Home、World Community Grid 等。有关详细信息，请参考该项目网站 http://boinc.ssl.berkeley.edu/。

1.4.4 OpenStack

OpenStack 是一个开源的云计算管理平台项目，目标是提供实施简单、可大规模扩展、丰富、标准统一的云计算管理平台。OpenStack 是当前活跃的基础云实现软件，是一种可用的开源云计算解决方案，是一个构建云环境的工具集，基于 OpenStack 可以搭建私有云或公有云。从其名称中的 Open 可以看出其开源的理念、开放式的开发模式，从其名称中的 Stack 可以理解它是由一系列相互独立的子项目组合而成，协同合作完成某些工作。同时，OpenStack 也是一个十分“年轻”的开源项目，2010 年 7 月，NASA（美国国家航空航天局）联手 Rackspace 在建设 NASA 私有云的过程中基于 Apache 2.0 开源模式创建了 OpenStack 项目。

OpenStack 本身是一个分布式系统，不但可以分布式部署各个服务，也可以分布式部署服务中的组件。这种分布式特性让 OpenStack 具备极大的灵活性、伸缩性和高可用性。OpenStack 项目并不是单一的服务，其含有子组件，子组件内由模块来实现各自的功能。通过消息队列和数据库，各个组件可以互相调用、互相通信。这样的消息传递方式解耦了组件、项目之间的依赖关系，所以才能灵活地满足实际环境的需要，组合出合适的架构。

如图 1-19 所示，OpenStack 包含许多组件。有些组件会首先出现在孵化项目中，待成熟后进入下一个 OpenStack 发行版的核心服务中，同时，也有部分项目是为了更好地支持 OpenStack 社区和项目开发管理，不包含在发行版代码中。OpenStack 主要组件如下。

- Nova：提供计算服务。
- Keystone：提供认证服务。
- Glance：提供镜像服务。
- Quantum：提供仪表盘服务。
- Horizon：提供仪表盘服务。
- Swift：提供对象存储服务。
- Cinder：提供块存储服务。
- Heat：提供编排服务。
- Ceilometer：提供计费和监控服务。
- Trove：提供数据库服务。
- Sahara：提供数据处理服务。

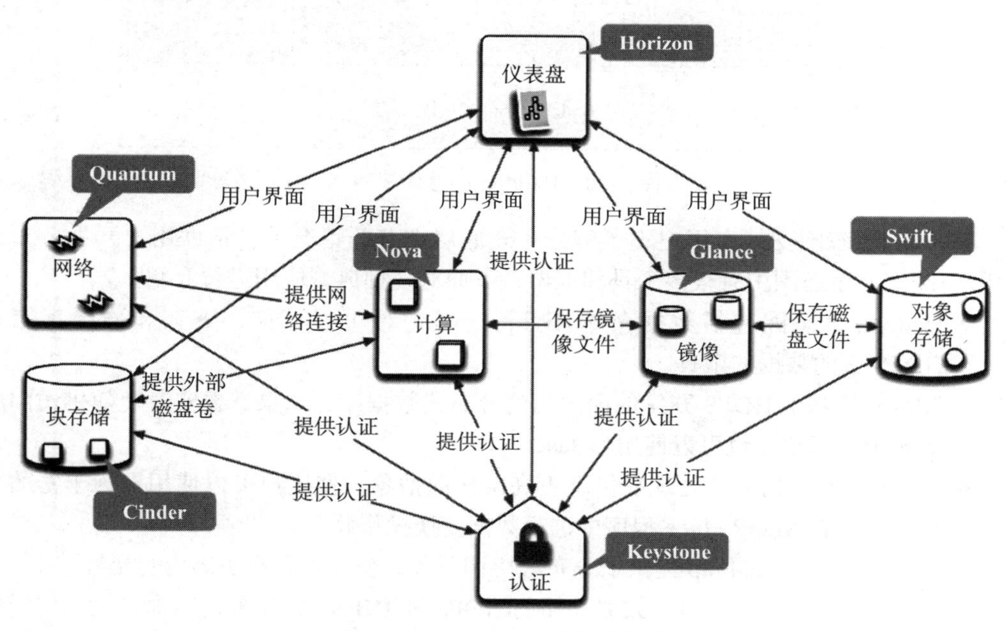

图 1-19　OpenStack 的总体架构

1.4.5　Hadoop

Hadoop 是一个由 Apache 基金会开发的分布式系统基础架构。Hadoop 起源于开源网络搜索引擎 Apache Nutch，2003 年和 2004 年，谷歌分别发表论文描述了谷歌分布式文件系统 GFS 和分布式数据处理系统 MapReduce。基于这两篇论文，Nutch 的开发者开始着手开源版本的实现，实现了 Hadoop 系统的核心——分布式文件存储系统 HDFS 和分布式计算框架 MapReduce。2006 年，开发人员将 HDFS 和 MapReduce 移出 Nutch，至此，用于数据存储和分析的分布式系统Hadoop诞生了。目前，Hadoop在工业界得到了广泛应用，包括EMC、IBM、Microsoft在内的国际公司都在直接或间接地使用包含Hadoop的系统，Hadoop成为公认的大数据通用存储和分析平台。Hadoop经过十多年的发展，形成了一个完整的分布式系统生态圈。如图1-20所示，Hadoop分布式系统包括核心的分布式文件存储系统HDFS和分布式计算框架MapReduce，以及用于集群资源管理的YARN。

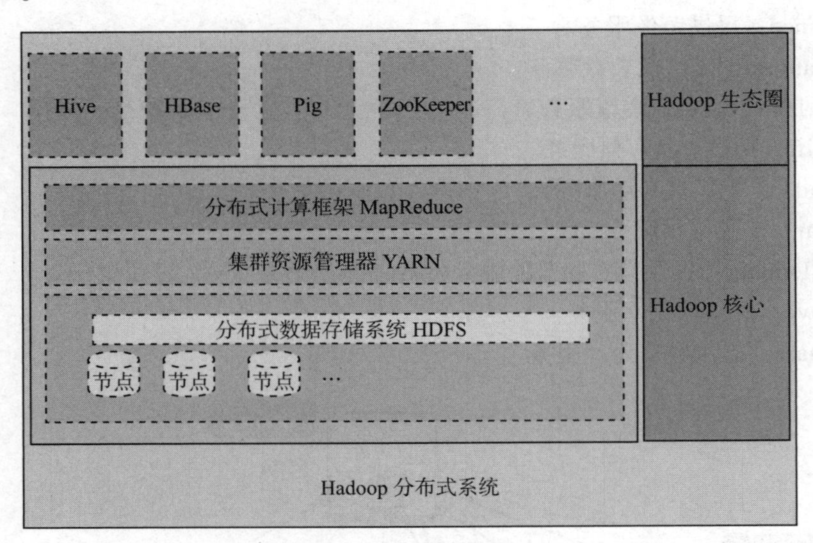

图1-20 Hadoop的总体架构

Hadoop生态圈支持在用户不了解分布式底层细节的情况下，帮助用户开发分布式应用。Hadoop生态圈中有很多工具和框架，下面对几种典型应用进行介绍。

- Hadoop生态圈包括数据仓库Hive，这是一种可以存储、查询和分析存储在HDFS中的数据的工具。
- HBase是基于HDFS开发的面向列的分布式数据库，如果需要实时地随机访问超大规模数据集，就可以使用HBase。
- Pig为大型数据集的处理提供了更高层次的抽象，使用户可以使用更为丰富的数据结构，在MapReduce程序中进行数据变换操作。
- ZooKeeper为Hadoop提供了分布式协调服务，使集群具有更高的容错性。

接下来介绍Hadoop中用于数据存储的HDFS和HBase的分布式架构，以及用于集群资源管理的分布式管理器YARN。

如图1-21所示，HDFS集群按照管理节点–工作节点模式运行，其中NameNode为管理节点，DataNode为工作节点，SecondaryNameNode为辅助NameNode。NameNode与DataNode之间是一对多的关系。同时，HDFS通过心跳机制、负载均衡和DataNode替换策略等手段来保证可用性和高可靠性。其中：NameNode负责管理数据块映射、处理客户端的读写请求、配置副本策略、管理HDFS的名称空间；DataNode负责存储Client发来的数据块（block)、执行数据块的读写操作；SecondaryNameNode作为NameNode备份节点，分担NameNode的工作量，同时对NameNode进行冷备份。

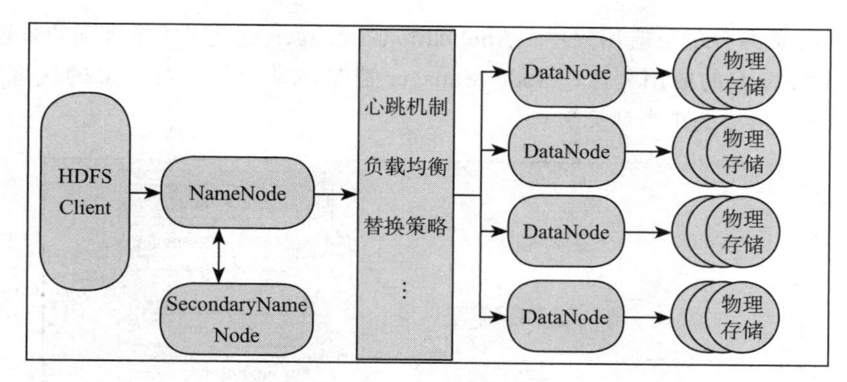

图 1-21　HDFS 的分布式体系结构

如图 1-22 所示，HBase 是一个在 HDFS 上开发的面向列的分布式数据库，服务依赖于 ZooKeeper。HBase 的分布式结构与 HDFS 相似，它用一个 Master 节点协调管理一个或多个 Regionserver 从属机。

- Master 节点负责启动一个全新的安装、把区域分配给注册的 Regionserver、恢复 Regionserver 的故障等，值得一提的是，Master 的负载很低。
- Regionserver 负责零个或多个区域的管理以及响应客户端的读写请求，同时负责区域划分。
- ZooKeeper 集群负责管理 hbase:meta 目录表的位置以及当前集群主控机地址等重要信息。如果有服务器崩溃，ZooKeeper 还能进行分配协调。
- Client 包含访问 HBase 的接口，维护一些 Cache 来加快对 HBase 的访问。

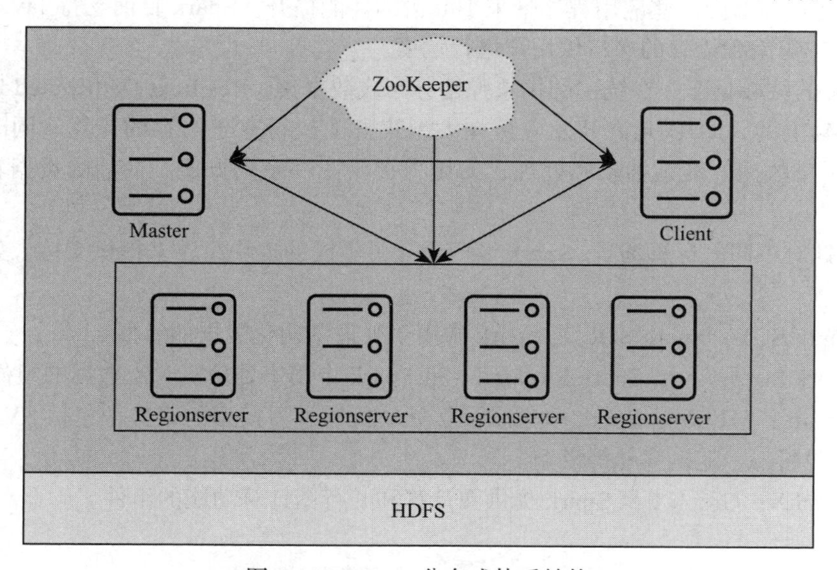

图 1-22　HBase 分布式体系结构

图 1-23 是 YARN（Yet Another Resource Negotiator）的分布式体系结构示意图。YARN 是 Hadoop 的集群资源管理系统，随 Hadoop 2.x 一起发行，起初是为了改善 MapReduce 的性能而设计的，但现在 YARN 因其良好的通用性同样可以支持 Spark、Tez 等分布式计算框架。其中：Resource Manager 是一个全局的资源管理器，管理整个集群的计算资

源，并将这些资源分配给应用程序；Application Manager 是应用程序级别的管理器，管理运行在 YARN 上的应用程序；Node Manager 是 YARN 中每个节点上的代理管理器，管理 Hadoop 集群中的单个计算节点。

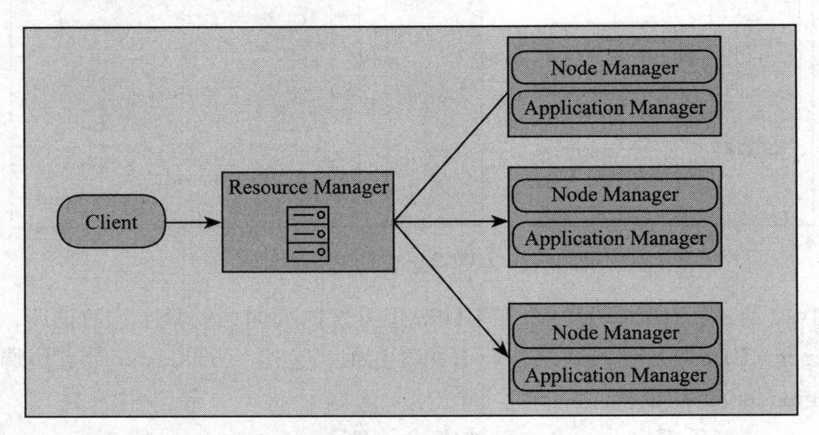

图 1-23　YARN 的分布式体系结构

1.4.6　Spark

Spark 是一个快速、通用的大规模数据处理与计算框架，于 2009 年由 Matei Zaharia 在加州大学伯克利分校的 AMPLab 进行博士研究期间提出。与传统的数据处理框架不一样，Spark 通过在内存中缓存数据集以及启动并行计算任务时的低延迟和低系统开销来实现高性能，能够为一些应用程序带来 100 倍的性能提升。Spark 目前支持 Java、Scala、Python 和 R 等编程语言的接口供用户进行调度。

Spark 的核心是建立在统一的抽象弹性分布式数据集（Resilient Distributed Datasets，RDD）基础上的，RDD 允许开发人员在大型集群上执行基于内存的计算，同时屏蔽了 Spark 底层对数据的复杂抽象和处理，为用户提供了一系列方便、灵活的数据转换与求值方法。

为了针对不同的运算场景，Spark 专门设计了不同的模块组件来提供支持，如图 1-24 所示。

- Spark SQL：Spark SQL 是 Spark 中用于处理结构化数据的组件。
- Spark Streaming：Spark Streaming 是 Spark 中用于处理实时流数据的组件。
- MLlib：MLlib 是 Spark 中集成了常见的机器学习模型的组件，包括 SVM、逻辑斯蒂回归、随机森林等模型。
- GraphX：GraphX 是 Spark 提供图计算和并行图计算功能的组件。

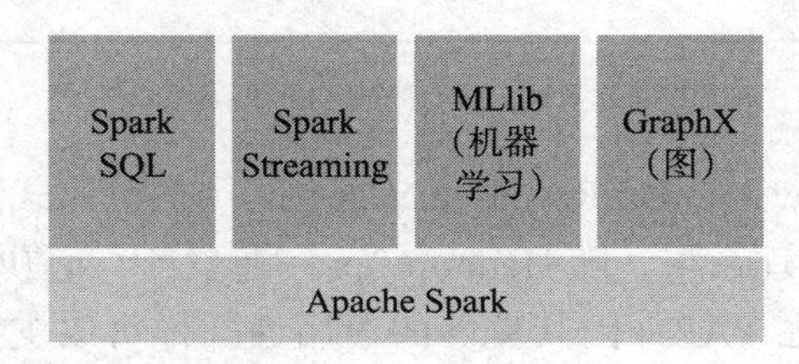

图 1-24　Spark 软件栈

作为一个开源集群运算框架，Spark 共支持 4 种集群运行模式：Standalone、基于 Apahce Mesos、基于 Hadoop YARN 以及基于 Kubernetes。Spark 的整体架构如图 1-25 所示。每个 Spark 应用由驱动器程序（driver program）来发起各种并行操作，并通过其中的 SparkContext 对象进行协调。同时，SparkContext 对象可以连接上述各种集群管理器，然后对连接的集群管理器进行整体的资源调度。连接成功之后，Spark 会对工作节点中的执行器（executor）进行管理，将应用代码及相关资料信息发送到执行器，最终将任务（task）分配到每个执行器中执行。

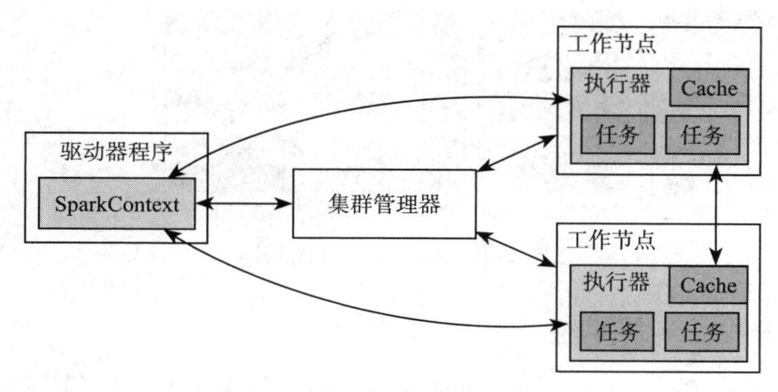

图 1-25 Spark 整体架构

在过去的几年中，Spark 发展极其迅猛，它一直在促进着 Hadoop 和大数据生态系统的演变，以便更好地支持当今大时代下的大数据分析需求。可以看到，Spark 正在以前所未有的力量帮助广大的开发者、数据科学家以及企业更好地应对大数据处理方面的挑战。

1.4.7 Kubernetes

Kubernetes 简称 K8s，是一个全新的基于容器技术的分布式架构领先方案。Kubernetes 是谷歌 Borg 系统的开源版本。Kubernetes 基于容器技术，目的是实现资源管理的自动化，以及跨多个数据中心的资源利用率的最大化。Kubernetes 是一个完备的分布式系统支撑平台，它具有完备的集群管理能力、强大的故障发现和自我修复能力、服务滚动升级和在线扩容能力，以及多粒度的资源配额管理能力。与此同时，Kubernetes 还提供了完善的管理工具，这些工具涵盖开发、部署测试、运维监控在内的各个环节。因此，Kubernetes 是一个全新的基于容器技术的分布式架构解决方案，并且是一个一站式的完备的分布式系统开发和支撑平台。

如图 1-26 所示，Kubernetes 将集群中的机器划分为一个 Master 节点和多个工作节点（Node）。其中，在 Master 节点上运行着与集群管理相关的一组进程 kube-apiserver、kube-controller-manager 和 kube-scheduler，这些进程实现了整个集群的资源管理、Pod 调度、弹性伸缩、安全控制、系统监控和纠错等管理功能，并且都是自动完成的。Node 作为集群中的工作节点，运行真正的应用程序，在 Node 上 Kubernetes 管理的最小运行单元是 Pod。Node 上运行着 Kubernetes 的 kubelet、kube-proxy 服务进程，这些服务进程负责 Pod 的创建、启动、监控、重启、销毁，以及实现软件模式的负载均衡器。

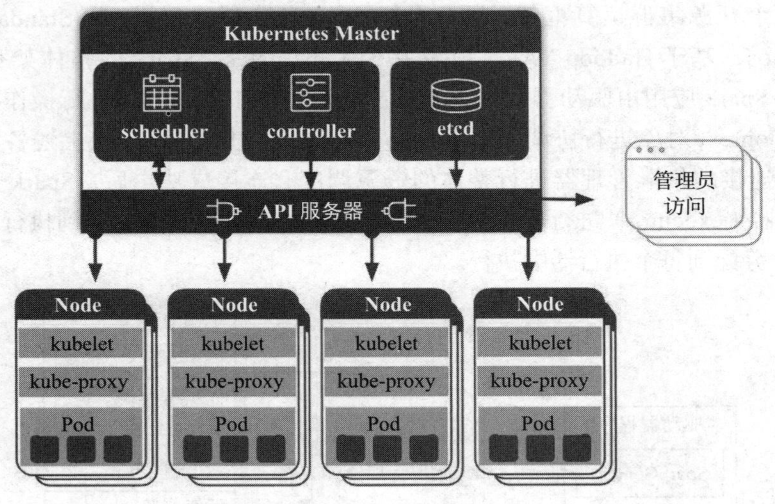

图 1-26 Kubernetes 架构图

1.4.8 其他分布式计算系统

除了以上经典的分布式系统外，还有很多其他分布式计算项目，它们通过分布式计算来构建分布式系统并实现特定项目目标。

- Climateprediction.net：模拟百年以来的全球气象变化，并计算未来地球气象，以对付未来可能遭遇的灾害性天气。
- Quake-Catcher Network：借助笔记本计算机中内置的加速度计，以及一个简易的小型 USB 微机电强震仪（传感器），创建一个大的强震观测网。可用于地震的实时警报或防灾、减灾等相关的应用。
- World Community Grid：帮助查找人类疾病的治疗方法和改善人类生活的相关公益研究，包括艾滋病、癌症、流感病毒等疾病及水资源复育、太阳能技术、水稻品种的研究等。
- Einstein@Home：2005 年开始的项目，目的是找出脉冲星的引力波，验证爱因斯坦的相对论预测。
- FightAIDS@home：研究艾滋病的生理原理和相关药物。
- Folding@home：了解蛋白质折叠、聚合以及相关疾病。
- GIMPS：寻找新的梅森素数。
- Distributed.net：2002 年 10 月 7 日，以破解加密术而著称的 Distributed.net 宣布，在经过全球 33.1 万名计算机高手共同参与并苦心研究 4 年之后，已于 2002 年 9 月中旬破解了以研究加密算法而著称的美国 RSA 数据安全实验室开发的 64 位密匙——RC5-64 密匙。

上述分布式计算项目或系统只是其中部分经典系统，随着互联网的飞速发展，近年来涌现出很多著名的系统与项目，读者可以查阅相关论文和技术文档以深入学习其技术原理。下面列出分布式系统领域一些经典的系统（论文），供大家学习参考。

1）The Google File System。这是分布式文件系统领域具有划时代意义的论文，文中的多副本机制、控制流与数据流隔离和追加写模式等概念几乎成为分布式文件系统领域的标准，Apache Hadoop 的 HDFS 就是 GFS 的模仿之作。

2）MapReduce：Simplified Data Processing on Large Clusters。这篇论文也来自 Google，通过 Map 和 Reduce 两个操作大大简化了分布式计算的复杂度，使任何需要的程序员都可以编写分布式计算程序，其中用到的技术值得我们好好学习。Hadoop 也根据这篇论文做了一个开源的 MapReduce。

3）BigTable：A Distributed Storage System for Structured Data。Google 在 NoSQL 领域的分布式表格系统，LSM 树的最好使用范例，广泛用到了网页索引存储、YouTube 数据管理等业务，Hadoop 对应的开源系统为 HBase。

4）The Chubby lock service for loosely-coupled distributed systems。Google 的分布式锁服务，基于 Paxos 协议，这篇文章相比于前三篇可能知道的人较少，但是其对应的开源系统 ZooKeeper 几乎每个后端程序员都接触过，其影响力其实不亚于前 3 个系统。

5）Finding a Needle in Haystack：Facebook's Photo Storage。Facebook 的在线图片存储系统，目前来看是对小文件存储的最好解决方案之一，Facebook 目前通过该系统存储了超过 300PB 的数据。

6）Windows Azure Storage：a highly available cloud storage service with strong consistency。关于 Windows Azure 的总体介绍文章，是一篇很好的描述云存储架构的论文，其中通过分层来同时保证可用性和一致性的思路在现实工作中也给了我们很多启发。

7）GraphLab：A New Framework for Parallel Machine Learning。CMU 基于图计算的分布式机器学习框架，目前已经成立了专门的商业公司，在分布式机器学习方面成绩显著，其单机版的 GraphChi 处理百万维度的矩阵分解只需要 2 ～ 3min。

8）Resilient Distributed Datasets：A Fault-Tolerant Abstraction for In-Memory Cluster Computing。其实就是 Spark——目前流行的内存计算模式，通过 RDD 和 lineage 大大简化了分布式计算框架，通常几行 scala 代码就可以解决原来上千行 MapReduce 代码才能搞定的问题，大有取代 MapReduce 的趋势。

9）Scaling Distributed Machine Learning with the Parameter Server。百度李沐的大作，目前在大规模分布式学习方面，各家公司主要都是使用 ps，ps 具备良好的可扩展性，使得大数据时代的大规模分布式学习成为可能，Google 的深度学习模型也是通过 ps 训练实现的，是目前最流行的分布式学习框架，豆瓣的开源系统 paracell 也是 ps 的一个实现。

10）Dremel：Interactive Analysis of Web-Scale Datasets。Google 的大规模（近）实时数据分析系统，号称可以在 3s 内响应 1PB 数据的分析请求，内部使用查询树来优化分析速度，其开源实现为 Drill，在工业界实时数据分析方面也比较有影响力。

11）Pregel：a system for large-scale graph processing。Google 的大规模图计算系统，相当长一段时间是 Google PageRank 的主要计算系统，对开源的影响也很大（包括 GraphLab 和 GraphChi）。

12）Spanner：Google's Globally-Distributed Database。这是第一个全球意义上的分布式数据库。其中介绍了很多一致性方面的设计考虑，简单起见，还采用了 GPS 和原子钟来确保时间最大误差在 20ns 以内，保证了事务的时间序，同样在分布式系统方面具有很强的借鉴意义。

13）Dynamo：Amazon's Highly Available Key-value Store。Amazon 的分布式 NoSQL 数据库，作用相当于 BigTable 对于 Google，与 BigTable 不同的是，Dynamo 保证 CAP 中的 AP，C（一致性）通过 vector clock 保证，对应的开源系统为 Cassandra。

14）S4：Distributed Stream Computing Platform。Yahoo 出品的流式计算系统，目前最流行的两大流式计算系统之一，Yahoo 的主要广告计算平台。

15）Storm @Twitter。Storm 起源于 Twitter 开源的一个类似于 Hadoop 的实时数据处理框架，Hadoop 是批量处理数据，而 Storm 处理的是实时数据流。Storm 开启了流式计算的新纪元，是很多公司实现流式计算的首选。

习题

一、选择题

1. 下列计算形式不属于分布式计算的是（　　）。
   A. 单机计算　　B. 并行计算　　C. 网络计算　　D. 云计算
2. 下列活动不属于分布式计算应用的是（　　）。
   A. Web 冲浪　　B. 在线视频播放应用
   C. 电子邮件应用　　D. 超级计算机上的科学计算
3. 下面不属于分布式计算的优点的是（　　）。
   A. 资源共享　　B. 安全性　　C. 可扩展性　　D. 容错性
4. 以下哪种分布式计算模式是另外三种模式的融合？（　　）
   A. 边缘计算　　B. 雾计算　　C. 移动云计算　　D. 移动边缘计算

二、问答题

1. 什么是分布式计算？它有哪些优缺点？
2. 什么是集中式计算？通过图形方式描述集中式计算和分布式计算的区别。
3. 请分析比较各种分布式计算模式？

参考文献

[1] 林伟伟，刘波．分布式计算、云计算与大数据 [M]. 北京：机械工业出版社，2015.

[2] COULOURIS G, DOLLIMORE J, KINDBERG T, et al. Distributed Systems: Concepts and Design [M]. 5th ed. Boston: Addison-Wesley, 2011.

[3] 刘福岩，王艳春，刘美华，等．计算机操作系统 [M]. 北京：兵器工业出版社，2005.

[4] LIU M L. 分布式计算原理与应用（影印版）[M]. 北京：清华大学出版社，2004.

[5] 中国分布式计算总站 [EB/OL].（2018-04-03）[2023-10-18]. http://www.equn.com/.

[6] 孙大为，张广艳，郑纬民．大数据流式计算：关键技术及系统实例 [J]. 软件学报，2014（4）：839-862.

[7] Cisco IOx in Cisco Live 2014: Showcasing "fog computing" at work [EB/OL]. (2014-05-13) [2023-

10-18]. http://blogs.cisco.com/digital/cisco-iox-in-cisco-live-2014-showcasing-fog-computing-at-work.

[8] BAR-MAGEN J. Fog Computing introduction to a New Cloud Evolution[J]. José Francisco Forniés Casals，2013：111-126.

[9] 施巍松，孙辉，曹杰，等 . 边缘计算：万物互联时代新型计算模型 [J]. 计算机研究与发展，2017，54（5）：907-924.

[10] 严林 . 分布式系统领域有哪些经典论文 [EB/OL].(2015-05-08)[2023-10-18]. https://www.zhihu.com/question/30026369.

[11] 林伟伟，彭绍亮 . 云计算与大数据技术理论及应用 [M]. 北京：清华大学出版社，2019.

第2章　分布式计算编程基础

本章首先介绍进程间通信和 Socket API 的基本概念，接着重点阐述流式 Socket 的编程方法，然后介绍 RMI 范型的基本概念，并重点给出 RMI 分布式应用开发的基本方法和流程，最后讨论 P2P 技术并给出 P2P 编程的基本方法。

2.1　进程间通信

2.1.1　进程间通信的概念

分布式计算的核心技术是进程间通信（InterProcess Communication，IPC），即在互相独立的进程（进程是程序的运行时表示）间通信及共同协作以完成某项任务的能力。图 2-1 给出了基本的 IPC 机制：两个运行在不同计算机上的独立进程（P_1 和 P_2），通过互联网交换数据。其中，进程 P_1 为发送者（sender），进程 P_2 为接收者（receiver）。

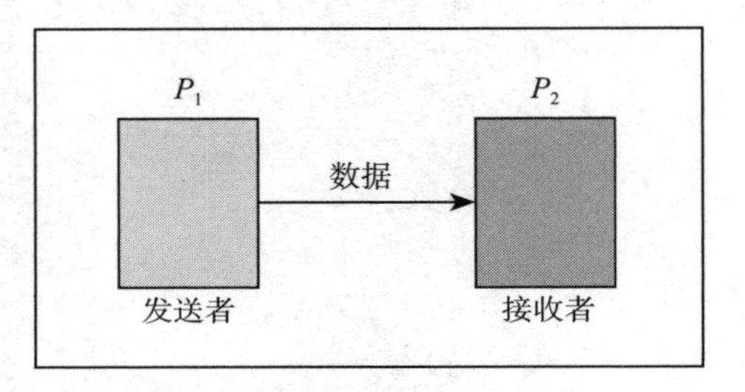

图 2-1　IPC 机制

在分布式计算中，两个或多个进程按约定的某种协议进行 IPC，此处的协议是指数据通信各参与进程必须遵守的一组规则。在协议中，一个进程有些时候可能是发送者，其他时候则可能是接收者。如图 2-2 所示，当一个进程与另一个进程进行通信时，IPC 被称为单播（unicast）；当一个进程与另外一组进程进行通信时，IPC 被称为组播（multicast）。

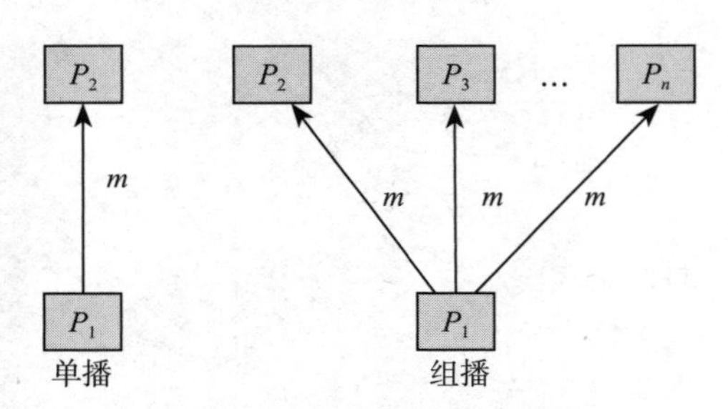

图 2-2　单播通信和组播通信

操作系统为进程间通信提供了相应的设施，我们称之为系统级 IPC 设施，例如消息队列、共享内存等。直接利用这些系统级 IPC 设施，就可以开发出各种网络软件或分布式计算系统。然而，基于这种底层的系统级 IPC 设施来开发分布式应用往往工作量比较大且复杂，所以一般不直接基于系统级 IPC 设施进行开发。为了使编程人员从系统级 IPC 设施的编程细节中摆脱出来，可以对底层 IPC 设施进行抽象，提供高层的 IPC API（Application Programming Interface，应用编程接口或应用程序接口）。该 API 提供了对系统级设施的复杂性和细节的抽象，因此，编程人员开发分布式计算应用时，可以直接利用这些高层的 IPC API，把注意力更多地集中在应用逻辑上。

2.1.2 IPC 原型与示例

下面考虑一下可以提供 IPC 所需的最低抽象层的基本 API。在这样的 API 中需要提供以下 4 种基本操作。

- 发送（send）。该操作由发送进程发起，旨在向接收进程传输数据。操作必须允许发送进程识别接收进程和定义待传数据。
- 接收（receive）。该操作由接收进程发起，旨在接收发送进程发来的数据，操作必须允许接收进程识别发送进程和定义保存数据的内存空间，该内存随后被接收者访问。
- 连接（connect）。对面向连接的 IPC，必须有允许在发起进程和指定进程间建立逻辑连接的操作：其中一个进程发出请求连接操作，而另一进程发出接收连接操作。
- 断开连接（disconnect）。对面向连接的 IPC，该操作允许通信的双方关闭先前建立起来的某一逻辑连接。

参与 IPC 的进程将按照某种预先定义的顺序发起这些操作。每个操作的发起都会引发一个事件。例如，发送进程的发送操作引发一个把数据传送到接收进程的事件，而接收进程发出的接收操作导致数据被传送到进程中。注意，参与进程独立发起请求，每个进程都无法知道其他进程的状态。

HTTP 是一种超文本传输协议，已被广泛应用于 WWW。在该协议中，Web 服务器进程发起 accept connection，然后，一个进程（浏览器）通过发出 make connection 操作，建立与另一进程（Web 服务器）的逻辑连接，随后向 Web 服务器发送 send 操作来传输数据请求。接着，Web 服务器进程发出一个 send 操作来传输 Web 浏览器进程所请求的数据。通信结束时，每个进程都发出一个 disconnect 操作来终止连接。图 2-3 给出了 HTTP 的 IPC 基本操作流程，基于 HTTP 的分布式计算应按照这个流程进行开发。

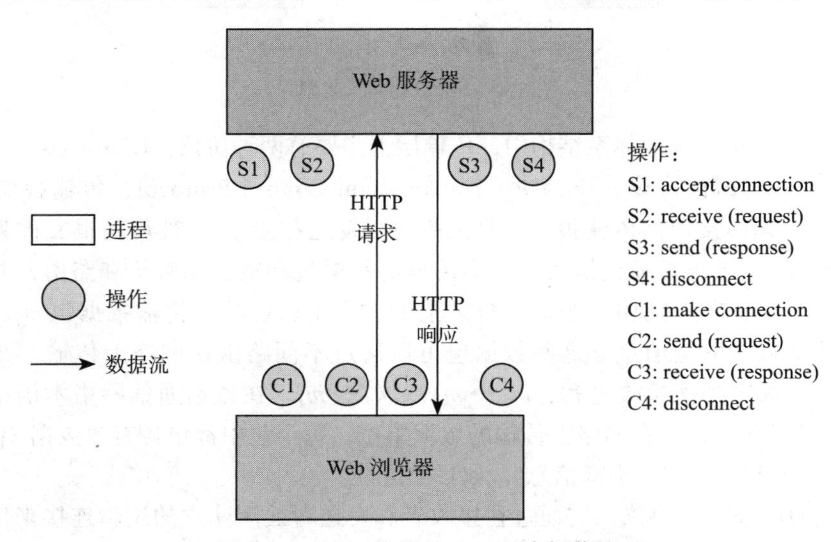

图 2-3 HTTP 协议的 IPC 基本操作流程

2.2 Socket 编程

2.2.1 Socket 概述

Socket API 最早作为 Berkeley UNIX 操作系统的程序库，出现于 20 世纪 80 年代早期，用于提供 IPC 功能。现在所有主流操作系统都支持 Socket API。在 BSD、Linux 等基于 UNIX 的系统中，Socket API 是操作系统的一部分。在个人计算机操作系统 MS-DOS、Windows NT、macOS、OS\2 中，Socket API 都是以程序库形式提供的（在 Windows 系统中，Socket API 被称为 Winsocket）。Java 语言在设计之初就考虑到了网络编程，也将 Socket API 作为语言核心类的一部分提供给用户。所有这些 API 都使用相同的消息传递模型和类似的语法。

Socket API 是实现进程间通信的第一种编程设施。Socket API 非常重要，原因主要有以下两点。

- Socket API 已经成为 IPC 编程事实上的标准，高层 IPC 设施都是构建于 Socket API 基础上的，即它们基于 Socket API 实现。
- 对于响应时间要求较高或在有限资源平台上运行的应用来说，用 Socket API 实现是最合适的。

如图 2-4 所示，Socket API 的设计者提供了一种称为 Socket 的编程类型。希望与另一进程通信的进程必须创建该类型的一个实例（实例化一个 Socket 对象），两个进程都可以使用 Socket API 提供的操作发送和接收数据。

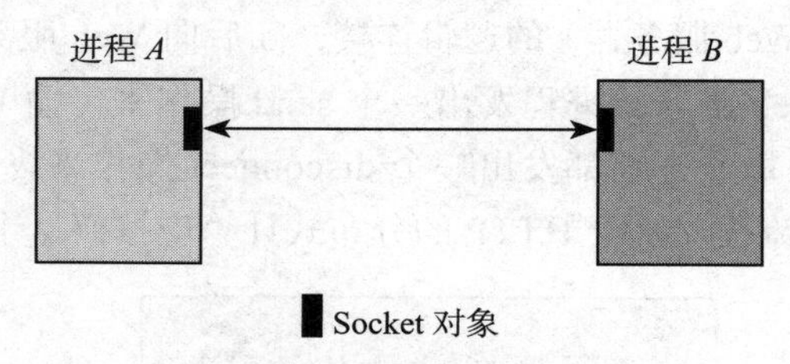

图 2-4 Socket 编程类型

在 Internet 网络协议的体系结构中，传输层上主要有两种协议：UDP（User Datagram Protocol，用户数据包协议）和 TCP（Transmission Control Protocol，传输控制协议）。UDP 允许使用无连接通信传输报文（即在传输层发送和接收），被传输报文称为数据包（datagram）。根据无连接通信协议，每个传输的数据包都被分别解析和路由，并且可按任何顺序到达接收者。例如，如果主机 A 上的进程 1 通过顺序传输数据包 m_1、m_2，向主机 B 上的进程 2 发送消息，这些数据包可以通过不同路由在网络上传输，并且可按下列任何一种顺序到达接收进程：$m_1 \rightarrow m_2$ 或 $m_2 \rightarrow m_1$。在数据通信网络术语中，“包”（packet，或称分组）是指在网络上传输的数据单位。每个包中都包含有效数据（payload，载荷）以及一些控制信息（头部信息），如目的地址。

TCP 是面向连接的协议，它通过在接收者和发送者之间建立的逻辑连接来传输数据流。由于有连接，从发送者到接收者的数据能保证以与发送次序相同的顺序被接收。例如，如果主机 A 上的进程 1 顺序传输 m_1、m_2，向主机 B 上的进程 2 发送消息，接收进程可以认为消息将以 $m_1 \to m_2$ 顺序到达，而不是 $m_2 \to m_1$。

根据传输层所使用协议的不同，Socket API 分为两种类型：一种是使用 UDP 传输的 Socket，称为数据包 Socket（datagram Socket）；另一种是使用 TCP 传输的 Socket，称为流式 Socket（stream Socket）。由于分布式计算与网络应用主要使用流式 Socket，后面将重点讨论流式 Socket 的开发技术。

2.2.2 流式 Socket 编程

我们知道，数据包 Socket API 支持离散数据单元（即数据包）交换，流式 Socket API 则提供了基于 UNIX 操作系统的流式 I/O 的数据传输模式。根据定义，流式 Socket API 仅支持面向连接通信。

如图 2-5 所示，流式 Socket 为两个特定进程提供稳定的数据交换模型。数据流从一方连续写入，从另一方读出。流的特性允许以不同速率向流中写入或读取数据，但是一个流式 Socket 不能同时与两个及以上的进程通信。

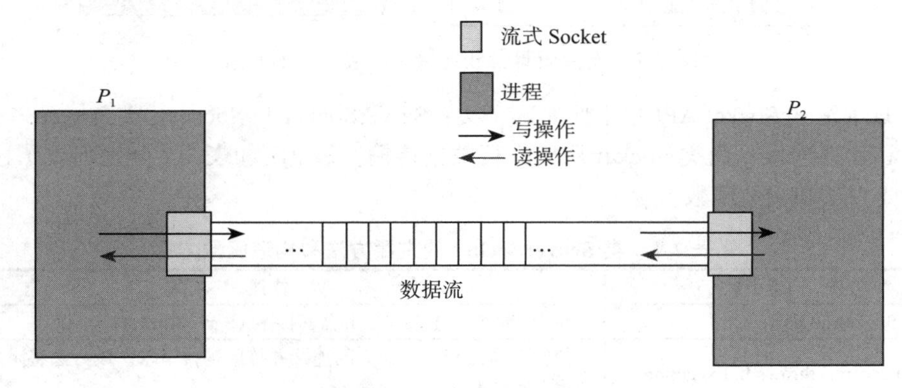

图 2-5 流式 Socket

图 2-6 演示了流式 Socket API 模型，采用该 API，服务器进程建立一个连接 Socket，随后侦听来自其他进程的连接请求。每次只接收一个连接请求。当连接被接收后，将为该连接创建一个数据 Socket。服务器进程可通过数据 Socket 从数据流读取数据或向其中写入数据。一旦两个进程之间的通信会话结束，数据 Socket 被关闭，服务器可通过连接 Socket 自由接收下一个连接请求。

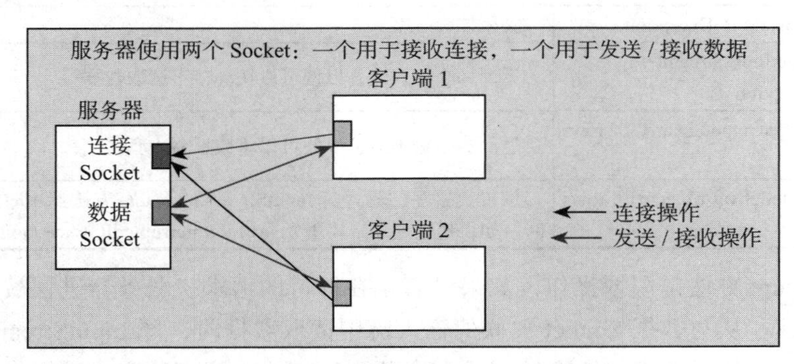

图 2-6 流式 Socket API 模型

客户进程创建一个 Socket，随后通过服务器的连接 Socket 向服务器发送连接请求。一旦请求被接收，客户 Socket 与服务器数据 Socket 连接，以便客户可继续从数据流读取数据或向数据流写入数据。两个进程之间的通信会话结束后，数据 Socket 关闭。

图 2-7 描述了连接侦听者和连接请求者中的程序流。

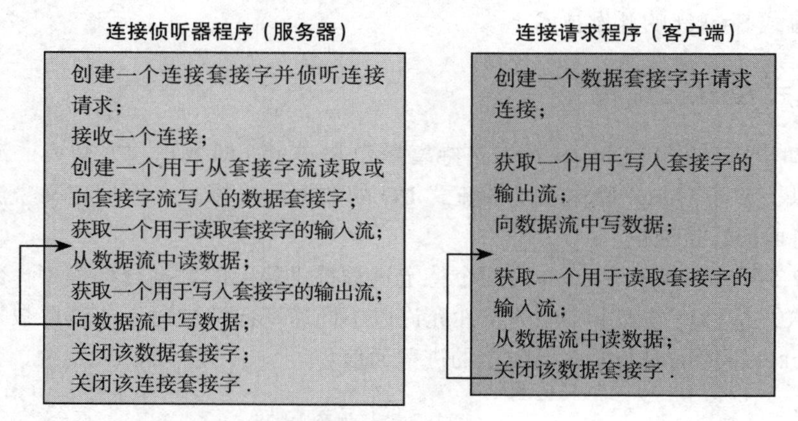

图 2-7　连接侦听者和连接请求者中的程序流

在 Java 流式 Socket API 中主要有两个类：ServerSocket 和 Socket。类 ServerSocket 用来侦听和建立连接，而类 Socket 用于进行数据传输。表 2-1 和表 2-2 分别列出了这两个类的主要方法和构造函数。

表 2-1　类 ServerSocket 的主要方法和构造函数

方法 / 构造函数	描述
ServerSocket(int port)	在指定的端口上创建服务器套接字（ServerSocket）
Socket accept() throws IOException	侦听要与此套接字建立的连接并接收连接请求。该方法将阻塞，直到建立连接为止
public void close() throws IOException	关闭该套接字
void setSoTimeout(int timeout) throws SocketException	设置当前套接字的 accept() 方法的阻塞超时周期（以毫秒为单位）。如果超时到期，将引发 java.io.InterruptedIOException 异常

表 2-2　类 Socket 的主要方法和构造函数

方法 / 构造函数	描述
Socket (InetAddress address, int port)	创建流套接字并将其连接到指定 IP 地址的指定端口号上
void close() throws IOException	关闭该套接字
InputStream getInputStream( ) throws IOException	返回一个输入流，以便可以从套接字读取数据
OutputStream getOutputStream( ) throws IOException	返回一个输出流，以便可以将数据写入套接字
void setSoTimeout(int timeout) throws SocketException	设置套接字的输入流 InputStream 的 read() 方法调用时阻塞的超时时间。如果超时到期，将引发 java.io.InterruptedIOException 异常

其中 accept 方法是阻塞操作，如果没有正在等待的请求。服务器进程被挂起，直到连接请求到达。从与数据 Socket 关联的输入流中读取数据时，即 InputStream 的 read 方法是阻塞操作，如果请求的所有数据没有全部到达该输入流中，客户进程将被阻塞，直到有足够数量的数据被写入数据流。

数据 Socket 并没有提供特定的 read 和 write 方法，想要读取和写入数据必须用类 InputStream 和 OutputStream 相关联的方法来执行这些操作。

代码 2-1 和代码 2-2 演示了流式 Socket 的基本语法。Example4ConnectionAcceptor 通过在特定端口上建立 ServerSocket 对象来接收连接。Example4ConnectionRequestor 创建一个 Socket 对象，其参数为 Acceptor 中的主机名和端口号。一旦连接被 Acceptor 接收，消息就被 Acceptor 写入 Socket 的数据流。在 Requestor 方，消息从数据流读出并显示。

代码 2-1　Example4ConnectionAcceptor.java 源代码

```
import java.net.*;
import java.io.*;

public class Example4ConnectionAcceptor {
    public static void main(String[] args) {
        if (args.length != 2)
            System.out.println("This program requires three command line arguments");
        else {
            try {
                    int portNo = Integer.parseInt(args[0]);
                    String message = args[1];
                    // 实例化一个用于接收连接的套接字
                    ServerSocket connectionSocket = new ServerSocket(portNo);
                    System.out.println("now ready accept a connection");
                    Socket dataSocket = connectionSocket.accept();
                    System.out.println("connection accepted");
                    // 获取用于写入数据套接字的输出流
                    OutputStream outStream = dataSocket.getOutputStream();
                    // 创建字符模式输出的 PrinterWriter 对象
                    PrintWriter socketOutput = new PrintWriter (new OutputStreamWriter
                    (outStream));
                    // 将消息写入数据流
                    socketOutput.println(message);
                    // flush 方法调用是在套接字关闭之前将数据写入套接字数据流所必需的
                    socketOutput.flush();
                    System.out.println("message sent");
                    dataSocket.close( );
                    System.out.println("data socket closed");
                    connectionSocket.close( );
                    System.out.println("connection socket closed");
            }
            catch (Exception ex) {
                ex.printStackTrace( );
            }
        }
    }
}
```

代码 2-2　Example4ConnectionRequestor.java 源代码

```
import java.net.*;
import java.io.*;

public class Example4ConnectionRequestor {
    public static void main(String[] args) {
```

（续）

```
        if (args.length != 2)
            System.out.println
                ("This program requires two command line arguments");
        else {
            try {
                    InetAddress acceptorHost = InetAddress.getByName(args[0]);
                    int acceptorPort = Integer.parseInt(args[1]);
                    // 实例化一个具有连接超时功能的数据套接字
                    SocketAddress sockAddr= new InetSocketAddress(acceptorHost,
                        acceptorPort);
                    Socket mySocket = new Socket();
                    int timeoutPeriod = 5000;     // 5s
                    mySocket.connect(sockAddr, timeoutPeriod);
                    System.out.println("Connection request granted");
                    // 从数据套接字获取用于读取的输入流
                    InputStream inStream = mySocket.getInputStream();
                    // 为文本行输入创建 BufferedReader 对象
                    BufferedReader socketInput = new BufferedReader(new
                        InputStreamReader(inStream));
                    System.out.println("waiting to read");
                    // 从数据流中读取一行
                    String message = socketInput.readLine( );
                    System.out.println("Message received:");
                    System.out.println("\t" + message);
                    mySocket.close( );
                    System.out.println("data socket closed");
            }
            catch (Exception ex) {
                ex.printStackTrace( );
            }
        }
    }
}
```

上述代码中有一些值得关注的地方：

- 由于这里处理的是数据流，因此可使用 Java 类 PrinterWriter 向 Socket 写数据和 BufferedReader 从流中读取数据。这些类中所使用的方法与向屏幕写入一行或从键盘读取一行文本相同。
- 尽管本例将 Acceptor 和 Requestor 分别作为数据发送者和数据接收者介绍，但两者的角色可以很容易地进行互换。在那种情况下，Requestor 将使用 getOutputStream 向 Socket 中写数据，而 Acceptor 将使用 getInputStream 从 Socket 中读取数据。
- 事实上，任一进程都可以通过调用 getInputStream 和 getOutputStream 从流中读取数据或向其中写入数据。
- 在本例中，每次只读写一行数据（分别使用 readLine 和 println 方法），但其实也可以每次只读写一行中的一部分数据（分别使用 read 和 print 方法来实现）。然而，对于以文本形式交换消息的文本协议来说，每次读写一行是标准做法。

当使用 PrinterWriter 向 Socket 流写数据时，必须使用 flush 方法调用来真正地填充与刷新该流，从而确保所有数据都可以在像 Socket 突然关闭等意外情形发生之前，尽可能快地从数据缓冲区中真正写入数据流。

图 2-8 给出了 Example4 程序执行的事件状态图。进程 ConnectionAcceptor 首先执行，该进程在调用阻塞 accept 方法时被挂起。随后在接收到 Requestor 的连接请求时解除挂起状态。在重新继续执行时，Acceptor 在关闭数据 Socket 和连接 Socket 前，向 Socket 中写入一个消息。

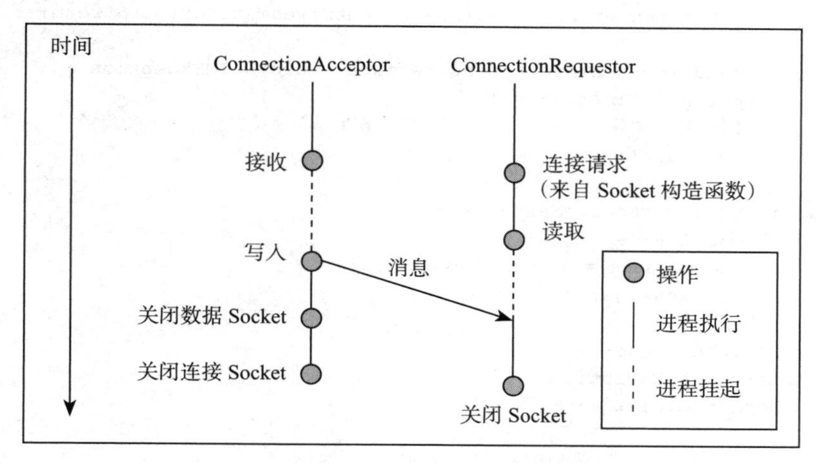

图 2-8 Example4 程序执行的事件状态图

ConnectionRequestor 的执行按如下方式处理。首先实例化一个 Socket 对象，向 Acceptor 发出一个隐式 connect 请求。尽管 connect 为非阻塞请求，但通过该连接的数据交换只有在连接被另一方接收后才能继续。连接一旦被接收，进程调用 read 操作从 Socket 中读取消息。由于 read 是阻塞操作，因此进程被再次挂起，直到该消息数据被接收时为止。此时进程关闭 Socket，并处理数据。

为允许将程序中的应用逻辑和服务逻辑分离，这里采用了隐藏数据 Socket 细节的子类。代码 2-3 显示了类 MyStreamSocket 的定义，其中提供了从数据 Socket 中读取或向其中写入数据的方法。

代码 2-3 MyStreamSocket.java 源代码

```
import java.net.*;
import java.io.*;

public class MyStreamSocket extends Socket {
    private Socket socket;
    private BufferedReader input;
    private PrintWriter output;
    MyStreamSocket(String acceptorHost, int acceptorPort) throws SocketException,
        IOException{
        socket = new Socket(acceptorHost, acceptorPort);
        setStreams();
    }
    MyStreamSocket(Socket socket)  throws IOException {
        this.socket = socket;
        setStreams();
    }
    private void setStreams() throws IOException{
        // 从数据套接字获取用于读取的输入流
```

（续）

```
        InputStream inStream = socket.getInputStream();
        input = new BufferedReader(new InputStreamReader(inStream));
        OutputStream outStream = socket.getOutputStream();
        // 创建字符模式输出的PrinterWriter对象
        output = new PrintWriter(new OutputStreamWriter(outStream));
    }
    public void sendMessage(String message) throws IOException {
        output.println(message);
        // flush方法调用是在套接字关闭之前将数据写入套接字数据流所必需的
        output.flush();
    }
    public String receiveMessage( )
        throws IOException {
        String message = input.readLine( );
        return message;
    }
    public void close( )
        throws IOException {
        socket.close( );
    }
}
```

代码2-4和代码2-5中所示的程序分别是对Example4的改进版本，修改后的程序使用类MyStreamSocket代替Java的Socket类。

代码2-4　Example5ConnectionAcceptor.java源代码

```
import java.net.*;
import java.io.*;

public class Example5ConnectionAcceptor {
    public static void main(String[] args) {
        if (args.length != 2)
            System.out.println
                ("This program requires three command line arguments");
        else {
            try {
                int portNo = Integer.parseInt(args[0]);
                String message = args[1];
                // 实例化一个用于接受连接的套接字
                ServerSocket connectionSocket = new ServerSocket(portNo);
                System.out.println("now ready accept a connection");
                // 等待接收连接请求，此时将创建数据套接字
                MyStreamSocket dataSocket = new MyStreamSocket(connectionSocket.
                    accept());
                System.out.println("connection accepted");
                dataSocket.sendMessage(message);
                System.out.println("message sent");
                dataSocket.close( );
                System.out.println("data socket closed");
                connectionSocket.close( );
                System.out.println("connection socket closed");
            }
            catch (Exception ex) {
                ex.printStackTrace( );
```

（续）

```
            }
        }
    }
}
```

代码 2-5 Example5ConnectionRequestor.java 源代码

```
import java.net.*;
import java.io.*;

public class Example5ConnectionRequestor {
    public static void main(String[] args) {
        if (args.length != 2)
            System.out.println
                ("This program requires two command line arguments");
        else {
            try {
                String acceptorHost = args[0];
                int acceptorPort = Integer.parseInt(args[1]);
                // 实例化一个数据套接字
                MyStreamSocket mySocket = new MyStreamSocket(acceptorHost,
                    acceptorPort);
                System.out.println("Connection request granted");
                String message = mySocket.receiveMessage( );
                System.out.println("Message received:");
                System.out.println("\t" + message);
                mySocket.close( );
                System.out.println("data socket closed");
            }
            catch (Exception ex) {
                ex.printStackTrace( );
            }
        }
    }
}
```

2.3 RMI 编程

2.3.1 RMI 概述

RMI 是 Remote Method Invocation 的缩写，即远程方法调用。RMI 是 RPC 模型的面向对象实现，是一种用于实现远程过程调用的 API，它使客户机上运行的程序可以调用远程服务器上的对象。如图 2-9 所示，在该范型中，进程可以调用对象方法，而该对象可驻留于某远程主机中。与 RPC 一样，参数可随方法调用传递，也可提供返回值。

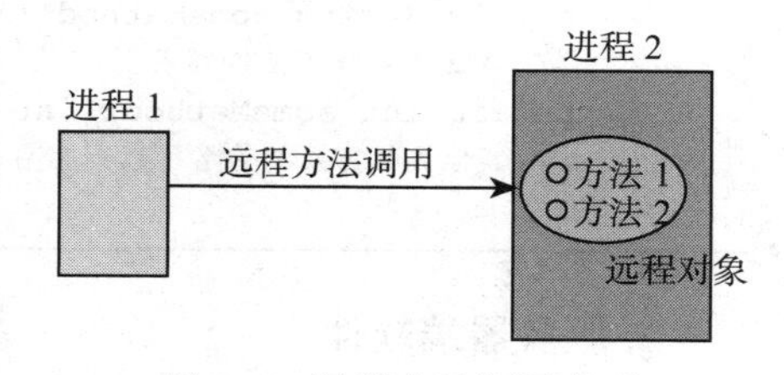

图 2-9 远程方法调用范型

由于 RMI API 只适用于 Java 程序，因此我们一般称之为 Java RMI API。但该 API 相对简单，非常适合用作学习网络应用中分布式对象技术的入门资料。

Java RMI 使用接口化编程。在需要服务端的某一个远程对象时，编程人员通过定义一个该对象的接口来隐藏它的实现，并在客户端定义一个相同的接口，客户端使用该接口可以像本地调用一样实现 RMI。通过调用 RMI 的 API，对象服务器通过目录服务导出和注册远程对象，这些对象提供一些可以被客户程序调用的远程方法。从语法上来看，RMI 通过远程接口声明远程对象，该接口是 Java 接口的扩展；远程接口由对象服务器实现；对象客户使用与本地方法调用类似的语法访问远程对象，并调用远程对象的方法。Java RMI 使编程人员能够在网络环境中分布工作，极大地简化了远程方法调用的过程。后面将详细介绍 Java RMI 的具体内容。

2.3.2　RMI 基本分布式应用

本节通过 Java RMI API 来介绍 RMI 基本分布式应用开发，包括三方面内容：远程接口、服务器端软件和客户端软件。基于 RMI API 可以实现基本分布式应用、客户回调应用和桩下载应用的开发。有关客户回调应用和桩下载应用的开发方法，请参考本书第 1 版。

1. 远程接口定义

在 RMI API 中，分布式对象的创建开始于远程接口。Java 接口是为其他类提供模板的一种类，它包括方法声明或签名，其实现由实现该接口的类提供。

Java 远程接口是继承 Java 类 remote 的一个接口，该类允许使用 RMI 语法实现接口。与必须为每个方法签名定义扩展和 RemoteException 不同，远程接口语法与常规或本地 Java 接口相同。

代码 2-6 声明了一个 SomeInterface 接口，该接口扩展了 Java 类 remote，使之成为远程接口。java.rmi.RemoteException 必须在每个方法签名的 throws 子句中出现。在远程方法调用过程发生错误时，将产生该类型的一个异常，该异常需要由方法调用者程序处理。这些异常的产生原因包括进程通信时发生错误，如访问失败和链接失败，也可能是该远程方法调用中特有的一些问题，包括因未找到对象、stub 或 skeleton 等引起的错误。

代码 2-6　SomeInterface.java 源代码

```
import java.rmi.*;

public interface SomeInterface extends Remote {
    // 第 1 个远程方法的签名
    public String someMethod1() throws java.rmi.RemoteException;
    // 第 2 个远程方法的签名
    public int someMethod2(int x) throws java.rmi.RemoteException;
    // 其他远程方法的签名可以列在后面
}
```

2. 服务器端软件

对象服务器是指这样一种对象，即它可以提供某一分布式对象的方法和接口。每个对象服务器必须实现接口部分定义的每个远程方法，并向目录服务注册包含了实现的对象。建议按如下所述方法，将这两部分作为独立的类分别实现。

（1）远程接口实现

必须提供实现远程接口的类，语法与实现本地接口的类相似，如代码 2-7 所示。

代码 2-7　SomeImpl.java 源代码

```
import java.rmi.*;
import java.rmi.server.*;
/** 此类实现远程接口 SomeInterface.*/
public class SomeImpl extends UnicastRemoteObject implements SomeInterface {
    public String someMethod1( ) throws RemoteException {
        // 具体实现代码
    }
    public int someMethod2( ) throws RemoteException {
        // 具体实现代码
    }
}
```

import 语句是在代码中使用类 UnicastRemoteObject 和 RemoteException 所需要的语句。类的头部必须定义该类是 Java 类的 UnicastRemoteObject 的子类，实现一个特定远程接口，本模板中称为 SomeInterface，需要为该类定义一个构造函数，随后定义每个远程方法，每个方法的方法头应该与接口文件中的方法签名匹配。图 2-10 所示为 SomeImpl 的 UML 类图。

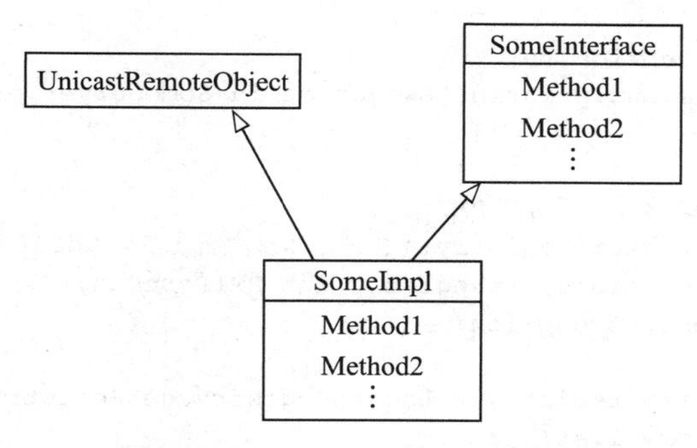

图 2-10　SomeImpl 的 UML 类图

（2）stub 和 skeleton 生成

在 RMI 中，分布式对象需要为每个对象服务器和对象客户提供代理，分别称为对象 skeleton 和 stub。这些代理可通过使用 Java SDK 提供的 RMI 编译器 rmic 编译远程接口实现生成。可在命令行下输入下述命令生成 stub 和 skeleton 文件：

```
rmic <class name of the remote interface implementation>
```

例如：

```
rmic SomeImpl
```

如果编译成功，将生成两个代理文件，每个文件名都以实现类的类名为前缀，如 SomeImpl_stub.class 和 SomeImpl_skel.class，但在 Java2 版本以上的平台下，只生成 stub 文件。对象的 stub 文件及远程接口文件必须被每个对象客户所共享，这些文件是编译客户程序时所必需的文件。可以手工为对象客户提供每个文件的一个拷贝。此外，

Java RMI 还具有 stub 下载特征，允许客户端动态获取 stub 文件。

（3）对象服务器的实现

对象服务器实现源代码如代码 2-8 所示。

代码 2-8　SomeServer.Java 源代码

```
import java.rmi.*;
import java.rmi.server.*;
import java.rmi.registry.Registry;
import java.rmi.registry.LocateRegistry;
import java.net.*;
import java.io.*;
public class SomeServer  {
    public static void main(String args[]) {
        String portNum = "1234", registryURL;
        try{
            // 省略了用于获取 RMI 端口号值的代码
            SomeImpl exportedObj = new SomeImpl();
            startRegistry(1234);
            // 注册名称为 some 的对象
            registryURL = "rmi://localhost:" + portNum + "/some";
            Naming.rebind(registryURL, exportedObj);
            listRegistry(registryURL);
            System.out.println("Some Server ready.");
        }
        catch (Exception re) {
            System.out.println("Exception in SomeServer.main: " + re);
        }
    }
    // 如果指定的端口号上还不存在 RMI
    // 注册表，则使用 startRegistry() 方法在本地主机上启动 RMI 注册表
    private static void startRegistry(int RMIPortNum)
        throws RemoteException{
        try {
            Registry registry = LocateRegistry.getRegistry(RMIPortNum);
            registry.list( );
            // 如果注册表不存在，则上述调用将引发异常
        }
        catch (RemoteException ex) {
            // 该端口没有有效的注册表
            System.out.println("RMI registry cannot be located at port" +
              RMIPortNum);
            Registry registry = LocateRegistry.createRegistry(RMIPortNum);
            System.out.println("RMI registry created at port" + RMIPortNum);
        }
    }
    private static void listRegistry(String registryURL)
    throws RemoteException, MalformedURLException {
        System.out.println("Registry" + registryURL + "contains:");
        String [ ] names = Naming.list(registryURL);
        for (int i=0; i < names.length; i++)
            System.out.println(names[i]);
    }
}
```

在我们的对象服务器模板中，输出对象代码如下：

```
registryURL = "rmi://localhost:" + portNum + "/some";
Naming.rebind(registryURL, exportedObj);
```

类 Naming 提供从注册表获取和存储引用的方法。具体来说，rebind 方法允许如下形式的 URL 将对象引用存储到注册表中：

```
rmi://<host name>:<port number>/<reference name>
```

rebind 方法将覆盖注册表中与给定引用名绑定的任何引用。如果不希望覆盖，可以使用 bind 方法。

主机名应该是服务器名，或简写成 localhost，引用名是指用户选择的名称，该名称在注册表中应该是唯一的。示例代码首先检查 RMI 注册表当前是否运行在默认端口上。如果不在，RMI 注册表将被激活。此外，还可以使用 JDK 中的 rmiregistry 工具在系统提示符输入下列命令，手工激活 RMI 注册表：

```
rmiregistry<port number>
```

其中 port number 是 TCP 端口号，如果未指定端口号，将使用默认端口号 1099。

当对象服务器被执行时，分布式对象的输出将导致服务器进程开始侦听和等待客户连接和对象服务请求。RMI 对象服务器是并发服务器：每个对象客户请求都使用服务器上的一个独立线程服务。由于远程方法调用可并发执行，因此远程对象实现的线程安全性非常重要。

3. 客户端软件

客户类程序与任何其他 Java 类相似。RMI 所需的语法包括定位服务器主机的 RMI 注册表和查找服务器对象的远程引用，该引用随后可被传到远程接口类和被调用的远程方法，如代码 2-9 所示。

代码 2-9　SomeClient.java

```
import java.rmi.*;
import java.io.*;
import java.rmi.registry.Registry;
import java.rmi.registry.LocateRegistry;
public class SomeClient {
    public static void main(String args[]) {
        try {
            String registryURL ="rmi://localhost:" + portNum + "/some";
            SomeInterface h = (SomeInterface)Naming.lookup(registryURL);
            String message = h.method1(); // 调用远程方法
            System.out.println(message);
            // 可以类似地调用 method2() 方法
        }
        catch (Exception e) {
            System.out.println("Exception in SomeClient: " + e);
        }
    }
   // 类的其他方法（如果有的话）的定义
}
```

查找远程对象：如果对象服务器先前在注册表中保存了对象引用，可以用类 Naming 的 lookup 方法获取这些引用。注意，应将获取的引用传给远程接口类。

```
String registryURL = "rmi://localhost:" + portNum + "/some";
SomeInterface h = (SomeInterface)Naming.lookup(registryURL);
```

调用远程方法：远程接口引用可以调用远程接口中的任何方法，例如：

```
String message = h.method1();
System.out.println(message);
```

注意，调用远程方法的语法与调用本地方法相同。

4. RMI 应用代码示例

代码 2-10～代码 2-13 详细给出了 RMI 应用示例 Hello 的完整源代码，包括远程接口 HelloInterface.java、远程接口实现类 HelloImpl.java、对象服务器 HelloServer.java 和客户端程序 HelloClient.java。

代码 2-10　HelloInterface.java 源代码

```
import java.rmi.*;
public interface HelloInterface extends Remote {
    public String sayHello(String name) throws java.rmi.RemoteException;
}
```

代码 2-11　HelloImpl.java 源代码

```
import java.rmi.*;
import java.rmi.server.*;
public class HelloImpl extends UnicastRemoteObject implements HelloInterface {
    public HelloImpl() throws RemoteException {
        super( );
    }
    public String sayHello(String name) throws RemoteException {
        return "WELCOME TO RMI !" + name;
    }
}
```

代码 2-12　HelloServer.java 源代码

```
import java.rmi.*;
import java.rmi.server.*;
import java.rmi.registry.Registry;
import java.rmi.registry.LocateRegistry;
import java.net.*;
import java.io.*;
public class HelloServer  {
    public static void main(String args[]) {
        InputStreamReader is = new InputStreamReader(System.in);
        BufferedReader br = new BufferedReader(is);
        String portNum, registryURL;
        try{
            System.out.println("Enter the RMIregistry port number:");
            portNum = (br.readLine()).trim();
```

（续）

```
            int RMIPortNum = Integer.parseInt(portNum);
            startRegistry(RMIPortNum);
            HelloImpl exportedObj = new HelloImpl();
            registryURL = "rmi://localhost:" + portNum + "/hello";
            Naming.rebind(registryURL, exportedObj);
            System.out.println ("Server registered. Registry currently contains:");
            // 列出注册表中当前的各对象名称
            listRegistry(registryURL);
            System.out.println("Hello Server ready.");
        }
        catch (Exception re) {
            System.out.println("Exception in HelloServer.main: " + re);
        }
    }
    private static void startRegistry(int RMIPortNum)
        throws RemoteException{
        try {
            Registry registry = LocateRegistry.getRegistry(RMIPortNum);
            registry.list( );       }
        catch (RemoteException e) {
            System.out.println("RMI registry cannot be located at port " +
                RMIPortNum);
            Registry registry = LocateRegistry.createRegistry(RMIPortNum);
            System.out.println("RMI registry created at port " + RMIPortNum);
        }
    }
    // 此方法列出使用 Registry 对象注册的各分布式对象名称
    private static void listRegistry(String registryURL)
        throws RemoteException, MalformedURLException {
            System.out.println("Registry " + registryURL + " contains: ");
            String [ ] names = Naming.list(registryURL);
            for (int i=0; i < names.length; i++)
                System.out.println(names[i]);
    }
}
```

代码 2-13 HelloClient.java 源代码

```
import java.io.*;
import java.rmi.*;
public class HelloClient {
    public static void main(String args[]) {
        try {
            int RMIPort;
            String hostName;
            InputStreamReader is = new InputStreamReader(System.in);
            BufferedReader br = new BufferedReader(is);
            System.out.println("Enter the RMIRegistry host namer:");
            hostName = br.readLine();
            System.out.println("Enter the RMIregistry port number:");
            String portNum = br.readLine();
            RMIPort = Integer.parseInt(portNum);
            String registryURL = "rmi://" + hostName+ ":" + portNum + "/hello";
            // 找到远程对象并将其转换为接口对象
            HelloInterface h = (HelloInterface)Naming.lookup(registryURL);
            System.out.println("Lookup completed");
```

（续）

```
            //调用远程方法
            String message = h.sayHello("Me");
            System.out.println("HelloClient: " + message);
        }
        catch (Exception e) {
            System.out.println("Exception in HelloClient: " + e);
        }
    }
}
```

图2-11展示了设计RMI基本应用时需要设计的类及关系，并给出执行的序列图，更好地帮助读者理解RMI的执行过程。理解前面描述的RMI示例应用的基本结构之后，读者将能够使用模板中的语法，通过替换表示层和应用层逻辑来构建任何RMI应用，但服务逻辑不变。

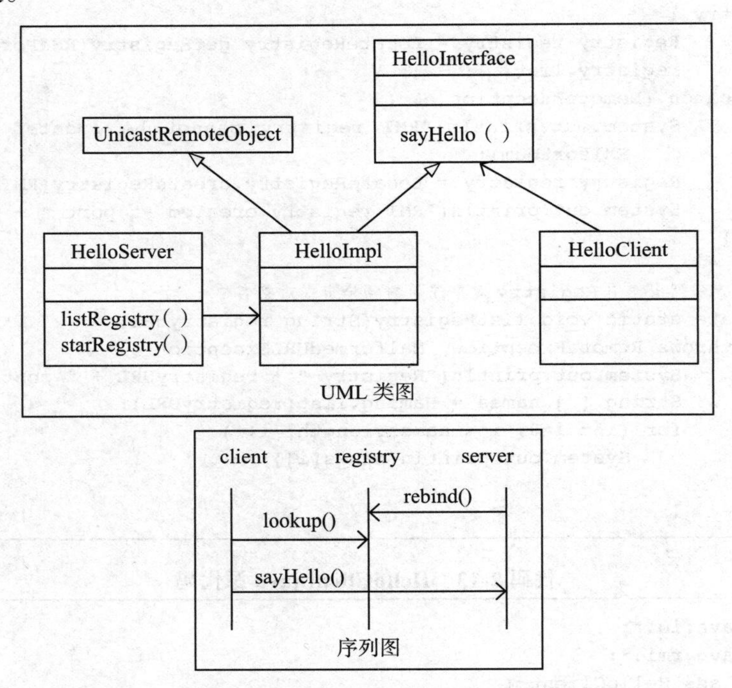

图2-11　Hello应用的类图及序列图

5. RMI应用构建步骤

前面介绍了RMI API的各个方面，下面将通过描述构建RMI应用渐进过程来总结相关内容，使读者能实践该范型，这里将描述如何从对象服务器以及对象客户双方来实现该应用算法。请注意，在生产环境中，双方软件的开发可以分别独立地进行。

（1）服务器端软件开发算法

1）为该应用的所有待生成文件创建一个目录。

2）在SomeInterface.java中定义远程服务器接口。编译并修改程序，直到不再有任何语法错误。

3）在SomeImpl.java中实现接口，编译并修改程序，直到不再有任何语法错误。

4）使用 RMI 编译器 rmic 处理实现类，生成远程对象的 stub 文件 rmic SomeImpl。

5）可以从目录中看到新生成的文件 SomeImpl_Stub.class，每次修改接口实现时都要重新执行步骤 3）和步骤 4）。

6）创建对象服务器程序 SomeServer.java，编译并修改程序，直到不再有任何语法错误。

7）激活对象服务器。

```
java SomeServer
```

（2）客户端软件开发算法

1）为该应用的所有待生成文件创建一个目录。

2）获取远程接口类文件的一个拷贝，也可获取远程接口源文件的一个拷贝，使用 javac 编译程序，生成接口文件。

3）获取接口实现 stub 文件 SomeImpl_stub.class 的一个拷贝。

4）开发客户程序 SomeClient.java，编译程序，生成客户类。

5）激活客户。

```
java SomeClient
```

图 2-12 显示了应用中各个文件在客户及服务器端的放置情况，远程接口类和每个远程对象的 stub 类文件都必须和对象客户类一起，放在对象客户主机上，服务器端包括接口类、对象服务类、接口实现类，以及远程对象的 stub 类。

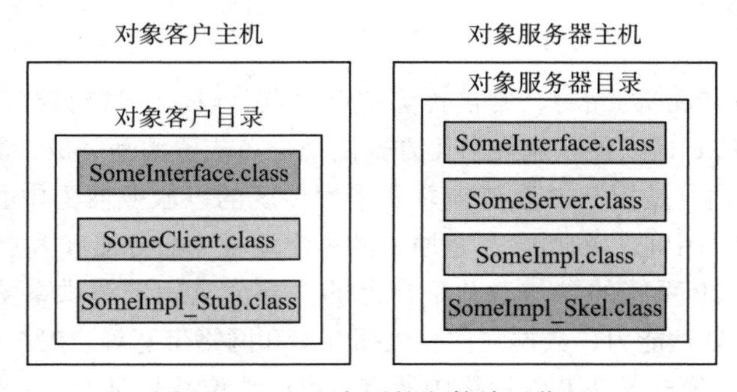

图 2-12 RMI 应用的文件放置位置

（3）测试和调试

与任何其他形式的网络编程一样，并发进程的测试和调试工作非常烦琐，建议读者在开发 RMI 应用时遵循下列步骤。

1）构建最小 RMI 程序的一个模板。从一个远程接口开始，其中包括一个方法签名、一个 stub 实现、一个输出对象的服务器程序以及一个足以用来调用远程方法的客户程序。在单机上测试模板程序，直到远程方法调用成功。

2）每次在接口中增加一个方法签名。每次增加后都修改客户程序来调用新增方法。

3）完善远程方法定义内容，每次只修改一个。在继续下一个方法之前，测试并彻底调试每个新增方法。

4）完全测试所有远程方法后，采用增量式方法开发客户应用。每次增加后，都测试和调试程序。

5）将程序部署到多台机器上，测试并调试。

6. RMI 和 Socket API 的比较

远程方法调用 API 作为分布式对象计算范型的代表，是构建网络应用的有效工具，它可用来取代 Socket API 快速构建网络应用。在 RMI API 和 Socket API 之间权衡时，需要考虑以下因素。

- Socket API 的执行与操作系统密切相关，因此执行开销更小，RMI 需要额外的中间件支持，包括代理和目录服务，这些不可避免地带来运行时开销。对有高性能要求的应用来说，Socket API 仍将是最可行途径。
- RMI API 提供了使软件开发任务更为简单的抽象。用高级抽象开发的程序更易理解，因此也更易调试。

由于运行在低层，Socket API 通常是平台和语言独立的，RMI 则不一定。例如，Java RMI 需要特定的 Java 运行时支持。结果是使用 Java RMI 实现的应用必须用 Java 编写，并且也只能运行在 Java 平台上。

在设计应用系统时，是否能选择适当的范型和 API 是非常关键的。依赖于具体环境，可以在应用的某些部分使用某种范型或 API，在其他部分使用另一种范型或 API。由于使用 RMI 开发网络应用相对简单，RMI 是快速开发应用原型的一个很好的候选工具。

2.4　P2P 编程

P2P 即 Peer-to-Peer 的缩写，常被称为“点对点”或者“端对端”，而学术界常称它为“对等计算”。P2P 是一种以非集中化方式使用分布式资源来完成计算任务的分布式计算模式。“非集中化”是指 P2P 系统中并非采用传统的以服务器为中心管理所有客户端的方法，而是消除“中心”的概念，将原来的客户端视为服务器和客户端的综合体；“分布式资源”是指 P2P 系统的参与者共享自己的一部分空闲资源供系统处理关键任务使用，这些资源包括处理能力、数据文件、数据存储和网络带宽等。P2P 技术打破了传统的 Client/Server（C/S）模式，在 P2P 网络中所有节点的地位都是对等的，每个节点既充当服务器，又充当客户端，这样缓解了中心服务器的压力，使得资源或任务处理更加分散化。由于 P2P 网络中节点是 Client 和 Server 的综合体，因此节点也被形象地称为 SERVENT。传统 C/S 模式和 P2P 模式的对比如图 2-13 和图 2-14 所示。

可见，通常 P2P 模式中不区分提供信息的服务器和请求信息的客户端，每一个节点都是信息的发布者和请求者，对等节点之间可以实现自治交互，无须使用服务器。而 C/S 模式中服务器和客户端之间是一对多的主从关系，系统的信息和数据都保存在中心服务器上，若要索取信息，必须先访问服务器，才能得到所需的信息，且客户端之间是没有交互能力的。此外，由于 P2P 模式中不需要中心服务器，因此不需要花费高昂的费用来维护中心服务器，且每个对等节点都可以在网络中发布和分享信息，使得网络中闲散的资源得到充分利用。

为了让读者更好地理解 P2P 分布式计算模式和 P2P 应用的开发方法，本部分使用 Java Socket 来实现一个简单的基于 P2P 范型的即时聊天系统。本部分的实践开发主要涉及的技术是 Java Socket 编程和多线程技术。为了保证聊天数据接收的可靠性，我们采用面向连接的流式 Socket。Java 提供了一系列网络编程的相关类实现流式 Socket 通信，如 ServerSocket 类用于建立连接、Socket 类用于数据交换、OutputStream 类用于实现流套接字数据的发送、InputStream 类用于实现流套接字数据的接收。

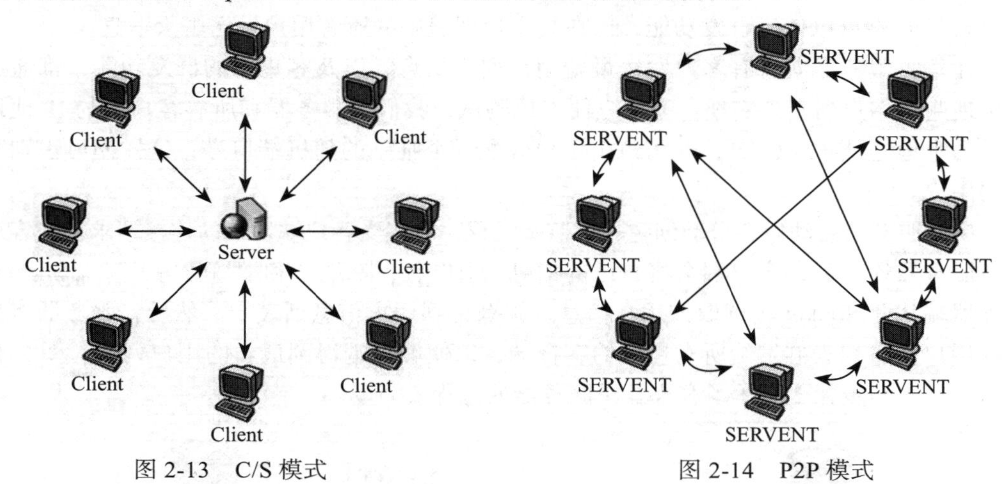

图 2-13 C/S 模式　　图 2-14 P2P 模式

在编码前，首先要分析系统需要实现的功能，由于演示的是简单的 P2P 即时聊天系统，因此仅仅设计了如下几个功能：

- 点对点单人聊天；
- 多人同时在线聊天；
- 用户可以自由加入和退出系统；
- 具备用户在线状态监视。

接着需要确定此聊天系统要采用哪种 P2P 模式，为了简单起见，我们采用类似于中心化拓扑结构的 P2P 模式，所有客户都需要与中心服务器相连，并将自己的网络地址写入服务器中，服务器只需要监听和更新用户列表信息，并发送给客户最新的用户列表信息即可。当需要点对点聊天时，客户端只需要从本地用户列表中读取目标用户的网络地址，并连接目标用户，即可实现通信。注意，因为是 P2P 系统，客户端要同时扮演服务器和客户端两个角色，所以，用户登录后都会创建一个接收其他用户连接的监听线程，以实现服务器的功能。其中，中心服务器和客户端需要实现的任务如下。

服务器需要实现的任务有：

- 创建 Socket、绑定地址和端口号，监听并接受客户端的连接请求。
- 服务器端在客户连接后自动获取客户端用户名、IP 地址和端口号，并将其保存在服务器端的用户列表中，同时更新所有在线用户的客户端在线用户列表信息，方便客户了解上下线的实时情况，以进行聊天。
- 当有用户下线时，服务器端要能即时监听到，并更新用户列表信息，发送给所有在线客户端。
- 对在线用户数量进行统计。

客户端需要实现的任务有：

- 客户端创建 Socket，并调用 connect() 函数，向中心服务器发送连接请求。

- 客户端在登录后也必须充当服务器，以接收其他用户的连接请求，所以需要创建一个用户接收线程来监听。
- 用户登录后需要接收来自服务器的所有在线用户信息列表，并更新本地的用户列表信息，以方便选择特定用户进行聊天。
- 客户端可以使用群发功能，向在线用户列表中的所有用户发送聊天信息。

注意，服务器向所有客户发送最新用户列表信息，以及客户端的群发功能，都通过简单地遍历用户列表来实现。为了方便本地测试，我们将服务器和所有客户端的 IP 地址都设为本地地址 127.0.0.1，并为每个用户分配一个唯一的随机端口号，这样便可识别不同的用户。

中心服务器启动后会自动创建一个监听线程，以接受客户端发来的连接请求。当客户端与服务器连接后，客户端会将自己的信息（用户名、IP 地址和端口号等）写入 Socket，服务器端从此 Socket 中读取该用户信息，并登记到用户信息列表中。然后，服务器将最新的用户信息列表群发给所有在线的客户端，以便客户端得到最新的用户列表。图 2-15 中的步骤 1 和步骤 2 展示了客户登录服务器的过程。

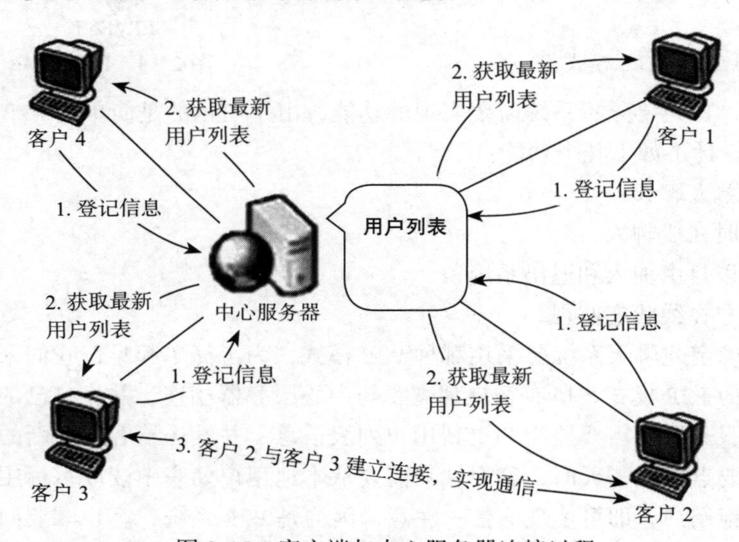

图 2-15　客户端与中心服务器连接过程

每个连接到中心服务器的客户都会得到最新的用户信息列表。如图 2-15 中的步骤 3 所示，若客户 2 要与客户 3 聊天，则客户 2 检索自己的用户信息列表，得到客户 3 的用户信息后，便可与客户 3 进行连接，实现通信。此过程并不需要中心服务器的干预。

当有一个客户需要下线时，例如图 2-16 中的客户 1，那么客户 1 首先将下线请求写入 Socket，中心服务器接收到含有下线请求标记的信息后，客户 1 便通过握手机制下线（为了安全关闭 Socket）。客户 1 安全下线后，中心服务器会将客户 1 的用户信息从在线列表中删除，并将更新后的用户列表、下线用户名称和当前网络的在线用户情况等群发给所有在线客户端，以便客户端得到最新的在线用户列表。

客户端的群发功能与服务器端的群发类似，都采用遍历用户列表的方法。例如，图 2-16 中客户 3 要与所有在线用户聊天，则只要遍历客户 3 的在线用户列表，与所有在线用户进行连接，便可以进行群聊。

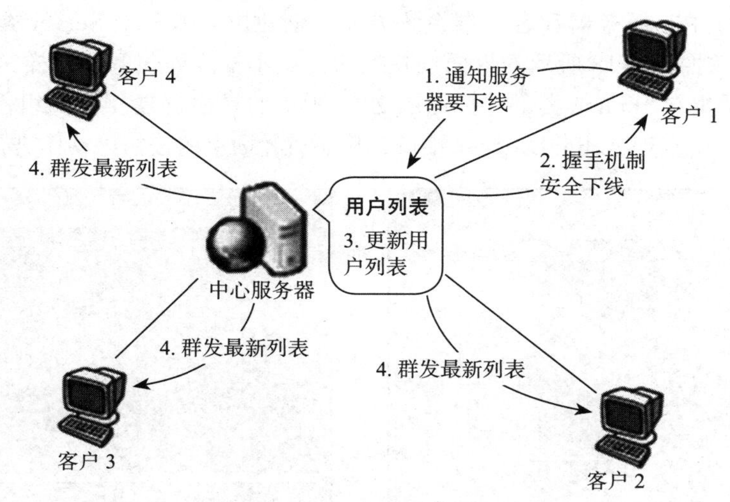

图 2-16　客户下线过程

系统中类的关系如图 2-17 所示。

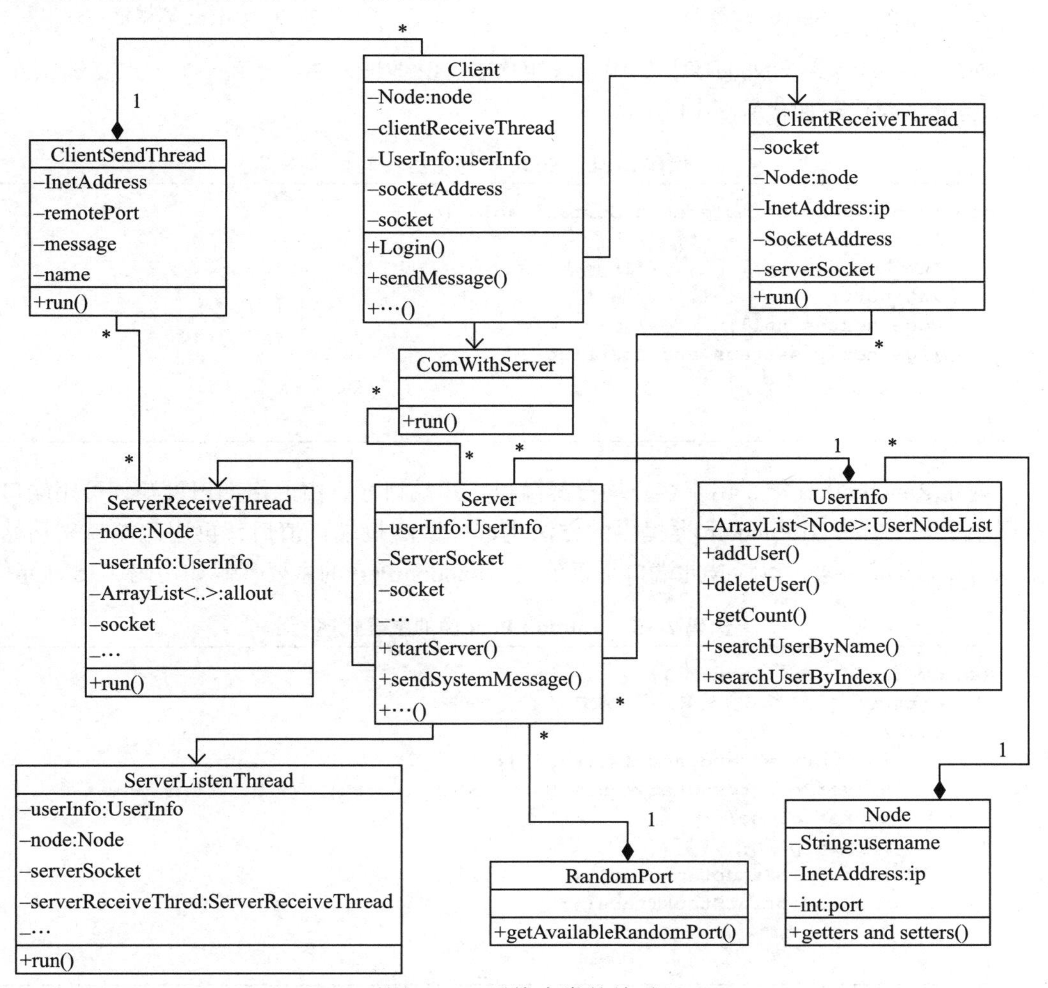

图 2-17　系统中类的关系

首先，设计中心服务器和客户端系统界面。创建中心服务器 Server 类，它派生自 JFrame 类，并按照图 2-18 所示的界面创建按钮、文本框、列表等。同样，创建客户端 Client 类，也派生自 JFrame 类，并按照图 2-19 所示的界面创建相应的组件。Server 类和 Client 类都需要实现 ActionListener 接口，从而对界面上的按钮等动作进行监听。

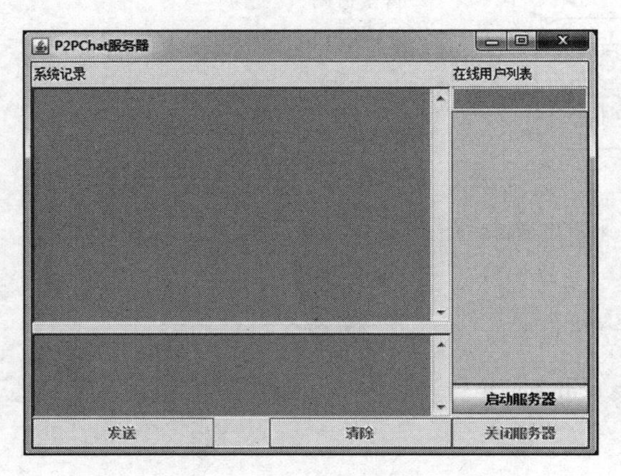

图 2-18　Server 端界面

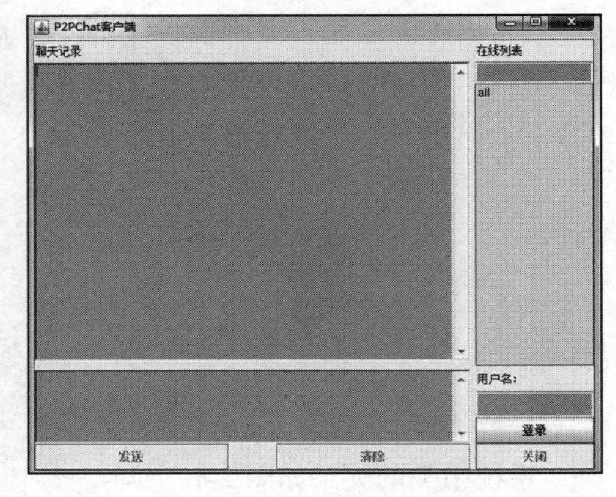

图 2-19　Client 端界面

创建 P2P 网络节点 Node 类，其中包含用户名、IP 地址、端口号和一个节点变量 next。Node 类的主要代码如代码 2-14 所示。

代码 2-14　Node 类的主要代码

```
public class Node implements Serializable {
    String username = ""; //用户名
    InetAddress ip;       //IP 地址
    int port;             //端口号
    Node next = null;     //下一个节点
    //getters, setters and toString
    ...
}
```

创建 RandomPort 类，用于客户端分配随机可用端口号，由网络知识可知，可用端口号要小于 65 535。用 Random 类提供的方法生成一个随机端口值后，再用此端口来初始化 ServerSocket 对象，以检查此端口是否可用。RandomPort 的主要代码如代码 2-15 所示。

代码 2-15　RandomPort 类的主要代码

```
Random rand = new Random();
while(true) { //循环直到取到可用端口号
    try {
        int port = rand.nextInt(65535);
        ServerSocket socket = new ServerSocket(port); //测试随机端口是否可用
        socket.close();
        return port;
        }catch(IOException ioe) {
            ioe.printStackTrace(); }
    }
}
```

创建用户列表类 UserInfo，它用于维护中心服务器端和客户端的在线用户信息。UserInfo 类中含有一个 ArrayList<Node> 类型的 UserNodeList 属性，用于保存在线用户信息，以及向 UserNodeList 中添加用户节点、删除用户节点、统计用户列表节点数、按 Node.username 检索列表和按索引检索列表等行为。

实现中心服务器 Server 类，Server 类中除了包含系统界面上的一些组件成员外，还有用于维护在线用户信息的 UserInfo 对象、用于连接的 serverSocket 对象和 socket 对象，以及用于套接字输入、流出的对象。服务器生成后会进行相应的初始化，并监听图 2-18 所示服务器界面中的按钮动作，予以相应处理。

当单击“启动服务器”按钮时，会触发调用 startServer() 方法，该方法为服务器选定特定的端口号（本例中以端口“1234”为例），并创建服务器端监听线程 serverListenThread（服务器端监听线程类 ServerListenThread 的一个实例），等待客户端的连接请求。同时，服务器还会创建一个线程 ServerReceiveThread，用于接收客户端发来的下线请求，并将更新后的用户列表群发给所有用户。其中 startServer() 的主要代码如代码 2-16 所示。

代码 2-16 startServer() 的主要代码

```
public void startServer() {
    try{
        serverSocket = new ServerSocket(1234);// 服务器端口号 1234taRecord.append
            (" 等待连接 ........."+"\n");
        startBtn.setEnabled(false);
        closeBtn.setEnabled(true);
        sendBtn.setEnabled(true);
        cleanBtn.setEnabled(true);
        this.isStop = false;
        userInfo = new UserInfo();
        // 创建服务器端监听线程，侦听客户端的连接请求
        ServerListenThread serverListenThread = new ServerListenThread(server
            Socket, taRecord, tfCount, list, userInfo);
        serverListenThread.start();
        }catch(Exception e) {
        taRecord.append("error0");
    }
}
```

当客户端与服务器连接后，会创建一个线程 ComWithServer，用于将自己的信息发送给服务器，并获取服务器返回的最新用户列表。同时，客户端创建 ClientSendThread 线程，用于发送本端的聊天信息。此外，它还创建接收线程 ClientReceiveThread，把自己当作服务器，接收来自其他客户端发来的信息。其中 ComWithServer 线程的主要代码如代码 2-17 所示。

代码 2-17 ComWithServer 线程的主要代码

```
public class ComWithServer implements Runnable {
    public void run() {
        try {
            node= new Node();
            socket = new Socket("127.0.0.1", 1234); // 与中心服务器进行连接
            ip = socket.getLocalAddress();
            client.setIp(ip);
            client.setPort(Client.this.clientListenPort);
```

（续）

```
taRecord.append("恭喜您！" + tfUserName.getText() + "您已经连线成功，
    您的IP地址为：" + ip + "\n");
//获取可用随机端口号
clientListenPort = RandomPort.getAvaiableRandomPort();
out = new ObjectOutputStream(socket.getOutputStream());
//将自己的信息写入流中，以方便服务器获取
out.writeObject(tfUserName.getText());
out.flush();
out.writeInt(Client.this.clientListenPort);
out.flush();
client.setOut(out);
client.setUserName(tfUserName.getText());
in = new ObjectInputStream(socket.getInputStream());
int selectedPort = client.getSelectedPort();
//创建客户端信息接收线程
clientReceiveThread = new ClientReceiveThread(node,socket, in, out,
    list, taRecord, taInput, tfCount, ip,Client.this.clientListenPort,
    selectedPort);
clientReceiveThread.start();
loginBtn.setEnabled(false);
logoutBtn.setEnabled(true);
sendBtn.setEnabled(true);
cleanBtn.setEnabled(true);
//更新用户列表
while(true) {
    try {
        String type = (String)in.readObject();
        //从流中提取用户信息，并更新界面中的List列表
        if(type.equalsIgnoreCase("用户列表")) {
            String userList = (String)in.readObject();
            String userName[] = userList.split("@@");
            list.removeAll();
            int i = 0;
            list.add("all");
            while(i < userName.length) {
                list.add(userName[i]);
                i++;
            }
            String msg = (String)in.readObject();
            tfCount.setText(msg);
            //获取用户列表，及显示系统消息和其他用户下线消息
            Object o = in.readObject();
            if(o instanceof UserInfo)
                userInfo = (UserInfo)o;
            else
                userInfo.addUser((Node)o);
        }else if(type.equalsIgnoreCase("系统消息")) {
            String b = (String)in.readObject();
            taRecord.append("系统消息：" + b + "\n");
        }else if(type.equalsIgnoreCase("下线信息")) {
            String msg = (String)in.readObject();
            taRecord.append("用户下线消息：" + msg + "\n");
        }
    }catch(Exception e) {
        taRecord.append("error6" + e.toString()); }
}
```

（续）

```
            }catch(Exception e) {
                taRecord.append("error12" + e.toString()); }
        }
    }
```

读者可以参考系统的完整代码文件，以加深理解。完成系统开发后，将进行如下的系统测试。首先启动 Server 端，界面如图 2-18 所示，单击“启动服务器”按钮，系统记录提示“等待连接……”，此时服务器已启动，并创建监听线程，等待客户端的连接请求。然后，我们启动一个 Client，界面如图 2-19 所示。输入用户名“张三”，并单击“登录”按钮，之后 Server 端出现“张三”成功登录服务器的提示信息，在线用户列表中也出现用户“张三”，同时客户端显示登录成功提示，在线列表中也显示在线用户信息，并创建了接收其他客户连接的线程。此时的 Server 端如图 2-20 所示，Client 端如图 2-21 所示。

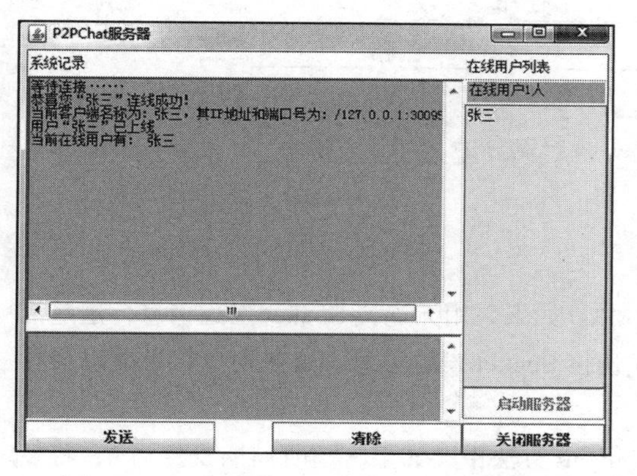

图 2-20 “张三”登录后的 Server 端界面

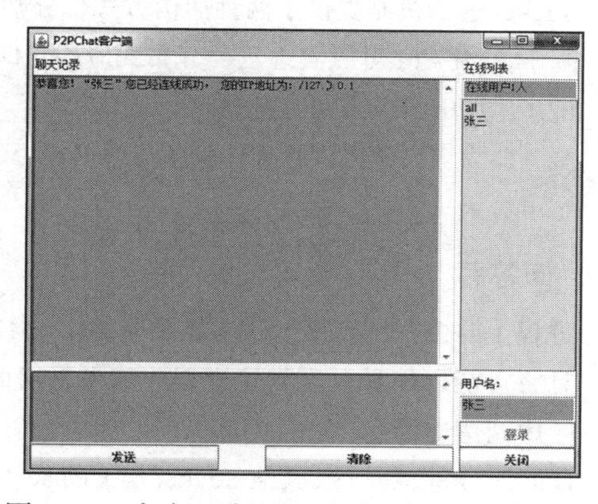

图 2-21 客户“张三”登录后的 Client 端界面

此时，我们再启动一个 Client，填写用户名“李四”，并单击“登录”按钮。待登录成功后，测试“张三”与“李四”的点对点聊天。首先，“张三”在本端的在线用户列表中选择“李四”，并在信息输入框中输入一定的聊天信息，单击“发送”按钮，此时双方的聊天记录中会出现聊天信息提示，然后“李四”也发送一定的聊天信息给“张三”，之后双方的聊天界面如图 2-22 和图 2-23 所示。

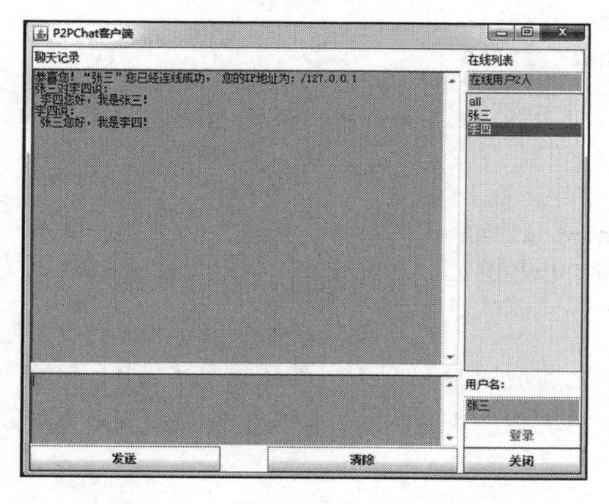

图 2-22 “张三”端点对点聊天界面

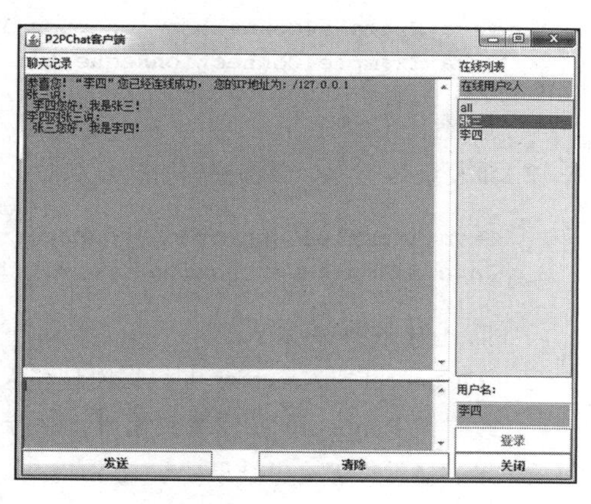

图 2-23 “李四”端点对点聊天界面

接着，可以启动多个客户端测试群发功能。首先，再启动一个Client，填写用户名“王五”，并登录服务器。然后，我们测试系统群发，Server端在输入框中输入一定的信息，并单击“发送”按钮，此时，三个客户端都会出现系统的群发信息。

至此，基于P2P模式的简易聊天系统已开发完毕。本系统简化了节点搜索算法、P2P网络模型等，感兴趣的读者可以尝试开发比较完善的P2P系统，以增强实践能力。

习题

一、填空题

1. Socket按照传输协议可分为两种，使用UDP传输的Socket称为________，而采用TCP的Socket称为________。
2. Socket通信机制提供了两种通信方式，分别为________和________。
3. 基于RMI API可以实现三种分布式应用，即________、________和________。
4. P2P计算中的节点同时担任________和________角色。
5. 服务器为客户端提供服务，服务器根据是否引入并发机制分为________和________，按照有无状态可分为________和________。

二、问答题

1. 进程1向进程2顺序发送三条消息M1、M2、M3。如果采用无连接Socket发送消息，这些消息将可能以何种顺序到达进程？如果采用面向连接Socket发送消息，这些消息将可能以何种顺序到达进程？
2. DatagramSocket（或其他Socket类）的setToTimeout方法中，如果将超时周期设置为0，将发生什么？这是否意味着超时将立即发生？
3. 写一段可出现在某main方法中的Java程序片段，用于打开一个最多接收100个字节数据的数据包Socket，设置超时周期为5s。如果发生超时，需要在屏幕上显示接收超时消息。
4. 本练习指导读者通过示范代码Example4以及Example5练习面向连接流式Socket。

   1）编译并运行Example4*.java（注意：这里的*作为通配符使用，Example4*.java是指以Example4开发并以.java结尾的所有文件）。先启动Acceptor，然后运行Requestor。示范命令如下：

   ```
   Java Example4ConnectionAcceptor 12345 Good-day!
   Java Example4ConnectionRequestor localhost 12345
   ```

   描述并解释结果。

   2）重复最后一步，但调换程序执行顺序：

   ```
   Java Example4ConnectionRequestor localhost 12345
   Java Example4ConnectionAcceptor 12345 Good-day!
   ```

   描述并解释结果。

   3）在ConnectionAcceptor进程将消息写入Socket之前增加5s的延时，然后重复步骤1，该修改导致Requestor在读取数据时，保持5s的阻塞状态，从而使读者能形象地观察到阻塞效果。显示进程输出结果。
5. 请用Java RMI实现一个简单RMI应用，其中客户向服务器发送两个整数（int型），服务器计算两个数值之和并将结果返回给客户。

6. 请在 2.3.2 节基本 RMI 应用 Hello 的 sayHello() 方法中增加休眠 10s 的代码，并先后分别运行两个客户端程序实例，测试 RMI 对象服务器是否支持并发功能？（提示：观察两次调用输出结果的时间间隔。）
7. 分布式应用最流行的计算范型是什么？用图形化的方式描述该范型的通信原理。
8. 分布式应用最基本的计算范型是什么？
9. 什么是 peer-to-peer 范型？请举出三个使用该范型的软件。
10. 考虑本节讨论的各种范型的权衡因素，比较每种范型的优缺点。

参考文献

[1] 林伟伟，刘波. 分布式计算、云计算与大数据 [M]. 北京：机械工业出版社，2015.

[2] LIU M L. 分布式计算原理与应用（影印版）[M]. 北京：清华大学出版社，2004.

[3] Java remote method invocation：distributed computing for Java[EB/OL]. [2023-10-26]. https://www.oracle.com/java/technologies/javase/remote-method-invocation-distributed-computing.html.

[4] Java 2 platform v1.4 API specification[EB/OL]. [2023-10-26]. http://java.sun.com/j2se/1.4/docs/api/index.html.

第3章　Web原理与应用开发

3.1　HTTP

3.1.1　WWW服务

WWW是广泛流行的分布式应用，中文名字为“万维网”，通常简称为Web。WWW是目前世界上最具影响力的互联网服务，起源于1990年，最早由欧洲核物理研究中心的Tim-Berners Lee提出，其目的是为研究中心分布在世界各地的科学家提供一个共享信息的平台。1990年11月，Tim Berners-Lee和Robert Cailliau联合提交了一个名为“通用超文本系统”的建议方案，自从该方案被提出后，WWW得到了迅猛的发展。

从应用功能看，WWW是一种交互式图形界面的Internet服务，具有强大的信息连接功能，它使成千上万的用户通过简单的图形界面就可以访问各个大学、组织、公司等的最新信息和各种服务。WWW服务是目前应用最广泛的一种基本互联网应用，我们上网时都要用到这种服务。通过WWW服务，只要用鼠标进行本地操作，就可以到达世界上的任何地方。由于WWW服务使用的是超文本链接（HTML），因此可以很方便地从一个信息页转换到另一个信息页。它不仅能查看文字，还可以欣赏图片、音乐、动画。

从技术上看，WWW是一个基于HTTP的客户–服务器应用系统，即属于客户–服务器范型的分布式计算应用。其中，WWW服务器负责以Web页面方式存储信息资源并响应客户请求，WWW浏览器则负责接收用户命令、发送请求信息、解释服务器的响应。WWW的核心技术包括：超文本标记语言（HTML）和超文本传输协议（HTTP）。其中，HTTP是WWW服务使用的应用层协议，用于实现WWW客户机与WWW服务器之间的通信；HTML是WWW服务的信息组织形式，用于定义在WWW服务器中存储的信息格式。

3.1.2　TCP/IP

TCP/IP是Transmission Control Protocol/Internet Protocol的简写，中文名为传输控制协议/因特网互联协议，是Internet最基本的协议和Internet国际互联网络的基础。TCP/IP定义了电子设备如何被连入因特网，以及它们之间传输数据的标准。TCP/IP协议不是TCP和IP这两个协议的合称，而是指因特网整个TCP/IP协议族。与OSI参考模型不同，从协议分层模型方面来讲，TCP/IP由四个层次组成：网络接口层、网络层、传输层、应用层。各层的协议如图3-1所示，其中HTTP为应用层最重要的协议之一。

OSI 参考模型	TCP/IP 协议集	
应用层	应用层	Telnet，FTP，SMTP，DNS，HTTP 以及其他应用协议
表示层		
会话层		
传输层	传输层	TCP，UDP
网络层	网络层	IP，ARP，RARP，ICMP
数据链路层	网络接口层	各种通信网络接口（以太网等）(物理网络)
物理层		

图 3-1 TCP/IP 协议栈

3.1.3 HTTP 的原理

HTTP 是 HyperText Transport Protocol（超文本传输协议）的缩写，它用于传送 WWW 方式的数据，是互联网上应用最为广泛的一种网络协议。设计 HTTP 的最初目的是提供一种发布和接收 HTML 页面的方法。通过 HTTP 或者 HTTPS 协议请求的资源由统一资源标识符（Uniform Resource Identifier，URI）来标识。

HTTP 的发展是万维网联盟（W3C）和互联网工程任务组（IETF）合作的结果。它们发布了一系列的 RFC，其中 HTTP 的第一个版本是 0.9。当前使用较广泛的版本是 1.0，其对应的描述文档为 RFC 1945。1999 年 6 月公布的 RFC 2616 定义了 HTTP 中广泛使用的版本——HTTP 1.1。

HTTP 是一个面向连接（基于 TCP）、无状态的请求应答协议，也是客户端（用户）和服务器端（网站）请求和应答的标准。通过使用 Web 浏览器、网络爬虫或者其他工具，客户端发起一个 HTTP 请求到服务器（通常称为 Web 服务器）上的指定端口，网络服务的默认端口为 80，也可以指定为其他未占用的端口。如图 3-2 所示，Web 浏览器向 Web 服务器发送请求，Web 服务器处理请求并返回适当的应答。

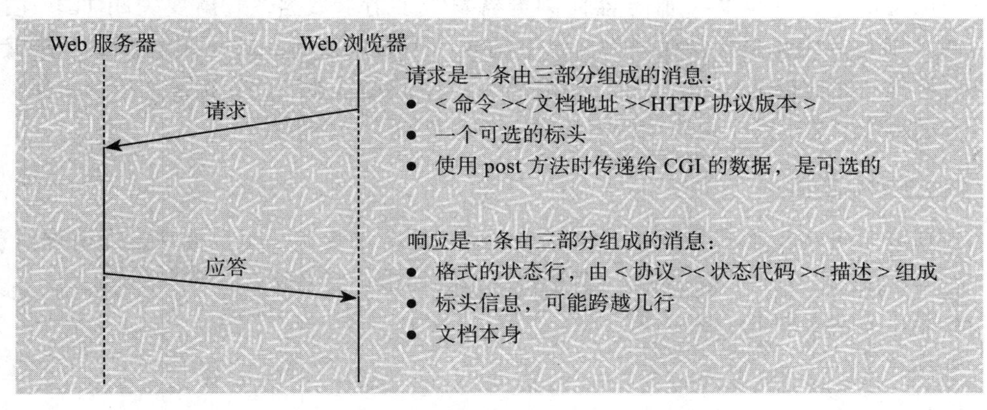

图 3-2 HTTP 协议的请求和应答

1. 通信过程

HTTP 通信机制是指在一次完整的 HTTP 通信过程中，Web 浏览器与 Web 服务器之间将完成下列 7 个步骤。

（1）建立 TCP 连接

在 HTTP 工作开始之前，Web 浏览器首先通过网络与 Web 服务器建立连接，该连接是通过 TCP 来完成的，该协议与 IP 协议共同构建 Internet，即著名的 TCP/IP 协议族，因此 Internet 又被称为 TCP/IP 网络。HTTP 是比 TCP 更高层次的应用层协议，根据规则，只有低层协议建立之后才能进行高层协议的连接，因此，首先要建立 TCP 连接，TCP 连接的端口号通常是 80。

（2）Web 浏览器向 Web 服务器发送请求命令

一旦建立了 TCP 连接，Web 浏览器就会向 Web 服务器发送请求命令。例如：

```
GET/sample/
hello.jsp HTTP/1.1
```

（3）Web 浏览器发送请求头信息

浏览器发送其请求命令之后，还要以头信息的形式向 Web 服务器发送其他信息，之后浏览器发送一个空白行来通知服务器，它已经结束了该头信息的发送。

（4）Web 服务器应答

客户机向服务器发出请求后，服务器会向客户机回送应答 HTTP/1.1 200 OK，应答的第一部分是协议的版本号和应答状态码。

（5）Web 服务器发送应答头信息

正如客户端会随同请求发送关于自身的信息一样，服务器也会随同应答向用户发送关于自己的数据及被请求的文档。

（6）Web 服务器向浏览器发送数据

Web 服务器向浏览器发送头信息后，会发送一个空白行来表示头信息的发送到此结束，接着，它就以 Content-Type 应答头信息所描述的格式发送用户请求的实际数据。

（7）Web 服务器关闭 TCP 连接

一般情况下，一旦 Web 服务器向浏览器发送了请求数据，它就要关闭 TCP 连接，然后如果浏览器或者服务器在其头信息中加入代码 Connection:keep-alive，TCP 连接在发送后将仍然保持打开状态，于是，浏览器可以继续通过相同的连接发送请求。保持连接节省了为每个请求建立新连接所需的时间，还节约了网络带宽。

2. HTTP 请求

当浏览器向 Web 服务器发出请求时，它就向服务器传递一个数据块，即请求信息，HTTP 请求信息由以下 3 部分组成（其中请求头和请求正文之间有一个空白行）：

- 请求方法 URI 协议 / 版本。
- 请求头。
- 请求正文。

下面给出一个 HTTP 请求的例子：

```
GET/sample.jsp HTTP/1.1
Accept:image/gif.image/jpeg,*/*
Accept-Language:zh-cn
Connection:Keep-Alive
Host:localhost
```

```
User-Agent:Mozila/4.0(compatible;MSIE5.01;Window NT5.0)
Accept-Encoding:gzip,deflate
username=jinqiao&password=1234
```

（1）请求方法 URI 协议 / 版本

请求的第一行是“方法 URI 协议 / 版本”：GET/sample.jsp HTTP/1.1。

以上代码中的“GET”表示请求方法，“/sample.jsp”表示 URI，“HTTP/1.1”表示协议和协议的版本。根据 HTTP 标准，HTTP 请求可以使用多种请求方法。例如，HTTP1.1 支持 7 种请求方法：GET、POST、HEAD、OPTIONS、PUT、DELETE 和 TARCE。在 Internet 应用中，最常用的方法是 GET 和 POST。URL 完整地指定了要访问的网络资源，通常只要给出相对于服务器的根目录的相对目录即可，因此总是以“/”开头，最后，协议版本声明了通信过程中使用的 HTTP 版本。

（2）请求头

请求头包含许多有关的客户端环境和请求正文的有用信息。例如，请求头可以声明浏览器所用的语言、请求正文的长度等。

```
Accept:image/gif.image/jpeg.*/*
Accept-Language:zh-cn
Connection:Keep-Alive
Host:localhost
User-Agent:Mozila/4.0(compatible:MSIE5.01:Windows NT5.0)
Accept-Encoding:gzip,deflate.
```

（3）请求正文

请求头和请求正文之间是一个空行，这一空行非常重要，它表示请求头已经结束，接下来的是请求正文。请求正文中可以包含客户提交的查询字符串信息：

```
username=jinqiao&password=1234。
```

在以上 HTTP 请求中，请求的正文只有一行内容。当然，在实际应用中，HTTP 请求正文可以包含更多的内容。HTTP 请求常用的方法有 GET、POST、HEAD、PUT 等。

- GET——获取 URI 指定的 Web 对象的内容。GET 是默认的 HTTP 请求方法，我们日常用 GET 方法来提交表单数据，然而用 GET 方法提交的表单数据只经过了简单的编码，同时它将作为 URL 的一部分被发送到 Web 服务器，因此，如果使用 GET 方法来提交表单数据，就存在安全隐患。例如 Http://127.0.0.1/login.jsp?Name=zhangshi&Age=30&Submit=%cc%E+%BD%BB，从该 URL 请求中，很容易辨认出表单提交的内容（“?”之后的内容）。另外，由于 GET 方法提交的数据作为 URL 请求的一部分，因此提交的数据量不能太大。
- POST——用于向服务器主机上的某个进程发送数据。POST 是 GET 方法的一个替代方法，它主要向 Web 服务器提交表单数据，尤其是大批量的数据。POST 方法克服了 GET 方法的一些缺点。通过 POST 方法提交表单数据时，数据不是作为 URL 请求的一部分而是作为标准数据传送给 Web 服务器，这就克服了 GET 方法中的信息无法保密和数据量太小的缺点。因此，出于安全的考虑以及对用户隐私的尊重，通常提交表单时采用 POST 方法。从编程的角度来讲，如果用户通过 GET 方法提交数据，则数据被存放在 QUERY _ STRING 环境变量中，而 POST

方法提交的数据则可以从标准输入流中获取。

HTTP 请求还有其他方法。

- HEDA——仅从服务器获取头部信息，而不是对象本身。
- PUT——用于将 HTTP 附带的内容保存到服务器上 URI 所指定的位置（上传文件）。
- DELETE——删除指定资源。
- OPTIONS——返回服务器支持的 HTTP 方法。
- CONNECT——把请求连接转换到透明的 TCP/IP 通道。

3. HTTP 应答

HTTP 应答与 HTTP 请求相似，HTTP 响应也由 3 个部分构成（其中响应头和响应正文之间有一个空白行），分别是：

- 协议状态版本代码描述。
- 响应头。
- 响应正文。

下面是一个 HTTP 响应的例子：

```
HTTP/1.1 200 OK
Server:Apache Tomcat/7.0.0
Date:Mon,13 Jan2014 13:23:42 GMT
Content-Length:112

<html>
<head>
    <title>HTTP 响应示例 <title>
</head>
<body>
    Hello HTTP!
</body>
</html>
```

HTTP 响应的第一行类似于 HTTP 请求的第一行，它表示通信所用的协议是 HTTP1.1，服务器已经成功处理了客户端发出的请求（200 表示成功）：

```
HTTP/1.1 200 OK
```

响应头也和请求头一样，包含许多有用的信息，例如服务器类型、日期和时间、内容类型和长度等：

```
Server:Apache Tomcat/7.0.0
Date:Mon,13 Jan2014 13:13:33 GMT
Content-Type:text/html
Last-Modified:Mon,13 Jan 2014 13:23:42 GMT
Content-Length:112
```

响应正文就是服务器返回的 HTML 页面：

```
<html>
<head>
    <title>HTTP 响应示例 <title>
</head>
```

```
<body>
    Hello HTTP!
</body>
</html>
```

注意：响应头和正文之间也必须用空行分隔。

HTTP 应答码也称为状态码，它反映了 Web 服务器处理 HTTP 请求的状态。HTTP 应答码由 3 位数字构成，其中首位数字定义了应答码的类型。

- 1XX——信息类（information），表示收到 Web 浏览器请求，正在进一步的处理中。
- 2XX——成功类（successful），表示用户请求被正确接收、理解和处理，例如 200 OK。
- 3XX——重定向类（redirection），表示请求没有成功，客户必须采取进一步的动作。
- 4XX——客户端错误（client error），表示客户端提交的请求有错误，例如 404 NOT Found 意味着请求中所引用的文档不存在。
- 5XX——服务器错误（server error），表示服务器不能完成对请求的处理，如 500。

对于 Web 开发人员来说，掌握 HTTP 应答码有助于提高 Web 应用程序调试的效率和准确性。

4. HTTPS

HTTPS（Hyper Text Transfer Protocol over Secure），即超文本传输安全协议，是 HTTP 的安全版，是一种基于 SSL/TLS 的 HTTP，所有的 HTTP 数据都是在 SSL/TLS 协议封装之上传输的。HTTP 被用于在 Web 浏览器和网站服务器之间传递信息。HTTP 以明文方式发送内容，不提供任何方式的数据加密，如果攻击者截取了 Web 浏览器和网站服务器之间的传输报文，就可以直接读懂其中的信息，因此 HTTP 不适合传输敏感信息，比如信用卡号、密码等。为了解决 HTTP 的这一缺陷，需要使用另一种协议：HTTPS。为了数据传输的安全，HTTPS 在 HTTP 的基础上加入了 SSL 协议，SSL 依靠证书来验证服务器的身份，并为浏览器和服务器之间的通信加密。

HTTPS 和 HTTP 的主要区别为：HTTPS 协议需要到 CA 申请证书，一般免费证书很少，需要交费；HTTP 是超文本传输协议，信息是明文传输，HTTPS 则是具有安全性的 SSL 加密传输协议；HTTP 和 HTTPS 使用的是完全不同的连接方式，使用的端口也不一样，前者是 80，后者是 443；HTTP 的连接很简单，是无状态的；HTTPS 协议是由 SSL+HTTP 构建的可进行加密传输、身份认证的网络协议，比 HTTP 安全。

3.2 Web 开发技术简介

3.2.1 HTML

HTML（HyperText Markup Language）即超文本标记语言或超文本链接标示语言，是一种制作万维网页面的标准语言，是万维网浏览器使用的一种语言，它消除了不同计算机之间信息交流的障碍。它是目前网络上应用最为广泛的语言，也是构成网页文档的主要语言。

HTML 文件是由 HTML 命令组成的描述性文本，HTML 命令可以说明文字、图形、动画、声音、表格、链接等。HTML 文件包括头部（head）、主体（body）两大部分，其中头部描述浏览器所需的信息，主体则包含所要说明的具体内容。

Web 页面是利用 HTML 书写的结构化文档。HTML 是 WWW 世界的共同语言，WWW 浏览器、编辑器和转换器等软件都需要按照统一的 HTML 标准处理页面。HTML 的功能有：描述 Web 文档结构，创建超链接，定义格式化的文本、色彩、图像等。HTML 是一个简单的标记语言，它主要用来描述 Web 文档结构。用 HTML 描述的文档由两种成分组成，一种是 HTML 标记（tag），另一种是普通文本。HTML 标记封装在“<”和“>”之中，标记不区分大小写。大部分标记成对出现，如 <HEAD> 和 </HEAD> 是一对标记，分别称为开始标记和结束标记；部分标记（元素标记）单独出现，如 <IMG> 标记可附有必需的或可选的属性，如 <IMG src="http://netlab.nankai.edu.cn/ lan.jpg" alt ="LAN Image">。

1. 基本结构标记

HTML 中基本结构标记的使用如代码 3-1 所示。

代码 3-1

```
<HTML>
<HEAD>
    <TITLE>
        计算机网络
    </TITLE>
</HEAD>
<BODY>
    计算机网络就是利用通信线路将具有独立功能的计算机连接起来而形成的计算机集合，计算机之间可
        以借助于通信线路传递信息，共享软件、硬件和数据等资源。
</BODY>
</HTML>
```

网页效果如图 3-3 所示。

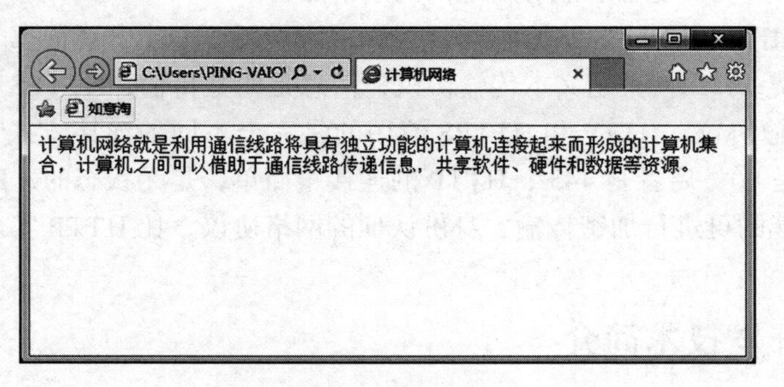

图 3-3 网页效果 1

2. 段落标记

HTML 中最基本的元素是段落，段落可以用 <P> 表示，浏览器将段落的内容从左到右、从上到下显示。

3. 图像标记

定义图像的语法是 <img src="url"/>，url 指存储图像的位置。如果名为 boat.gif 的

图像位于 www.w3school.com.cn 的 images 目录中，那么其 URL 为 http://www.w3school.com.cn/images/boat.gif。

代码 3-2 的网页效果如图 3-4 所示。

代码 3-2

```
<HTML>
<HEAD>
    <TITLE>
        计算机网络
    </TITLE>
</HEAD>
<BODY>
    计算机网络就是利用通信线路将具有独立功能的计算机连接起来而形成的计算机集合，计算机之间可
        以借助于通信线路传递信息，共享软件、硬件和数据等资源。 <P>
    <IMG src="network.jpg">
</BODY>
</HTML>
```

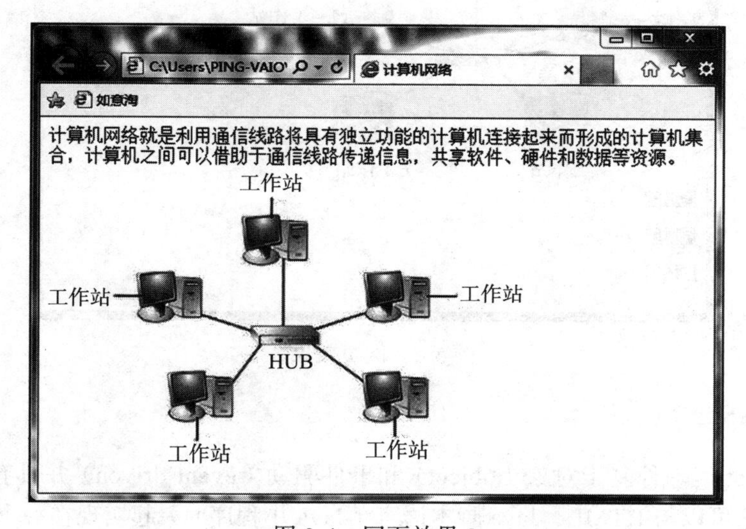

图 3-4 网页效果 2

4. 超链接标记——文字

定义超链接的语法是 <a href=” url” >Link text</a>，href 属性规定链接的目标。开始标签和结束标签之间的文字被作为超链接来显示。

代码 3-3 的网页效果如图 3-5 所示。

代码 3-3

```
<HTML>
<HEAD>
    <TITLE>
        计算机网络
    </TITLE>
</HEAD>
<BODY>
```

（续）

```
    计算机网络就是利用通信线路将具有独立功能的计算机连接起来而形成的计算机集合，计算机之间可
        以借助于通信线路传递信息，共享软件、硬件和数据等资源。 <P>
    <IMG src="http://192.168.0.66/network.jpg"> <P>
    <A HREF="http://192.168.0.66/lan.html"> 局域网 </A> <P>
    <A HREF="http://192.168.0.66/man.html"> 城域网 </A> <P>
    <A HREF="http://192.168.0.66/wan.html"> 广域网 </A>
</BODY>
</HTML>
```

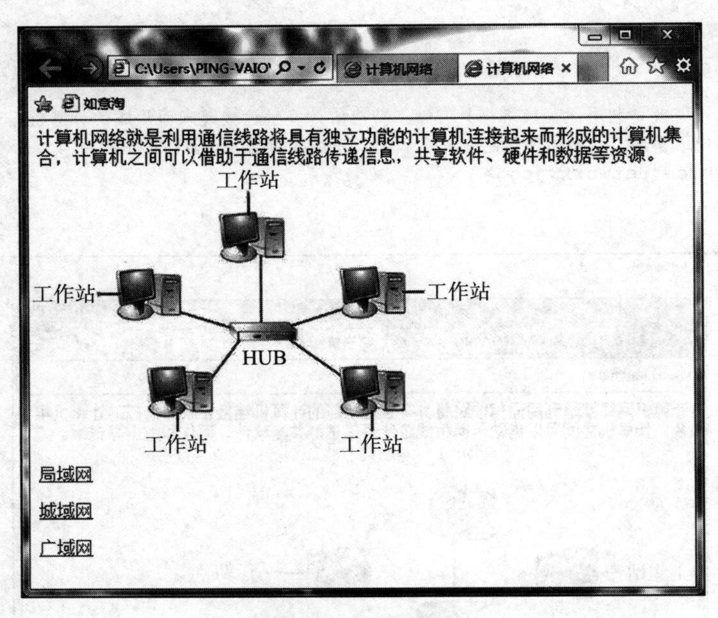

图 3-5　网页效果 3

3.2.2　JavaScript

JavaScript 是一种基于对象（object）和事件驱动（event driven）并具有安全性能的脚本语言。它可以与 HTML、Java 脚本语言（Java 小程序）一起实现在一个 Web 页面中链接多个对象，与 Web 客户交互作用，从而可以开发客户端的应用程序等。它是通过嵌入或调入在标准的 HTML 语言中实现的。它的出现弥补了 HTML 语言的缺陷，是 Java 与 HTML 折中的选择。

JavaScript 是由 Netscape 公司开发并随 Navigator 一起发布的。它介于 Java 与 HTML 之间，是一种基于对象事件驱动的编程语言。它因为开发环境简单，不需要 Java 编译器，而是直接运行在 Web 浏览器中，所以倍受 Web 设计者的关注。

JavaScript 的基本语法如下。

1. 常量

整型常量：不能改变的数据，可以用八进制、十进制和十六进制表示其值。

实型常量：由整数部分加小数部分表示，如 12.32、215.98。可以用科学或标准方法表示，如 5E6、4e3 等。

布尔值：只有两种状态，即 true 和 false。

字符型常量：使用单引号（'）或双引号（"）括起来的一个或几个字符，例如 "32150" 或 'sddf'。

空值：JavaScript 中空值为 null。如果试图引用没有定义的变量，就会返回一个空值。

特殊字符：JavaScript 中以“/”开头的不可显示的特殊字符为控制字符。

2. 变量

变量主要用于存取数据、提供存放信息的容器。变量可分为全局变量和局部变量。通常声明函数 function 内的都是局部变量，Script 标记内的都是全局变量，局部变量只能在函数内存取。变量使用 var 关键字在使用前先做声明，并可赋值。

```
var myname; 只声明
var myname="John"; 声明并赋值
```

3. 运算符

- 双目运算符：需要两个操作数进行运算的运算符，如：“操作数 1 运算符 操作数 2”。
- 单目运算符：只有一个操作符，如 ++1。
- 算术运算符：加、减、乘、除、取模（双目），取反、取补、递加 1、递减 1（单目）。
- 比较运算符：操作之后返回 true 或 false、大于、小于、小于等于（<=）、大于等于（>=）、等于（==）、不等于（!=）。
- 逻辑运算符：也称布尔运算符，包括取反运算符（！）、逻辑与运算符（&&）、逻辑或运算符（||）。

4. 表达式

表达式就是变量、常量、布尔及运算符的集合。表达式分为算术表达式、字符表达式、赋值表达式及布尔表达式等。

5. 基本语句

（1）if-else 条件语句

基本格式：

```
if （条件）
    {
        只有当条件为 true 时执行的代码
    }
```

例如，当时间小于 20:00 时，生成一个“Good day”问候：

```
if (time<20)
    {
        x="Good day";
    }
```

（2）for 循环语句

基本格式：

```
for （语句 1; 语句 2; 语句 3)
    {
```

```
    被执行的代码块
    }
```

例如：

```
for (var i=0; i<5; i++)
    {
        x=x + "The number is " + i + "<br>";
    }
```

（3）break 语句

可以使循环从 for 语句或 while 语句中跳出。

（4）continue 语句

使程序跳过循环内剩余的语句而进入下一次循环。当遇到 continue 时并不是跳出整个循环，只是结束当前的这次循环。

（5）switch 语句

switch 语句的语法是：如匹配则执行 case，如无 case 匹配则执行 default。

```
switch(n)
{
case 1:
    执行代码块 1
    break;
case 2:
    执行代码块 2
    break;
default:
    n 与 case 1 和 case 2 不同时执行的代码
}
```

例如，下面的代码显示今日的周名称。请注意 Sunday=0、Monday=1、Tuesday=2，以此类推。

```
var day=new Date().getDay();
switch (day)
{
case 0:
    x="Today it's Sunday";
    break;
case 1:
    x="Today it's Monday";
    break;
case 2:
    x="Today it's Tuesday";
    break;
case 3:
    x="Today it's Wednesday";
    break;
case 4:
    x="Today it's Thursday";
    break;
case 5:
    x="Today it's Friday";
    break;
```

```
case 6:
    x="Today it's Saturday";
    break;
}
```

x 的结果为：

```
Today it's Thursday
```

6. 函数

函数的定义如下：

```
function 函数名(参数, 变量){
函数体;
return 表达式
}
```

其中：函数名用于定义函数名称；参数是传递给函数使用或操作的值，其值可以是常量、变量或其他表达式；return 则用于设定函数的返回值，区分大小写。

下面是一个内嵌于 HTML 的 JavaScript 实例。

```
<html>
    <head>
        <script type="text/javascript">
            var c=0
            var t
            function timedCount()
            {
                document.getElementById('txt').value=c
                c=c+1
                t=setTimeout("timedCount()",1000)
            }

            function stopCount()
            {
                c=0;
                setTimeout("document.getElementById('txt').value=0",0);
                clearTimeout(t);
            }
        </script>
    </head>

<body>
    <form>
            <input type="button" value=" 开始计时！ " onClick="timedCount()">
            <input type="text" id="txt">
            <input type="button" value=" 停止计时！ " onClick="stopCount()">
    </form>
<p> 请点击上面的“开始计时！”按钮来启动计时器。输入框会一直进行计时，从 0 开始。点击“停止计
    时！”按钮可以终止计时，并将计数重置为 0。</p>
    </body>
</html>
```

运行效果如图 3-6 所示。

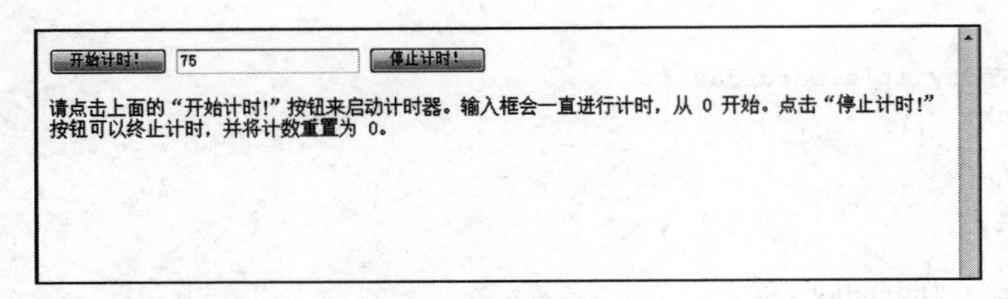

图 3-6 运行效果

3.2.3 CSS

级联样式表（Cascading Style Sheet，CSS），通常又称为风格样式表（style sheet），它是用来进行网页风格设计的。比如想让链接字未点击时是蓝色的，当鼠标移上去后字变成红色的且有下划线，这就是一种网页风格。通过设立样式表，可以统一地控制 HTML 中各个标志的显示属性。级联样式表可以使人更有效地控制网页外观。使用级联样式表，可以扩充精确指定网页元素位置、外观以及创建特殊效果的能力。

1. 语法

CSS 规则由两个主要的部分构成：选择器，以及一条或多条声明。

```
selector {declaration1; declaration2; ... declarationN }
```

选择器通常是需要改变样式的 HTML 元素。每条声明由一个属性和一个值组成。属性（property）是希望设置的样式属性（style attribute）。每个属性都有一个值，属性和值由冒号分开。

```
selector {property: value}
```

下面代码的作用是将 h1 元素内的文字颜色定义为红色，同时将字体大小设置为 14 像素。其中，h1 是选择器，color 和 font-size 是属性，red 和 14px 是值。

```
h1 {color:red; font-size:14px;}
```

上述代码的结构如下所示：

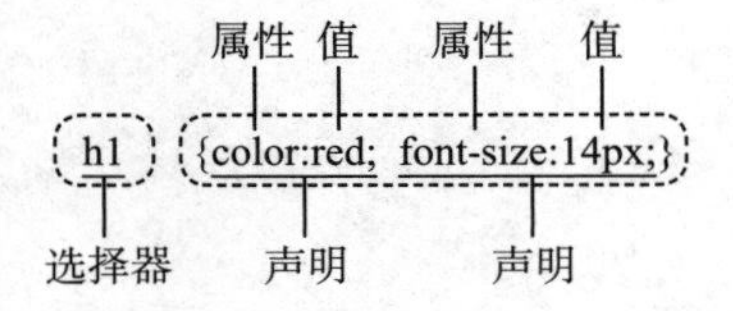

2. 值的不同写法和单位

除英文单词 red 之外，我们还可以使用十六进制的颜色值 #ff0000：

```
p { color: #ff0000; }
```

为了节约字节，我们可以使用 CSS 的缩写形式：

```
p { color: #f00; }
```

还可以通过以下两种方法使用 RGB 值：

```
p { color: rgb(255,0,0); }
p { color: rgb(100%,0%,0%); }
```

请注意，当使用 RGB 百分比时，即使值为 0 也要写百分比符号。但是在其他的情况下就不需要这么做了。比如，当尺寸为 0 像素时，0 之后不需要使用 px 单位，因为 0 就是 0，无论单位是什么。

3. 引号

如果值为若干单词，则要给值加上引号：

```
p {font-family: "sans serif";}
```

4. 多重声明

如果要定义不止一个声明，则需要用分号将每个声明分开。下面的代码展示了如何定义一段红色居中的文字。最后一条规则是不需要加分号的，因为分号在英语中是一个分隔符号，不是结束符号。然而，大多数有经验的程序员都会在每条声明的末尾都加上分号，这么做的好处是，在从现有的规则中增减声明时会减少出错的可能性。例如：

```
p {text-align:center; color:red;}
```

建议在每行只描述一个属性，以增强样式定义的可读性，例如：

```
p {
    text-align: center;
    color: black;
    font-family: arial;
}
```

5. 空格和大小写

大多数样式表包含不止一条规则，而大多数规则包含不止一个声明。多重声明和空格的使用使得样式表更容易被编辑：

```
body {
    color: #000;
    background: #fff;
    margin: 0;
    padding: 0;
    font-family: Georgia, Palatino, serif;
    }
```

是否包含空格不会影响 CSS 在浏览器中的呈现效果，同样，与 XHTML 不同，CSS 对大小写不敏感。不过存在一个例外：如果涉及与 HTML 文档一起工作的话，class 和 id 名称对大小写是敏感的。

下面是制作段落首字母特效的代码示例。

```
<html>
<head>
<style type="text/css">
p:first-letter
{
```

```
color: #ff0000;
font-size:xx-large
}
</style>
</head>

<body>
<p>
You can use the :first-letter pseudo-element to add a special effect to the
    first letter of a text!
</p>
</body>
</html>
```

网页效果如图 3-7 所示。

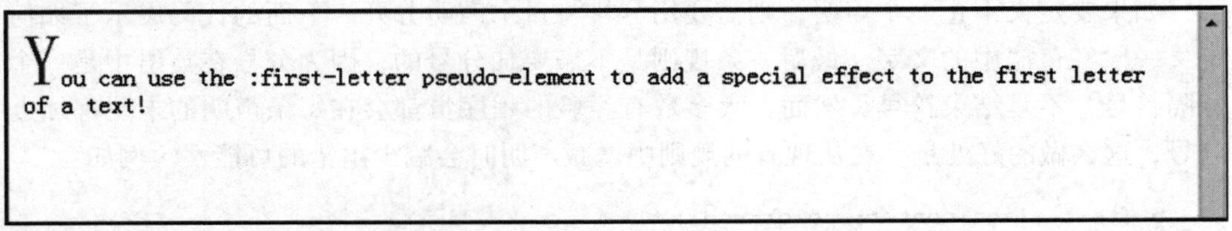

You can use the :first-letter pseudo-element to add a special effect to the first letter of a text!

图 3-7 网页效果

3.2.4 XML

XML（eXtensible Markup Language）即可扩展标记语言，它是一种类似于 HTML 的标记语言，被设计用来传输和存储数据。

1. XML 的产生

XML 同 HTML 一样，都来自 SGML（Standard Generalized Markup Language），即标准通用置标语言。早在 Web 产生之前，SGML 就已存在，主要用于印刷和电子出版物领域。SGML 中用来描述文档资料的标记是可以自由定义的，标记的具体含义在文档类型定义（DTD）中说明，可以根据特定领域的实际应用定义相应的 DTD，因而 SGML 的语法是可以自由扩展的。

为了便于在计算机上实现，HTML 只使用了 SGML 标记中很小的一部分，而且这些标记的形式与含义都是固定的，已在 DTD 中有完整的说明，不再需要其他的 DTD。HTML 是由 SGML 描述的，可以说 HTML 只是 SGML 在 Web 上的一个应用。正是 HTML 这种固定的语法使 HTML 易学又易用，开发浏览器也比较容易，这在一定程度上推进了 Web 技术的发展，使其迅速走进千家万户。

但随着 Web 的应用越来越广泛和深入，出现了许多像电子商务、远程教育等新兴应用领域。尽管 HTML 陆续推出了新的版本，已经有了脚本、表格、帧等表达功能，但 HTML 过于简单的语法始终无法满足不断增长的需求，于是 XML 应运而生。XML 精简了很多 SGML 中极少用到的部分，同时充分考虑到 Web 的特性。XML 是 SGML 的一个有限子集，可以有 DTD，因而 XML 语法是可以扩展的。XML 是由 W3C 在 1996 年赞助的 XML 工作组发展起来的，W3C 于 1998 年 1 月 10 日正式公布 XML 1.0 版本标准。

2. XML 的相关技术

XML 几乎没有预先定义的标记，而是允许用户在需要时定义自己的标记，但是由自定义的标记建立的标记和文档并不是随意的，必须遵循一组特定的规则。遵守这些规则的文档被认为是结构完整的。结构完整是 XML 处理器和浏览器阅读这些文档必要的、最起码的标准。这些规则如下：文档必须以 XML 声明，即以 <？ xml version= “1.0” > 开始，除去看不见的字节顺序记号，在它之前不能有任何符号，包括空格；XML 声明定义正在使用的 XML 的版本、字符集等信息；所有的元素都必须有开始标记和结束标记，空元素可以用 “/ >” 结束标记；XML 语法是大小写敏感的；有且只有一个根元素包含其他元素；元素之间要求严格的嵌套对应，不能交叉嵌套；属性值必须加引号。

（1）合法的 XML

XML 文档有两个层次：结构完整性；合法性，即要符合与该 XML 文档关联的 DTD 或是 Schema。DTD（Document Type Definition，文档类型定义）用来定义文档中可能出现的元素、属性、标记、实体及其相互关系，用于描述在文档中可以使用哪些元素标记，它们以什么次序出现，哪些元素是包含于其他元素中的，哪些元素可以有属性等。DTD 可以包含在它所描述的文档中或者通过 URL 与文档相链接。每个文档都要与其 DTD 相对照，这一过程称为合法性检验。如果文档符合 DTD 中的约束，该文档就被认为是合法的，否则就是不合法的。相同的 DTD 可以被不同的 XML 文档和网站共享。

DTD 文件包含 DTD 声明和文档类型声明两部分，文档类型声明出现在 XML 文档中，紧跟在 XML 声明之后，将 XML 文档与 DTD 关联起来。DTD 声明包括：元素类型声明，定义元素的名称和元素可能的内容；属性列表声明，定义元素是否可以包括属性，定义属性的名称、类型及其默认值，可供定义的属性类型有 CDT、Enumerated、NMTOKEN、NMTOKENS、ID、IDREF、IDREFS、ENTIT、ENTITIES、NOT TION；实体声明，类似于常见的常量的定义，用于为内容片段命名，以便在 XML 文档及 DTD 中使用它们；记号声明，记号用于描述非 XML 格式的数据，该声明将被传递给 XML 文档处理程序，以便处理程序决定如何处理这些数据。DTD 的功能很多，但它也有缺陷，比如它本身不是用 XML 编写的，并且不支持名域。DTD 提供的数据、类型也非常有限，它不能表达元素中字符数据的数据类型。DTD 的这些缺点加速了 XML Schema 的产生。

Schema 这个术语最早被微软使用，现已成为 WSC 定义的 Schema 的原型。XML Schema 本身也是一个 XML 文档，不同的是，Schema 文档描述的是引用它的 XML 文档的元素和属性的具体类型。XML Schema 提供了许多新的特色，例如：丰富的数据类型，包括布尔型、数字、日期和时间、浮点型等，还支持由这些简单类型生成的复杂类型，用户可定义自己的数据类型；对名域的支持，一个 XML 文档可以有多个 Schema 与其对应，而一个 XML 文档只能与一个 DTD 相对应。从目前的发展趋势来看，XML 的 Schema 代替 DTD 是不可避免的，但在短期内 DTD 仍然有它的优势，如：广泛的工具支持，所有的 SGML 和许多 XML 工具都支持 DTD；广泛的应用，有很多文件形式都支持 DTD；广泛的应用经验，DTD 已使用多年，在实践中积累了宝贵的经验。

（2）XML的显示

XML描述文档的结构和语义，它不描述文档的表现形式。对于浏览器来说，XML文档中的元素是随意出现的，不可能事先知道如何显示每个元素，所以要将XML文档中的数据部分显示出来必须借助其他的工具，如CSS（Cascading Style Sheet，级联样式表）和XSL（Extensible Style sheet Language，可扩展样式表语言）。这些样式表随XML文档被发送给用户，通过样式表告诉浏览器如何格式化每个元素。而我们知道HTML文档是集内容与样式为一体的，有些标记是语义的，如<strong>，有些只是表示结构，如<table>，有些表示格式化，如<b>，还有些标记同时具有这三重意义，如<hl>。CSS开始是为HTML设计的，它定义字体、颜色、背景、文本、框等属性和其他格式化属性，这些属性都可以施加到个别的元素上。使用CSS时首先要选择特定的元素，然后依次定义它所需要的各种属性，属性名称和值对之间以分号分隔。可以把样式的定义直接写在XML文档中，也可以建立独立的外部样式表文档，通过在XML中加入样式表指令<?xml-stylesheettype="text/ css"href=" 样式表的URL">与样式表文档相链接。

（3）XML中的链接

XLL（Extensible Link Language，可扩展链接语言）包括XLink（XML Link Language，XML链接语言）和XPointer（XML Pointer Language，XML指针语言）。XLink定义一个文档如何与另一个文档相连，XPointer定义文档的各部分如何寻址。XLink指向URL，以指定特定的资源，此URL可包含XPointer，更明确地指向目标资源或者文档中的特定部分或章节。与HTML中的链接相比，XLL的功能更强大，它是专为XML文档设计的，但有些部分也可与HTML文档一起使用。XLL可实现基于URL超文本链接和定位可获得的任何功能，此外，它还支持多方位的链接。XML文档中的任何元素都可成为一个链接，而不仅仅是 元素。XPointer允许通过编号、名称、类型或与文档中其他元素的关系来将给定的元素作为目标加以定位。

（4）文档对象模型

DOM（Document Object Model，文档对象模型）是针对HTML和XML文档的API，定义了文档的逻辑结构以及访问它们的方法。它定义了一个标准的访问和处理XML结构的方法。为了表现这种分层结构的本质，DOM提供了整套的对象、方法及属性。使用DOM模型，程序员可以方便地创建文档、导航其结构或增加、修改、删除、移动文档的任何成分。DOM作为W3C的规范，它的重要目标是提供一个适用于多种不同编程环境、任何编程语言的标准编程接口。XML涉及的技术和标准还有很多，这里不一一列出。由此不难看出，相对HTML而言，XML更像一个庞大的家族，它的每一个分支都各司其职，组合起来功能是非常强大的。

3. XML的语法

XML的语法规则很简单且很有逻辑。这些规则很容易学习，也很容易使用。所有XML元素都需要有关闭标签。在HTML中，经常会看到没有关闭标签的元素：

```
<p>This is a paragraph
<p>This is another paragraph
```

在 XML 中，省略关闭标签是非法的。所有元素都**必须**有关闭标签：

```
<p>This is a paragraph</p>
<p>This is another paragraph</p>
```

你也许已经注意到 XML 声明没有关闭标签。这不是错误，声明不属于 XML 本身的组成部分，它不是 XML 元素，也不需要关闭标签。

XML 标签对大小写敏感。在 XML 中，标签 <Letter> 与标签 <letter> 是不同的。必须使用相同的大小写来编写打开标签和关闭标签：

```
<Message> 这是错误的。</message>

<message> 这是正确的。</message>
```

打开标签和关闭标签通常被称为开始标签和结束标签。不论你喜欢哪种术语，它们的概念都是相同的。

XML 必须正确地嵌套。在 HTML 中，经常会看到没有正确嵌套的元素：

```
<b><i>This text is bold and italic</b></i>
```

在 XML 中，所有元素都**必须**彼此正确地嵌套：

```
<b><i>This text is bold and italic</i></b>
```

在上例中，正确嵌套的意思是：由于 <i> 元素是在 <b> 元素内打开的，那么它必须在 <b> 元素内关闭。

XML 文档必须有根元素。XML 文档必须有一个元素是所有其他元素的**父元素**，该元素称为**根元素**。

```
<root>
    <child>
        <subchild>…</subchild>
    </child>
</root>
```

与 HTML 类似，XML 也可拥有属性（名称 / 值的对）。在 XML 中，XML 的属性值须加引号。下面的两个 XML 文档中，第一个是错误的，第二个是正确的：

```
<note date=08/08/2008>
<to>George</to>
<from>John</from>
</note>

<note date="08/08/2008">
<to>George</to>
<from>John</from>
</note>
```

第一个文档中的错误是，note 元素中的 date 属性没有加引号。

在 XML 中，一些字符拥有特殊的意义。如果你把字符“ <”放在 XML 元素中，会发生错误，这是因为解析器会把它当作新元素的开始。这样会产生 XML 错误：

```
<message>if salary < 1000 then</message>
```

为了避免这个错误，请用**实体引用**来代替“<”字符：

```
<message>if salary &lt; 1000 then</message>
```

在XML中，有如下5个预定义的实体引用：

<	<	小于号
>	>	大于号
&	&	和号
'	'	单引号
"	"	引号

在XML中，只有字符“<”和“&”确实是非法的。大于号是合法的，但是用实体引用来代替它是一个好习惯。

在XML中编写注释的语法与HTML的语法很相似：

```
<!-- This is a comment -->
```

在XML中，空格会被保留，HTML会把多个连续的空格字符裁减（合并）为一个：

```
HTML:  Hello            my name is David.
输出：  Hello my name is David.
```

在XML中，文档中的空格不会被删除。

在Windows应用程序中，换行通常以一对字符来存储：回车符（CR）和换行符（LF）。这对字符与打字机设置新行的动作有相似之处。在UNIX应用程序中，新行以LF字符存储，而Macintosh应用程序使用CR来存储新行。

下面的代码片段把XML文档解析到XML DOM对象中：

```
if (window.XMLHttpRequest)
    {// 用于 IE7+、Firefox、Chrome、Opera、Safari 的代码
    xmlhttp=new XMLHttpRequest();
    }
else
    {// 用于 IE6、IE5 的代码
    xmlhttp=new ActiveXObject("Microsoft.XMLHTTP");
    }

xmlhttp.open("GET","books.xml",false);
xmlhttp.send();
xmlDoc=xmlhttp.responseXML;
```

下面的JavaScript代码片段把XML字符串解析到XML DOM对象中（把字符串txt载入解析器）：

```
txt="<bookstore><book>";
txt=txt+"<title>Everyday Italian</title>";
txt=txt+"<author>Giada De Laurentiis</author>";
txt=txt+"<year>2005</year>";
txt=txt+"</book></bookstore>";

if (window.DOMParser)
```

```
    {
    parser=new DOMParser();
    xmlDoc=parser.parseFromString(txt,"text/xml");
    }
else // Internet Explorer
    {
    xmlDoc=new ActiveXObject("Microsoft.XMLDOM");
    xmlDoc.async="false";
    xmlDoc.loadXML(txt);
    }
```

XML DOM（XML Document Object Model）定义了访问和操作 XML 文档的标准方法。

DOM 把 XML 文档作为树结构来查看，能够通过 DOM 树来访问所有元素。可以修改或删除它们的内容，并创建新的元素。元素、它们的文本以及它们的属性都被认为是节点。

在下面的例子中，我们使用 DOM 引用从 <to> 元素中获取文本：

```
xmlDoc.getElementsByTagName("to")[0].childNodes[0].nodeValue
```

- xmlDoc：由解析器创建的 XML 文档。
- getElementsByTagName("to")[0]：第一个 <to> 元素。
- childNodes[0]：<to> 元素的第一个子元素（文本节点）。
- nodeValue：节点的值（文本本身）。

HTML DOM（HTML Document Object Model）定义了访问和操作 HTML 文档的标准方法。可以通过 HTML DOM 访问所有 HTML 元素。

在下面的例子中，我们使用 DOM 引用来改变 id="to" 的 HTML 元素的文本：

```
document.getElementById("to").innerHTML=
```

- document：HTML 文档。
- getElementById("to")：其中 id="to" 的 HTML 元素。
- innerHTML：HTML 元素的内部文本。

下面的代码把一个 XML 文档（"note.xml"）载入 XML 解析器中：

```
<html>
<body>
<h1>XML Parse Example</h1>
<p><b>To:</b> <span id="to"></span><br />
<b>From:</b> <span id="from"></span><br />
<b>Message:</b> <span id="message"></span>
<script type="text/javascript">
if (window.XMLHttpRequest)
    {// 用于 IE7+、Firefox、Chrome、Opera、Safari 的代码
    xmlhttp=new XMLHttpRequest();
    }
else
    {// 用于 IE6、IE5 的代码
    xmlhttp=new ActiveXObject("Microsoft.XMLHTTP");
```

```
    }
xmlhttp.open("GET","note.xml",false);
xmlhttp.send();
xmlDoc=xmlhttp.responseXML;
document.getElementById("to").innerHTML=xmlDoc.getElementsByTagName("to")[0].
    childNodes[0].nodeValue;
document.getElementById("from").innerHTML=xmlDoc.getElementsByTagName("from")
    [0].childNodes[0].nodeValue;
document.getElementById("message").innerHTML=xmlDoc.getElementsByTagName
    ("body")[0].childNodes[0].nodeValue;
</script>
</body>
</html>
```

3.2.5　动态网页技术

动态网页与静态网页之间最大的区别在于网页与用户之间是否有交互反馈的过程，如动态网页上的留言板、点击数等，采用动态网页技术的网页能够对不同用户的同样操作做出不同的反应，而静态网页呈现给用户的是同一个无差别的页面。

JSP 是 Java Server Pages 的缩写，是由 Sun 公司于 1999 年推出的一种动态网页技术标准。JSP 是基于 Java Servlet 以及整个 Java 体系的 Web 开发技术，利用这一技术可以建立安全、跨平台的动态网站。

需要强调的是：要想真正地掌握 JSP 技术，必须有较好的 Java 语言基础，以及 HTML 语言方面的知识。

在传统的 HTML 页面文件中加入 Java 程序片和 JSP 标签就构成了一个 JSP 页面文件。简单地说，JSP 页面除了包含普通的 HTML 标记符外，还使用标记符号“<%”，“%>”加入 Java 程序片。JSP 页面文件的扩展名是 .jsp，文件名必须符合标识符规定，需要注意的是，JSP 技术基于 Java 语言，名字区分大小写。

为了明显地区分普通的 HTML 标记和 Java 程序片段以及 JSP 标签，我们用大写字母书写普通的 HTML 标记符号。下面是一个简单的 JSP 页面源代码（Examplel.jsp），运行效果如图 3-8 所示。

```
<%@ page contentType="text/html;charset=utf-8"%>
<HTML>
<BODY BGCOLOR=blue>
<FONT Size=1>
<P> 这是一个简单的 JSP 页面
    <% int i, sum=0;
        for(i=1;i<=100;i++)
        { sum=sum+i;
        }
    %>
<P>  1 到 100 的连续和是:
<BR>
    <%=sum %>
</FONT>
</BODY>
<HTML>
```

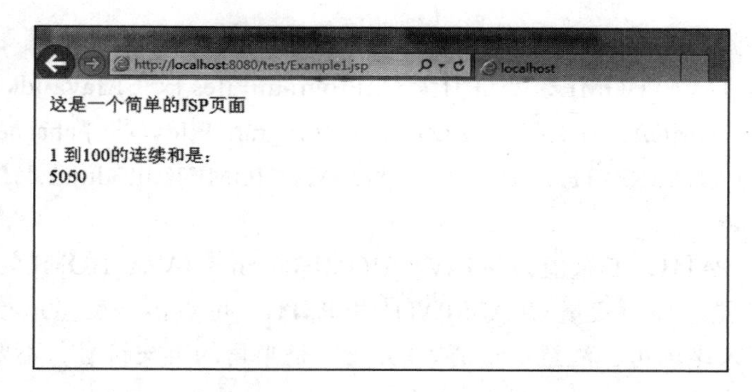

图 3-8　Example1.jsp 运行效果

1. JSP 的运行原理

当服务器上的一个 JSP 页面被第一次请求执行时，服务器上的 JSP 引擎首先将 JSP 页面文件转译成一个 Java 文件，再将这个 Java 文件编译生成字节码文件，然后通过执行字节码文件响应客户的请求，而当这个 JSP 页面再次被请求执行时，JSP 引擎将直接执行这个字节码文件来响应客户，这也是 JSP 比 ASP 速度快的原因。JSP 页面的首次执行往往由服务器管理者来完成。字节码文件的主要工作如下。

- 把 JSP 页面中普通的 HTML 标记符号（页面的静态部分）交给客户的浏览器显示。
- 执行“ <%” 和 “ %>”之间的 Java 程序片（JSP 页面中的动态部分），并把执行结果交给客户的浏览器显示。
- 当多个客户请求一个 JSP 页面时，JSP 引擎为每个客户启动一个线程而不是启动一个进程，这些线程由 JSP 引擎服务器来管理，与传统的 CGI 为每个客户启动一个进程相比，效率要高得多。

2. 安装并配置 JSP 运行环境

自从 JSP 发布以后，出现了各式各样的 JSP 引擎。1999 年 10 月，Sun 公司将 Java Server Page 1.1 代码交给 Apache 组织，Apache 组织对 JSP 进行了实用研究，并将这个服务器项目称为 Tomcat，从此，著名的 Web 服务器 Apache 开始支持 JSP。这样，Jakarta Tomcat 就诞生了（Jakarta 是 JSP 项目的最初名称）。目前，Tomcat 能和大部分主流服务器一起高效工作。下面重点介绍 Windows 操作系统下 Tomcat 服务器的安装和配置。

安装 Tomcat 之前，必须首先安装 JDK，这里安装 JDK1.6，安装目录为 C:\Program Files (x86)\Java\jdk1.6.0_10\。然后，解压缩文件 apache-tomcat-7.0.6-windows-x86.zip，可从 Sun 公司的网站 http://java.sun.com 免费得到该文件。假设解压缩文件到 D:\Program Files (x86)\apache-tomcat-7.0.6，这时得到如图 3-9 所示的 Tomcat 容器的目录结构。

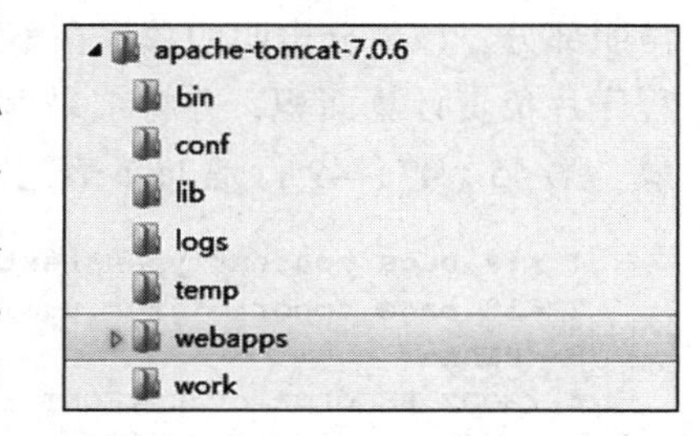

图 3-9　Tomcat 容器的目录结构

在启动 Tomcat 服务器之前，还需要进行几个环境变量的设置。在 Windows 2000 系统中用鼠标右键点击“我的电脑”，在弹出的菜单中选择“属性”，弹出“系统特性”对话框，单击该对话框中的“高级”选项，点击“环境变量”按钮，分别添加如下系统环境变量。

- 变量名为 JAVA_HOME，变量值为 C:\Program Files (x86)\Java\jdk1.6.0_10。
- 变量名为 TOMCAT_HOME，变量值为 D:\Program Files (x86)\apache-tomcat-7.0.6。
- 变量名为 CLASSPATH，变量值为 .%JAVA_HOME%\lib\dt.jar;%JAVA_HOME%\lib\tools.jar。
- 变量名为 PATH，变量值为 %JAVA_HOME%\bin;%JAVA_HOME%\jre\bin。

如果曾经设置过环境变量 CLASSPATH 和 PATH，可点击该变量进行编辑操作，将需要的值添加到末尾即可，注意变量值中的“;”是半角的英文符号，不要出错，否则环境变量配置不会成功。

现在就可以启动 Tomcat 服务器了。执行 apache-tomcat-7.0.6\bin 下的 startup.bat，在 CMD 界面中出现 Server startup 提示信息时表示服务器已经启动。

3. JSP 页面的基本结构

在传统的 HTML 页面文件中加入 Java 程序片和 JSP 标签就构成了一个 JSP 页面文件。一个 JSP 页面可由以下 5 种元素组合而成：

- 普通的 HTML 标记符。
- JSP 标签，如指令标签、动作标签。
- 变量和方法的声明。
- Java 程序片。
- Java 表达式。

我们称后三种元素形成的部分为 JSP 的脚本部分。字节码文件的任务是：把 JSP 页面中普通的 HTML 标记符号交给客户的浏览器执行显示。JSP 标签、数据和方法声明、Java 程序片由服务器负责执行，将需要显示的结果发送给客户的浏览器。

Java 表达式由服务器计算，并将结果转化为字符串，交给客户的浏览器显示。在下面的例子中，客户通过表单向服务器提交三角形三边的长度，服务器将计算三角形的面积，并将计算的结果以及客户输入的三边长度返回给客户。为了讲解方便，下面的 JSP 代码中加入了行号，它们并不是 JSP 源文件的组成部分。

在下面的代码中：第 1 ～ 2 行是 JSP 指令标签；第 3 ～ 10 行是 HTML 标记，其中第 7 ～ 10 行是 HTML 表单，客户通过该表单向服务器提交数据；第 11 ～ 13 行是数据声明部分，该部分声明的数据在整个 JSP 页面内有效；第 14 ～ 42 行是 Java 程序片，该程序片负责计算面积，并将结果返回给客户，该程序片内声明的变量只在该程序片内有效。第 45、47、49 行是 Java 表达式。

```
1 <%@ page contentType="text/html;charset=GB2312" %>
2 <%@ page import="java.util.*" %>
3 <HTML>
4 <BODY BGCOLOR=cyan><FONT Size=1>
5     <P>  请输入三角形的三个边的长度，输入的数字用逗号分隔：
6     <BR>
7     <FORM action="Example2.jsp" method=post name=form>
8     <INPUT type="text" name="boy">
9     <INPUT TYPE="submit" value=" 送出 " name=submit>
10    </FORM>
```

```
11          <%! double a[]=new double[3];
12               String answer=null;
13     %>
14     <% int i=0;
15         boolean b=true;
16         String s=null;
17         double result=0;
18         double a[]=new double[3];
19         String answer=null;
20         s=request.getParameter("boy");
21         if(s!=null)
22              { StringTokenizer  fenxi=new StringTokenizer(s,", , ");
23               while(fenxi.hasMoreTokens())
24                    { String temp=fenxi.nextToken();
25                        try{ a[i]=Double.valueOf(temp).doubleValue();
26                                    i++;
27                        }
28                        catch(NumberFormatException e)
29                             {out.print("<BR>"+" 请输入数字字符 ");
30                             }
31                    }
32               if(a[0]+a[1]>a[2]&&a[0]+a[2]>a[1]&&a[1]+a[2]>a[0]&&b==true)
33               { double p=(a[0]+a[1]+a[2])/2;
34                   result=Math.sqrt(p*(p-a[0])*(p-a[1])*(p-a[2]));
35                   out.print(" 面积: "+result);
36               }
37               else
38               {answer=" 您输入的三边不能构成一个三角形 ";
39                   out.print("<BR>"+answer);
40               }
41          }
42          %>
43     <P>  您输入的三边是:
44          <BR>
45               <%=a[0]%>
46          <BR>
47               <%=a[1]%>
48          <BR>
49               <%=a[2]%>
50 </BODY>
51 </HTML>
```

输入 111 之后（注意数字之间的空格），网页效果如图 3-10 所示。

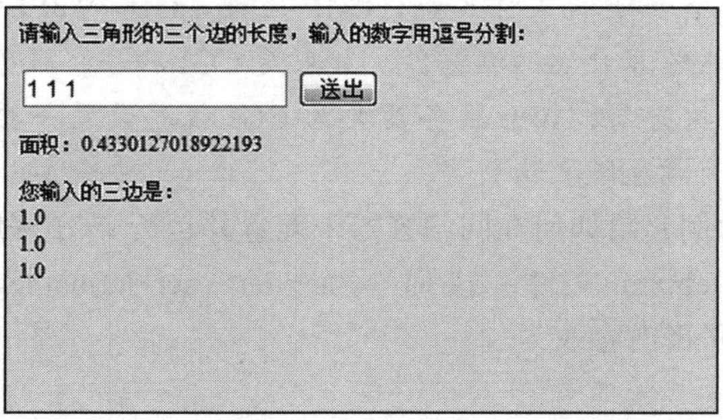

请输入三角形的三个边的长度，输入的数字用逗号分割：

111　送出

面积：0.4330127018922193

您输入的三边是：
1.0
1.0
1.0

图 3-10　网页效果

3.3 CGI

3.3.1 CGI的原理

公共网关接口（Common Gateway Interface，CGI）是WWW技术中最重要的技术之一，有着不可替代的重要地位。CGI是外部应用程序（CGI程序）与Web服务器之间的接口标准，是CGI程序和Web服务器之间传递信息的规程。CGI规范允许Web服务器执行外部程序，并将它们的输出发送给Web浏览器，CGI将Web的一组简单的静态超媒体文档变成一个完整的新的交互式媒体。

CGI在物理上是一段程序，运行在服务器上，提供同客户端HTML页面的接口。下面看一个实际的例子。现在的个人主页上大部分都有一个留言本，留言本的工作流程如下：先由用户在客户端输入一些信息，如名字等；接着用户单击“留言”，浏览器把这些信息传送到服务器的CGI目录下特定的CGI程序中，CGI程序在服务器上按照预定的方法处理，然后CGI程序给客户端发送一个信息，表示请求的任务已经结束，此时用户在浏览器里将看到“留言结束”的字样，整个过程到此结束。

CGI的工作步骤如下。

1）客户端发出请求。

2）Web服务器激活CGI程序。

3）CGI程序对客户端的请求做出反应。

4）Web服务器将CGI的处理结果传送给客户端。

5）Web服务器中断和客户端浏览器的链接。

6）Web浏览器将CGI程序的输出显示到浏览器的窗体。

图3-11给出了CGI程序实现的过程。

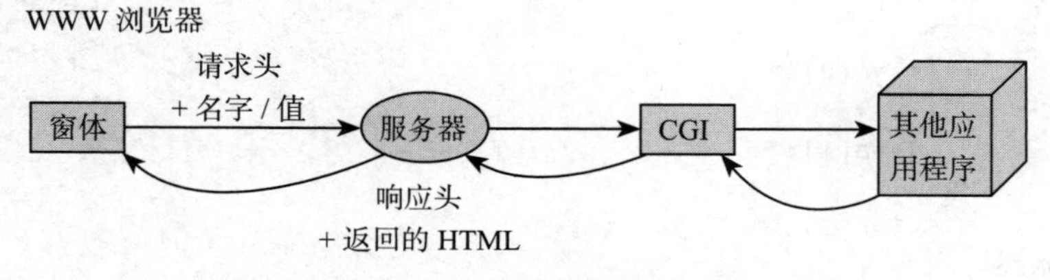

图3-11 CGI程序实现的过程

注意

- 如果请求是一个普通的文件（如HTML文件、GIF或JPEG文件），Web服务器将文件直接传送给客户端的浏览器。如果是CGI程序，服务器将激活CGI程序。
- 在CGI程序被执行前，Web服务器要为CGI程序设置一些环境变量。CGI程序结束后，环境变量也随之消失。

这里以Tomcat为例介绍如何在网站容器中配置并运行CGI程序。

首先找到/conf/web.xml文件，找到“<servlet><servlet-name>cgi</servlet-name>…”标记，去掉注释号，并将内容改为：

```
<servlet>
        <servlet-name>cgi</servlet-name>
```

```
        <servlet-class>org.apache.catalina.servlets.CGIServlet</servlet-class>
        <init-param>
            <param-name>debug</param-name>
            <param-value>0</param-value>
        </init-param>
        <init-param>
            <param-name>executable</param-name>
            <!-- 如果 path 环境内不包含 perl 的路径，这里应该用完整的 perl 路径 -->
            <param-value>/usr/bin/perl</param-value>
        </init-param>
        <init-param>
            <param-name>cgiPathPrefix</param-name>
            <param-value>WEB-INF/cgi</param-value>
        </init-param>
            <load-on-startup>5</load-on-startup>
</servlet>
```

其中 executable 指定了 CGI 程序的运行环境，是 Ubuntu 下默认安装的 perl 运行工具，位于 /usr/bin/perl。配置好网站容器的运行环境之后，把 CGI 文件放在 /cgi-bin/ 目录下即可调用。

下面通过对比 hello.html 和 hello.cgi 两个文件中的代码来具体介绍 CGI 程序的编写。

代码 3-4 描述了 Web 页面 hello.html。关于 HTML 的语法，前面已经讲过，这里不再讨论。

代码 3-4　hello.html

```
<html>
<head>
<title>the web illustrates the HTML and CGI</title>
</head>
<body>
<font color="red">
<H1>This page is programmed by HTML </H1>
</font>
</body>
</html>
```

代码 3-5 显示了 hello.cgi 的实现，该例使用 C 语言实现，其语法与 Java 非常相似。可以使用任何编程语言编写 CGI 程序，包括解释型语言（如 Perl、TKL、Python、JavaScript、Visual Basic Script）和编译型语言（如 C、C++、ADA）。代码 3-6 提供了使用流行脚本语言 Perl 编写的一个程序版本，读者应能够识别该程序中的简洁语法，该程序简单地逐行输出 Web 页面内容，开始是定义内容类型的应答头，随后是两个换行符，然后是 HTML 行内容，这些行指定用蓝色显示消息“Hello CGI”。

代码 3-5　使用 C 语言实现的 CGI 脚本 hello.cgi

```
#include<stdio.h>
main(int argc, char *argv[]) {
    printf("Content-type: text/html%c%c",10,10);
    printf("<font color=blue>");
    printf("<H1>This page is generated by CGI </H1>");
    printf("</font>");
```

（续）

```
    printf("");
    printf("");
    printf("");
}
```

代码 3-6 使用 Perl 语言实现的 CGI 脚本 hello.pl

```
#hello.pl
#A simple Perl CGI script

print"Content-type:text/html\n\n";
print"<head>\n";
print"<head>\n";
print"<title>Hello ,CGI</title>\n";
print"</head>\n";
print"<body>\n";
print"<font color=blue>\n";
print"<h1>Hello, CGI</h1>\n";
print"</font>\n";
print"</body>\n";
```

CGI 可以用任何一种语言编写，只要这种语言具有标准输入、输出和环境变量。对初学者来说，最好选用易于归档和能有效表示大量数据结构的语言，例如在 UNIX 环境中：

- Perl（Practical Extraction and Report Language）
- Bourne Shell 或者 Tcl（Tool Command Language）
- PHP（Hypertext Preprocessor）

由于 C 语言有较强的平台无关性，因此也是编写 CGI 程序的首选。

Perl 由于其跨操作系统、易于修改的特性成为 CGI 的主流编写语言，因此一般的 CGI 程序就是指 Perl 程序。

3.3.2 Web 表单

Web 表单是用于处理特殊类型的 Web 页面，该类型页面可以是：提示用户输入数据的图形用户界面；当用户点击页面上的提交按钮时，将调用 Web 服务器主机上的外部程序的执行。Web 表单的核心是一种 HTML 的 <form> 标签，该标签主要用于向服务器传输数据。CGI 程序一般完成 Web 网页中表单（Form）数据的处理、数据库查询和实现，以及与传统应用系统的集成等工作。反之，客户端请求 CGI 一般是通过 Web 表单来请求，Web 表单从浏览器请求服务器的方法有 GET 和 POST 两种（与 HTTP 中的两种请求方法相一致）。如果方法（METHOD 属性值）是 GET，则 CGI 程序就从环境变量 QUERY_STRING 中获取 Form 数据；若方法是 POST，则 CGI 程序就从标准输入（stdin）中获取 Form 数据。下面是一个 Web 表单请求 CGI 程序的简单例子。

```
<html>
<head>
<title>A WEB FORM</title>
</head>
<body>
```

```
<form>
what's your name?
<input type="text" name="name" action="form.cgi"method="post">
<input type="submit" value=" 提交表单 "/>
</form>
</body>
</html>
```

下面是一个使用C语言编写的CGI程序。程序使用例程getword和unescape（第31～34行）将查询字符串解码盒提取出来。生成的“名–值”对被放置在第7～10行声明的数据结构中。注意，第24行代码使用C例程getevn从环境变量QUERY_STRING中获取查询字符串。本例只简单地显示获取的名称和数值。

```
1 #include<stdio.h>
2 #ifdef  NO_STDLIB_H
3 #include <stdlib.h>
4 #else
5 char * getevn();
6 #endif
7 typedef struct  {
8     char name[128];
9     char val[128];
10 } entry;
11 void getword(char *word, char * line, char stop);
12 char x2c(char * what);
13 void unescape_url(char *url);
14 void plustospace(char *str);

15 main(int argc, char *argv[]) {
16     entry entries[10000];
17     register int x,m=0;
18     char *cl;
19     printf("Content-type:text/html%c%c",10,10);
20     if(strcmp(getenv("REQUEST_METHOD"),"GET")) {
21         printf("This script should be referenced with a METHOD of GET.%c",13);
22         exit(1);
23     }
24 cl = getenv("QUERY_STRING");
25 if(cl==NULL) {
26     printf("No query information to decode.%c",13);
27     exit(1);
28 }
29 for(x=0;cl[0]!='\0';x++) {
30     m = x;
31     getword(entries[x].val,cl,'&');
32     plustospace(entries[x].val);
33     unescape_url(entries[x].val);
34     getword(entries[x].name,entries[x].val,'=');
35 }
36 printf("<BODY bgcolor=\"#CCFFCC\">");
37 printf("<H2>This page is generated dynamically by getForm.cgi</H2>");
38 printf("<H1>Query Results</H1>");
39 printf("You submitted the following name/value pairs:","<p>%c",10);
40 printf("<ul>%c",10);
41 for(x=0;x<=m;x++)
```

```
42      printf("<li> <code>%s  = %s</code>%c",entries[x].name,entries[x].val,10);
43      printf("</BODY>");
44      printf("/HTML");
45 }
```

环境变量是一个具有特定名字的对象，它包含一个或者多个应用程序将用到的信息。例如 path，当要求系统运行一个程序而没有告诉它程序所在的完整路径时，系统除了在当前目录下寻找此程序外，还应到 path 中指定的路径中去寻找。用户通过设置环境变量来更好地运行进程。

以下是一些常用的环境变量。

- REQUEST_METHOD：发出请求时所用的方法类型，对应 CGI 为 GET 或 POST。
- HTTP_USER-AGENT：发送表单的浏览器的相关信息。
- QUERY_STRING：表单输入的数据，URL 中问号后的内容。
- CONTENT_TYPE：POST 发送，一般为 application/xwww-form-urlencoded。
- CONTENT_LENGTH：POST 方法输入的数据的字节数。

3.4 Web 会话

当用户在购物网站上购物时，通常会有一个购物车，用户只需将想购买的商品保存到购物车内，最后一起结账即可。在购物车等 Web 应用的一个会话期间将发送多个 HTTP 请求，每个请求都可能调用外部程序，如 CGI 脚本等。图 3-12 为该应用的一个简单会话过程：第一个 Web 表单提示输入客户 ID，该客户 ID 由 CGI 脚本 form1.cgi 验证。Web 脚本动态生成 Web 表单 form2.html（注意，该文件不被写入磁盘，它仅作为从 Web 脚本产生的、传递给 Web 服务器的输出而存在），表单提示客户填写购物单。用户选定的购物单被发送到第二个 Web 脚本 form2.cgi，该脚本动态生成另外一个临时 Web 表单 form3.html，该表单显示客户账户信息和购物车中的商品内容。会话可以按照该方式继续，并可能包括其他更多的 Web 脚本和动态生成的 Web 页面，直到用户终止会话。

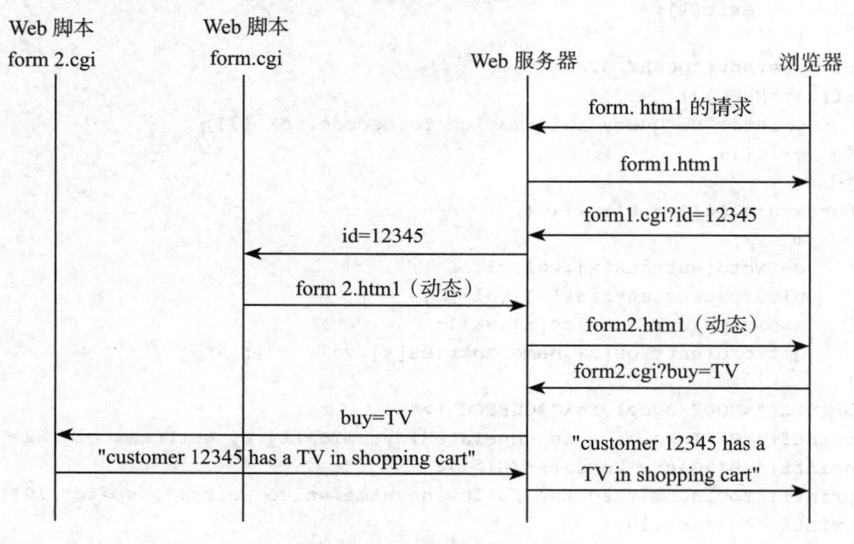

图 3-12 Web 会话过程

注意，在上述例子中，必须让第二个 CGI 脚本 form2.cgi 知道，发送给第一个 CGI 脚本 form1.cgi 的查询字符串中数据项 id 的值，即 id 是需要在整个会话期间被多个 Web 脚本共享的会话状态数据（session state data）。然后，由于各 Web 脚本是在独立环境下运行的不同程序，因此它们不共享数据。此外，HTTP 或 CGI 没有为支持会话状态数据提供机制，因为两种协议都是无状态协议，且不支持会话机制。那么是否有办法能够在不同程序中共享 Web 数据呢？

会话（Session）跟踪是 Web 程序中常用的技术，用来跟踪用户的整个会话。常用的会话跟踪技术是 Cookie 与 Session。Cookie 通过在客户端记录信息确定用户身份，Session 通过在服务器端记录信息确定用户身份，从而达到不同程序之间数据的共享。本节将系统讲述 Cookie 与 Session 机制，并比较说明什么时候不能用 Cookie，什么时候不能用 Session。

3.4.1 Cookie 机制

在程序中，会话跟踪是很重要的事情。理论上，一个用户的所有请求操作都应该属于同一个会话，而另一个用户的所有请求操作则应该属于另一个会话，两者不会产生干扰。例如，用户 A 在超市购买的任何商品都应该放在 A 的购物车内，不论用户 A 是什么时间购买的，这都属于同一个会话；不能将用户 A 在超市购买的商品放入用户 B 或用户 C 的购物车内，这不属于同一个会话。

Web 应用程序是使用 HTTP 传输数据的。HTTP 是无状态的协议。一旦数据交换完毕，客户端与服务器端的连接就会关闭，再次交换数据需要建立新的连接。这就意味着服务器无法从连接上跟踪会话，即用户 A 购买了一件商品放入购物车内，当再次购买商品时服务器已经无法判断该购买行为是属于用户 A 的会话还是用户 B 的会话。要跟踪该会话，必须引入一种机制。

Cookie 就是这样的一种机制，它可以弥补 HTTP 无状态的不足。在 Session 出现之前，基本上所有的网站都采用 Cookie 来跟踪会话。Cookie 意为“甜饼”，是由 W3C 组织提出，最早由 Netscape 社区发展的一种机制。目前 Cookie 已经成为标准，所有的主流浏览器（如 IE、Netscape、Firefox、Opera 等）都支持 Cookie。

由于 HTTP 是一种无状态的协议，服务器单从网络连接上无从知道客户身份。因此可以给客户端颁发一个通行证，每个人访问服务器都必须携带自己的通行证。这样服务器就能从通行证上确认客户身份。这就是 Cookie 的工作原理。

Cookie 实际上是一小段的文本信息。客户端请求服务器，如果服务器需要记录该用户状态，就使用 response 向客户端浏览器颁发一个 Cookie，客户端浏览器会把 Cookie 保存起来。当浏览器再请求该网站时，浏览器把请求的网址连同该 Cookie 一同提交给服务器。服务器检查该 Cookie，以此来辨认用户状态。服务器还可以根据需要修改 Cookie 的内容。

查看某个网站颁发的 Cookie 很简单。在浏览器地址栏输入 javascript:alert (document.cookie) 即可。JavaScript 脚本会弹出一个对话框，显示本网站颁发的所有 Cookie 的内容，如图 3-13 所示。

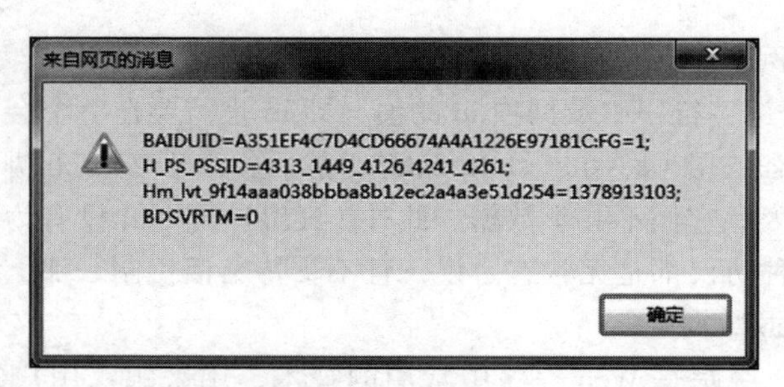

图 3-13　Baidu 网站颁发的 Cookie

图 3-13 中弹出的对话框中显示 Baidu 网站的 Cookie。其中第一行 BAIDUID 记录的就是笔者的身份，只是 Baidu 使用特殊的方法将此 Cookie 信息加密了。

注意，Cookie 功能需要浏览器的支持。如果浏览器不支持 Cookie（如大部分手机中的浏览器）或者禁用了 Cookie，Cookie 功能就会失效。不同的浏览器采用不同的方式保存 Cookie。IE 浏览器会在"C:\Documents and Settings\ 你的用户名 \Cookies"文件夹下以文本文件形式保存 Cookie，一个文本文件保存一个 Cookie。

Java 中把 Cookie 封装成 javax.servlet.http.Cookie 类。每个 Cookie 都是该 Cookie 类的对象。服务器通过操作 Cookie 类对象对客户端 Cookie 进行操作。通过 request.getCookie() 获取客户端提交的所有 Cookie（以 Cookie[] 数组形式返回），通过 response.addCookie(Cookie cookie) 向客户端设置 Cookie。

Cookie 对象使用 key-value 属性对的形式保存用户状态，一个 Cookie 对象保存一个属性对，一个 request 或者 response 同时使用多个 Cookie。因为 Cookie 类位于包 javax.servlet.http.* 下，所以 JSP 中不需要导入该类。

很多网站都会使用 Cookie，例如，Google 会向客户端颁发 Cookie，Baidu 也会向客户端颁发 Cookie。那么浏览器访问 Google 时会不会携带 Baidu 颁发的 Cookie 呢？或者 Google 能不能修改 Baidu 颁发的 Cookie 呢？

答案是否定的。Cookie 具有不可跨域名性。根据 Cookie 规范，浏览器访问 Google 只会携带 Google 的 Cookie，而不会携带 Baidu 的 Cookie。Google 也只能操作 Google 的 Cookie，而不能操作 Baidu 的 Cookie。

Cookie 在客户端是由浏览器来管理的。浏览器能够保证 Google 只会操作 Google 的 Cookie 而不会操作 Baidu 的 Cookie，从而保证用户的隐私安全。浏览器判断一个网站是否能操作另一个网站 Cookie 的依据是域名。Google 与 Baidu 的域名不一样，因此 Google 不能操作 Baidu 的 Cookie。

需要注意的是，虽然网站 images.google.com 与网站 www.google.com 同属于 Google，但是域名不一样，二者同样不能互相操作彼此的 Cookie。

注意：用户登录网站 www.google.com 之后会发现，访问 images.google.com 时登录信息仍然有效，而普通的 Cookie 是做不到的。这是因为 Google 做了特殊处理。本章后面也会对 Cookie 做类似的处理。

中文与英文字符不同，中文属于 Unicode 字符，在内存中占 4 字节，而英文属于 ASCII 字符，内存中只占 2 字节。Cookie 中使用 Unicode 字符时需要对 Unicode 字符进行编码，否则会出现乱码。

提示：在 Cookie 中保存中文只能编码，一般使用 UTF-8 编码即可。不推荐使用 GBK 等中文编码，因为浏览器不一定支持，而且 JavaScript 也不支持 GBK 编码。

Cookie 不仅可以使用 ASCII 字符与 Unicode 字符，还可以使用二进制数据。例如在 Cookie 中使用数字证书，提供安全性。使用二进制数据时也需要进行编码。

注意：由于浏览器每次请求服务器都会携带 Cookie，因此 Cookie 内容不宜过多，否则会影响速度。Cookie 的内容应该少而精。

1. 设置 Cookie 的所有属性

除 name 与 value 之外，Cookie 还具有其他几个常用的属性。每个属性对应一个 getter 方法与一个 setter 方法。Cookie 的常用属性如表 3-1 所示。

表 3-1 Cookie 常用属性

属性名	描述
string name	该 Cookie 的名称，Cookie 一旦创建，名称便不可更改
object value	该 Cookie 的值，如果值为 Unicode 字符，则需要为字符编码，如果值为二进制数据，则需要使用 BASE64 编码
int maxAge	该 Cookie 失效的时间，单位秒。如果为正数，则该 Cookie 在 maxAge 秒之后失效。如果为负数，该 Cookie 为临时 Cookie，关闭浏览器即失效，浏览器也不会以任何形式保存该 Cookie。如果为 0，表示删除该 Cookie。默认为 –1
boolean secure	该 Cookie 是否仅被使用安全协议传输。安全协议有 HTTPS、SSL 等，在网络上传输数据之前先将数据加密。默认为 false
string path	该 Cookie 的使用路径。如果设置为 "/sessionWeb/"，则只有 contextPath 为 "/sessionWeb" 的程序可以访问该 Cookie。如果设置为 "/"，则本域名下 contextPath 都可以访问该 Cookie。注意最后一个字符必须为 "/"
string domain	可以访问该 Cookie 的域名。如果设置为 ".google.com"，则所有以 "google.com" 结尾的域名都可以访问该 Cookie。注意第一个字符必须为 "."
string comment	该 Cookie 的使用说明。浏览器显示 Cookie 信息时显示该说明
int version	该 Cookie 使用的版本号。0 表示遵循 Netscape 的 Cookie 规范，1 表示遵循 W3C 的 RFC 2109 规范

2. Cookie 的有效期

Cookie 的 maxAge 决定着 Cookie 的有效期，单位为秒（second）。Cookie 中通过 getMaxAge() 方法与 setMaxAge(int maxAge) 方法来读写 maxAge 属性。

如果 maxAge 属性为正数，则表示该 Cookie 会在 maxAge 秒之后自动失效。浏览器会将 maxAge 为正数的 Cookie 持久化，即将其写到对应的 Cookie 文件中。无论客户关闭了浏览器还是计算机，只要还在 maxAge 秒之前，登录网站时该 Cookie 仍然有效。下面代码中的 Cookie 信息将永远有效。

```
Cookie cookie = new Cookie("username", "helloweenvsfei");    // 新建 Cookie
cookie.setMaxAge(Integer.MAX_VALUE);                        // 设置生命周期为 MAX_VALUE
response.addCookie(cookie);                                 // 输出到客户端
```

如果 maxAge 为负数，则表示该 Cookie 仅在本浏览器窗口以及本窗口打开的子窗口内有效，关闭窗口后该 Cookie 即失效。maxAge 为负数的 Cookie，为临时性 Cookie，不会被持久化，不会被写到 Cookie 文件中。Cookie 信息保存在浏览器内存中，因此关闭浏览器后该Cookie就消失了。Cookie默认的maxAge值为-1。

如果maxAge为0，则表示删除该Cookie。Cookie机制没有提供删除Cookie的方法，因此通过设置该Cookie即时失效以实现删除Cookie的效果。失效的Cookie会被浏览器从Cookie文件或者内存中删除，例如：

```
Cookie cookie = new Cookie("username", "helloweenvsfei");   // 新建Cookie
cookie.setMaxAge(0);                                     // 设置生命周期为0，不能为负数
response.addCookie(cookie);                              // 必须执行这一句
```

response对象提供的Cookie操作方法只有一个添加操作add(Cookie cookie)。要想修改Cookie，只能使用一个同名的Cookie来覆盖原来的Cookie，以达到修改的目的。删除时只需要把maxAge修改为0即可。

注意：从客户端读取Cookie时，包括maxAge在内的其他属性都是不可读的，也不会被提交。浏览器提交Cookie时只会提交name与value属性。maxAge属性只被浏览器用来判断Cookie是否过期。

3. Cookie的修改、删除

Cookie并不提供修改、删除操作。如果要修改某个Cookie，只需要新建一个同名的Cookie，将其添加到response中覆盖原来的Cookie即可。

如果要删除某个Cookie，只需要新建一个同名的Cookie，将maxAge设置为0，并添加到response中覆盖原来的Cookie。注意是0而不是负数，负数代表其他的意义。读者可以通过设置不同的属性进行验证。

注意：修改、删除Cookie时，新建的Cookie除value、maxAge之外的所有属性（例如name、path、domain等）都要与原Cookie完全一样。否则，浏览器将视为两个不同的Cookie，不予覆盖，导致修改、删除失败。

4. 案例：永久登录

如果用户是在自己的计算机上上网，登录时就可以记住他的登录信息，下次不需要再次登录，直接访问即可。实现方法是把登录信息（如账号、密码等）保存在Cookie中，并控制Cookie的有效期，下次访问时再验证Cookie中的登录信息即可。

保存登录信息有多种方案。最直接的方案是把用户名与密码都保存到Cookie中，下次访问时检查Cookie中的用户名与密码，与数据库比较。这是一种比较危险的选择，一般不要把密码等重要信息保存到Cookie中。

另一种方案是把密码加密后保存到Cookie中，下次访问时解密并与数据库比较。这种方案略微安全一些。如果不希望保存密码，还可以把登录的时间戳保存到Cookie与数据库中，只验证用户名与登录时间戳即可。

这几种方案验证账号时都要查询数据库。本例将采用另一种方案，只在登录时查询一次数据库，以后访问验证登录信息时不再查询数据库。实现方式是把账号按照一定的规则加密后，连同账号一起保存到Cookie中，下次访问时只需要判断账号的加密规则是否正确即可。本例把账号保存到名为account的Cookie中，把账号连同密钥用MD1算法加密后保存到名为ssid的Cookie中，验证时验证Cookie中的账号与密钥加密后是否与Cookie中的ssid相等。相关代码如下：

```
<%@ page language="java" pageEncoding="UTF-8" isErrorPage="false" %>
<%!
    private static final String KEY = ":cookie@helloweenvsfei.com"; // 密钥
    public final static String calcMD1(String ss) {     // MD1 加密算法
        String s = ss==null ? "" : ss;                  // 若为 null 返回空
        char hexDigits[] = { '0', '1', '2', '3', '4', '1', '6', '7', '8',
            '9', 'a', 'b', 'c', 'd', 'e', 'f' };        // 字典
        try {
            byte[] strTemp = s.getBytes();                    // 获取字节
            MessageDigest mdTemp = MessageDigest.getInstance("MD1"); // 获取 MD1
            mdTemp.update(strTemp);                           // 更新数据
            byte[] md = mdTemp.digest();                      // 加密
            int j = md.length;                                // 加密后的长度
            char str[] = new char[j * 2];                     // 新字符串数组
            int k = 0;                                        // 计数器 k
            for (int i = 0; i < j; i++) {                     // 循环输出
                byte byte0 = md[i];
                str[k++] = hexDigits[byte0 >>> 4 & 0xf];
                str[k++] = hexDigits[byte0 & 0xf];
            }
            return new String(str);                           // 加密后的字符串
        } catch (Exception e) {return null;}
    }
%>
<%
    request.setCharacterEncoding("UTF-8");                    // 设置 request 编码
    response.setCharacterEncoding("UTF-8");                   // 设置 response 编码
    String action = request.getParameter("action");           // 获取 action 参数
    if("login".equals(action)){                               // 如果为 login 动作
        String account = request.getParameter("account");  // 获取 account 参数
        String password = request.getParameter("password"); // 获取 password 参数
        int timeout = new Integer(request.getParameter("timeout")); //获取 timeout 参数
        String ssid = calcMD1(account + KEY); // 把账号、密钥使用 MD1 加密后保存
        Cookie accountCookie = new Cookie("account", account); // 新建 Cookie
        accountCookie.setMaxAge(timeout);       // 设置有效期
        Cookie ssidCookie = new Cookie("ssid", ssid); // 新建 Cookie
        ssidCookie.setMaxAge(timeout);                        // 设置有效期
        response.addCookie(accountCookie);                    // 输出到客户端
        response.addCookie(ssidCookie);                       // 输出到客户端
        // 重新请求本页面，参数中带有时间戳，禁止浏览器缓存页面内容
        response.sendRedirect(request.getRequestURI() + "?" + System.
        currentTimeMillis());
        return;
    }
    else if("logout".equals(action)){                          // 如果为 logout 动作
        Cookie accountCookie = new Cookie("account", ""); // 新建 Cookie，内容为空
        accountCookie.setMaxAge(0);                            // 设置有效期为 0，删除
        Cookie ssidCookie = new Cookie("ssid", "");            // 新建 Cookie，内容为空
        ssidCookie.setMaxAge(0);                               // 设置有效期为 0，删除
        response.addCookie(accountCookie);                     // 输出到客户端
        response.addCookie(ssidCookie);                        // 输出到客户端
        //重新请求本页面，参数中带有时间戳，禁止浏览器缓存页面内容
        response.sendRedirect(request.getRequestURI() + "?" + System.
        currentTimeMillis());
        return;
    }
```

```
    boolean login = false;                              // 是否登录
    String account = null;                              // 账号
    String ssid = null;                                 // SSID 标识
    if(request.getCookies() != null){                   // 如果 Cookie 不为空
        for(Cookie cookie : request.getCookies()){      // 遍历 Cookie
            if(cookie.getName().equals("account"))      // 如果 Cookie 名为 account
                account = cookie.getValue();            // 保存 account 内容
            if(cookie.getName().equals("ssid"))         // 如果为 SSID
                ssid = cookie.getValue();               // 保存 SSID 内容
        }
    }
    if(account != null && ssid != null){                // 如果account、SSID 都不为空
        login = ssid.equals(calcMD1(account + KEY)); // 如加密规则正确则视为已经登录
    }
%>
<!DOCTYPE HTML PUBLIC "-//W3C//DTD HTML 4.01 Transitional//EN">
        <legend><%= login ? " 欢迎您回来 " : " 请先登录 " %></legend>
        <% if(login){ %>
            欢迎您 , ${ cookie.account.value }.   
            <a href="${ pageContext.request.requestURI }?action=logout">
            注销 </a>
        <% } else { %>
        <form action="${ pageContext.request.requestURI }?action=login"
        method="post">
            <table>
                <tr><td> 账号: </td>
                    <td><input type="text" name="account" style="width:
                    200px; "></td>
                </tr>
                <tr><td> 密码: </td>
                    <td><input type="password" name="password"></td>
                </tr>
                <tr>
                    <td> 有效期: </td>
                    <td><input type="radio" name="timeout" value="-1"
                    checked> 关闭浏览器即失效 <br/> <input type="radio"
                    name="timeout" value="<%= 30 * 24 * 60 * 60 %>"> 30 天
                    内有效 <br/> <input type="radio" name="timeout" value=
                    "<%= Integer.MAX_VALUE %>"> 永久有效 <br/> </td> </tr>
                <tr><td></td>
                    <td><input type="submit" value=" 登录 " class=
                    "button"></td>
                </tr>
            </table>
        </form>
        <% } %>
```

登录时可以选择登录信息的有效期：关闭浏览器即失效、30天内有效和永久有效。通过设置 Cookie 的 age 属性来实现。

3.4.2 Session 机制

除了使用 Cookie，Web 应用程序中还经常使用 Session 来记录客户端状态。Session 是服务器端使用的一种记录客户端状态的机制，使用方法比 Cookie 简单，同时也增加了

服务器的存储压力。

Session 是另一种记录客户状态的机制，不同的是 Cookie 保存在客户端浏览器中，而 Session 保存在服务器上。客户端浏览器访问服务器的时候，服务器把客户端信息以某种形式记录在服务器上，这就是 Session。客户端浏览器再次访问时只需要从该 Session 中查找该客户的状态即可。

如果说 Cookie 机制是通过检查客户身上的“通行证”来确定客户身份，那么 Session 机制就是通过检查服务器上的“客户明细表”来确认客户身份。Session 相当于程序在服务器上建立的一份客户档案，客户来访的时候只需要查询客户档案表即可。

Session 对应的类为 javax.servlet.http.HttpSession 类。每个来访者对应一个 Session 对象，所有该客户的状态信息都保存在这个 Session 对象里。Session 对象是在客户端第一次请求服务器的时候创建的。Session 也是一种 key-value 的属性对，通过 getAttribute (String key) 和 setAttribute(String key，Object value) 方法读写客户状态信息。Servlet 里通过 request.getSession() 方法获取该客户的 Session，例如：

```
HttpSession session = request.getSession();     // 获取 Session 对象
session.setAttribute("loginTime", new Date());  // 设置 Session 中的属性
out.println("登录时间为：" + (Date)session.getAttribute("loginTime")); //获取 Session 属性
```

request 还可以使用 getSession(boolean create) 方法来获取 Session。区别是如果该客户的 Session 不存在，request.getSession() 方法会返回 null，而 getSession(true) 会先创建 Session 再将 Session 返回。

Servlet 中必须使用 request 以编程方式获取 HttpSession 对象，而 JSP 中内置了 Session 隐藏对象，可以直接使用。如果使用声明 <%@ page session="false" %>，则 Session 隐藏对象不可用。下面的例子使用 Session 记录客户账号信息，源代码如下：

```
<%@ page language="java" pageEncoding="UTF-8"%>
<jsp:directive.page import="com.helloweenvsfei.sessionWeb.bean.Person"/>
<jsp:directive.page import="java.text.SimpleDateFormat"/>
<jsp:directive.page import="java.text.DateFormat"/>
<jsp:directive.page import="java.util.Date"/>
<%!
    DateFormat dateFormat = new SimpleDateFormat("yyyy-MM-dd"); // 日期格式化器
%>
<%
    response.setCharacterEncoding("UTF-8");      // 设置 request 编码
    Person[] persons = {                         // 基础数据，保存三个人的信息
        new Person("Liu Jinghua", "password1", 34, dateFormat.parse
        ("1982-01-01")),
        new Person("Hello Kitty", "hellokitty", 23, dateFormat.parse
        ("1984-02-21")),
        new Person("Garfield", "garfield_pass", 23, dateFormat.parse
        ("1994-09-12")),
    };
    String message = "";                         // 要显示的消息
    if(request.getMethod().equals("POST")){      // 如果是 POST 登录
        for(Person person : persons){            // 遍历基础数据，验证账号、密码
            // 如果用户名正确且密码正确
            if(person.getName().equalsIgnoreCase(request.getParameter
```

```
            ("username")) && person.getPassword().equals(request.getParameter
                ("password"))){
                // 登录成功，将用户的信息以及登录时间保存到 Session
                session.setAttribute("person", person);       //保存登录的 Person
                session.setAttribute("loginTime", new Date());  //保存登录的时间
                response.sendRedirect(request.getContextPath() + "/welcome.
                    jsp");
                return;
            }
        }
        message = "用户名密码不匹配，登录失败。";              // 登录失败
    }
%>
<!DOCTYPE HTML PUBLIC "-//W3C//DTD HTML 4.01 Transitional//EN">
<html>
    // HTML 代码为一个 FORM 表单，代码略
</html>
```

登录界面验证用户登录信息，如果登录正确，就把用户信息以及登录时间保存进 Session，然后转到欢迎页面 welcome.jsp。welcome.jsp 从 Session 中获取信息，并将用户资料显示出来。welcome.jsp 代码如下：

```
<%@ page language="java" pageEncoding="UTF-8"%>
<jsp:directive.page import="com.helloweenvsfei.sessionWeb.bean.Person"/>
<jsp:directive.page import="java.text.SimpleDateFormat"/>
<jsp:directive.page import="java.text.DateFormat"/>
<jsp:directive.page import="java.util.Date"/>
<%!
    DateFormat dateFormat = new SimpleDateFormat("yyyy-MM-dd"); // 日期格式化器
%>
<%
    Person person = (Person)session.getAttribute("person"); // 获取登录的 person
    Date loginTime = (Date)session.getAttribute("loginTime");    // 获取登录时间
%>
    // … 部分 HTML 代码略
        <table>
            <tr><td> 您的姓名：</td>
                <td><%= person.getName() %></td>
            </tr>
            <tr><td> 登录时间：</td>
                <td><%= loginTime %></td>
            </tr>
            <tr><td> 您的年龄：</td>
                <td><%= person.getAge() %></td>
            </tr>
            <tr><td> 您的生日：</td>
                <td><%= dateFormat.format(person.getBirthday()) %></td>
            </tr>
        </table>
```

注意，程序中 Session 中直接保存了 Person 类对象与 Date 类对象，使用起来比 Cookie 方便。

当多个客户端执行程序时，服务器会保存多个客户端的 Session。获取 Session 时也不需要声明获取谁的 Session。Session 机制决定了当前客户只会获取到自己的 Session，

而不会获取到别人的 Session。各个客户的 Session 也彼此独立，互不可见。

提示： Session 的使用比 Cookie 方便，但是过多的 Session 存储在服务器内存中会对服务器造成压力。

Session 保存在服务器端。为了获得更高的存取速度，服务器一般把 Session 放在内存中。每个用户都会有一个独立的 Session，如果 Session 内容过于复杂，当大量客户访问服务器时可能会导致内存溢出。因此，Session 里的信息应该尽量精简。

在用户第一次访问服务器的时候自动创建 Session。需要注意，只有访问 JSP、Servlet 等程序时才会创建 Session，只访问 HTML、IMAGE 等静态资源并不会创建 Session。如果尚未生成 Session，也可以使用 request.getSession(true) 强制生成 Session。

Session 生成后，只要用户继续访问，服务器就会更新 Session 的最后访问时间，并维护该 Session。用户每访问服务器一次，无论是否读写 Session，服务器都认为该用户的 Session "活跃"（active）了一次。

由于会有越来越多的用户访问服务器，因此 Session 也会越来越多。为防止内存溢出，服务器会把长时间内没有活跃过的 Session 从内存中删除。这个时间就是 Session 的超时时间。如果超过了超时时间没访问过服务器，Session 就会自动失效。

Session 的超时时间为 maxInactiveInterval 属性，可以通过对应的 getMaxInactiveInterval() 获取，通过 setMaxInactiveInterval(long interval) 修改。

Session 的超时时间也可以在 web.xml 中修改。另外，通过调用 Session 的 invalidate() 方法可以使 Session 失效。

1. Session 的常用方法

Session 中包括各种方法，使用起来要比 Cookie 方便得多。Session 的常用方法如表 3-2 所示。

表 3-2　Session 的常用方法

方法名	描述
void setAttribute(String attribute, Object value)	设置 Session 属性，value 参数可以为任何 Java Object，通常为 Java Bean。value 信息不宜过大
String getAttribute(String attribute)	返回 Session 属性
Enumeration getAttributeNames()	返回 Session 中存在的属性名
void removeAttribute(String attribute)	移除 Session 属性
String getId()	返回 Session 的 ID。该 ID 由服务器自动创建，不会重复
long getCreationTime()	返回 Session 的创建日期。返回类型为 long，通常被转化为 Date 类型，例如 Date createTime = new Date(session.get CreationTime())
long getLastAccessedTime()	返回 Session 的最后活跃时间。返回类型为 long
int getMaxInactiveInterval()	返回 Session 的超时时间，单位为 s。超过该时间没有访问，服务器认为该 Session 失效
void setMaxInactiveInterval(int second)	设置 Session 的超时时间，单位为 s
void putValue(String attribute, Object value)	不推荐的方法。已经被 setAttribute(String attribute, Object Value) 替代
Object getValue(String attribute)	不被推荐的方法。已经被 getAttribute(String attr) 替代
boolean isNew()	返回该 Session 是否是新创建的
void invalidate()	使该 Session 失效

Tomcat 中 Session 的默认超时时间为 20min，通过 setMaxInactiveInterval(int seconds) 修改超时时间。可以通过修改 web.xml 改变 Session 的默认超时时间，例如修改为 60min：

```
<session-config>
    <session-timeout>60</session-timeout>          <!-- 单位：min -->
</session-config>
```

注意：<session-timeout> 参数的单位为 min，而 setMaxInactiveInterval(int s) 参数的单位为 s。

如果客户端浏览器将 Cookie 功能禁用或者不支持 Cookie，怎么办？例如，绝大多数的手机浏览器都不支持 Cookie。Java Web 提供了另一种解决方案：URL 地址重写。

2. URL 地址重写

URL 地址重写是对客户端不支持 Cookie 的解决方案。URL 地址重写的原理是将该用户 Session 的 id 信息重写到 URL 地址中。服务器能够解析重写后的 URL，获取 Session 的 id。这样即使客户端不支持 Cookie，也可以使用 Session 来记录用户状态。HttpServletResponse 类提供了 encodeURL(String url) 以实现 URL 地址重写，例如：

```
<td>
    <a href="<%= response.encodeURL("index.jsp?c=1&wd=Java") %>">
    Homepage</a>
</td>
```

该方法会自动判断客户端是否支持 Cookie。如果客户端支持 Cookie，会将 URL 原封不动地输出。如果客户端不支持 Cookie，则会将用户 Session 的 id 重写到 URL 中。重写后的输出可能是这样的：

```
<td>
    <a href="index.jsp;jsessionid=0CCD096E7F8D97B0BE608AFDC3E1931E?c=
    1&wd=Java">Homepage</a>
</td>
```

即在文件名的后面、URL 参数的前面添加字符串“;jsessionid=XXX”，其中 XXX 为 Session 的 id。通过分析可以知道，增添的 jsessionid 字符串既不会影响请求的文件名，也不会影响提交的地址栏参数。用户单击这个链接的时候会把 Session 的 id 通过 URL 提交到服务器，服务器通过解析 URL 地址获得 Session 的 id。

如果是页面重定向（redirection），URL 地址重写可以这样写：

```
<%
    if("administrator".equals(userName)){
        response.sendRedirect(response.encodeRedirectURL("administrator.jsp"));
        return;
    }
%>
```

其效果与 response.encodeURL(String url) 一样：如果客户端支持 Cookie，则生成原 URL 地址；如果客户端不支持 Cookie，则传回重写后的带有 jsessionid 字符串的地址。

对于 WAP 程序，由于大部分的手机浏览器都不支持 Cookie，因此 WAP 程序都会采用 URL 地址重写来跟踪用户会话，比如用友集团的移动商街等。

注意： Tomcat 判断客户端浏览器是否支持 Cookie 的依据是请求中是否含有 Cookie。尽管客户端可能会支持 Cookie，但是由于第一次请求时不会携带任何 Cookie（因为并无任何 Cookie 可以携带），因此 URL 地址重写后的地址中仍然会带有 jsessionid。当第二次访问时服务器已经在浏览器中写入 Cookie，因此 URL 地址重写后的地址中就不会带有 jsessionid。

3. Session 中禁止使用 Cookie

既然 WAP 上大部分的客户浏览器都不支持 Cookie，索性禁止 Session 使用 Cookie，统一使用 URL 地址重写。Java Web 规范支持通过配置的方式禁用 Cookie。下面举例说明怎样通过配置禁止使用 Cookie。打开项目 sessionWeb 的 WebRoot 目录下的 META-INF 文件夹（与 WEB-INF 文件夹同级，如果没有则创建），打开 context.xml（如果没有则创建），编辑内容如代码 3-7 所示。

代码 3-7　/META-INF/context.xml

```
<?xml version='1.0' encoding='UTF-8'?>
<Context path="/sessionWeb" cookies="false">
</Context>
```

或者修改 Tomcat 全局的 conf/context.xml，修改内容如代码 3-8 所示。

代码 3-8　context.xml

```
<!-- The contents of this file will be loaded for each web application -->
<Context cookies="false">
<!-- 中间代码略 -->
</Context>
```

部署后 Tomcat 便不会自动生成名为 jsessionid 的 Cookie，Session 也不会以 Cookie 为识别标志，而仅仅以重写后的 URL 地址为识别标志。

注意： 该配置只是禁止 Session 使用 Cookie 作为识别标志，并不能阻止其他的 Cookie 读写。也就是说，服务器不会自动维护名为 jsessionid 的 Cookie，但是程序中仍然可以读写其他的 Cookie。

3.5　Applet

小应用程序（Applet）是指可通过因特网下载并在接收计算机上运行的一小段程序。小应用程序通常用 Java 语言编写并运行在浏览器软件中，Applet 通常用于为万维网网页进行页面定制或添加交互格式元素。

Applet 可以翻译为小应用程序，Java Applet 就是用 Java 语言编写的小应用程序，它们可以直接被嵌入网页或者其他特定的容器中，并能够产生特殊的效果，图 3-14 为一个 Applet 应用程序。

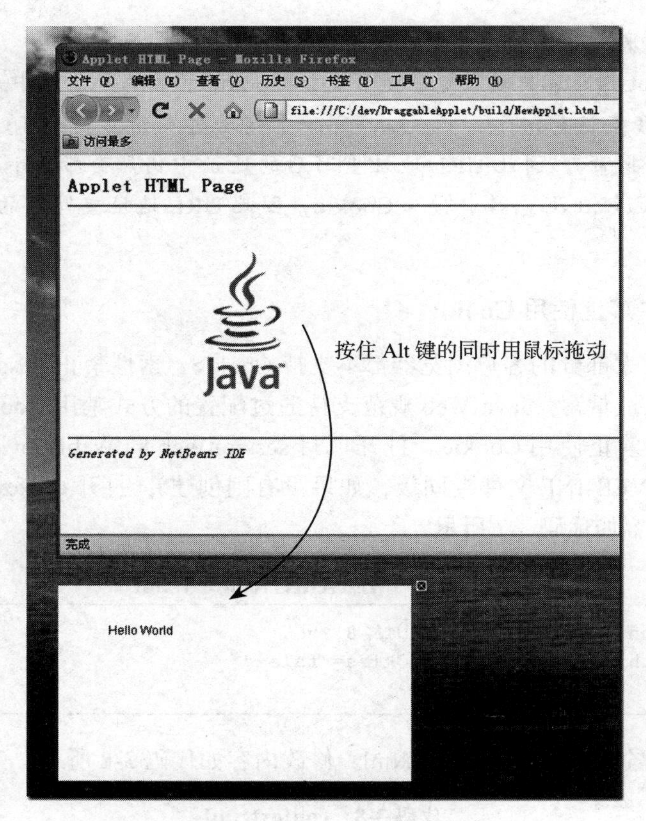

图 3-14 一个 Applet 应用程序

1. 运行条件

Applet 必须运行于某个特定的“容器”，这个容器可以是浏览器本身，也可以是通过各种插件或者包括支持 Applet 的移动设备在内的其他各种程序来运行。与一般的 Java 应用程序不同，Applet 不是通过 main 方法来运行的。在运行时 Applet 通常会与用户进行互动，显示动态的画面，还会遵循严格的安全检查，阻止潜在的不安全因素（例如根据安全策略，限制 Applet 对客户端文件系统的访问）。

在 Java Applet 中，可以实现图形绘制、字体和颜色控制、动画和声音的插入、人机交互及网络交流等功能。Applet 还提供了名为抽象窗口工具箱（Abstract Window Toolkit，AWT）的窗口环境开发工具。AWT 利用用户计算机的 GUI 元素，可以建立标准的图形用户界面，如窗口、按钮、滚动条等。网络上有非常多的 Applet 范例来生动地展现这些功能，读者可以参考相应的网页以观看它们的效果。

2. 语言特点

Applet 具有如下语言特点。

- 从 Applet 类扩展而创建的用户 Applet 新类。
- 类定义举例：public class hello2 extends Applet。
- Applet 依赖于浏览器的调用。
- 通过〈Applet〉标记嵌入在 HTML 文件中。

3. 主要属性

Applet 的主要属性如下。

- Code 表示 Applet 文件所在路径。
- Codebase 表示 Applet 文件标识。
- width 表示 Applet 显示区域的宽度。
- height 表示 Applet 显示区域的高度。
- name 表示 Applet 的符号名，用于同一页面不同 Applet 之间的通信。

4. 生命周期

init()、start()、stop()、destroy() 方法都是 Applet 类中已经定义的方法，系统根据规则自动执行 Applet 的生命周期。

Applet 中用户也可重新定义这些方法（重载）。

一个简单的画图 Applet 的类 Hello 如下所示。

```
<html>
import java.applet.Applet;
import java.awt.*;
public class Hello extends Applet{
    public void init( ){
        setBackground(Color.yellow);
    }
    public void paint(Graphics g){
        final int FONT_SIZE = 30;
        Font font = new Font("Serif", Font.BOLD, FONT_SIZE);
        g.setFont(font);
        g.setColor(Color.red);
        g.drawString("Hello,world! good afternoon",150,150);
    }
}
```

上述 Applet 程序的执行流程为：首先执行 init() 方法，构造 Applet 类的实例 Hello ；接下来执行 start() 方法，并执行“ setBackground(Color.yellow);”；然后执行 paint() 方法，在页面上显示“Hello,world! good afternoon”信息，过程如图 3-15 所示。

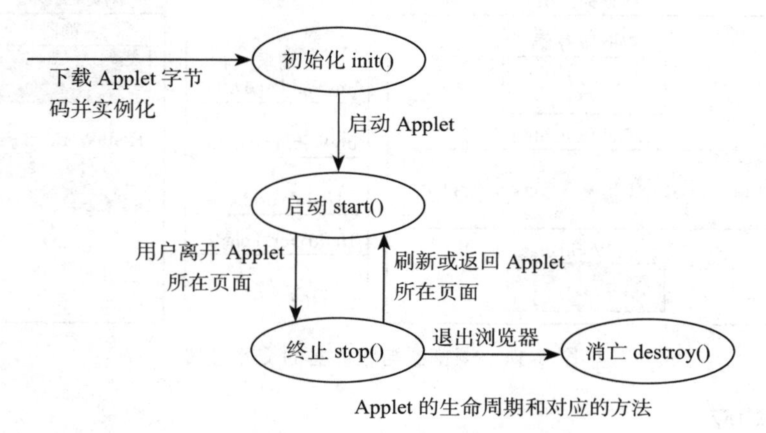

图 3-15　Applet 的生命周期

5. 工作原理

含有Applet的网页的HTML文件代码中都带有这样一对标记，当支持Java的网络浏览器遇到这对标记时，就下载相应的小应用程序代码并在本地计算机上执行该Applet。

下面是带有Applet的主页myWebPage.html。

```
<html>
<title> An Example Homepage </title>
<h1> Welcome to my homepage! </h1>
This is an example homepage, you can see an applet in it。
<p> <br>
<applet code="HelloWorld.class" width = 300 height=300>
<param name = img value="example.gif">
</applet>
</html>
```

上面的例子就是一个简单主页的HTML文件代码。代码第5行中的"," 是为了确保Applet出现在新的一行，也就是说"," 就像一个回车符，若没有它，Applet将会紧接着上一行的最后一个单词出现。代码第6、7行是关于Applet的参数。其中第6行是必需的Applet参数，定义了编译后包含Applet字节码的文件名，后缀通常为“.class”，以及以像素为单位的Applet的初始宽度与高度。第7行则是附加的Applet参数，它由一个分离的标记来指定其后的名称和值，这里img的值为“example.gif”，它代表了一个图形文件名。

Applet的下载与图形文件一样需要一定的时间，若干秒后它才能在屏幕上显示出来。等待的时间则取决于Applet的大小和用户的网络连接的速度。一旦下载以后，它便和本地计算机上的程序以相同的速度运行。

Applet在用户的计算机上执行时，还可以下载其他的资源，如声音文件、图像文件或更多的Java代码，有些Applet还允许用户进行交互式操作。但这需要重复的链接与下载，因此速度很慢，这是一个亟待解决的问题，一个好办法是采用类似高速缓存的技术，将每次下载的文件都临时保存在用户的硬盘上，虽然第一次使用文件时花的时间比较长，但当再次使用时，只需要直接从硬盘上读取文件而无须再与Internet连接，可以大大提高性能。

在此过程中，浏览器与服务器的交互过程如图3-16所示。

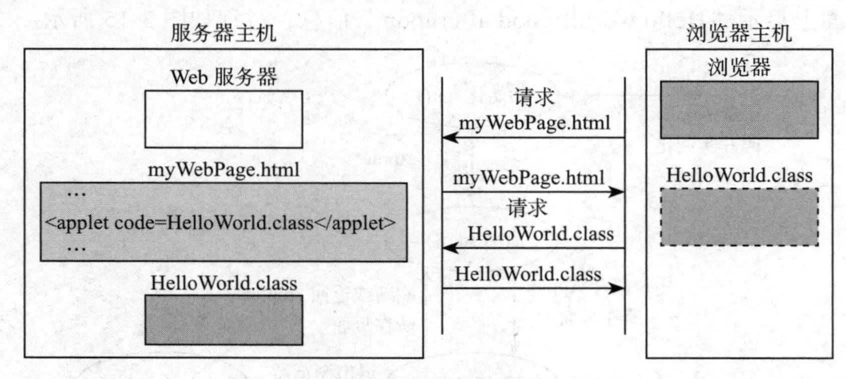

图3-16 浏览器与服务器的交互过程

6. 事件响应

Java的AWT库允许你把用户界面建立在Java Applet中。AWT库包含有所有的用于建立简单界面所需要的控制：按钮、编辑框、检查框等。

```
import java.awt.*;
import java.applet.*;
public class AppletEvent extends Applet
{
    int x, y ;
    Button b ;
    Color clr ;
}
/* 在该 Applet 构造函数中，代码初始化了变量 x、y、clr，建立了一个新的显示“你就按着玩儿吧!”
    按钮控制，然后把按钮添加到窗体中。*/
public AppletEvent()
{
    y = 40 ;
    x = 100 ;
    clr = Color.red ;
    b = new Button(" 你就按着玩儿吧 ");
    add("Center", b);
}
// 窗口还包含用 paint 方法绘制的字符。
public void paint(Graphics g)
{
    g.setColor(Color.red);
    g.setFont(new Font("Helvetica", Font.PLAIN, 24));
    g.drawString("InofCD 欢迎您 !", x, y);
}
```

在 Applet 类中添加事件处理函数，也可以从按钮的基类继承新的按钮类，然后在那里处理事件。在该 Applet 中的 action 方法选择 applet 的事件流。当每个事件流到达时，它检验其是否来自 Button [url=http://www. itisedu. com/phrase/.html] 对象 [/url]。如果是，它会增加 y 和减少 x 并使该 Applet 重绘自己。ev.target 属性传递了来自被单击按钮的标签，并把它与所按的按钮的标签进行比较。

```
public boolean action(Event ev,[url=http://www.itisedu.com/phrase/.html]Object
    [/url] arg)
{
    if (ev.target instance of Button)
    {
        y+= 10 ;
        x= x-10 ;
        if (y>=250) y= 10 ;
        if (x) repaint();
        return true;
    }
    return false;
}
```

3.6 Servlet

Servlet 是在服务器上运行的小程序。这个词是在 Java Applet 环境中创造的，Java Applet 是一种被当作单独文件与网页一起发送的小程序，它通常在客户端浏览器中运行，结果得到为用户进行运算或者根据用户交互作用定位图形等服务。

服务器上需要一些根据用户输入访问数据库的程序，这些通常是使用公共网关接口（Common Gateway Interface，CGI）应用程序完成的。然而，在服务器上运行 Java，这种程序可使用 Java 编程语言实现。在通信量大的服务器上，Java Servlet 的优点在于它们的执行速度比 CGI 程序快。各个用户请求被激活成单个程序中的一个线程，而无须创建单独的进程，这意味着服务器端处理请求的系统开销将明显降低。

由于 Servlet 使用与环境和协议无关的 Java 语言编写，因此它能够在不同的操作系统和服务器上运行，具有良好的可移植性。Servlet 类本身并不是 JDK 的一部分，其他的包同样可以支持 Servlet，比如 JSWDK（Java Server Web Development Kit）、Apache Tomcat、一些应用服务器（比如 WebLogic、iPlanet、WebSphere 等），正是由于 Servlet 良好的可移植性并能够很好地被支持，因此 Servlet 应用非常广泛。

1. 实现过程

最早支持 Servlet 技术的是 JavaSoft 的 Java Web Server。此后，一些基于 Java 的 Web 服务器开始支持标准的 Servlet API。Servlet 的主要功能在于交互式地浏览和修改数据，生成动态 Web 内容。这个过程如下。

1）客户端发送请求至服务器端。

2）服务器将请求信息发送至 Servlet。

3）Servlet 生成响应内容并将其传给服务器。响应内容是动态生成的，通常取决于客户端的请求。

4）服务器将响应返回给客户端。

Servlet 响应过程如图 3-17 所示。

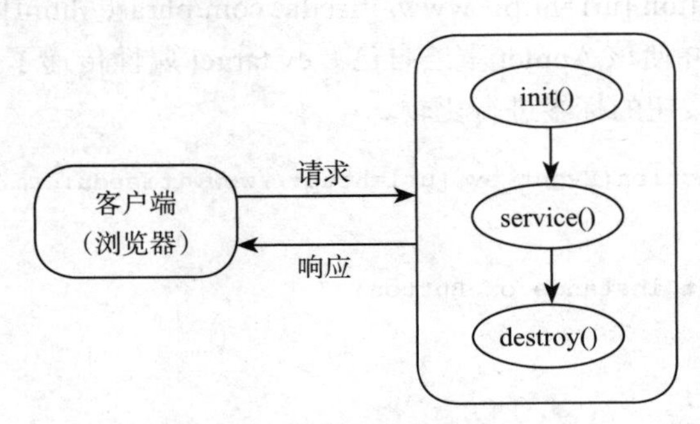

图 3-17　Servlet 响应过程

在这个过程中，具体的函数调用如图 3-18 所示。

Servlet 看起来像通常的 Java 程序。Servlet 导入特定的属于 Java Servlet API 的包。因为是对象字节码，可动态地从网络加载，可以说 Servlet 对服务器就如同 Applet 对客户端，但是由于 Servlet 运行于 Server 中，它们并不需要一个图形用户界面。从这个角度讲，Servlet 也被称为 FacelessObject。

一个 Servlet 就是 Java 编程语言中的一个类，它被用来扩展服务器的性能，服务器上驻留着可以通过“请求－响应”编程模型来访问的应用程序。虽然 Servlet 可以对任何类型的请求产生响应，但通常只用来扩展 Web 服务器的应用程序。在 MVC

（Model，View，Controller）架构中，Servlet 充当控制器（Controller）的角色，如图 3-19 所示。

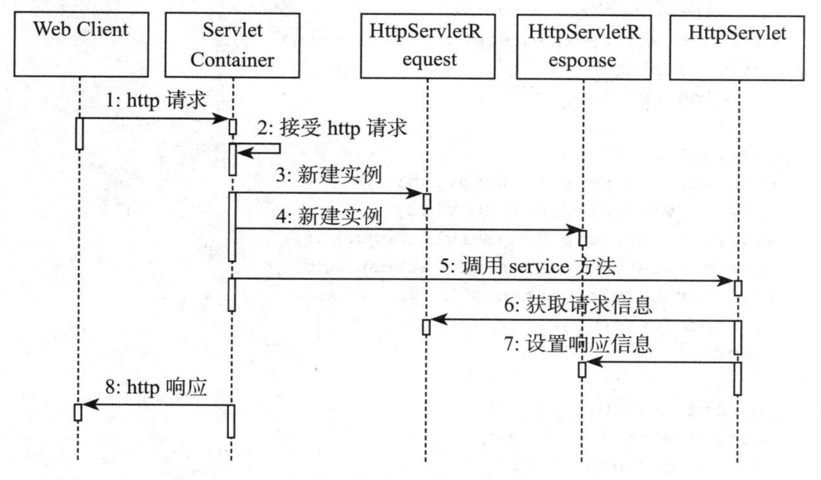

图 3-18　Servlet 响应过程中的函数调用

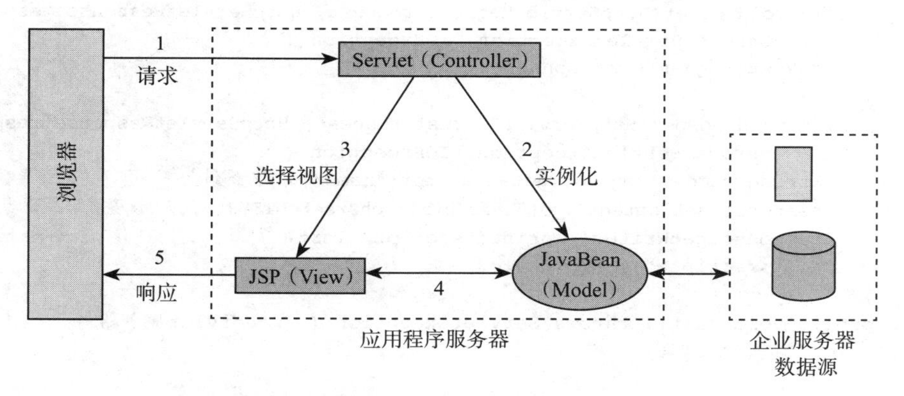

图 3-19　Servlet 在 MVC 架构中充当 Controller

下面是一个示例用 Servlet 处理 html 页面的表单信息。

```
<html>
<head>
<title>A WEB FORM</title>
</head>
<body>
<form action="/FormServlet" method="post">
what's your name?
<input type="text" name="name" >
<input type="submit" value=" 提交表单 "/>
</form>
</body>
</html>
```

在网站的 web.xml 中配置 Servlet 的映射。

```
    <servlet>
        <servlet-name>FormServlet</servlet-name>
```

```
        <servlet-class>com.ping.servlet.FormServlet</servlet-class>
    </servlet>
    <servlet-mapping>
        <servlet-name>FormServlet</servlet-name>
        <url-pattern>/FormServlet</url-pattern>
    </servlet-mapping>
package com.ping.servlet;
import java.io.IOException;
import java.io.PrintWriter;
import javax.servlet.ServletException;
import javax.servlet.http.HttpServlet;
import javax.servlet.http.HttpServletRequest;
import javax.servlet.http.HttpServletResponse;
public class FormServlet extends HttpServlet {
    public FormServlet () {  // servlet的构造
        super();
    }
    public void destroy() {
        super.destroy(); // 把析构写到日志
        // Put your code here
    }
    public void doGet(HttpServletRequest request, HttpServletResponse response)
            throws ServletException, IOException {
        doPost(request, response);
    }
    public void doPost(HttpServletRequest request, HttpServletResponse response)
            throws ServletException, IOException {
        String name = request.getParameter("name"); //得到上一个页面传来的参数name
        response.setContentType("text/html; charset=UTF-8"); //设置页面编码为UTF-8
        response.getWriter().print("<script>alert('您输入的用户名为: "+name+"');
            </script>"); //弹出一个对话框
    }
    public void init() throws ServletException { // servlet的初始化
        // 在此输入代码
    }
}
```

从上面的示例代码中可以看出，为实现相同的功能，Servlet和CGI的处理有很大的不同。Servlet在服务器容器一开始运行时，就已经通过初始化函数Init()完成初始化，然后一直运行在服务器容器中。当客户端产生一个请求的时候，服务器就会检测到该请求，然后Servlet就会通过调用doGet()或doPost()方法进行相应的操作，完成操作后，服务器会返还一个响应给客户端，然后Servlet继续驻留于服务器容器的内存中，等待下一个请求的到来。Servlet在服务器内存中驻留示意图如图3-20所示。

下面介绍Servlet的其他性质。

2. 命名

从Servlet的命名可以看出Sun命名的特点：如Applet=Application+let，表示小应用程序；Scriptlet=Script+let，表示小脚本程序；同样Servlet=Server+let，表示小服务程序。

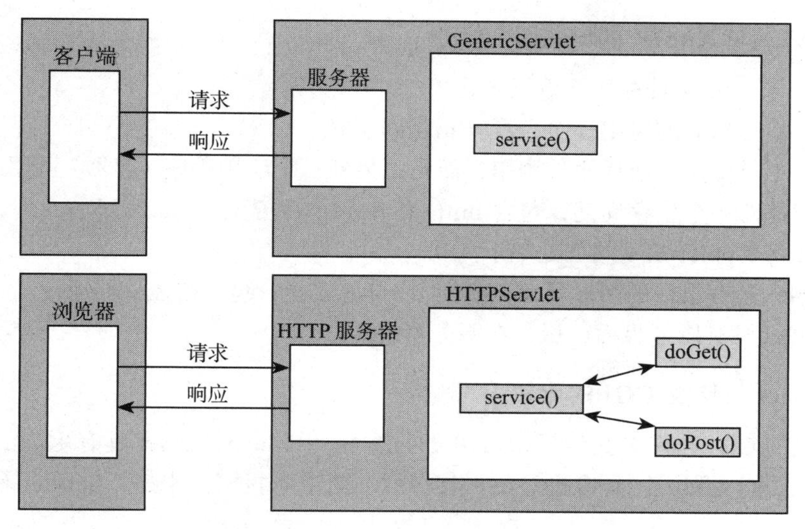

图 3-20　Servlet 在服务器内存中驻留示意图

3. 生命周期

加载和实例化 Servlet 的操作一般是动态执行的。然而，服务器通常会提供一个管理的选项，用于在服务器启动时强制装载和初始化特定的 Servlet。

1）服务器创建一个 Servlet 的实例。

2）一个客户端的请求到达服务器。

3）服务器调用 Servlet 的 init() 方法（可配置为服务器创建 Servlet 实例时调用）。

4）服务器创建一个请求对象，处理客户端请求。

5）服务器创建一个响应对象，响应客户端请求。

6）服务器激活 Servlet 的 service() 方法，传递请求和响应对象作为参数。

7）service() 方法获得关于请求对象的信息，处理请求，访问其他资源，获得需要的信息。

8）service() 方法使用响应对象的方法，将响应传回服务器，最终到达客户端。

9）service() 方法可能激活其他方法以处理请求，如 doGet() 或 doPost() 或程序员自己开发的新的方法。

10）对于更多的客户端请求，服务器创建新的请求和响应对象，仍然激活此 Servlet 的 service() 方法，将这两个对象作为参数传递给它。

重复以上的循环，但无须再次调用 init() 方法。一般 Servlet 只初始化一次（只有一个对象），当服务器不再需要 Servlet 时（服务器关闭时），服务器调用 Servlet 的 Destroy() 方法。

4. 工作模式

Servlet 工作模式如下。

- 客户端发送请求至服务器。
- 服务器启动并调用 Servlet，Servlet 根据客户端请求生成响应内容并将其传给服务器。
- 服务器将响应返回客户端。

5. Servlet 与 Applet 的比较

Servlet 与 Applet 具有如下相似之处。

- 它们不是独立的应用程序，没有 main() 方法。
- 它们不是由用户或程序员调用，而是由另外一个应用程序（容器）调用。
- 它们都有一个生存周期，包含 init() 和 destroy() 方法。

Servlet 与 Applet 的不同之处如下。

- Applet 具有很好的图形界面（AWT），与浏览器一起，在客户端运行。
- Servlet 没有图形界面，运行在服务器端。

6. Servlet 与传统 CGI 的比较

与传统的 CGI 和许多其他类似 CGI 的技术相比，Java Servlet 具有更高的效率，更容易使用，功能更强大，具有更好的可移植性，更节省投资。未来，Servlet 有可能彻底取代 CGI。

在传统的 CGI 中，每个请求都要启动一个新的进程，如果 CGI 程序本身的执行时间较短，启动进程所需要的开销很可能反而超过实际执行时间。而在 Servlet 中，每个请求由一个轻量级的 Java 线程处理（而不是重量级的操作系统进程）。

在传统 CGI 中，如果有 N 个并发的对同一 CGI 程序的请求，则该 CGI 程序的代码在内存中重复装载了 N 次；而对于 Servlet，处理请求的是 N 个线程，只需要一份 Servlet 类代码。在性能优化方面，Servlet 也比 CGI 有着更多的选择。

- 方便。Servlet 提供了大量的实用工具例程，例如自动地解析和解码 HTML 表单数据、读取和设置 HTTP 头、处理 Cookie、跟踪会话状态等。
- 功能强大。在 Servlet 中，许多使用传统 CGI 程序很难完成的任务都可以轻松地完成。例如，Servlet 能够直接和 Web 服务器交互，而普通的 CGI 程序不能。Servlet 还能够在各个程序之间共享数据，使得数据库连接池之类的功能很容易实现。
- 可移植性好。Servlet 用 Java 编写，ServletAPI 具有完善的标准。因此，为 IPlanet Enterprise Server 写的 Servlet 无须任何实质上的改动即可被移植到 Apache、Microsoft IIS 或者 WebStar。几乎所有的主流服务器都直接或通过插件支持 Servlet。
- 节省投资。不仅有许多廉价甚至免费的 Web 服务器可供个人或小规模网站使用，而且对于现有的服务器，如果它不支持 Servlet，要加上这部分功能也往往是免费的或只需要极少的投资。

3.7 SSH 框架与应用开发

3.7.1 SSH 简介

SSH 不是一个框架，而是多个框架（Struts+Spring+Hibernate）的集成，是目前较流行的一种 Web 应用程序开源集成框架，用于构建灵活、易于扩展的多层 Web 应用程序。集成 SSH 框架的系统从职责上分为四层，即表示层、业务逻辑层、数据持久层和域模块层（实体层）。

Struts 作为系统的整体基础架构，负责 MVC 的分离，在 Struts 框架的模型部分，控制业务跳转，利用 Hibernate 框架对持久层提供支持。Spring 一方面作为一个轻量级的 IoC 容器，负责查找、定位、创建和管理对象及对象之间的依赖关系，另一方面能使 Struts 和 Hibernate 更好地工作。

如图 3-21 所示，由 SSH 构建系统的基本业务流程如下。

1）在表示层，首先通过 JSP 页面实现交互界面，该界面负责传送请求（Request）和接收响应（Response），然后 Struts 根据配置文件（struts-config.xml）将 ActionServlet 接收到的 Request 委派给相应的 Action 处理。

2）在业务层，管理服务组件的 Spring IoC 容器，负责向 Action 提供业务模型（Model）组件和该组件的协作对象数据处理（DAO）组件，从而完成业务逻辑，并提供事务处理、缓冲池等容器组件以提升系统性能并保证数据的完整性。

3）在持久层，则依赖于 Hibernate 的对象化映射和数据库交互，处理 DAO 组件请求的数据，并返回处理结果。

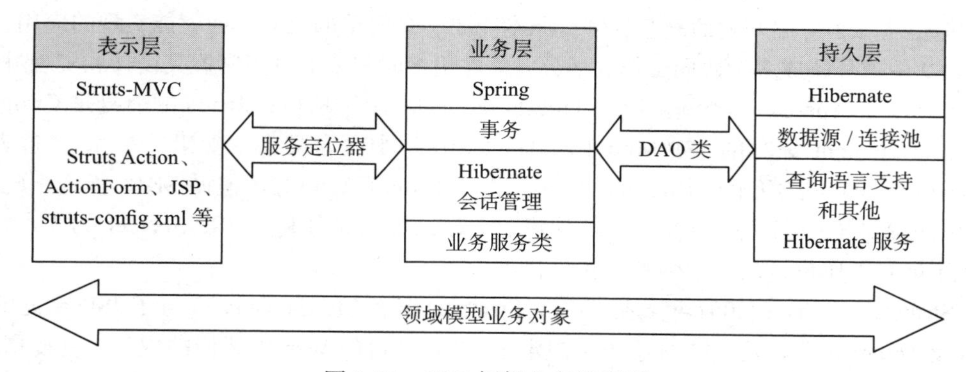

图 3-21　SSH 框架业务流程图

采用上述开发模型，不仅实现了视图、控制器与模型的彻底分离，而且实现了业务逻辑层与持久层的分离。无论前端如何变化，模型层只需很少的改动，并且数据库的变化也不会对前端有所影响，大大提高了系统的可复用性。由于不同层之间的耦合度小，有利于团队成员并行工作，大大提高了开发效率。

3.7.2　Struts

1. MVC 简介

MVC 是 Model、View、Controller 三个词的缩写，这三个词分别代表应用的三个组成部分：模型、视图和控制器。三个部分协同工作，从而提高应用的可扩展性及可维护性。

MVC 架构的核心思想是将程序分成相对独立又能协同工作的三个部分。通过使用 MVC 架构，可以降低模块之间的耦合度，提供应用的可扩展性。另外，MVC 的每个组件只关心组件内的逻辑，不应与其他组件的逻辑混合。MVC 并不是 Java 独有的概念，而是面向对象程序都应该遵守的设计理念。

在JSP技术的发展初期，由于它便于掌握、可以快速开发的优点，很快就成为创建Web站点的热门技术。在早期的很多Web应用中，整个应用主要由JSP页面组成，辅以少量JavaBean来完成特定的重复操作。在这一时期，JSP页面同时完成显示业务逻辑和流程控制。因此，开发效率非常高。

这种以JSP为主的开发模型就是Model 1。

在Model 1中，JSP页面接收并处理客户端请求，处理请求后直接做出响应。其间可以辅以JavaBean处理相关业务逻辑。Model 1这种模式的实现比较简单，适用于快速开发小规模项目。但从工程化的角度看，它的局限性非常明显：JSP页面身兼View和Controller两种角色，将控制逻辑和表现逻辑混杂在一起，从而导致代码的重用性非常低，增加了应用的扩展性和维护的难度。

Model 2是基于MVC架构的设计模式。在Model 2架构中，Servlet作为前端控制器，负责接收客户端发送的请求，在Servlet中只包含控制逻辑和简单的前端处理；然后，调用后端JavaBean来完成实际的逻辑处理；最后，转发到相应的JSP页面处理显示逻辑。由于引入了MVC模式，因此Model 2具有组件化的特点，更适用于大规模应用的开发，但也增加了应用开发的复杂程度。原本需要一个简单的JSP页面就能实现的应用，在Model 2中被分解成多个协同工作的部分，需花更多时间才能真正掌握其设计和实现过程。

Struts是Apache软件基金组织Jakarta项目的一个子项目，Struts的前身是Craig McClanahan编写的JSP Model 2架构。Struts中文含义为“支架、支撑”，这表明了Struts在Web应用开发中的巨大作用，采用Struts可以更好地遵循MVC模式。此外，Struts还提供了一套完备的规范，以及基础类库，可以充分利用JSP/Servlet的优点，减轻程序员的工作量，具有很强的可扩展性。

Struts 1.0版本于2001年6月发布，Struts的作者McClanahan参与了JSP规范的制定以及Tomcat4的开发，同时还领导制定了J2EE平台的Web层架构的规范。受此影响，Struts框架一经推出，立即引起了Java开发者的广泛兴趣，并在全世界推广开来，最终成为应用广泛的MVC框架。

Struts作为MVC模式的典型实现，对Model、View和Controller都提供了对应的实现组件，Struts框架结构图如图3-22所示。

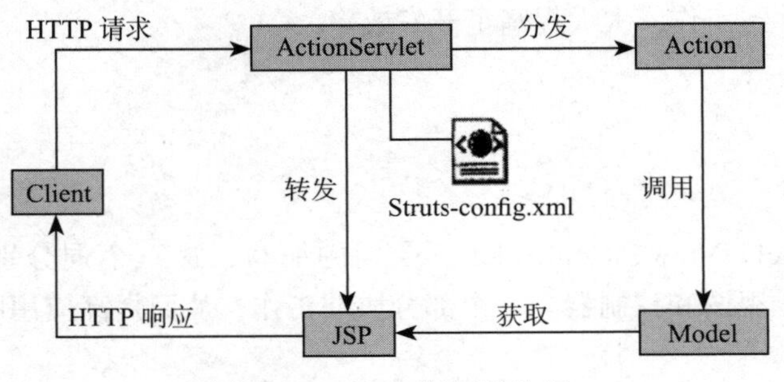

图3-22　Struts框架结构图

下面结合该图简单介绍Struts架构的工作原理。

（1）Model部分

Struts的Model部分由ActionForm和JavaBean组成。其中ActionForm用于封装用户请求

参数，所有的用户请求参数都由系统自动封装成 ActionForm 对象，该对象被 ActionServlet 转发给 Action，然后 Action 根据 ActionForm 里的请求参数处理用户请求。而 JavaBean 则封装底层的业务逻辑，包括数据库访问等。在更复杂的应用中，JavaBean 所代表的绝非一个简单的 JavaBean，可能是 EJB 组件或者其他的业务逻辑组件。该 Model 对应图 3-22 的 Model 部分。

（2）View 部分

Struts 的 View 部分采用 JSP 实现。Struts 提供了丰富的标签库，通过这些标签库可以最大限度地减少脚本的使用。这些自定义的标签库可以实现与 Model 的有效交互，并增加了显示功能。View 对应图 3-22 的 JSP 部分。整个应用由客户端请求驱动，当客户端请求被 ActionServlet 拦截时，ActionServlet 根据请求决定是否需要调用 Model 处理用户请求，当用户请求处理完成后，其处理结果通过 JSP 呈现给用户。

（3）Controller 部分

Struts 的 Controller 由以下两个部分组成。

- 系统核心控制器。
- 业务逻辑控制器。

其中，系统核心控制器对应图 3-22 中的 ActionServlet。该控制器由 Struts 框架提供，继承 HttpServlet 类，因此可以配置成一个标准的 Servlet。该控制器负责拦截所有 HTTP 请求，然后根据用户请求决定是否需要调用业务逻辑控制器，如果需要调用业务逻辑控制器，则将请求转发给 Action 处理，否则直接转向请求的 JSP 页面。业务逻辑控制器负责处理用户请求，但业务逻辑控制器本身并不具有处理能力，而是调用 Model 来完成处理。业务逻辑控制器对应图 3-22 中的 Action 部分。

2. Struts 的下载与安装

请按如下步骤下载和安装 Struts。

1）在浏览器的地址栏输入 http://struts.apache.org/download.cgi，下载 Struts 最新版 struts-2.3.15.1-all.zip。

2）将下载的 zip 文件解压缩，解压缩后有如下文件结构。

- contrib：包含 Struts 表达式的依赖类库，如 JSTL 等类库。
- lib：包含 Struts 的核心类库、Struts 自定义标签库文件以及数据校验的规则文件等。该文件夹下的文件是 Struts 的核心部分。
- webapps：该文件夹下包含了几个 WAR 文件，这些 WAR 文件都是一个 Web 应用，包含了 Struts 的说明文档及范例 (struts-documentation 文件夹下包含 Struts 的 API 文档、用户指南等文档，而 struts-examples 文件夹下则包含 Struts 的各种简单范例) 等。将这些文件解压缩。
- 其他 license 和 readme 等文档。

3）如果需要 Web 应用增加 Struts 的支持，则应该将 lib 文件夹下的 jar 文件全部复制到 Web 应用的 WEB-INF/llib 路径下。

4）如果需要使用 Struts 的标签库，应该将 lib 路径下的 TLD 文件复制到 Web 应用的 WEB-INF 路径下，并在 Web 应用的 web.xml 文件中配置对应的标签库。

5）如果需要使用 Struts 的数据校验，应将 lib 路径下的 validator-rules.xml 文件复制到 WEB-INF 路径下。

6）如果需要使用 Struts 表达式，则应将 contrib\struts-el\lib 路径下的 jar 文件复制到 WEB-INF 路径下，将对应的 TLD 文件也复制到 WEB-INF 路径下，并在 web.xml 文件中配置对应的标签库。

经过上面的步骤，Web 应用已经增加了 Struts 支持。如果需要编译 Java 文件时能使用 Struts 的类库，则应将 lib 路径下的 struts.jar 文件添加到 CLASSPATH 的环境变量中。

在讲解 Struts 的示例之前，先看一个简单的 MVC 示例。通过两种 MVC 的实现，读者可以看出，借助框架可以减少代码量，并可让程序开发更加规范。

注意：MVC 只是 Struts 的一种实现方式，不使用 Struts，也可以使用 MVC。因为 MVC 是一种模式，而 Struts 则是一种实现。

基于 MVC 模式的开发比单纯 JSP 的开发要复杂。因此，使用框架可以大大减少代码的重复量，而且可以规范软件开发的行为。Struts 框架的应用使开发更加规范、统一。所有的控制器都由两部分组成——核心控制器与业务逻辑控制器。核心控制器负责拦截用户请求，而业务逻辑控制器则负责处理用户请求。为了让核心控制器能拦截到所有的用户请求，应使用模式匹配的 Struts 的核心控制器 Servlet 的 URL。要配置 Struts 的核心控制器，需要在 web.xml 文件中增加如下代码：

```
<!-- 将 Struts 的核心控制器配置成标准的 Servlet-->
<servlet>
<servlet-name>actionSevlet</servlet-name>
<servlet-class>org.apache.struts.action.ActionServlet</servlet-class>
</servlet>

<!-- 采用模式匹配来配置核心控制器的 URL-->
<servlet-mapping>
<servlet-name>actionSevlet</servlet-name>
<url-pattern>*.do</url-pattern>
</servlet-mapping>
```

从上面的配置可以看出，所有以 .do 结尾的请求都会被 actionServlet 拦截，该 Servlet 由 Struts 提供，它将拦截到的请求转入 Struts 体系内。Struts 的视图依然采用 JSP，该示例与前面 MVC 的示例并无太大区别，只需将 form 提交的 URL 改为 login.do 即可。以 .do 结尾可以保证该请求被 Struts 的核心控制器拦截。

（1）Controller 部分

核心控制器 ActionServlet 由系统提供，负责拦截用户请求。业务控制器用于处理用户请求，Struts 要求业务控制器继承 Action，下面是业务控制器 LoginAction 的源代码。

```
public class LoginAction extends Action {
    // 必须重写该核心方法，该方法负责处理用户请求
    public ActionForward execute(ActionMapping mapping, ActionForm form,
            HttpServletRequest request, HttpServletResponse response)
            throws Exception {
        // 解析用户请求参数
        String username = request.getParameter("username");
        String pass = request.getParameter("pass");// 出错提示
        String errMsg = "";
        // 进行服务器端的数据校验
```

```
        if (username == null || username.equals("")) {
            errMsg += " 您的用户名丢失或没有输入，请重新输入 ";
        }

        else if (pass == null || pass.equals("")) {
            errMsg += " 您的密码丢失或没有输入，请重新输入 ";
        } else {// 如果可以通过服务器端校验，则调用 JavaBean 处理用户请求
            try {
                DbDaodd  =  DbDao.instance("com.mysql.jdbc.Driver","jdbc:
                    mysql://localhost:3306/wuqiuping","root", "root");
                ResultSet rs = dd.query("select password from user_table where
                    username ="+ username + "'");
                // 判断用户名和密码的情况
                if (rs.next())// 如果用户名和密码匹配
                    if (rs.getString("password").equals(pass)) {
                        HttpSession session = request.getSession();
                        session.setAttribute("name", username);
                        return mapping.findForward("welcome");
                    } else {// 如果用户名和密码不匹配
                        errMsg += " 您的用户名密码不符合，请重新输入 ";
                    }
                else {// 用户名不存在的情况
                    errMsg += " 您的用户名不存在，请先注册 ";
                }
            }
            catch (Exception e) {
                request.setAttribute("exception", " 业务异常 ");
                return mapping.findForward("error");
            }
            if (errMsg != null && !errMsg.equals("")) {// 如果出错提示不为空，跳
                转到 input
                request.setAttribute("err", errMsg);
                return mapping.findForward("input");
            } else {
                // 否则跳转到 welcome
                return mapping.findForward("welcome");
            }
        }
    }
}
```

上面的控制器非常类似于 Servlet，只是将 Servlet 中响应方法的服务逻辑放到 Action 的 execute 方法中完成。但注意 execute 方法中除了包含 HttpServletRequest、HttpServletResponse 参数外，还包括两个类型的参数 ActionForm 和 ActionForward。这两个参数分别用于封装用户的请求参数和控制转发。Action 的转发无须使用 RequestDispatcher 类，而是使用 ActionForward 完成转发。

注意： 业务控制器 Action 类应尽量声明成 public，否则可能出现错误。注意重写的 execute 方法，其后面两个参数的类型是 HttpServletRequest 和 HttpServletResponse，而不是 ServletRequest 和 SedvetResponse。

（2）Struts 的配置文件

在转发时没有转向一个实际的 JSP 页面，而是转向逻辑名 error、input、welcome

等。逻辑名并不代表实际的资源，因此必须将逻辑名与资源对应起来。实际上，此处的控制器没有作为 Servlet 配置在 web.xml 文件中，因此必须将该 Action 配置在 Struts 中，让 ActionServlet 了解将客户端请求转发给该 Action 处理。这一切都是通过 struts-config.xml 文件完成的。

下面是 struts-config.xml 文件的源代码。

```
<?xml version="1.0" encoding="gb2312"?>
<!-- Strust 配置文件的文件头，包含 DTD 等信息 -->
<!DOCTYPE struts-config PUBLIC
'-//Apache Software Foundation//DTD Struts Configuration 1. 2//EN"
''http://struts.apache.org/dtds/struts-config_1_2.dtd''>
<!-- Struts 配置文件的根元素 -->
<struts-config>
<action-mappings>
<!-- 配置 Struts 的 Action，Action 是业务控制器 -->
<action path="/login" type="lee.LoginAction" >
<' 配置该 Action 的转发 -->
<forward name="welcome" path="/WEB-INF/jsp/welcome.jsp"/>
<!-- 配置该 Action 的转发 -->
<forward name="error" path="/WEB-INF/jsp/error.jsp"/>
<!-- 配置该 Action 的转发 -->
<forward name="input" path="/login.jsp"/>
<faction>
<faction-mappings>
</struts-config>
```

从上面的配置文件可看出，Action 必须配置在 struts-config.xml 文件中。注意其中 Action 的 path 属性“/login”，再查看 login.jsp 登录 form 的提交路径 login.do。两个路径的前面部分完全相同，ActionServlet 负责拦截所有以 .do 结尾的请求，然后将 .do 前面的部分转发给 struts-config.xml 文件中的 Action 处理，该 Action 的 path 属性与请求的 .do 前面部分完全相同。

配置 Action 时，还配置了三个局部 forward。

- welcome：对应 /WEB-INF/jsp/welcome.jsp。
- error：对应 /WEB-INF/jsp/error.jsp。
- input：对应 /login.jsp。

forward 有局部 forward 和全局 forward 两种，前者只对于某个 Action 有效，后者则对于整个 Action 都有效。Action 使用 ActionMapping 控制转发时，只需转发到 forward 的逻辑名，而无须转发到具体的资源，这样可避免将转发资源以硬编码的方式写在代码中，从而降低耦合度。

注意：将 JSP 页面放在 WEB-INF 路径下，可以更好地保证 JSP 页面的安装。因为大多数 Web 容器不允许直接访问 WEB-INF 路径下的资源。因此，这些 JSP 页面不能通过超级链接直接访问，必须使用 Struts 的转发才可以访问。

3.7.3 Spring

在 *Expert One-on-One J2EE Design and Development* 一书中，Johnson 对传统的 J2EE 架构提出深层次的思考和质疑，并提出 J2EE 的实用主义思想。2003 年，J2EE 领

域出现了一个新的框架——Spring，该框架同样出自 Johnson 之手。事实上，Spring 框架是该书中思想的全面体现和完善，Spring 对实用主义 J2EE 思想进行进一步改造和扩充，使其发展成更开放、清晰、全面及高效的开发框架。Spring 一经推出，就得到众多开发者的关注。传统 J2EE 应用的开发效率低，应用服务器厂商对各种技术的支持并没有真正统一，导致 J2EE 的应用并没有真正实现 WriteOnce 及 RunAnywhere 的承诺。Spring 作为开源的中间件，独立于各种应用服务器，甚至无须应用服务器的支持也能提供应用服务器的功能，如声明式事务等。Spring 致力于 J2EE 应用的各层的解决方案，而不是仅仅专注于某一层的方案。可以说 Spring 是企业应用开发的"一站式"选择，并贯穿表现层、业务层及持久层。然而，Spring 并不想取代那些已有的框架，而与它们无缝地整合。总结起来，Spring 有如下优点。

- 低侵入式设计，代码污染率极低。
- 独立于各种应用服务器，可以真正实现 WriteOnce、Run Anywhere 的承诺。
- Spring 的 DI 机制降低了业务对象替换的复杂性。
- Spring 并不完全依赖于 Spring，开发者可自由选用 Spring 框架的部分或全部。

请按如下步骤下载和安装 Spring。

1）登录 http://www.springframework.org 站点，下载 Spring 的最新稳定版。笔者建议下载 spring-framework-1.2.8-with-dependencies.zip 包，该压缩包不仅包含 Spring 的开发包，而且包含 Spring 编译和运行所依赖的第三方类库。解压缩下载的压缩包，解压缩后应有如下几个文件夹。

- dist：该文件夹下放置 Spring 的 jar 包，通常只需要 spring.jar 文件即可。该文件夹下还有一些类似 spring-xxx.jar 的压缩包，这些压缩包是 spring.jar 压缩包的子模块压缩包。在确定整个 J2EE 应用只需使用 Spring 的某一方面时，才考虑使用这种子模块压缩包。通常建议使用 spring.jar。
- docs：该文件夹下包含 Spring 的相关文档、开发指南及 API 参考文档。
- lib：该文件夹下包含 Spring 编译和运行所依赖的第三方类库，该路径下的类库并不是 Spring 必需的，但如果需要使用第三方类库的支持，这里的类库就是必需的。
- samples：该文件夹下包含 Spring 的几个简单示例，可作为 Spring 入门学习的案例。
- src：该文件夹下包含 Spring 的全部源文件，如果在开发过程中有困难，可以参考该源文件，了解底层的实现。
- test：该文件夹下包含 Spring 的测试示例。
- tiger：该路径下存放关于 JDK1.5 的相关内容。

解压缩后的文件夹下，还包含一些关于 Spring 的 license 和项目相关文件。

2）将 spring.jar 复制到项目的 CLASSPATH 路径下，对于 Web 应用，将 spring.jar 文件复制到 WEB-INF/lib 路径下，该应用即可以利用 Spring 框架。

3）通常 Spring 的框架还依赖于其他的 jar 文件，因此还须将 lib 下对应的包复制到 WEB-INF/lib 路径下，具体要复制哪些 jar 文件取决于应用所需要使用的项目。通常需要复制 cglib、dom4j、jakarta-commons、log4j 等文件夹下的 jar 文件。

4）为了编译 Java 文件，可以找到 Spring 的基础类，将 spring.jar 文件的路径添加到环境变量 CLASSPATH 中。当然，也可使用 ANT 工具，但无须添加环境变量。

3.7.4 Hibernate

Hibernate是目前流行的开源对象关系映射框架。Hibernate采用低侵入式的设计，完全采用普通的Java对象，而不必继承Hibernate的某个超类或实现Hibernate的某个接口。因为Hibernate是面向对象的程序设计语言和关系数据库之间的桥梁，所以Hibernate允许程序开发者采用面向对象的方式来操作关系数据库。

ORM的全称是Object Relation Mapping，即对象关系映射。也可以将ORM理解为一种规范，具体的ORM框架可作为应用程序和数据库的桥梁。目前ORM的产品非常多，比如Apache的OJB、Oracle的Top Link/JDO等。

ORM并不是一种具体的产品，而是一类框架的总称。它概述了这类框架的基本特征：完成面向对象的程序设计语言与关系数据库的映射。基于ORM框架完成映射后，既可利用面向对象程序设计语言的简单易用性，又可利用关系数据库的技术优势。ORM框架是面向对象程序设计语言与关系数据库发展不同步时的中间解决方案。笔者认为，随着面向对象数据库的发展，其理论逐步完善，最终会取代关系数据库。ORM框架在这个过程中会蓬勃发展，但随着面向对象数据库的出现，ORM工具也会退出历史舞台。

面向对象程序设计语言代表了目前程序设计语言的主流和趋势，其具备非常多的优势，比如：

- 面向对象的建模与操作。
- 多态及继承。
- 摈弃难以理解的过程。
- 简单易用，易理解性。

但数据库的发展并未与程序设计语言同步，而且关系数据库系统的某些优势也是面向对象语言目前无法解决的，比如：

- 大量数据操作查找与排序。
- 集合数据连接操作与映射。
- 数据库访问的并发与事务。
- 数据库的约束与隔离。

面对这种面向对象语言与关系数据库系统并存的局面，采用ORM就变成一种必然。目前ORM框架的产品非常多，除了各大公司的产品外，一些小团队也推出了自己的ORM框架。目前流行的ORM框架如下。

- 大名鼎鼎的Hibernate。Hibernate出自Gavin King的手笔，是目前流行的开源ORM框架，其灵巧的设计、优秀的性能，以及丰富的文档都是其迅速风靡全球的因素。
- 传统的Entity EJB。Entity EJB实质上也是一种ORM技术，是一种备受争议的组件技术，有人说它非常优秀，也有人说它一钱不值。事实上，EJB为J2EE的蓬勃发展赢得了极高的声誉。就笔者的实际开发经验而言，EJB作为一种重量级、高花费的ORM技术，具有不可比拟的优势。但由于其必须运行在EJB容器内，而且学习曲线陡峭，开发周期及成本相对较高，因此限制了EJB的广泛使用。
- iB ATIS。它是Apache软件基金组织的子项目，与其称它是一种ORM框架，不如称它是一种 SQL 映射框架。相对 Hibernate 的完全对象化封装，iBATIS 更加灵活，但开发过程中开发人员需要完成的代码量更大，而且需要直接编写 SQL 语句。

- Oracle 的 TopLink。作为一个遵循 OTN 协议的商业产品，TopLink 在开发过程中可以自由下载和使用，但作为商业产品使用，则需要收取费用。正是这一点导致 TopLink 的市场占有率低下。
- OJB。OJB 是 Apache 软件基金组织的子项目，它是开源的 ORM 框架，但由于开发文档不多，而且 OJB 的规范并不稳定，因此并未在开发者中赢得广泛的支持。

Hibernate 能在众多的 ORM 框架中脱颖而出，因为 Hibernate 与其他 ORM 框架对比具有如下优势。

- 开源和免费的 license，方便需要时研究源代码、改写源代码并进行功能定制。
- 轻量级封装，避免引入过多复杂的问题，调试容易，减轻了程序员的负担。
- 具有可扩展性，API 开放。功能不够用时，可以自己编码进行扩展。
- 开发者活跃，产品有稳定的发展保障。

Hibernate 的学习难度不大，简单易用，正是这种易用性征服了大量的开发者。下面简要介绍 Hibernate 的安装和使用。

Hibernate 的下载和安装

请按如下步骤安装和使用 Hibernate。

1）登录 http://www.hibernate.org 网站，下载 Hibernate 的二进制包（Windows 平台下载 zip 包，Linux 平台下载 tar 包）。

2）解压缩下载的压缩包，在 hibernate-3.1 路径下有个 hibernate3.jar 的压缩文件，该文件是 Hibernate 的核心类库文件。该路径下还有 lib 路径，该路径包含 Hibernate 编译和运行的第三方类库。关于这些类库的使用请参看该路径下的 readme.txt 文件。

3）将必需的 Hibernate 类库添加到 CLASSPATH 中，或者使用 ANT 工具。

总之，编译和运行时可以找到这些类即可。在 Web 应用中应该将这些类库复制到 WEB-INF/lib 下。

先看如下需求：向数据库中增加一条新闻，该新闻有新闻 Id、新闻标题及新闻内容三个属性。在传统的 JDBC 数据库访问中，实现此功能并不难。我们可采用如下方法来实现（本程序采用 MySql 数据库）。

```
import java.sql.*;
public class NewsDao
{
/**
* @param News 需要保存的新闻实例
*/
public void saveNews(News news)
Connectionconn = null;
PreparedStatement pstmt = null;
int newsId = news.getId();
String title = news.getTitle();
String content = news.getContent();
Try
{
```

```
        //注册驱动
        Class.forName ("com.mysql. jdbc.Driver");
        /*hibernate: 想连接的数据库
        user: 连接数据库的用户名
        pass: 连接数据库的密码
        */
        String url="jdbc:mysql://localhost/hibernate?user=root&password=pass";
        //获取连接
        conn= DriverManager.getconnection(url);
        //创建预编译的Statement
        pstmt=conn.prepareStatement("insert into news_table values(? ,?,?)");
        //下面的语句为预编译Statement传入参数
        pstmt.setlnt(1 , newsId);
        pstmt.setString(2 , title);
        pstmt.setString(3 , content);
        //执行更新
        pstmt.executeUpdate();
    }
    catch (ClassNotFoundException cnf)
    cnf.printStackTrace();
    catch (SQLException se)
    {
        se.printStackTrace();
    }
    try
    {
        //关闭预编译的Statement
        if (pstmt != null) pstmt.close();
        //关闭连接
        if (conn != null) conn.close();
    }
    catch (SQLException se2)
    se2.printStackTrace() ;
    }
```

由此可见，这种操作方式丝毫没有面向对象方法的优雅和易用，而是一种纯粹的过程式操作。在这种简单的数据库访问里，我们没有过多地感觉到这种方式的复杂与缺陷，但相比采用Hibernate的操作，仍然可以体会到Hibernate的灵巧。

3.7.5 基于SSH的应用开发案例

通常一所大学里有数十个学院，每个学院又有数十个班级，每个班级里有几十个学生，那么学校的信息管理系统该如何对这些学院、班级、学生信息进行管理呢？

本节所介绍的案例就是高等院校的一个信息管理系统的简化模型。首先，随着学校的发展，学校可能会新增加二级学院，其次，可能由于某些因素，学校需要撤掉某些学院或者需要修改学院的信息（比如学院名），有时还可能要查询学校总共有哪些学院。

总之，在整个信息管理系统中，可以对学院进行增删查改操作。一个二级学院同样可以对班级动态地进行增删查改操作，班级也可对属于本班级的学生进行增删查改操作。

在整个系统中共有三个实体，即学生、班级和学院。学生和班级以及班级和学院之间分别是属于关系，它们之间的实体关系图（ER 图）如图 3-23 所示。

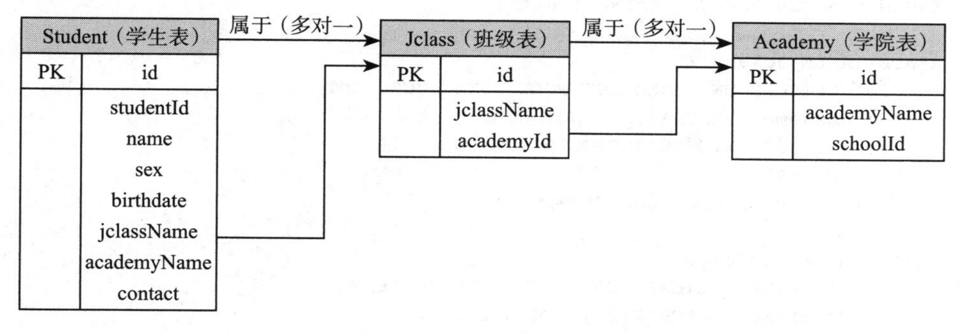

图 3-23　系统的 ER 图

在给出数据库概念模型（ER 图）的基础上，数据库逻辑模型（关系表）的设计如下。

Student（学生表）

字段名	类型	长度	备注
id	Integer	—	ID
studentId	Varchar	20	学号
name	Varchar	20	姓名
sex	Varchar	2	性别
birthdate	Varchar	8	出生年月日
jclassName	Varchar	20	班级名称
academyName	Varchar	20	学院名称
contact	Varchar	20	联系方式

Jclass（班级表）

字段名	类型	长度	备注
id	Integer	—	班级 ID
jclassName	Varchar	20	班级名称
academyId	Integer	—	从属学院 ID

Academy（学院表）

字段名	类型	长度	备注
id	Integer	—	学院 ID
academyName	Varchar	20	学院名称
schoolId	Integer	—	所属学校 ID

创建数据库表格的 SQL 语句如下。

```
CREATE TABLE Student(
    `id` INTEGER UNSIGNED NOT NULL AUTO_INCREMENT,
    `studentId` VARCHAR(20) NOT NULL,
    `name` VARCHAR(20) NOT NULL,
    `sex` VARCHAR(2) NOT NULL,
    `birthdate` VARCHAR(8),
    `jclassName` VARCHAR(20) NOT NULL,
    `academyName` VARCHAR(20) NOT NULL,
    `contact` VARCHAR(20),
```

```
    PRIMARY KEY (`id`)
)ENGINE=InnoDB DEFAULT CHARSET=utf8;

CREATE TABLE Jclass (
    `id` INTEGER UNSIGNED NOT NULL AUTO_INCREMENT,
    `jclassName` VARCHAR(20) NOT NULL,
    `academyId` INTEGER UNSIGNED NOT NULL,
    PRIMARY KEY (`id`)
)ENGINE=InnoDB DEFAULT CHARSET=utf8;

CREATE TABLE Academy(
    `id` INTEGER UNSIGNED NOT NULL AUTO_INCREMENT,
    `academyName` VARCHAR(20) NOT NULL,
    `schoolId` INTEGER UNSIGNED NOT NULL,
    PRIMARY KEY (`id`)
)ENGINE=InnoDB DEFAULT CHARSET=utf8;
```

在设计好数据库的概念模型（ER 图）、数据库的逻辑模型（库表）、数据库的物理模型（SQL 脚本）之后，下面以新学生的注册操作为示例来讲解如何使用三大框架（Struts、Spring、Hibernate）进行程序开发。

前面的章节已经讲解过 MVC 架构，如图 3-24 所示，其中 register.jsp 页面用作前端显示。用户可通过此页面填写学生的基本信息，如姓名、性别、出生年月日等，register.jsp 充当视图（View）的功能。Student 和 StudentDao 是负责与实际数据库软件打交道的程序，在学生填好 register.jsp 的信息之后，需要通过 StudentDao 的数据库操作，把信息更新到数据库中去，其充当模型（Model）的功能。而这一切都是在 Spring 下进行控制和跳转的，SpringDao 和 RegisterAction 充当控制器（Controller）的角色，在整个系统中处于核心的控制功能，从页面的跳转到数据库的更新查询等操作都是在控制器的控制下进行的。

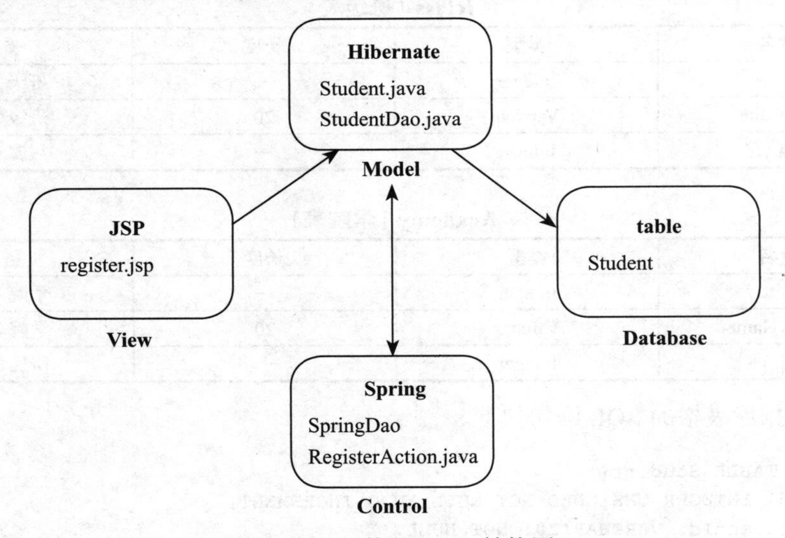

图 3-24　系统的 MVC 结构图

工程的目录结构图如图 3-25 所示。③④⑤⑦负责操作数据，其中③为数据的 Model，④为数据库的操作类，能够对学生信息进行常用数据库操作（增加、删除和修改等），⑤是 Model 与数据库之间进行交互的 Hibernate 的单个 Model 的配置文件，③④⑤都是与数据库实体相关的文件，它们通过 SpringProxyAction 把这些管理工作全部都交给了 Spring 代理进行管理，⑥是 Spring 的配置文件。⑦是 Hibernate 的配置文件，对 Hibernate 与数据库的一些操作进行配置（如配置用户名、密码等）。①②⑨是 Struts 机制的一部分，其中①是 Structs 对页面进行处理的 Action，而②负责与页面⑧进行交互，并从页面上取得数据交给①进行处理。⑨是 struts 的配置文件，可以对 struts 的一些常用功能（如跳转控制等）进行配置。

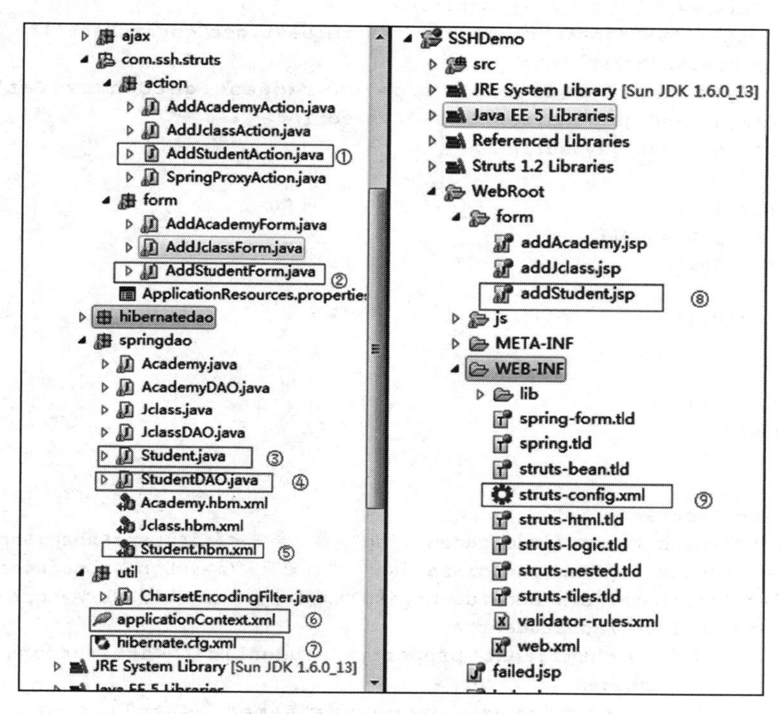

图 3-25　目录结构图

学生注册页面 addStudent.jsp 代码如下，代码中有部分 Ajax 代码，其中 academyjclass.js 为 Ajax 操作的 JS 脚本，jquery-1.7.2.min.js 为 Ajax 的必备支持文件。

```
<%@ page language="java" import="java.util.*" pageEncoding="UTF-8"%>
<%@ taglib uri="http://struts.apache.org/tags-bean" prefix="bean"%>
<%@ taglib uri="http://struts.apache.org/tags-html" prefix="html"%>
<%@page import="ajax.*"%>
<%@page import="springdao.Academy"%>
<%
String path = request.getContextPath();
String basePath = request.getScheme()+"://"+request.getServerName()+":
    "+request.getServerPort()+path+"/";
%>
<%@ taglib prefix="fmt" uri="http://java.sun.com/jsp/jstl/fmt" %>
<%@ taglib prefix="c" uri="http://java.sun.com/jsp/jstl/core" %>

<%
AcademyDao academyDao = new AcademyDao();
Academy tableAcademy = new Academy();
List<Academy> allAcademyList = academyDao.getAcademyList();
```

```
request.setAttribute("allAcademyList", allAcademyList);
academyDao.closeSession();
%>
<!DOCTYPE html PUBLIC "-//W3C//DTD XHTML 1.0 Transitional//EN" "http://www.
    w3.org/TR/xhtml1/DTD/xhtml1-transitional.dtd">
<html xmlns="http://www.w3.org/1999/xhtml">
    <head>
        <base href="<%=basePath%>">
        <title>学生完善个人信息</title>
<script type="text/javascript" src="<%=request.getContextPath()%>/js/jquery-
    1.7.2.min.js"></script>
<script type=text/javascript src="<%=request.getContextPath()%>/js/
    academyjclass.js" charset="utf-8"></script>
<script type="text/javascript">
        $(
function() {
        $.ajaxSetup({
    async: false
    });
        init();
        }
  );
        </script>
    </head>

<body >
<div align="center">
<a href="<%=path %>/form/addAcademy.jsp">增加学院</a>   
<a href="<%=path %>/form/addJclass.jsp">增加班级</a>   
<a href="<%=path %>/form/addStudent.jsp">增加学生</a><br/><br/><br/>
<html:form action="/addStudent">
            学号  : <html:text property="studentId"/><html:errors property=
                "studentId"/><br/>
            姓名  : <html:text property="name"/><html:errors property=
                "name"/><br/>
            性别 : <html:select property="sex">
                    <html:option value="男">男</html:option>
                    <html:option value="女">女</html:option>
                    </html:select><br/>
            生日  : <html:text property="birthdate"/><html:errors property=
                "birthdate"/><br/>
            学院 : <select id="academy" name="academy" onchange="selacademy()"
                size="1">
                    <option value=0>请选择</option>
                    <c:forEach var="academy" items="${allAcademyList}">
                    <option value="${academy.id}">${academy.academyName}</
                        option>
                    </c:forEach>
                    </select></br></br>
            班级 : <select id="jclass" name="jclass">
                    <option value=0>请选择</option>
                  </select></br></br>
            联系号码: <html:text property="contact"/><html:errors property="con
                tact"/><br/><br/><br/>
            <html:submit value="增加"/>      &n
                bsp;   
```

```
            <html:reset value=" 取消 "/>
        </html:form>
</div>
</body>
</html>
```

academyjclass.js（Ajax 相关脚本 JavaSript 文件）代码如下。

```
function init() {
    $.ajax({
        async: false,
        success: function(data){
            callback1(data);
        }
    });
}
function callback1(data) {
    var data = eval("(" + data + ")");
    var academy = $("#academy");
    academy.empty();
    academy.append("<option value='0'> 请选择 </option>");
    for ( var i = 0; i < data.length; i++) {
    academy.append("<option value=" + data[i].id + ">"+ data[i].academy + "</
        option>");
    }
}
function selacademy(){
    var academy = $("#academy");
    //alert(" 学院 ID: "+academy.val());
    if(academy.val() != "0"){
        $.post("servlet/JclassAjax?academyId="+encodeURI(academy.val())+"",
            null,callback2);
    }else{
    $("#jclass").empty();
        var jclass = $("#jclass");
    }
}
function callback2(data) {
    var data = eval("(" + data + ")");
    var jclass = $("#jclass");
    jclass.empty();
    //jclass.append("<option value='0'>ccc</option>");
    for ( var i = 0; i < data.length; i++) {
    jclass.append("<option value=" + data[i].id + ">"+ data[i].jclass + "</
        option>");
    }
}
```

存储学生信息的 Model，即 Student.java 代码如下。

```
package springdao;

public class Student implements java.io.Serializable {
    private Integer id;
    private String studentId;                       // 学号
    private String name;                            // 姓名
```

```
private String sex;                                    // 性别
private String birthDate;                              // 出生年月日
private String jclassName;                             // 班级
private String academyName;                            // 学院
private String contact;                                // 联系方式
// Constructors
/** default constructor */
public Student() {
}
/** full constructor */
public Student(String studentId, String name) {
    this.studentId = studentId;
    this.name = name;
}
// Property accessors
public Integer getId() {
    return this.id;
}
public void setId(Integer id) {
    this.id = id;
}
public String getStudentId() {
    return studentId;
}
public void setStudentId(String studentId) {
    this.studentId = studentId;
}
public String getName() {
    return name;
}
public void setName(String name) {
    this.name = name;
}
public String getSex() {
    return sex;
}
public void setSex(String sex) {
    this.sex = sex;
}
public String getBirthDate() {
    return birthDate;
}
public void setBirthDate(String birthDate) {
    this.birthDate = birthDate;
}
public String getJclassName() {
    return jclassName;
}
public void setJclassName(String jclassName) {
    this.jclassName = jclassName;
}
public String getAcademyName() {
    return academyName;
}
public void setAcademyName(String academyName) {
    this.academyName = academyName;
```

```
    }
    public String getContact() {
        return contact;
    }
    public void setContact(String contact) {
        this.contact = contact;
    }
}
```

Student 的数据库操作类 StudentDAO 代码如下，它主要用于负责各种数据库操作（比如数据库的连接与关闭、插入新的学生信息、查询和修改学生信息、删除学生信息等）。

```
package springdao;

import java.util.List;
import org.apache.commons.logging.Log;
import org.apache.commons.logging.LogFactory;
import org.hibernate.LockMode;
import org.springframework.context.ApplicationContext;
import org.springframework.orm.hibernate3.support.HibernateDaoSupport;

public class StudentDAO extends HibernateDaoSupport {
    private static final Log log = LogFactory.getLog(StudentDAO.class);
    // property constants
    public static final String STUDENTID = "studentId";
    public static final String NAME = "name";
    protected void initDao() {
        // do nothing
    }
    public void save(Student transientInstance) {
        log.debug("saving Student instance");
        try {
            getHibernateTemplate().save(transientInstance);
            log.debug("save successful");
        } catch (RuntimeException re) {
            log.error("save failed", re);
            throw re;
        }
    }

    public void delete(Student persistentInstance) {
        log.debug("deleting Student instance");
        try {
            getHibernateTemplate().delete(persistentInstance);
            log.debug("delete successful");
        } catch (RuntimeException re) {
            log.error("delete failed", re);
            throw re;
        }
    }

    public Student findById(java.lang.Integer id) {
        log.debug("getting Student instance with id: " + id);
        try {
```

```
            Student instance = (Student) getHibernateTemplate().get(
                    "springdao.Student", id);
            return instance;
        } catch (RuntimeException re) {
            log.error("get failed", re);
            throw re;
        }
    }

    public List findByExample(Student instance) {
        log.debug("finding Student instance by example");
        try {
            List results = getHibernateTemplate().findByExample(instance);
            log.debug("find by example successful, result size: "
                    + results.size());
            return results;
        } catch (RuntimeException re) {
            log.error("find by example failed", re);
            throw re;
        }
    }

    public List findByProperty(String propertyName, Object value) {
        log.debug("finding Student instance with property: " + propertyName
                + ", value: " + value);
        try {
            String queryString = "from Student as model where model."
                    + propertyName + "= ?";
            return getHibernateTemplate().find(queryString, value);
        } catch (RuntimeException re) {
            log.error("find by property name failed", re);
            throw re;
        }
    }

    public List findByStudentId(Object studentId) {
        return findByProperty(STUDENTID, studentId);
    }
    public List findByName(Object name) {
        return findByProperty(NAME, name);
    }
    public List findAll() {
        log.debug("finding all Student instances");
        try {
            String queryString = "from Student";
            return getHibernateTemplate().find(queryString);
        } catch (RuntimeException re) {
            log.error("find all failed", re);
            throw re;
        }
    }

    public Student merge(Student detachedInstance) {
        log.debug("merging Student instance");
        try {
            Student result = (Student) getHibernateTemplate().merge(
```

```
                detachedInstance);
            log.debug("merge successful");
            return result;
        } catch (RuntimeException re) {
            log.error("merge failed", re);
            throw re;
        }
    }

    public void attachDirty(Student instance) {
        log.debug("attaching dirty Student instance");
        try {
            getHibernateTemplate().saveOrUpdate(instance);
            log.debug("attach successful");
        } catch (RuntimeException re) {
            log.error("attach failed", re);
            throw re;
        }
    }

    public void attachClean(Student instance) {
        log.debug("attaching clean Student instance");
        try {
            getHibernateTemplate().lock(instance, LockMode.NONE);
            log.debug("attach successful");
        } catch (RuntimeException re) {
            log.error("attach failed", re);
            throw re;
        }
    }
    public static StudentDAO getFromApplicationContext(ApplicationContext ctx) {
        return (StudentDAO) ctx.getBean("StudentDAO");
    }
}
```

处理页面信息的 Action 充当控制器功能，AddStudentAction.java 代码如下。

```
package com.ssh.struts.action;
import springdao.Student;
import springdao.StudentDAO;
import javax.servlet.http.HttpServletRequest;
import javax.servlet.http.HttpServletResponse;
import org.apache.struts.action.Action;
import org.apache.struts.action.ActionForm;
import org.apache.struts.action.ActionForward;
import org.apache.struts.action.ActionMapping;
import ajax.AcademyDao;
import ajax.JclassDao;
import com.ssh.struts.form.AddStudentForm;

public class AddStudentAction extends Action {
    private StudentDAO dao;
    private String message;
    public String getMessage() {
        return message;
    }
```

```
    public void setMessage(String message) {
        this.message = message;
    }
    public StudentDAO getDao() {
        return dao;
    }
    public void setDao(StudentDAO dao) {
        this.dao = dao;
    }
    public AddStudentAction(){
    }
    public ActionForward execute(ActionMapping mapping, ActionForm form,
            HttpServletRequest request, HttpServletResponse response) {
        AddStudentForm registerForm = (AddStudentForm) form;
        System.out.println(" 学号 : "+registerForm.getStudentId());
        System.out.println("regester active.message"+getMessage());
        Student student = new Student();
        student.setStudentId(registerForm.getStudentId());
        student.setName(registerForm.getName());
        student.setSex(registerForm.getSex());
        student.setBirthDate(registerForm.getBirthdate());

        AcademyDao academyDao = new AcademyDao();
        JclassDao jclassDao = new JclassDao();
        System.out.println("academyId"+registerForm.getAcademy());
        String academyName = academyDao.getAcademyNameById(registerForm.
            getAcademy());
        System.out.println("jclassId"+registerForm.getJclass());
        String jclassName = jclassDao.getJclassNameById(registerForm.
            getJclass());
        student.setAcademyName(academyName);
        student.setJclassName(jclassName);
        student.setContact(registerForm.getContact());
        // DAO 对象
        StudentDAO dao = getDao();
        dao.save(student);
        return mapping.findForward("success");
    }
}
```

SpringProxyAction 通过将 Hibernate 与 Spring 代理相结合，实现事务的自动代理功能。SpringProxyAction.java 代码如下。

```
package struts.action;

import java.util.*;
import javax.servlet.http.HttpServletRequest;
import javax.servlet.http.HttpServletResponse;
import org.apache.struts.action.Action;
import org.apache.struts.action.ActionForm;
import org.apache.struts.action.ActionForward;
import org.apache.struts.action.ActionMapping;
import org.springframework.context.ApplicationContext;
import org.springframework.context.support.ClassPathXmlApplicationContext;
import struts.form.RegisterForm;
```

```
public class SpringProxyAction extends Action {
    public ActionForward execute(ActionMapping mapping, ActionForm form,
            HttpServletRequest request, HttpServletResponse response) {
        String path = request.getRequestURI();
        System.out.println(path);
        ApplicationContext ctx = new
        ClassPathXmlApplicationContext("applicationContext.xml");
        Action action = (Action)ctx.getBean(path);
        if(action != null) {
            try {
                return action.execute(mapping, form,
                    request, response);
            } catch (Exception e) {
                // TODO Auto-generated catch block
                e.printStackTrace();
            }
        }
        return mapping.findForward("failed");
    }
}
```

通过以上代码，相信读者对 SSH 框架的开发已经有了大致的了解。首先，在 JSP 页面（register.jsp）上，用户填写好需要注册学生的相关信息，然后在 Spring 的控制下，通过 Hibernate 与数据库软件进行交互，把信息存进数据库中，这样就成功实现了新的学生信息的存储。对于学生（Student）信息的查询，修改和删除等操作的大致过程也相同。

同理，班级（Jclass）和学院（Academy）的操作类似，请参见示例项目的完整代码。

习题

一、选择题

1. 下列关于 JSP 的说法错误的是（　　）。
   A. JSP 可以处理动态内容和静态内容
   B. JSP 是一种与 Java 无关的程序设计语言
   C. 在 JSP 中可以使用脚本控制 HTML 的标签生成
   D. JSP 程序的运行需要 JSP 引擎的支持
2. 下列不适合作为 JSP 程序开发环境的是（　　）。
   A. JDK+Tomcat　　B. JDK+Apache+Tomcat
   C. JDK+IIS+Tomcat　　D. NET Framework+IIS
3. 下列关于 Tomcat 说法正确的是（　　）。
   A. Tomcat 是一种编程语言　　B. Tomcat 是一种开发工具
   C. Tomcat 是一种编程规范　　D. Tomcat 是一个免费的开源的 Servlet 容器
4. 下列关于 C/S 模式缺点的描述不正确的是（　　）。
   A. 伸缩性差　　B. 重用性差
   C. 移植性差　　D. 安全性差

5. JSP 代码 <%="1+4"%> 将输出（　　）。

A. 1+4　　B. 5　　C. 14　　D. 不会输出

6. 下列选项中，（　　）是正确的表达式。

A. <%!Int a=0;%>　　B. <%int a=0;%>　　C. <%=(3+5);%>　　D. <%=(3+5)%>

7. page 指令的（　　）属性用于引用需要的包或类。

A. extends　　B. import　　C. isErrorPage　　D. language

8. 下列不属于 JSP 动作的是（　　）。

A. <jsp:include>　　B. <jsp:forward>

C. <jsp:plugin>　　D. <%@include file="relativeURL"%>

9. 用 response 进行重定向时，使用的是（　　）方法。

A. getAttribute　　B. setContentType　　C. sendRedirect　　D. setAttribute

10.（　　）可以准确地获取请求页面的一个文本框的输入。

A. request.getParameter(name)　　B. request.getParameter("name")

C. request.getParameterValues(name)　　D. request.getParameterValues("name")

11. 基于 JSP 的 Web 应用程序的配置文件是（　　）。

A. web.xml　　B. WEB-INF　　C. Tomcat 6.0　　D. JDK 1.6.0

12. 对 HTTP 请求中的 GET 和 POST 方法叙述正确的是（　　）。

A.POST 方法提交的信息可以保存为书签，GET 则不行

B. 可以使用 GET 方法提交敏感数据

C. 使用 POST 提交数据量没有限制

D. 使用 POST 方法提交数据比 GET 方法快

13. JSP 的内置对象中，按作用域由小到大排列正确的是（　　）。

A. request application session　　B. session request application

C. request session application　　D. application request session

14. 获取 Cookie 用到的方法是（　　）。

A. request.getCookies()　　B. request.getCookie()

C. response.getCookies()　　D. response.getCookie()

15. 下列关于 JSP 指令的描述正确的是（　　）。

A. 指令以“<%@”开始，以“%>”结束

B. 指令以“<%”开始，以“%>”结束

C. 指令以“<”开始，以“>”结束

D. 指令以“<jsp:”开始，以“/>”结束

16. Tomcat 应用服务器是下列哪个组织的产品？（　　）

A. Microsoft　　B. Sun　　C. Apache　　D. IBM

17. 下列哪种脚本元素不是 JSP 规范描述的 3 种脚本元素之一？（　　）

A. 声明　　B. 表达式　　C. 脚本程序　　D. 内置对象

18. 下列选项中，哪一项不是 JSP 的指令元素？（　　）

A. page 指令　　B. include 指令　　C. taglib 指令　　D. <jsp:include>

19. 下列 DOM 对象中，哪一个用来描述浏览器窗口？（　　）

A. navigator　　B. screen　　C. window　　D. document

20. 在客户端网页脚本语言中最为通用的是（　　）。

A. JavaScript　　B. VB　　C. Perl　　D. ASP

21. 以下有关 Java Servlet 的特性说法错误的是（　　）。

A. Servlet 功能强大，可以解析 HTML 表单数据、读取和设置 HTTP 头、处理 Cookie、跟踪会话状态等。在 Servlet 中，许多使用传统 CGI 程序很难完成的任务都可以轻松地完成

B. Servlet 可以与其他系统资源交互，例如它可以调用系统中其他文件、访问数据库、Applet 和 Java 应用程序等，以此生成返回给客户端的响应内容

C. Servlet 可以是其他服务的客户端程序，例如，它们可以用于分布式的应用系统中，可以从本地硬盘或者通过网络从远端激活 Servlet

D. Servlet API 是与协议相关的。Servlet 只能用于 HTTP

22. 下面说法中是正确的是（　　）。

A. 对每个要求访问 login.jsp 的请求，Servlet 容器都会创建一个 session 对象

B. 每个 session 对象都有唯一的 ID

C. JavaWeb 应用程序必须负责为 session 分配唯一的 ID

D. 同一客户请求不同服务目录中的页面的 session 是相同的

23. HTTP 响应状态行中的状态码 200 表示（　　）。

A. 处理请求成功　　B. 资源找不到　　C. 内部错误　　D. 未知状态

24. 下面哪个状态代码表示"无法找到指定位置的资源"？（　　）

A. 100　　B. 201　　C. 301　　D. 400　　E. 404

25. ServletContext 接口（　　）的方法用于将对象保存到 Servlet 上下文中。

A. getServetContext（）　　B. getContext()

C. getAttribute（）　　D. setAttribute（）

26. 下面关于 session 对象说法中正确的是（　　）。

A. session 对象的类是 HttpSession，HttpSession 由服务器的程序实现

B. session 对象提供 HTTP 服务器和 HTTP 客户端之间的会话

C. session 可以用来储存访问者的一些特定信息

D. session 可以创建访问者信息容器

E. 当用户在应用程序的页之间跳转时，存储在 session 对象中的变量不会被清除

27. 下列关于 Application 对象说法中错误的是（　　）。

A. Application 对象用于在多个程序中保存信息

B. Application 对象用来在所有用户间共享信息，但不可以在 Web 应用程序运行期间持久地保持数据

C. getAttribute(String name) 方法返回由 name 指定的名字 application 对象的属性的值

D. getAttributeNames() 方法返回所有 application 对象的属性的名字

E. setAttribute(String name , Object object) 方法设置指定名字 name 的 application 对象的属性值 object

28. 通过（　　）可以接收上一页表单提交的信息。

A. session 对象　　B. application 对象

C. config 对象　　D. exception 对象

E. request 对象

29. session 对象经常被用来（　　）。

A. 在页面上输出数据　　B. 抛出运行时的异常

C. 在多个程序中保存信息　　D. 在多页面请求中保持状态和用户认证

E. 以上说法都不正确

30. 要将一个 JSP 页面的响应交给另 JSP 页面处理，我们可以使用（　　）。

A. response 对象　　B. Application 对象

C. config 对象　　D. exception 对象

E. out 对象

31. Servlet 程序的入口点是（　　）。

A. init（）　　B. main（）　　C. service（）　　D. doGet（）

32. 下面关于 Servlet 的陈述正确的是（　　）(多选)。

A. 在浏览器的地址栏直接输入要请求的 Servlet，该 Servlet 默认会使用 doPost 方法处理请求

B. Servlet 运行在服务器端

C. Servlet 的生命周期包括：实例化，初始化，服务，破坏，不可以用

D. Servlet 不能向浏览器发送 HTML 标签

33. 在 Struts 实现的框架中，（　　）类包含了 execute 方法的控制器类，负责调用模型的方法，控制应用程序的流程。

A. Ajax　　B. Action　　C. Form　　D. Method

34. Hibernate 的运行核心是（　　）类，它负责管理对象的生命周期、事务处理、数据交互等。

A. Configuration　　B. Transaction　　C. Query　　D. Session

二、填空题

1. ________是 Sun 公司推出的一种在服务器端运行的小程序，它实际上就是一个类，是一个能够使用 print 语句产生动态 HTML 内容的 Java 类。

2. Tomcat 服务器的默认端口是________。

3. ________是一段在客户端请求时需要先被服务器执行的 Java 代码，它可以产生输出，并把输出发送到客户的输出流，同时也可以是一段流程控制语句。

4. ________动作元素允许在页面被请求的时候包含其他资源，如一个静态的 HTML 文件或动态的 JSP 文件。

5. page 指令的 MIME 类型的默认值为 text/html，默认字符集是________。

6. JSP 程序中隐藏注释的格式为________。

7. 在 JSP 内置对象中，与请求相关的对象是________。该对象可以使用________方法获取表单提交的信息。

8. response 对象中用来动态改变 contentType 属性的方法是________。

9. 在 JSP 中可以使用________对象的________方法将封装好的 Cookie 对象传递到客户端。

10. ________的内容是相对固定的，而________的内容会随着访问时间和访问者发生变化。

11. 在 Tomcat 成功安装和启动后，可以在浏览器中输入________来测试安装配置是否正常。

12. 在 WEB-INF 下必须有一个 XML 文件是________。

13. 在 JSP 的 3 种指令中，用于定义与页面相关属性的指令是________，用于在 JSP 页面中包含另一个文件的指令是________，用于定义一个标签库以及其自定义标签前缀的指令是________。

14. ________封装了属于客户会话的所有信息，该对象可以使用________方法来设置指定名字的属性。
15. 如果想将 Struts 的编码格式设置为 "gbk"，则需要在 struts.xml 文件中对相应的常量进行配置，配置为 <constant name="struts.i18n.encoding" value="________">。
16. Hibernate 实体间通过关系来相互关联。其关联关系主要有一对一关系、________关系和________关系 3 种。

三、名词解释及简答

1. 静态网页
2. 动态网页
3. 网络数据库
4. 简述 include 指令与 <jsp:include> 动作的区别
5. request 对象
6. response
7. JSP 对象主要有哪些技术特点
8. 简述 JSP 的运行环境
9. C/S 结构
10. B/S 结构
11. 常见的动态网页语言有哪些
12. 简述 JavaScript
13. session 对象
14. Cookie 对象
15. HTML 的响应机制
16. 说一说 Servlet 的生命周期

参考文献

[1] 李刚 . 轻量级 Java EE 企业应用实战：Struts2+Spring3+Hibernate 整合开发 [M]. 3 版 . 北京：电子工业出版社，2012.
[2] 帕派佐格罗 . Web 服务：原理和技术 [M]. 龚玲，等译 . 北京：机械工业出版社，2010.
[3] 陈华 . Ajax 从入门到精通 [M]. 北京：清华大学出版社，2008.
[4] LIU M L. 分布式计算原理与应用（影印版）[M]. 北京：清华大学出版社，2004.

第 4 章　云计算原理与技术

4.1　云计算概述

4.1.1　云计算的起源

随着信息和网络通信技术的快速发展，计算模式从最初把任务交给大型处理机集中计算，逐渐发展为更有效率的基于网络的分布式任务处理模式。自 20 世纪 80 年代起，互联网得到快速发展，基于互联网的相关服务增加，同时使用和交付模式发生变化，云计算模式应运而生。如图 4-1 所示，云计算是从网络即计算机、网格计算池发展而来的概念。

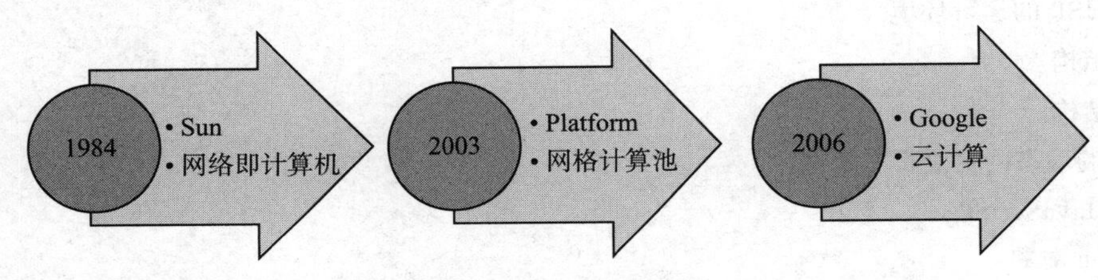

图 4-1　云计算的起源

早期的单处理机模式计算能力有限，网络请求通常不能被及时响应，效率低下。随着网络技术的不断发展，用户通过配置具有高负载通信能力的服务器集群来提供急速增长的互联网服务，但在遇到负载低峰的时候，通常会有资源的浪费和闲置，导致用户的运行维护成本提高。而云计算把网络上的服务资源虚拟化并提供给其他用户使用，整个服务资源的调度、管理、维护等工作都由云端负责，用户不必关心“云”内部的实现就可以直接使用其提供的各种服务。如图 4-2 所示，云计算实质上是给用户提供像水、电、煤气一样按需计算的服务，它是一种新的有效的计算使用范式。

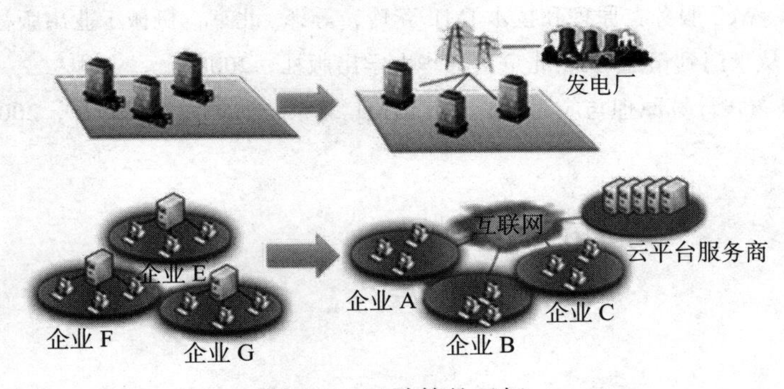

图 4-2　云计算的目标

云计算是分布式计算、效用计算、虚拟化技术、Web 服务、网格计算等技术的融合和发展，其目标是用户通过网络能够在任何时间、任何地点最大限度地使用虚拟资源池，处理大规模计算问题。目前，在学术界和工业界的共同推动下，云计算及其应用呈现迅速增长的趋势，各大云计算厂商，如 Amazon、IBM、Microsoft、Sun 等公司，都推出了自己研发的云计算服务平台。而学术界也源于云计算的现实背景纷纷对模型、应用、成本、仿真、性能优化、测试等诸多问题进行了深入研究，提出了各自的理论方法和技术成果，极大地推动了云计算的发展。

4.1.2　云计算的概念与定义

2006 年，27 岁的 Google 高级工程师克里斯托夫・比希利亚第一次向 Google 董事长兼 CEO 施密特提出"云计算"的想法，在施密特的支持下，Google 推出了" Google 101 计划"(该计划的目的是让高校学生参与云的开发)，并正式提出"云"的概念。由此，拉开了一个计算技术以及商业模式的变革时代。

如图 4-3 所示，对一般用户而言，云计算是指通过网络以按需、易扩展的方式获得所需的服务，即随时随地只要能上网就能使用各种各样的服务。这种服务可以是与软件、互联网相关的，也可以是任意其他的服务。

图 4-3　一般用户的云计算概念

如图 4-4 所示，对专业人员而言，云计算是分布式处理、并行处理和网格计算的发展，或者说是这些计算机科学概念的商业实现。云计算是指基于互联网的超级计算模式，即把原本存储于个人计算机、移动设备等个人设备上的大量信息集中在一起，在强大的服务器端协同工作。它是一种新兴的共享计算资源的方法，能够将巨大的系统连接在一起，以提供各种计算服务。

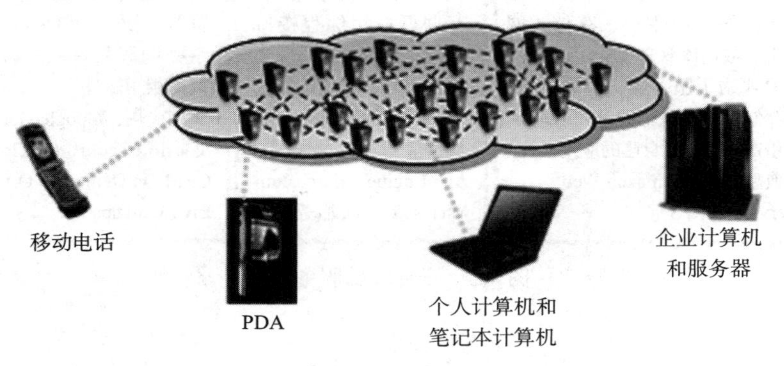

图 4-4　专业人员的云计算概念

目前比较权威的云计算定义是美国国家标准与技术研究院（NIST）提出的，包括以下 4 点。

- 云计算是一种利用互联网实现随时随地、按需、便捷地访问共享资源池（如计算设施、存储设备、应用程序等）的计算模式。
- 云计算模式具有 5 个基本特征：按需自助服务、广泛的网络访问、共享的资源池、快速弹性能力、可度量的服务。
- 3 种服务模式：软件即服务（SaaS）、平台即服务（PaaS）、基础设施即服务（IaaS）。
- 4 种部署方式：私有云、社区云、公有云、混合云。

要理解云计算概念，应该区分云计算的两种不同技术模式。

- 以大分小（Amazon 模式），特征有：硬件虚拟化技术，统一的资源池管理动态分配资源，提高资源利用率，降低硬件投资成本，适合公共云平台提供商和面向中小型租赁用户。
- 以小聚大（Google 模式），特征有：分布式存储（适合海量数据存储），并行计算（适合海量数据处理），线性的水平扩展能力，适合海量数据存储、检索、统计、挖掘，在互联网企业应用成熟。

4.1.3 云计算的分类

云计算按照提供服务的类型可以分为基础设施即服务（IaaS）、平台即服务（PaaS）和软件即服务（SaaS）。如图 4-5 所示，这 3 种类型的云服务对应不同的抽象层次。

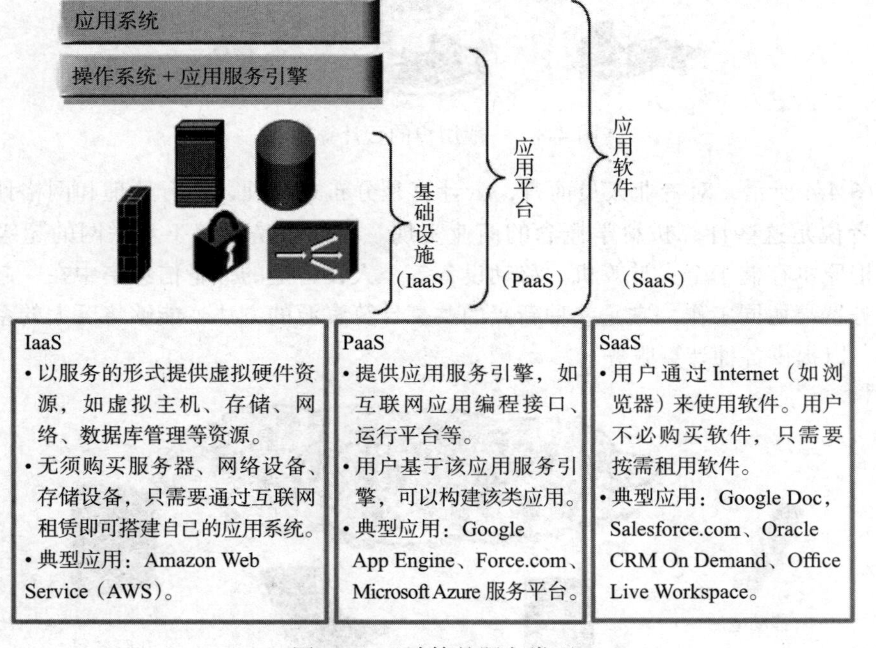

图 4-5 云计算的服务类型

1. IaaS

IaaS（Infrastructure as a Service）：基础设施即服务。IaaS 是云计算的基础，为上层

云计算服务提供必要的硬件资源，同时在虚拟化技术的支持下，IaaS 层可以实现硬件资源的按需配置，创建虚拟的计算、存储中心，使其能够把计算单元、存储器、I/O 设备、带宽等计算机基础设施集中起来，作为一个虚拟的资源池来对外提供服务（如硬件服务器租用）。如图 4-6 所示，虚拟化技术是 IaaS 的关键技术。

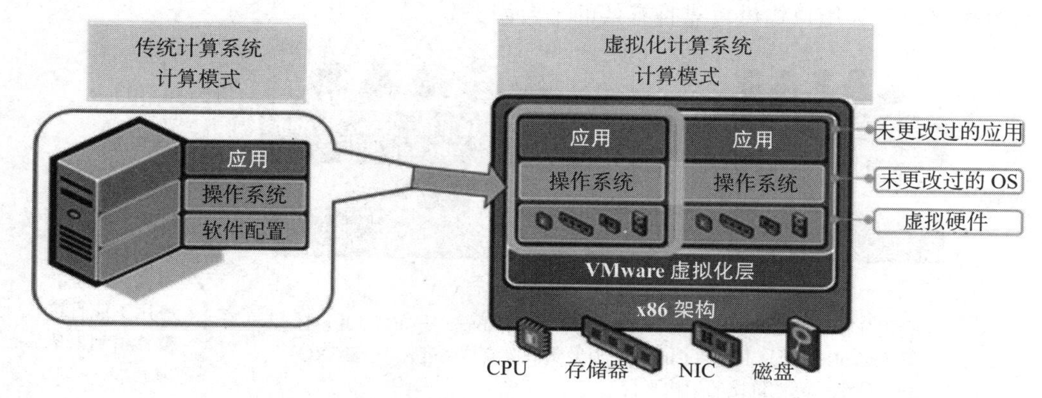

图 4-6 虚拟化技术

许多大型的电子商务企业积累了大规模 IT 系统设计和维护的技术与经验，同时面临着业务淡季 IT 设备的闲置问题，于是将设备、技术和经验作为一种打包产品为其他企业提供服务，利用闲置的 IT 设备来创造价值。Amazon 是第一家将基础设施作为服务出售的公司，如图 4-7 所示，Amazon 的云计算平台弹性计算云（Elastic Compute Cloud，EC2）可以为用户或开发人员提供一个虚拟的集群环境，既满足了小规模软件开发人员对集群系统的需求，减轻了维护的负担，又有效解决了设备闲置的问题。

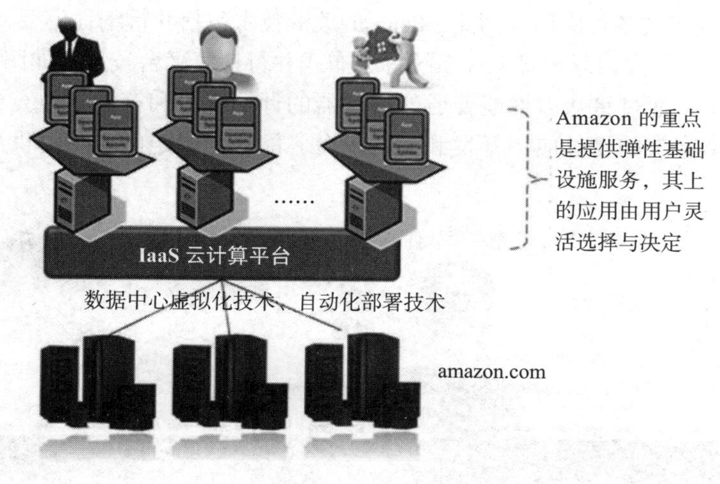

图 4-7 IaaS 云计算平台

2. PaaS

PaaS（Platform as a Service）：平台即服务。一些大型电子商务企业为支持搜索引擎和邮件服务等需要海量数据处理能力的应用，开发了分布式并行技术平台，在积累了一定的技术和经验后，逐步将平台能力作为软件开发和交付的环境进行开放。如图 4-8 所示，Google 以自己的文件系统（GFS）为基础打造了开放式分布式计算平台 Google App Engine，App Engine 是基于 Google 数据中心的开发、托管 Web 应用程序的平台。通过该平台，程序开发者可以构建规模可扩展的 Web 应用程序，而不用考虑底层硬件基础设施的管理。App Engine 由 GFS 管理数据、MapReduce 处理数据，并用 Sawzall 为编程语言提供接口，为用户提供可靠且有效的平台服务。

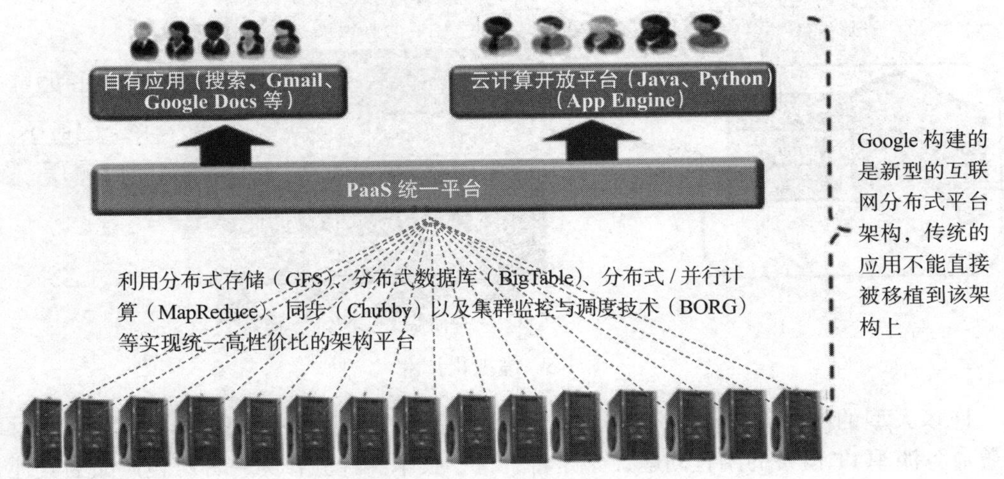

图 4-8　Google 分布式计算平台

PaaS 既要为 SaaS 层提供可靠的分布式编程框架，又要为 IaaS 层提供资源调度、数据管理、屏蔽底层系统的复杂性等，同时 PaaS 又将自己的软件研发平台作为一种服务开放给用户，例如软件的个性化定制开发。PaaS 层需要具备存储与处理海量数据的能力，用于支撑 SaaS 层提供的各种应用。因此，PaaS 的关键技术包括并行编程模型、海量数据库、监控与调度管理、超大型分布式文件系统等分布式并行计算平台技术，如图 4-9 所示。基于这些关键技术，通过将众多性能普通的服务器的计算能力和存储能力充分发挥和聚合起来，形成一个高效的软件应用开发和运行平台，能够为特定的应用提供海量数据处理能力。

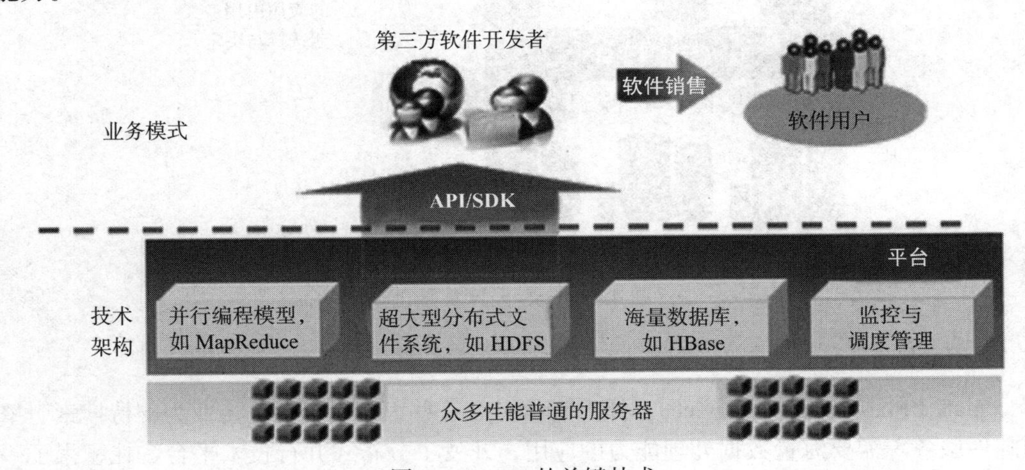

图 4-9　PaaS 的关键技术

3. SaaS

SaaS（Software as a Service）：软件即服务。云计算要求硬件资源和软件资源能够更好地被共享，具有良好的伸缩性，任何一个用户都能够按照自己的需求进行客户化配置而不影响其他用户的使用。多租户技术就是云计算环境中能够满足上述需求的关键技术，而软件资源共享则是 SaaS 的服务目的，用户可以使用按需定制的软件服务，通过浏览器访问所需的服务，如文字处理、照片管理等，而且不需要安装此类软件。

SaaS 层部署在 PaaS 和 IaaS 平台之上，同时用户可以在 PaaS 平台上开发并部署 SaaS 服务，SaaS 面向的是云计算终端用户，提供基于互联网的软件应用服务。随着网络技术的成熟与标准化，SaaS 应用近年来发展迅速。典型的 SaaS 应用包括 Google Apps、Salesforce 等。

Google Apps 包括 Google Docs、Gmail 等大量 SaaS 应用，Google Apps 将我们常用的传统的桌面应用程序（如文字处理软件、电子邮件服务、照片管理、通信录、日程表等）迁移到互联网，并托管这些应用程序。用户通过网络浏览器便可随时随地使用 Google Apps 提供的应用服务，而不需要下载、安装或者维护任何硬件或软件。

4.2 云计算关键技术

4.2.1 体系结构

云计算可以按需提供弹性的服务，它的架构可以大致分为三个层次：核心服务、服务管理、用户访问接口。核心服务层将硬件基础设施、软件运行环境、应用程序抽象成服务，这些服务具有可靠性强、可用性高、规模可伸缩等特点，可以满足多样化的应用需求。服务管理层为核心服务提供支持，进一步确保核心服务的可靠性、可用性与安全性。用户访问接口层实现端到云的访问。

4.2.2 数据存储

云计算环境下的数据存储通常被称为海量数据存储或大数据存储。大数据存储与传统的数据库服务在本质上有着较大的区别，传统的关系数据库中强调事务的 ACID 特性，即原子性（atomicity）、一致性（consistency）、隔离性（isolation）和持久性（durability），对于数据一致性的严格要求使其在很多分布式场景中无法应用。在这种情况下出现了基于 BASE 特性的新型数据库，即只要求满足基本可用（basically available）、柔性状态（soft state）和最终一致性（eventually consistent）。从分布式领域的著名 CAP 理论的角度来看，ACID 追求一致性，而 BASE 更加关注可用性，正是在事务处理过程中对一致性的严格要求，使关系数据库的可扩展性极其有限。

4.2.3 计算模型

云计算的计算模型是一种可编程的并行计算框架，需要高扩展性和容错性支持。PaaS 平台不仅要实现海量数据的存储，而且要提供面向海量数据的分析处理功能。由于 PaaS 平台部署于大规模硬件资源上，因此海量数据的分析处理需要抽象处理过程，并要求其编程模型支持规模扩展，屏蔽底层细节且简单有效。目前比较成熟的技术有 MapReduce 和 Dryad 等。

4.2.4 资源调度

海量数据处理平台的大规模性给资源管理与调度带来了挑战。云计算平台的资源调度包括异构资源管理、资源合理调度与分配等。

云计算平台包含大量文件副本，对这些副本的有效管理是 PaaS 层保证数据可靠性的基础，因此一个有效的副本策略不但可以降低数据丢失的风险，还能优化作业完成时间。

PaaS 层的海量数据处理以数据密集型作业为主，其执行能力受到 I/O 带宽的影响。网络带宽是计算集群（计算集群既包括数据中心中物理计算节点集群，也包括虚拟机构建的集群）中急缺的资源：

- 云计算数据中心考虑成本因素，很少采用高带宽的网络设备。
- IaaS 层部署的虚拟机集群共享有限的网络带宽。
- 海量数据的读写操作占用了大量带宽资源。因此 PaaS 层海量数据处理平台的任务调度需要考虑网络带宽因素。

目前，对于云计算资源管理方面进行的研究主要致力于降低数据中心能耗、提高系统资源利用率等。例如，通过动态调整服务器 CPU 的电压或频率来节省电能、关闭不需要的服务器资源实现节能等；也有针对虚拟机放置策略的算法，旨在实现负载低峰或高峰时，通过有效放置虚拟机达到系统资源的有效利用。研究有效的资源管理与调度技术可以提高 MapReduce 等 PaaS 层海量数据处理平台的性能。

1. Borg

Borg 是 Google 内部使用的大规模容器集群管理系统，能同时运行数十万个任务、数千个不同应用，管理数万台机器规模的集群。Borg 通过混合部署、资源共享、细粒度资源请求、资源回收等策略来提高利用率，通过重调度、减少故障率、关键数据持久化等措施提供应用的高可用性，通过安全隔离和性能隔离减少任务间的影响，还提供任务描述语言、实时任务监控、分析工具等。

Borg 架构是典型的单体式调度结构，用一个大型中央服务器来管理集群内其他所有服务器。图 4-10 是一个单元（cell）内的 Borg 整体架构概览，一个独立的大规模集群通常将机器划分为一个大型单元和多个小型单元，大型单元用于执行各种作业，小型单元用于测试或其他专门的用途。单元内主要分为两类节点：一个主节点和多个从节点。

- 主节点是每个单元的中央服务器，用来运行主进程（BorgMaster）和独立的调度进程（scheduler）。主进程通过 link shard 中间件与 Borglet 进程通信，并且使用一个基于 Paxos 算法的持久化存储来保存重要数据，如单元状态、自身快照、日志信息等。
- 从节点是实际执行任务的机器，每个从节点上都有一个 Borglet 进程，其主要工作有：控制任务的生命周期，管理本地资源，向主进程和监控模块汇报该节点的状态。

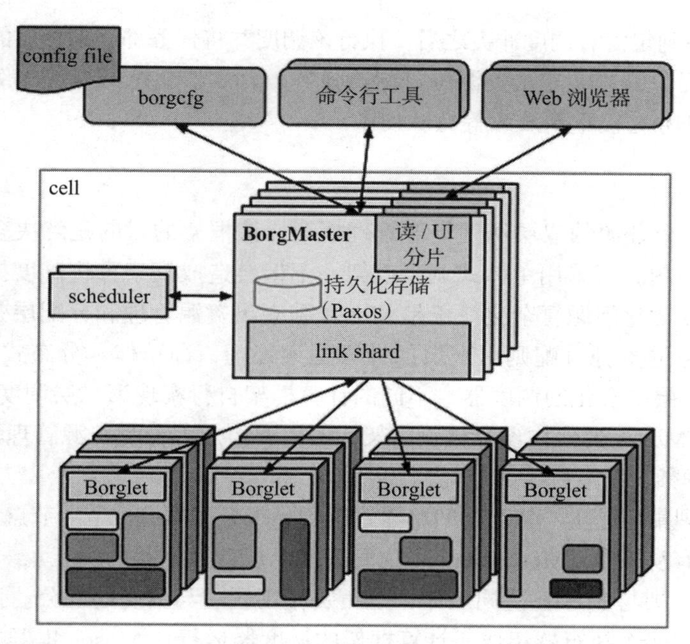

图 4-10 Borg 架构

虽然逻辑上只有一个主节点来处理各种事务，但实际运行时有 5 个相同的主节点副本（对应图 4-10 中 BorgMaster 的多层叠加），只有一个是真正的主节点（即 leader 节点）。所有的主节点并行地处理来自用户的 RPC 调用、与从节点通信等，而 leader 节点不仅要实现上述功能，还要处理调度冲突和持久化存储重要数据等。当有任务提交到队列中或领导进程故障时，则会触发选举机制从多个可用的主节点副本中选出一个 leader 节点。这样做的好处就是可以保证当 leader 节点故障时，能迅速切换到其他主节点副本而不影响整个 Borg 架构的运行，即保证主节点的高可用性。

多个主节点副本并非同时管理所有从节点，Borg 采用的是分区管理集群，将单元内所有从节点按主节点副本数量来分区（sharding），每个主节点副本均通过 link shard 与所属从节点通信，重新选举时将重新分区。为了减少更新负载，主节点副本会聚合、压缩信息，仅将变化部分汇报给 leader 节点。若某个从节点长时间未响应主节点的通信，主节点会将其标记为“下线”状态，并将运行在其上的任务重新调度到其他可用机器，当恢复通信重新上线时，会中止该节点上已经重调度的任务以保证一致性。

运维人员通过 borgcfg 工具对单元内的主节点进行基本配置，用户则通过命令行工具和 Web 浏览器与 Borg 进行交互，而 Borg 内部的调度和错误处理对用户来说是透明的。

一次正常的调度流程如下。

1）用户通过交互工具向 Borg 提交作业。

2）主进程将作业的元信息记录到数据库中，并将该作业的所有任务加入等待队列中。

3）调度器异步扫描等待队列，从 leader 节点中取出集群资源信息，根据信息制定调度计划并分配给任务，同时将调度计划提交给领导进程。

4）leader 节点接收该调度计划，检查该调度计划所分配的节点资源是否重复分配给了其他任务，在确定没有调度冲突之后，执行该调度并将任务部署到相应的节点上运行。

在调度过程中，若无充足资源可分配给任务，调度器会杀死低优先级的任务并抢占资源，杀死的任务会被重新放入等待队列中。

2. Mesos

Mesos 是一个开源的双层调度集群管理框架，该框架的目的是解决多个计算框架之间共享集群的问题。若采用单体式调度框架，不但会造成框架重构难度提升和扩展性降低，还会将调度优化问题复杂化。于是 Mesos 独立出资源管理和分配层并采用资源推送机制，具体任务的资源分配则由上层的计算框架处理，即单体 – 分布式双层调度框架。Mesos 实现第一层中心化的调度器，不同的计算框架自行实现第二层调度器。

图 4-11 是 Mesos 的架构设计概览，架构的主要组成部分为资源管理集群（图中灰色部分）和计算框架（图中白色部分）。

- 资源管理集群是主 – 从类型的单体式结构。每个集群由一个主节点（Mesos master）负责所有从节点（Mesos slave）的管理和上层计算框架的交互。
- 计算框架则与 Mesos 协同工作，是负责应用管理与调度的部分。计算框架由一个调度器和多个执行器组成，计算框架的调度器运行在 Mesos 集群之外并且会在主节点中进行注册，注册后调度器可以根据主节点提供的资源信息进行调度，执行器在从节点上执行计算框架的任务。多个计算框架的调度器组成 Mesos 的分布式调度层，图中用 Hadoop 和 MPI 计算框架来举例说明计算框架是如何在 Mesos 中互相配合工作的。

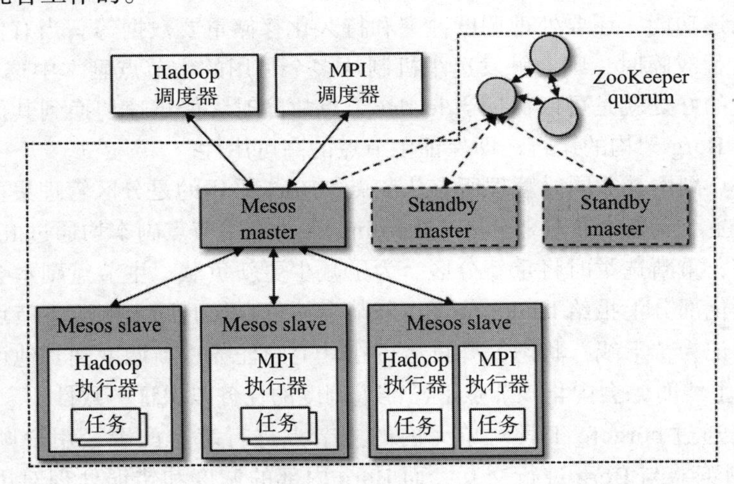

图 4-11　Mesos 架构

Mesos 同样采用节点主备和领导选举机制来保证主节点的高可用性。与 Borg 不同的是，虽然 Mesos 中有多个主节点副本，但只有一个主节点工作，其他副本仅作为备用节点。ZooKeeper 组件会从多个主节点副本中选举出 leader 节点并对其配置进行热备份，当 leader 节点发生故障时，从节点和计算框架的调度器会连接到新的 leader 节点并重传节点的状态。

Mesos 一次成功的调度过程如下。

1）计算框架的调度器向主节点注册。

2）从节点定期向主节点发送本节点的空闲资源列表。

3）主节点触发资源调度，通过资源分配算法决定推送给框架的资源比例，并将划分好的空闲资源信息推送给注册的计算框架。

4）计算框架的调度器接收到节点发送的资源推送后，将资源分配给具体的任务，之后将任务描述（包含资源分配情况）发给 Mesos 主节点，主节点将任务描述转发给有足够空闲资源的从节点，从节点启动相应计算框架的执行器，由执行器负责执行具体的任务。

很多资源调度框架都采用资源申请的方式获取资源分配，Mesos 的资源推送机制则相反，Mesos 的主节点主动向每个框架推送空闲资源列表，计算框架根据自身情况选择是否需要接受资源。若框架拒绝则还回资源，若接受则发送任务描述给主节点。Mesos 调度器的资源分配算法需要决定向哪些计算框架推送资源以及推送的资源比例。

Mesos 在短任务的资源调度中表现优异，但在长任务和短任务的混合调度中会发生任务饿死的情况，所以并不适合异构任务调度。Mesos 采用双层调度架构，使具体的资源与任务匹配由计算框架完成，会造成三种限制情况：资源碎片化，不能很好地优化集装箱问题，也就是说全局调度并不是最优的；相互依赖的框架约束，会出现两个框架任务不能在同一台机器上共存的情况；框架复杂化，资源推送机制导致集群调度问题复杂化。

3. YARN

YARN 是 Hadoop 2.0 之后的双层资源调度架构，负责提供统一的资源管理和调度服务。之前 Hadoop 1.x 版本中采用的是单体调度系统，JobTracker 模块负责所有的资源分配和任务管理，这种方式导致 Hadoop 存在实现复杂、扩展性差、单点失效等诸多问题。研究人员的解决方案是将物理调度和逻辑调度解耦，独立出一层用于资源调度。YARN 采用单体双层调度架构，资源调度层负责全局的资源调度，任务管理层则负责任务的分配、管理。

YARN 架构如图 4-12 所示，该架构将资源管理和任务管理分开，白色部分为 YARN 架构模块，浅灰色和深灰色部分分别代表 MPI 和 MapReduce 应用在 YARN 之上运行。YARN 架构主要包含以下几个模块。

- 资源管理器（Resource Manager，RM）：YARN 的第一层调度器，负责全局的资源管理和分配工作。内部有调度器（Scheduler）和应用主进程服务器（AMService）两大模块，其中应用主进程服务器负责系统内应用主进程的初始启动和状态管理。除此之外，资源管理器还有两个公共接口（Client-RM、RM-AM）和一个内部接口（RM-NM）。Client-RM 接口按照一定的协议管理客户端提交的作业 / 应用，RM-AM 接口使应用主进程能够向资源管理器动态申请资源，RM-NM 接口使资源管理器和节点管理器能够协调工作，起到集群监控和资源管理的作用。
- 应用主进程（Application Master，AM）：YARN 的第二层调度器，负责申请资源、任务的资源分配和任务管理工作。用户提交的应用程序都包含一个应用主进程，可以运行在任何从节点上。初次启动某个应用主进程时，资源管理器会随机分配集群中的一个容器资源用于运行应用主进程。

- 节点管理器（Node Manager，NM）：负责该节点的资源监控和容器管理工作。在向资源管理器注册之后，节点管理器会发送心跳信息报告其状态并接收资源管理器的指令。

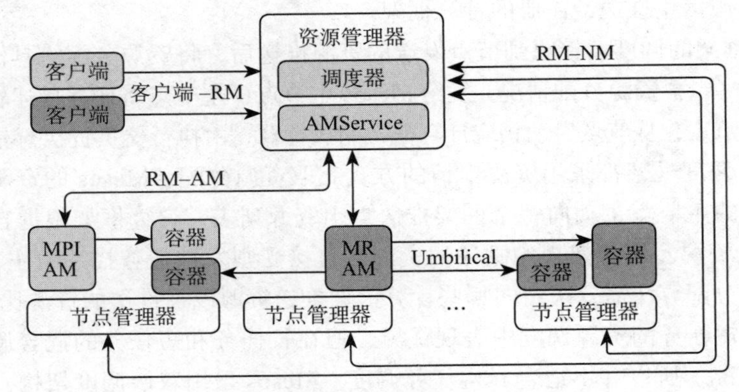

图 4-12 YARN 架构

以图中的 MapReduce 应用为例：MR 的应用主进程通过 RM–AM 接口与资源管理器通信，并且直接管理运行在其他容器中的任务。

YARN 架构内一次完整的调度流程如下。

1）客户端向资源管理器提交应用程序，其中包括启动该应用的应用主进程所必需的信息，如应用主进程程序、启动应用主进程的命令、用户程序等。

2）资源管理器分配给应用一个容器，用于运行应用主进程（调度器负责调度容器资源，应用主进程服务器负责通知相应节点的节点管理器启动应用主进程）。启动中的应用主进程向资源管理器注册，启动成功后会频繁地向资源管理器发送心跳信息（一种超时机制）并更新需求记录。

3）应用主进程根据应用的任务数量向资源管理器发送请求以申请相应数目的容器。

4）资源管理器返回应用主进程申请的容器信息，应用主进程根据一定的优化策略确定任务与节点之间的联系，与节点管理器通信，启动容器并执行任务。

5）任务执行期间，应用主进程对容器进行监控，容器通过 RPC 协议向相应的应用主进程汇报自身任务的进度和状态等信息。

6）应用运行期间，客户端与应用主进程通信并获取应用的状态、进度更新等信息。

7）应用运行结束后，应用主进程向资源管理器注销，并且允许相应的容器被收回。

4. Kubernetes

Kubernetes（K8s）是 Google 的开源集群管理架构，其借鉴了 Borg 的设计理念，因此 Kubernetes 的整体架构与 Borg 非常相似。Kubernetes 是一个可移植的、可扩展的开源平台，用于管理容器化的工作负载和服务，可促进声明式配置和自动化。Kubernetes 拥有一个庞大且快速增长的生态系统。Kubernetes 的服务、支持和工具广泛可用。Kubernetes 的目标是让部署容器化的应用简单并且高效，Kubernetes 提供了应用部署、规划、更新、维护的一种机制。

K8s 架构如图 4-13 所示，Master 节点是集群的控制节点，由 API Server、Scheduler、

Controller Manager 和 ETCD 四个组件构成。

- API Server：各个组件互相通信的中转站，接收外部请求，并将信息写到 ETCD 中。
- Controller Manager：执行集群级功能，例如复制组件、跟踪 Node 节点、处理节点故障等。
- Scheduler：负责应用调度的组件，根据各种条件（如可用的资源、节点的亲和性等）将容器调度到 Node 节点上运行。
- ETCD：一个分布式数据存储组件，负责存储集群的配置信息。

Node 节点是集群的计算节点，即运行容器化应用的节点。

- kubelet：主要负责与 Container Runtime 打交道，并与 API Server 进行交互，管理节点上的容器。
- kube-proxy：应用组件间的访问代理，解决节点上应用的访问问题。
- Container Runtime：容器运行时，如 Docker，最主要的功能是下载镜像和运行容器。

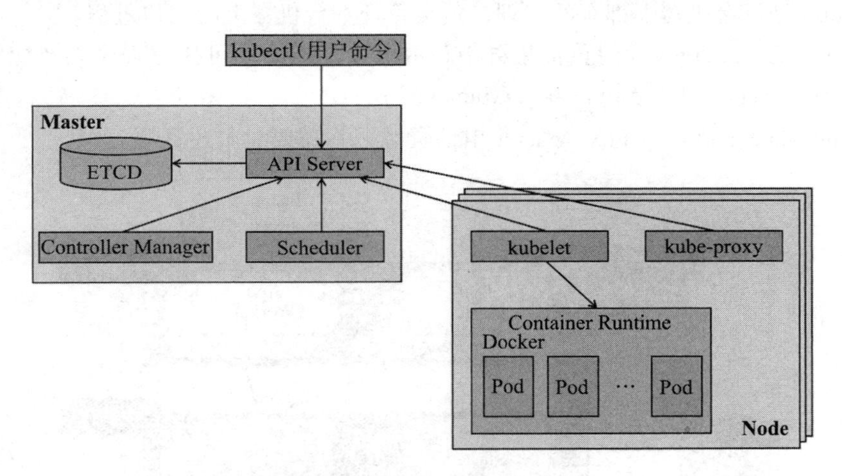

图 4-13　Kubernetes 架构

Pod 是 K8s 的基础操作对象，表示集群中一个或者一组运行中的容器。以下是 K8s 创建 Pod 的工作流程。

1）用户向 API Server 发出命令。

2）API Server 响应命令，通过一系列认证授权把 Pod 数据存储到 ETCD。

3）Controller Manager 通过 List-Watch 机制监测发现 Pod 信息的更新，执行该资源所依赖的拓扑结构整合，整合后将对应的信息存储到 ETCD。

4）Scheduler 通过 List-Watch 机制监测发现新的 Pod，经过主机过滤、打分规则，将 Pod 绑定到合适的主机，并将绑定结果存储到 ETCD。

5）kubelet 每隔 20s（时间可以自定义）向 API Server 获取自身 Node 节点上所要运行的 Pod 清单，通过与本地缓存的清单进行比较来创建新的 Pod。

6）kube-proxy 为新创建的 Pod 初始化服务相关的资源，包括服务发现、负载均衡等网络规则。

架构内部为了保证消息的实时性一般有两种策略：一是各个组件轮询服务器，二是服务器通知各个组件。若采用轮询机制则会占用服务器大量的 I/O，若采用主动推送则需要解决消息的可靠性和大量端口占用的问题。K8s 的内部通信则采用了 List-Watch 机制，List 调用基于 HTTP 短链接实现的 List API 来获得一份资源清单，Watch 则是调用基于 HTTP 长链接实现的 Watch API 来监听资源变更事件。K8s 的 Informer 模块封装了 List-Watch API，用户只需指定资源，编写事件处理函数即可，Informer 会根据资源变更事件自动调用相应的处理函数。在 List-Watch 机制下，K8s 能保证消息的可靠性、实时性和顺序性，同时也保证了架构的高性能。

5. 阿里云调度器——伏羲

伏羲（Fuxi）架构是阿里飞天（Apsara）架构的资源调度器，同样采用任务调度和资源调度分离的双层调度架构。

伏羲系统架构如图 4-14 所示，飞天集群包括一台 Fuxi Master 以及多台 Tubo。

- Fuxi Master 是中控，负责资源的管理和调度。
- Tubo 是每台机器上都有的代理，负责管理本台机器上的用户进程。
- Package Manager 专门负责集群中包的分发，用户的可执行程序以及配置需被打包成压缩包后上传到 Pacakge Manager 中。
- App Master 负责向 Fuxi Master 申请资源，不需要时归还资源。

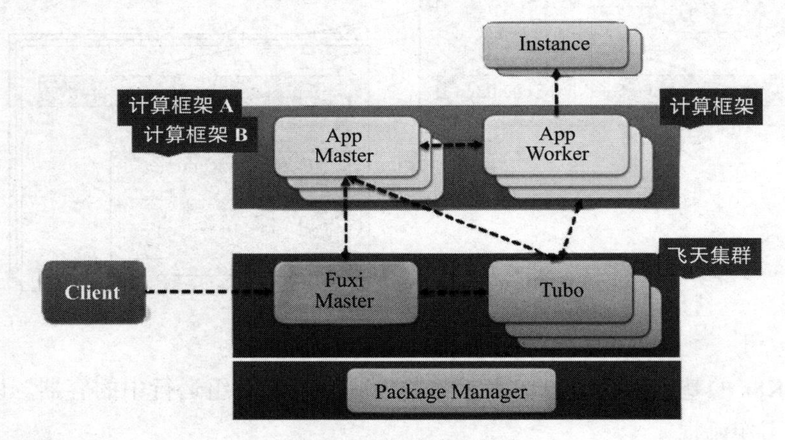

图 4-14　伏羲系统架构

伏羲架构的工作流程如下。

1）当用户通过 Client 端的工具向 Fuxi Master 提交计算任务时，Fuxi Master 接收到任务后通过调度选择一台 Tubo，启动计算任务对应的 App Master。

2）App Master 启动后获得了计算任务的信息，包括数据分布、任务数等。

3）App Master 向 Fuxi Master 提交资源申请。

4）Fuxi Master 根据资源调度策略将资源分配给 App Master。

5）App Master 进行任务调度，决定计算任务的运行机器，并且将任务发送给相应机器上的 Tubo 进程。

6）Tubo 接收到命令之后从 Package Manager 中下载对应的可执行程序包并执行。

伏羲在进行任务调度时，主要涉及两个角色，即计算框架所需的 App Master 以及若干个 App Worker，如图 4-15 所示。

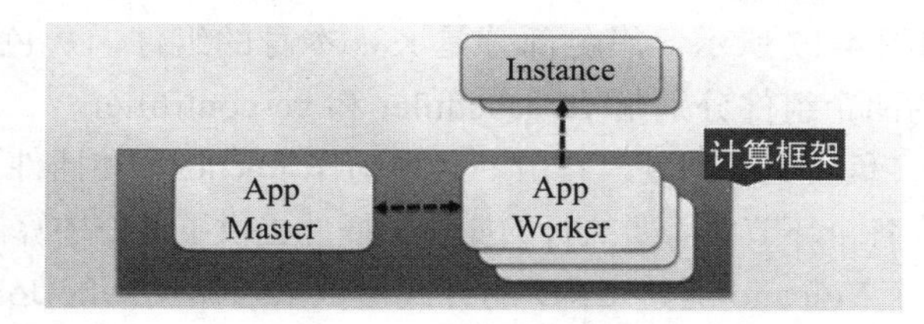

图 4-15 伏羲架构中的任务调度

伏羲架构的任务调度流程如下。App Master 首先向 Fuxi Master 申请 / 释放资源；拿到 Fuxi Master 分配的资源后会调度相应的 App Worker 到集群中的节点上，并分配 Instance（数据切片）到 App Worker；App Master 同时还要负责 App Worker 之间的数据传递以及最终汇总生成 Job Status；为了达到容错效果，App Master 还要负责管理 App Worker 的生命周期，例如当发生故障之后它要负责重启 App Worker。

App Worker 的职责相对比较简单，首先它需要接收 App Master 发来的 Instance，并执行用户计算逻辑；其次它需要不断向 App Master 报告执行进度等运行状态。其最为主要的任务是负责读取输入数据，将计算结果写到输出文件。

资源调度要考虑以下几个目标：一是集群资源利用率最大化，二是每个任务的资源等待时间最小化，三是能分组控制资源配额，四是能支持临时紧急任务。在伏羲架构中，Fuxi Master 与 Tubo 两者配合完成资源调度，如图 4-16 所示。

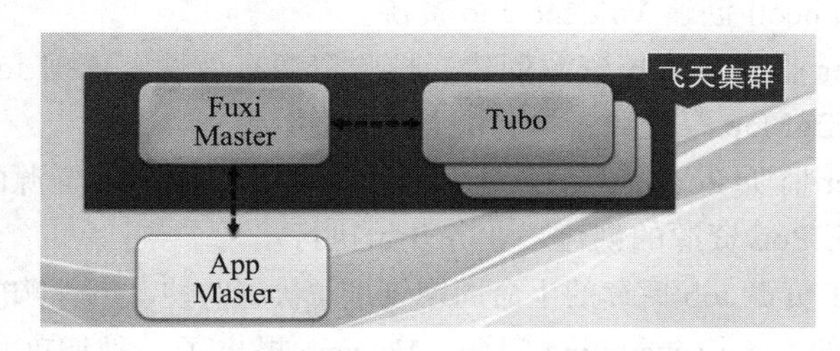

图 4-16 伏羲架构中的资源调度

Tubo 是每个节点都有的，用于收集每个机器的硬件资源（CPU、Memory、Disk、Net），并发送给 Fuxi Master；Fuxi Master 是中控节点，负责整个集群的资源调度。当启动计算任务时，会生成 App Master，它根据自己的需要向 Fuxi Master 申请资源，当计算完成不再需要该资源时，将其归还。

6. 华为云调度器——Volcano

Volcano 是基于 Kubernetes 的云原生批量计算平台，意在解决 K8s 的 Gang scheduling 问题。Gang scheduling 是在并发系统中将多个相关联的进程调度到不同处理器上同时运行的策略，其最主要的原则是保证所有相关联的进程能够同时启动，防止部分进程的异常导致整个关联进程组的阻塞。例如，当用户提交一个批量 Job 后，该批量 Job 包含多个任务，要么这些任务全部调度成功，要么一个任务都调度不成功。这种 All-or-Nothing 调度场景就被称作 Gang scheduling。K8s 自带的资源调度器的特点是依次调度每个容器，但是在机器学习训练或者大数据这种需要多个容器同步运行的场景下，依次调度可能会产生死锁，即出现 Gang scheduling 问题。

Volcano架构如图4-17所示，黑色部分是K8s本身的组件，灰色部分是Volcano新加的组件，最重要的两个组件分别是vc-scheduler和vc-controller。

- vc-scheduler：负责Pod调度，它由一系列动作（action）和插件（plugin）组成。动作定义了调度各个环节中需要执行的操作，插件提供了动作中算法的具体实现细节。
- vc-controller：Volcano通过CRD的方式提供了通用灵活的Job抽象——Volcano Job，vc-controller负责与vc-scheduler配合，自定义Job资源，管理Job的整个生命周期，执行任务策略。

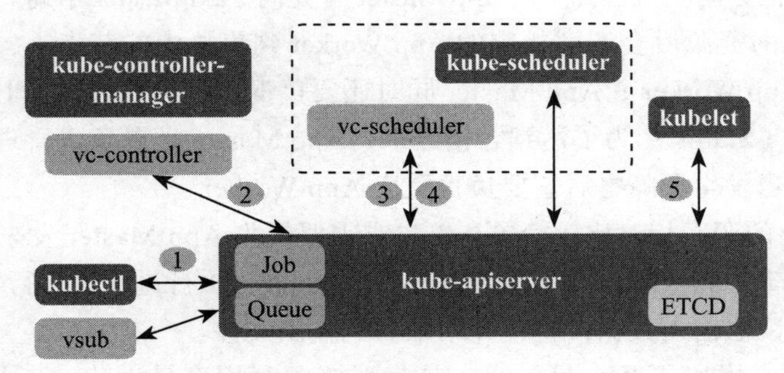

图4-17　Volcano架构

Volcano的工作流程如下。

1）用户通过kubectl创建Volcano Job资源。

2）vc-controller监测到Job资源创建，校验资源有效性，依据JobSpec创建依赖的Pod、Service、ConfigMap等资源，执行配置的插件。

3）vc-scheduler监听Pod资源的创建，依据策略，完成Pod资源的调度和绑定。

4）kubelet负责Pod资源的创建，业务开始执行。

5）vc-controller负责Job后续的生命周期管理（状态监控、事件响应、资源清理等）。

为了解决K8s的Gang scheduling问题，Volcano提出了一种调度算法，如图4-18所示。这种调度算法包含“组”的概念，调度结果成功与否只与整“组”容器有关。具体算法是，先遍历各个容器组，然后模拟调度这组容器中的每个容器。最后判断这组容器可调度的容器数是否大于最小能接受的数量（底线），根据判断结构再决定是否往节点调度。

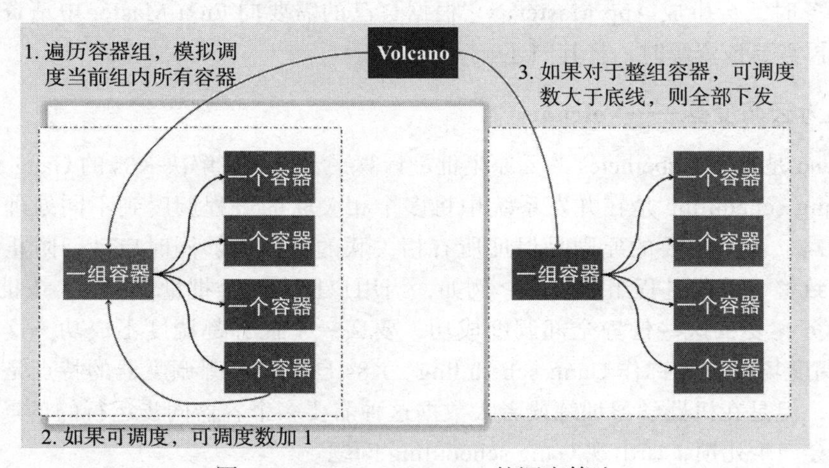

图4-18　Gang scheduling的调度算法

7. Omega

Omega是Google公布的第三代集群管理系统，该系统采用了共享状态调度的架构设计。在两层调度中，第二层的框架调度只能获得部分集群资源，不能进行全局最优调度，于是产生了共享状态调度的架构设计。该架构沿用了中心化调度器的模式，将中心化调度器分解成多个调度器，每个调度器都能实时获取全局资源的状态信息，实现最优的任务调度。

Omega架构如图4-19所示。

- State Storage模块负责存储和维护资源及任务状态。
- Cell State记录全局共享的集群状态，每个调度器中的Cell State都是其副本，调度器根据副本进行调度。
- Scheduler（调度器）根据Cell状态申请可用的集群资源，一旦做出决策就会在原子提交中更新本地的Cell State，若同时有多个调度器申请同一资源，State Storage模块可选择最高优先级的任务进行调度。

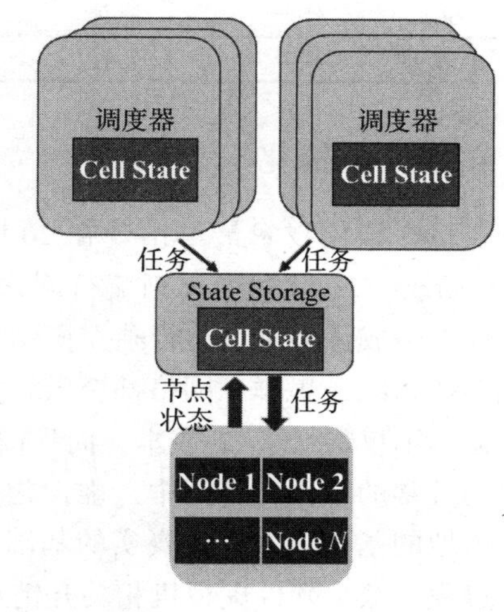

图4-19 Omega架构

Omega使用事务管理状态的设计思想，将集群中资源的使用和任务的调度类似于数据库中的事务一样管理，数据库对应Cell State，每个调度器根据集群的资源信息独立完成自己的资源调度决策。

Omega通过共享状态的方式来提高并发和扩展性，降低了调度延迟，并且通过多版本并发控制（Multi-Version Concurrency Control，MVCC）的方式来解决冲突，也能够在一定程度上提高并发度。但在实际生产环境中如果未妥善处理资源竞争的问题，很可能产生资源冲突从而导致任务调度失败，此时用户需要对调度失败的任务进行处理，增加了任务调度的复杂度。

8. 架构对比

之前介绍的这些调度架构都在提高扩展性、提高资源利用率、减少延迟等共同目标上做出了各自的努力，只是具体设计上的侧重点有所不同，有的只是受到了特定历史背景的影响。由于设计和实现的不同，可以根据各个架构的特点进行对比，从而展现各自的优缺点。

表4.1中展示了各个架构在任务调度上的异同点，其中“资源分配对象”是指架构分配资源的基本单位，“工作负载类型”是指架构所支持的工作负载，“资源预申请”是指应用是否能预先申请部分资源用于启动低延迟任务等方面，“超卖”是指架构自身所能提供的资源容量是否超过实际的资源容量，“优先级抢占”是指架构在资源不足时是否支持高优先级任务抢占低优先级任务的资源，“资源伸缩”是指用户能否根据业务需求调整计算资源容量的服务，“模块可插拔”是指用户能否根据业务需求选择某些模块是否可用。

表 4-1 调度架构对比

架构	资源分配对象	工作负载类型	资源预申请	超卖	优先级抢占	资源伸缩	模块可插拔
Borg	任务	所有	是	是	是	静态	否
Mesos	计算框架	所有	否	否	否	弹性、手动和自动	否
YARN	作业	批处理作业	否	否	是	弹性、手动和自动	是
K8s	Pod	所有	是	是	是	弹性、手动和自动	是
Fuxi	作业	批处理作业	否	否	是	静态	是
Volcano	作业	所有	是	是	是	弹性、手动和自动	是
Omega	任务	所有	否	是	是	静态	是

4.2.5 虚拟化

虚拟化技术最早出现在20世纪60年代的IBM大型机系统，在20世纪70年代的System 370系列中逐渐流行起来，这些机器通过一种叫虚拟机监控器的程序在物理硬件上生成许多可以运行独立操作系统软件的虚拟机（Virtual Machine，VM）实例。随着多核系统、集群、网格甚至云计算的广泛部署，虚拟化技术在商业应用上的优势日益明显，不仅降低了IT成本，而且增强了系统安全性和可靠性，虚拟化的概念也逐渐进入人们日常的工作与生活中。虚拟化是一个广义的术语，在计算机方面通常是指计算元件在虚拟的基础上而不是真实的基础上运行。它可以扩大硬件的容量、简化软件的重新配置过程、减少软件虚拟机相关开销和支持更广泛的操作系统。

维基百科给出的虚拟化定义为：虚拟化是表示计算机资源的逻辑组（或子集）的过程，这样就可以用从原始配置中获益的方式访问它们。这种资源的新虚拟视图并不受实现、地理位置或底层资源的物理配置的限制。虚拟化技术的定义很广泛，只要是将一种形式的资源抽象成另一种形式的技术，都可以称为虚拟化技术。

云计算的核心技术之一就是虚拟化技术。在云计算领域，虚拟化技术的核心在于资源的抽象化，重新划分IT资源，可以实现IT资源的动态分配、灵活调度、跨域共享，实现物理硬件与软件逻辑架构的解耦。我们通常所说的虚拟化是服务器虚拟化，是指通过虚拟化技术将一台计算机虚拟为多台逻辑计算机，即通过使用虚拟机监视器（Virtual Machine Monitor，VMM）在一台物理机上虚拟和运行一台或多台虚拟机。因此，服务器虚拟化的核心软件VMM（虚拟机监视器，又称为Hypervisor）是一种运行在物理服务器和操作系统之间的中间层软件。虚拟化技术的分类主要有平台虚拟化技术、资源虚拟化技术、应用程序虚拟化技术。平台虚拟化是针对计算机和操作系统的虚拟化；资源虚拟化是针对特定的系统资源的虚拟化，比如计算、内存、存储、网络资源等；应用程序虚拟化包括仿真、模拟、解释技术等。此外，虚拟化技术以实现层次可划分为硬件虚拟化技术、操作系统虚拟化技术、应用程序虚拟化技术，以被应用的领域可划分为服务器虚拟化技术、存储虚拟化技术、应用虚拟化技术、平台虚拟化技术、桌面虚拟化技术等。

VMM是将物理机虚拟为虚拟机的操作系统或者软件，它为虚拟机提供虚拟的硬件资源，负责管理和分配这些资源，并确保上层虚拟机之间的相互隔离。Hypervisor有两种类型。一种是操作系统，直接安装在物理机上，这种半虚拟化技术将Hypervisor直接安装并运行在物理主机硬件（bare metal）上，提供接近于物理机的性能。半虚拟化的典型案例有 Xen、VMware ESXi、微软 Hyper-V。另一种是应用程序，需要先在物理机上安装操作系统，再在操作系统中安装 Hypervisor，这种全虚拟化技术性能不如宿主模式，但使用方便且功能丰富。全虚拟化的典型案例有 VMware、VirtualBox、Virtual PC、KVM。

云计算的发展离不开虚拟化技术。虚拟化技术可以是物理上的单台服务器被虚拟成逻辑上的多台服务器环境，可以修改单台虚拟机的 CPU 分配、内存空间、硬盘等，每台虚拟机逻辑上可以被单独作为服务器使用。通过这种分割行为将闲置或处于低峰的服务器紧凑地使用起来，数据中心为云计算提供了大规模资源，通过虚拟化技术实现基础设施服务的按需分配。虚拟化是 IaaS 层的重要组成部分，也是云计算最重要的特点。虚拟化技术可以提供以下功能。

- 资源共享。通过虚拟机封装用户各自的运行环境，有效实现多用户分享数据中心资源。
- 资源定制。用户利用虚拟化技术，配置私有的服务器，指定所需的 CPU 数目、内存容量、磁盘空间，实现资源的按需分配。
- 细粒度资源管理。将物理服务器拆分成若干虚拟机，可以提高服务器的资源利用率，减少浪费，而且有助于服务器的负载均衡和节能。

基于以上特点，虚拟化技术成为实现云计算资源池化和按需服务的基础。为了进一步满足云计算弹性服务和数据中心自治性的需求，需要虚拟机快速部署和在线迁移技术的支持。虚拟机在线迁移是指虚拟机在运行状态下从一台物理机移动到另一台物理机。利用虚拟机在线迁移技术，可以在不影响服务质量的情况下优化和管理数据中心，当原始虚拟机发生错误时，系统可以立即切换到备份虚拟机，而不会影响到关键任务的执行，保证了系统的可靠性；在服务器负载高峰时期，可以将虚拟机切换至其他低峰服务器从而达到负载均衡；还可以在服务器集群处于低峰期时，将虚拟机集中到物理机上，实现虚拟机整合和关闭空闲物理机，从而提高资源利用率。

4.3 谷歌云计算

谷歌（Google）公司有一套专属的云计算平台，这个平台开始是为 Google 最重要的搜索应用提供服务，现在已经扩展到其他应用程序。Google 的云计算基础架构模式包括 4 个相互独立又紧密结合的系统：Google File System 分布式文件系统，针对 Google 应用程序的特点提出的 MapReduce 编程模式，分布式的锁机制 Chubby 以及 Google 开发的模型简化的大规模分布式数据库 BigTable。

4.3.1 GFS

网页搜索业务需要海量的数据存储，还需要满足高可用性、高可靠性和经济性等要求。为此，Google 基于以下几个假设开发了分布式文件系统——Google File System。

- 硬件故障是常态，充分考虑到大量节点的失效问题，需要通过软件将容错以及自动恢复功能集成在系统中。
- 支持大数据集，系统平台需要支持海量大文件的存储，文件大小通常以 G 字节计，并包含大量小文件。

- 一次写入、多次读取的处理模式，充分考虑应用的特性，增加文件追加操作，优化顺序读写速度。
- 高并发性，系统平台需要支持多个客户端同时对某一个文件的追加写入操作，这些客户端可能分布在几百个不同的节点上，同时需要以最小的开销保证写入操作的原子性。

图 4-20 给出了 Google File System 的系统架构。如图中所示，一个 GFS 集群包含一个 GFS 主服务器和多个 GFS 块服务器，被多个 GFS 客户端访问。大文件被分割成固定尺寸的块，块服务器把块作为 Linux 文件保存在本地硬盘上，并根据指定的块句柄和字节范围来读写块数据。客户端发送文件请求等控制消息到主服务器上，查询获取文件的元数据，然后到块服务器上读取文件数据消息。为了保证可靠性，每个块被默认保存 3 个备份。主服务器管理文件系统所有的元数据，包括名字空间、访问控制、文件到块的映射、块物理位置等相关信息。通过服务器端和客户端的联合设计，GFS 对应用的支持达到性能与可用性最优。GFS 是为 Google 应用程序本身而设计的，在内部部署了许多 GFS 集群，有的集群拥有超过 1000 个存储节点，超过 300TB 的硬盘空间，被不同机器上的数百个客户端连续不断地频繁访问。

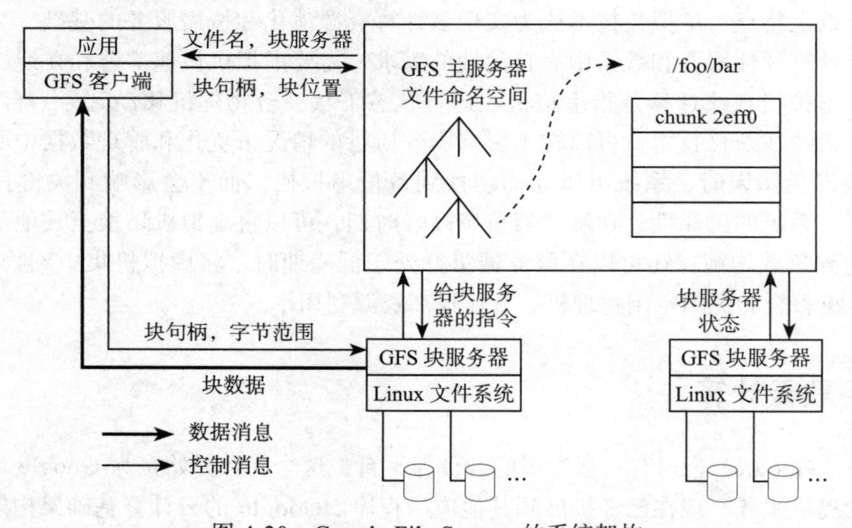

图 4-20 Google File System 的系统架构

4.3.2 MapReduce

Google 构造 MapReduce 编程规范来简化分布式系统的编程。应用程序编写人员只需将精力放在应用程序本身，而关于集群的处理问题，包括可靠性和可扩展性，则交由平台来处理。MapReduce 通过 Map（映射）和 Reduce（化简）这两个简单的概念构成运算基本单元，用户只需要提供自己的 Map 函数以及 Reduce 函数即可并行处理海量数据。为了进一步理解 MapReduce 的编程方式，下面给出一个基于 MapReduce 编程方式的程序伪代码。该程序的功能是统计文本中所有单词出现的次数。

```
Map(String input_key, String input_value):
    // input_key: document name
    // input_value: document contents
    for each word w in input_value:
    EmitIntermediate(w,"1");
Reduce(String output_key, Interator intermediate_values):
    // output_key: a word
    // output_values: a list of counts
    int result = 0;
    for each v in intermediate_values:
    result+=ParseInt(v);
    Emit(AsString(result));
```

在 Map 函数中，用户的程序将文本中所有出现的单词都按照出现计数（以 Key-Value 对的形式）发射到 MapReduce 给出的一个中间临时空间。通过 MapReduce 中间处理过程，将所有相同的单词产生的中间结果分配到同一个 Reduce 函数中。而每一个 Reduce 函数则只需要把计数累加在一起即可获得最后的结果。

图 4-21 给出了 MapReduce 执行过程，分为 Map 和 Reduce 两个阶段，都使用了集群中的所有节点。两个阶段之间还有一个中间的分类阶段，即将包含相同的 key 的中间结果交给同一个 Reduce 函数去执行。

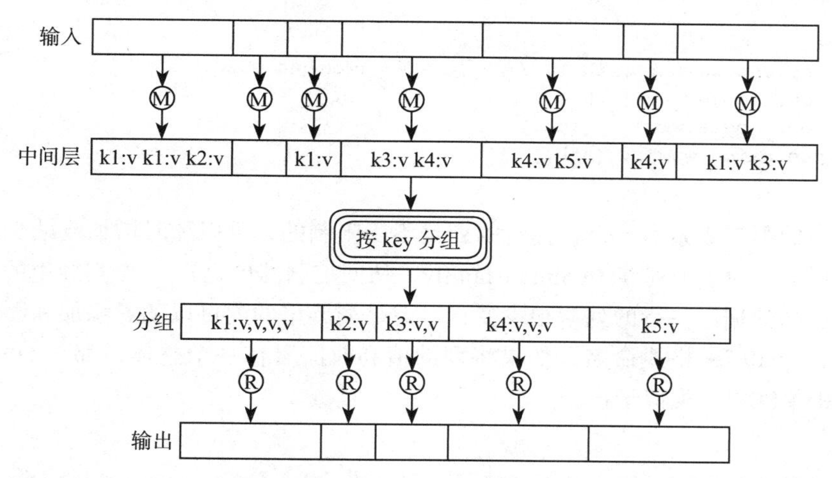

图 4-21 MapReduce 处理程序的执行过程（M 代表 Map 函数，R 代表 Reduce 函数）

4.3.3 BigTable

由于 Google 的许多应用（包括 Search History、Maps、Orkut 和 RSS 阅读器等）需要管理大量的格式化以及半格式化数据，上述应用的共同特点是需要支持海量的数据存储，读取后进行大量的分析，数据的读操作频率远大于数据的更新频率等，为此 Google 开发了弱一致性要求的大规模数据库系统——BigTable。

BigTable 针对数据读操作进行了优化，采用基于列存储的分布式数据管理模式以提高数据读取效率。BigTable 的基本元素是行、列、记录板和时间戳，行键和列键都是字节串，时间戳是 64 位整型，可以用（row:string, column:string, time:int64）→ string 来表示一条键值对记录。其中，记录板 Table 就是一段行的集合体。

图 4-22 是 BigTable 的一个例子——Webtable。Webtable 表存储了大量的网页和相关信息，在 Webtable 中每一行存储一个网页，其反转的 URL 作为行键，比如 com.google.maps 反转的原因是让同一个域名下的子域名网页能聚集在一起。

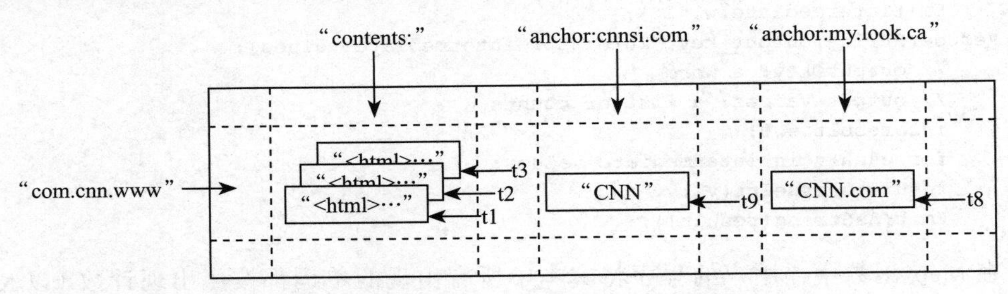

图 4-22　BigTable 的一个例子——Webtable

BigTable 中的数据项按照行关键字的字典序排列，行键可以是任意字节串，通常有 10 ～ 100 字节。BigTable 按照行键的字典序存储数据。BigTable 的表会根据行键自动划分为片（tablet），片是负载均衡的单元。最初表都只有一个片，但随着表不断增大，片会自动分裂，片的大小为 100 ～ 200MB。行是表的第一级索引，我们可以把该行的列、时间和值看成一个整体，简化为一维键值映射，类似于：

```
table{
    "com.cnn.www" : {sth.}, // 一行，行键是 com.cnn.www
    "com.bbc.www" : {sth.},
    "com.google.www" : {sth.},
    "com.baidu.www" : {sth.}
}
```

列是表的第二级索引，每行拥有的列是不受限制的，可以随时增加或减少。为了方便管理，列被分为多个列族（column family，访问控制的单元），一个列族里的列一般存储相同类型的数据。一行的列族很少变化，但是列族里的列可以随意添加和删除。列键按照 family:qualifier 格式命名，如果将列的值和时间看作一个整体，那么 table 可以表示为二维键值映射，类似于：

```
table{
    "com.cnn.www": {                    // 一行
        "contents:":{sth.},             // 一列，family 为 contents，qualifier 为空
        "anchor:cnnsi.com":{sth.},      // 一列，family 为 anchor，qualifier 为 cnnsi.com
        "anchor:my.look.ca":{sth.}
    },
    "com.bbc.www": {                    // 一行
        "contents:":{sth.}
    },
    "hk.com.google.www": {
        "contents:":{sth.},
        "anchor:youtube.com":{sth.}
    },
    "com.bing.cn": {sth.}
}
```

也可以将 family 当作一层新的索引，类似于：

```
table{
    "com.cnn.www": {                     // 一行
        "contents":{sth.},               // family 为 contents
        "anchor":{
            "cnnsi.com":{sth.}
            "my.look.ca":{sth.}
        },                               // 一列，family 为 anchor
    },
    "com.bbc.www": {                     // 一行
        "contents":{sth.}
    },
    "hk.com.google.www": {
        "contents:":{sth.},
    "anchor":{
            "youtube.com":{sth.}
        }
    },
    "com.bing.cn": {sth.}
}
```

时间戳是第三级索引。BigTable 允许保存数据的多个版本，版本区分的依据就是时间戳。时间戳可以由 BigTable 赋值，代表数据进入 BigTable 的准确时间，也可以由客户端赋值。数据的不同版本按照时间戳降序存储，因此先读到的是最新版本的数据。我们加入时间戳后，就得到了 BigTable 的完整数据模型，类似于：

```
table{
    "com.cnn.www": {                     // 一行
        "contents:":{
            t1:"<html>…",                // t1 时刻的网页内容
            t2:"<html>…",                // t2 时刻的网页内容
            t3:"<html>…"                 // t3 时刻的网页内容
        },                               // 一列，family 为 contents，qualifier 为空
        "anchor:cnnsi.com":{sth.},       // 一列，family 为 anchor，qualifier 为 cnnsi.com
        "anchor:my.look.ca":{sth.}
    },
    "com.bbc.www": {                     // 一行
        "contents:":{sth.}
    },
    "hk.com.google.www": {
        "contents:":{sth.},
        "anchor:youtube.com":{sth.}
    },
    "com.bing.cn": {sth.}
}
```

列族 anchor 保存了该网页的引用站点（比如引用 CNN 主页的站点），qualifier 是引用站点的名称，而数据是链接文本；列族 contents 保存的是网页的内容，这个列族只有一个空列 contents。contents 列下保存了网页的三个版本，我们可以用（"com.cnn.www", "contents:", t5）来找到 CNN 主页在 t1 时刻的内容。

BigTable 系统依赖于集群系统的底层结构，一个是分布式的集群任务调度器，一个是 GFS 文件系统，还有一个分布式的锁服务 Chubby，如图 4-23 所示。Chubby 是一个非常健壮的粗粒度锁，BigTable 使用 Chubby 来保存 Root Tablet 的指针，并使用一

台服务器作为主服务器，用来保存和操作元数据。当客户端读取数据时，用户首先从Chubby服务器中获得根节点表的位置信息，并从中读取相应的元数据表的位置信息，接着从元数据表中读取包含目标数据位置信息的User Table的位置信息，然后从该用户表中读取目标数据的位置信息项。

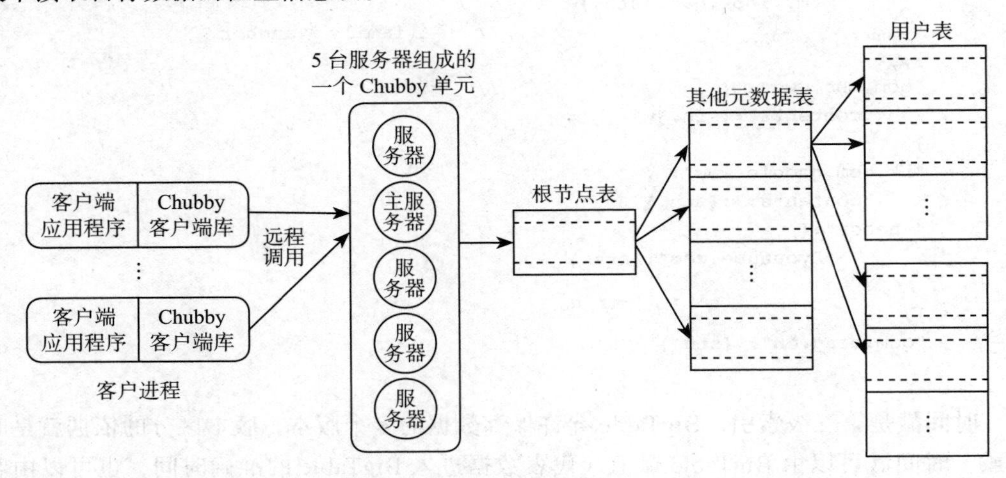

图 4-23 Chubby的结构

4.3.4 Dremel

Dremel是Google的“交互式”数据分析系统，可以组建成规模上千的集群，处理PB级别的数据。MapReduce处理一个数据需要分钟级的时间。作为MapReduce的发起人，Google开发了Dremel，将处理时间缩短到秒级，作为MapReduce的交互式查询能力不足的有力补充。

Dremel的数据模型是嵌套的，用列式存储，并结合Web搜索和并行DBMS的技术建立查询树，将一个巨大的复杂的查询分割成较小、较简单的查询。如图4-24所示，在按记录存储的模式中，一个记录的多列是连续写在一起的，按列存储可以将数据按列展开成查询树，扫描时可以仅仅扫描A、B、C分支而不用扫描A、E或A、B、D分支。Dremel还提供SQL-like接口，提供简单的SQL查询功能，可以将SQL语句转换成MapReduce任务执行。

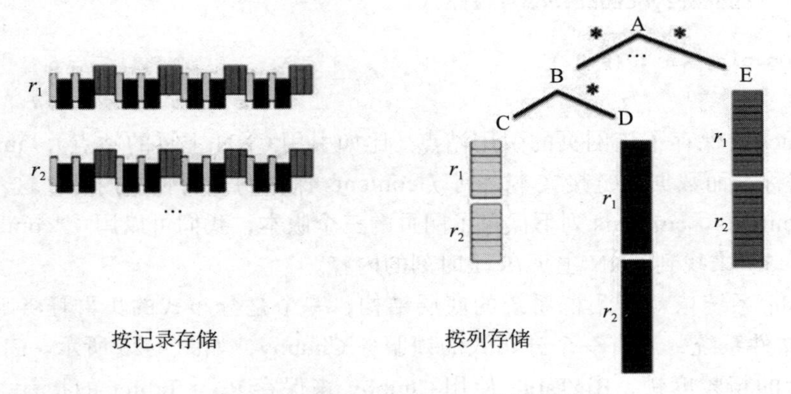

图 4-24 Google Dremel数据模型

图 4-25 定义了一个组合类型 Document。有一个必选列 DocId、可选列 Links，还有一个数组列 Name。可以用 Name.Language.Code 来表示 Code 列。

```
DocId: 10                                    r1
Links
  Forward: 20
  Forward: 40
  Forward: 60
Name
  Language
    Code: 'en-us'
    Country: 'us'
  Language
    Code: 'en'
  Url: 'http://A'
Name
  Url: 'http://B'
Name
  Language
    Code: 'en-gb'
    Country: 'gb'
```

```
message Document {
  required int64 DocId;
  optional group Links {
    repeated int64 Backward;
    repeated int64 Forward; }
  repeated group Name {
    repeated group Language {
      required string Code;
      optional string Country; }
    optional string Url; }}
```

```
DocId: 20                                    r2
Links
  Backward: 10
  Backward: 30
  Forward: 80
Name
  Url: 'http://C'
```

图 4-25　r_1、r_2 数据结构

这种数据格式是语言无关、平台无关的。可以使用 Java 编写 MapReduce 程序来生成这个格式，然后用 C++ 来读取。在这种列式存储中，能够快速处理也是非常重要的。图 4-26 是数据在 Dremel 中的实际存储格式。

DocId

value	*R*	*D*
10	0	0
20	0	0

Name.Url

value	*R*	*D*
http://A	0	2
http://B	1	2
NULL	1	1
http://C	0	2

Links.Forward

value	*R*	*D*
20	0	2
40	1	2
60	1	2
80	0	2

Links.Backward

value	*R*	*D*
NULL	0	1
10	0	2
30	1	2

Name.Language.Code

value	*R*	*D*
en-us	0	2
en	2	2
NULL	1	1
en-gb	1	2
NULL	0	1

Name.Language.Country

value	*R*	*D*
us	0	3
NULL	2	2
NULL	1	1
gb	1	3
NULL	0	1

图 4-26　数据在 Dremel 中的实际存储格式

如果是关系型数据，而不是嵌套的结构，存储时可以将每一列的值直接排列下来，不用引入其他概念，也不会丢失数据。对于嵌套的结构，还需要两个变量 *R*（Repetition Level）、*D*（Definition Level）才能存储其完整的信息。Repetition Level 记录该列的值是在哪一个级别上重复的。例如，对于 Name.Language.Code，我们一共有三条非 NULL 的记录。

- 第一个是“en-us”，出现在第一个 Name 的第一个 Language 的第一个 Code 里面。在此之前，这三个元素是没有重复过的，都是第一个，所以其 *R* 为 0。
- 第二个是“en”，出现在第一个 Name 的第二个 Language 里面。也就是说，Language

是重复的元素。Name.Language.Code 中 Language 的嵌套位置是第二层，所以其 R 为 2。

- 第三个是“en-gb”，出现在第二个 Name 中的第一个 Language 里面，Name 是重复元素，嵌套位置为第一层，所以其 R 为 1。

Definition Level 是定义的深度，用来记录该记录的实际层次。所以对于非 NULL 的记录是没有意义的，其值必然相同。例如 Name.Language.Country：

- 第一个“us”是在 r_1 里面，其中 Name、Language、Country 是有定义的。所以 D 为 3。
- 第二个“NULL”也是在 r_1 里面，其中 Name、Language 是有定义的，其他都是没有定义的。所以 D 为 2。
- 第三个“NULL”还是在 r_1 里面，其中 Name 是有定义的，其他是没有定义的。所以 D 为 1。
- 第四个“gb”是在 r_1 里面，其中 Name、Language、Country 是有定义的。所以 D 为 3。

在这种存储格式下，我们可以只读其中部分字段来构建部分的数据模型。例如，只读取 DocId 和 Name.Language.Country，如图 4-27 所示。可以同时扫描两个字段，先扫描 DocId 记录下第一个，然后发现下一个 DocId 的 R 是 0；于是该读 Name.Language.Country，如果下一个 R 是 1 或者 2 就继续读，如果是 0 就开始读下一个 DocId。

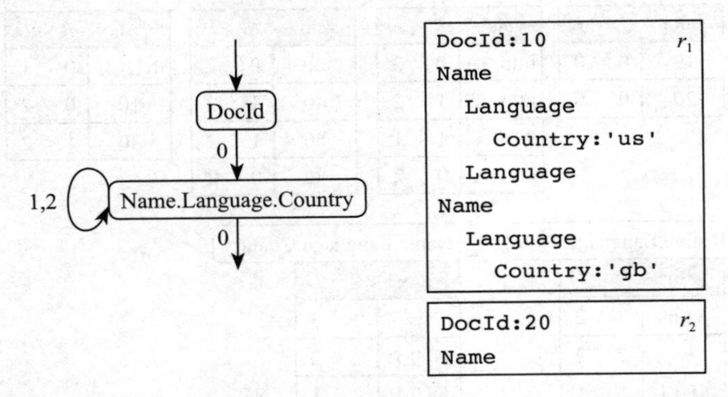

图 4-27　只读 DocId 和 Name.Language.Country 以构建部分数据模型

Dremel 的扫描方式是全表扫描，而这种列存储设计可以有效回避大部分连接需求，做到扫描最少的列。Dremel 可以使用 SQL-Like 的语法查询，建立查询树，如图 4-28 所示，客户端发出一个请求，根节点收到请求，根据 metedata 将其分解到叶子节点，叶子节点直接扫描数据，不断将数据汇总到根节点。这样就把对大数据集的查询分解为对很多小数据集的并行查询，因此，Dremel 的分析处理速度非常快。

Dremel 是一个大规模系统。在一个 PB 级别的数据集上将任务缩短到秒级，无疑需要大量的并发。磁盘的顺序读速度约为 100MB/s，那么在 1s 内处理 1TB 数据，意味着至少需要 1 万个磁盘的并发读。机器越多，出问题的概率越大，如此大的集群规模，需要有足够的容错考虑，以保证整个分析的速度不被集群中的个别慢（坏）节点影响。

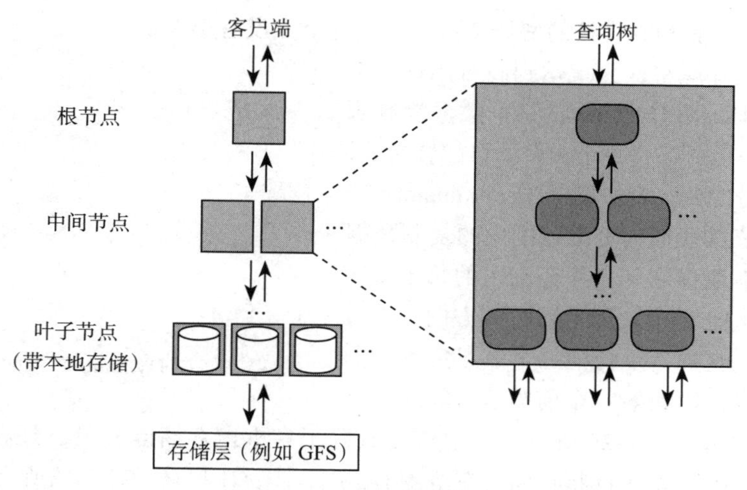

图 4-28 Dremel 的查询方式

4.4 亚马逊云计算

作为全球最大的电子商务网站，亚马逊（Amazon）为了处理数量庞大的并发访问和交易购置了大量服务器。2001 年，互联网泡沫使业务量锐减，系统资源大量闲置。在这种背景下，Amazon 给出一个创新的想法，即将硬件设施等基础资源封装成服务供用户使用，通过虚拟化技术提供可动态调度的弹性服务（IaaS）。之后经过不断的完善，现在的亚马逊云服务（Amazon Web Services，AWS）提供一组广泛的全球计算、存储、数据库、分析、应用程序和部署服务，可帮助组织更快地迁移、降低 IT 成本和扩展应用程序。很多大型企业和热门的初创公司都信任这些服务，并通过这些服务为各种工作负载提供技术支持，包括 Web 和移动应用程序、数据处理和仓库、存储、归档和很多其他工作负载。目前亚马逊云服务主要包括弹性计算云（EC2）、简单存储服务（S3）、简单数据库服务（SimpleDB）、简单队列服务（SQS）、弹性 MapReduce 服务、内容推送服务（CloudFront）、数据导入 / 导出服务（AWS Import/Export）、关系数据库服务（RDS）等。

4.4.1 亚马逊云平台存储架构

AWS 提供一系列云计算服务，无疑要建立在一个强壮的基础存储架构之上。Dynamo 是 Amazon 提供的一款高可用的分布式 Key-Value 存储系统，具备去中心化、高可用性、高扩展性的特点，能够跨数据中心部署于上万个节点上以提供服务，但是为了达到这个目的，在很多场景中牺牲了一致性（CAP）。Dynamo 组合使用了多种 P2P 技术，在集群中它的每一台机器都是对等的。

为了达到增量可伸缩性的目的，Dynamo 采用一致性哈希来完成数据分区。在一致性哈希中，哈希函数的输出范围为一个圆环，系统中的每个节点映射到环中的某个位置，而 Key 也被哈希到环中某个位置，Key 从其被映射的位置开始沿顺时针方向找到第一个位置比它大的节点作为其存储节点，换个角度说，就是每个系统节点负责从其映射的位置起到逆时针方向的第一个系统节点间的区域。一致性哈希最大的优点在于节点的扩容与缩容，只影响其直接的邻居节点，对其他节点没有影响。

在分布式环境中，为了达到高可用性，需要有数据副本，而Dynamo将每个数据复制到N台机器上，其中N是每个实例的可配置参数，每个Key被分配到一个协调器（coordinator）节点，协调器节点管理其负责范围内的复制数据项，除了在本地存储其责任范围内的每个Key外，还复制这些Key到环上顺时针方向的N–1个后继节点。这样，系统中每个节点负责环上从自己的位置开始到第N个前驱节点间的一段区域。具体逻辑如图4-29所示，图中节点B除了在本地存储键K外，还在节点C和D处复制键K，这样节点D将存储落在范围(A, B]、(B, C]和(C, D]上的所有键。

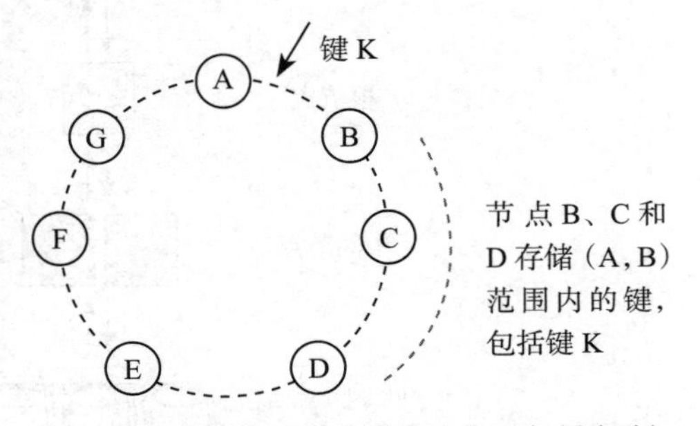

图4-29　在Dynamo环上的分区与键复制

Dynamo并不提供强一致性，在数据被复制到所有副本前，如果get操作获取到不一致的数据，则Dynamo用向量时钟（vector clock）来保证数据的最终一致性。在Amazon平台，购物车就是这种情况的典型应用，购物车应用程序要求“添加到购物车”操作从来不会被忘记或拒绝，当用户向当前购物车添加或删除一件物品时，如果当前购物车的状态是不可用，则该物品会被添加到旧版本购物车中，并且不同版本的购物车会在后来协调。Dynamo把版本合并的任务交给应用程序，也就是说，购物车应用程序会收到不同版本的数据并负责合并，这种机制使“添加到购物车”操作永远不会丢失，但是已被删除的条目可能会重新出现在购物车中。图4-30是Dynamo提供最终一致性的具体例子。

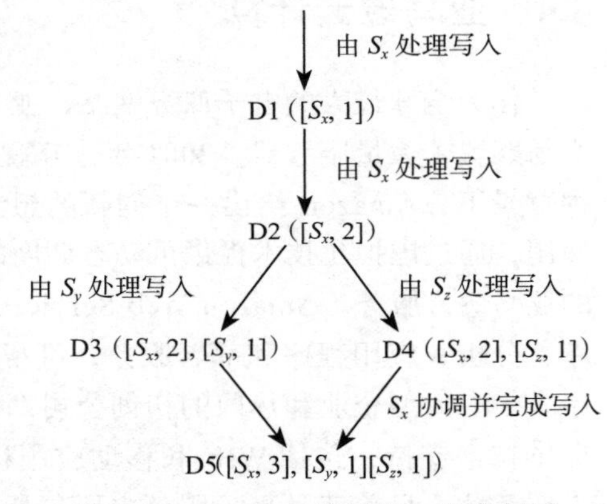

图4-30　Dynamo的最终一致性保证

1）在某个时刻，某个节点S_x向系统写入一个新对象，系统中有了该对象的一个版本D1和其相关的向量时钟[S_x,1]。

2）随后节点S_x修改D1，系统中便有了不同的版本D2和其相关的时钟[S_x,2]，D2继承自D1，所以D2覆写D1。

3）接下来不同的节点读取D2，并尝试修改它，于是系统中有了版本D3和D4以及与它们相关的向量，现在系统中可能有了该对象的四个版本：D1，D2，D3，D4。

4）接下来假设不同的客户端读取该对象，版本D2会覆盖D1，而D3和D4会覆盖D2，但如果客户端同时读到D3和D4，就会由客户端进行语义协调（syntactically reconciled），如果交由S_x节点协调，S_x将更新其时钟序号，将版本更新为（[S_x,3],[S_y,1]],[S_z,1]）。

由于采用P2P对等模型和一致性哈希环，每个节点通过Gossip协议传播节点的映射信息来得到自己所处理的范围，并互相检测节点状态，如果有新加入节点或故障节点，只需要调整处理范围内的节点即可。Dynamo的高度伸缩性和高可用性的特点为Amazon提供的各种上层服务提供可靠保证。

4.4.2 EC2、S3、SimpleDB 等组件

1. EC2

亚马逊弹性计算云（Elastic Compute Cloud，EC2）是一个让使用者可以租用云端计算机运行所需应用的系统，提供基础设施层次的服务（IaaS）。EC2 提供了可定制化的云计算能力，这是专为简化开发者开发 Web 伸缩性计算而打造的，EC2 借由提供 Web 服务的方式让使用者可以弹性地运行自己的 Amazon 虚拟机，使用者可以在这个虚拟机器上运行任何需要的软件或应用程序。Amazon 为 EC2 提供简单的 Web 服务界面，让用户轻松获取和配置资源。用户以虚拟机为单位租用 Amazon 的服务器资源。用户可以全面掌控自身的计算资源，同时 Amazon 运作是基于“即买即用”模式的。只需花费几分钟的时间就可获得并启动服务器实例，所以可以快速定制它来响应计算需求的变化。

Amazon EC2 的优势有：在 Amazon Web Services 云中提供可扩展的计算容量；使用 Amazon EC2 可避免前期的硬件投入，因此能够快速开发和部署应用程序；通过使用 Amazon EC2，可以根据自身需要启动任意数量的虚拟服务器、配置安全和网络以及管理存储；Amazon EC2 允许用户根据需要进行缩放以应对需求变化或流行高峰，降低流量预测需求。Amazon EC2 提供以下具体功能。

- 虚拟计算环境，也称为实例。
- 实例的预配置模板，也称为亚马逊系统映像（AMI），其中包含服务器需要的程序包（包括操作系统和其他软件）。
- 实例 CPU、内存、存储和网络容量的多种配置，也称为实例类型。
- 使用密钥对的实例的安全登录信息（AWS 存储公有密钥，用户在安全位置存储私有密钥）。
- 临时数据（停止或终止实例时会删除这些数据）的存储卷，也称为实例存储卷。
- 使用 Amazon Elastic Block Store（Amazon EBS）的数据的持久性存储卷，也称为 Amazon EBS 卷。
- 用于存储资源的多个物理位置，例如实例和 Amazon EBS 卷，也称为区域和可用区。
- 防火墙，用户可以指定协议、端口，以及能够使用安全组到达实例的源 IP 范围。
- 用于动态云计算的静态 IP 地址，也称为弹性 IP 地址。
- 元数据，也称为标签，用户可以创建元数据并把它分配给 Amazon EC2 资源。
- 用户可以创建虚拟网络，这些网络与其余 AWS 云在逻辑上隔离，并且用户可以选择连接到自己的网络，也称为 Virtual Private Cloud（VPC）。

2. S3

Amazon S3（Simple Storage Service）是一款在线存储服务，在云计算环境下提供不受限制的数据存储空间。用户可通过授权访问一个简单的 Web 服务界面来存储和获取 Web 上任何地点的数据。Amazon S3 提供完全冗余的数据存储基础设施，用户可以将存储内容发送到 Amazon EC2 进行计算，调整大小或做其他分析，Amazon S3 负责数据的持久、备份、存档与恢复等可靠服务。

S3 的基本结构如图 4-31 所示，S3 存储系统中涉及 3 个基本概念：对象、键和桶。

- 对象：S3 的基本存储单元，由数据和元数据组成，数据可以是任意类型。
- 键：对象的唯一标识符。
- 桶：存储对象的容器。桶不能嵌套，在 S3 中名称唯一，每个用户最多创建 100 个桶。

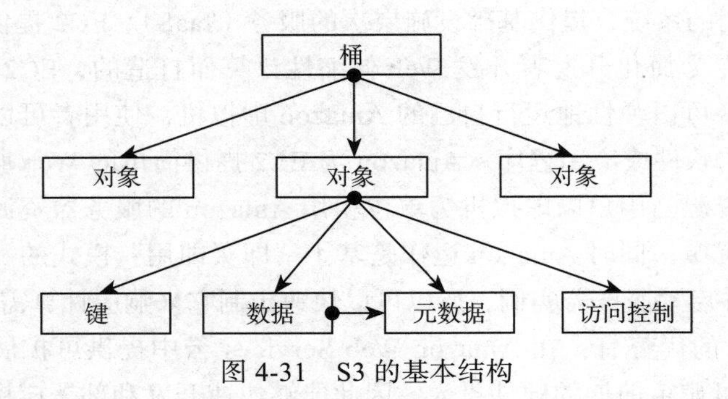

图 4-31　S3 的基本结构

S3 的操作流程如图 4-32 所示，用户登录 S3 后，首先创建一个桶（bucket），然后可以添加一个数据对象（object）到桶中，接着用户可以查看对象或移动对象。当用户不再需要存储数据时，则可以删除对象和桶。

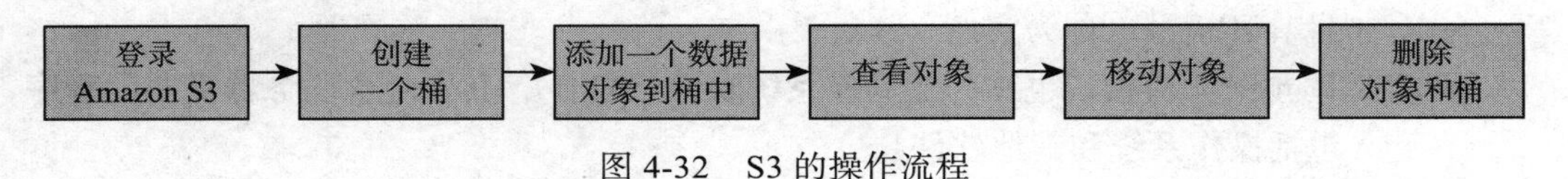

图 4-32　S3 的操作流程

3. SimpleDB

Amazon SimpleDB 是一种可用性高、灵活性大的非关系数据存储服务，与 S3 不同（主要用于非结构化数据存储），它主要用于存储结构化数据。开发人员只需通过 Web 服务请求执行数据项的存储和查询，Amazon SimpleDB 将负责剩下的工作。

Amazon SimpleDB 不会受制于关系数据库的严格要求，而且已经过优化，能提供更高的可用性和灵活性，使管理负担大幅减少甚至是零负担。而在后台工作时，Amazon SimpleDB 将自动创建和管理分布在多个地理位置的数据副本，以此提高可用性和数据持久性。

SimpleDB 的操作流程如图 4-33 所示，用户注册登录后，可以创建一个域（domain，它是存放数据的容器），然后可以向域中添加数据条目（item，它是一个实际的数据对象，由属性和值组成），接着用户可以查看或修改域中的数据条目。当用户不再需要存储的数据时，则可以删除域。

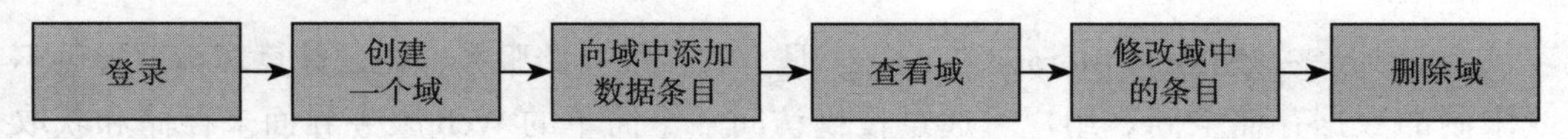

图 4-33　SimpleDB 的操作流程

4. SQS

Amazon SQS（Simple Queue Service）是面向消息的中间件（MOM）的云计算解决方案，而且不局限于某一种语言。Amazon SQS 提供了可靠且可扩展的托管队列，用于存储计算机之间传输的消息。使用 Amazon SQS，可以在执行不同任务的应用程序的分布式组件之间移动数据，既不会丢失消息，也不要求各个组件始终处于可用状态。Amazon SQS 是分布式队列系统，可以让 Web 服务应用程序快速可靠地对应用程序中的一个组件生成给另一组件使用的消息进行排队。队列是等待处理的消息的临时存储库。

Amazon SQS 提供以下主要功能。

- 冗余基础设施：确保将消息至少传输一次、对消息的高度并发访问以及发送和检索消息的高度可用性。
- 多个写入器和读取器：系统的多个部分可以同时发送或接收消息。
- 每个队列的设置均可配置：并非所有队列都要完全相同。
- 可变消息大小：消息大小可高达 262 144 字节（256 KB）。
- 访问控制：可以控制谁可以从队列发送和收取消息。
- 延迟队列：用户可设置默认延迟的队列，从而所有排队消息的传送会推迟一段时间。

5. Elastic MapReduce

Amazon Elastic MapReduce（Amazon EMR）是一个能够高性能地处理大规模数据的 Web 服务。Amazon EMR 使用 Hadoop 处理方法，结合多种 AWS 产品，可完成以下各项任务：Web 索引、数据挖掘、日志文件分析、机器学习、科学模拟以及数据仓库。

Amazon EMR 增强了 Hadoop 和其他开源应用程序，以便与 AWS 无缝协作，如图 4-34 所示。例如，在 Amazon EMR 上运行的 Hadoop 集群使用 EC2 实例作为虚拟 Linux 服务器，用于主节点和从属节点，将 Amazon S3 用于输入和输出数据的批量存储，并将 Amazon CloudWatch 用于监控集群性能和发出警报。还可以使用 Amazon EMR 和 Hive 将数据迁移到 Amazon DynamoDB 以及从中迁出数据。所有这些操作都由启动和管理 Hadoop 集群的 Amazon EMR 控制软件进行编排。这个流程名为 Amazon EMR 集群。

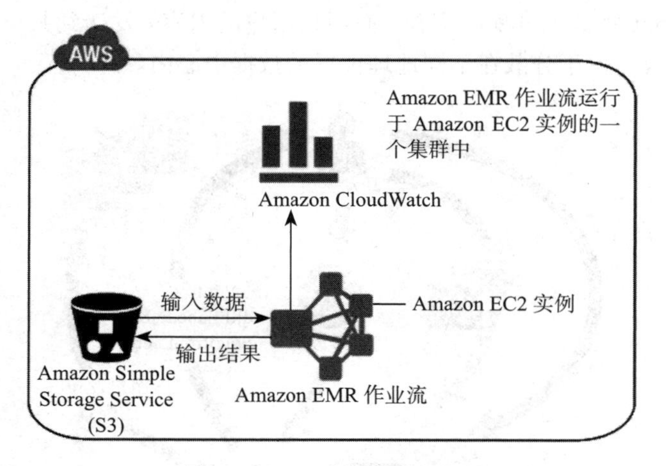

图 4-34 Elastic MapReduce

在 Hadoop 架构顶层运行的开源项目也可以在 Amazon EMR 上运行。最流行的应用程序，例如 Hive、Pig、HBase、DistCp 和 Ganglia，都已与 Amazon EMR 集成。

通过在 Amazon EMR 上运行 Hadoop，可以从云计算获得以下好处。

- 在几分钟内调配虚拟服务器集群。

- 扩展集群中虚拟服务器的数量来满足计算需求，而且仅需按实际使用量付费。
- 与其他 AWS 服务集成。

6. CloudFront

CloudFront 是一个内容分发网络服务（Web service），该服务可以很容易地将内容投送到终端用户，具有低延迟、高数据传输速率等特点。简单来说就是使用 CDN 进行网络加速并向最终用户分发静态和动态 Web 内容（例如，.html、.css、.php 和图像文件）。CloudFront 通过一个由遍布全球的数据中心（称作节点）组成的网络来传输内容。当用户请求 CloudFront 提供内容时，用户的请求将被传送到延迟（时延）最短的节点，以便以可以达到的最佳性能来传输内容。如果该内容已经在延迟最短的节点上，CloudFront 将直接提供它。如果该内容目前不在这样的节点上，CloudFront 将从已指定为该内容最终版本来源的 Amazon S3 存储桶或 HTTP 服务器（例如，Web 服务器）检索该内容。

内容推送服务 CloudFront 集合了其他的 Amazon 云服务，来为企业和开发者提供一种简单方式，以实现高速传输和分发数据。通过与 EC2 和 S3 最优化地协同工作，CloudFront 使用涵盖了边缘的全球网络来交付静态和动态内容。配置 CloudFront 传输用户的内容信息的步骤如图 4-35 所示。

1）配置原始服务器，CloudFront 将从这些服务器中获取用户的文件，以便从遍布全球的 CloudFront 节点进行分发。

2）将用户的文件（也称作对象，通常包括网页、图像和媒体文件）上传至用户的原始服务器。

3）创建一项 CloudFront 分配，此项分配将在其他用户请求文件时，告诉 CloudFront 从哪些原始服务器获取用户分发的文件。

4）在开发网站或应用程序时，可以使用 CloudFront 为用户的 URL 提供的域名。

5）CloudFront 将此项分配的配置（而不是用户的内容）发送到其所有节点，这些节点即服务器的集合，位于分散在不同地理位置的数据中心内。

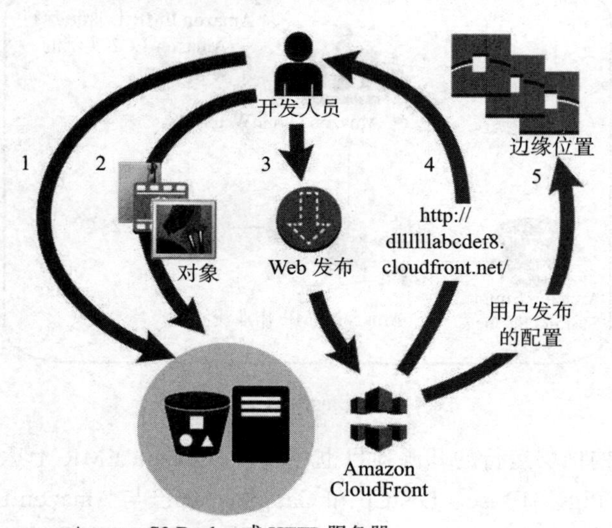

图 4-35　CouldFront

7. AWS Import/Export

AWS Import/Export 工具采用 Amazon 公司内部的高速网络和便携存储设备，绕过互联网来导入或导出 Amazon 云上的数据，所以 Import/Export 通常快于互联网的数据传输。

AWS Import/Export 支持从 S3 的桶中上传和下载数据，数据被上传到 Amazon EBS 中。AWS Import/Export 的操作流程如图 4-36 所示，在使用 AWS Import/Export 上传和下载数据前，用户需要使用 S3 的账号登录，然后下载 Import/Export 工具，之后保存用户证书文件，接着可以创建一个导入或导出数据的任务。

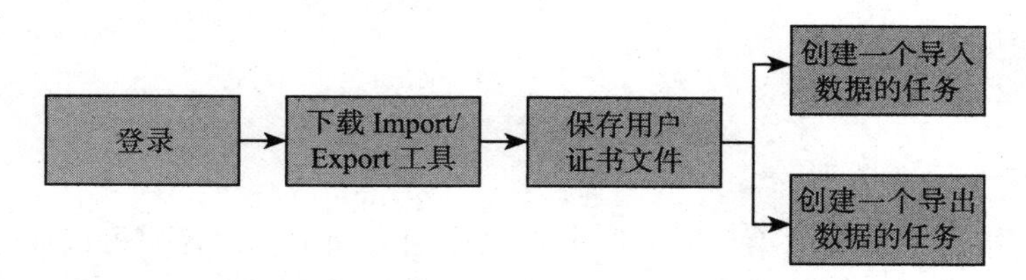

图 4-36　AWS Import/Export 的操作流程

8. RDS

Amazon Relational Database Service（Amazon RDS）是一种 Web 服务，可让用户更轻松地在云中设置、操作和扩展关系数据库。它可以为行业标准关系数据库提供经济、高效且可以调节大小的容量，并管理常见数据库管理任务。

Relational Database Service（RDS，关系数据库服务）在云计算环境下通过 Web 服务提供弹性化的关系数据库。RDS 接管数据库管理员的任务，以前使用 MySQL 数据库的所有代码、应用和工具都可兼容 Amazon RDS。它可以自动地为数据库软件打补丁并完成定期的按计划备份。

Amazon RDS 接管了关系数据库中许多困难或烦琐的管理任务，示例如下。

- 购买服务器时，你会一并获得 CPU、内存、存储空间和 IOPS。利用 Amazon RDS，你可以将这些部分拆分，以便单独对其进行扩展。例如，如果需要更多 CPU、更少 IOPS 或更多存储空间，就可以轻松地对它们进行分配。
- Amazon RDS 可以管理备份、软件修补、自动故障检测和恢复。
- 为了让用户获得托管式服务体验，Amazon RDS 未提供对数据库实例的 Shell 访问权限，并且限制对需要高级特权的某些系统程序和表的访问权限。
- 可以在需要时执行自动备份或者创建自己的备份快照。这些备份可用于还原数据库，并且 Amazon RDS 的还原过程可靠且高效。
- 可以通过主实例和在发生问题时可向其执行故障转移操作的同步辅助实例实现高可用性。还可以使用 MySQL 只读副本增加只读扩展。
- 可以使用你熟悉的数据库产品：MySQL、PostgreSQL、Oracle 和 Microsoft SQL Server。
- 除数据库包的安全之外，使用 AWS IAM 定义用户和权限还有助于控制可以访问 RDS 数据库的人员。此外，将数据库放置在虚拟私有云中，也有助于保护数据库。

4.5 阿里云计算

阿里云创立于2009年，是国内最早探索云服务市场的公司，阿里云最初的目标是为阿里巴巴集团内部提供服务，经过一段时间的技术沉淀，2013年开始围绕企业和个人建设云服务。阿里云的技术积累、前沿技术探索均处于行业领先地位，是国内知名的云服务提供商，在公有云 IaaS 厂商全球市场份额中排名前三。2020年，阿里云正式宣布进入2.0时代：飞天云平台 + 数字原生操作系统。阿里云在云原生、IoT、云边协同等新兴技术上积极布局，目前阿里巴巴集团的核心系统已全面云原生化，还衍生出了多种云原生服务。

4.5.1 阿里云云平台

1. 公有云

公有云是指云上资源由第三方云服务提供商拥有和运营，客户可以通过互联网使用这些资源和服务。阿里云的公有云以飞天分布式操作系统作为底层架构，上层提供弹性计算、存储、网络等一系列的云服务。

2. 专有云

专有云是云服务提供商为政府或企业建设的本地化部署的云计算系统。在专有云中，无论是基础设施还是软硬件资源都建立在防火墙内，机构或企业内的各个部门能共享云中资源。与公有云相比，专有云具备更好的安全性和可定制性。

阿里云专有云的全称是专有公有云，与公有云使用的是同一套底层架构，并且将公共云的技术应用到专有云领域，是一种为了满足企业的安全合规、已有数据中心利旧、本地化体验等建设要求所提出的云服务解决方案。阿里云专有云提供本地部署方式，可以脱离阿里云运行并独立管理。

阿里云专有云的系统架构如图4-37所示，主要包括以下几个部分。

- 物理设备层：主要包括用于云计算的物理机房、服务器、网络等硬件设备。
- 云平台基础服务层：在基础物理环境上，为上层应用提供基础服务。
- 融合管控层：利用融合的管控架构，为上层应用或服务等提供统一的调度。
- 云服务和接口层：一是通过融合的服务节点管理，对虚拟机和物理机提供统一管理和运维，二是通过开放的 API 管理平台，统一接口并支持定制化开发。
- 云平台统一管理层：提供统一的运营和运维管理入口。

4.5.2 飞天分布式操作系统

飞天分布式操作系统是由阿里云独立开发的一个超大规模云计算系统，是阿里云公有云和专有云的底层架构，用于为上层服务提供存储、计算和调度等方面的底层支持。

飞天内核负责管理数据中心 Linux 集群的物理资源，控制分布式程序的运行，隐藏下层故障恢复和数据冗余等细节，有效提供弹性计算和负载均衡。如图4-38所示，飞天分布式操作系统架构主要包含四大模块：资源管理、安全、远程过程调用等构建分布式系统常用的底层服务；分布式文件系统；资源管理和任务调度；集群部署和监控。

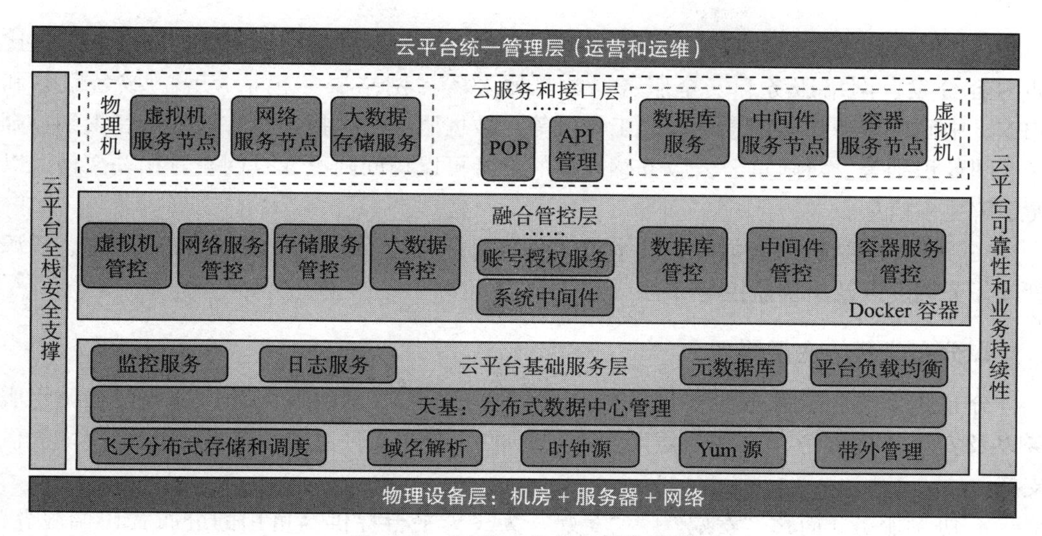

图 4-37　阿里云专有云系统架构

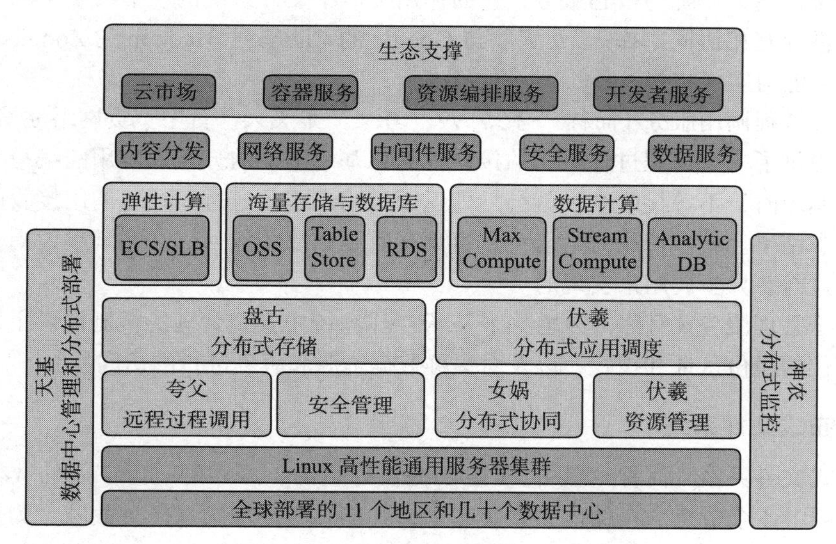

图 4-38　飞天分布式操作系统架构图

按照四层体系结构来看，飞天平台的最底层是全球部署的 11 个地区和几十个数据中心，这些数据中心里是部署了 Linux 操作系统的通用高端服务器。如图 4-37 所示，远程过程调用、安全管理、分布式协同、资源管理和分布式应用调度是构建分布式系统最基本的组件，加上图示两侧的数据中心管理和分布式部署与分布式监控组件，就组成了大规模通用计算平台。这两个组件是整个系统核心的一部分，能实现 7 × 24 小时不间断地部署和监控，秒级监控所有指标以判断是否出错并且能够实时修复错误。

中间一层是核心的资源型服务组件，大致分为三类：一是弹性计算，简单理解就是将物理机切分成虚拟服务器的概念；二是海量存储与数据库，其中 OSS 存储无结构的数据，比如视频、照片、音乐等，Table Store 可以认为是半结构化存储，RDS 则是关系数据库服务；三是数据计算，分为多维度准实时数据的查询服务、实时流计算处理服务和大规模批量计算服务。

在核心的资源型服务组件上还有一些端到端、基于云的应用所需要的核心服务，比如内容分发、网络服务、安全服务、数据服务等。网络服务包括VPC、域名服务和VPN，中间件服务包括消息队列、工作流等，数据服务则包括人工智能、语音识别、翻译、图像识别等。对阿里云云服务感兴趣的读者可以访问阿里云官网查看相关文档，以便了解更多信息。

在飞天体系结构中最关键的技术包括分布式系统底层服务、分布式文件系统、资源管理任务调度以及集群监控与部署。

1. 分布式系统底层服务

分布式系统底层服务主要提供分布式环境下所需要的协调服务、远程过程调用服务以及安全管理服务，这些底层服务为上层的分布式文件系统、任务调度等模块提供支持。

- 协调服务（简称“女娲”）：“女娲”为飞天平台提供高可用的分布式协调服务，是整个飞天系统的核心服务，它的作用类似于文件系统的树形命名空间，让分布式进程互相协同工作。“女娲”与Google的Chubby、Hadoop的ZooKeeper系统的功能与实现相似。
- 远程过程调用服务（简称“夸父”）：“夸父”是飞天平台中负责网络通信的组件，它提供了一个远程过程调用的接口，简化基于网络的分布式应用的编写。其中异步调用时，不等接收结果就会立即返回，用户必须通过显式地调用接收函数获得请求结果。同步调用时会等待，直到接收到结果才返回。在实现中，同步调用是通过封装异步调用来实现的。
- 安全管理服务（简称“钟馗”）：飞天操作系统中安全管理的机制提供了以用户为单位的身份认证和授权，以及对集群数据资源和服务进行的访问控制。

2. 分布式文件系统

分布式文件系统（简称“盘古”）主要提供海量的、可靠的、可扩展的数据存储服务，将集群中各个节点的存储能力聚集起来，并能够自动屏蔽软硬件故障，为用户提供不间断的数据访问服务。飞天操作系统中的数据存储是由“盘古”完成的。

与Google的GFS和Hadoop的HDFS的设计目标类似，“盘古”也是为了将大量廉价机器的存储资源聚合在一起，为用户提供大规模、高可靠、高吞吐量、高可用和可扩展的存储服务，是集群操作系统中的重要组成部分。但与GFS和HDFS不同的是，“盘古”能很好地支持在线应用的低延时需求。

3. 资源管理和任务调度

飞天平台的资源调度和任务调度系统（简称“伏羲”）为集群系统中的软硬件资源和任务提供调度服务，同时支持强调响应速度的在线服务（service）和强调处理数据吞吐量的离线任务（job）。

在资源管理方面，“伏羲”主要负责：

- 调度和分配集群的存储、计算等资源给上层应用；

- 管理运行在集群节点上的任务的生命周期；
- 在多用户运行环境中，支持计算额度、访问控制、作业优先级和资源抢占，在保证公平的前提下，达到有效地共享集群资源的目的。

在任务调度方面，“伏羲”的特点主要有：

- 面向海量数据处理和大规模计算类型的复杂应用，提供了一个数据驱动的多级流水线并行计算框架，并兼容 MapReduce、Map-Reduce-Merge 等多种编程模式；
- 自动检测故障和系统热点，重试失败任务，保证作业稳定可靠地运行并完成；
- 具有高可扩展性，能够根据数据分布优化网络开销。

4. 集群监控与部署

集群监控与部署模块主要负责：对集群的状态和事件进行监控，对异常事件产生警报和记录；为运维人员提供整个飞天系统以及上层应用的部署和配置管理，支持在线集群扩容和应用服务的在线升级。下面分别介绍集群监控模块和集群部署模块。

- 集群监控模块（简称“神农”）。“神农”是飞天平台上负责信息收集、监控和诊断的系统。通过在每台物理机器上部署轻量级的信息采集模块，监控模块能够获取各个机器的操作系统与应用软件运行状态，监控集群中的故障，并通过分析引擎对整个飞天系统的运行状态进行评估。
- 集群部署模块（简称“大禹”）。“大禹”是飞天内核中负责提供配置管理和部署的模块，它包括一套为集群的运维人员提供的完整工具集，功能涵盖集群配置信息的集中管理、自动化部署、在线升级、扩缩容以及为其他模块提供集群基本信息等。每个飞天模块的发布包都包含一个部署升级的描述文件供“大禹”使用，描述文件中定义了该模块部署和升级的具体流程。

4.6 华为云计算

华为云作为华为的云服务品牌，致力于拓展云计算的技术研究与生态，华为云将华为在信息与通信技术（ICT）领域几十年的技术积累和产品解决方案进行开放，向用户提供云服务。同时，相比其他云服务提供商，华为云基于其较为强大的自主研发能力，更着重于软硬研发、软硬协同等。因此，下面将围绕提供云服务的华为公有云架构和实现软硬协同的华为云擎天架构进行介绍。

4.6.1 华为云公有架构

华为公有云向用户提供免费或低成本的服务以满足其多样化的需求，相较于传统IT，华为公有云在资源利用率、成本、便捷程度、可维护性、安全等方面具有一定的优势。作为华为云中的重要组成部分，华为公有云的架构如图 4-39 所示，主要包含六大部分：云基础设施、云平台、云服务、云运营 Portal、云运营支撑系统和云运维管理系统。各个部分之间按照面向服务的体系结构进行解耦，均以规范化、合适抽象颗粒度的 API 开放其数据与功能，彼此之间交互，共同组成华为公有云。

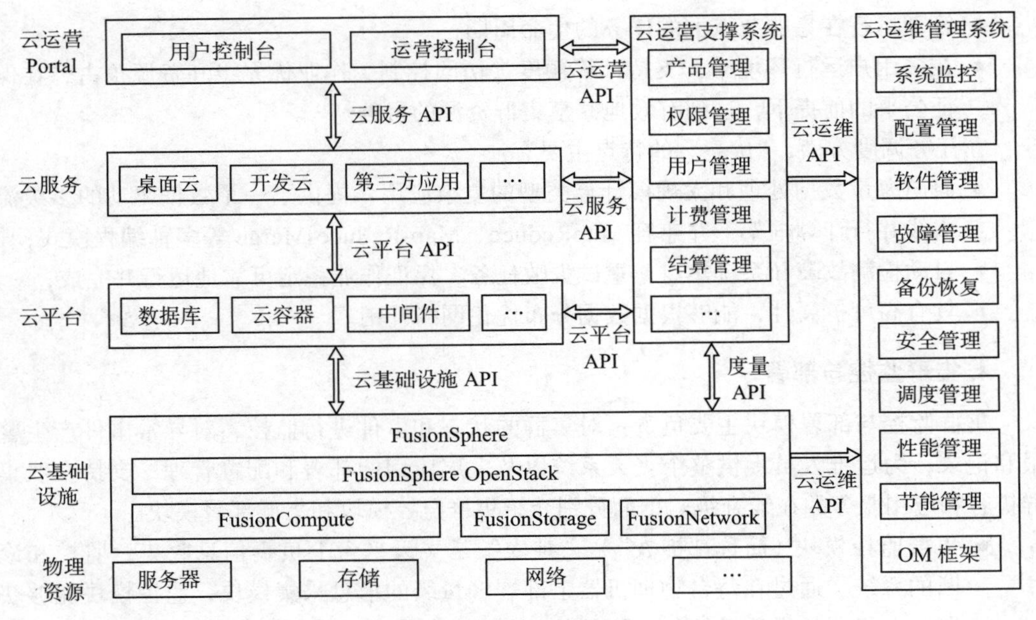

图 4-39 华为公有云架构

从华为公有云的整体架构来看，位于最底层的是云基础设施层，也是最重要的一层。云基础设施层是基于 FusionSphere 操作系统将服务器、存储设备、网络设备等物理资源抽象出来形成虚拟资源池，并采用 FusionSphere OpenStack 作为资源调度系统而构成的虚拟资源平台。在此基础上，云基础设施层通过云基础设施 API，统一面向上层提供弹性云服务器（ECS）、对象存储服务（OBS）、专属分布式存储服务（DSS）、虚拟私有云（VPC）等 IaaS 类型的服务，同时，还通过度量 API 对接云运营支撑系统，实现计量及服务 SLA 等管理。

FusionSphere 云操作系统是云基础设施层的核心，它所具有的虚拟化功能、资源池管理、云基础服务组件以及开放的 API 等支撑起云基础设施层，实现向下集中 x86 服务器、鲲鹏服务器、区域网络存储、网络共享存储、交换机、防火墙等物理资源，向上提供基础设施类型的服务。FusionSphere 主要包括 FusionCompute、FusionStorage、FusionNetwork、FusionManager、FusionSphere OpenStack 等组件，其架构如图 4-40 所示。

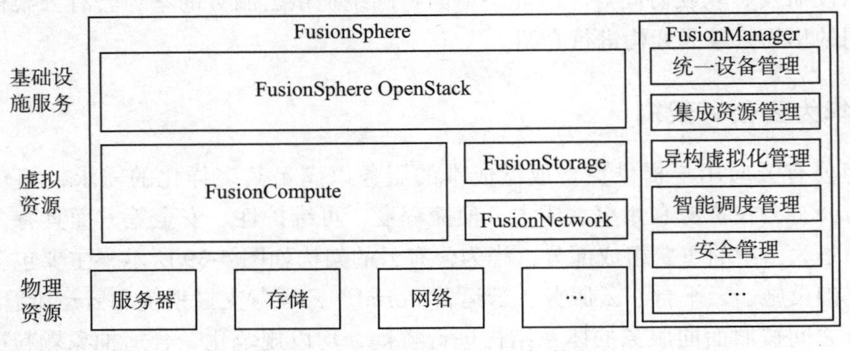

图 4-40 FusionSphere 架构

FusionCompute 是 FusionSphere 的基础软件，其基于裸金属架构的虚拟化能力，将底层的硬件资源抽象以形成逻辑资源，并通过统一的接口对这些虚拟资源进行集中调度、分配、管理，进而提供计算、存储、网络等服务。FusionCompute包括计算节点代理（CNA）和虚拟资源管理器（VRM）两部分：CNA主要负责硬件资源的虚拟化，它由统一虚拟化平台（UVP）和虚拟节点代理（VNA）组成，UVP将底层的硬件虚拟化以形成华为公有云中所使用的计算、存储、网络等资源，VNA则把通过UVP虚拟化后的资源对接给VRM，并向上提供管理接口；VRM是FusionCompute的管理中枢，能够分配、调度、维护、监控、管理虚拟资源等，并为管理员提供维护操作的接口。

FusionStorage是以软件定义存储的分布式存储软件，它基于分布式技术将服务器的本地磁盘组织成虚拟存储资源池，并通过软件模拟接口向上层提供具有高扩展、高性能、高可靠特性的块存储服务。FusionNetwork独立于网络硬件，可实现软件定义网络的软件，它提供建立高级网络、配置管理网络、安全隔离物理网络与虚拟网络等功能。

由于华为公有云提供的服务规模较大，为便于管理，华为公有云按照Region、AZ模式构建了全局资源池模型，如图4-41所示。华为公有云根据地理位置和网络时延两个维度划分为多个服务区域（Region），如华北 / 廊坊、华东 / 上海、华南 / 广州等，每个服务区域是一个以时延为半径的圈，且区域内的存储、镜像、软件仓库等公共服务是全局共享的。在同一个服务区域内，云平台层或云服务层等上层不需要感知云基础设施层的资源调度细节，只需下发策略需求，由云基础设施层实现动态资源调度。服务区域又可进一步划分为多个可用性区域（AZ），可用性区域是一个或多个物理数据中心的集合，在其内部逻辑上再将计算、存储、网络等资源划分为多个集群。每个可用性区域作为服务区域内的隔离域，同一个可用性区域内的计算、存储、网络等资源全是互通的，而同一个服务区域中的多个可用性区域则需通过高速光纤相连。

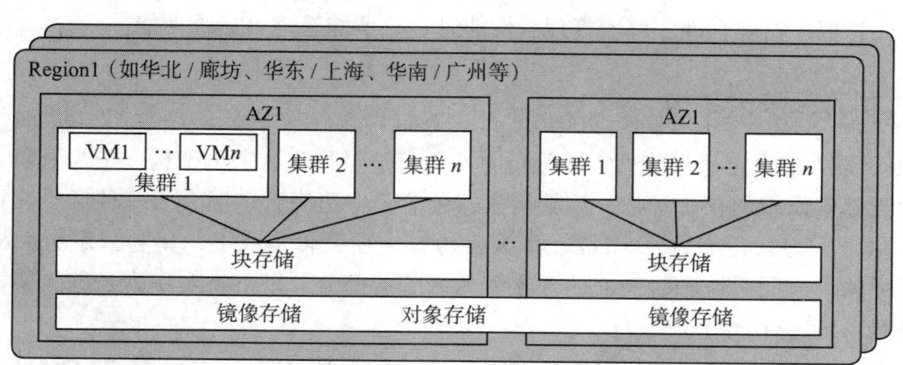

图 4-41 华为公有云全局资源池模型

FusionManager是以云基础设施服务自动化管理和资源智能运维为核心的统一资源管理平台，向下对虚拟资源及硬件设备进行监控和管理，向上提供全局资源管理等功能。FusionManager屏蔽了不同硬件和虚拟化间的差异，兼容FusionComputer和其他的虚拟化软件或操作系统所提供的虚拟机资源、虚拟网络资源和虚拟存储资源等，实现基于资源池的统一管理以及异构虚拟化管理。FusionManager支持自动调整虚拟机部署，针对不同应用设置不同的调度策略，系统会自动根据策略进行资源弹性伸缩调度。此外，FusionManager还结合数据、文件隔离与权限管理、访问控制等技术来保障信息安全，提供包含服务目录、故障告警、资源管理、系统管理等的统一Portal等功能。

但是单纯依靠FusionManager还不能很好地支持异构虚拟化管理，需要引入OpenStack来实现异构虚拟化环境的统一资源抽象、调度和管理。FusionSphere OpenStack是华为基于OpenStack进行优化后的云操作系统，主要用于资源接入和管理，相比FusionManager，FusionSphere OpenStack能够接入更多的第三方虚拟化软件，进而实现更好的异构虚拟化管理。基于其分布式架构，FusionSphere OpenStack南向无缝对接虚拟机资源、虚拟存储资源、虚拟网络资源等底层资源并进行集中调度和管理，北向则提供资源接口供上层服务调用。

云基础设施层之上是云平台层，云平台层在资源虚拟化的基础上，调用云基础设施API申请资源池中的计算、存储、网络等资源，提供云数据库GaussDB、云容器引擎CCE、微服务引擎CSE、开天aPaaS等PaaS类型服务。云平台层再往上是云服务层，云服务层则主要提供软件开发平台DevCloud、云桌面Workspace及第三方应用等SaaS类型服务。云平台层和云服务层均通过各自的API接入云运营支撑系统，对所提供的服务进行运营管理。

华为公有云架构中最顶层的是云运营Portal，即门户页面，它将用户控制台以及运营控制台聚合成一个信息集中平台。其中用户控制台通过云服务API获取云服务产品的具体信息，运营控制台通过云运营API对接云运营支撑系统以得到服务计量、结算等运营信息，这些信息展示在云运营Portal上，便于用户及管理员进行运维。

此外，华为公有云架构中还有云运营支撑系统和云运维管理系统。云运营支撑系统主要提供产品管理、权限管理、用户管理、计费管理、结算管理等功能。云运维管理系统通过OM框架实时监控全局的资源及服务，并对故障进行告警，同时还提供了配置管理、软件管理、安全管理、调度管理、性能管理、节能管理等运维功能。

4.6.2 华为云擎天架构

基于强大的自主研发能力，华为历时八年打造了华为云擎天架构。华为云擎天架构是华为云基础设施的核心架构，该架构支持公有云、边缘云、混合云三种场景，目前已全面应用于华为云、华为云Stack、华为云边缘。在逻辑构成上，华为云擎天架构分为数据面的软硬协同系统和管控面的瑶光智慧云脑两部分。以下将对华为云擎天架构中的软硬协同系统进行介绍。

擎天软硬协同系统架构如图4-42所示，主要由三部分组成，分别是擎天智能卡、统一智能加速框架、擎天虚拟化（前端）。

擎天智能卡作为擎天架构的关键部件，包含华为自研的安全芯片、智能芯片、鲲鹏芯片、SSD芯片等。华为云传统上运行在服务器上的存储、网络、管控等软件能力全部卸载到擎天智能卡中，并通过其硬件和芯片进行加速，降低通过软件实现所带来的主机CPU开销、内存消耗。同时，基于擎天智能卡硬件优化了CPU调度和内存颗粒算法，进而优化了虚拟化的实现架构，将I/O虚拟化通过擎天智能卡进行实现和加速，最大限度地降低对虚拟机的扰动。

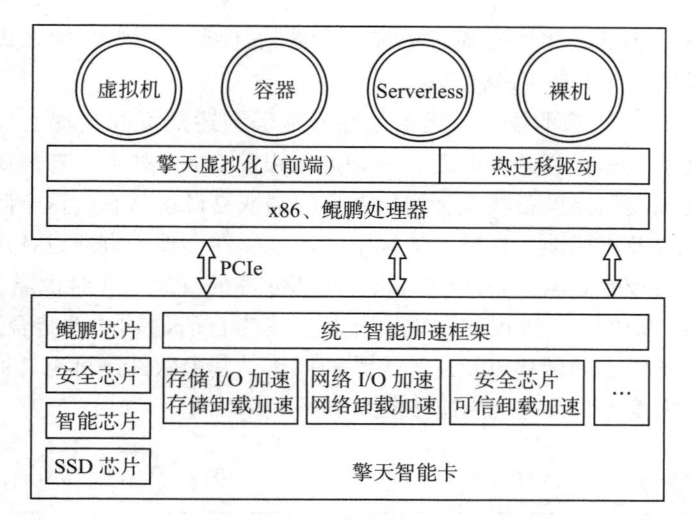

图 4-42　擎天软硬协同系统架构

统一智能加速框架提供了存储、网络、安全等多种类的卸载加速。

- 在存储加速方面，通过软硬结合的方式把固定的 DIF、EC 算法卸载到芯片中进行加速，并支持多粒度存储模式的快速切换。在拥塞控制方面，存储加速实现了免 PFC 的拥塞控制策略，使 RDMA 集群进行大规模扩展成为可能。此外，华为云采用 NVMe 硬化、QoS、加密、DIF/RF 微码化等技术手段实现了对块存储的软硬结合芯片加速。
- 在网络加速方面，通过软硬结合实现网络直通设备热迁移、流量转发核安全策略等卸载加速以及 QoS 高精度带宽保证，并支持 VirtIO-net、SR-IOV 直通协议、TOE、VxLAN、RDMA 等网络协议加速。但目前 VirtIO-net 对硬件卸载不友好，具体体现在性能、固化改动成本、版本差异等方面，这些问题使得在软硬结合的网络卸载加速场景下需要推行集成流表的私有协议与其他协议相结合。同时，基于 CurreNET 中的 LDCP 算法可实现稳定的浅队列拥塞控制，提供了 RDMA 网络下组网规模提升的能力，即通过擎天智能卡及网络加速可将 RDMA 网络广泛应用于虚拟机。
- 在安全加密方面，基于自研安全芯片实现硬件根可信，支持主板固件零篡改，并将安全芯片和擎天智能卡构成稳定的统一控制面，确保了全流程的零差错以及安全可信。此外，统一智能加速框架还基于自研智能芯片支持 RDMA 高速传输、AI 框架、超大规模训练集群等，以及基于自研 SSD 控制器芯片支持本地盘卸载加速、硬件 QoS 功能、卷加密等。

擎天虚拟化是华为云自研的 Hypervisor，作为擎天架构的云管控子系统，其通过硬件实现了类似于 VirtIO 标准的虚拟化前后端语义，由此整个系统可划分为运行擎天 Hypervisor 的前端服务器，以及卸载了计算、存储、网络能力的后端擎天智能卡。传统的虚拟化通过“一横一纵”的方式来实现资源的划分和隔离，其中“一横”是指 CPU 虚拟化，比如 VT-x 技术，它实现的是 guest 到 host 的防护、隔离，但也带来了虚拟化开销；“一纵”则类似于 EPT 技术，它防护的是 guest 到 guest 的攻击，它的开销较小，具有保留的可行性。因此，华为云通过去掉“一横”、保留“一纵”的方式既实现了虚拟机间的隔离、保护，又保证了高性能。

热迁移是公有云的基本技术，无论是在日常运维还是资源整理上，都具有十分高的需求。但直通热迁移面临两大问题，一是如何跟踪DMA脏页，二是如何保存和恢复状态，即如何在源端保存设备状态、如何在目的端恢复设备状态，这个问题将直接决定热迁移的稳定性以及可用性。在擎天架构中，通过软件实现了直通设备热迁移的统一框架，该框架能支持VirtIO-scsi、VirtIO-blk、NVMe等的直通，同时也能支持SR-IOV网络私有协议以及VirtIO-net协议的实现，并基于华为自研的软硬件结合进行脏页跟踪，通过芯片实现设备状态的转移以及迁移失败的回滚，其中软件是可定义的，即由软件来定义需要保存和恢复哪些状态。热迁移框架如图4-43所示。

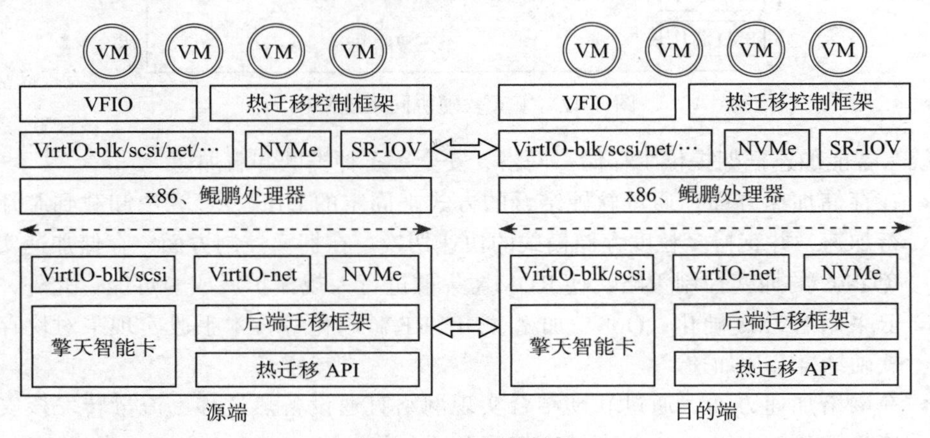

图4-43　热迁移框架

直通热迁移的具体流程为：当脏页在一定程度上收敛时，停止CPU、VF设备等，并在源端进行状态保存，在目的端执行prestart处理，通知硬件设备要进行直通热迁移，以此区分普通的开机、关机，通过芯片执行状态保存、恢复，把源端的状态保存到目的端，最后启动目的端设备。此外，热迁移过程中还补充了一些中断以保证迁移时不丢包，并且整个直通热迁移过程对Guest是无感知的。

习题

1. 简述云计算的定义。
2. 简述云计算的体系结构。
3. 简述ACID理论、BASE理论与CAP理论。
4. 简述云计算平台的存储结构。
5. 简述何为分布式文件系统。
6. 简述MapReduce计算模型的原理。
7. 简述一致性哈希算法与Dynamo环的原理。
8. 简述云计算在未来的应用。
9. 分别简述集中式、双层式和共享式资源调度框架的优缺点。

10. 简述 YARN 的工作机制。
11. 简述 Kubernetes 的核心组件及其功能。
12. 简述公有云、私有云和专有云的区别。
13. 简述华为公有云架构。
14. 简述 FusionSphere 架构。
15. 简述华为云擎天软硬协同系统架构。
16. 简述与传统虚拟化相比，擎天虚拟化在隔离、保护和性能方面的优势。

参考文献

[1] 林伟伟，刘波 . 分布式计算、云计算与大数据 [M]. 北京：机械工业出版社，2015.
[2] VERMA A, PEDROSA L, KORUPOLU M, et al. Large-scale cluster management at Google with Borg[C]//Proceedings of the Tenth European Conference on Computer Systems.2015: 1-17.
[3] HINDMAN B, KONWINSKI A, ZAHARIA M, et al. Mesos: a platform for fine-grained resource sharing in the data center[C]//NSDI.2011,:295-308.
[4] VAVILAPALLI V K, MURTHY A C, DOUGLAS C, et al. Apache hadoop yarn: Yet another resource negotiator[C]//Proceedings of the 4th annual Symposium on Cloud Computing.2013: 1-16.
[5] Kubernetes 设计架构 [EB/OL]. [2013-10-26]. https://www.kubernetes.org.cn/kubernetes%e8%ae%be%e8%ae%a1%e6%9e%b6%e6%9e%84.
[6] ZHANG Z, LI C, TAO Y, et al. Fuxi: a fault-tolerant resource management and job scheduling system at internet scale[C]//Proceedings of the VLDB Endowment. VLDB Endowment Inc., 2014, 7(13): 1393-1404.
[7] Volcano 调度器概览 [EB/OL].[2013-10-26].https://volcano.sh/zh/docs/schduler_introduction/.
[8] SCHWARZKOPF M, KONWINSKI A, ABD-EL-MALEK M, et al. Omega: flexible, scalable schedulers for large compute clusters[C]//Proceedings of the 8th ACM European Conference on Computer Systems.2013: 351-364.
[9] 罗军舟，金嘉晖，宋爱波，等 . 云计算：体系架构与关键技术 [J]. 通信学报，2011，32（7）: 3-21.
[10] 林伟伟，齐德昱 . 云计算资源调度研究综述 [J]. 计算机科学，2012，39（10）：1-6.
[11] GHEMAWAT S, GOBIOFF H, LEUNG S T. The Google file system[C]//ACM SIGOPS operating systems review. ACM, 2003, 37(5): 29-43.
[12] CHANG F, DEAN J, GHEMAWAT S, et al. Bigtable:a distributed structured data storage system[C]//7th OSDI. 2006: 305-314.
[13] DEAN J, GHEMAWAT S. MapReduce: simplified data processing on large clusters[J]. Communications of the ACM, 2008, 51(1): 107-113.
[14] MELNIK S, GUBAREV A, LONG J J, et al. Dremel: interactive analysis of web-scale datasets[J]. Proceedings of the VLDB Endowment, 2010, 3(1-2): 330-339.
[15] Amazon[EB/OL]. [2023-10-26]. http://aws.amazon.com/cn/documentation/.
[16] Amazon Elastic Compute Cloud[EB/OL]. [2023-10-26]. http://aws.amazon.com/ec2/.
[17] Amazon Simple Storage Service(S3)[EB/OL]. [2023-10-26]. http://aws.amazon.com/cn/s3/.

[18] Amazon SimpleDB[EB/OL]. [2023-10-26]. http://aws.amazon.com/simpledb/.
[19] Amazon Relational Database Service[EB/OL]. [2023-10-26]. http://aws.amazon.com/rds/.
[20] AWS 上的大数据 [EB/OL]. [2023-10-26]. https://aws.amazon.com/cn/big-data/.
[21] 阿里云专有云企业版 [EB/OL]. [2023-10-26]. https://apsara-doc.oss-cn-hangzhou.aliyuncs.com/apsara-pdf/enterprise/v_3_16_0_20220117/eip/zh/enterprise-product-introduction.pdf?spm=a2c4g.14484272.enterprise.114&file=enterprise-product-introduction.pdf.
[22] 华为云官网 [EB/OL]. [2023-10-26]. https://www.huaweicloud.com/.
[23] 云图说第 1 期 初识华为云 [EB/OL]. [2023-10-26]. https://bbs.huaweicloud.com/blogs/103061.
[24] 华为云计算平台架构介绍 [EB/OL]. [2023-10-26]. https://download.csdn.net/download/wwwrtos/10787235.
[25] HWS 公有云架构设计原则和目标架 [EB/OL]. [2023-10-26]. https://download.csdn.net/download/qq_17695025/15375859.
[26] 华为云架构解决方案 [EB/OL]. [2023-10-26]. https://blog.csdn.net/zhonglinzhang/article/details/104588255/.
[27] FusionSphere 整体介绍 [EB/OL]. [2023-10-26]. https://blog.csdn.net/qq_38265137/article/details/80330401.
[28] 华为云计算学习：FusionSphere 产品（服务器虚拟化）[EB/OL].[2023-10-26].https://blog.csdn.net/yangshihuz/article/details/104248898.
[29] FusionSphere 解决方案 [EB/OL]. [2023-10-26]. http://www.360doc.com/content/19/0326/09/42896442_824199476.shtml.
[30] FusionManager产品介绍 [EB/OL].[2023-10-26].https://bbs.huaweicloud.com/blogs/104656.
[31] FusionManager功能特性 [EB/OL].[2023-10-26].https://bbs.huaweicloud.com/blogs/111793.
[32] FusionSphereOpenstack 的定位与优势 [EB/OL]. [2023-10-26]. https://bbs.huaweicloud.com/blogs/105368.
[33] Openstack 的基本组件及部分组件工作原理 [EB/OL].[2023-10-26].https://bbs.huaweicloud.com/blogs/117241.
[34] 黑科技探秘：华为云擎天架构解读 [EB/OL]. [2023-10-26]. https://bbs.huaweicloud.com/videos/103161.
[35] 华为云擎天软硬协同架构深度解析 [EB/OL]. [2023-10-26]. https://time.geekbang.org/dailylesson/detail/100044429.

第 5 章　云计算编程实践

由于云计算环境的资源分配与任务调度问题比较复杂，为了便于研究云计算资源分配与任务调度算法，采用模拟仿真的方法不仅可以简化问题，而且可以测试算法在不同云环境下的效果，从而更好地设计算法和进行算法优化。由于 CloudSim 是当前最流行的云计算模拟仿真工具，本章将首先介绍 CloudSim 体系结构与原理以及基于 CloudSim 的云计算编程实践，然后介绍我们团队研发的面向云计算的多资源能耗仿真工具 MultiRECloudSim，最后给出一个基于 Java 实现的云计算任务调度应用案例。

5.1　CloudSim 体系结构和 API

5.1.1　CloudSim 体系结构

为基于互联网的应用服务提供可靠、安全、容错、可持续、可扩展的基础设施，是云计算的主要任务。由于不同的应用可能存在不同的组成、配置和部署需求，云端基础设施（包括硬件、软件和服务）上的应用及服务模型的负载、能源性能（能耗和散热）和系统规模都在不断发生变化，因此，如何量化这些应用和服务模型的性能（调度和分配策略）成为一个极富挑战性的问题。为了简化问题，墨尔本大学的研究小组提出了云计算仿真器 CloudSim，其项目网站为 www.cloudbus.org/cloudsim/。它的首要目标是在云基础设施（软件、硬件、服务）上，对不同应用和服务模型的调度和分配策略的性能进行量化和比较，达到控制使用云计算资源的目的。基于云计算仿真器，用户能够反复测试自己的服务，在部署服务之前调节性能瓶颈，既节约了大量资金，也给用户的开发工作带来了极大的便利。

CloudSim 是一个通用、可扩展的新型仿真框架，支持无缝建模和模拟，并能进行云计算基础设施和管理服务的实验。该仿真框架具有如下特性。

- 支持在单个物理节点上进行大规模云计算基础设施的仿真和实例化。
- 提供一个独立的平台，供数据中心、服务代理、调度和分配策略进行建模。
- 提供虚拟化引擎，可在一个数据中心节点创建和管理多个独立、协同的虚拟化服务。
- 可以在共享空间和共享时间的处理核心分配策略之间灵活地切换虚拟化服务。

CloudSim 方便用户在组成、配置和部署软件前评估和模拟软件，减少云计算环境下访问基础设施产生的资金耗费。基于仿真的方法使用户可在一个可控的环境内免费地反复测试他们的服务，在部署之前调节性能瓶颈。

CloudSim 采用分层的体系结构，如图 5-1 所示。

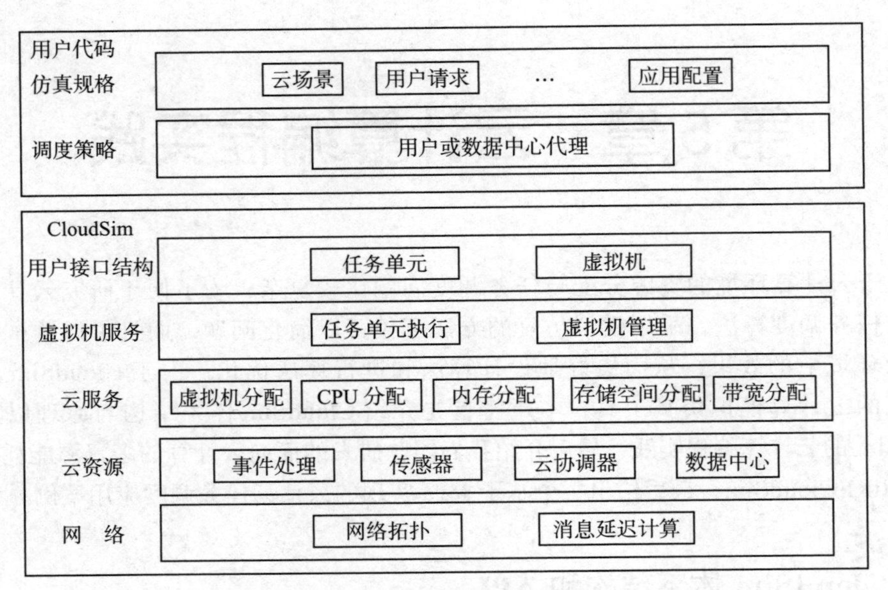

图 5-1 分层的 CloudSim 体系结构

1. CloudSim 核心模拟引擎

GridSim 原本是 CloudSim 的一个组成部分，但 GridSim 将 SimJava 库作为事件处理和实体间消息传递的框架，而 SimJava 在创建可伸缩仿真环境时暴露出如下不足。

- 不支持在运行时通过编程方式重置仿真。
- 不支持在运行时创建新的实体。
- SimJava 的多线程机制导致性能开销与系统规模成正比，线程之间过多的上下文切换导致性能严重下降。
- 多线程使系统调试变得更加复杂。

为了克服这些限制并满足更复杂的仿真场景，墨尔本大学的研究小组开发了一个全新的离散事件管理框架。图 5-2a 为相应的类图，下面介绍相关的类。

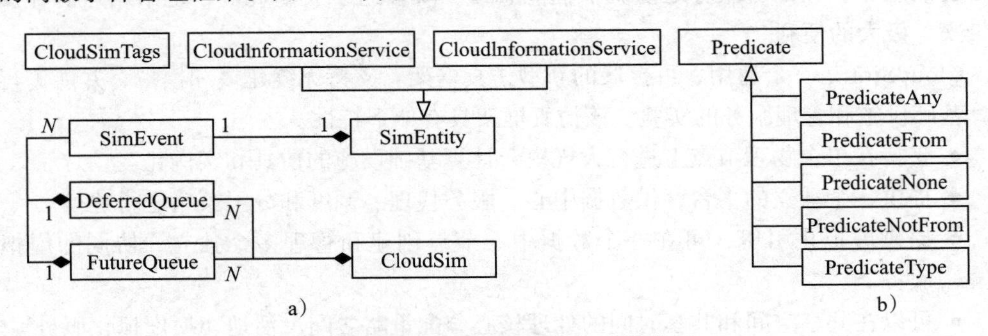

图 5-2 CloudSim 核心模拟引擎类图

- CloudSim。这是主类，负责管理事件队列和控制仿真事件的顺序执行。这些事件按照它们的时间参数构成有序队列。在每一步调度的仿真事件会从未来事件队列（Future Event Queue）中被删除，并被转移到延时事件队列（Deferred Event Queue）中。之后，每个实体调用事件处理方法，从延时事件队列中选择事件并执行相应的操作。这种灵活的管理方式具有以下优势。

- 支持实体失活操作。
- 支持不同状态实体的上下文切换，暂停或继续仿真流程。
- 支持运行中创建新实体。
- 支持运行中终止或重启仿真流程。

- DeferredQueue。实现 CloudSim 使用的延时事件队列。
- FutureQueue。实现 CloudSim 使用的未来事件队列。
- CloudInformationService（CIS）。CIS 是提供资源注册、索引和发现能力的实体。CIS 支持两个基本操作：publish() 允许实体使用 CIS 进行注册；search() 允许类似于 CloudCoordinator 和 Broker 的实体发现其他实体的状态和位置，该实体也会在仿真结束时通知其他实体。
- SimEntity。该类代表一个仿真实体，该实体既能向其他实体发送消息，也能处理接收到的消息。所有的实体必须扩展该类并重写其中的三个核心方法，即 startEntity()、processEvent() 和 shutdownEntity()。它们分别定义了实体初始化、事件处理和实体销毁的行为。SimEntity 类提供调度新事件和向其他实体发送消息的能力，其中消息传递的网络延时是由 BRITE 模型计算出来的。实体一旦建立就会使用 CIS 自动注册。
- CloudSimTags。该类包含多个静态的时间或命令标签，CloudSim 实体在接收和发送事件时使用这些标签决定要采取的操作类型。
- SimEvent。该实体给出了在两个或多个实体间传递仿真事件的过程。SimEvent 存储了关于事件的信息，包括事件的类型、初始化时间、事件发生的时间、结束时间、事件转发到目标实体的时间、资源标识、目标实体、事件标签及需要传输到目标实体的数据。
- CloudSimShutdown。该实体用于结束所有终端用户和代理实体，然后向 CIS 发送仿真结束信号。
- Predicate。抽象类且必须被扩展，用于从延时队列中选择事件。图 5-2b 给出了一些标准的扩展。
- PredicateAny。该类表示匹配延时队列中的任何一个事件。在 CloudSim 的类中有一个可以公开访问的实例 CloudSim.SIM_ANY，因此不需要为该类创建新的实例。
- PredicateFrom。该类表示选择被特定实体放弃的事件。
- PredicateNone。表示不匹配延时队列中的任何一个事件。在 CloudSim 的类中有一个可以公开访问的静态实例 CloudSim.SIM_NONE，因此用户不需要为该类创建任何新的实例。
- PredicateNotFrom。选择已经被特定对象发送的事件。
- PredicateType。根据选择的特定标签选择事件。
- PredicateNotType。选择不满足特定标签来选择事件。

2. CloudSim 层

CloudSim 仿真层为云数据中心环境的建模和仿真提供支持，包括虚拟机、内存、存储器和带宽的专用管理接口。该层主要负责处理一些基本问题，如主机到虚拟机的调度、管理应用程序的执行、监控动态变化的系统状态。对于想对不同虚拟机调度（将主机分配给虚拟机）策略的有效性进行研究的云提供商来说，他们可以通过这一层来实现自己的策略，以编程的方式扩展其核心的虚拟机调度功能。这一层的虚拟机调度有一个很明显的区别，即一个云端主机可以被同时分配给多台正在执行应用的虚拟机，且这些应用满足 SaaS 提供商定义的服务质量等级。这一层也为云应用开发人员提供了接口，只需扩展相应的功能，就可以实现复杂的工作负载分析和应用性能研究。

CloudSim 又可以细化为 5 层，下面分别进行介绍。

（1）网络层

为了连接仿真的云计算实体（主机、存储器、终端用户），全面的网络拓扑建模是非常重要的。因为消息延时直接影响用户对整个服务的满意度，决定了云提供商的服务质量，因此云系统仿真框架提供一个模拟真实网络拓扑及模型的工具至关重要。CloudSim 中云实体（数据中心、主机、SaaS 提供商和终端用户）的内部网络建立在网络抽象概念的基础上。在这个模型下，不会为模拟的网络实体提供真实可用的组件，如路由器和交换机，而是通过延时矩阵中存储的信息来模拟消息从一个 CloudSim 实体（如主机）到另一个实体（如云代理）过程中产生的网络延时，如图 5-3 所示。图 5-3 为 5 个 CloudSim 实体的延时矩阵，在任意时刻，CloudSim 环境为所有当前活动实体维护 $m \times n$ 大小的矩阵。矩阵的元素 e_{ij} 代表一条消息通过网络从实体 i 传输到实体 j 产生的延时。

$$\begin{bmatrix} 0 & 40 & 120 & 80 & 200 \\ 40 & 0 & 60 & 100 & 100 \\ 120 & 60 & 0 & 90 & 40 \\ 80 & 100 & 90 & 0 & 70 \\ 200 & 100 & 40 & 70 & 0 \end{bmatrix}$$

图 5-3　5 个 CloudSim 实体的延时矩阵

CloudSim 是基于事件的仿真，不同的系统模型、实体通过发送不同事件的消息进行通信，CloudSim 的事件管理引擎利用实体交互的网络延时信息来表示消息在实体间发送的延时，延时单位依仿真时间的单位而定，如 ms。

这意味着当仿真时间达到 $t + d$ 时，事件管理引擎就会将事件从实体 i 转发到实体 j，其中 t 表示消息最初被发送时的仿真时间，d 表示实体 i 到 j 的网络延时。图 5-4 给出了这种交互的消息传递图。用这种模拟网络延时的方法，在仿真环境中为网络架构建模提供了一种既真实又简单的方式，并且比使用复杂的网络组件（如路由器和交换机等）建模更简单、更清晰。

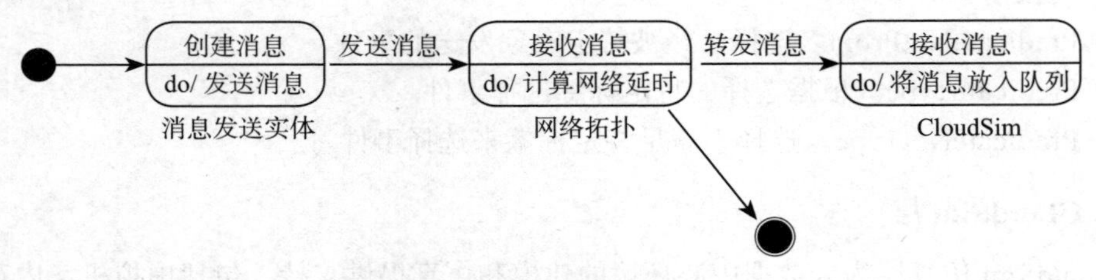

图 5-4　交互的消息传递图

（2）云资源层

与云相关的核心硬件基础设施均由该层数据中心组件来模拟。数据中心实体由一系列主机组成，主机负责管理虚拟机在其生命周期内的一系列操作。每个主机都代表云中的一个物理计算节点，它会被预先配置一些参数，如处理器能力（用 MIPS 表示）、内存、存储器及为虚拟机分配处理核的策略等，而且主机组件实现的接口支持单核和多核节点的建模与仿真。

为了整合多个云，需要对云协调器（CloudCoordinator）实体进行建模。该实体不仅负责与其他数据中心及终端用户的通信，还负责监控和管理数据中心实体的内部状态。在监控过程中收到的信息将会活跃于整个仿真过程，并被作为云交互时进行调度决策的依据。注意，没有一个云提供类似于云协调器的功能，如果一个非仿真云系统的开发人员想要整合多个云上的服务，必须开发一个自己的云协调组件。通过该组件管理和整合云数据中心，实现与外部实体的通信，协调独立于数据中心的核心对象。

在模拟一次云整合时，需要解决两个基本问题：通信和监控。通信由数据中心通过标准的基于事件的消息处理来解决，数据中心监控则由云协调器解决。CloudSim 的每一个数据中心为了让自己成为联合云的一部分，都需要实例化云协调器，云协调器基于数据中心的状态对交互云的负载进行调整，其中影响调整过程的事件集合通过传感器（sensor）实体实现。要启用数据中心主机的在线监控，应将跟踪主机状态的传感器和云协调器关联起来。在监控的每个步骤，云协调器都会查询传感器。如果云协调器的负载达到了预先配置的阈值，那么它就会与联合云中的其他协调器通信，尝试减轻其负载。

（3）云服务层

虚拟机分配是主机创建虚拟机实例的过程，在云数据中心，将由特定应用的虚拟机分配控制器（VmAllocationPolicy）完成。该组件为研究和开发人员提供了一些自定义方法，帮助他们实现基于优化目标的策略。默认情况下，VmAllocationPolicy 实现了一个相对直接的策略，即按照先来先服务的策略将虚拟机分配给主机，这种调度的基本依据是硬件需求，如处理核的数量、内存和存储器等。在 CloudSim 中，要模拟和建模其他的调度是非常容易的。

给虚拟机分配处理内核的过程则是由主机完成的，需要考虑给每个虚拟机分配多少处理核以及给定它的虚拟机对于处理核的利用率有多高。可能采用的分配策略有：给特定的虚拟机分配特定的 CPU 内核（空间共享策略）、在虚拟机之间动态分配内核（时间共享策略）以及给虚拟机按需分配内核等。

考虑下面的情况：一个云主机只有一个处理核，在这个主机上同时产生了两个实例化虚拟机的需求。尽管虚拟机上下文（通常指主存和辅存空间）实际上是相互隔离的，但是它们仍然会共享处理器核和系统总线。因此，每个虚拟机的可能硬件资源被主机的最大处理能力及可能的系统带宽限制。在虚拟机的调度过程中，要防止已创建的虚拟机对处理能力的需求超过主机的能力。为了在不同环境下模拟不同的调度策略，CloudSim 支持两种层次的虚拟机调度：主机层和虚拟机层。在主机层指定每个处理核可以分配给虚拟机的处理能力；在虚拟机层，虚拟机为在其内运行的单个应用服务（任务单元）分配一个固定的可用处理器能力。

在上述的每一层，CloudSim 都实现了基于时间共享和空间共享的调度策略。为了清楚地解释这些策略之间的区别及它们对应用服务性能的影响，可参见图 5-5 所示的简单虚拟机调度场景。

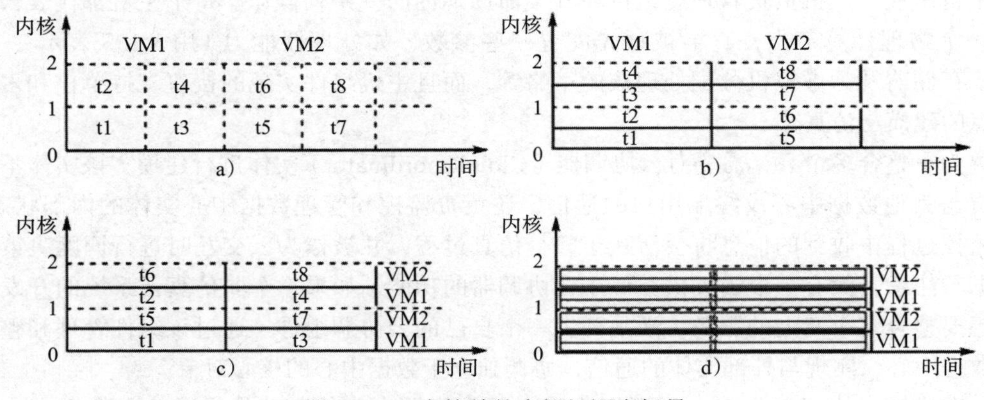

图 5-5　一个简单的虚拟机调度场景

图 5-5 中，一台拥有两个 CPU 内核的主机将要运行两个虚拟机，每个虚拟机需要两个内核并要运行 4 个任务单元。更具体来说，VM1 上将运行任务 t1、t2、t3、t4，而 VM2 上将运行任务 t5、t6、t7、t8。

图 5-5a 中的虚拟机和任务单元均采用空间共享策略。由于采用空间共享模式，且虚拟机需要两个内核，因此在特定时间段内只能运行一个虚拟机。所以，VM2 只能在 VM1 上执行完任务单元才会被分配内核。VM1 中的任务调度也是一样的，由于每个任务单元只需要一个内核，因此 t1 和 t2 可以同时执行，t3、t4 则在执行队列中等待 t1、t2 完成后再执行。

图 5-5b 中的虚拟机采用空间共享策略，任务单元采用时间共享策略。因此，在虚拟机的生命周期内，所有分配给虚拟机的任务单元在其生命周期内动态地切换上下文环境。

图 5-5c 中的虚拟机采用时间共享策略，任务单元采用空间共享策略。这种情况下，每个虚拟机都会收到内核分配的时间片，然后将这些时间片以空间共享的方式分配给任务单元。由于任务单元基于空间共享策略，这就意味着对于一台虚拟机，在任何一个时间段内，内核只会执行一个任务。

图 5-5d 中的虚拟机和任务单元采用时间共享策略。所有虚拟机共享处理器能力，且每个虚拟机同时将共享的能力分给其任务单元。这种情况下，任务单元不存在排队延时。

（4）虚拟机服务层

这一层提供了对虚拟机生命周期的管理，如将主机分配给虚拟机、虚拟机创建、虚拟机销毁和虚拟机迁移，以及对任务单元的操作。

（5）用户接口结构层

该层提供了任务单元和虚拟机实体的接口。

3. 用户代码层

CloudSim 的最高层是用户代码层，该层提供了一些基本的实体，如主机（机器的数量、特征等）、应用（任务数和需求）、虚拟机，还有用户数量和应用类型，以及代理调度策略等。通过扩展这一层提供的基本实体，云应用开发人员能够进行以下活动。

- 生成工作负载分配请求和应用配置请求。
- 模拟云可用性场景，并基于自定义的配置进行稳健性测试。
- 为云及联合云实现了自定义的应用调度技术。

5.1.2 CloudSim 3.0 API

CloudSim 3.0 的 API 如图 5-6 所示。有关 CloudSim API 的详细信息，可以通过访问 http://www.cloudbus.org/cloudsim/doc/api/index.html 获取。

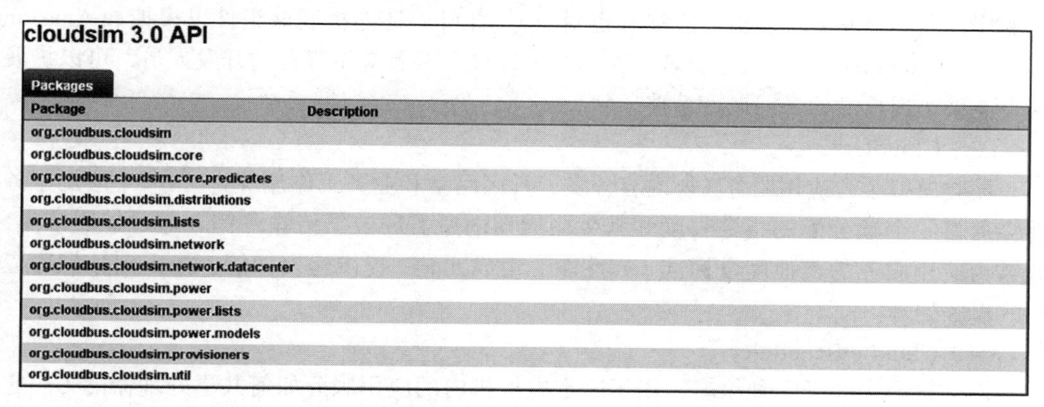

cloudsim 3.0 API

Packages

Package	Description
org.cloudbus.cloudsim	
org.cloudbus.cloudsim.core	
org.cloudbus.cloudsim.core.predicates	
org.cloudbus.cloudsim.distributions	
org.cloudbus.cloudsim.lists	
org.cloudbus.cloudsim.network	
org.cloudbus.cloudsim.network.datacenter	
org.cloudbus.cloudsim.power	
org.cloudbus.cloudsim.power.lists	
org.cloudbus.cloudsim.power.models	
org.cloudbus.cloudsim.provisioners	
org.cloudbus.cloudsim.util	

图 5-6 CloudSim 3.0 API

CloudSim 云模拟器的类设计图如图 5-7 所示，本节详细介绍 CloudSim 的基础类，这些类是构建模拟器的基础。

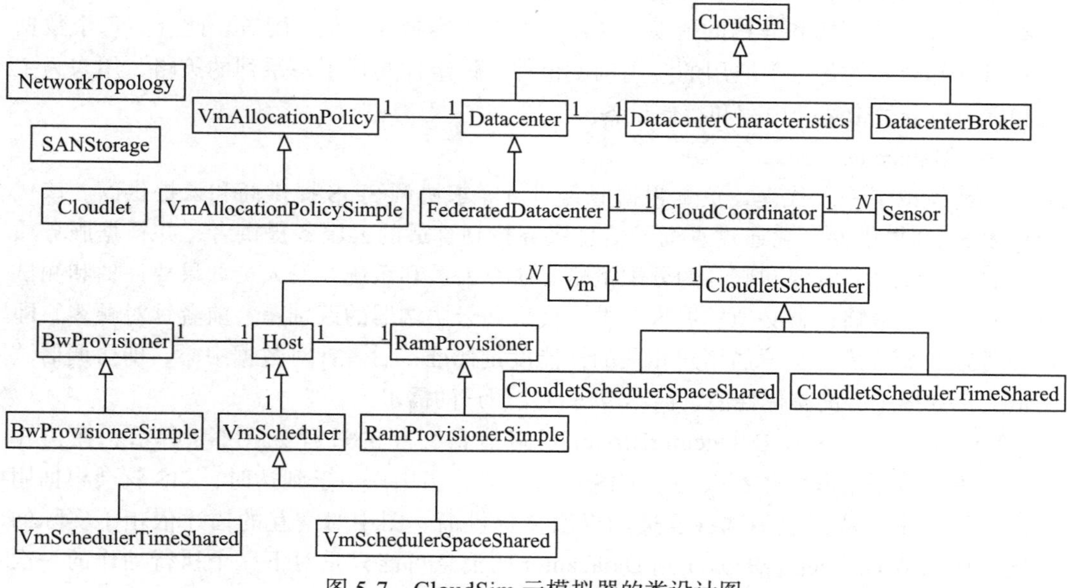

图 5-7 CloudSim 云模拟器的类设计图

主要类的功能描述如下。

（1）BwProvisioner

该抽象类用于模拟虚拟机的带宽分配策略。云系统开发和研究人员可以通过扩展这个类反映其应用的需求变化，实现自己的策略（基于优先级或服务质量）。BwProvisionerSimple允许虚拟机保留尽可能多的带宽，并受主机总可用带宽的限制。

（2）CloudCoordinator

该抽象类整合了云数据中心，负责周期性地监控数据中心资源的内部状态和执行动态负载均衡的决策。这个组件的具体实现包括专门的传感器和负载均衡过程中需要遵循的策略。updateDatacenter() 方法通过查询传感器实现对数据中心资源的监控。SetDatacenter() 抽象方法实现了服务 / 资源的发现机制，这个方法可以被扩展以实现自定义的协议及发现机制（多播、广播和点对点）。此外，还能扩展该组件以模拟如 Amazon EC2 Load-Balancer 的云服务。若要在多个云环境下部署应用服务的开发人员，可以扩展这个类来实现自己的云间调度策略。

（3）Cloudlet

该类模拟了云应用服务（如内容分发、社区网络和业务工作流等）。每一个应用服务都会拥有一个预分配的指令长度和其生命周期内所需的数据传输开销。通过扩展该类，能够为应用服务的其他度量标准（如性能、组成元素）提供建模功能，如面向数据库应用的事务处理。

（4）CloudletScheduler

该类扩展实现了多种策略，用于决定虚拟机内的应用服务如何共享处理器能力。它支持两种调度策略：空间共享（CloudletSchedulerSpaceShared）策略和时间共享（CloudletSchedulerTimeShared）策略。

（5）Datacenter

该类模拟了云提供商提供的核心基础设施级服务（硬件），它封装了一系列的主机，这些主机都支持同构和异构的资源（内存、内核、容量和存储）配置。此外，每个数据中心组件都会实例化一个通用的应用调度组件，该组件实现了一系列的策略，用来为主机和虚拟机分配带宽、内存和存储设备。

（6）DatacenterBroker

该类模拟了一个代理，负责根据服务质量需求协调 SaaS 提供商和云提供商。该代理代表 SaaS 提供商，它通过查询云信息服务找到合适的云服务提供者，并根据服务质量的需求在线协商资源和服务的分配策略。研究人员和系统开发人员如果要评估和测试自定义的代理策略，就必须扩展这个类。代理和云协调器的区别是：前者针对顾客，即代理所做的决策是为了增加用户相关的性能度量标准；后者针对数据中心，即协调器试图最大化数据中心的整体性能，而不考虑特定用户的需求。

Datacenter、CIS 和 DatacenterBroker 之间信息交互的过程如图 5-8 所示。在仿真初期，每个数据中心实体都会通过 CIS 进行注册，当用户请求到达时，CIS 就会根据用户的应用请求，从列表中选择合适的云服务提供商。图中对交互的描述依赖于实际的情况，比如从 DatacenterBroker 到 Datacenter 的消息可能只是对下一个执行动作的一次确认。

（7）DatacenterCharacteristics

该类包含数据中心资源的配置信息。

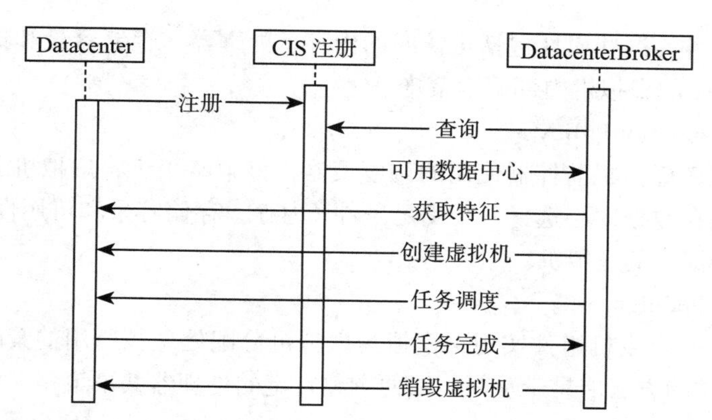

图 5-8 Datacenter、CIS 和 DatacenterBroker 之间信息交互的过程

（8）Host

该类模拟计算机、存储服务器等物理资源。它封装了一些重要信息，如内存、存储器的容量、处理器内核列表及类型（多核机器）、虚拟机之间共享处理能力的分配策略、为虚拟机分配内存和带宽的策略等。

（9）NetworkTopology

该类包含模拟网络行为（延时）的信息，其中保存了网络拓扑信息，该信息由 BRITE 拓扑生成器生成。

（10）RamProvisioner

该抽象类代表为虚拟机分配主存的策略。只有当 RamProvisioner 组件证实主机有足够的空闲主存时，虚拟机在其上的执行和部署操作才是可行的。RamProvisionerSimple 对虚拟机请求的主存大小不强加任何限制，但如果请求超过了可用的主存容量，则该请求就直接被拒绝。

（11）SanStorage

该类模拟了云数据中心的存储区域网，主要用于存储大量数据，类似于 Amazon S3、Azure Blob Storage 等。SanStorage 实现了一个简单的接口，该接口能够用来模拟存储和获取任意量的数据，但同时受限于网络带宽的可用性。在任务单元执行过程中访问 SAN 中的文件会增加额外的延时，因为数据文件在数据中心内部网络传输时会发生延时。

（12）Sensor

该接口的实现必须通过实例化一个能够被云协调器使用的传感器组件，用于监控特定的性能参数（能量消耗、资源利用）。该接口定义了如下方法。

- 为性能参数设置最小值和最大值。
- 周期性地更新测量值。

该类能够用于模拟由主流云提供商提供的真实服务，如 Amazon CloudWatch 和 Microsoft Azure FabricController 等。一个数据中心可以实例化一个或多个传感器，每一个传感器负责监控数据中心的一个特定性能参数。

（13）Vm

该类模拟了由主机组件托管和管理的虚拟机。每个虚拟机组件都能够访问存有虚拟机相关属性的组件，这些属性包括可访问的内存、处理器、存储容量和扩展自抽象组件 CloudletScheduler 的虚拟机内部调度策略。

（14）VmAllocationPolicy

该抽象类代表虚拟机监控器使用的调度策略，该策略用于将虚拟机分配给主机。该类的主要功能是在数据中心选择一个满足条件（内存、存储容量和可用性）的可用主机，把它提供给需要部署的虚拟机。

（15）VmScheduler

该抽象类由一个主机组件实现，模拟为虚拟机分配处理核所用的策略（空间共享和时间共享）。该类的方法能易于重写，以便调整特定的处理器共享策略。

5.2 CloudSim 环境搭建和使用方法

CloudSim 提供基于数据中心的虚拟机技术、虚拟化云的建模和仿真功能，支持云计算的资源管理和调度模拟。下面的内容将采用 CloudSim 5.0 进行说明，前述章节讲解的是 CloudSim 3.0 API，在后续的新版本中 API 并没有更新，仍然使用 3.0 版本的 API。CloudSim 5.0 版本和 3.0 版本的主要区别在于 5.0 版本进行了错误修复并添加了多种功能，包括容器、虚拟机扩展与性能监控功能以及多云上的 Web 应用程序建模。

5.2.1 环境配置

1. JDK 安装和配置

从 http://www.oracle.com/technetwork/java/javase/downloads/index.html 下载 JDK 最新版本并安装，CloudSim 需要运行在 JDK 1.6 以上版本。以 JDK 1.8.0_333 为例，默认的安装目录为 C:\Program Files\Java\jdk1.8.0_333。设置环境变量如下：新建系统变量 JAVA_HOME，将变量值设为 JDK 安装目录，即 C:\Program Files\Java\jdk1.8.0_333；在 Path 中加入路径 %JAVA_HOME%\bin；在 ClassPath 中加入路径 %JAVA_HOME%\lib\dt.jar、%JAVA_HOME%\lib\tools.jar。

2. 解压缩 CloudSim

从 http://www.cloudbus.org/cloudsim/ 下载 CloudSim，本书以 CloudSim 5.0 为例。将其解压缩到磁盘，例如 C:\cloudsim-5.0。

5.2.2 运行样例程序

1. 样例描述

在 C:\cloudsim-5.0\modules\cloudsim-examples\src\main\java\org\cloudbus\cloudsim\examples 目录下提供了一些 CloudSim 样例程序，包括 8 个基础样例程序以及多个网络仿真和能耗仿真的例子。基础样例模拟的环境如下。

- CloudSimExample1.java：创建一个一台主机、一个任务的数据中心。
- CloudSimExample2.java：创建一个一台主机、两个任务的数据中心。两个任务具有同样的处理能力和执行时间。

- CloudSimExample3.java：创建一个两台主机、两个任务的数据中心。两个任务对处理能力的需求不同，同时由于申请虚拟机的性能不同，所需执行时间也不相同。
- CloudSimExample4.java：创建两个数据中心，每个数据中心一台主机，并在其上运行两个云任务。
- CloudSimExample5.java：创建两个数据中心，每个数据中心一台主机，并在其上运行两个用户的云任务。
- CloudSimExample6.java：创建可扩展的仿真环境。
- CloudSimExample7.java：演示如何停止仿真。
- CloudSimExample8.java：演示如何在运行时添加实体。

网络仿真的例子通过读取文件构建网络拓扑，网络拓扑包括节点距离、边时延等信息。

能耗仿真的例子通过读取负载文件中的 CPU 利用率数据作为云任务的利用率，实现云任务负载的动态变化。例子通过动态迁移负载过高的主机中的虚拟机到负载低的主机，实现了负载动态适应的算法，并且应用能耗 -CPU 利用率模型计算数据中心消耗的能耗。

2. 运行步骤

需要安装 JDK 及 IDEA 集成开发环境。Java 版本要达到 1.6 或更高，CloudSim 和旧版本的 Java 不兼容，如果安装非 Sun 公司的 Java 版本，比如 GCJ 或 J++，也可能不兼容。本书使用 JDK1.8.0_333 和 IDEA 2020.2.3。

为了方便查看和修改代码，通常选择在 IDEA 中执行，操作步骤如下。

1）启动 IDEA 主程序，在 IDEA 主界面上选择 Open or Import 命令，（如图 5-9 所示），导入一个项目。

图 5-9　导入 Java 项目

2）根据 CloudSim 5.0 解压到磁盘的路径，选择 cloudsim-5.0 目录，注意要选择第一个带黑点的文件夹，然后单击 OK 按钮，如图 5-10 所示。

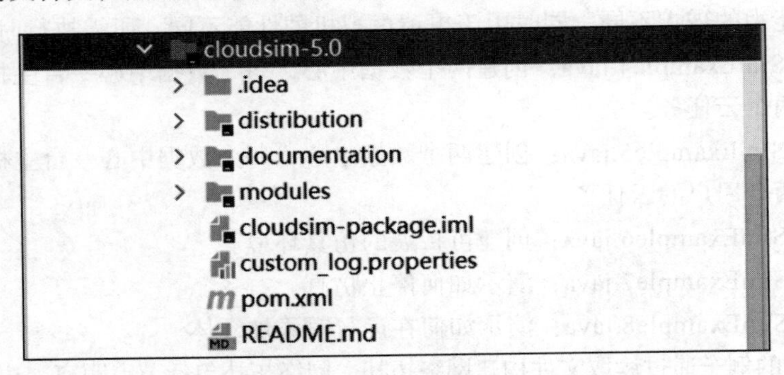

图 5-10　选择 CloudSim 目录

3）需要等待几分钟，直至所有文件导入完毕，如图 5-11 所示。

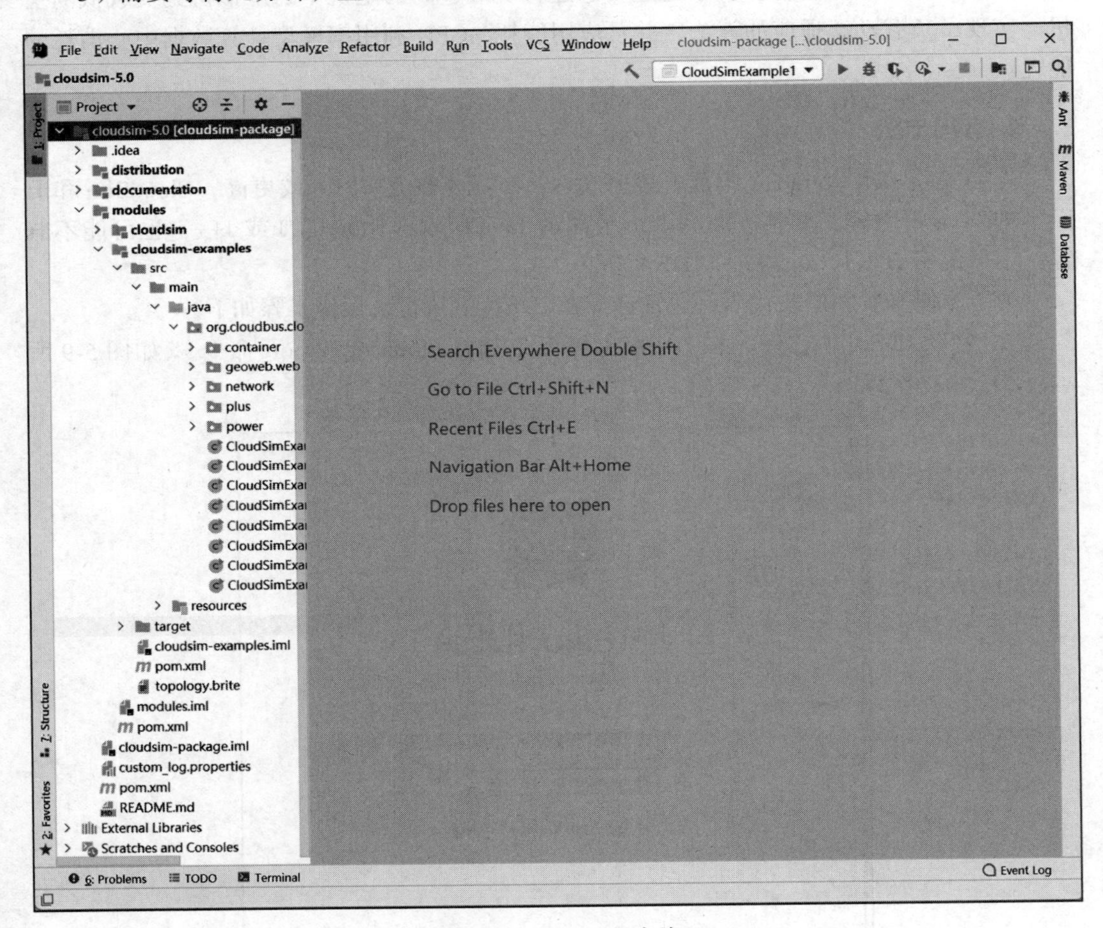

图 5-11　导入项目完毕

4）可以选择 org.cloudbus.cloudsim.examples 下的例子运行，这里运行 CloudSimExample1，如图 5-12 所示。程序的运行结果如图 5-13 所示。

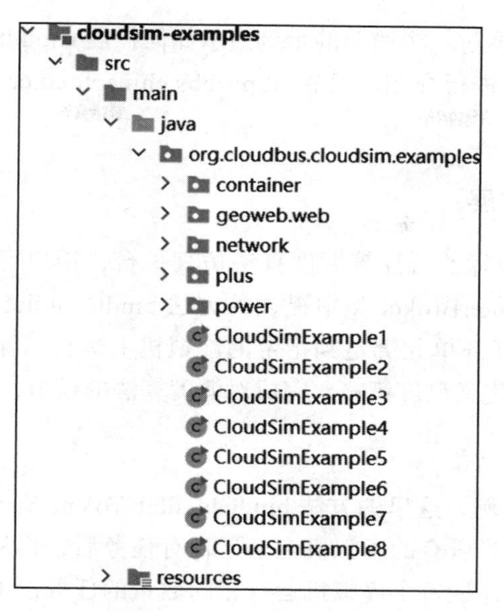

图 5-12　选择例子运行

```
Starting CloudSimExample1...
Initialising...
Starting CloudSim version 3.0
Datacenter_0 is starting...
Broker is starting...
Entities started.
0.0: Broker: Cloud Resource List received with 1 resource(s)
0.0: Broker: Trying to Create VM #0 in Datacenter_0
0.1: Broker: VM #0 has been created in Datacenter #2, Host #0
0.1: Broker: Sending cloudlet 0 to VM #0
400.1: Broker: Cloudlet 0 received
400.1: Broker: All Cloudlets executed. Finishing...
400.1: Broker: Destroying VM #0
Broker is shutting down...
Simulation: No more future events
CloudInformationService: Notify all CloudSim entities for shutting down.
Datacenter_0 is shutting down...
Broker is shutting down...
Simulation completed.
Simulation completed.

========== OUTPUT ==========
Cloudlet ID    STATUS    Data center ID    VM ID    Time    Start Time    Finish Time
    0        SUCCESS          2              0       400       0.1          400.1
CloudSimExample1 finished!
```

图 5-13　CloudSimExample1 运行结果

5.3　CloudSim 扩展编程

CloudSim 是开源的，可以运行在 Windows 和 Linux 操作系统上，为用户提供了一系列可扩展的实体和方法，通过扩展这些接口实现用户自己的调度或分配策略，进行相关的性能测试。下面将通过一个简单的示例演示如何扩展 CloudSim，受篇幅所限，本节仅以任务调度策略为例进行介绍。可在 http://bbs.chinacloud.cn 的教材板块下载相关源代码。

5.3.1 调度策略的扩展

CloudSim 提供了很好的云计算调度算法仿真平台，用户可以根据自身的要求调用适当的 API，如 DatacenterBroker 类中提供的方法 bindCloudletToVM（int cloudletId,int vmId)，实现了将一个任务单元绑定到指定的虚拟机上运行。除此之外，用户还可以对该类进行扩展，实现自定义调度策略，完成对调度算法的模拟，以及相关测试和实验。

1. 顺序分配策略

作为一个简单的示例，这里的方法 bindCloudletsToVmsSimple() 用于把一组任务顺序分配给一组虚拟机，当所有的虚拟机上都运行有任务后，再从第一个虚拟机开始重新分配任务，该方法尽量保证每个虚拟机运行相同数量的任务以平摊负载，而不考虑任务的需求及虚拟机之间的差别。

```
public void bindCloudletsToVmsSimple()
{
    int vmNum=vmList.size();
    int cloudletNum=cloudletList.size();
    int idx=0;
    for(int i=0;i<cloudletNum;i++)
    {   //将任务绑定到指定 id 的虚拟机
        cloudletList.get(i).setVmId(vmList.get(idx).getId());
        idx=(idx+1)%vmNum; //循环遍历虚拟机
    }
}
```

2. 贪心策略

实际上，任务之间和虚拟机之间的配置（参数）不可能完全一样。顺序分配策略实现简单，但是忽略了它们之间的差异因素，如任务的指令长度（MI）和虚拟机的执行速度（MIPS）等。这里为 DatacenterBroker 类再写一个新方法 bindCloudletsToVmsTimeAwared()，该方法采用贪心策略，希望让所有任务的完成时间接近最短，并只考虑 MI 和 MIPS 两个参数的区别。

通过分析 CloudSim 自带的样例程序，一个任务所需的执行时间等于任务的指令长度除以运行该任务的虚拟机的执行速度。读者也可以扩展相应的类，实现带宽、数据传输等对任务执行时间的影响。为了便于理解，不改变 CloudSim 当前的计算方式，即任务的执行时间只与 MI 和 MIPS 有关，在这个前提下，可以得出以下结论。

- 如果一个虚拟机上同时运行多个任务，不论使用空间共享还是时间共享，这些任务的总完成时间是一定的，因为任务的总指令长度和虚拟机的执行速度是一定的。
- 如果一个任务在某个虚拟机上的执行时间最短，那么它在其他虚拟机上的执行时间也是最短的。

- 如果一个虚拟机的执行速度最快，那么它不论执行哪个任务都比其他的虚拟机要快。

定义一个矩阵 time[*i*][*j*]，表示任务 *i* 在虚拟机 *j* 上所需的执行时间，显然 time[*i*][*j*]=MI[*i*]/MIPS[*j*]。在初始化矩阵 time 前，首先将任务按 MI 的大小降序排列，将虚拟机按 MIPS 的大小升序排列，注意重新排序后矩阵 time 的行号和任务 id 不再一一对应，列号和虚拟机 id 的对应关系也相应改变。初始化后，矩阵 time 的每一行、每一列的元素值都是降序排列的，然后再对 time 完成贪心算法。选用的贪心策略是：从矩阵中行号为 0 的任务开始，每次都尝试分配给最后一列对应的虚拟机，如果该选择相对于其他选择是最优的，就完成分配，否则将任务分配给运行任务最少的虚拟机，实现一种简单的负载均衡。这种方式反映了越复杂的任务越需要更快的虚拟机来处理，以解决复杂任务造成的瓶颈，减少所有任务的总执行时间。实现代码如下。

```
public void bindCloudletsToVmsTimeAwared()
{
    int cloudletNum=cloudletList.size();
    int vmNum=vmList.size();
    double[][] time=new double[cloudletNum][vmNum];
    //重新排列任务和虚拟机，需要导入包 java.util.Collections
    Collections.sort(cloudletList, new CloudletComparator());
    Collections.sort(vmList, new VmComparator());
    //初始化矩阵 time
    for(int i=0;i<cloudletNum;i++){
        for(int j=0;j<vmNum;j++){
            time[i][j]=(double)cloudletList.get(i).getCloudletLength()/vmList.
                get(j).getMips();
            }
    }
double[] vmLoad=new double[vmNum];    //某个虚拟机上任务的总执行时间
int[] vmTasks=new int[vmNum];         //某个虚拟机上运行的任务数
double minLoad=0;                     //记录当前任务分配方式的最优值
int idx=0;                            //记录当前任务最优分配方式对应的虚拟机列号

//将行号为 0 的任务直接分配给列号最大的虚拟机
vmLoad[vmNum-1]=time[0][vmNum-1];
vmTasks[vmNum-1]=1;
cloudletList.get(0).setVmId(vmList.get(vmNum-1).getId());
for(int i=1;i<cloudletNum;i++){
    minLoad=vmLoad[vmNum-1]+time[i][vmNum-1];
    idx=vmNum-1;
    for(int j=vmNum-2;j>=0;j--){
    //如果当前虚拟机还未分配任务，且其执行当前任务的时间小于等于最小时间
    if(vmLoad[j]==0){
        if(minLoad>=time[i][j]) {idx=j; break;}
    }
    //如果当前虚拟机分配了任务，且其执行当前任务后的时间小于最小时间
    if(minLoad>vmLoad[j]+time[i][j]){
        minLoad=vmLoad[j]+time[i][j];
        idx=j;
    }
    else if(minLoad==vmLoad[j]+time[i][j]&&vmTasks[j]<vmTasks[idx])
        idx=j;
    }
    //如果当前虚拟机分配了任务，且其执行当前任务后的时间等于最小时间，且其分配的任务数小于最优
```

```
        //分配方式对应的虚拟机
        vmLoad[idx]+=time[i][idx];
        vmTasks[idx]++;
        cloudletList.get(i).setVmId(vmList.get(idx).getId());
    }
    }
    //根据指令长度降序排列任务，需要导入包 java.util.Comparator
    private class CloudletComparator implements Comparator<Cloudlet>{
        public int compare(Cloudlet cl1,Cloudlet cl2){
            return (int)(cl2.getCloudletLength()-cl1. getCloudletLength());
        }
    }
    //根据执行速度升序排列虚拟机
    private class VmComparator implements Comparator<Vm>{
        public int compare(Vm vm1, Vm vm2) {
            return (int) (vm1.getMips() - vm2.getMips());
        }
        }
    }
```

5.3.2 仿真核心代码

用户可以根据自己的需求，对主机相关参数配置（机器数量及特点）、云计算应用（任务、数量和需求）、VM、用户和应用类型的数量及代理调度策略等方面进行仿真测试。

1. 仿真步骤

1）初始化 CloudSim 包。

2）创建数据中心。

a）创建主机列表。

b）创建 PE 列表。

c）创建 PE 并将其添加到上一步创建的 PE 列表中，可对其 ID 和 MIPS 进行设置。

d）创建主机，并将其添加到主机列表中，主机的配置参数有 ID、内存、带宽、存储、PE 及虚拟机分配策略（时间或空间共享）。

e）创建数据中心特征对象，用来存储数据中心的属性，包含体系结构、操作系统、机器列表、分配策略（时间、空间共享）、时区以及各项费用（内存、外存、带宽和处理器资源的费用）。

f）最后，创建一个数据中心对象，它的主要参数有名称、特征对象、虚拟机分配策略、用于数据仿真的存储列表以及调度间隔。

3）创建数据中心代理。数据中心代理负责在云计算中根据用户的 QoS 要求协调用户及服务供应商和部署服务任务。

4）创建虚拟机。对虚拟机的参数进行设置，主要包括 ID、用户 ID、MIPS、CPU 数量、内存、带宽、外存、虚拟机监控器、调度策略，并提交给任务代理。

5）创建云任务。创建指定参数的云任务，设定任务的用户 ID，并提交给任务代理。在这一步可以设置需要创建的云任务数量以及任务长度等信息。

6）在这一步调用自定义的任务调度策略，分配任务到虚拟机。

7）启动仿真。

8）在仿真结束后统计结果。

2. 详细实现代码

下面通过注释的方式讲解贪心策略的仿真核心代码，在 org.cloudbus.cloudsim.examples 包中新建类 ExtendedExample2，实现代码如下。

```
package org.cloudbus.cloudsim.examples;
import java.text.DecimalFormat;
import java.util.*;
import org.cloudbus.cloudsim.*;
import org.cloudbus.cloudsim.core.CloudSim;
import org.cloudbus.cloudsim.provisioners.*;

//测试调度策略的仿真核心代码
public class ExtendedExample2{
private static List<Cloudlet> cloudletList;  //任务列表
private static int cloudletNum=10;           //任务总数
private static List<Vm> vmList;              //虚拟机列表
private static int vmNum=5;                  //虚拟机总数

public static void main(String[] args){
    Log.printLine("Starting ExtendedExample2...");
    try{
        int num_user=1;
        Calendar calendar = Calendar.getInstance();
        Boolean trace_flag = false;
        // 第一步：初始化 CloudSim 包
        CloudSim.init(num_user, calendar, trace_flag);
        // 第二步：创建数据中心
        Datacenter datacenter0 = createDatacenter("Datacenter_0");
        // 第三步：创建数据中心代理
        DatacenterBroker broker = createBroker();
        int brokerId = broker.getId();
        //设置虚拟机参数
        int vmid = 0;
        int[] mipss = new int[]{278,289,132,209,286};
        long size = 10000;
        int ram = 2048;
        long bw = 1000;
        int pesNumber = 1;
        String vmm = "Xen";
        // 第四步：创建虚拟机
        vmList = new ArrayList<Vm>();
        for(int i=0;i<vmNum;i++){
            vmList.add(new Vm(vmid,brokerId,mipss[i],pesNumber,ram,bw,size,vm
                m,new CloudletSchedulerSpaceShared()));
            vmid++;
        }
        //提交虚拟机列表
        broker.submitVmList(vmList);
        //任务参数
        int id = 0;
        long[] lengths = new long[]{19365,49809,30218,44157,16754,18336,20045,31493,
```

```
            30727,31017};
        long fileSize = 300;
        long outputSize = 300;
        UtilizationModel utilizationModel = new UtilizationModelFull();
        // 第五步：创建云任务
        cloudletList = new ArrayList<Cloudlet>();
        for(int i=0;i<cloudletNum;i++){
            Cloudlet cloudlet = new Cloudlet(id,lengths[i],pesNumber,fileSize,outputSize,
            utilizationModel, utilizationModel, utilizationModel);
            cloudlet.setUserId(brokerId);
            cloudletList.add(cloudlet);
            id++;
        }
        //提交任务列表
        broker.submitCloudletList(cloudletList);
        // 第六步：绑定任务到虚拟机
        broker.bindCloudletsToVmsTimeAwared();
        broker.bindCloudletsToVmsSimple();
        // 第七步：启动仿真
        CloudSim.startSimulation();
        // 第八步：统计结果并输出结果
        List<Cloudlet> newList = broker.getCloudletReceivedList();
        CloudSim.stopSimulation();
        printCloudletList(newList);
        Log.printLine("ExtendedExample2 finished!");
    }catch(Exception e){
            e.printStackTrace();
            Log.printLine("Unwanted errors happen");
    }
}

// 下面是创建数据中心的步骤
private static Datacenter createDatacenter(String name){
    //1.创建主机列表
    List<Host> hostList = new ArrayList<Host>();
    //PE及主机参数
    int mips = 1000;
    int hostId = 0;
    int ram = 2048;
    long storage = 1000000;
    int bw = 10000;
    for(int i=0;i< vmNum;i++){
        //2.创建PE列表
        List<Pe> peList = new ArrayList<Pe>();
        //3.创建PE并加入列表
        peList.add(new Pe(0,new PeProvisionerSimple(mips)));
        //4.创建主机并加入列表
        hostList.add(new Host(hostId, new RamProvisionerSimple(ram), new
            BwProvisionerSimple(bw), storage, peList, new VmSchedulerTimeShar
            ed(peList)));
        hostId++;
        }

    //数据中心特征参数
    String arch = "x86";
    String os = "Linux";
```

```
        String vmm = "Xen";
        double time_zone = 10.0;
        double cost = 3.0;
        double costPerMem = 0.05;
        double costPerStorage = 0.001;
        double costPerBw = 0.0;
        LinkedList<Storage> storageList = new LinkedList<Storage>();
        //5.创建数据中心特征对象
        DatacenterCharacteristics characteristics = new DatacenterCharacteristics
            (arch,os,vmm,hostList,time_zone,cost,costPerMem,costPerStorage,costPe
            rBw);
        //6.创建数据中心对象
        Datacenter datacenter = null;
        try{
            datacenter = new Datacenter(name,characteristics, new VmAllocationPol
                icySimple(hostList),storageList,0);
        }catch(Exception e){
                e.printStackTrace();
        }
        return datacenter;
    }

    //创建数据中心代理
    private static DatacenterBroker createBroker(){
        DatacenterBroker broker = null;
        try{
        broker = new DatacenterBroker("Broker");
        }catch(Exception e){
        e.printStackTrace();
        return null;
        }
        return broker;
    }

    //输出统计信息
    private static void printCloudletList(List<Cloudlet> list){
        int size = list.size();
        Cloudlet cloudlet;
        String indent = "    ";
        Log.printLine();
        Log.printLine("==========OUTPUT==========");
        Log.printLine("Cloudlet ID" + indent + "STATUS" + indent +
        "Datacenter ID" + indent + "VM ID" + indent +
        "Time" + indent + "Start Time" + indent + "Finish Time");
                DecimalFormat dft = new DecimalFormat("###.##");
        for(int i = 0;i<size;i++){
            cloudlet = list.get(i);
            Log.print(indent + cloudlet.getCloudletId() + indent + indent);
            if(cloudlet.getCloudletStatus() == Cloudlet.SUCCESS){
                Log.print("SUCCESS");
                Log.printLine(indent + indent + cloudlet.getResourceId() + indent +
                indent + indent + cloudlet.getVmId() + indent + indent +
                dft.format(cloudlet.getActualCPUTime()) + indent +
                indent + dft.format(cloudlet.getExecStartTime()) + indent +
                    indent + dft.format(cloudlet.getFinishTime()));
                }
```

```
        }
    }
}
```

3. 运行结果分析

由于虚拟机对任务分配使用了空间共享策略，因此运行在同一个虚拟机上的任务必须按顺序完成。图 5-14 为基于贪心策略的仿真结果，图中显示任务 7、8 被分配到虚拟机 0 上运行，从任务开始执行的时间来看，任务 8 确实是在任务 7 完成后执行的。图中还显示了所有任务的最终分配结果及运行情况，用户可以据此验证自己的调度策略是否符合要求。图 5-15 为基于顺序分配策略的仿真结果，该方法的总执行时间为 467.6，而贪心策略只需要 283.16，节省了约 39% 的时间。

```
========== OUTPUT ==========
Cloudlet ID    STATUS    Data center ID    VM ID    Time    Start Time    Finish Time
    7         SUCCESS         2              0      113.28     0.1          113.38
    9         SUCCESS         2              3      148.4      0.1          148.5
    3         SUCCESS         2              4      154.39     0.1          154.49
    1         SUCCESS         2              1      172.35     0.1          172.45
    8         SUCCESS         2              0      110.53   113.38         223.91
    6         SUCCESS         2              4       70.09   154.49         224.58
    2         SUCCESS         2              2      228.92     0.1          229.02
    5         SUCCESS         2              3       87.73   148.5          236.23
    0         SUCCESS         2              1       67      172.45         239.45
    4         SUCCESS         2              4       58.58   224.58         283.16
ExtendeExample2 finished!
```

图 5-14　基于贪心策略的仿真结果

```
========== OUTPUT ==========
Cloudlet ID    STATUS    Data center ID    VM ID    Time    Start Time    Finish Time
    4         SUCCESS         2              4       58.58     0.1           58.68
    0         SUCCESS         2              0       69.66     0.1           69.76
    5         SUCCESS         2              0       65.96    69.76         135.71
    9         SUCCESS         2              4      108.45    58.68         167.13
    1         SUCCESS         2              1      172.35     0.1          172.45
    3         SUCCESS         2              3      211.28     0.1          211.38
    2         SUCCESS         2              2      228.92     0.1          229.02
    6         SUCCESS         2              1       69.36   172.45         241.8
    8         SUCCESS         2              3      147.02   211.38         358.39
    7         SUCCESS         2              2      238.58   229.02         467.6
ExtendeExample2 finished!
```

图 5-15　基于顺序分配策略的仿真结果

5.3.3　平台重编译

实现自定义的调度算法后，用户就可以重新编译并打包 CloudSim，来测试或发布自己的新平台。CloudSim 平台重编译主要通过 Ant 工具完成。

从 http://ant.apache.org/ 下载 Ant 工具，本书使用的版本为 1.8.2，将其解压到目录 C:\apache-ant-1.8.2。设置环境变量，在 Path 中加入 C:\apache-ant-1.7.1\bin。将命令行切换到扩展的 CloudSim 路径（build.xml 所在目录），在命令行下输入命令 C:\cloudsim-3.0.0>ant，批量编译 CloudSim 源文件，生成的文件会按照 bulid.xml 的设置存储到指定

位置，编译成功后自动打包生成cloudsim-new.jar并存放在C:\cloudsim-3.0.0\jars目录下。生成扩展的CloudSim平台后，在环境变量ClassPath中增加路径C:\CloudSim\jars\cloudsim-new.jar。根据前面介绍的步骤即可在新的平台下编写自己的仿真验证程序。

5.4 CloudSim的编程实践

5.4.1 CloudSim任务调度编程

下面讲解org.cloudbus.cloudsim.examples包中的CloudSimExample1和CloudSim-Example4。

CloudSimExample1创建了一台主机、一个任务的数据中心，展示了数据中心、代理、主机、虚拟机、云任务等的简单使用以及云仿真的基本流程。这是一个最简单、最基本的程序。通过这一例子可以了解使用CloudSim仿真的基本步骤，以及基本类的使用方法。云仿真的基本步骤如下。

1）初始化CloudSim包。

2）创建数据中心Datacenter，在创建过程中创建主机列表List<Host> hostList。

3）创建数据中心代理DatacenterBroker。

4）创建虚拟机Vm。

5）创建云任务Cloudlet。

6）启动仿真。

7）统计结果并输出结果。

其代码如下。

```
public class CloudSimExample1 {
    private static List<Cloudlet> cloudletList; //任务列表
    private static List<Vm> vmlist;             //虚拟机列表
    public static void main(String[] args) {
        Log.printLine("Starting CloudSimExample1…");
        try {
            // 第一步：初始化CloudSim包，必须在创建实体前调用
            int num_user = 1;                   // 用户数
            Calendar calendar = Calendar.getInstance();
            boolean trace_flag = false;         // 表示是否跟踪
            CloudSim.init(num_user, calendar, trace_flag);
            // 第二步：创建数据中心
            // 数据中心是云资源的提供者，至少需要一个数据中心来模拟云实验
            Datacenter datacenter0 = createDatacenter("Datacenter_0");
            //第三步：创建数据中心代理
            DatacenterBroker broker = createBroker();
            int brokerId = broker.getId();
            //第四步：创建虚拟机
            vmlist = new ArrayList<Vm>();
            //设置虚拟机参数
            int vmid = 0;           //虚拟机id
            int mips = 1000;        //主频(MB)
            long size = 10000;      //硬盘(MB)
            int ram = 512;          //虚拟机内存(MB)
```

```
            long bw = 1000;                                 //带宽(MB)
            int pesNumber = 1;                              //CPU核数
            String vmm = "Xen";                             // VMM名
            //创建虚拟机
            Vm vm = new Vm(vmid, brokerId, mips, pesNumber, ram, bw, size, vmm,
                new CloudletSchedulerTimeShared());  //云任务调度使用时间共享策略
            // 添加到虚拟机列表
            vmlist.add(vm);
            //将虚拟机列表提交到代理
            broker.submitVmList(vmlist);
            //第五步:创建云任务
            cloudletList = new ArrayList<Cloudlet>();
            //任务参数
            int id = 0;                                     //任务id
            long length = 400000;                           //任务计算量
            long fileSize = 300;                            //文件大小,影响传输的带宽花销
            long outputSize = 300;                          //输出文件大小,影响传输的带宽花销
            UtilizationModel utilizationModel = new UtilizationModelFull();
            // 添加任务到任务列表
            cloudletList.add(cloudlet);
            Cloudlet cloudlet = new Cloudlet(id, length, pesNumber,
                fileSize, outputSize, utilizationModel, utilizationModel,
                utilizationModel);
            cloudlet.setUserId(brokerId);                   //设置任务用户Id
            cloudlet.setVmId(vmid);                         //设置虚拟机Id
            // 提交任务列表
            broker.submitCloudletList(cloudletList);
            //第六步:启动仿真
            CloudSim.startSimulation();
            CloudSim.stopSimulation();
            //第七步:统计结果并输出结果
            List<Cloudlet> newList = broker.getCloudletReceivedList();
            printCloudletList(newList);

            Log.printLine("CloudSimExample1 finished!");
        } catch (Exception e) {
            e.printStackTrace();
            Log.printLine("Unwanted errors happen");
        }
    }
    private static Datacenter createDatacenter(String name) {// 创建一个数据中心
        // 1. 创建主机列表
        List<Host> hostList = new ArrayList<Host>();
        // 2. 创建主机包含的PE或者CPU处理器列表
        // 这个例子中,主机CPU只有一个核芯
        List<Pe> peList = new ArrayList<Pe>();  //Pe是CPU单元
        int mips = 1000;                        //Pe速率
        // 3. 创建核芯并将其添加到核芯列表
        peList.add(new Pe(0, new PeProvisionerSimple(mips)));
        // 4. 创建主机并将其添加到主机列表
        int hostId = 0;
        int ram = 2048;                                     //内存 (MB)
        long storage = 1000000;                             //硬盘存储
        int bw = 10000;                                     //带宽
        hostList.add(new Host(hostId, new RamProvisionerSimple(ram),
                new BwProvisionerSimple(bw), storage, peList,
```

```
            new VmSchedulerTimeShared(peList)) //虚拟机使用时间共享策略
    );
    // 5. 创建存储数据中心属性的数据中心特征对象
    String arch = "x86";                   //系统架构
    String os = "Linux";                   //操作系统
    String vmm = "Xen";                    //虚拟机监视器
    double time_zone = 10.0;               //时区
    double cost = 3.0;                     //单位时间成本
    double costPerMem = 0.05;              //单位内存成本
    double costPerStorage = 0.001;         //单位存储成本
    double costPerBw = 0.0;                //单位带宽成本
    LinkedList<Storage> storageList = new LinkedList<Storage>(); //存储列表
    DatacenterCharacteristics characteristics = new DatacenterCharacteristics
        (arch, os, vmm, hostList, time_zone, cost, costPerMem, costPerStorage,
        costPerBw);
    // 6. 创建数据中心对象
    Datacenter datacenter = null;
    try {datacenter = new Datacenter(name, characteristics, new VmAllocat
        ionPolicySimple(hostList), storageList, 0);
    } catch (Exception e) {
        e.printStackTrace();
    }
    return datacenter;
}
private static DatacenterBroker createBroker() {//创建数据中心代理
    DatacenterBroker broker = null;
    try {
        broker = new DatacenterBroker("Broker");
    } catch (Exception e) {
        e.printStackTrace();
        return null;
    }
    return broker;
}
private static void printCloudletList(List<Cloudlet> list) {//打印云任务的
    运行结果
    int size = list.size();
    Cloudlet cloudlet;
    String indent = "    ";
    Log.printLine();
    Log.printLine("========== OUTPUT ==========");
    Log.printLine("Cloudlet ID" + indent + "STATUS" + indent
            + "Data center ID" + indent + "VM ID" + indent + "Time" + indent
            + "Start Time" + indent + "Finish Time");
    DecimalFormat dft = new DecimalFormat("###.##");
    for (int i = 0; i < size; i++) {
        cloudlet = list.get(i);
        Log.print(indent + cloudlet.getCloudletId() + indent + indent);
        if (cloudlet.getCloudletStatus() == Cloudlet.SUCCESS) {
            Log.print("SUCCESS");
            Log.printLine(indent + indent + cloudlet.getResourceId()
                    + indent + indent + indent + cloudlet.getVmId()
                    + indent + indent + dft.format(cloudlet.getActualCPUTime())
                    + indent + indent + dft.format(cloudlet.getExecStartTime())
                    + indent + indent + dft.format(cloudlet.getFinishTime()));
        }
```

```
        }

    }
}
```

运行结果如下：

```
========== OUTPUT ==========
Cloudlet ID   STATUS   Data center ID   VM ID   Time   Start Time   Finish Time
    0         SUCCESS        2            0      400      0.1          400.1
CloudSimExample1 finished!
```

CloudSimExample4 展示了如何创建两个数据中心，每个数据中心有一台主机，并在其上运行两个云任务。代理会自动为虚拟机选择在哪个数据中心的哪个主机上创建的工作。

CloudSimExample4.java 的代码如下。

```
public static void main(String[] args) {
    Log.printLine("Starting CloudSimExample4...");
    try {
        // 第一步：初始化 CloudSim
        int num_user = 1;
        Calendar calendar = Calendar.getInstance();
        boolean trace_flag = false;
        CloudSim.init(num_user, calendar, trace_flag);
        // 第二步：创建数据中心
        // 创建两个数据中心
        Datacenter datacenter0 = createDatacenter("Datacenter_0");
        Datacenter datacenter1 = createDatacenter("Datacenter_1");
        // 第三步：创建数据中心代理
        DatacenterBroker broker = createBroker();
        int brokerId = broker.getId();
        // 第四步：创建虚拟机
        vmlist = new ArrayList<Vm>();
        // 虚拟机属性
        int vmid = 0;
        int mips = 250;
        long size = 10000;
        int ram = 512;
        long bw = 1000;
        int pesNumber = 1;
        String vmm = "Xen";
        // 创建两个虚拟机
        Vm vm1 = new Vm(vmid, brokerId, mips, pesNumber, ram, bw, size, vmm,
            new CloudletSchedulerTimeShared());
        vmid++;
        Vm vm2 = new Vm(vmid, brokerId, mips, pesNumber, ram, bw, size, vmm,
            new CloudletSchedulerTimeShared());
        // 添加虚拟机到虚拟机列表
        vmlist.add(vm1);
        vmlist.add(vm2);
        // 将虚拟机列表提交到代理
        broker.submitVmList(vmlist);
        // 第五步：创建两个任务
        cloudletList = new ArrayList<Cloudlet>();
```

```
            // 任务参数
            int id = 0;
            long length = 40000;
            long fileSize = 300;
            long outputSize = 300;
            UtilizationModel utilizationModel = new UtilizationModelFull();
            Cloudlet cloudlet1 = new Cloudlet(id, length, pesNumber, fileSize,
                outputSize, utilizationModel, utilizationModel, utilizationModel);
            cloudlet1.setUserId(brokerId);
            id++;
            Cloudlet cloudlet2 = new Cloudlet(id, length, pesNumber, fileSize,
                outputSize, utilizationModel, utilizationModel, utilizationModel);
            cloudlet2.setUserId(brokerId);
            // 添加任务到任务列表
            cloudletList.add(cloudlet1);
            cloudletList.add(cloudlet2);
            // 提交任务列表
            broker.submitCloudletList(cloudletList);
            // 代理绑定任务与虚拟机
            // 绑定后任务只在对应的虚拟机上运行
            broker.bindCloudletToVm(cloudlet1.getCloudletId(),vm1.getId());
            broker.bindCloudletToVm(cloudlet2.getCloudletId(),vm2.getId());
            // 第六步：启动仿真
            CloudSim.startSimulation();
            // 第七步：统计结果并输出结果
            List<Cloudlet> newList = broker.getCloudletReceivedList();
            CloudSim.stopSimulation();
            printCloudletList(newList);

            Log.printLine("CloudSimExample4 finished!");
        }
        catch (Exception e) {
            e.printStackTrace();
            Log.printLine("The simulation has been terminated due to an unexpected
                error");
        }
    }
```

运行结果如下：

```
Starting CloudSimExample4...
Initialising...
Starting CloudSim version 3.0
Datacenter_0 is starting...
Datacenter_1 is starting...
Broker is starting...
Entities started.
0.0: Broker: Cloud Resource List received with 2 resource(s)
0.0: Broker: Trying to Create VM #0 in Datacenter_0
0.0: Broker: Trying to Create VM #1 in Datacenter_0
[VmScheduler.vmCreate] Allocation of VM #1 to Host #0 failed by MIPS
0.1: Broker: VM #0 has been created in Datacenter #2, Host #0
0.1: Broker: Creation of VM #1 failed in Datacenter #2
0.1: Broker: Trying to Create VM #1 in Datacenter_1
0.2: Broker: VM #1 has been created in Datacenter #3, Host #0
0.2: Broker: Sending cloudlet 0 to VM #0
```

```
0.2: Broker: Sending cloudlet 1 to VM #1
160.2: Broker: Cloudlet 0 received
160.2: Broker: Cloudlet 1 received
160.2: Broker: All Cloudlets executed. Finishing...
160.2: Broker: Destroying VM #0
160.2: Broker: Destroying VM #1
Broker is shutting down...
Simulation: No more future events
CloudInformationService: Notify all CloudSim entities for shutting down.
Datacenter_0 is shutting down...
Datacenter_1 is shutting down...
Broker is shutting down...
Simulation completed.
Simulation completed.

========== OUTPUT ==========
Cloudlet ID  STATUS  Data center ID  VM ID  Time  Start Time  Finish Time
    0        SUCCESS       2           0     160     0.2        160.2
    1        SUCCESS       3           1     160     0.2        160.2
CloudSimExample4 finished!
```

值得注意的是，由于数据中心的主机都使用了 VmSchdeulerSpaceShared 策略，createDatacenter() 函数的代码如下，而主机只有一个 CPU 核芯，故 VM#1 创建失败。

```
hostList.add(new Host(hostId, new RamProvisionerSimple(ram), new BwProvisionerSimple
    (bw), storage, peList, new VmSchedulerSpaceShared(peList)));
```

5.4.2 CloudSim 网络编程

以 org.cloudbus.cloudsim.examples.network.NetworkExample1 为例，该例子展示了如何创建一个有网络拓扑的数据中心并在其上运行一个云任务。该例子通过读取 topology.brite 文件来构造网络拓扑结构。网络拓扑结构的信息包括节点的位置、节点间的有向边、边时延、边带宽等。网络拓扑结构能够模拟基于网络位置、时延、带宽等的网络环境，以便有效地计算网络传输造成的花销。与前面例子不同的是，网络编程需要调用 org.cloudbus.cloudsim.NetworkTopology 构造网络拓扑图，然后把 CloudSim 实体与拓扑图中的节点进行映射。

```
public static void main(String[] args) {
    Log.printLine("Starting NetworkExample1...");
    try {
        // 第一步：初始化 CloudSim
        int num_user = 1;
        Calendar calendar = Calendar.getInstance();
        boolean trace_flag = false;
        CloudSim.init(num_user, calendar, trace_flag);
        //第二步：创建数据中心
        Datacenter datacenter0 = createDatacenter("Datacenter_0");
        //第三步：创建代理
        DatacenterBroker broker = createBroker();
        int brokerId = broker.getId();
        //第四步：创建一个虚拟机
        vmlist = new ArrayList<Vm>();
        //虚拟机参数
```

```
            int vmid = 0;
            int mips = 250;
            long size = 10000;
            int ram = 512;
            long bw = 1000;
            int pesNumber = 1;
            String vmm = "Xen";
            //创建虚拟机
            Vm vm1 = new Vm(vmid, brokerId, mips, pesNumber, ram, bw, size, vmm,
                new CloudletSchedulerTimeShared());
            vmlist.add(vm1);
            //提交虚拟机列表到代理
            broker.submitVmList(vmlist);
            //第五步：创建一个任务
            cloudletList = new ArrayList<Cloudlet>();
            //任务参数
            int id = 0;
            long length = 40000;
            long fileSize = 300;
            long outputSize = 300;
            UtilizationModel utilizationModel = new UtilizationModelFull();
            Cloudlet cloudlet1 = new Cloudlet(id, length, pesNumber, fileSize,
                outputSize, utilizationModel, utilizationModel, utilizationModel);
            cloudlet1.setUserId(brokerId);
            cloudletList.add(cloudlet1);
            //提交任务列表到代理
            broker.submitCloudletList(cloudletList);
            //第六步：配置网络
            //加载网络拓扑文件
            NetworkTopology.buildNetworkTopology("topology.brite");
            //注意：直接运行该例子可能会运行失败，报错找不到topology.brite
            //解决方法：方法一：将buildNetworkTopology()中的参数改为topology.
            // brite
            //的绝对路径；方法二：把topology.brite复制到项目的根目录下
            //将CloudSim实体与拓扑图中的对象建立映射
            //数据中心对应拓扑图的节点0
            int briteNode=0;
            NetworkTopology.mapNode(datacenter0.getId(),briteNode);
            //代理对应拓扑图中的节点3
            briteNode=3;
            NetworkTopology.mapNode(broker.getId(),briteNode);
            // 第七步：启动仿真
            CloudSim.startSimulation();
            //第八步：统计结果并输出
            List<Cloudlet> newList = broker.getCloudletReceivedList();
            CloudSim.stopSimulation();
            printCloudletList(newList);
            Log.printLine("NetworkExample1 finished!");
        }
        catch (Exception e) {
            e.printStackTrace();
            Log.printLine("The simulation has been terminated due to an unexpected
                error");
        }
    }
```

topology.brite 如下：

```
Topology: ( 5 Nodes, 8 Edges )
Model (1 - RTWaxman):  5 5 5 1  2  0.15000000596046448 0.20000000298023224 1 1
    10.0 1024.0

Nodes: ( 5 )
0   1   3   3   3   -1  RT_NODE
1   0   3   3   3   -1  RT_NODE
2   4   3   3   3   -1  RT_NODE
3   3   1   3   3   -1  RT_NODE
4   3   3   4   4   -1  RT_NODE


Edges: ( 8 )
0   2   0   3.0          1.1 10.0  -1  -1  E_RT   U
1   2   1   4.0          2.1 10.0  -1  -1  E_RT   U
2   3   0   2.8284271247461903  3.9  10.0-1  -1 E_RT   U
3   3   1   3.605551275463989   4.1  10.0-1  -1 E_RT   U
4   4   3   2.0          5.0 10.0-1  -1   E_RT   U
5   4   2   1.0          4.0 10.0-1  -1   E_RT   U
6   0   4   2.0          3.0 10.0-1  -1   E_RT   U
7   1   4   3.0          4.1 10.0-1  -1   E_RT   U
```

程序会寻找标记“Nodes:”和“Edges:”，Nodes 是节点信息，其中第一列是节点序号，第二列是节点的横坐标，第三列是节点的纵坐标。Edges 是边信息，第一列是边序号，第二列是始节点序号，第三列是终节点序号，第四列是边长度，第五列是边时延，第六列是边带宽。CloudSim 中只用到了以上信息。如此，我们就能构造自己需要的网络拓扑了。

运行结果如下（注意：如“7.800000190734863: Broker: Trying to Create VM #0 in Datacenter_0”中的 7.800000190734863 是 CloudSim 中的仿真时间）。

```
Starting NetworkExample1…
Initialising…
Topology file: topology.brite
Starting CloudSim version 3.0
Datacenter_0 is starting...
Broker is starting...
Entities started.
0.0: Broker: Cloud Resource List received with 1 resource(s)
7.800000190734863: Broker: Trying to Create VM #0 in Datacenter_0
15.700000381469726: Broker: VM #0 has been created in Datacenter #2, Host #0
15.700000381469726: Broker: Sending cloudlet 0 to VM #0
183.50000057220458: Broker: Cloudlet 0 received
183.50000057220458: Broker: All Cloudlets executed. Finishing...
183.50000057220458: Broker: Destroying VM #0
Broker is shutting down…
Simulation: No more future events
CloudInformationService: Notify all CloudSim entities for shutting down.
Datacenter_0 is shutting down…
Broker is shutting down…
Simulation completed.
```

```
Simulation completed.

========== OUTPUT ==========
Cloudlet ID  STATUS  Data center ID  VM ID  Time  Start Time  Finish Time
    0        SUCCESS       2           0     160     19.6        179.6
NetworkExample1 finished!
```

5.4.3 CloudSim 能耗编程

能耗模拟的例子有很多，代码实现都类似。这些例子通过读取负载文件中的 CPU 利用率数据作为云任务的利用率，实现云任务负载的动态变化。因此仿真过程中会出现主机的负载不平衡，程序通过动态迁移负载过高的主机中的虚拟机到负载低的主机，实现了负载动态适应的算法，并且应用能耗 -CPU 利用率模型计算数据中心消耗的能量。事实上，本节介绍的程序不仅适用于能耗编程，其更大的意义在于展示了虚拟机调度算法，可以计算虚拟机的迁移时间、服务等级协议（Service Level Agreement，SLA）的违背率、主机利用率等指标。这样我们就能进行动态的虚拟机调度、任务调度、能耗模拟。

这些例子的差别在于虚拟机分配策略 VmAllocationPolicy 和虚拟机选择策略 VmSelectionPolicy 的不同。VmAllocationPolicy 的作用是为虚拟机选择要放置的主机，而 VmSelectionPolicy 的作用是选择由于主机负载过高而要迁移的虚拟机。下面以 org.cloudbus.cloudsim.examples.power.planetlab.IqrMc 为例进行说明。IqrMc 中使用了 PowerVmAllocationPolicyMigrationInterQuartileRange 的虚拟机分配策略和 PowerVmSelectionPolicyMaximumCorrelation 的虚拟机选择策略。Inter Quartile Range 是指四分位数间距，Maximum Correlation 是指最大相关系数。IqrMc.java 的代码十分简单，但实际上这个例子比前面的例子复杂得多，因为具体实现的代码在其他类中。

```java
public static void main(String[] args) throws IOException {
    boolean enableOutput = true;
    boolean outputToFile = false;
    String inputFolder = IqrMc.class.getClassLoader().getResource("workload/
        planetlab ").getPath();
    String outputFolder = "output";
    String workload = "20110303";       // 负载数据
    String vmAllocationPolicy = "iqr"; // 四分间距分配策略 (Inter Quartile Range)
    String vmSelectionPolicy = "mc";   //最大相关系数选择策略 (Maximum Correlation)
    String parameter = "1.5";          // Iqr 策略中的安全参数
    new PlanetLabRunner(
        enableOutput,
        outputToFile,
        inputFolder,
        outputFolder,
        workload,
        vmAllocationPolicy,
        vmSelectionPolicy,
        parameter);
}
```

如果无法运行，出现如下错误：

```
java.lang.NullPointerException
    at org.cloudbus.cloudsim.examples.power.planetlab.PlanetLabHelper.create
        CloudletListPlanetLab (PlanetLabHelper.java:49)
    at org.cloudbus.cloudsim.examples.power.planetlab.PlanetLabRunner.init
        (PlanetLabRunner.java:71)
    at org.cloudbus.cloudsim.examples.power.RunnerAbstract.<init> (RunnerAbstract.
        java:95)
    at org.cloudbus.cloudsim.examples.power.planetlab.PlanetLabRunner.<init>
        (PlanetLabRunner.java:55)
    at org.cloudbus.cloudsim.examples.power.planetlab.IqrMc.main(IqrMc. java:42)
The simulation has been terminated due to an unexpected error
```

有可能是因为负载文件workload/planetlab/20110303的绝对路径中有空格，这样它在读取路径时会把空格转义为“%20”，因而读取文件失败。解决方法是：把“String inputFolder = IqrMc.**class**.getClassLoader().getResource("workload/planetlab ").getPath();”改为“String inputFolder = IqrMc.class.getClassLoader().getResource("workload/planetlab"). toURI() .getPath();”，并且在**throws** IOException后加上“,URISyntaxException”，即变成“**throws** IOException, URISyntaxException”。

PlanetLabRunner的源代码中通过org.cloudbus.cloudsim.examples.power.Helper类和org.cloudbus.cloudsim.examples.power.planetlab.PlanetLabHelper类创建了代理、云任务、虚拟机列表、主机列表。而数据中心是在其父类RunnerAbstract中创建的。

```
public class PlanetLabRunner extends RunnerAbstract {
    public PlanetLabRunner{
        boolean enableOutput,
        boolean outputToFile,
        String inputFolder,
        String outputFolder,
        String workload,
        String vmAllocationPolicy,
        String vmSelectionPolicy,
        String parameter,
        super(
            enableOutput,
            outputToFile,
            inputFolder,
            outputFolder,
            workload,
            vmAllocationPolicy,
            vmSelectionPolicy,
            parameter);
    }
        @Override
    protected void init(String inputFolder) {
        try {
            CloudSim.init(1, Calendar.getInstance(), false);
            broker = Helper.createBroker();                          //创建代理
            int brokerId = broker.getId();
            cloudletList = PlanetLabHelper.createCloudletListPlanetLab(broker
                Id, inputFolder);
            //创建云任务，其中云任务的利用率是读取负载文件的
            vmList = Helper.createVmList(brokerId, cloudletList.size());
            //创建虚拟机列表
```

```
            hostList = Helper.createHostList(PlanetLabConstants.NUMBER_OF_
                HOSTS);
            //创建能耗主机列表
            } catch (Exception e) {
            e.printStackTrace();
            Log.printLine("The simulation has been terminated due to an
                unexpected error");
            System.exit(0);
        }
    }
}
```

org.cloudbus.cloudsim.examples.power. RunnerAbstract 的 start() 方法创建数据中心，并且定义仿真的启动与结束。RunnerAbstract 在其构造函数中会执行 init()(由子类 PlanetLab-Runner 具体实现) 和 start() 方法。

```
protected void start(String experimentName, String outputFolder, VmAllocationPolicy
    vmAllocationPolicy) {
        System.out.println("Starting " + experimentName);
        try {
            PowerDatacenter datacenter = (PowerDatacenter) Helper.createDatacenter(
                    "Datacenter",PowerDatacenter.class, hostList, vmAllocationPolicy);
            datacenter.setDisableMigrations(false);
            broker.submitVmList(vmList);
            broker.submitCloudletList(cloudletList);
            CloudSim.terminateSimulation(Constants.SIMULATION_LIMIT);
            //设置仿真超时时间，超时则结束仿真
            double lastClock = CloudSim.startSimulation();    //仿真总时间
            List<Cloudlet> newList = broker.getCloudletReceivedList();
            Log.printLine("Received " + newList.size() + " cloudlets");
            CloudSim.stopSimulation();
            Helper.printResults(datacenter, vmList, lastClock, experimentName,
                    Constants.OUTPUT_CSV, outputFolder);
        } catch (Exception e) {
            e.printStackTrace();
            Log.printLine("The simulation has been terminated due to an unexpected
                error");
            System.exit(0);
        }
        Log.printLine("Finished " + experimentName);
}
```

org.cloudbus.cloudsim.examples.power.planetlab.PlanetLabHelper 通过读取 CPU 利用率数据，构建负载动态变化的云任务。

```
public static List<Cloudlet> createCloudletListPlanetLab(int brokerId, String
    inputFolderName) throws FileNotFoundException {
        List<Cloudlet> list = new ArrayList<Cloudlet>();
        long fileSize = 300;
        long outputSize = 300;
        UtilizationModel utilizationModelNull = new UtilizationModelNull();
        File inputFolder = new File(inputFolderName);
        File[] files = inputFolder.listFiles();        //列出文件夹中的文件
        for (int i = 0; i < files.length; i++) {    //1052个文件，1052个任务
            Cloudlet cloudlet = null;
```

```
            try {
                cloudlet = new Cloudlet(i,
                    Constants.CLOUDLET_LENGTH,    //任务长度 2500*24*60*60
                    Constants.CLOUDLET_PES,       //核芯数 1
                    fileSize,                     //文件大小
                    outputSize,                   //输出文件大小
                    new UtilizationModelPlanetLabInMemory(
                                                        //读取文件的利用率模型
                            files[i].getAbsolutePath(),
                            Constants.SCHEDULING_INTERVAL,
                                                        //间隔 60*5=300 秒
                            utilizationModelNull, //内存利用率模型为 0 模型
                            utilizationModelNull); //带宽利用率模型为 0 模型
            } catch (Exception e) {
            e.printStackTrace();
            System.exit(0);
            }
            cloudlet.setUserId(brokerId);
            cloudlet.setVmId(i);
            list.add(cloudlet);
        }
        return list;
    }
```

org.cloudbus.cloudsim.UtilizationModelPlanetLabInMemory 是接口类 UtilizationModel 的一个实现。实现 UtilizationModel 的接口必须实现 getUtilization() 方法来获取利用率。负载文件每隔 5 分钟采样一个点，共 24 小时，因此共采样 288 个点。

```
public class UtilizationModelPlanetLabInMemory implements UtilizationModel {
    private double schedulingInterval;                 //调度间隔，这里就是 5 分钟
    data = new double[289];                            //数据 (5 分钟 * 288 = 24 小时)
    public UtilizationModelPlanetLabInMemory(String inputPath, double
        schedulingInterval) throws NumberFormatException, IOException {
        setSchedulingInterval(schedulingInterval); //设置调度间隔
        //读取文件的数据，每个数据占一行。data 数据在区间 [0,1] 中
        BufferedReader input = new BufferedReader(new FileReader(inputPath));
        int n = data.length;
        for (int i = 0; i < n - 1; i++) {
            data[i] = Integer.valueOf(input.readLine()) / 100.0;
        }
        data[n - 1] = data[n - 2];
        input.close();
    }
    @Override
    public double getUtilization(double time) {
        if (time % getSchedulingInterval() == 0) { //如果能整除间隔则返回已知的数据
            return data[(int) time / (int) getSchedulingInterval()];
        }
        int time1 = (int) Math.floor(time / getSchedulingInterval());
        int time2 = (int) Math.ceil(time / getSchedulingInterval());
        double utilization1 = data[time1];
        double utilization2 = data[time2];
        double delta = (utilization2 - utilization1) / ((time2 - time1) * getScheduling-
            Interval());
        double utilization = utilization1 + delta * (time - time1 * getScheduling-
```

```
            Interval());
        //不能整除则利用相邻数据线性拟合
        return utilization;
    }
}
```

Helper 类创建了 1052 个云任务（因为有 1052 个负载文件）、1052 个虚拟机、800 个主机。虚拟机有四种类型，不同类型对应不同的 MIPS 和 RAM，主机有两种类型，对应不同的 MIPS、RAM 和能耗 –CPU 利用率模型，如 org.cloudbus.cloudsim.examples.power.Constants 的代码所示。

```
public final static int VM_TYPES = 4;
public final static int[] VM_MIPS = { 2500, 2000, 1000, 500 };
public final static int[] VM_PES = { 1, 1, 1, 1 };
public final static int[] VM_RAM = { 870,  1740, 1740, 613 };
public final static int VM_BW = 100000;          // 100 Mbit/s
public final static int VM_SIZE = 2500;          // 2.5 GB
public final static int HOST_TYPES = 2;
public final static int[] HOST_MIPS = { 1860, 2660 };
public final static int[] HOST_PES = { 2, 2 };
public final static int[] HOST_RAM = { 4096, 4096 };
public final static int HOST_BW = 1000000;      // 1 Gbit/s
public final static int HOST_STORAGE = 1000000; // 1 GB
public final static PowerModel[] HOST_POWER = {
    new PowerModelSpecPowerHpProLiantMl110G4Xeon3040(),
    new PowerModelSpecPowerHpProLiantMl110G5Xeon3075()
};
```

其中能耗 –CPU 利用率模型定义在 org.cloudbus.cloudsim.power.models 包内，基类 PowerModel 是一个接口类，下面以 PowerModelSpecPowerHpProLiantMl110G4Xeon3040() 为例介绍。

PowerModelSpecPower 类是 PowerModelSpecPowerHpProLiantMl110G3PentiumD930 的父类，该类需要知道 CPU 利用率在 0%，10%，⋯，100% 情况下的能耗值，这些能耗值由子类来具体实现。在其他情况下，采用线性拟合的方法计算。

```
public abstract class PowerModelSpecPower implements PowerModel {
    @Override
    public double getPower(double utilization)throws IllegalArgumentException{
        if (utilization < 0 || utilization > 1) {
            throw new IllegalArgumentException("Utilization value must be
                between 0 and 1");
        }
        if (utilization % 0.1 == 0) { //能整除的直接使用已知数据
            return getPowerData((int) (utilization * 10));
        }
        int utilization1 = (int) Math.floor(utilization * 10);
        int utilization2 = (int) Math.ceil(utilization * 10);
        double power1 = getPowerData(utilization1);
        double power2 = getPowerData(utilization2);
        double delta = (power2 - power1) / 10;
        double power = power1 + delta * (utilization - (double) utilization1
            / 10) * 100;
        //不能整除的采用线性拟合
        return power;
```

```
    }
        protected abstract double getPowerData(int index);
}
public class PowerModelSpecPowerHpProLiantMl110G3PentiumD930 extends PowerModel-
    SpecPower {
    private final double[] power = { 105, 112, 118, 125, 131, 137, 147, 153,
        157, 164, 169 };
    //利用率在 0%，10%，…，100% 下的能耗
    @Override
    protected double getPowerData(int index) {
        return power[index];
    }
}
```

org.cloudbus.cloudsim.power.PowerVmAllocationPolicyMigrationInterQuartileRange 类继承了 PowerVmAllocationPolicyMigrationAbstract，继承该类的关键在于实现 isHostOverUtilized() 方法，CloudSim 中的所有 PowerVmAllocationPolicyMigration 具体实现，最关键的不同就是 isHostOverUtilized() 方法的不同。其他主要方法在 PowerVmAllocationPolicyMigrationAbstract 类中已定义好。

```
public class PowerVmAllocationPolicyMigrationInterQuartileRange extends
        PowerVmAllocationPolicyMigrationAbstract {
    @Override
    protected boolean isHostOverUtilized(PowerHost host) {
        PowerHostUtilizationHistory _host = (PowerHostUtilizationHistory) host;
        double upperThreshold = 0;
        try { // upperThreshold 利用率的阈值
            upperThreshold=1-getSafetyParameter()*getHostUtilizationIqr(_host);
            // SafetyParameter 就是 IqrMc 中的安全参数 1.5
            // getHostUtilizationIqr() 获取主机历史利用率的四位分距
        } catch (IllegalArgumentException e) {
            return getFallbackVmAllocationPolicy().isHostOverUtilized(host);
            // 如果计算四位分距失败，则调用后备的分配策略，默认为静态阈值分配策略 PowerVm
            // AllocationPolicyMigrationStaticThreshold
        }
        addHistoryEntry(host, upperThreshold);  //保存数据作为历史
        double totalRequestedMips = 0;          //总请求计算量
        for (Vm vm : host.getVmList()) {
            totalRequestedMips += vm.getCurrentRequestedTotalMips();
        }
        double utilization = totalRequestedMips / host.getTotalMips();
        //利用率=总请求计算量/总计算能力
        return utilization > upperThreshold;
}
```

下面要介绍的 org.cloudbus.cloudsim.power.PowerVmAllocationPolicyMigrationAbstract 是整个虚拟机调度的关键。该类定义了 optimizeAllocation() 方法，在执行任务过程中，把高负载的主机中的虚拟机迁移到低负载的主机。要实现自己的调度算法，就要重写 optimizeAllocation() 方法，PowerDatacenter 在每隔一段时间更新任务进度时会调用该方法，避免主机过载。

```
public abstract class PowerVmAllocationPolicyMigrationAbstract extends
    PowerVmAllocationPolicyAbstract {
```

```
@Override
public List<Map<String, Object>> optimizeAllocation(List<? extends Vm>
    vmList) {
    ExecutionTimeMeasurer.start("optimizeAllocationTotal");
    //记录优化分配的开始时间
    ExecutionTimeMeasurer.start("optimizeAllocationHostSelection");
    //记录选择过载主机的开始时间
    List<PowerHostUtilizationHistory> overUtilizedHosts = getOverUtilizedHosts();
    //获取过载的主机，由子类 isHostOverUtilized()方法判断是否过载
    getExecutionTimeHistoryHostSelection().add(ExecutionTimeMeasurer.end(
        "optimizeAllocationHostSelection"));   //保存选择过载主机所用时间
    printOverUtilizedHosts(overUtilizedHosts);  //打印过载主机
    saveAllocation();                           //保存原来的虚拟机分配情况
    ExecutionTimeMeasurer.start("optimizeAllocationVmSelection");
                                    //记录选择要迁移的虚拟机的开始时间
    List<? extends Vm> vmsToMigrate = getVmsToMigrateFromHosts(overUtiliz-
        edHosts);
    //从过载的主机选择迁移虚拟机，调用 VmSelectionPolicy, 本例即为 PowerVmSelect
        ionPolicyMaximumCorrelation
    getExecutionTimeHistoryVmSelection().add(ExecutionTimeMeasurer.end(
    "optimizeAllocationVmSelection"));
    //保存选择虚拟机所用时间
    Log.printLine("Reallocation of VMs from the over-utilized hosts:");
    ExecutionTimeMeasurer.start("optimizeAllocationVmReallocation");
                                          //记录虚拟机再分配的开始时间
    List<Map<String, Object>> migrationMap = getNewVmPlacement(vmsToMigrate,
        new HashSet<Host>(overUtilizedHosts)); //为虚拟机寻找重新分配的主机
    getExecutionTimeHistoryVmReallocation().add(ExecutionTimeMeasurer.end
        ("optimizeAllocationVmReallocation")); //保存虚拟机再分配所用时间
    Log.printLine();
    migrationMap.addAll(getMigrationMapFromUnderUtilizedHosts(overUtilizedHosts));
                                     //从低载的主机寻找迁移虚拟机-新主机映射
    restoreAllocation();             //恢复原来的虚拟机分配情况，还未迁移
    getExecutionTimeHistoryTotal().add(ExecutionTimeMeasurer.end("optimiz
        eAllocationTotal")); //保存优化分配的时间
    return migrationMap;             //返回迁移的虚拟机—新主机映射列表
}
protected List<Map<String, Object>> getNewVmPlacement(List<? extends Vm>
    vmsToMigrate , Set<? extends Host> excludedHosts) {
    List<Map<String, Object>> migrationMap = new LinkedList<Map<String,
        Object>>();
                                     //虚拟机-新主机映射列表
    PowerVmList.sortByCpuUtilization(vmsToMigrate); //按利用率升序排列
    for (Vm vm : vmsToMigrate) {//利用率低的虚拟机优先
        PowerHost allocatedHost = findHostForVm(vm, excludedHosts);
              //给虚拟机寻找主机，excludedHosts 是给 vm 迁移不用考虑的主机
        if (allocatedHost != null) {
            allocatedHost.vmCreate(vm); //在主机中创建虚拟机
            Log.printConcatLine("VM #" + vm.getId() + " allocated to host
                #" + allocatedHost.getId());
            Map<String, Object> migrate = new HashMap<String, Object>();
            migrate.put("vm", vm);
            migrate.put("host", allocatedHost);
            migrationMap.add(migrate);         //把虚拟机-新主机映射添加到列表
        }
    }
```

```
        return migrationMap;
    }

    protected List<Map<String, Object>> getMigrationMapFromUnderUtilizedHosts
        (List<PowerHostUtilizationHistory> overUtilizedHosts) {
        List<Map<String, Object>> migrationMap = new LinkedList<Map<String,
            Object>>();                                    //虚拟机—新主机映射列表
        List<PowerHost> switchedOffHosts = getSwitchedOffHosts(); //关闭的主机
        //为了寻找低载主机，不考虑过载的主机、关闭的主机、已确定为迁移目标的主机
        Set<PowerHost> excludedHostsForFindingUnderUtilizedHost = new
            HashSet<PowerHost>();
        excludedHostsForFindingUnderUtilizedHost.addAll(overUtilizedHosts);
        excludedHostsForFindingUnderUtilizedHost.addAll(switchedOffHosts);
        excludedHostsForFindingUnderUtilizedHost.addAll(
        extractHostListFromMigrationMap(migrationMap));
        //为了给虚拟机寻找新的主机，不考虑过载的主机和关闭的主机
        Set<PowerHost> excludedHostsForFindingNewVmPlacement = new
            HashSet<PowerHost>();
        excludedHostsForFindingNewVmPlacement.addAll(overUtilizedHosts);
        excludedHostsForFindingNewVmPlacement.addAll(switchedOffHosts);
        int numberOfHosts = getHostList().size();
        while (true) {
            if (numberOfHosts == excludedHostsForFindingUnderUtilizedHost.
                size()) {
                break;                         //如果不考虑的主机数等于总主机数，跳出
            }
            PowerHost underUtilizedHost = getUnderUtilizedHost(excludedHostsF
                orFindingUnderUtilizedHost);
                    //排除不考虑的主机，找一个低载的主机
            if (underUtilizedHost == null) { //如果找不到，跳出
                break;
            }
            Log.printConcatLine("Under-utilized host: host #" + underUtilized-
                Host.getId() + "\n");
            //找到低载主机也不作考虑
            excludedHostsForFindingUnderUtilizedHost.add(underUtilizedHost);
            excludedHostsForFindingNewVmPlacement.add(underUtilizedHost);
            List<? extends Vm> vmsToMigrateFromUnderUtilizedHost = getVmsToMi
                grateFromUnderUtilizedHost(underUtilizedHost);
                                                  //从低载的主机找要迁移的主机
            if (vmsToMigrateFromUnderUtilizedHost.isEmpty()) {
                continue; //如果该低载的主机中不存在将要迁移的虚拟机，继续找下一个主机
            }
            Log.print("Reallocation of VMs from the under-utilized host:");
            if (!Log.isDisabled()) {
                for (Vm vm : vmsToMigrateFromUnderUtilizedHost) {
                    Log.print(vm.getId() + " ");
                }
            }
            Log.printLine();
            //给低载主机要迁移的虚拟机寻找新的主机
            List<Map<String, Object>> newVmPlacement = getNewVmPlacementFromU
                nderUtilizedHost(
                    vmsToMigrateFromUnderUtilizedHost,
                    excludedHostsForFindingNewVmPlacement);
```

```
            excludedHostsForFindingUnderUtilizedHost.addAll(
            extractHostListFromMigrationMap(newVmPlacement));
            //接下来不考虑新找到的主机
            migrationMap.addAll(newVmPlacement);            //添加到映射列表中
            Log.printLine();
        }
        return migrationMap;
    }
    protected List<Map<String, Object>> getNewVmPlacementFromUnderUtilizedHo-
        st(List<? extends Vm> vmsToMigrate, Set<? extends Host> excludedHosts){
        List<Map<String, Object>> migrationMap = new LinkedList
        <Map<String, Object>>();
        PowerVmList.sortByCpuUtilization(vmsToMigrate);  //按利用率升序排列
        for (Vm vm : vmsToMigrate) {
            PowerHost allocatedHost = findHostForVm(vm, excludedHosts);
            //给虚拟机寻找主机
            if (allocatedHost != null) {
                allocatedHost.vmCreate(vm);                  //在主机中创建虚拟机
                Log.printConcatLine("VM #" + vm.getId() + " allocated to host
                    #" + allocatedHost.getId());
                Map<String, Object> migrate = new HashMap<String, Object>();
                migrate.put("vm", vm);
                migrate.put("host", allocatedHost);
                migrationMap.add(migrate);                   //添加到映射列表
            } else {                                         //找不到能迁移的主机
                Log.printLine("Not all VMs can be reallocated from the host,
                    reallocation cancelled");
                for (Map<String, Object> map : migrationMap) {
                    ((Host) map.get("host")).vmDestroy((Vm) map.get("vm"));
                }                                            //删除主机中的虚拟机
                migrationMap.clear();                        //清空映射列表
                break;
            }
        }
        return migrationMap;
    }

protected List<? extends Vm> getVmsToMigrateFromUnderUtilizedHost(PowerHost
    host) {
        List<Vm> vmsToMigrate = new LinkedList<Vm>();
        for (Vm vm : host.getVmList()) {                     //遍历主机中的所有虚拟机
            if (!vm.isInMigration()) {                       //如果虚拟机不是正在迁移中
                vmsToMigrate.add(vm);                        //则选为将要迁移的虚拟机
            }
        }
        return vmsToMigrate;
    }

public PowerHost findHostForVm(Vm vm, Set<? extends Host> excludedHosts) {
        double minPower = Double.MAX_VALUE;
        PowerHost allocatedHost = null;
        for (PowerHost host : this.<PowerHost> getHostList()) {
            if (excludedHosts.contains(host)) {          //跳过不考虑的主机
                continue;
            }
            if (host.isSuitableForVm(vm)) {
```

```
                //判断主机在计算能力、内存、带宽方面是否能满足虚拟机
                    if (getUtilizationOfCpuMips(host) != 0 && isHostOverUtilizedA
                        fterAllocation(host, vm)) {
                        //如果主机利用率非零且分配后过载则再找
                        continue;
                    }
                    try {
                        double powerAfterAllocation = getPowerAfterAllocation(host,
                            vm);
                        //计算分配后的能耗
                        if (powerAfterAllocation != -1) {
                            double powerDiff = powerAfterAllocation - host.
                                getPower();
                            //分配前后的能耗差
                            if (powerDiff < minPower) {  //寻找能耗差最小的主机
                                minPower = powerDiff;
                                allocatedHost = host;
                            }
                        }
                    } catch (Exception e) {
                    }
                }
            }
        return allocatedHost;
    }
```

虚拟机策略 org.cloudbus.cloudsim.power. PowerVmSelectionPolicyMaximumCorrelation 用于找出主机中负载复相关性。

```
public class PowerVmSelectionPolicyMaximumCorrelation extends PowerVmSelectionPolicy {
    public Vm getVmToMigrate(final PowerHost host) {
        List<PowerVm> migratableVms = getMigratableVms(host);
        //主机中可迁移的虚拟机
        if (migratableVms.isEmpty()) {
            return null;
        }
        List<Double> metrics = null;
        try {
        //指标是每个虚拟机的利用率历史与其他虚拟机利用率历史的复相关系数
        metrics = getCorrelationCoefficients(getUtilizationMatrix(migratableVms));
        } catch (IllegalArgumentException e) {
            return getFallbackPolicy().getVmToMigrate(host);
            //失败则调用回退选择策略返回要迁移的虚拟机
        }
        double maxMetric = Double.MIN_VALUE;
        int maxIndex = 0;
        for (int i = 0; i < metrics.size(); i++) {
        double metric = metrics.get(i);
        if (metric > maxMetric) {                              //寻找复相关系数最大的虚拟机
        maxMetric = metric;
        maxIndex = i;
        }
    }
return migratableVms.get(maxIndex);
}
```

```
protected double[][] getUtilizationMatrix(final List<PowerVm> vmList) {
    int n = vmList.size();                              // 虚拟机数
    int m = getMinUtilizationHistorySize(vmList); // 最小的利用率历史长度
    double[][] utilization = new double[n][m];  //n×m 的利用率矩阵
    for (int i = 0; i < n; i++) {
        List<Double> vmUtilization = vmList.get(i).getUtilizationHistory();
        for (int j = 0; j < vmUtilization.size(); j++) {
            utilization[i][j] = vmUtilization.get(j);
        }
    }
    return utilization;
}

// 由历史利用率矩阵计算复相关系数，复相关系数是多元回归分析中的概念，用来描述一个变量与
    其他多个变量之间的线性相关程度
protected List<Double> getCorrelationCoefficients(final double[][] data) {
    int n = data.length;
    int m = data[0].length;
    List<Double> correlationCoefficients = new LinkedList<Double>();
    for (int i = 0; i < n; i++) {
        double[][] x = new double[n - 1][m];     // x 是除去 data[i] 一行数据的
        int k = 0;                               // (n-1)×m 阶矩阵
        for (int j = 0; j < n; j++) {
            if (j != i) {
                x[k++] = data[j];
            }
        }
        // xT 是 x 的转置，为了符合回归的格式
        double[][] xT = new Array2DRowRealMatrix(x).transpose().getData();
        // RSquare 就是复相关系数的定义，用 x 来多元线性回归 data[i]
        correlationCoefficients.add(MathUtil.createLinearRegression(xT,
                data[i]).calculateRSquared());
    }
    return correlationCoefficients;
}
```

由于运行结果的输出非常多，这里省略了过程的输出，只给出结果的输出。这些结果是由 org.cloudbus.cloudsim.examples.power.Helper 类的 printResults() 方法输出的。

Experiment name	实验名称
Number of hosts	主机数
Number of VMs	虚拟机数
Total simulation time	总仿真时间（单位：秒）
Energy consumption	总能耗（单位：千瓦时）
Number of VM migrations	虚拟机迁移数
SLA perf degradation due to migration	由于迁移导致的 SLA 性能下降比例
SLA time per active host	活动主机的违反 SLA 时间比例
Overall SLA violation	整体 SLA 违反率
Average SLA violation	平均 SLA 违反率
Number of host shutdowns	主机关闭的台次数（主机可能开了又关，关了又开）
Mean time before a host shutdown	主机平均开启时间

（续）

StDev time before a host shutdown	主机开启时间的标准差
Execution time - VM selection mean	虚拟机选择平均时间
Execution time - VM selection stDev	虚拟机选择时间标准差
Execution time - host selection mean	主机选择平均时间
Execution time - host selection stDev	主机选择时间标准差
Execution time - VM reallocation mean	虚拟机再分配平均时间
Execution time - VM reallocation stDev	虚拟机再分配时间标准差
Execution time - total mean	PowerVmAllocationPolicyMigration 平均分配时间
Execution time - total stDev	PowerVmAllocationPolicyMigration 分配时间的标准差

注：上面统计中使用的服务等级协议（SLA）满足每个时刻的负载。

```
Experiment name: 20110303_iqr_mc_1.5
Number of hosts: 800
Number of VMs: 1052
Total simulation time: 86400.00 sec
Energy consumption: 177.10 kWh
Number of VM migrations: 23035
SLA: 0.00701%
SLA perf degradation due to migration: 0.10%
SLA time per active host: 6.89%
Overall SLA violation: 0.12%
Average SLA violation: 9.78%
Number of host shutdowns: 5439
Mean time before a host shutdown: 985.32 sec
StDev time before a host shutdown: 3223.38 sec
Mean time before a VM migration: 19.72 sec
StDev time before a VM migration: 8.10 sec
Execution time - VM selection mean: 0.00466 sec
Execution time - VM selection stDev: 0.00297 sec
Execution time - host selection mean: 0.00481 sec
Execution time - host selection stDev: 0.00233 sec
Execution time - VM reallocation mean: 0.02053 sec
Execution time - VM reallocation stDev: 0.00849 sec
Execution time - total mean: 0.05619 sec
Execution time - total stDev: 0.04235 sec
```

5.4.4 CloudSim 容器编程

与基础设施即服务（IaaS）、平台即服务（PaaS）和软件即服务（SaaS）这些传统云服务相比，容器即服务（CaaS）是一种新类型的服务。CaaS 可以介于 IaaS 和 PaaS 之间；IaaS 提供虚拟化计算资源，PaaS 提供特定于应用程序的运行时服务，CaaS 通过为部署的应用程序（或应用程序的不同模块）提供隔离环境，将两层黏合在一起。在 CaaS 模型中，应用程序在容器内执行，同时容器放置在虚拟机中。

容器（container）是一种新型的云服务模型，在某种意义上，容器可被称为“轻量级虚拟机”。在 CloudSim 项目中加入容器特性后，项目出现了新成员——ContainerCloudSim 仿真器，用于研究 CaaS 环境下的资源管理技术。ContainerCloudSim 为容器调度、放置和容器整合等资源管理技术的评估提供了环境。ContainerCloudSim 遵循与 CloudSim 相同的分层架构，并进行了必要的修改以引入容器的概念。在 ContainerCloudSim 的拟议架构中，CaaS 由容器化云数据中心、主机、虚拟机、容器和应用程序及其工作负载组成。

容器编程例子的差别在于容器分配策略 containerAllocationPolicy 和容器选择策略 containerSelectionPolicy 的不同。containerAllocationPolicy 的作用是为容器选择要放置的虚拟机，而 containerSelectionPolicy 的作用是选择由于主机负载过高而要迁移的容器。下面以 org.cloudbus.cloudsim.examples.container.ContainerInitialPlacementTest 为例进行说明。

```
public static void main(String[] args) throws IOException {
    int runTime = Integer.parseInt(args[0]);
    int repeat = Integer.parseInt(args[1]);
    for (int i = runTime; i < repeat; ++i) {
        boolean enableOutput = true;
        boolean outputToFile = true;
        String inputFolder = ContainerOverbooking.class.getClassLoader().
            getResource("workload/planetlab").getPath();
        String outputFolder = "~/Results";
        String vmAllocationPolicy = "MSThreshold-Under_0.80_0.70";
        String containerSelectionPolicy = "MaxUsage";
        String containerAllocationPolicy = "MostFull";
        String hostSelectionPolicy = "FirstFit";
        String vmSelectionPolicy = "VmMaxC";
        int OverBookingFactor = 80;
        new RunnerInitiator(
            enableOutput,
            outputToFile,
            inputFolder,
            outputFolder,
            vmAllocationPolicy,
            containerAllocationPolicy,
            vmSelectionPolicy,
            containerSelectionPolicy,
            hostSelectionPolicy,
            OverBookingFactor, Integer.toString(i), outputFolder);
    }
}
```

虽然代码中出现了 vmSelectionPolicy，但是实际运行中并不会出现虚拟机的迁移，只有容器的迁移。

org.cloudbus.cloudsim.container.resourceAllocatorMigrationEnabled.PowerContainerVmAllocationPolicyMigrationAbstractContainerAdded 类继承了 org.cloudbus.cloudsim.container.resourceAllocatorMigrationEnabled.PowerContainerVmAllocationPolicyMigrationAbstract 类，覆写了其 optimizeAllocation 方法，以实现容器的迁移，在执行任务的过程中，把高负载的主机中的容器迁移到低负载的主机。

```
public abstract class PowerContainerVmAllocationPolicyMigrationAbstractContai
    nerAdded extends PowerContainerVmAllocationPolicyMigrationAbstract {
@Override
    public List<Map<String, Object>> optimizeAllocation(List<? extends ContainerVm>
        vmList) {
        ExecutionTimeMeasurer.start("optimizeAllocationTotal");
```

```
        ExecutionTimeMeasurer.start("optimizeAllocationHostSelection");
        List<PowerContainerHostUtilizationHistory> overUtilizedHosts =
            getOverUtilizedHosts();
        // 获取过载主机，由 isHostOverUtilized() 方法判断是否过载
        getExecutionTimeHistoryHostSelection().add(ExecutionTimeMeasurer.end(
            "optimizeAllocationHostSelection"));
        printOverUtilizedHosts(overUtilizedHosts);
        saveAllocation();
        ExecutionTimeMeasurer.start("optimizeAllocationContainerSelection");
        List<? extends Container> containersToMigrate = getContainersToMigrat-
            eFromHosts(overUtilizedHosts);
        // 从过载的主机选择迁移容器，调用 containerSelectionPolicy
        getExecutionTimeHistoryVmSelection().add(ExecutionTimeMeasurer.end("o-
            ptimizeAllocationContainerSelection"));
        Log.printLine("Reallocation of Containers from the over-utilized hosts:");
        ExecutionTimeMeasurer.start("optimizeAllocationVmReallocation");
        List<Map<String, Object>> migrationMap = getPlacementForLeftContainer-
            s(containersToMigrate, new HashSet<ContainerHost>(overUtilizedHos-
            ts));
        // 为容器寻找重新分配的主机
        getExecutionTimeHistoryVmReallocation().add(ExecutionTimeMeasurer.end
            ("optimizeAllocationVmReallocation"));
        Log.printLine();      migrationMap.addAll(getContainerMigrationMapFro-
            mUnderUtilizedHosts(overUtilizedHosts, migrationMap));
        // 从低负载的主机寻找迁移容器－新主机映射
        restoreAllocation();
        getExecutionTimeHistoryTotal().add(ExecutionTimeMeasurer.end("optimiz
            eAllocationTotal"));
        return migrationMap;
        // 返回迁移的容器－新主机映射列表
    }
}
```

如图 5-16 所示，PowerContainerVmAllocationPolicyMigrationStaticThresholdMCUnderUtilized 类中定义了 isHostOverUtilized() 方法，ContainerCloudSim 中的所有 PowerContainerVmAllocationPolicyMigration 具体实现的关键不同在于 isHostOverUtilized() 方法不同。

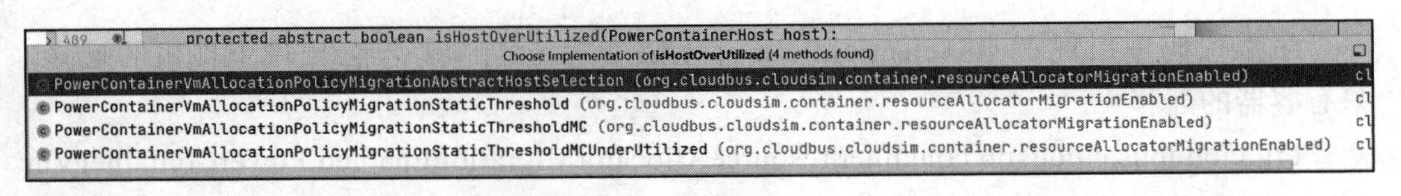

图 5-16　抽象方法 isHostOverUtilized

```
public class PowerContainerVmAllocationPolicyMigrationStaticThresholdMCUnderU-
    tilized extends PowerContainerVmAllocationPolicyMigrationAbstractContaine-
    rHostSelectionUnderUtilizedAdded{
    @Override
    protected boolean isHostOverUtilized(PowerContainerHost host) { // 判断主机是否过载
    addHistoryEntry(host, getUtilizationThreshold());
        double totalRequestedMips = 0;
        for (ContainerVm vm : host.getVmList()) {
            totalRequestedMips += vm.getCurrentRequestedTotalMips();
        }
```

```
                double utilization = totalRequestedMips / host.getTotalMips();
                return utilization > getUtilizationThreshold();
            }
    }
```

如图 5-17 所示，ContainerPlacementPolicy 类中定义了 getContainerVm 方法，其作用是当容器提交时，按某种算法将容器分配给虚拟机。可以通过重写 getContainerVm 方法，实现自己的 containerAllocation 策略。

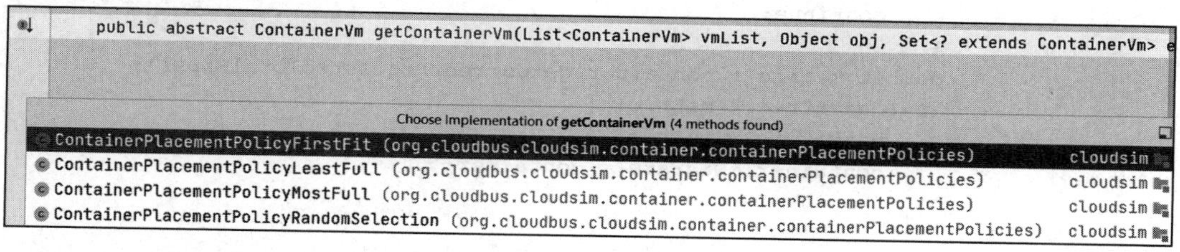

```
public abstract ContainerVm getContainerVm(List<ContainerVm> vmList, Object obj, Set<? extends ContainerVm> e
Choose Implementation of getContainerVm (4 methods found)
ContainerPlacementPolicyFirstFit (org.cloudbus.cloudsim.container.containerPlacementPolicies)  cloudsim
ContainerPlacementPolicyLeastFull (org.cloudbus.cloudsim.container.containerPlacementPolicies)  cloudsim
ContainerPlacementPolicyMostFull (org.cloudbus.cloudsim.container.containerPlacementPolicies)  cloudsim
ContainerPlacementPolicyRandomSelection (org.cloudbus.cloudsim.container.containerPlacementPolicies)  cloudsim
```

图 5-17 抽象方法 getContainerVm

```
public class ContainerPlacementPolicyMostFull extends ContainerPlacementPolicy
    {
    @Override
    public ContainerVm getContainerVm(List<ContainerVm> vmList, Object obj,
        Set<? extends ContainerVm> excludedVmList) {
        ContainerVm selectedVm = null;
        double maxMips = Double.MIN_VALUE;
        for (ContainerVm containerVm1 : vmList) {
            if (excludedVmList.contains(containerVm1)) {
                continue;
            }
            double containerUsage = containerVm1.getContainerScheduler().
                getAvailableMips();
            if ( containerUsage > maxMips) {// 寻找 Mips 最大的虚拟机
                maxMips = containerUsage;
                selectedVm = containerVm1;
            }
        }
        return selectedVm;
    }
}
```

如图 5-18 所示，PowerContainerSelectionPolicy 类中定义了 getContainerToMigrate 方法，它的功能是按某种算法从过载主机中选出容器。本例中是挑选出有最大 CPU 利用率的容器。

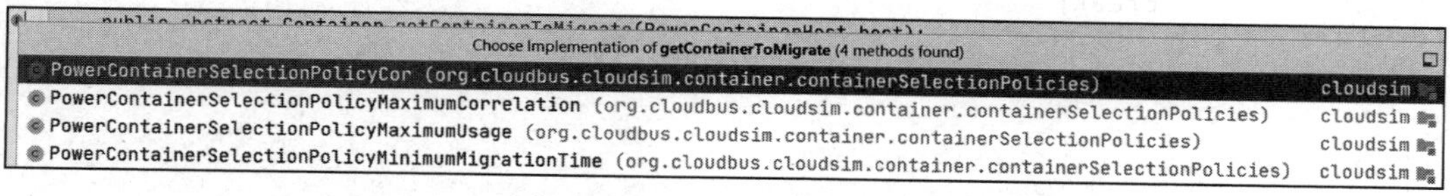

```
public abstract Container getContainerToMigrate(PowerContainerHost host);
Choose Implementation of getContainerToMigrate (4 methods found)
PowerContainerSelectionPolicyCor (org.cloudbus.cloudsim.container.containerSelectionPolicies)  cloudsim
PowerContainerSelectionPolicyMaximumCorrelation (org.cloudbus.cloudsim.container.containerSelectionPolicies)  cloudsim
PowerContainerSelectionPolicyMaximumUsage (org.cloudbus.cloudsim.container.containerSelectionPolicies)  cloudsim
PowerContainerSelectionPolicyMinimumMigrationTime (org.cloudbus.cloudsim.container.containerSelectionPolicies)  cloudsim
```

图 5-18 抽象方法 getContainerToMigrate

```
public class PowerContainerSelectionPolicyMaximumUsage extends PowerContainer-
    SelectionPolicy {
    @Override
```

```
    public Container getContainerToMigrate(PowerContainerHost host) {
        List<PowerContainer> migratableContainers = getMigratableContainers(host);
        if (migratableContainers.isEmpty()) {
            return null;
        }
        Container containerToMigrate = null;
        double maxMetric = Double.MIN_VALUE;
        for (Container container : migratableContainers) {
            if (container.isInMigration()) {
                continue;
            }
            double metric = container.getCurrentRequestedTotalMips();
            if (maxMetric < metric) {
                maxMetric = metric;
                containerToMigrate = container;
            }
        }
        return containerToMigrate;
    }
}
```

如图 5-19 所示，HostSelectionPolicy 类中定义了 getHost 方法，它的功能是使待迁移的容器找到目的主机。本例中利用了首次适应算法。

```
public abstract ContainerHost getHost(List<ContainerHost> hostList, Object obj, Set<? extends Containe
                    Choose Implementation of getHost (5 methods found)
HostSelectionPolicyFirstFit (org.cloudbus.cloudsim.container.hostSelectionPolicies)              cloudsim
HostSelectionPolicyLeastFull (org.cloudbus.cloudsim.container.hostSelectionPolicies)             cloudsim
HostSelectionPolicyMinimumCorrelation (org.cloudbus.cloudsim.container.hostSelectionPolicies)    cloudsim
HostSelectionPolicyMostFull (org.cloudbus.cloudsim.container.hostSelectionPolicies)              cloudsim
HostSelectionPolicyRandomSelection (org.cloudbus.cloudsim.container.hostSelectionPolicies)       cloudsim
```

图 5-19 抽象方法 getHost

```
public class HostSelectionPolicyFirstFit extends HostSelectionPolicy {
    @Override
    public ContainerHost getHost(List<ContainerHost> hostList, Object obj,
        Set<? extends ContainerHost> excludedHostList) {
        ContainerHost host = null;
        for (ContainerHost host1 : hostList) {
            if (excludedHostList.contains(host1)) {
                continue;
            }
            host= host1;
            break;
        }
        return host;
    }
}
```

程序的输出结果会保存到 main 函数定义的输出路径中。

5.4.5 CloudSimEx

CloudSimEx 项目的目标是为 CloudSim 模拟器开发一组扩展。目前 CloudSimEx 具有网络会话建模、用于对网络延迟进行建模的实用程序等功能。

在 CloudSimEx 中，我们用 HddPe 类表示一个磁盘，它扩展了 Pe，CPU 内核（Pe）和磁盘（HddPe）之间的区别在于磁盘上存储了数据项。它还引入了容纳磁盘的新型主机（HddHost）和虚拟机（HddVM）。同时，新型的 Cloudlet——HddCloudlet 也被引进。

org.cloudbus.cloudsim.examples.plus 包下的 CloudSimDisksExample 类展示了如何模拟磁盘的 I/O 操作。此外，该包下的 DelayExample1 类演示了延迟操作的工作原理，其以 2s 的延迟启动 VM，并以 500s 的延迟销毁 VM，还将 Cloudlet 提交延迟 10s。

org.cloudbus.cloudsim.examples.geoweb.web 包下的 CloudSimWebExample 类和 CloudSim-WorkloadWebExample 类涉及网络会话建模内容。

5.5 OpenStack 编程实践

5.5.1 OpenStack 体系结构

OpenStack 是一个开源的云计算管理平台项目。OpenStack 始于 2010 年，是 Rackspace Hosting 公司和 NASA 的一个联合项目。OpenStack 目前由开放基础设施基金会管理。OpenStack 以基础设施即服务（IaaS）的形式部署在公有云和私有云中，为私有云和公有云用户提供可扩展的弹性的云计算服务。OpenStack 项目的目标是提供实施简单、可大规模扩展、丰富、标准统一的云计算管理平台。OpenStack 由一系列开源的相互关联的软件组件组成，这些组件控制着数据中心中的计算、存储和网络资源。用户可以通过基于 Web 的仪表板、命令行工具或 RESTful Web 服务对这些组件进行管理。

OpenStack 的组成部分

如图 5-20 所示，OpenStack 由控制节点、计算节点、网络节点和存储节点四大部分组成。其中，控制节点负责对其余节点进行控制，包括虚拟机建立、虚拟机迁移、网络分配和存储分配等；计算节点负责虚拟机的运行；网络节点负责外网络与内网络之间的通信；存储节点负责对虚拟机进行存储管理。OpenStack 的节点由节点所提供的服务所决定。节点的属性不是绝对的，如果计算节点安装了 Cinder 和 Swift 存储服务，那么计算节点也可以是存储节点。

（1）控制节点

控制节点提供管理支持服务、基础管理服务和扩展管理服务。管理支持服务包含 MySQL 和 Qpid 两个服务。MySQL 用于存放基础服务和扩展服务数据，Qpid 消息代理（也称为消息中间件）为其他各种服务提供统一的消息通信方式。基础管理服务包含 Keystone、Glance、Nova、Neutron 和 Horizon 五个服务。Keystone 认证管理服务提供了其余所有组件认证信息的管理、创建和修改，Keystone 使用 MySQL 作为统一的数据库。Glance 镜像管理服务对虚拟机镜像进行统一集中的管理。Nova 计算管理服务对计算节点进行管理，使用 Nova-API 进行通信。Neutron 网络管理服务提供了对网络节点的网络拓扑管理，同时提供 Neutron 在 Horizon 的管理面板。Horizon 控制台服务提供了一个模块化的基于 Web 的图形界面，用户可以通过浏览器使用 Horizon 提供的控制面板来访问和控制计算、存储及网络资源。扩展管理服务包含 Cinder、Swift 和

Centimeter等服务。Cinder为虚拟机提供持久化的块存储能力，实现虚拟机存储卷的创建、挂载、卸载和快照等生命周期管理。Swift提供对象存储服务，适合存放静态数据。Centimeter提供对物理资源以及虚拟资源的监控，并对监控数据进行分析，在一定条件下触发相应动作。控制节点一般来说只需要一个网络端口，用于通信和管理各个节点。

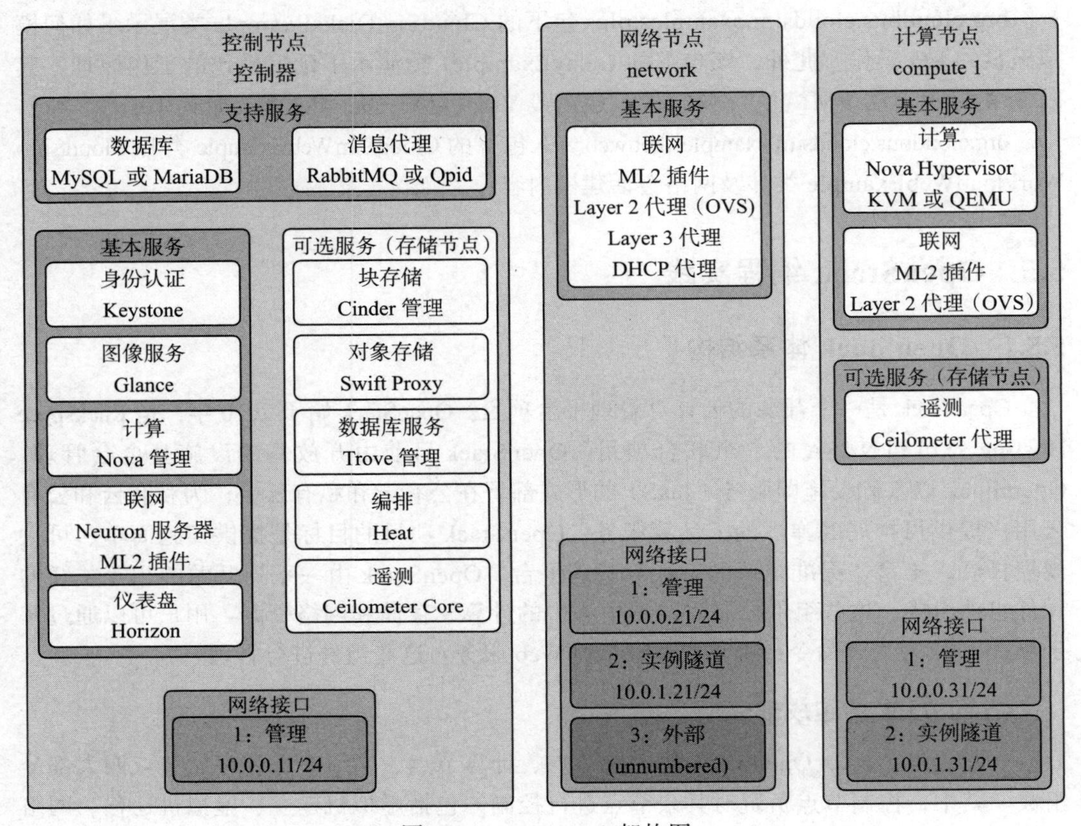

图5-20 OpenStack架构图

（2）计算节点

计算节点包含Nova、Neutron和Telemeter三个服务。Nova提供虚拟机的创建、运行、迁移和快照等各种围绕虚拟机的服务，并提供API与控制节点对接，由控制节点下发任务。Neutron提供计算节点与网络节点之间的通信服务。Telemeter提供计算节点的监控代理，将虚拟机的情况反馈给控制节点，它是Centimeter的代理服务。计算节点最少包含两个网络端口：eth0端口与控制节点进行通信，受控制节点统一调配；eth1端口与网络节点、存储节点进行通信。

（3）存储节点

存储节点包括Cinder和Swift服务。Cinder块存储服务提供虚拟机相应的块存储，Cinder可以虚拟出一块磁盘，挂载到相应的虚拟机上，不受文件系统等因素的影响。对虚拟机来说，这个操作就像新加了一块硬盘。虚拟机可以完成对磁盘的任何操作，包括挂载、卸载、格式化和转换文件系统等。Swift作为一种对象存储，比较适合存放静态数据。静态数据是指长期不会发生更新的数据，或者在一段时间内更新频率比较低的数据。Swift所存储的逻辑单元是对象，Swift中的对象涵盖文件本身的内容和文件元数据两部分。存储节点最少包含两个网络接口：eth0 与控制节点进行通信，接收控制节点任务，受控制节点统一调配；eth1 与计算节点和网络节点进行通信，完成控制节点下发的各类任务。

（4）网络节点

网络节点只包含 Neutron 服务。Neutron 服务负责管理私有网段与公有网段的通信，以及管理虚拟机网络之间的通信拓扑和虚拟机的防火墙等。网络节点的三个网络端口为 eth0、eth1 和 eth2，eth0(management) 用于与控制节点进行通信，eth1(private) 用于与除控制节点之外的计算和存储节点进行通信，eth2(external) 用于外部的虚拟机与相应的网络之间通信。

5.5.2 OpenStack 程序设计范例

通过上一节的介绍，我们对 OpenStack 有了初步的了解。Nova 计算服务是 OpenStack 最核心的服务之一，它自身并没有提供任何虚拟化能力，使用不同的虚拟化驱动来与底层虚拟化管理程序 Hypervisor（常用的 Hypervisor 有 KVM、Xen、VMWare 等）进行交互，调度、管理所有的计算实例。

Scheduler 是 Nova 负责虚拟机调度的组件，决定哪个计算节点运行虚拟机实例。Scheduler 选择主机的过程分为以下两步。

1）过滤：过滤掉不符合要求的主机，留下符合过滤算法的主机过滤集。

2）计算权值：对过滤集中的主机进行权值计算，选出权值最大的主机。虚拟机实例将会被调度到权值最大的主机上运行。

了解 Scheduler 选择主机的过程后，下面将实现一个简单的虚拟机调度案例，来加深读者对 Scheduler 调度过程的理解。该虚拟机调度案例的调度需求是：将新创建的虚拟机实例调度到具有最多空闲 CPU 的计算节点上。结合 Scheduler 选择主机的过程，实现上述虚拟机调度案例的步骤如下。

1）构建过滤器 CoreFilter，该过滤器会过滤掉不满足虚拟机实例 vCPU 数量要求的计算节点，留下符合要求的计算节点，组成过滤集。

2）构建权值计算器 CPU Weigher，该权值计算器将对过滤集中计算节点的可用 vCPU 数量进行计算，节点可用的 vCPU 数量越多，权值越大。

3）Scheduler 会将新创建的虚拟机实例调度到权值最大的计算节点上运行。

下面分别描述了如何通过编程实现过滤器 CoreFilter 和权值计算器 CPU Weigher，以及如何对它们进行测试和验证。

1. CoreFilter 程序范例

下面将实现虚拟机调度案例的第一步：动手实现 CPU 核心过滤器 CoreFilter。CoreFilter 将过滤掉不满足虚拟机 vCPU 数量需求的计算节点。实现 CoreFilter 的基本步骤如下。

1）编写 CoreFilter 代码。

2）配置 nova.conf 文件。

3）重启 nova 并创建虚拟机进行验证。

（1）编写 CoreFilter 代码

首先，需要创建 core_filter.py 文件，并将文件放在 /usr/lib/python2.7/site-packages/

nova/scheduler/filters 目录下，构成下面的目录结构：

```
nova
└──── scheduler
        └──── filters
                ├──── __init__.py
                └──── core_filter.py
```

接着编写 core_filter.py 代码。所有 filter 类都必须继承 filters.BaseHostFilter 类，并实现 host_passes 函数。在 host_passes 函数中，如果节点通过，即节点的 vCPU 数量满足需求，将返回 True，反之返回 False。

```
# 解决中文注释报错
#coding:utf-8
# 导入依赖包
from oslo_log import log as logging
from nova.scheduler import filters
from nova.scheduler.filters import utils

LOG = logging.getLogger(__name__)

# 基础的 CoreFilter 过滤类
class BaseCoreFilter(filters.BaseHostFilter):
    RUN_ON_REBUILD = False
    def _get_cpu_allocation_ratio(self, host_state, spec_obj):
        raise NotImplementedError

    #host_passes 是每个 Filter 类必须实现的方法，host_state 保存了询问的计算节点的信息
    # 如果计算节点有足够的 vCPU 数量，将返回 True，反之返回 False
    def host_passes(self, host_state, spec_obj):
        if not host_state.vcpus_total:
            # 没有设置 vCPU
            LOG.warning("VCPUs not set; assuming CPU collection broken")
            return True
        # 获取实例需求的 vCPU 数量
        instance_vcpus = spec_obj.vcpus
        # 获取计算节点的 vCPU 数量
        # 计算节点的 vCPU 数量 = 节点实际的 CPU 数量 ×cpu_allocation_ratio
        cpu_allocation_ratio = self._get_cpu_allocation_ratio(host_state, spec_
            obj)
        vcpus_total = host_state.vcpus_total * cpu_allocation_ratio

        # 判断计算节点是否有足够的 vCPU，没有则返回 False
        # 如果有，则判断计算节点的空闲 vCPU 数量
        if vcpus_total > 0:
            host_state.limits['vcpu'] = vcpus_total
            if instance_vcpus > host_state.vcpus_total:
                LOG.debug("%(host_state)s does not have %(instance_vcpus)d "
                          "total cpus before overcommit, it only has %(cpus)d",
                          {'host_state': host_state,
                           'instance_vcpus': instance_vcpus,
                           'cpus': host_state.vcpus_total})
                return False
        # 判断计算节点是否有足够的空闲 vCPU，没有则返回 False
```

```
        # 如果有，则返回 True，表明可以将虚拟机实例调度到该节点上
        free_vcpus = vcpus_total - host_state.vcpus_used
        if free_vcpus < instance_vcpus:
            LOG.debug("%(host_state)s does not have %(instance_vcpus)d "
                      "usable vcpus, it only has %(free_vcpus)d usable "
                      "vcpus",
                      {'host_state': host_state,
                      'instance_vcpus': instance_vcpus,
                      'free_vcpus': free_vcpus})
            return False
        return True

#CoreFilter 核心类
class CoreFilter(BaseCoreFilter):
    def __init__(self):
        super(CoreFilter, self).__init__()
        # 通知成功加载 CoreFilter 类
        LOG.info("CoreFilter is initialized!")
#AggregateCoreFilter 类
# 聚合每个 CPU 的 cpu_allocation_ratio 的值
# 如果 cpu_allocation_ratio 没有设置，则返回默认的 cpu_allocation_ratio 值
class AggregateCoreFilter(BaseCoreFilter):
    def _get_cpu_allocation_ratio(self, host_state, spec_obj):
        # 获取 cpu_allocation_ratio 的值
        aggregate_vals = utils.aggregate_values_from_key(
            host_state,
            'cpu_allocation_ratio')
        try:
            # 聚合 cpu_allocation_ratio 的值
            ratio = utils.validate_num_values(
                aggregate_vals, host_state.cpu_allocation_ratio, cast_to=float)
        except ValueError as e:
            LOG.warning("Could not decode cpu_allocation_ratio: '%s'", e)
            ratio = host_state.cpu_allocation_ratio
        return ratio
```

（2）配置 nova.conf 文件

编写完 CoreFilter 的代码后，我们需要对 nova.conf 文件进行配置，以便让 nova 能识别到 CoreFilter。nova.conf 文件一般位于 /etc/nova/ 目录下。nova.conf 的默认配置如下：

```
available_filters=nova.scheduler.filters.all_filters
enabled_filters=RetryFilter,AvailabilityZoneFilter,ComputeFilter,ComputeCapabilitiesFilter,ImagePropertiesFilter,ServerGroupAntiAffinityFilter,ServerGroupAffinityFilter
```

available_filters 表示可用的 filter。enabled_filters 用于指定 nova scheduler 真正使用的 filter。nova scheduler 将按照 enabled_filters 中的顺序依次过滤。为了验证我们编写的 CoreFilter，我们屏蔽其他过滤器，只保留 CoreFilter。

```
enabled_filters=CoreFilter
```

（3）重启 nova 并创建虚拟机进行验证

登录 openstack：

```
source /root/admin_openrc
```

重启 nova-scheduler：

```
systemctl restart openstack-nova-scheduler
```

我们的 OpenStack 集群中，每个计算节点有 64 个 CPU 核心，并且设置 cpu_allocation_ratio 为 1，所以每个计算节点的 vCPU 总数为 64。为了验证 CoreFilter 的过滤功能，我们要创建一个虚拟机并设置它的 vCPU 需求数量为 65。

首先，创建一个 vCPU 数量为 65（没有节点能满足）、RAM 为 1025MB、Disk 为 1GB 的 flavor:corefilter.test，flavor 是用来给虚拟机分配资源的。创建命令如下：

```
openstack flavor create --id 20 --ram 1024 --disk 1 --vcpus 65 --public corefilter.test
```

创建成功后会有如下返回值：

Field	Value
OS-FLV-DISABLED:disabled	False
OS-FLV-EXT-DATA:ephemeral	0
disk	1
id	20
name	corefilter.test
os-flavor-access:is_public	True
properties	
ram	1024
rxtx_factor	1.0
swap	
vcpus	65

接着创建虚拟机，并指定 flavor 为 corefilter.test，使用的镜像是 cirros，net-id 通过命令 openstack network list 查看。虚拟机创建命令如下：

```
nova boot --image cirros --flavor corefilter.test --nic net-id=c076df88-1ce7-
    426d-95dd-4bce92362842 CoreFilterTest
```

在 /var/log/nova/nova-scheduler.log 文件中查看 nova-scheduler 的日志：

```
2021-12-10 14:37:15.598 27781 INFO nova.scheduler.filters.core_filter [req-
    e5d39a57-f008-4fd4-a26e-9523d2719655 - - - - -] CoreFilter is initialized!
```

CoreFilter 初始化成功。

使用命令 nova show CoreFilterTest 查看虚拟机状态：

```
fault | {"message": "No valid host was found. ", "code": 500, "details": "Traceback (most recent call last):
      |   File \"/usr/lib/python2.7/site-packages/nova/conductor/manager.py\", line 1405, in schedule_and_build_instances
      |     instance_uuids, return_alternates=True)
      |   File \"/usr/lib/python2.7/site-packages/nova/conductor/manager.py\", line 832, in _schedule_instances
      |     return_alternates=return_alternates)
      |   File \"/usr/lib/python2.7/site-packages/nova/scheduler/client/query.py\", line 42, in select_destinations
      |     instance_uuids, return_objects, return_alternates)
      |   File \"/usr/lib/python2.7/site-packages/nova/scheduler/rpcapi.py\", line 160, in select_destinations
      |     return cctxt.call(ctxt, 'select_destinations', **msg_args)
      |   File \"/usr/lib/python2.7/site-packages/oslo_messaging/rpc/client.py\", line 178, in call
      |     retry=self.retry)
      |   File \"/usr/lib/python2.7/site-packages/oslo_messaging/transport.py\", line 128, in _send
      |     retry=retry)
      |   File \"/usr/lib/python2.7/site-packages/oslo_messaging/_drivers/amqpdriver.py\", line 645, in send
      |     call_monitor_timeout, retry=retry)
      |   File \"/usr/lib/python2.7/site-packages/oslo_messaging/_drivers/amqpdriver.py\", line 636, in _send
      |     raise result
      | NoValidHost_Remote: No valid host was found.
      | Traceback (most recent call last):
      |
      |   File \"/usr/lib/python2.7/site-packages/oslo_messaging/rpc/server.py\", line 229, in inner
      |     return func(*args, **kwargs)
      |
      |   File \"/usr/lib/python2.7/site-packages/nova/scheduler/manager.py\", line 156, in select_destinations
      |     raise exception.NoValidHost(reason=\"\")
      |
      | NoValidHost: No valid host was found.
      |
      | ", "created": "2021-12-10T06:46:07Z"}
```

CoreFilter 没有返回满足要求的主机，CoreFilter 过滤成功。我们的集群中没有满足虚拟机实例的计算节点。

2. CPU Weigher 程序范例

前面完成了虚拟机调度案例中的第一步——构建 CPU 过滤器 CoreFilters，下面将实现第二步中的权值计算器 CPU Weigher，以及完成第三步的调度验证。权值计算就是为了在主机过滤集中选出最佳的主机。为了能够控制不同的权值因素，调度器使用权值系数来计算权值。主机的权值计算公式如下：

$$weight = w1\_multiplier \times norm(w1) + w2\_multiplier \times norm(w2) + \cdots$$

其中，w1_multiplier 和 w2_multiplier 是权值系数，在 nova.conf 文件中进行定义。w1 和 w2 是权值计算器（Weighers）通过算法计算得到的权值，它们被归一化后与对应的权值系数相乘。各项权值相加得到该主机的最终权值。

下面将实现一个 CPU 权值计算器 CPU Weigher。CPU Weigher 将对节点中可用的 vCPU 数量进行计算，节点可用的 vCPU 数量越多，权值就越大，调度器会将虚拟机实例调度到权值最大的节点。实现 CPU Weigher 的基本步骤如下。

1）编写 CPU Weigher 代码。

2）配置 nova.conf 文件。

3）重启 nova 并创建虚拟机进行验证。

（1）编写 CPU Weigher 代码

首先，需要创建 cpu.py 文件，并将文件放在 /usr/lib/python2.7/site-packages/nova/scheduler/weights 目录下，构成下面的目录结构：

```
nova
└──── scheduler
          └──── weights
                    ├──── __init__.py
                    └──── cpu.py
```

接着编写 cpu.py 代码。所有 weigher 类都必须继承 weights.BaseHostWeigher 类，并实现 weight_multiplier() 函数和 _weigh_object() 函数。weight_multiplier() 函数从 nova.conf 文件中获取该项的权值系数，并将其传递给调度器。_weigh_object() 函数将计算具体的权值，并将计算得到的权值也传递给调度器。

```
# 导入依赖包
import nova.conf
from nova.scheduler import utils
from nova.scheduler import weights
# 获取 nova.conf 文件
CONF = nova.conf.CONF
class CPUWeigher(weights.BaseHostWeigher):
    minval = 0
    # 获取权值系数
    def weight_multiplier(self, host_state):
        return utils.get_weight_multiplier(
            host_state, 'cpu_weight_multiplier',
```

```
        CONF.filter_scheduler.cpu_weight_multiplier)
    # 通过空闲 vCPU 的数量来计算权值
    # 空闲 vCPU 数量越多，权值越大。调度器会优先选择权值最大的节点进行调度
    def _weigh_object(self, host_state, weight_properties):
        vcpus_free = (
            host_state.vcpus_total * host_state.cpu_allocation_ratio -
            host_state.vcpus_used)
        return vcpus_free
```

（2）配置 nova.conf 文件

这里编写的是 CPU Weigher，功能是将虚拟机实例调度到可用 vCPU 数量最多的节点。为了屏蔽其他权值因素的影响，我们将 CPU Weigher 的权值系数 cpu_weight_multiplier 设置为 100.0，将其他权值系数设置为 1.0。注意，权值系数为浮点数。修改 /etc/nova/nova.conf 文件的 cpu_weight_multiplier 项：

```
cpu_weight_multiplier=100.0
```

（3）重启 nova 并创建虚拟机进行验证

重启 nova-scheduler：

```
systemctl restart openstack-nova-scheduler
```

首先，创建一个 vCPU 数量为 5、RAM 为 1025MB、Disk 为 1GB 的 flavor：cpuweighter.test。flavor 是用来给虚拟机分配资源的。创建命令如下：

```
openstack flavor create --id 21 --ram 1024 --disk 1 --vcpus 5 --public
    cpuweighter.test
```

创建成功后会有如下返回值：

```
+----------------------------+------------------+
| Field                      | Value            |
+----------------------------+------------------+
| OS-FLV-DISABLED:disabled   | False            |
| OS-FLV-EXT-DATA:ephemeral  | 0                |
| disk                       | 1                |
| id                         | 21               |
| name                       | cpuweighter.test |
| os-flavor-access:is_public | True             |
| properties                 |                  |
| ram                        | 1024             |
| rxtx_factor                | 1.0              |
| swap                       |                  |
| vcpus                      | 5                |
+----------------------------+------------------+
```

为了方便查看不同节点的权值，我们修改了 /usr/lib/python2.7/site-packages/nova/weights.py，将排序后的综合权值进行输出：

```
# 导入日志包
from oslo_log import log as logging
import abc
import six
from nova import loadables
...
```

```
class BaseWeightHandler(loadables.BaseLoader):
    object_class = WeighedObject
    def get_weighed_objects(self, weighers, obj_list, weighing_properties):
        """Return a sorted (descending), normalized list of WeighedObjects."""
        weighed_objs = [self.object_class(obj, 0.0) for obj in obj_list]
        if len(weighed_objs) <= 1:
            return weighed_objs
        for weigher in weighers:
            weights = weigher.weigh_objects(weighed_objs, weighing_properties)
            # Normalize the weights
            weights = normalize(weights,
                                minval=weigher.minval,
                                maxval=weigher.maxval)
            for i, weight in enumerate(weights):
                obj = weighed_objs[i]
                obj.weight += weigher.weight_multiplier(obj.obj) * weight

        # 输出排序后的综合权值
        LOG.info(sorted(weighed_objs, key=lambda x: x.weight, reverse=True))
        return sorted(weighed_objs, key=lambda x: x.weight, reverse=True)
```

接着创建虚拟机，并指定 flavor 为 cpuweighter.test，使用的镜像是 cirros，net-id 通过命令 openstack network list 查看。创建命令如下：

```
nova boot --image cirros --flavor cpuweighter.test --nic net-id=c076df88-1ce7-
    426d-95dd-4bce92362842 --security-group default CPUWeighterTest
```

在 /var/log/nova/nova-scheduler.log 文件中查看 nova-scheduler 的日志：

```
2021-12-10 18:57:12.946 5249 DEBUG nova.scheduler.filter_scheduler [req-01d36f8c-
    bb9d-4438-abda-8762f894fc62 - default default] Filtered [(controller2, controller2)
    ram: 477293MB disk: 121856MB io_ops: 0 instances: 4, (compute1, compute1)
    ram: 522349MB disk: 156672MB io_ops: 0 instances: 0, (controller1,
    controller1) ram: 522349MB disk: 159744MB io_ops: 0 instances: 0,
    (compute2, compute2) ram: 260493MB disk: 175104MB io_ops: 0 instances: 0,
    (compute3, compute3) ram: 522349MB disk: 173056MB io_ops: 0 instances: 0]
```

上面是 CoreFilter 对主机进行过滤的日志信息。我们的 5 台主机都满足虚拟机实例的 vCPU 数量需求，所以主机过滤集中有 5 台主机的信息。

```
2021-12-10 18:57:12.949 5249 DEBUG nova.scheduler.filter_scheduler [req-01d36f8c-
    bb9d-4438-abda-8762f894fc62] Weighed [WeighedHost [host: (controller2,
    controller2) ram: 477293MB disk: 121856MB io_ops: 0 instances: 4, weight:
    2.59207180108], WeighedHost [host: (compute2, compute2) ram: 260493MB disk:
    175104MB io_ops: 0 instances: 0, weight: -499997.501305], WeighedHost [host:
    (compute3, compute3) ram: 522349MB disk: 173056MB io_ops: 0 instances: 0,
    weight: -999997.011696], WeighedHost [host: (controller1, controller1) ram:
    522349MB disk: 159744MB io_ops: 0 instances: 0, weight: -999997.087719],
    WeighedHost [host: (compute1, compute1) ram: 522349MB disk: 156672MB io_ops:
    0 instances: 0, weight: -999997.105263]]
```

我们可以看到 controller2 节点的权值 weight 最高为 2.59207180108。然后通过命令 nova show CPUWeighterTest 查看虚拟机实例的调度结果：

```
[root@controller1 weights]# nova show cpuweightertest
+--------------------------------------+--------------------------------+
| Property                             | Value                          |
+--------------------------------------+--------------------------------+
| OS-DCF:diskConfig                    | MANUAL                         |
| OS-EXT-AZ:availability_zone          | nova                           |
| OS-EXT-SRV-ATTR:host                 | controller2                    |
| OS-EXT-SRV-ATTR:hostname             | cpuweightertest                |
| OS-EXT-SRV-ATTR:hypervisor_hostname  | controller2                    |
| OS-EXT-SRV-ATTR:instance_name        | instance-00001912              |
| OS-EXT-SRV-ATTR:kernel_id            |                                |
| OS-EXT-SRV-ATTR:launch_index         | 0                              |
```

可以看到虚拟机实例成功调度到了 controller2 节点。调度器将虚拟机实例调度到权值最高的节点中。至此，通过上述实践，我们实现了通过虚拟机调度案例将新创建的虚拟机实例调度到具有最多空闲 CPU 的计算节点上的调度需求，保障了应用的资源需求，减少了应用之间的性能干扰。

习题

1. 试说明基于 CloudSim 如何实现用户自定义的虚拟机调度算法。
2. 试说明基于 CloudSim 如何实现用户自定义的任务调度算法。
3. 编程题：编写一个程序，创建一个包含两台主机的数据中心，每台主机拥有四个核、多个虚拟机。提交 N 个任务给云数据中心，这些任务长度服从均匀分布，打印输出任务长度与任务运行情况。
4. 开放程序设计题：设计一个静态的虚拟机放置算法，只考虑 CPU 资源，针对不同虚拟机的负载高峰出现在不同的时间，利用其互补性来提高主机 CPU 利用率。负载数据采用 CloudSim 自带的 PlantLab 的 CPU 利用率数据，路径为 cloudsim-3.0\examples\workload\planetlab。（提示：每个负载文件带有 288 个历史 CPU 利用率的采样点，代表一个虚拟机的历史利用率，根据虚拟机的利用率，将多个虚拟机放置在主机上，使所有主机的平均历史利用率最小。需要扩展 VmAllocationPolicy 类来实现虚拟机分配算法，扩展 Vm 类来存储历史利用率数据，通过 Java 的文件 I/O 来读取负载文件。）
5. 任务调度编程题：如图 5-21 所示，主调度器每分钟或每秒钟可以调度 U 个任务，同时设置服务器的任务队列的缓冲区长度为 K，即任务到达后，在 U 的调度速度下最多有 K 个在等候调度，若多余则舍去（针对每个任务集计算被舍去的个数）。

   其中 λ 为任务到达时服从的泊松分布，即每分钟或每秒钟到达任务的个数。P_i 为将这个任务按随机的概率分配到执行服务器 S_i 中（物理机）。S_i 为物理服务器，每个服务器具有 C_i 个 CPU 核及运算速度 f_i（即一个 CPU 可以用一个 VM 代替），即为每台服务器（物理机）配置 C_i 个 VM（每个 VM 的处理能力都一样，但不同服务器的 VM 处理能力是不同的），此时每台物理机可以同时处理 C_i 个任务，若任务到达时所有的 VM 都在处理任务，则任务在 S_i 服务器的任务队列中等候。

   任务的描述如下：每个任务就是一个简单的指令数，服从 λ 值为 A 的指令数的指数分布，每个任务在每个 VM 中的执行时间为指令数 / 运算速度 f_i。

   调度过程都遵循先来先服务原则，调度过程如下。

   1）主调度器将任务按随机的概率分配到第 i 台物理机上执行，其调度的速度是每分钟或每秒钟（每时间单位）为 U 个，由物理机中空闲的 VM 负责执行，若对应物理机中的 VM 都忙，则该任务等待。

2）每台服务器（物理机）对到达的任务分配到空闲的 VM 中执行，若对应物理机中的 VM 都忙，则该任务等待。

3）任务按服从的泊松分布到达，任务中要执行的指令数服从 A 的指数分布。

程序设计的主要任务如下：按上述模式配置云数据中心，每次的模拟是生成 n 个任务（任务中要执行的指令数服从 A 的指数分布），例如 $n = 10$ 万，按上述的调度分配到服务器上执行，统计每台服务器（物理机）执行的时间（每个任务离开物理机的时刻减去每个任务进入物理机的时刻，即为每个任务在系统中的消耗时间，消耗时间减去任务的执行时间，即指令数 / 运算速度 f_i，即为每个任务在系统中等待的时间），统计出每台服务器的所有任务的消耗时间的平均值、等待时间的平均值、队列中等待被调度的任务个数的平均值（即每个时间单位内任务个数的平均值）。

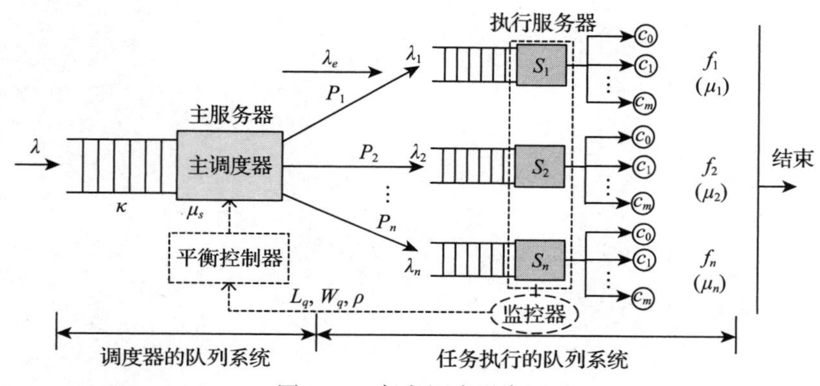

图 5-21　任务调度示意图

6. 简述 OpenStack 的体系结构。
7. 简述 OpenStack Nova Scheduler 的主要功能。
8. 简述 OpenStack Nova Scheduler 的调度过程，以及每一步的作用。

参考文献

[1] CALHEIROS R N, RANJAN R, BELOGLAZOV A, et al. CloudSim: a toolkit for modeling and simulation of cloud computing environments and evaluation of resource provisioning algorithms[J]. Software: Practice and Experience, 2011, 41(1): 23-50.

[2] 刘鹏 . 云计算 [M]. 2 版 . 北京：电子工业出版社，2011.

[3] CALHEIROS R N, RANJAN R, DE ROSE C A F, et al. CloudSim: A novel framework for modeling and simulation of cloud computing infrastructures and services[J].Computer Science, 2009.

[4] MAHESWARAN M, ALI S, SIEGEL H J, et al.Dynamic mapping of a class of independent tasks onto heterogeneous computing systems[J].Journal of Parallel & Distributed Computing,1999, 59(2): 107–131.

[5] GUTIERREZ-GARCIA J O, SIM K M.A family of heuristics for agent-based elastic Cloud bag-of-tasks concurrent scheduling[J].Future Generation Computer Systems,2013, 29(7):1682–1699.

[6] LIN W W, XU S Y, HE L G,et al. Multi-Resource Scheduling and Power Simulation for Cloud

Computing[J]. Informaton Sciences, 2017, 397: 168-186.

[7] LIN W W, WU W T, WANG J Z.A heuristic task scheduling algorithm for heterogeneous virtual clusters [J/OL]. Scientific Programming, 2016, Article ID 7040276, http://dx.doi.org/10.1155/2016/7040276.

[8] 林伟伟，刘波 . 分布式计算、云计算与大数据 [M]. 北京：机械工业出版社，2015.

[9] OpenStack Compute Schedulers[EB/OL]. [2023-10-26]. https://docs.openstack.org/nova/latest/admin/scheduling.html.

[10] OpenStack Nova Scheduler[EB/OL]. [2023-10-26]. https://github.com/openstack/nova/scheduler.

[11] OpenStack 文档 [EB/OL]. [2023-10-26]. https://docs.openstack.org/zh_CN/.

第6章　云存储技术

6.1　存储基础知识

6.1.1　存储组网形态

1. 存储技术回顾

存储技术是计算机的核心技术之一，从最初的硬盘存储技术发展到网络存储技术、虚拟化存储技术等，总的趋势是存储容量在不断增加、I/O速度在不断提高，如图6-1所示。当然，随着信息技术的发展，存储行业涌现出新的存储技术，例如固态硬盘、云存储等。下面简要回顾存储技术的历史。

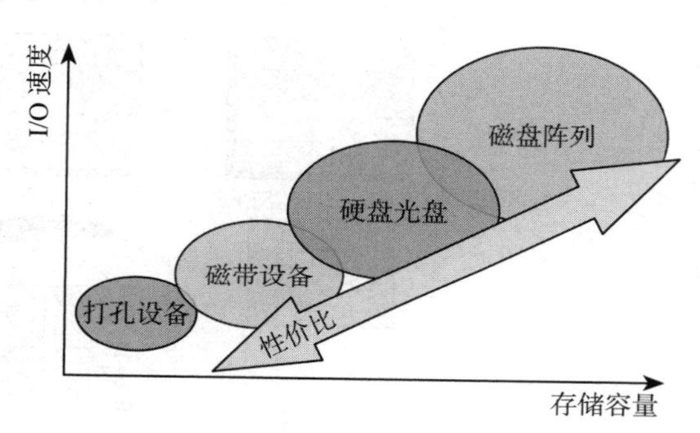

图6-1　存储技术的发展

- 1956年，第一台硬盘存储器诞生。

  世界上第一台硬盘存储器350 RAMAC诞生，当时它的总容量只有5MB，但总共使用了50个直径为24英寸的磁盘。
- 1987年，RAID技术出现。加州大学柏克利分校的研究人员发表了论文《磁盘阵列控制器研究》，正式提到了RAID，即磁盘阵列控制器，该论文提出廉价的5.25寸及3.5寸的硬盘也能像大机器上的8寸磁盘那样提供大容量、高性能和数据的一致性，并详述了RAID 1 ～ 5的技术。
- 1994年，进入网络存储时代。SAN技术正式出现（ANSI标准组织通过了第一个版本的光纤通道SAN），并迅速在数据苛刻型企业中获得广泛应用，由此我们也正式迈入了网络存储的时代。

2. 网络存储的发展

网络存储的应用从网络信息技术诞生后就已经开始，应用领域随着信息技术的发展而不断增加。如图6-2所示，根据服务器类型，可以将存储分为封闭系统的存储（主要指大型机）和开放系统的存储（指基于Windows、UNIX、Linux等操作系统的服务器）。其中开放式系统的存储可以分为直连式存储（Direct-

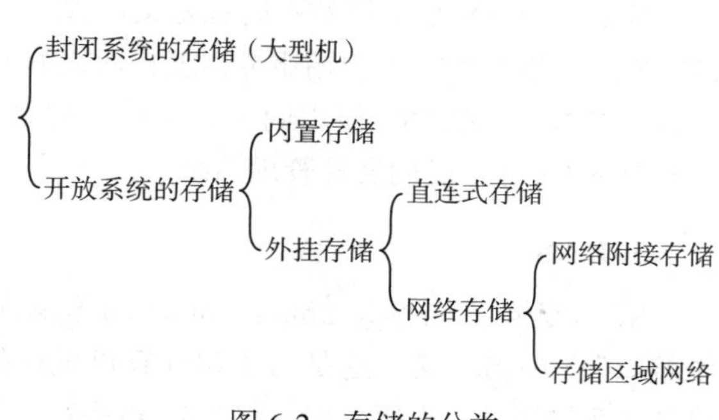

图6-2　存储的分类

Attached Storage，DAS）和网络存储（Fabric-Attached Storage，FAS）。根据组网形式的不同，当前三种主流存储技术或存储解决方案为直连式存储、存储区域网络、网络附接存储，如图6-3所示。

直连式存储（Direct Attached Storage，DAS）是指将存储设备通过SCSI接口或光纤通道直接连接到一台计算机上。直连式存储依赖服务器主机操作系统进行数据的读写和存储维护管理，数据备份和恢复要求占用服务器主机资源（包括CPU、系统I/O等），数据流需要回流到主机再到服务器连接的磁带机（库），数据备份通常占用服务器主机资源的20%～30%。直连式存储的数据量越大，备份和恢复数据的时间就越长，对服务器硬件的依赖性和影响就越大。

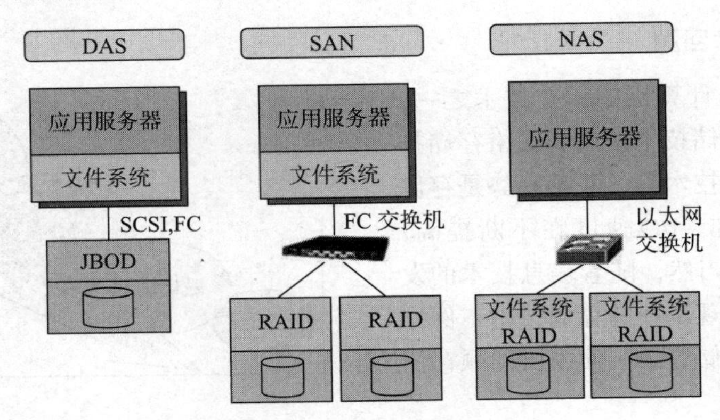

图6-3 不同组网形式下的存储

将存储器从应用服务器中分离出来进行集中管理，这就是存储网络（storage network）。存储网络又采取了两种不同的实现手段，即网络附接存储（Network Attached Storage，NAS）和存储区域网络（Storage Area Networks，SAN）。

NAS是指将存储设备通过标准的网络拓扑结构（例如以太网）连接到一群计算机上。NAS是部件级的存储方法，它的重点在于帮助工作组和部门级机构解决迅速增加存储容量的问题。需要共享大型CAD文档的工程小组就是典型的例子。

SAN采用光纤通道（Fibre Channel，FC）技术，通过光纤通道交换机连接存储阵列和服务器主机，建立专用于数据存储的区域网络。SAN经过十多年的发展，已经相当成熟，成为业界的事实标准（但各个厂商的光纤交换技术不完全相同，其服务器和SAN存储有兼容性要求）。

NAS和SAN最本质的不同就是文件管理系统在哪里：在SAN系统中，文件管理系统（FS）分别在每一个应用服务器上；而在NAS系统中，每个应用服务器通过网络共享协议（如NFS、CIFS）使用同一个文件管理系统。换句话说，NAS和SAN存储系统的区别是NAS有自己的文件管理系统。

3. DAS

SCSI的英文名称是Small Computer System Interface，中文翻译为“小型计算机系统接口”。顾名思义，这是为小型计算机设计的扩充接口，它支持计算机加装其他外部设备（例如硬盘、光驱、扫描仪等），以提高系统性能或增加新的功能。

如图 6-4 所示，DAS 将存储设备（RAID 系统、磁带机和磁带库、光盘库）直接连接到服务器，是最传统的、最常见的连接方式，易于理解、规划和实施。但是 DAS 没有独立的操作系统，也不能提供跨平台的文件共享，需要分别存储各平台下的数据，且各个 DAS 系统之间没有连接，数据只能被分散管理。DAS 的优缺点如表 6-1 所示。

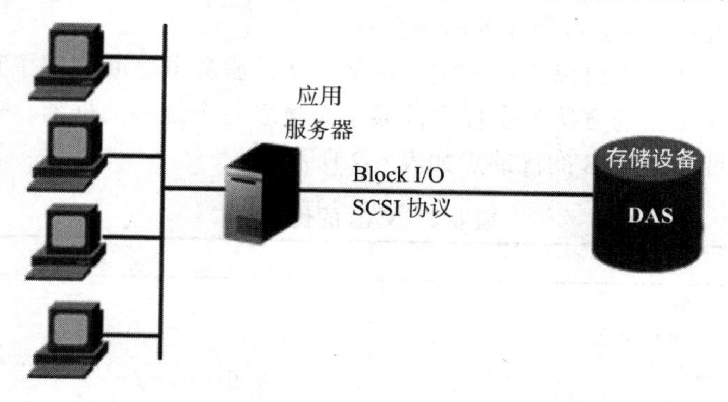

图 6-4 DAS

表 6-1 DAS 的优缺点

优点	缺点
• 连接简单：集成在服务器内部，点到点的连接，距离短，安装技术要求不高 • 低成本需求：SCSI 总线成本低 • 较好的性能 • 通用的解决方案：DAS 的投资低，绝大多数应用可以接受	• 有限的扩展性：SCSI 总线的距离最大为 25m，最多 15 个设备 • 专属的连接：空间资源无法与其他服务器共享 • 备份和数据保护：备份到与服务器直连的磁带设备上，硬件失败将导致更高的恢复成本 • TCO（总拥有成本高）：存储容量的增加导致管理成本上升，存储使用效率低

4. NAS

如图 6-5 所示，NAS 是指将存储设备连接到现有的网络上，提供数据和文件服务，应用服务器直接把 File I/O 请求通过 LAN 传给远端 NAS 中的文件系统，NAS 中的文件系统发起 Block I/O 到与 NAS 直连的磁盘。NAS 主要面向高效的文件共享任务，适用于那些需要网络进行大容量文件数据传输的场合。

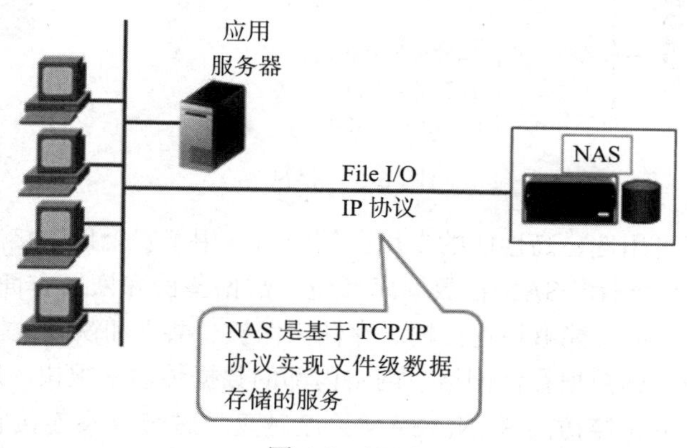

图 6-5 NAS

NAS 本身装有独立的操作系统，通过网络协议可以实现完全跨平台共享，支持 WinNT、

Linux、UNIX 等系统共享同一存储分区。NAS 可以实现集中数据管理。NAS 一般集成本地备份软件，可以实现无服务器备份功能。NAS 系统的前期投入相对较高。

NAS 在 RAID 的基础上增加了存储操作系统，NAS 内每个应用服务器通过网络共享协议（如 NFS、CIFS）使用同一个文件管理系统，NAS 关注应用、用户和文件以及它们共享的数据，磁盘 I/O 会占用业务网络带宽。

由于局域网在技术上得以广泛实施，在多个文件服务器之间实现了互联，因此可以采用局域网加工作站族的方法为实现文件共享而建立一个统一的框架，达到提高互操作性和节约成本的目的。NAS 的优缺点如表 6-2 所示。

表 6-2　NAS 的优缺点

优点	缺点
• 资源共享 • 构架于 IP 网络之上 • 部署简单 • 较好的扩展性 • 异构环境下的文件共享 • 易于管理 • 备份方案简单 • 较低的 TCO	• 扩展性有限 • 带宽瓶颈，一些应用会占用带宽资源 • 不适应某些数据库的应用

5. SAN

如图 6-6 所示，SAN 通过光纤通道连接到一群计算机上。在该网络中提供了多主机连接，但并非通过标准的网络拓扑。SAN 是一个用于服务器和存储资源之间的、专用的、高性能的网络体系，为实现大量原始数据的传输进行了专门的优化。

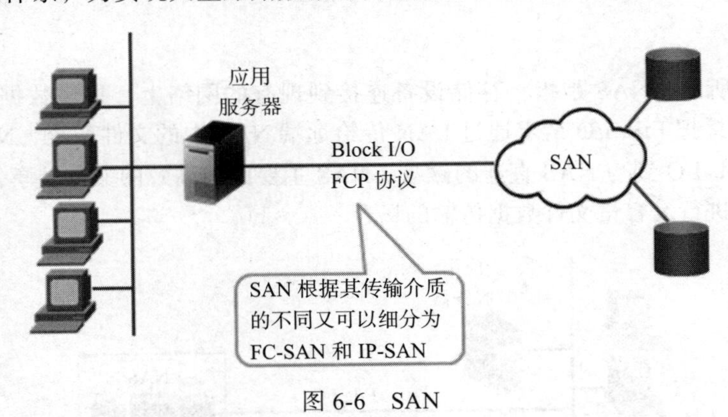

图 6-6　SAN

SAN 是一种高可用性、高性能的专用存储网络，用于安全地连接服务器和存储设备并具备灵活性和可扩展性。SAN 在数据库环境、数据备份和恢复方面具有巨大的优势。SAN 是一种非常安全的，能够快速传输、存储、保护、共享和恢复数据的方法。

SAN 是一个独立的数据存储网络，网络内部的数据传输率很快，但操作系统仍停留在服务器端，用户不直接访问 SAN。SAN 关注磁盘、磁带以及连接它们的可靠的基础结构。SAN 根据其传输介质的不同又可以细分为 FC-SAN 和 IP-SAN。

SAN 专注于企业级存储的特有问题。当前企业存储方案所遇到问题的根源是数据与应用系统紧密结合所产生的结构性限制，以及目前小型计算机系统接口（SCSI）标准的限制。大多数分析都认为 SAN 是未来企业级的存储方案，这是因为 SAN 便于集成，能改善数据可用性及网络性能，而且可以减轻管理作业。SAN 的优缺点如表 6-3 所示。

表 6-3 SAN 的优缺点

优点	缺点
• 实现存储介质的共享 • 非常好的扩展性 • 易于数据备份和恢复 • 实现备份磁带共享 • LAN Free 和 Server Free • 高性能 • 支持服务器群集技术 • 容灾手段 • 较低的 TCO	• 成本较高，需要专用的连接设备，如 FC 交换机以及 HBA • SAN 孤岛 • 技术较为复杂 • 需要专业的技术人员维护

6. DAS、NAS、SAN 三种形态的比较

DAS、NAS、SAN 中的每种组网技术都有其优缺点，在实际运用中需要权衡各方面的资源和适用范围。一般来说，DAS 是最直接、最简单的组网技术，实现简单但是存储空间利用率和扩展性差，而 NAS 使用较为广泛，技术也相对成熟，SAN 则是专为某些大型存储而定制的昂贵网络。DAS、NAS、SAN 三种存储组网形态的比较如表 6-4 所示。

表 6-4 DAS、NAS、SAN 三种存储组网形态的比较

比较项	DAS	NAS	FC-SAN	IP-SAN
传输类型	SCSI、FC	IP	FC	IP
数据类型	块级	文件级	块级	块级
典型应用	各类应用	文件服务器	数据库应用	视频监控
优点	易于理解，兼容性好	易于安装，成本低	高扩展性，高性能，高可用性	高扩展性，成本低
缺点	难以管理，扩展性有限；存储空间利用率不高	性能较低；对某些应用不适合	比较昂贵，配置复杂；存在互操作性问题	性能较低

6.1.2 RAID

RAID 是廉价冗余磁盘阵列（Redundant Array of Inexpensive Disks）的简称，磁盘阵列是由很多价格较便宜的磁盘组合而成的一个容量巨大的磁盘组，利用多个磁盘提供数据所产生的加成效果来提升整个磁盘系统效能。利用这项技术，可以将数据切割成许多区段，分别存放在各个硬盘上。在具体介绍 RAID 之前，先了解相关的基本概念，如表 6-5 所示。

表 6-5 RAID 相关概念

名词	说明
分区	又称为 Extent，是磁盘上地址连续的一个存储块。一个磁盘可以被划分为多个分区，每个分区可以大小不等，有时也称为逻辑磁盘
分块	又称为 Strip，将一个分区分成多个大小相等、地址相邻的块，这些块称为分块。分块通常被认为是条带的元素。虚拟磁盘以它为单位将虚拟磁盘的地址映射到成员磁盘的地址

（续）

名词	说明
条带	又称为 Stripe，是阵列的不同分区上位置相关的 Strip 的集合，是组织不同分区上条块的单位
软 RAID	RAID 的所有功能都依赖于操作系统（OS）与服务器 CPU 来完成，没有第三方的控制 / 处理（业界称其为 RAID 协处理器，即 RAID Co-Processor）与 I/O 芯片
硬 RAID	有专门的 RAID 控制 / 处理与 I/O 处理芯片，用来处理 RAID 任务，不需要耗用主机 CPU 资源，效率高，性能好

1. RAID0

RAID0 是没有容错设计的条带磁盘阵列，以条带形式将 RAID 阵列的数据均匀分布在各个阵列中。RAID0 没有磁盘冗余，一个磁盘失败会导致数据丢失，总容量 = 磁盘数量 × 磁盘容量。

如图 6-7 所示，图中一个圆柱就是一块磁盘，它们并联在一起。从图中可以看出，RAID0 在存储数据时由 RAID 控制器（硬件或软件）把数据分割成大小相同的数据条，同时写入阵列中的磁盘。如果发挥一下想象力，你会觉得数据像一条带子横跨过所有的阵列磁盘，每个磁盘上的条带深度是一样的。至于每个条带的深度，则要看所采用的 RAID 类型，在 NT 系统的软 RAID0 等级中，每个条带的深度只有 64KB，而在硬 RAID0 等级，可以提供 8KB、16KB、32KB、64KB 以及 128KB 等多种深度参数。

图 6-7　RAID0

RAID0 即数据分条（data stripping）技术。整个逻辑盘的数据被分条（stripped）分布在多个物理磁盘上，可以并行读 / 写，提供最快的速度，但没有冗余能力。RAID0 至少需要两个磁盘。本质上 RAID0 并不是真正的 RAID，因为它并不提供任何形式的冗余。RAID0 的优缺点如表 6-6 所示。

表 6-6　RAID0 的优缺点

RAID0 的优点	RAID0 的缺点
• 可多 I/O 操作并行处理，极高的读写效率 • 速度快，由于不存在校验，因此不占用 CPU 资源 • 设计、使用与配置简单	• 无冗余，如果一个 RAID0 的磁盘失败，那么数据将彻底丢失 • 不能用于关键数据环境

RAID0 适用于以下领域。

- 视频生成和编辑
- 图像编辑
- 较为“拥挤”的操作
- 其他需要大的传输带宽的操作

2. RAID1

如图 6-8 所示，RAID1 以镜像作为冗余手段，虚拟磁盘中的数据有多个拷贝，这些拷贝放在成员磁盘上，因此 RAID1 具有 100% 的数据冗余，但磁盘空间利用率只有 50%，所以，总容量 =（磁盘数量 / 2）× 磁盘容量。

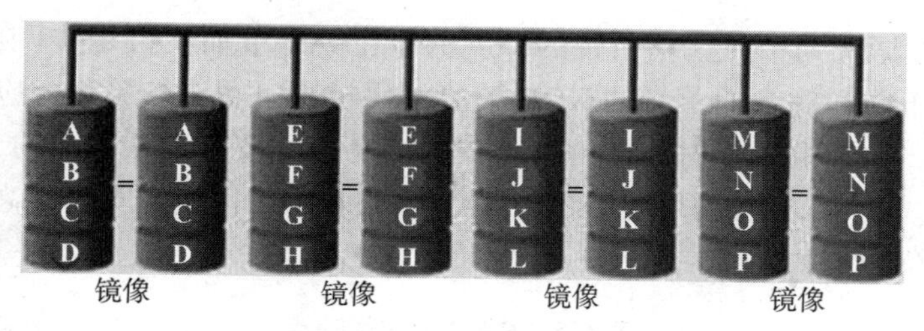

图 6-8 RAID1

对比 RAID0，RAID1 硬盘的内容是两两相同的。这就是镜像，即两个硬盘中的内容完全一样，相当于内容彼此备份。比如阵列中有两个硬盘，在写入时，RAID 控制器并不是将数据分成条带而是将数据同时写入两个硬盘。这样，若其中任何一个硬盘的数据出现问题，可以马上从另一个硬盘中恢复。RAID1 至少需要的磁盘数为 2 个。注意，这两个硬盘并不是主从关系，也就是说它们是相互镜像 / 恢复的。RAID1 是非校验的 RAID 级别，其数据保护和性能都极为优秀，因为在数据的读 / 写过程中，不需要执行 XOR 操作。 RAID1 的优缺点如表 6-7 所示。

表 6-7 RAID1 的优缺点

RAID1 的优点	RAID1 的缺点
• 理论上读效率是单个磁盘的两倍 • 100% 的数据冗余 • 设计、使用简单	• ECC（错误检查与纠正）效率低下，磁盘 ECC 的 CPU 占用率是所有 RAID 等级中最高的，成本高 • 软 RAID 方式下，很少能支持硬盘的热插拔 • 空间利用率只有 1/2

RAID1 适用于以下领域。

- 财务统计与数据库
- 金融系统
- 其他需要高可用的数据存储环境

3. RAID3

RAID3（条带分布 + 专用盘校验）以 XOR 校验为冗余方式，使用专门的磁盘存放校验数据，虚拟磁盘上的数据块被分为更小的数据块并行传输到各个成员物理磁盘上，同时计算出 XOR 校验数据存放到校验磁盘上。在只有一个磁盘损坏的情况下，RAID3 能通过校验数据恢复损坏磁盘，但如果两个以上磁盘同时损坏，则 RAID3 不能发挥数据校验功能。总容量 =（磁盘数量 −1）× 磁盘容量。

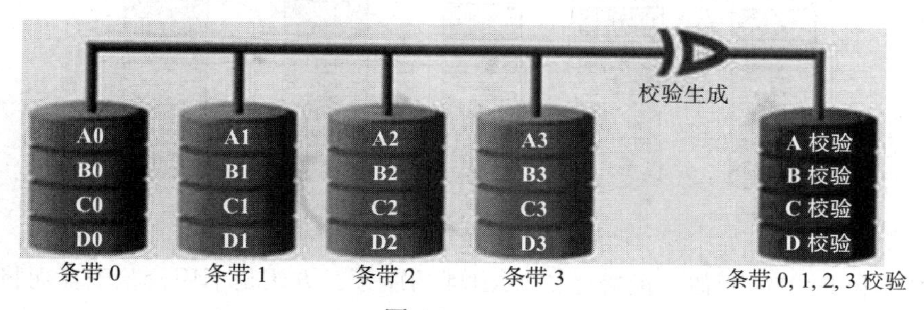

图 6-9 RAID3

如图 6-9 所示，RAID3 中只有一个校验盘，与 RAID0 一样，数据也是被分成条带

（Stripe）存入数据阵列中，这里条带的深度的单位为字节而不再是位。在存入数据时，数据阵列中处于同一等级的条带的XOR校验编码被即时写在校验盘相应的位置，所以彼此不会干扰。在读取数据时，在调出条带的同时检查校验盘中相应的XOR编码，进行即时的ECC。由于RAID3在读写时与RAID0很相似，因此它具有很高的数据传输效率。RAID3的优缺点如表6-8所示。

表6-8　RAID3的优缺点

RAID3的优点	RAID3的缺点
• 相对较高的读取传输率 • 高可用性，一个磁盘损坏对吞吐量影响较小 • 高效率的ECC操作	• 校验盘成为性能瓶颈 • 每次读写牵动整个组，每次只能完成一次I/O

RAID3适用于以下领域。

- 视频生成和在线编辑
- 图像和视频编辑
- 其他需要高吞吐量的场合

RAID3至少需要的磁盘数为3个。

在RAID3中，传输速度最大的限制在于寻找磁道和移动磁头的过程，真正向磁盘碟片上写数据的过程实际上很快。RAID3阵列各成员磁盘的运转马达是同步的，所以可以认为整个RAID3是一个磁盘。而在异步传输的阵列中，各个成员磁盘是异步的，可以认为它们是在各自同时寻道和移动磁盘。比起RAID3这样的同步阵列，RAID4异步阵列的磁盘各自寻道的速度会更快一些。但是一旦找到了读写的位置，RAID3就会比异步快，因为成员磁盘同时读写，速度要快得多。这也是RAID3采用比RAID4异步阵列大得多的数据块的原因之一。

4. RAID5

如图6-10所示，RAID5（条带技术＋分布式校验）以XOR检验为冗余方式，校验数据均匀分布在各个数据磁盘上，对各个数据磁盘的访问为异步操作，RAID5相对于RAID3改善了校验盘的瓶颈，总容量＝（磁盘数－1）× 磁盘容量。

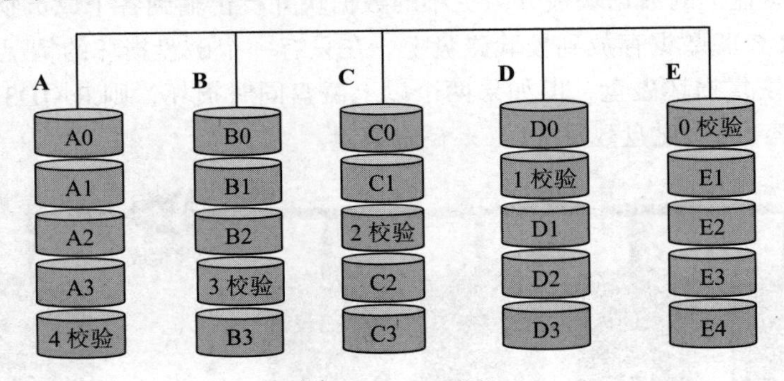

图6-10　RAID5

RAID5和RAID4相似，但避免了RAID4的瓶颈，方法是不用校验磁盘而将校验数据以循环的方式放在每一个磁盘中。RAID5的优缺点如表6-9所示。

表 6-9 RAID5 的优缺点

RAID5 的优点	RAID5 的缺点
• 高读取速率 • 中等写速率	• 异或校验影响存储性能 • 磁盘损坏后，重建很复杂

RAID5 适用于以下领域。

- 文件服务器和应用服务器
- OLTP 环境的数据库
- Web、E-mail 服务器

RAID5 至少需要磁盘的数为 3 个。

5. RAID6

如图 6-11 所示，RAID6 能够允许两个磁盘同时失效的 RAID 级别系统，其总容量 =（磁盘数 −2）× 磁盘容量。

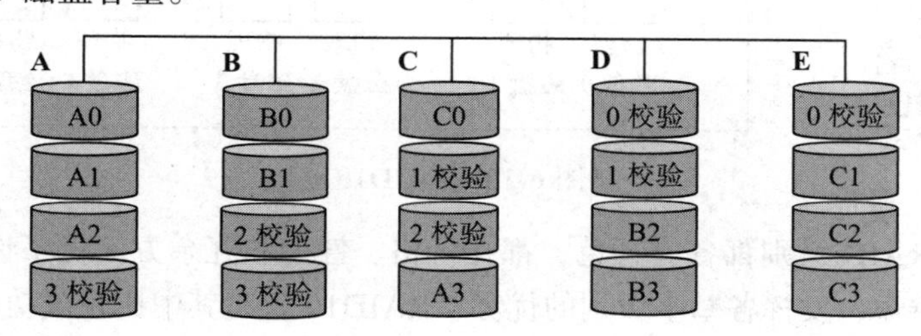

图 6-11 RAID6

如图 6-12 所示，与 RAID5 一样，在 RAID6 中，数据和校验码被分成数据块分别存储到磁盘阵列的各个硬盘上。RAID6 中加入了一个独立的校验磁盘，它把分布在各个磁盘上的校验码都备份在一起，这样 RAID6 磁盘阵列就允许多个磁盘同时出现故障，这对于数据安全要求很高的应用场合是非常必要的。RAID6 的优缺点如表 6-10 所示，在实际应用中 RAID6 的应用范围并没有其他 RAID 模式那么广泛。因为实现这个功能一般需要设计更加复杂、造价更昂贵的 RAID 控制器，所以 RAID6 的应用并不广泛。

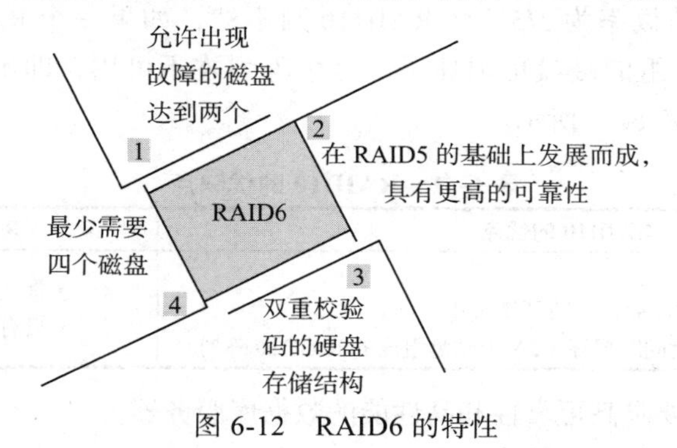

图 6-12 RAID6 的特性

表 6-10 RAID6 的优缺点

RAID6 的优点	RAID6 的缺点
• 快速的读取性能 • 更高的容错能力	• 很慢的写入速度 • 成本更高

RAID6 的适用领域为高可靠性环境。

RAID6 至少需要的磁盘数为 4 个。

6. RAID10

如图 6-13 所示，RAID10（镜像阵列条带化）是将镜像和条带组合起来的组合 RAID 级别，最低一级是 RAID1 镜像对，第二级为 RAID0。其总容量 =（磁盘数 /2）× 磁盘容量。

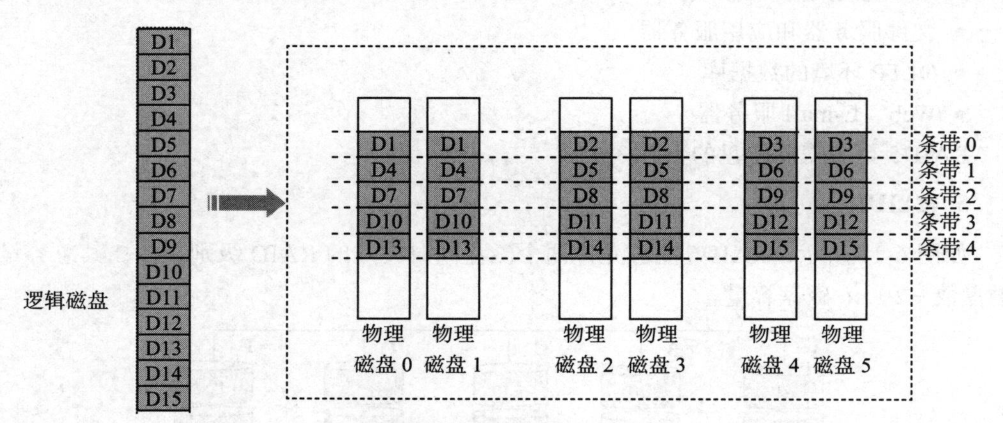

图 6-13 RAID10

每个基本 RAID 级别都各有特色，都在价格、性能和冗余方面做了许多折中。组合级别可以扬长避短，发挥各基本级别的优势。RAID10 就是其中比较成功的例子。

RAID10 数据分布按照如下方式来组织：首先将磁盘两两镜像（RAID1），然后将镜像后的磁盘条带化。在图 6-13 中，物理磁盘 0 和物理磁盘 1、物理磁盘 2 和物理磁盘 3、物理磁盘 4 和物理磁盘 5 为镜像后的磁盘对。再将其条带化，最后得到数据存储示意图。

和 RAID10 类似的组合级别是 RAID01。因为其有明显的缺陷，RAID01 很少使用。RAID01 是先条带化，然后将条带化的阵列镜像。同样是六块磁盘，RAID01 是先形成两个 3 块磁盘 RAID0 组，然后将 2 个 RAID0 组镜像。如果一个 RAID0 组中有一块磁盘损坏，那么只要另一个组的三块磁盘中的任意一个损坏，则会导致整个 RAID01 阵列不可用，即不可用的概率为 3/5。而 RAID10 则不然，如果一个 RAID1 组中的一个磁盘损坏，只有当同一组的磁盘也损坏了，这个阵列才不可用，即不可用的概率为 1/5。RAID10 的优缺点如表 6-11 所示。

表 6-11 RAID10 的优缺点

RAID10 的优点	RAID10 的缺点
• 高读取速率 • 高写速率，较校验 RAID 而言，写开销最小 • 至多可以容许 N 个磁盘同时损坏（$2N$ 个磁盘组成的 RAID10 阵列）	• 贵 • 只有 1/2 的磁盘利用率

RAID10 适用于要求高可靠性和高性能的数据库服务器。

RAID10 至少需要的磁盘数为 4 个。

7. RAID50

如图 6-14 所示，RAID50 是将镜像和条带组合起来的组合 RAID 级别，最低一级是 RAID5 镜像对，第二级为 RAID0。其总容量 =（磁盘数 −1）× 磁盘容量。

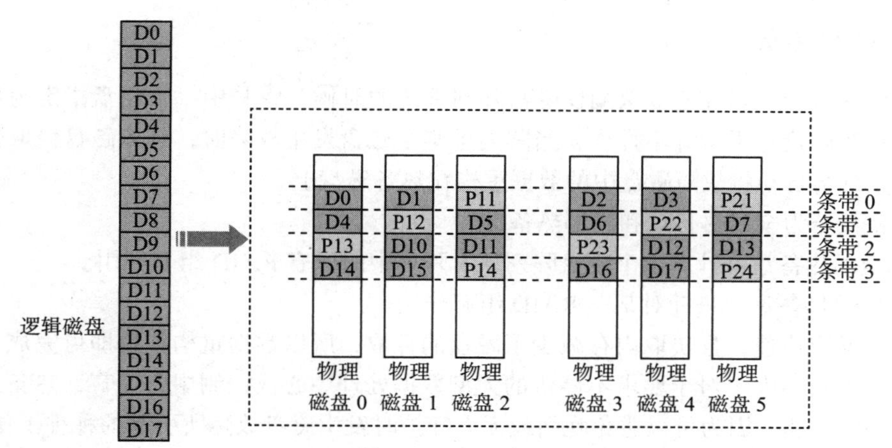

图 6-14 RAID50

RAID50 数据分布按照如下方式来组织：首先将磁盘分为 *N* 组，然后将每组磁盘做 RAID5，最后将 *N* 组 RAID5 条带化。图 6-14 中，磁盘 0、磁盘 1 和磁盘 2，磁盘 3、磁盘 4 和磁盘 5 为 RAID5 阵列，然后按照 RAID0 的方式组织数据，最后得到数据存储示意图。

RAID50 是为了解决单个 RAID5 阵列容纳大量磁盘所带来的性能缺陷（比如初始化或重建时间过长）而引入的。RAID50 的优缺点如表 6-12 所示。

表 6-12 RAID50 的优缺点

RAID50 的优点	RAID50 的缺点
• 比单个 RAID5 容纳更多的磁盘 • 比单个 RAID5 有更好的读性能 • 至多可以容许 *N* 个磁盘同时损坏（*N* 个 RAID5 组成的 RAID50 阵列） • 比相同容量的单个 RAID5 重建时间更短	• 比较难以实现 • 同一个 RAID5 组内的两个磁盘损坏会导致整个 RAID50 阵列的失效

RAID50 适用于以下领域。

- 大型数据库服务器
- 应用服务器
- 文件服务器

RAID50 至少需要的磁盘数为 6 个。

8. RAID 级别的比较

RAID3 更适合于顺序存取，RAID5 更适合于随机存取，需要根据具体的应用情况决定使用哪种 RAID 级别。各种级别的比较如表 6-13 所示。

表 6-13 各种级别 RAID 的比较

比较项目	RAID0	RAID1	RAID10	RAID5、RAID3	RAID6
最小配置	1	2	4	3	4
性能	最高	最低	RAID5<RAID10<RAID0	RAID1<RAID5<RAID10	RAID6<RAID5<RAID10
特点	无容错	最佳的容错	最佳的容错	提供容错	提供容错
磁盘利用率	100%	50%	50%	$(N-1)/N$	$(N-2)/N$
描述	不带奇偶效验的条带集	磁盘镜像	RAID0 与 RAID1 的结合	带奇偶效验的条带集	双校验位

6.1.3 磁盘热备

所谓热备份是指在建立 RAID 磁盘阵列系统的时候，将其中一个磁盘指定为热备磁盘，此热备磁盘在平常并不操作，当阵列中某个磁盘发生故障时，热备磁盘便取代故障磁盘，系统会自动将故障磁盘中的数据重构在热备磁盘上。

热备盘分为全局热备盘和局部热备盘。

- 全局热备盘：针对整个磁盘阵列，对阵列中的所有 RAID 组起作用。
- 局部热备盘：只针对某一 RAID 组起作用。

因为反应快速，且快取内存减少了磁盘的存取，所以数据重构很快即可完成，对系统性能的影响不大。对于要求不停机的大型数据处理中心或控制中心而言，热备份更是一项重要的功能，因为可以避免晚间或无人守护时发生磁盘故障所引起的种种不便。

磁盘热备的主要过程如下。

1）由 5 个磁盘组成 RAID5，其中 4 个数据盘、1 个热备盘存储校验条带集，热备盘平时不参与计算。

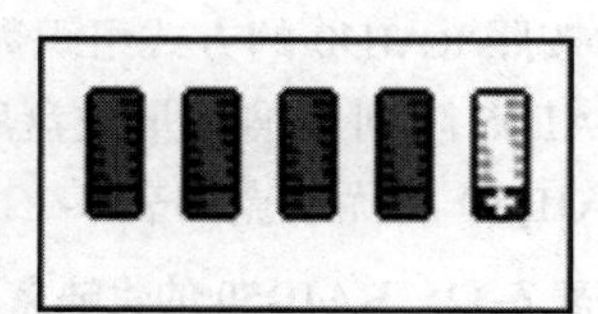

2）某个时刻某个数据盘损坏，热备盘根据校验集开始自动重构。

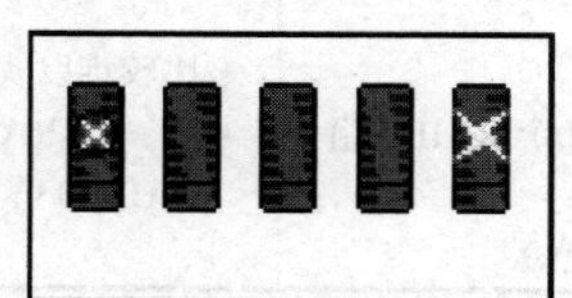

3）热备盘重构结束，加入 RAID5 代替损坏磁盘参与计算。

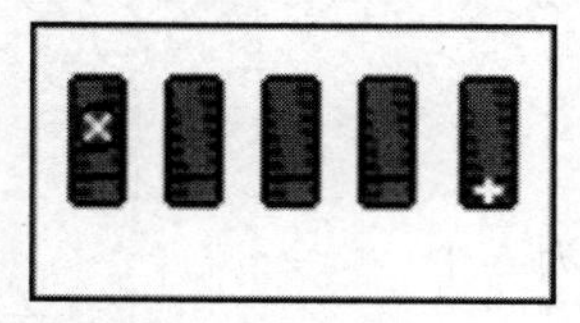

4）替换新的磁盘，热备盘进行复制。

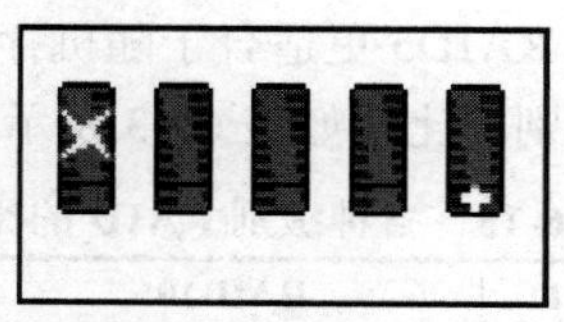

5）热备盘复制完成后，重新建立校验集。

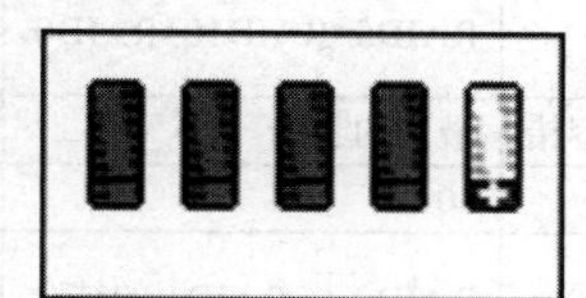

热备具有以下特性：

- 在线操作。
- 系统中需要设置一个热添加的备份盘或用一个新的磁盘替代故障磁盘。
- 当满足以下条件时开始数据自动重构。
  - 有一个热备份盘存在，且独立于故障磁盘。
  - 所有磁盘都配置为冗余阵列（RAID1,3,5,10）。
- 所有的操作都是在不中断系统操作的情况下进行的。

6.1.4 快照

快照是某一个时间点上的逻辑卷的映像，逻辑上相当于整个 Base Volume 的拷贝，可将快照卷分配给任何一台主机，快照卷可读取、写入或拷贝，需要相当于 Base Volume 20% 的额外空间。快照的主要用途是利用少量存储空间保存原始数据的备份，文件、逻辑卷恢复及备份、测试、数据分析等。

1. 基本概念

- Base Volume：快照源卷。
- Repository Volume：快照仓储卷，保存快照源卷在快照过程中被修改之前的数据。
- Snapshot Volume：快照卷，是某一个时间点上的逻辑卷映像，逻辑上相当于整个 Base Volume 的拷贝，可将 Snapshot Volume 分配给任何一台主机，Snapshot Volume 可读取、写入或拷贝。

2. 快照过程

1）首先保证快照源卷和快照仓储卷的正常运行。

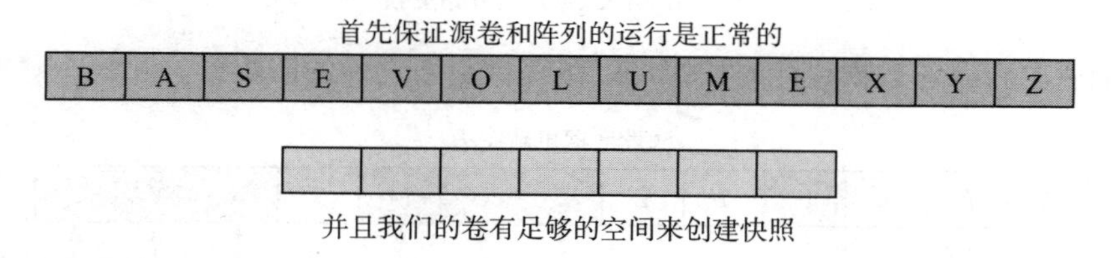

2）快照开始时源卷是只读的，快照卷对应源卷。

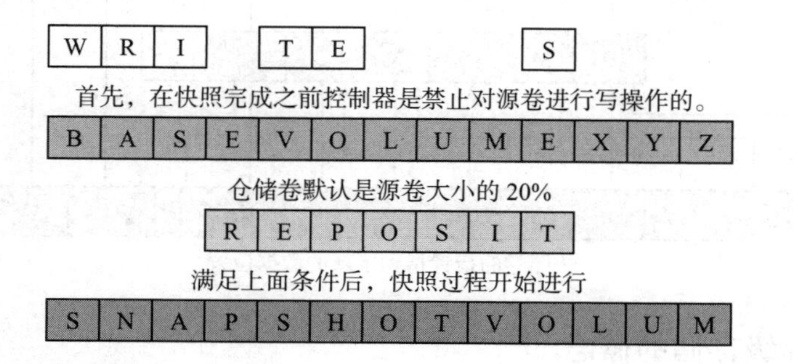

3）快照完成，控制器释放对源卷的写权限，我们可以对源卷进行写操作，快照是一些指向源卷数据的指针。

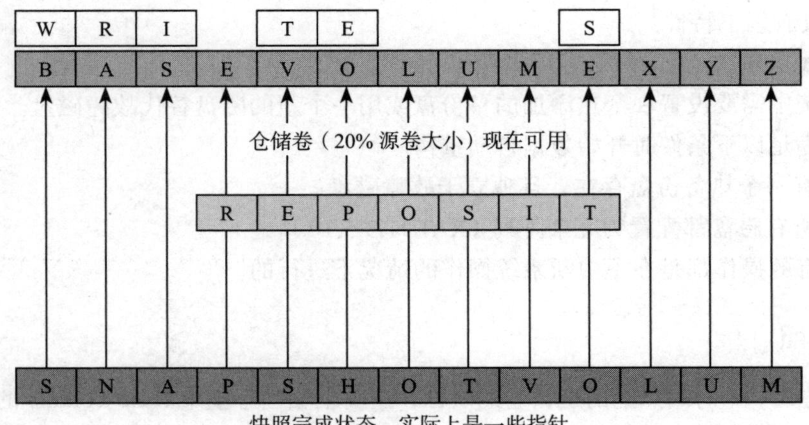

快照完成状态，实际上是一些指针

4）当源卷数据发生改变时，首先在源卷的数据改变之前将原数据写入仓储卷，并且将快照指针引导到仓储卷上，然后对源卷数据进行修改。

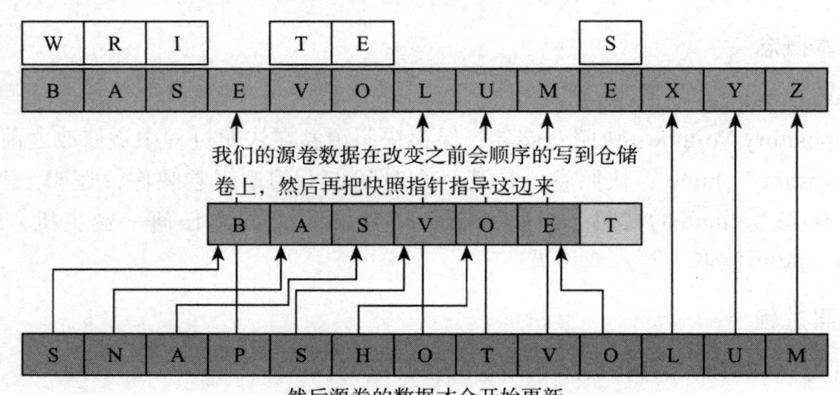

然后源卷的数据才会开始更新

5）最后更新源卷数据，此时快照可以跟踪到更新之前的旧数据。

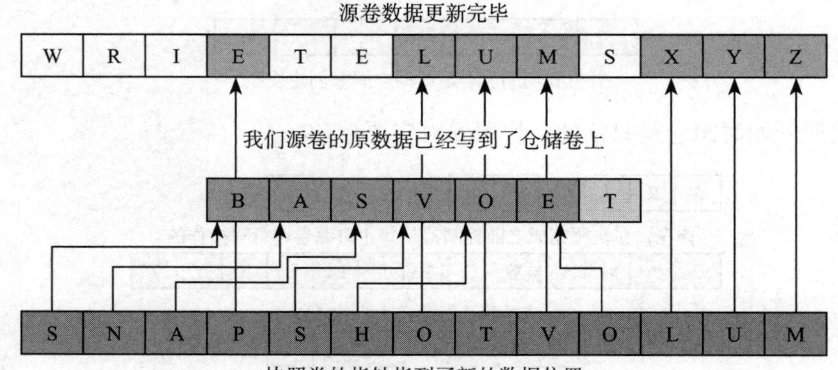

快照卷的指针指到了新的数据位置

6.1.5　数据分级存储的概念

数据分级存储即把数据存放在不同类别的存储设备（磁盘、磁盘阵列、光盘库、磁带）中，通过分级存储管理软件实现数据实体在存储设备之间的自动迁移；根据数据的访问频率、保留时间、容量、性能要求等因素确定最佳存储策略，从而控制数据迁移的规则。分级存储具有以下优点：最大限度地满足用户需求，减少总体存储成本，性能优化，改善数据可用性，数据迁移对应用透明。

分级存储一般分为在线（on-line）存储、近线（near-line）存储和离线（off-line）存储三级存储方式。在线存储是指存储设备和所存储的数据时刻保持“在线”状态，可供用户随意读取，满足计算平台对数据访问的速度要求；离线存储是对在线存储数据的备份，以防范可能发生的数据灾难，离线存储的数据不常被调用，一般也远离系统应用，离线存储访问速度慢、效率低，典型产品是磁带库；近线存储主要定位于客户在线存储和离线存储之间的应用，将那些不经常用到或者数据访问量不大的数据存放在性能较低的存储设备上，但同时对这些设备的要求是寻址迅速、传输率高，需要的存储容量相对较大。关于三级存储方式的详细比较如表 6-14 所示。

表 6-14　三级存储方式的比较

存储方式	描述	举例
在线存储	数据存放在磁盘系统上。在线存储一般采用高端存储系统和技术如 SAN、点对点直连技术、S2A。存取速度快，价格昂贵	电视台的在线存储：用于存储即将用于制作、编辑、播出的视音频素材。随时保持可实时快速访问的状态。在这类应用中，在线存储设备一般采用 SCSI 磁盘阵列、光纤磁盘阵列等
离线存储	数据备份到磁带、磁带库或光盘库上 。存取速度低，但能实现海量存储，同时价格低廉	电视台的离线存储：平时没有连接在编辑 / 播出系统，在需要时临时性地装载或连接到编辑 / 播出系统。可以将总的存储做得很大。可制作年代较远的新闻片、专题片等
近线存储	不经常用到，访问量不大的数据存放在性能较低的存储设备上，同时对这些设备的要求是寻址迅速、传输率高	近线存储介于在线存储和离线存储之间，既可以做到较大的存储容量，又可以获得较快的存取速度。近线存储设备一般采用自动化的数据流磁带或者光盘塔。近线存储设备用于存储与在线设备发生频繁读写交换的数据，包括近段时间采集的视音频素材或近段时间制作的新闻片、专题片等

6.2　云存储的概念与技术原理

关于云存储的定义，目前没有统一的标准。全球网络存储工业协会 (SNIA) 给出的云存储的定义是：通过网络提供可配置的虚拟化的存储及相关数据的服务。云存储是在云计算概念上延伸和发展出来的一个新的概念，是指通过虚拟化、集群应用、网格技术或分布式文件系统等功能，将网络中大量各种不同类型的存储设备通过应用软件集合起来协同工作，共同对外提供数据存储和业务访问功能的一个系统。

云存储一般包含两层含义：云存储是云计算的存储部分，即虚拟化的、易于扩展的存储资源池，用户通过云计算使用存储资源池，但不是所有的云计算的存储部分都是可以分离的；云存储意味着存储可以作为一种服务，通过网络提供给用户，用户可以通过若干种方式（互联网开放接口、在线服务等）来使用存储，并按使用时间、空间或两者结合付费。从技术层面看，目前业界普遍认为云存储的两种主流技术解决方案有存储虚拟化和分布式存储。下面分别从这两个方面讨论云存储的技术原理。

6.2.1　分布式存储

从分布式存储的技术特征上看，分布式存储主要包括分布式块存储、分布式文件存储、分布式对象存储和分布式表存储四种类型。

1. 分布式块存储

如图 6-15 所示，块存储将存储区域划分成固定大小的块，是传统裸存储设备的存储空间对外暴露方式。块存储系统将大量磁盘设备通过 SCSI/SAS 或 FC SAN 与存储服务器连接，服务器直接通过 SCSI/SAS 或 FC 协议控制和访问数据。块存储方式不存在数据打包 / 解包过程，可提供更高的性能。分布式块存储的系统目标是：为现有的各种应用提供通用的存储能力。

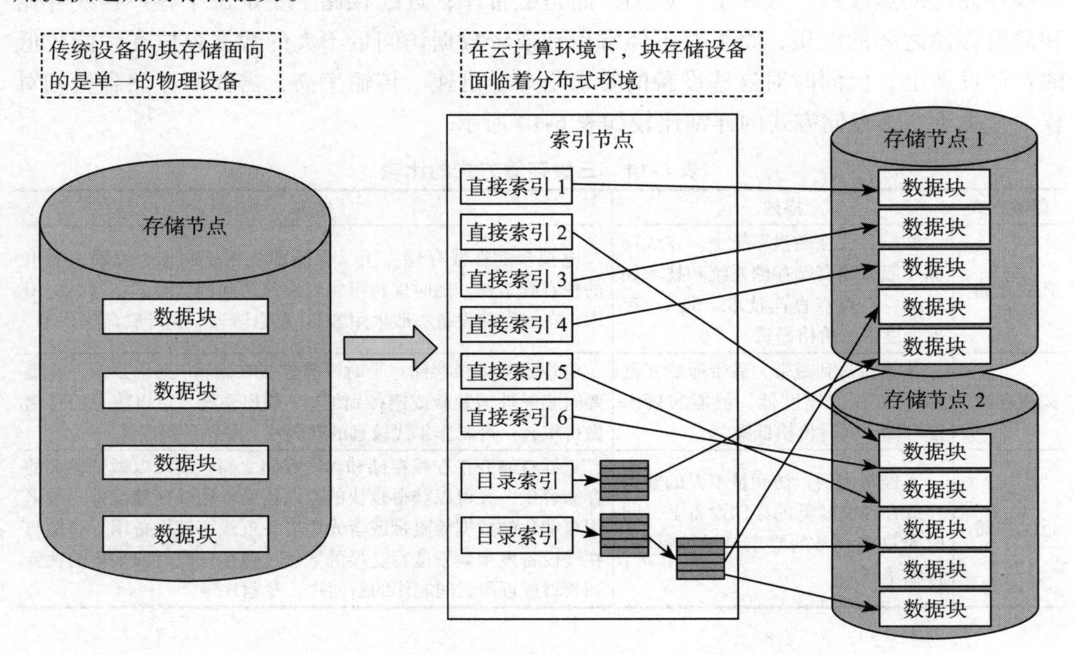

图 6-15 块存储技术

块存储技术具有如下特点。

- 基于传统的磁盘阵列实现，对外提供标准的 FC 或 iSCSI 协议。
- 数据访问特点为延迟低、带宽较高、可扩展性差。
- 应用系统与存储系统耦合程度紧密。
- 以卷的方式挂载到主机操作系统后，可格式化文件系统，或以裸数据或文件系统的方式作为数据库的存储。

块存储主要适用于如下场景。

- 为一些高性能、高 I/O 的企业关键业务系统（如企业内部数据库）提供存储。块存储本身可以通过多个设备堆叠出更大的空间，但受限于数据库的能力，通常只能支持 TB 级的数据库应用。
- 可为虚拟机提供集中存储，包括镜像和实例的存储。

块存储主要包括 DAS 和 SAN 两种存储方式，关于两种技术的详细介绍可参见 6.1.1 节，表 6-15 比较了两种技术的优缺点和适用的场景。

表 6-15 块存储技术的比较

	优点	缺点	适用场景
DAS	设备成本低廉，实施简单 通过磁盘阵列技术，可将多块硬盘在逻辑上组合成一块硬盘，实现大容量的存储	不能提供不同操作系统下的文件共享 存储容量受限于 I/O 总线支持的设备数量 服务器发生故障时，数据不可访问 数据备份操作非常复杂	服务器在地理分布上很分散，通过 SAN 或 NAS 在它们之间进行互连非常困难 既要求数据的集中管理，又要求最大限度地降低数据的管理成本 许多数据库和应用服务器在内的应用，需要直接连接到存储器上
SAN	可实现大容量存储设备的数据共享 可实现高速计算机和高速存储设备的高速互联 可实现数据高效、快速集中备份	建设成本和能耗高，部署复杂 单独建立光纤网络，异地扩展比较困难 互操作性差，数据无法共享 元数据服务器会成为性能瓶颈	与其他计算资源紧密集群来实现远程备份和档案存储过程 磁盘镜像、备份与恢复、档案数据的存档和检索、存储设备间的数据迁移以及网络中不同服务器间的数据共享等 用于合并子网和网络附接存储系统

2. 分布式文件存储

文件存储以标准文件系统接口的形式向应用系统提供海量非结构化数据存储空间。分布式文件系统把分布在局域网内各个计算机上的共享文件夹集合成一个虚拟共享文件夹，将整个分布式文件资源以统一的视图呈现给用户。它为用户和应用程序屏蔽各个节点计算机底层文件系统的差异，提供用户方便的资源管理手段或统一的访问接口。

分布式文件系统的出现很好地满足了互联网信息不断增长的需求，并为上层构建实时性更高、更易使用的结构化存储系统提供有效的数据管理的支持。分布式文件系统在催生了许多分布式数据库产品的同时，也促使分布式存储技术不断发展和成熟。表 6-16 给出了分布式存储的技术特点与适用场景。

表 6-16 分布式存储的技术特点与适用场景

技术特点	提供 NFS、CIFS、POSIX 等文件访问接口 协议开销较高、响应延迟比块存储长 应用系统与存储系统的耦合程度中等 存储能力和性能水平扩展
适用场景	适合 TB ~ PB 级文件存储，可支持频繁修改和删除文件，例如图片、文件、视频、邮件附件、MMS 的存储 海量数据存储及系统负载的转移 文件在线备份 文件共享

（1）传统分布式文件系统——NAS

如图 6-16 所示，网络附接存储（NAS）是一种文件网络存储结构，通过以太网及其他标准的网络拓扑结构将存储设备连接到许多计算机上，建立专用于数据存储的存储内部网络。

以 SUN-Lustre 文件系统为例，它只对数据管理器 MDS 提供容错解决方案。Lustre 推荐 OST（对象存储服务器）节点采用成本较高的 RAID 技术或存储区域网络来达到容灾的要求，但 Lustre 自身不能提供数据存储的容灾，一旦 OST 发生故障就无法恢复，因此对 OST 的可靠性提出了相当高的要求，大大增加了存储的成本，这种成本的投入会随着存储规模的扩大呈线性增长。

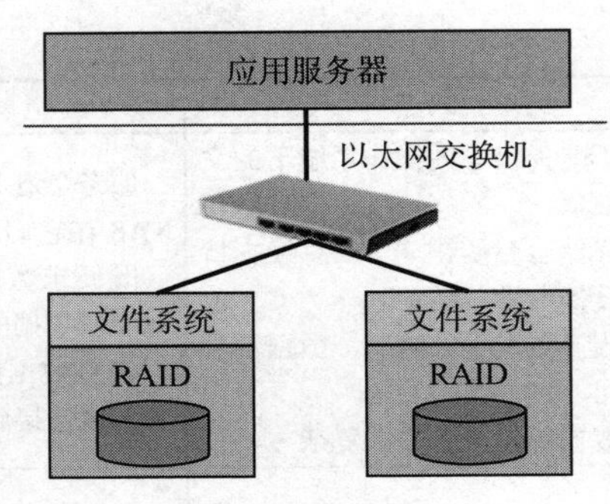

图 6-16 NAS 系统

（2）分布式文件系统——GFS

GFS 是 Google 公司为了存储海量搜索数据而设计的专用文件系统。如图 6-17 所示，GFS 是一个可扩展的分布式文件系统，用于大型的、分布式的、对大量数据进行访问的应用。

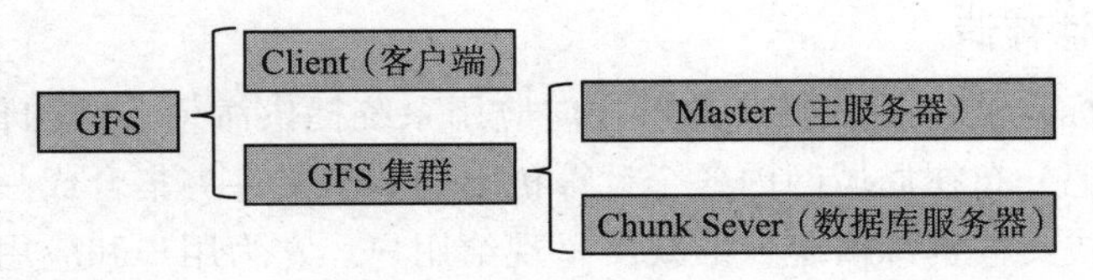

图 6-17 GFS 的组成

- Client：GFS 提供给应用程序的接口，不遵守 POSIX 规范，以库文件形式提供。
- Master：GFS 的管理节点，主要存储与数据文件相关的元数据。
- Chunk Sever：负责具体的存储工作，用来存储 Chunk。

（3）分布式文件系统——HDFS

如图 6-18 所示，HDFS（Hadoop Distributed File System）是运行在通用硬件上的分布式文件系统，提供了一个高容错性和高吞吐量的海量数据存储解决方案。

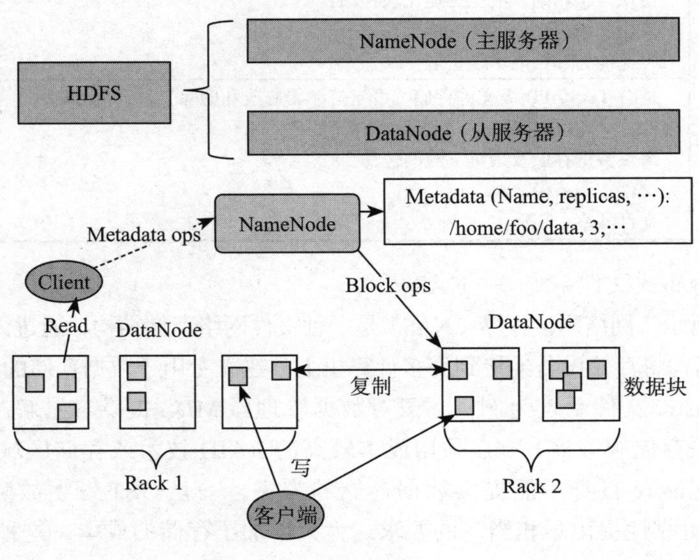

图 6-18 HDFS

NameNode 功能如下。

- 处理来自客户端的文件访问。
- 负责数据块到数据节点之间的映射。

DataNode 功能如下。

- 管理挂载在节点上的存储设备。
- 响应客户端的读写请求。
- 在 NameNode 的统一调度下创建、删除和复制数据块。

3. 分布式对象存储

分布式对象存储为海量非结构化数据提供 Key-Value 这种通过键 – 值查找数据文件的存储模式，提供了基于对象的访问接口，有效地合并了 NAS 和 SAN 的存储结构优势，具有 NAS 的跨平台共享数据和基于策略的安全访问优点，支持直接访问，具有 SAN 的高性能和交换网络结构的可伸缩性。

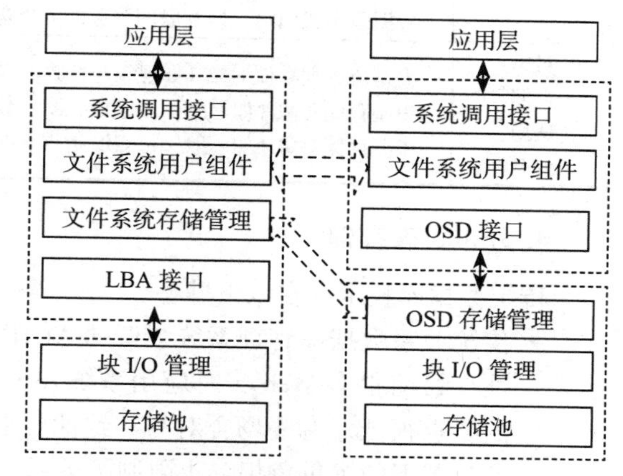

图 6-19　分布式对象存储层次结构与传统文件存储层次结构的差异

图 6-19 描述了分布式对象存储层次结构与传统文件存储层次结构的差异，分布式对象存储系统架构如图 6-20 所示。分布式对象存储具有如下特点。

- 访问接口简单，提供 REST/SOAP 接口。
- 协议开销高、响应延迟较文件存储长。
- 引入对象元数据描述对象特征。
- 应用系统与存储系统的耦合程度松散。
- 支持一次写、多次读。

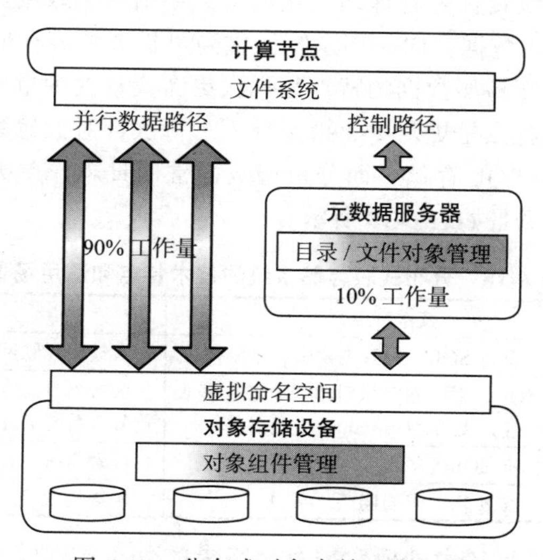

图 6-20　分布式对象存储系统架构

对象存储系统在高性能计算及企业级应用方面发挥着重要作用，对象的灵活性和易扩展性使对象存储系统在大数据处理方面非常得心应手。表6-17列出了对象存储的适用场景及适用范围。

表6-17 对象存储的适用场景及其适用业务

对象存储适用场景	**云存储供应商**：对象存储使“混合云”和“私有云”成为可能 **高性能计算领域**：提供了一个带有NAS的传统的文件共享和管理特征的单系统映象文件系统，并改进了SAN的资源整合和可扩展的性能 **企业级应用**：对象存储是企业能够以低成本的简易方式实现对大规模数据存储和访问的方案 **大数据应用**：对象存储系统对于文件索引所容纳的条目数量不受限制 **数据备份或归档**：以互联网服务的方式进行广域归档或远程数据备份
对象存储适用业务	大型流数据存储对象（如视频与音频流媒体数据） 中型存储对象（如遥感图像数据、图片数据等） 小型存储对象（如一般矢量GIS数据、文本属性和DEM数据等）

4. 分布式表存储

传统数据库技术存在以下壁垒。

- 传统关系数据库管理系统强调的ACID特性，最典型的就是关系数据库事务一致性，目前很多Web实时应用系统并不要求严格的数据库事务特性，对读一致性的要求很低，有些场合对写一致性要求也不高，因此数据库事务管理成了数据库高负载下的沉重负担，也限制了关系数据库向可扩展性和分布式的方向发展。
- 传统关系数据库管理系统中的表都用于存储经过串行化的数据结构，每个字段构成都一样，即使某些字段为空，数据库管理系统也会为每个元组分配所有字段的存储空间，这也是限制关系数据库管理系统性能提升的一个瓶颈。
- 分布式表存储以键值对的形式进行存储，它的结构灵活，不像关系数据库那样有固定的字段数，每个元组可以由不同的字段构成，也可以根据需要增加自己特有的键值对。因此，可以动态调整结构，以减少不必要的时间和空间开销。

分布式表存储的系统目标是管理结构化数据或半结构化数据。表存储系统用来存储和管理结构化/半结构化数据，向应用系统提供高可扩展的表存储空间，包括交易型数据库和分析型数据库。交易型数据的特点是每次更新或查找少量记录、并发量大、响应时间短；分析型数据的特点是更新少、批量导入、每次针对大量数据进行处理、并发量小。交易型数据常用NoSQL存储，而分析型数据常用日志详单类存储。分布式表存储系统的技术特点和适用场景如表6-18所示。

表6-18 分布式表存储系统的技术特点和适用场景

	技术特点	适用场景
NoSQL存储	通常不支持SQL、只有主索引、半结构化	大规模互联网社交网络、博客、微博等
日志详单类存储	兼容SQL、索引通常只对单表有效、多表连接需扫描，支持MapReduce并行计算	大规模日志存储处理、信令系统处理、经营分析系统ETL等
OLTP关系数据库	支持标准SQL、多表连接、索引、事务	计费系统、在线交易系统等
OLAP数据仓库	支持标准SQL、多表连接、索引	中等规模日志存储处理、经营分析系统等

NoSQL被设计为满足超大规模数据存储需求的分布式存储系统，它没有固定的模

式，不支持连接操作，通过“向外扩展”的方式提高系统负载能力。

BigTable 是 Google 设计的分布式数据存储系统，是用来处理海量数据的一种非关系型的数据库。本质上说，BigTable 是一个键 – 值（Key-Value）映射

HBase 是一个高可靠性、高性能、面向列、可伸缩的分布式存储系统，利用 HBase 技术可在廉价 PCServer 上搭建起大规模结构化存储集群，它基于列存储的键值对 NoSQL 数据库系统。HBase 采用 Java 语言实现，HBase 表结构是一个稀疏的、多维度的、排序的映射表。客户端以表格为单位进行数据的存储，每一行都有一个关键字作为行在 HBase 的唯一标识，表数据采用稀疏的存储模式，因此同一张表的不同行可能有截然不同的列。一般通过行主键、列关键字和时间戳来访问表中的数据单元。主要的 NoSQL 数据库类型及其特点如表 6-19 所示，包括列存储、文档存储、Key-Value 存储等。

表 6-19　主要的 NoSQL 数据库类型及其特点

类型	主要产品	特点
列存储	HBase Cassandra Hypertable	顾名思义，这类数据库是按列存储数据的。最大的特点是便于存储结构化和半结构化数据，便于做数据压缩，对针对某一列或者某几列的查询有非常大的 I/O 优势
文档存储	MongoDB CouchDB	文档存储一般用类似 JSON 的格式存储，存储的内容是文档型的。这样也就有机会对某些字段建立索引，实现关系数据库的某些功能
Key-Value 存储	TCabinet / Tyrant Berkeley DB MemcacheDB Redis	可以通过 Key 快速查询到其 Value。一般来说，存储不管 Value 的格式如何，照单全收
图存储	Neo4J FlockDB	图形关系的最佳存储方式。如果使用传统关系数据库来存储图形关系，则性能低下，而且设计使用不方便
对象存储	db4o Versant	通过类似面向对象语言的语法操作数据库，通过对象的方式存取数据
XML 数据库	Berkeley DB XML BaseX	高效的存储 XML 数据，并支持 XML 的内部查询语法，比如 XQuery、Xpath

在大规模的分布式数据管理系统中，数据的划分策略直接影响系统的扩展性和性能，在分布式环境下，数据的管理和存储都需要协调多个服务器节点来进行，为提高系统的整体性能和避免某个节点负载过高，系统必须在客户端请求到来时及时进行合理的分发。目前，主流的分布式数据库系统在数据划分策略方面主要有顺序均分和哈希映射两种方式。

BigTable 和 HBase 都采用顺序均分的策略进行数据划分，这种划分策略能有效利用系统资源，也容易扩展系统的规模。Cassandra 和 Dynamo 采用一致哈希的方式进行数据划分，保证了数据能均匀地散列到各个存储节点上，避免了系统出现单点负载较高的情况，这种方式也能提供良好的扩展性。

负载均衡是分布式系统需要解决的关键问题。在分布式数据管理系统中，负载均衡主要包括数据均匀的散列和访问请求产生的负载能均匀分担在各服务节点上，实际上这两者很难同时满足，用户访问请求的不可预测性可能导致某些节点过热。

Dynamo 采用虚拟节点技术将负载较大的虚拟节点映射到服务能力较强的物理节点上来达到系统的负载均衡，这也使服务能力较强的物理节点在集群的哈希环上占有多个虚拟节点的位置，避免了负载均衡策略导致数据在全环的移动。HBase 通过主控节点监控其他每个 RegionServer 的负载状况，通过 Region 的划分和迁移来达到系统的负载均衡。

6.2.2　存储虚拟化

1. 存储虚拟化的技术背景

日益复杂的异构平台、不同厂商的产品、不同种类的存储设备给存储管理带来诸多难题。数据应用已不再局限于某个企业和部门，而是分布于整个网络环境。系统整合、资源共享、简化管理、降低成本以及自动存储将成为信息存储技术的发展要求。存储虚拟化技术（Storage Virtualization）是解决这些问题的有效手段，已成为信息存储技术的主要发展方向。网络存储技术的飞速发展给存储虚拟化赋予了新的内涵。使之成为共享存储管理中的主流技术。

存储虚拟化的基本原理是：把多个存储介质模块（如硬盘、磁盘、磁带）通过一定手段集中管理，把不同接口协议（如 SCSI、iSCSI 或 FC 等）的物理存储设备（如 JBOD、RAID 和磁带库等）整合成一个虚拟的存储池，根据需要为主机创建和提供虚拟存储卷。也就是说，把不同的存储硬件抽象出来，用管理工具来实现统一管理，不必管后端的介质到底是什么。

2. 存储虚拟化的分类

存储虚拟化的目的是提高设备使用效率，统一数据管理功能，设备构件化，降低管理难度，提高可扩展性，实现数据跨设备流动。

如图 6-21 所示，存储虚拟化技术主要是指通过在物理存储系统和服务器之间增加一个虚拟层，使服务器的存储空间可以跨越多个异构的磁盘阵列，实现从物理存储到逻辑存储的转变。通过对存储（子）系统或存储服务的内部功能进行抽象、隐藏或隔离，使存储或数据的管理与应用、服务器、网络资源的管理分离，从而实现应用和网络的独立管理。对存储服务和设备进行虚拟化，能够在对下一层存储资源进行扩展时进行资源合并，降低实现的复杂度。可以在系统的多个层面实现存储虚拟化，比如建立类似于 HSM（分级存储管理）的系统。

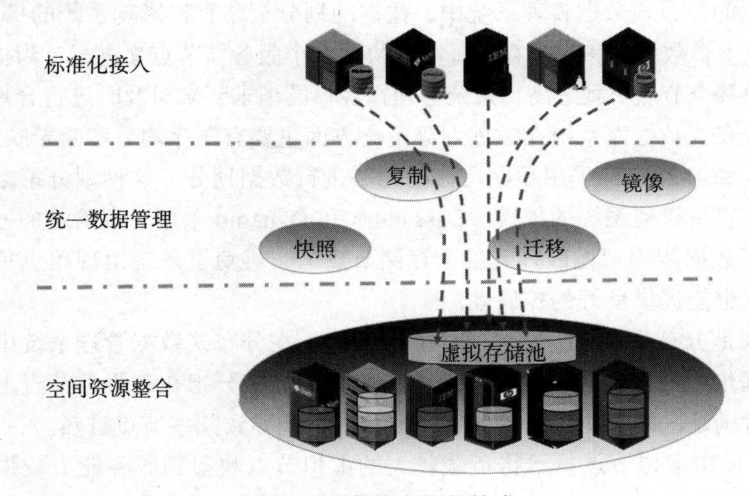

图 6-21　存储虚拟化技术

从系统的观点看，存储虚拟化有 3 种类型：基于主机的存储虚拟化，基于网络的存储虚拟化，基于存储设备的存储虚拟化。

3. 基于主机的存储虚拟化

基于主机的虚拟存储依靠代理软件，这些代理软件安装在一个或多个主机上，实现对存储虚拟化的控制和治理，如图 6-22 所示。基于主机的存储虚拟化的实现方式一般由操作系统下的逻辑卷管理软件完成（安装客户端软件），不同操作系统的逻辑卷管理软件也不相同。由于控制软件运行在主机上，因此会占用主机的处理时间。但是，由于不需要任何附加硬件，基于主机的虚拟化方法最容易实现，其设备价格最低。基于主机的存储虚拟化可以使服务器的存储空间跨越多个异构的磁盘阵列，常用于在不同磁盘阵列之间进行数据镜像保护，常见产品为 Symantec Veritas Volume Manager。基于主机的存储虚拟化的优点是支持异构的存储系统，其缺点有：占用主机资源，降低应用性能；存在操作系统和应用的兼容性问题；导致主机升级、维护和扩展非常复杂，而且容易造成系统不稳定；需要复杂的数据迁移过程，影响业务连续性。

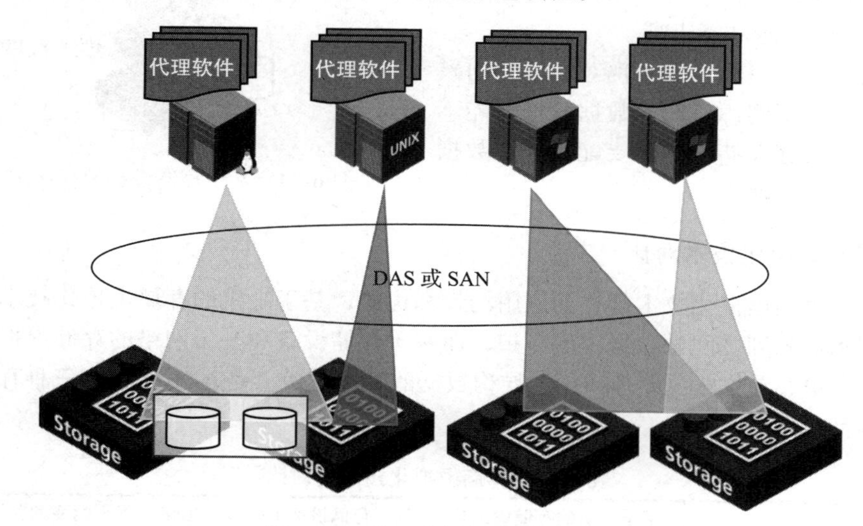

图 6-22　基于主机的存储虚拟化

4. 基于网络的存储虚拟化

如图 6-23 所示，基于网络的存储虚拟化方法是在网络设备之间实现存储虚拟化功能，它将类似于卷管理的功能扩展到整个存储网络，负责管理 Host 视图，共享存储资源，进行数据复制、数据迁移及远程备份等，并对数据路径进行管理以避免性能瓶颈。它是通过在存储区域网络（SAN）中添加虚拟化引擎实现的。实现方式通常又分为以下几种：基于互联设备的存储虚拟化、基于交换机的存储虚拟化和基于路由器的存储虚拟化。基于网络的存储虚拟化的主要用途是对异构存储系统整合和统一数据管理，常见产品有 H3C 的 IV 系列、IBM 的 SVC、EMC 的 VPLEX。基于网络的存储虚

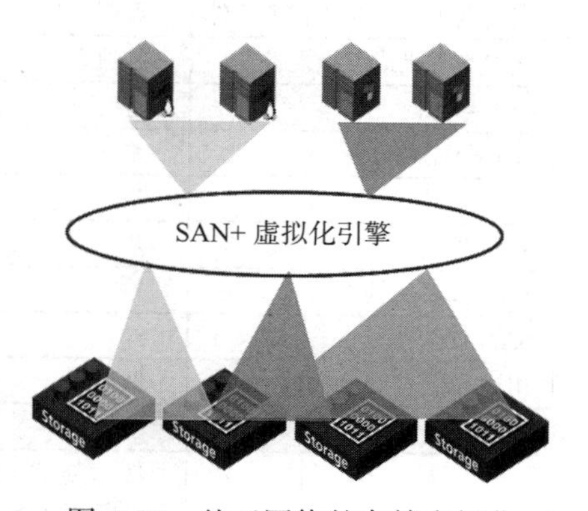

图 6-23　基于网络的存储虚拟化

拟化的优点是：与主机无关，不占用主机资源；能够支持异构主机、异构存储设备；使不同存储设备的数据管理功能统一；构建统一管理平台，可扩展性好。其缺点是：部分厂商数据管理功能弱，难以达到虚拟化统一数据管理的目的；部分厂商产品成熟度较低，仍然存在与不同存储和主机的兼容性问题。

5. 基于存储设备的存储虚拟化

基于存储设备的存储虚拟化方法依赖于提供相关功能的存储模块，如图 6-24 所示。它的实现方式是，在存储控制器上添加虚拟化功能（虚拟化引擎），常见于中高端存储设备。基于存储设备的存储虚拟化的主要用途是在同一存储设备内部，进行数据保护和数据迁移。其优点是：与主机无关，不占用主机资源；数据管理功能丰富。

其缺点是：一般只能实现对本设备内磁盘的虚拟化；不同厂商间的数据管理功能不能互操作；多套存储设备需要配置多套数据管理软件，成本较高。

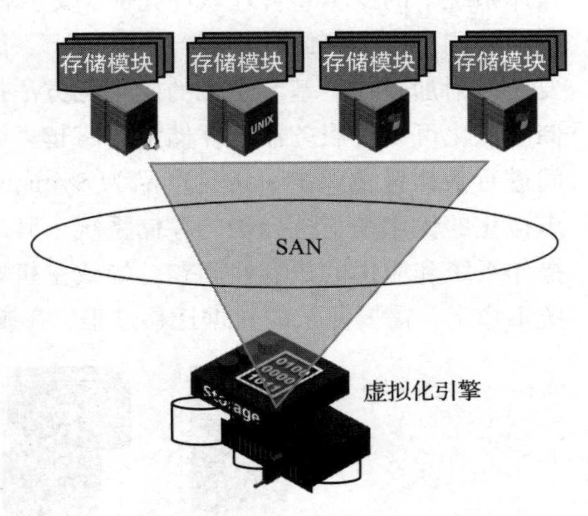

图 6-24　基于存储设备的存储虚拟化

6. 存储虚拟化技术对比

不同的存储虚拟化技术都有其适用场景和优势，基于主机的存储虚拟化技术主要用于在不同磁盘阵列之间做数据镜像保护，而基于存储设备和基于网络的存储虚拟化技术常用于数据中心异构资源管理或用于异构数据的容灾备份。表 6-20 给出了三种存储虚拟化技术各种特性的对比。

表 6-20　存储虚拟化技术的对比

比较内容	基于主机的存储虚拟化	基于存储设备的存储虚拟化	基于网络的存储虚拟化
存储视图一致性	差	好	好
单点管理	否	是	是
主机是否需要安装管理软件	需要	不需要	不需要
独立于主机或存储设备	非独立	非独立	独立
统一存储池	是	是	是
存储分配灵活性	差	好	好
性能	差	差	好
SAN 扩展性	差	好	好
SAN 高可用性	差	好	好
SAN 安全性	差	好	好
相对价格	低	高	中
应用案例	多	少	少
主要用途	使服务器的存储空间可以跨越多个异构存储阵列，常用于在不同磁盘阵列之间做数据镜像保护	异构存储系统整合和统一数据管理（如容灾备份）	异构存储系统整合和统一数据管理（如容灾备份）

（续）

比较内容	基于主机的存储虚拟化	基于存储设备的存储虚拟化	基于网络的存储虚拟化
适用场景	主机已采用SF卷（即Storage Foundation，一种磁盘管理工具）管理，需要新接多台存储设备；存储系统中包含异构阵列设备；业务持续能力与数据吞吐要求较高	系统中包括自带虚拟化功能的高端存储设备与若干需要利旧的中低端存储	系统包括不同品牌和型号的主机与存储设备；对数据无缝迁移及数据格式转换有较高时间保证

6.3 对象存储技术

随着网络技术的发展，网络化存储逐渐成为主流存储技术。其需要解决的主要问题有：提供高性能存储，在I/O级和数据吞吐率方面能满足成百上千台集群服务器的访问请求；提供安全的共享数据访问，便于集群应用程序的编写和存储的负载均衡；提供强大的容错能力，确保存储系统的高可用性。

主流网络存储结构的主要问题在于：存储区域网络（SAN）具有高性能、容错性等优点，但缺乏安全共享；网络附接存储（NAS）具有扩展性，支持共享，但缺乏高性能。

对象存储是一种块和文件之外的存储形式，对象存储体系结构提供了一个带有NAS系统的传统的文件共享和管理特征的单系统映象（single-system-image）文件系统，并改进了SAN的资源整合和可扩展的性能。目前对象存储系统已成为Linux集群系统高性能存储系统的研究热点，如Panasas公司的Object Base Storage Cluster System和Cluster File Systems公司的Lustre等。

6.3.1 对象存储架构

对象存储的核心是将数据通路（数据读或写）和控制通路（元数据）分离，并且基于对象存储设备（Object-based Storage Device，OSD）构建存储系统，每个对象存储设备都具备一定的智能，能够自动管理其上的数据分布。对象存储结构由对象、对象存储设备、元数据服务器、对象存储系统的客户端四部分组成，图6-25展示了基本的对象存储架构。

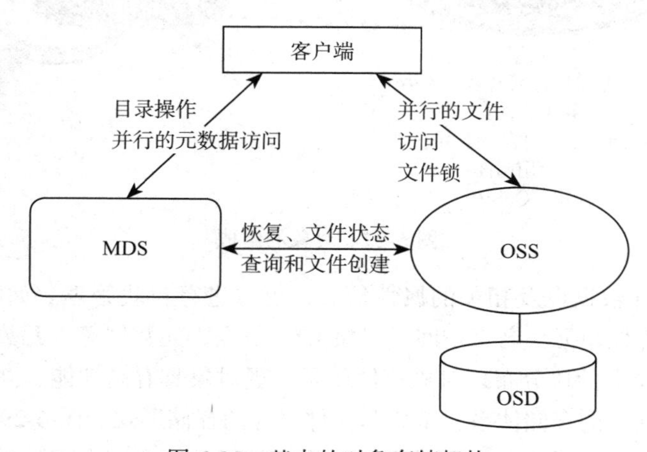

图6-25 基本的对象存储架构

6.3.2　传统块存储与对象存储

在传统的存储系统中用文件或块作为基本的存储单位，块设备要记录每个存储数据块在设备上的位置；而在对象存储系统中，对象是数据存储的基本单元，对象维护自己的属性，从而简化了存储系统的管理任务，增加了灵活性，在存储设备中，所有对象都有一个对象标识，通过对象标识 OSD 命令访问该对象。如图 6-26 所示，在块存储中，数据以固定大小的块形式存储，而在对象存储中，数据则以对象为单位存储，其中对象没有固定大小。

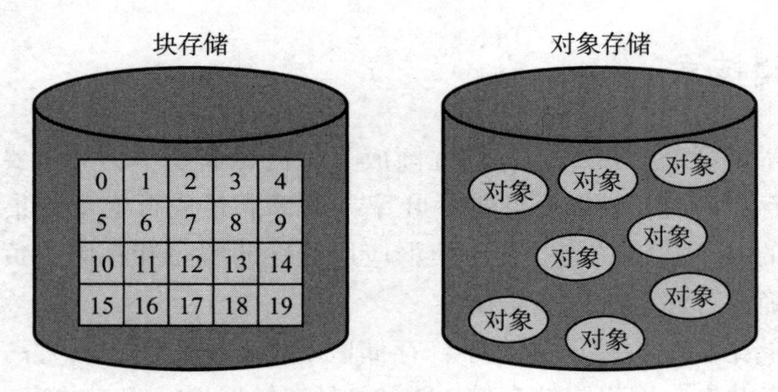

图 6-26　传统块存储与对象存储

6.3.3　对象

对象是系统中数据存储的基本单位，图 6-27 给出了对象的一些性质，每个对象都是数据和数据属性集的综合体，可以根据应用的需求设置数据属性，包括数据分布、服务质量等。

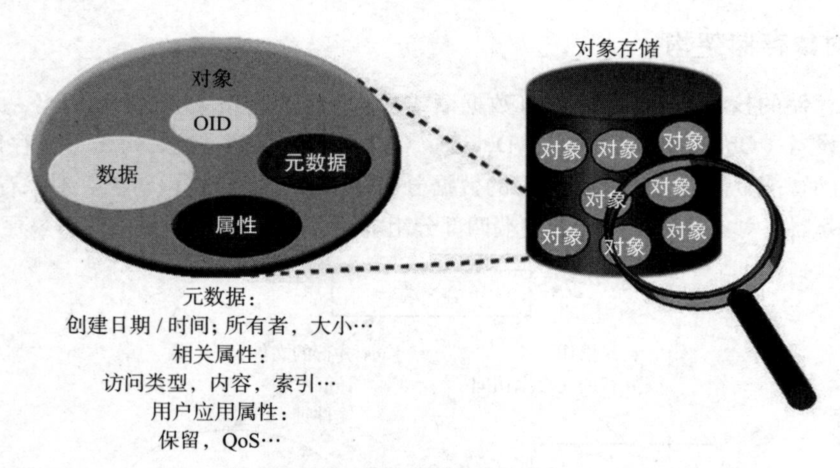

图 6-27　对象的组成

对象包含文件数据以及相关的属性信息，可以进行自我管理。如图 6-28 所示，对象主要包括基本存储单元、名字空间、对象 ID、数据、元数据等，元数据类似于 inode，描述了对象在磁盘上的块分布，对象存储就是实现对象具有高性能、高可靠性、跨平台以及安全的数据共享的存储体系，是块和文件之外的存储形式。图 6-29 给出了对象存储的文件组织形式，可以看出物理存储层与逻辑存储层的耦合度大大降低，并且对象的扁平化存储使系统具有易扩展等特点。

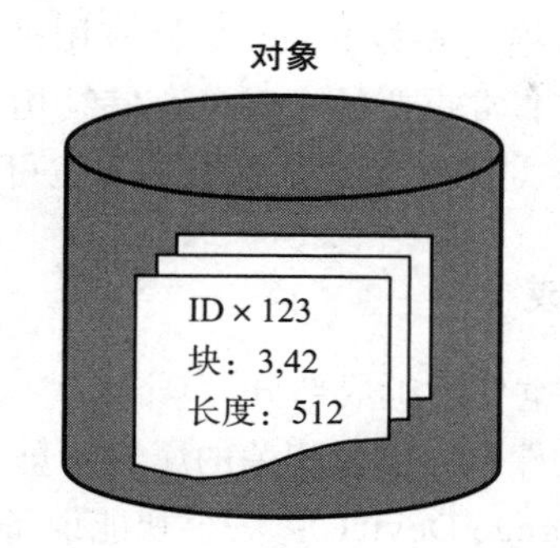

图 6-28 对象包含一定的元数据

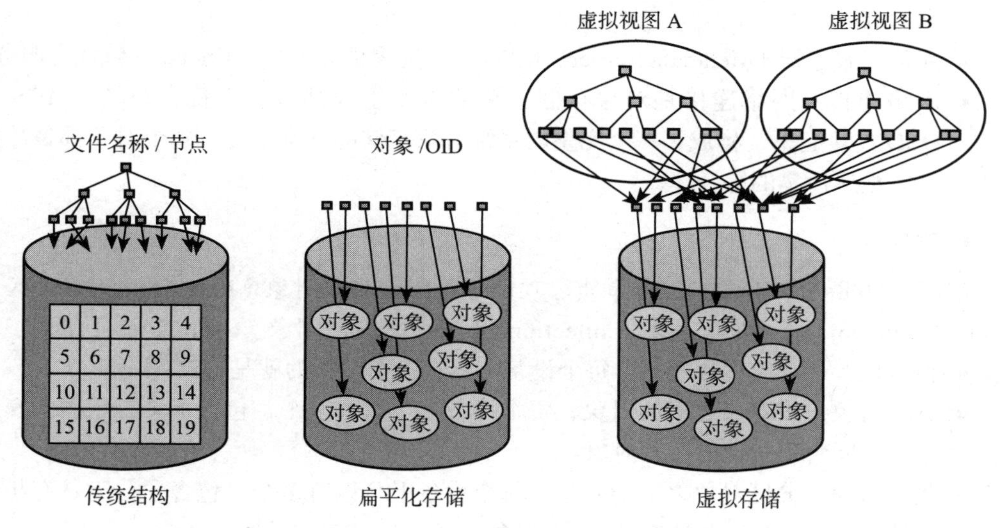

图 6-29 对象存储的文件组织形式

传统的存储结构元数据服务器通常提供以下两个主要功能。

- 为计算节点提供一个存储数据的逻辑视图（Virtual File System，VFS 层）、文件名列表及目录结构。
- 组织物理存储介质的数据分布（inode 层）。对象存储结构将存储数据的逻辑视图与物理视图分开，并将负载均匀分布，以避免元数据服务器引起的瓶颈（如 NAS 系统）。元数据的 VFS 部分通常是元数据服务器的 10% 的负载，剩下 90% 的工作（inode 部分）是在存储介质块的数据物理分布上完成的。在对象存储结构中，inode 工作被分布到每个智能化的 OSD，每个 OSD 负责管理数据分布和检索，这样 90% 的元数据管理工作被分布到智能的存储设备，从而提高了系统元数据管理的性能。另外，分布的元数据管理在增加更多的 OSD 到系统中时，可以同时提高元数据的性能并增加系统存储容量。

对象存储体系结构定义了一个新的、更加智能化的磁盘接口 OSD。OSD 是与网络连接的设备，它自身包含存储介质，如磁盘或磁带，并具有足够的智能可以管理本地存储的数据。计算节点直接与 OSD 通信，访问它存储的数据，由于 OSD 具有智能，因此不需要文件服务器的介入。如果将文件系统的数据分布在多个 OSD 上，则聚合 I/O 速率和数据吞吐率将线性增长。对绝大多数 Linux 集群应用来说，持续的 I/O 聚合带宽和吞吐率对较多数目的计算节点是非常重要的。对象存储结构提供的性能是目前其他存储结构难以达到的，如 ActiveScale 对象存储文件系统的带宽可以达到 10GB/s。

6.3.4 对象存储系统的组成

对象存储系统有以下几个重要的组成部分。

- 对象（Object）：包含文件数据以及相关的属性信息，可以进行自我管理。
- OSD（Object-based Storage Device）：一个智能设备，是对象的集合。
- 文件系统：文件系统运行在客户端上，将应用程序的文件系统请求传输到 MDS 和 OSD 上。
- 元数据服务器（Metadata Server，MDS）：系统提供元数据、Cache 一致性等服务。
- 网络连接：网络连接是对象存储系统的重要组成部分。它将客户端、MDS 和 OSD 连接起来，构成了一个完整的系统对象存储的基本单元。每个对象都是数据和数据属性集的综合体。

1. 对象

如图 6-30 所示，对象按照其职责、功能等可以分为根对象（Root Object）、分区对象（Partition Object）、集合对象（Collection Object）和用户对象（User Object）等。

- 根对象：最高层次的对象，每个设备上只有一个，指的就是 OSD 本身。
- 分区对象：根对象之下的对象，每个设备上可以有多个，包含了具有相同的安全性和空间管理特性的所有对象。
- 集合对象：分区对象之下的对象，每个设备上可以有多个，包含了一组具有相同属性的用户对象，如所有的 .mp3 对象。
- 用户对象：集合对象之下的对象，每个设备上可以有多个，由客户端或者应用通过 SCSI 命令创建的对象。

存储设备都包含一个唯一的根对象。此对象中包含了存储设备的全局属性，包括组对象数目、用户对象数目、服务特性等，由存储设备维护。组对象对用户对象进行管理，其中包括一个用户对象列表、最大可用的用户对象数目、当前 Group 的容量等。组对象的默认属性从根对象中继承而来，所包含的数据是当前可使用的对象 ID。用户对象存放具体数据的对象类型，每个用户对象都包括用户数据、存储属性和用户属性。用户对象中的用户数据与传统存储系统中的文件数据是相同的。存储属性则用来决定对象在磁盘上的块分布，包括逻辑长度、对象 ID 等。用户属性则定义了包括对象拥有者、访问控制列表等属性信息。

2. OSD

每个 OSD 都是一个智能设备，具有自己的存储介质、处理器、内存以及网络系统等，负责管理本地的对象，是对象存储系统的核心。OSD 与块设备的不同不在于存储介质，而在于两者提供的访问接口。

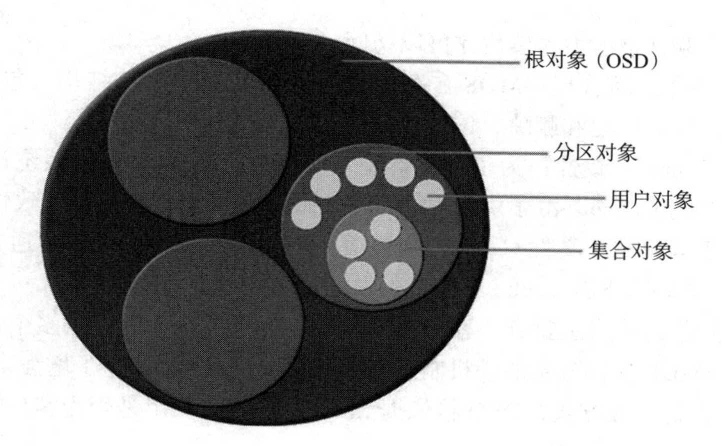

图 6-30 对象的类型

OSD 提供以下三个主要功能。

- 数据存储。OSD 管理对象数据，并将它们放置在标准的磁盘系统上，OSD 不提供块接口访问方式，客户端请求数据时用对象 ID、偏移进行数据读写。
- 智能分布。OSD 用其自身的 CPU 和内存优化数据分布，并支持数据的预取。由于 OSD 可以智能地支持对象的预取，因此它能优化磁盘的性能。
- 对每个对象元数据的管理。OSD 管理存储在其上对象的元数据，该元数据与传统的 inode 元数据相似，通常包括对象的数据块和对象的长度。而在传统的 NAS 系统中，这些元数据是由文件服务器维护的，对象存储架构将系统中主要的元数据管理工作交由 OSD 来完成，降低了客户端的开销。

3. 文件系统

文件系统对用户的文件操作进行解释，并在元数据服务器和 OSD 间通信，完成所请求的操作。现有应用对数据的访问大部分都是通过 POSIX 文件方式进行的，对象存储系统提供给用户的也是标准的 POSIX 文件访问接口。接口具有与通用文件系统相同的访问方式，为了提高性能，也具有对数据的 Cache 功能和文件的条带功能。同时，文件系统必须维护不同客户端上 Cache 的一致性，保证文件系统的数据一致。一个文件系统的读访问过程如下。

1）客户端应用发出读请求。

2）文件系统向元数据服务器发送请求，获取要读取的数据所在的 OSD。

3）然后直接向每个 OSD 发送数据读取请求。

4）OSD 得到请求以后，判断要读取的对象，并根据此对象要求的认证方式对客户端进行认证，如果此客户端得到授权，则将对象的数据返回给客户端。

5）文件系统收到 OSD 返回的数据以后，读操作完成。

4. 元数据服务器

MDS 控制客户端与 OSD 对象的交互，主要提供以下几个功能。

- 对象存储访问：MDS 构造、管理描述每个文件分布的视图，允许客户端直接访问对象。MDS 为客户端提供访问该文件所含对象的能力，OSD 在接收到每个请求时将先验证该能力，然后才可以访问。

- 文件和目录访问管理：MDS 在存储系统上构建一个文件结构，包括限额控制、目录和文件的创建和删除、访问控制等。
- 客户端 Cache 一致性：为了提高客户端的性能，在对象存储系统设计时通常支持客户端的 Cache。由于引入客户端的 Cache，带来了 Cache 一致性问题，MDS 支持基于客户端的文件 Cache，当被缓存的文件发生改变时，将通知客户端刷新 Cache，从而防止因 Cache 不一致引发的问题。

元数据服务器的特点主要有：客户端采用 Cache 来缓存数据，当多个客户端同时访问某些数据时，MDS 提供分布的锁机制来确保 Cache 的一致性；为了增强系统的安全性，MDS 为客户端提供认证方式，OSD 将依据 MDS 的认证来决定是否为客户端提供服务。

习题

1. 简述存储组网的几种形式（DAS、NAS、SAN）及其适用范围。
2. 简述 RAID 的技术原理。
3. 简述磁盘热备的技术原理。
4. 简述快照技术原理。
5. 简述分布式块存储的概念及其优缺点。
6. 简述分布式对象存储的概念及原理。
7. 简述 NoSQL 的概念及原理。
8. 简述存储虚拟化的几种形式及其适用范围。

参考文献

[1] 林伟伟，刘波 . 分布式计算、云计算与大数据 [M]. 北京：机械工业出版社，2015.

[2] 刘贝，汤斌 . 云存储原理及发展趋势 [J]. 科技信息，2011（5）：50-51.

[3] 钱宏蕊 . 云存储技术发展及应用 [J]. 电信工程技术与标准化，2012，25（4）：15-20.

[4] 冯丹 . 网络存储关键技术的研究及进展 [J]. 移动通信，2009，33（11）：35-39.

[5] 许志龙，张飞飞 . 云存储关键技术研究 [J]. 现代计算机：下半月版，2012（9）：18-21.

[6] GHEMAWAT S, GOB D, LEUNG P T.The Google file system [C]// Proceedings of the 19th ACM Symposium on Operating Systems Principles, Bolton New York, 2003:29-43.

[7] 白翠琴，王建，李旭伟 . 存储虚拟化技术的研究与比较 [J]. 计算机与信息技术，2008（7）.

[8] 陈全，邓倩妮 . 云计算及其关键技术 [J]. 计算机应用，2009，29（9）：2562-2567.

[9] 李锐，林艳萍，徐正全，等 . 空间数据存储对象的元数据可伸缩性管理 [J]. 计算机应用研究，2012，28（12）：4567-4571.

[10] 郑胜 . 按需扩展的高可用性对象存储集群技术研究 [D]. 武汉：武汉大学，2008.

[11] 陈震，刘文洁，张晓，等 . 基于磁盘和固态硬盘的混合存储系统研究综述 [J]. 计算机应用，2017，37（5）：1217-1222.

第7章　云原生技术

7.1　云原生的概念与架构

7.1.1　云原生的概念

随着科技的进步，物理机性能、网络带宽都在大幅提升，云计算的发展也越来越迅速。各种云计算平台相继涌现，由于云端平台的优势，相较于传统的将应用在本地服务器上运行的方法，许多企业更愿意选择将应用部署在云端。云原生正是在企业将应用"上云"的过程中，不断实践、不断试错、不断总结经验，最终汇集整理而成的一套思想和方法论。

云原生计算基金会（Cloud Native Computing Foundation，CNCF）组织对云原生的概念给出了具体解释，CNCF对云原生的定义是：云原生技术有利于各组织在公有云、私有云和混合云等新型动态环境中，构建和运行可弹性扩展的应用。云原生的代表技术包括容器、服务网格、微服务、不可变基础设施和声明式API。这些技术能够构建容错性好、易于管理和便于观察的松耦合系统。结合可靠的自动化手段，云原生技术使工程师能够轻松地对系统做出频繁和可预测的重大变更。

从字面上理解，云原生中的"云"代表云端，与"本地"相对，代表应用不是采用传统的在本地服务器上运行的方式，而是在云计算平台提供的云端环境上运行。云原生中的"原生"则代表在开始设计应用时就考虑到应用将来是运行在云环境上的，要充分利用云资源的优点，比如无须考虑底层的技术实现、云平台的弹性和分布式优势。对云原生字面上的理解解释了云原生的目标，云原生本质上是一种基于云的软件架构思想，以及基于云进行软件开发实践的一组方法论。通过学习云原生的应用架构设计理念和云原生包含的各种适用于云环境、发挥云端优势的技术，使个人或企业能够顺利地在云端环境进行应用设计、开发和运维。

7.1.2　云原生的架构

云原生架构有4个要点，即微服务、容器、DevOps、持续交付，如图7-1所示。

1. 微服务

微服务是将应用作为小型服务集合开发的架构方法，其中每个服务都可以实施业务功能，每个微服务都可以独立于应用中的其他服务进行部署、升级、扩展和重新启动。微服务追求的是软件设计开发中的高内聚、低耦合，同时非常适合在云平台结合容器等技术进行部署。微服务的本质是把整个应用分成若干低耦合的模块，比如一个模块专门负责接收外部的数据，一个模块专门负责响应前台的操作，模块可以被进一步拆分，比如负责接收外部数据的模块可以继续分成多个负责接收不同类型数据的小模块，这样如果其中一个模块出问题了，其他模块还能正常对外提供服务。

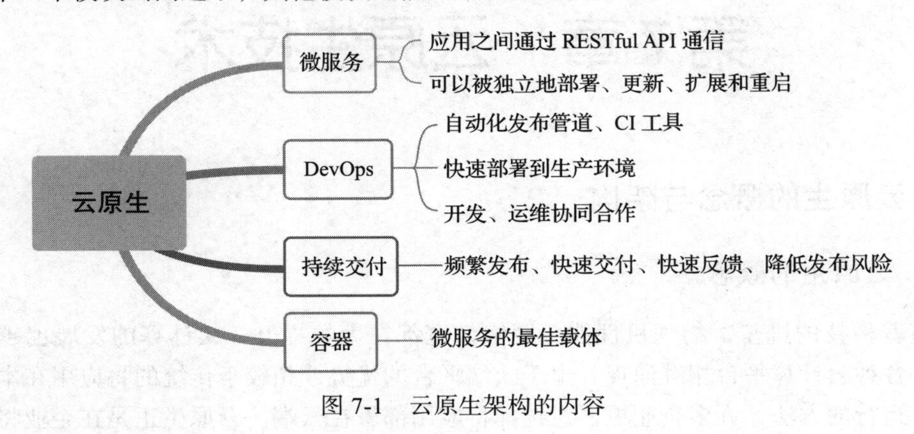

图 7-1 云原生架构的内容

2. 容器

容器技术是云原生概念兴起的基础，与标准虚拟机相比，容器体积小、速度快。在没有容器技术时，开发和运维需要考虑每个微服务采用的不同技术栈，这样的工作烦琐且耗时，但通过容器技术可以在开发和运维时不再关心每个服务所使用的技术栈，每个服务都被无差别地封装在容器里（包括其依赖项），可以被无差别地管理和维护，这使容器成为部署微服务的完美工具。

3. DevOps

DevOps 是一组过程、方法与系统的统称，其概念很复杂，但简单概括来说就是让开发、测试和运维不再是彼此分开的团队，而是一个你中有我、我中有你的团队，通过自动化工具协作和沟通，让开发、测试和运维之间能够模糊边界，从而更快、更频繁地交付更稳定的软件。云原生应用一般是微服务架构设计，系统被分成了几十个甚至几百个服务组件，每个微服务的开发周期并不相同，需要借助 DevOps 的理念才能很好地满足业务协作、发布和自动化运维等流程。

4. 持续交付

持续交付的意思是在不影响用户使用服务的前提下频繁把新功能发布给用户使用。微服务、容器和 DevOps 等云原生概念使应用能够更快速、更频繁、更稳定地进行持续交付，减少开发的成本与时间，更快得到用户反馈，降低企业的风险。

7.2 云原生关键技术

7.2.1 微服务

1. 微服务的概念

微服务（microservice）是一种软件架构风格，它以专注于单一责任与功能的小型功能区块（small building block）为基础，利用模块化的方式组合出复杂的大型应用程序，各功能区块使用与语言无关的 API 集相互通信。

与微服务形成对比的是单体式应用程序。单体式应用表示一个应用程序内包含所有需要的业务功能，并且使用主从式（client/server）架构或多层次（*N*-tier）架构实现，虽然它也能以分布式应用程序来实现，但是在单体式应用内，每一个业务功能都是不可分割的。若要对单体式应用进行扩展，则必须将整个应用程序放到新的运算资源（如虚拟机、容器）内，但事实上应用程序中最耗费资源的仅有某个业务部分（例如分析报表或数学算法分析），而单体式应用无法分割该部分，所以无形中会出现大量的资源浪费的现象。

微服务运用了业务功能的设计概念，应用程序在设计时就能先以业务功能或流程设计进行分割，将各个业务功能都独立实现成一个能自主运行的个体服务，然后利用相同的协议将所有应用程序需要的服务都组合起来，形成一个应用程序。在需要针对特定业务功能进行扩展时，只要对该业务功能的服务进行扩展，不需要对整个应用程序都进行扩展。同时，由于微服务是以业务功能为导向的实现，因此不会受到整体应用程序的干扰，微服务的管理员可以根据运算资源的需要将微服务配置到不同的运算资源内，或布建新的运算资源以供微服务运行。

虽然一般的服务器虚拟化技术均可被应用于微服务的管理，但容器技术（container technology）是更适合发展微服务的运算资源管理技术。

2. 微服务的特点

由于微服务架构采用模块化的设计风格，因此微服务更加适合大型应用开发，团队可以并行开发多个微服务，这意味着更多开发人员可以同时开发同一个应用，且开发人员能够更加轻松地理解、更新和增强这些服务，进而缩短所需的开发时间，加速做好面市准备。微服务之间使用与语言无关的 API 进行通信，所以开发人员可以根据需要实现的功能，自由选用最适合的语言和技术。微服务架构可以将模块化的服务跨多个服务器和基础设施进行部署，充分满足自身业务需求，这体现了其高度的可扩展性。微服务架构拥有出色的弹性，微服务只要确保正确构建，这些独立的服务就不会彼此影响，所以一个服务出现故障不会导致整个应用下线。

但是相比于单体式架构，微服务架构更加复杂，这使得设计出好的微服务架构应用更加困难。当采用微服务架构设计的应用发生运行异常时，开发人员与运维人员将更难定位发生问题的根源。当微服务的接口需要调整时，所带来的成本也会更大，而且微服务一般采用分布式的方式进行部署，这对运维人员的技术提出了更高的要求。

3. 典型开发框架

由于实现微服务体系结构十分困难，因此许多公司和组织都开源了它们的微服务开发框架，以便促进微服务技术的发展，比较著名的有 Spring Cloud、Dubbo 和 Dropwizard 等。

目前最为流行的开发框架为 Spring Cloud，接下来主要介绍 Spring Cloud 的相关内容，让读者更好地了解微服务的相关框架。

Spring Cloud 是微服务系统架构的一站式解决方案，Spring Cloud 为开发人员提供了用于快速构建分布式系统中某些常见模式的工具（例如，配置管理、服务发现、断路器、智能路由、微代理、控制总线)。Spring Cloud 构建于 Spring Boot 的基础上，使开发者很容易入手并快速将其应用于生产中。

图 7-2 是 Spring Cloud 的总体架构图，它展现了 Spring Cloud 的各个组件及组件间的相互关系。Spring Cloud 的架构就是一个典型的微服务架构，了解 Spring Cloud 架构将有助于进一步理解微服务。接下来将详细讲解其中重要组件的作用和组件之间的相互关系。

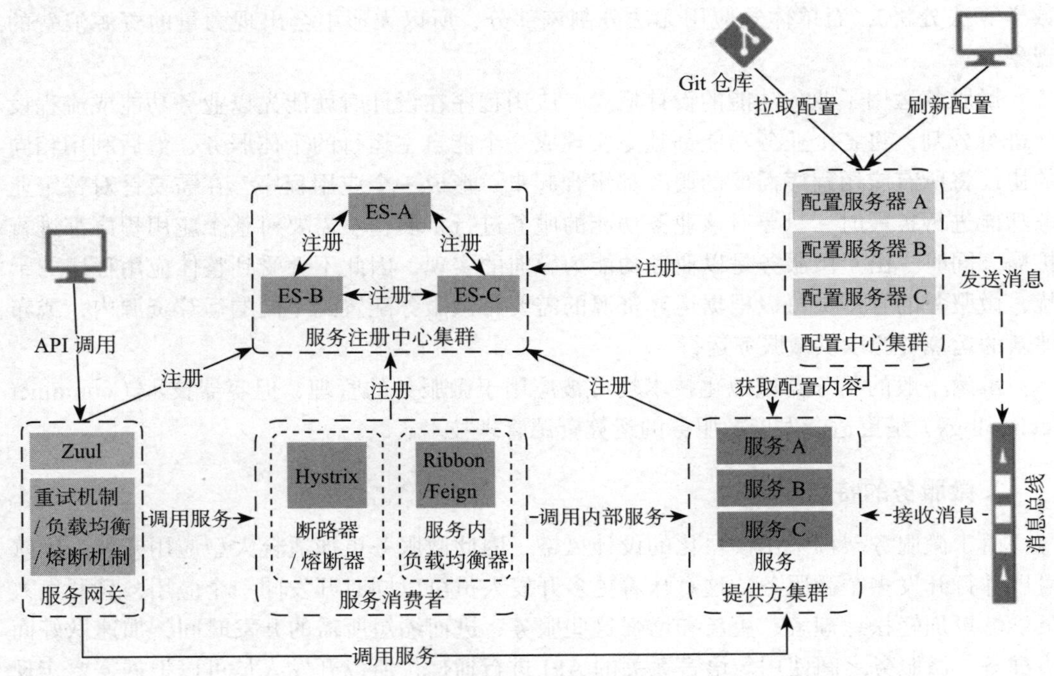

图 7-2 Spring Cloud 总体架构

(1)服务发现——Spring Cloud Netflix Eureka

Eureka 是由 Netflix 开发的服务发现框架，本身是一个基于 RESTful 的服务，由两个组件组成，即 Eureka Server 和 Eureka Client。Eureka Server 提供服务注册服务，各个 Eureka Client 启动后，会在 Eureka Server 中进行注册，这样 Eureka Server 的服务注册表中将会存储所有可用服务节点的信息，可以在界面中直观看到这些信息。Eureka Server 本身也是一个服务，默认情况下会自动注册到注册中心。

在图 7-2 中，服务注册中心集群中的 ES-A、ES-B、ES-C 就是 Eureka Server。Eureka Server 之间可以相互注册，组成高可用的注册中心来提高系统的稳定性。图 7-2 中的服务网关、服务消费者、配置中心集群等都是 Eureka Client，需要注册到注册中心。当一个服务注册至注册中心后，相当于在集群中发现了该服务，这样当服务消费者需要通过远程调用获取这个服务的内容时，就可以通过注册中心找到该服务。

(2)客户端负载均衡——Spring Cloud Netflix Ribbon

在微服务架构中，一个服务可能会被部署多份以提高服务的可用性，当多个相同服务的提供者被注册至注册中心后，注册中心会注册该服务的所有提供者，当服务消费者需要调用该服务时，注册中心会查询所有可用的服务提供者，这时可以通过 Ribbon 基于负载均衡算法做到负载均衡地请求其中一个服务提供者实例，正如图 7-2 中的服务消费者和图 7-3 所示。

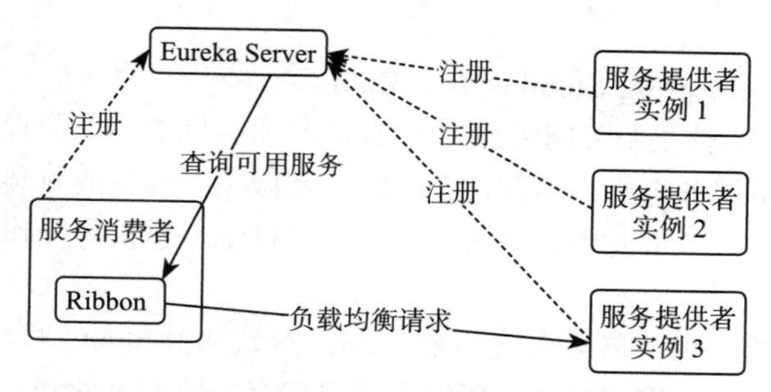

图 7-3 Ribbon 与 Eureka Server 配合使用架构图

Ribbon（负载均衡器）的作用正是提供负载均衡机制，当为 Ribbon 配置服务提供者地址列表后，Ribbon 就可以基于某种负载均衡算法，自动帮助服务消费者处理请求。Ribbon 提供的负载均衡算法有多种，例如轮询、加权响应时间、随机和区域感知轮询。

（3）断路器——Spring Cloud Netflix Hystrix

在图 7-2 中，服务消费者的组成中有 Hystrix 部分，Hystrix 是 Netflix 的开源组件，Spring Cloud 对其进行整合，实现了断路器功能。

可以将断路器理解为对容易导致错误的操作的代理。这种代理能够统计一段时间内调用失败的次数，并决定是正常请求依赖的服务还是直接返回。断路器可以实现快速失败，如果它在一段时间内检测到许多类似的错误（例如超时），就会在之后的一段时间内，强迫对该服务的调用快速失败，即不请求所依赖的服务。这样，应用程序就无须再浪费 CPU 时间去等待长时间的超时。断路器也可以自动诊断依赖的服务是否已经恢复正常，如果发现依赖的服务已经恢复正常，那么就会恢复请求该服务。

在微服务架构中，一个请求需要调用多个服务的情况是非常常见的，较低层的服务如果出现故障，会导致连锁故障。当对特定服务的调用的不可用达到一个阈值（Hystrix 是 5 秒 20 次）时，断路器将会被打开。断路器被打开后，可以避免连锁故障，fallback 方法直接返回一个固定值，具体如图 7-4 所示。

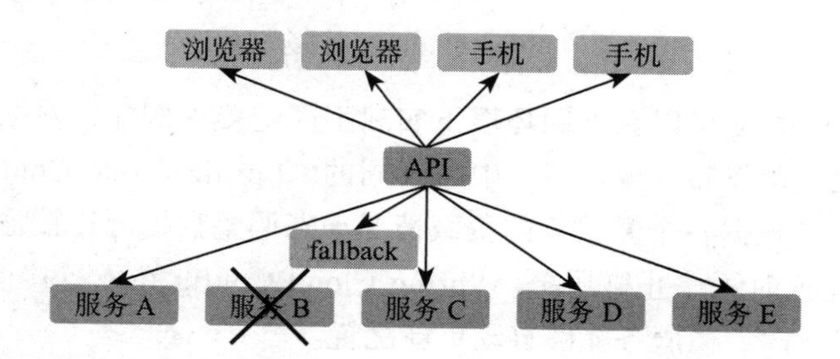

图 7-4 当有服务故障时，启用断路器，调用 fallback 方法

（4）服务消费者——Spring Cloud OpenFeign

在图 7-2 中，服务消费者中的 Feign 正是服务消费者的主体。

Feign 是一种声明式、模板化的 HTTP 客户端，主要作为服务消费者用于调用其他服务。Feign 大大简化了服务调用客户端的开发量，通过简单的注解就能完成对服务提供方的接口绑定。Feign 整合了 Ribbon，所以能够做到负载均衡地调用服务。Feign 也整合了 Hystrix，所以具有断路器的功能，当服务调用失败后，会返回预先设定的 fallback 函数的值。

（5）服务网关——Spring Cloud Netflix Zuul

图 7-2 中有一个组件是服务网关，其中 Zuul 是服务网关功能的提供者。由于微服务架构的系统由很多微服务组成，不能每个微服务都做一个鉴权或封装等操作，因此当一个请求到达系统后，应该最先到达网关，由网关进行统一鉴权等操作后再将请求转发至各个具体的服务。

Zuul 的主要功能是路由转发和过滤器。Zuul 默认和 Ribbon 结合实现了负载均衡的功能。Zuul 是比较流行的网关组件，所以有很多配套的监控组件和鉴权组件，同时其本身也能开发监控以及鉴权等功能。

（6）分布式配置——Spring Cloud Config

在图 7-2 中出现了配置中心集群，Spring Cloud 的配置中心一般采用 Spring Cloud Config。由于一个使用微服务架构的应用系统可能会包含成百上千个微服务，因此，集中管理配置是很有必要的，Spring Cloud Config 的作用就在于此，它可以动态地拉取远程数据仓库的配置文件，并把配置文件应用至对应的微服务中。具体如图 7-5 所示。

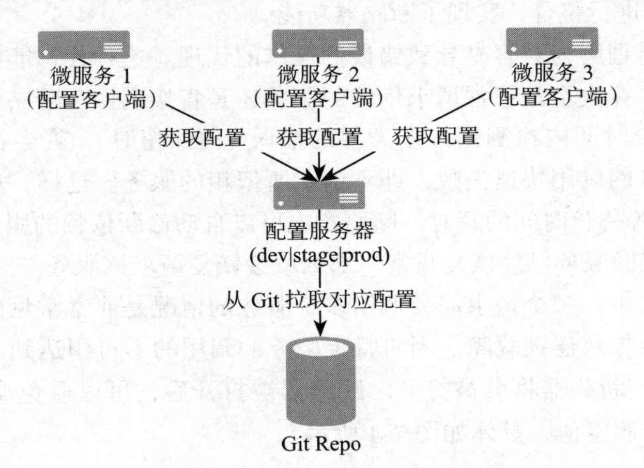

图 7-5 Spring Cloud Config 架构图

Spring Cloud Config 可以在不同环境下实现不同配置，例如，数据源配置在不同的环境（开发、测试、预发布、生产等）中是不同的。Spring Cloud Config 在运行期间可动态调整，例如，可根据各个微服务的负载情况动态调整数据源连接池的大小或熔断阈值，并且在调整配置时不停止微服务。Spring Cloud Config 在配置修改后可自动更新，如配置内容发生变化时，微服务能够自动更新配置。

7.2.2 容器

1. 容器的概念

容器是一种允许在资源隔离的过程中运行应用程序和其依赖项的、轻量的、操作系统级别的虚拟化技术，运行应用程序所需的所有必要组件都被打包为单个镜像，这个镜像是可以重复使用的。当镜像运行时，它运行在独立的环境中，并不会和其他的应用共享主机操作系统的内存、CPU 或磁盘。这保证了容器内的进程不会影响到容器外的任何进程。主机、操作系统与容器的关系如图 7-6 所示。

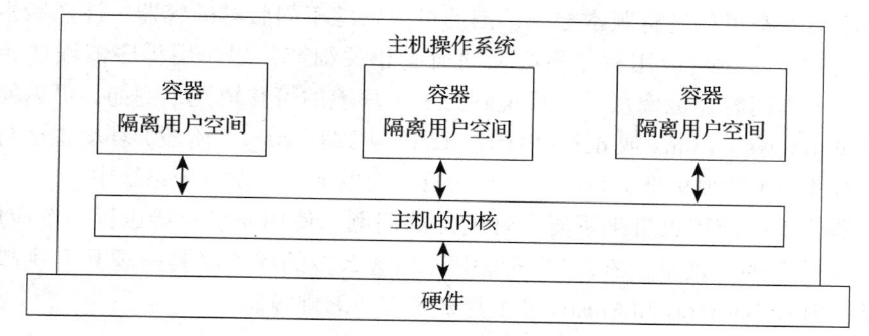

图 7-6　主机、操作系统与容器的关系

2. 容器的特点

说到容器就不得不提到虚拟机，相比于容器，虚拟机通常包括整个操作系统和应用程序，虚拟机实现的是硬件级虚拟化，而容器实现的是操作系统级虚拟化。

因为虚拟机包括操作系统，所以它们的大小通常以 GB 为单位。使用虚拟机的一个缺点是需要几分钟的时间才能启动操作系统和初始化虚拟机托管的应用程序。容器则是轻量级的，大部分以 MB 为大小单位。与虚拟机相比较，容器性能更好，一般能做到秒级启动。

总的来说，容器就是一种基于操作系统能力的隔离技术，复杂度比基于 hypervisor 的虚拟化技术（能完整模拟出虚拟硬件和客户机操作系统）低得多。图 7-7 展示了虚拟机与容器的差别。

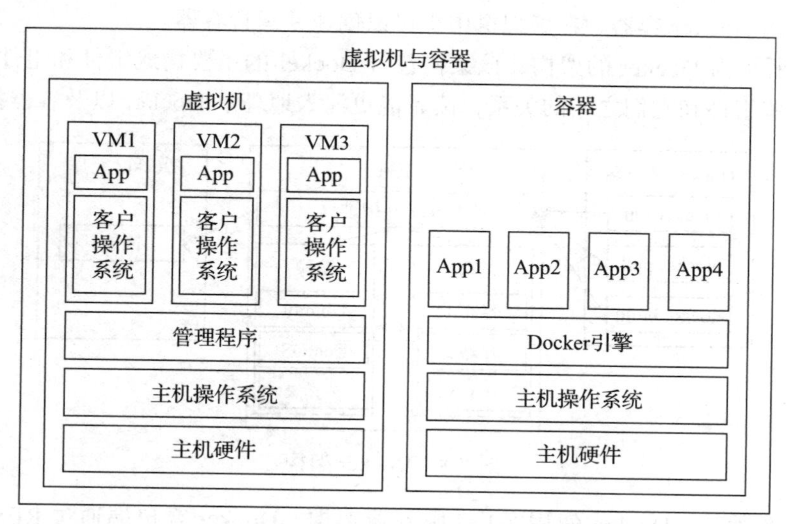

图 7-7　虚拟机与容器的差别

从图 7-7 可以看出，容器没有自己的 OS，直接共享宿主机的内核，也没有管理程序（hypervisor）这一层进行资源隔离和限制，所有对于容器进程的限制都是基于操作系统本身的能力来进行的，由此容器获得了一个很大的优势：轻量化。轻量化既体现在性能开销上，也体现在占用空间上。

除轻量化之外，容器在版本控制、计算环境可移植性和标准化方面也有很多优点。容器的每个镜像都可以进行版本控制，因此可以跟踪不同版本的容器，注意版本之间的差异。容器封装了运行应用程序所必需的所有相关细节，如应用程序依赖性和操作系统。这有助于提高容器镜像从一个环境到另一个环境的可移植性，例如，可以使用相同的镜像在 Windows / Linux 或 dev（生产）/ test（测试）/ stage（阶段）环境中运行。同时大多数容器都基于开放标准，可以运行在所有主要的 Linux 发行版系统中。

但容器技术的使用也带来了复杂性增加的问题，使用 n 个容器运行一个应用程序，复杂性因素也会随之增加。在生产环境中管理这么多的容器将是一项具有挑战性的任务。可以使用 Kubernetes 和 Mesos 等工具来管理和编排容器。

3. Docker 容器技术

目前最为流行的容器技术是 Docker，自从 2013 年开源后，Docker 已成为事实上的容器标准。开放容器标准（OCI）大部分是按照 Docker 开放的源码制定的，Docker 中的 containerd 容器运行时也成为最常用的容器运行时之一。

Docker 使用 Go 语言开发且是开源的，它是一个用于研发、测试、交付和运行软件应用的容器引擎。为了使开发者交付软件的周期更短，Docker 将上层应用与底层架构分离，它能够像管理上层应用一样管理底层架构。利用 Docker，可以快速交付、测试和部署代码，从而显著减少从应用开发到上线所需的时间。

Docker 使用户可以在容器中封装和运行软件应用。高资源利用率与隔离性使我们可以在同一时间、同一服务器上运行多个容器。容器轻量的特性使它们可以在系统内核中直接运行，而不需要对应用的额外负载进行管理。因此相较于虚拟机，同一服务器中可以运行更多的 Docker 容器。在虚拟机中也可以创建并运行容器。

图 7-8 所示为 Docker 的架构，该架构包含 Docker 的主要构成组件和组件间的关系，通过了解这些组件和它们之间的关系，读者能更深入地理解 Docker 以及容器技术。

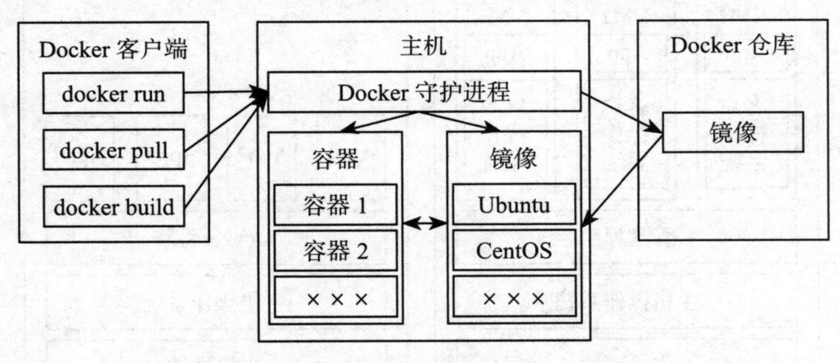

图 7-8　Docker 架构

如图 7-8 所示，Docker 使用客户 / 服务器架构。Docker 客户端通过 REST API，使用 UNIX 套接字与 Docker 守护进程通信。创建、运行和分发 Docker 容器都是由 Docker 守护进程负责的。Docker 客户端和 Docker 守护进程可以在同一服务器中运行，也可以将本地 Docker 客户端连接至远程 Docker 守护进程。

（1）Docker Client

Docker Client 即 Docker 客户端。Docker 客户端是 Docker 用户与 Docker 交互的主要方式。当用户使用 docker run 这样的 Docker 操作命令时，客户端会将其接收到的命令发送给 Docker 守护进程，后者就会按照这些命令来工作。Docker 客户端命令使用的是 Docker API，它可以与一个或多个 Docker 守护进程进行交互。

（2）Docker Daemon

Docker Daemon 一般被称为 Docker 守护进程，Docker 守护进程持续监听 Docker API 发来的各种请求，并对网络、存储、镜像和数据卷等 Docker 对象进行管理。为对 Docker 服务进行全面的管理，守护进程之间也会进行通信。

（3）Docker Registry

Docker Registry 即 Docker 仓库，Docker 仓库用于存储 Docker 镜像。Docker Hub 是一个公有仓库，每个用户都可使用，而且 Docker 在使用镜像时默认会在 Docker Hub 中进行查找。用户也可以运行自己的私人仓库。当用户运行 docker pull 命令时，Docker 会将镜像从已配置的镜像仓库中拉取到本地。当用户运行 docker push 命令时，本地的镜像将会被推送至已配置的镜像仓库中。

（4）Docker Images（Docker 镜像）

镜像是一个容器模板，它是可读不可写的，其中包含有关构建 Docker 容器的说明。镜像通常都在另一个镜像基础上做一些额外定制，比如用户可以基于 Ubuntu 镜像构建一个镜像，并在此基础上安装 Tomcat 服务器和某个应用程序。

（5）Docker Container（Docker 容器）

容器是镜像的运行实例。用户对容器进行创建、运行或停止等操作，也可以按照其当前状态构建新的镜像。一般情况下，容器之间及容器与其宿主机之间相互隔离。用户可以控制该隔离程度，以保证容器应用之间不会互相影响。容器由镜像以及用户在创建或启动时为其配置的选项定义。删除容器后，没有被保存在持久化存储中的所有更改都将丢失。

7.2.3 Kubernetes

1. Kubernetes 的概念

Kubernetes 是一个可移植的、可扩展的开源平台，用于管理容器化的工作负载和服务，可促进声明式配置和自动化。Kubernetes 拥有一个庞大且快速增长的生态系统，其服务、支持和工具广泛可用，其目标是让部署容器化的应用简单并且高效。Kubernetes 提供了应用部署、规划、更新、维护的一种机制。

在 Kubernetes 中，我们可以创建多个容器，每个容器里面运行一个应用实例，然后通过内置的负载均衡策略，实现对该应用实例的管理、发现和访问，而其中的细节都不需要运维人员进行复杂的手工配置和处理。

2. Kubernetes 的功能

Kubernetes 提供了一个可弹性运行分布式系统的框架。Kubernetes 会满足扩展要求、故障转移应用、提供部署模式等。

Kubernetes提供如下功能。

- 服务发现和负载均衡。Kubernetes可以使用DNS名称或自己的IP地址公开容器，如果进入容器的流量很大，Kubernetes可以实现负载均衡并分配网络流量，从而使部署稳定。
- 存储编排。Kubernetes允许自动挂载你选择的存储系统，例如本地存储、公共云提供商等。
- 自动部署和回滚。可以使用Kubernetes描述已部署容器的所需状态，它可以以受控的速率将实际状态更改为期望状态。例如，可以自动化Kubernetes来为部署创建新容器，删除现有容器并将它们的所有资源用于新容器。
- 自动完成装箱计算。Kubernetes允许指定每个容器所需CPU和内存（RAM）。当容器指定了资源请求时，Kubernetes可以做出更好的决策来管理容器的资源。
- 自我修复。Kubernetes重新启动失败的容器、替换容器、删除不响应用户定义的运行状况检查的容器，并且在准备好服务之前不将其通告给客户端。
- 密钥与配置管理。Kubernetes允许存储和管理敏感信息，例如密码、OAuth令牌和SSH密钥。可以在不重建容器镜像的情况下部署、更新密钥和应用程序配置，无须在堆栈配置中暴露密钥。

Kubernetes并不是传统的PaaS（平台即服务）系统。由于Kubernetes在容器级别运行而不是在硬件级别运行，它提供了PaaS产品一些共有的功能，例如部署、扩展、负载均衡、日志记录和监视。但是，Kubernetes不是单体系统，默认解决方案都是可选和可插拔的。Kubernetes提供了构建开发人员平台的基础，但是在重要的地方保留了用户的选择和灵活性。

Kubernetes具有如下特性。

- 不限制支持的应用程序类型。Kubernetes旨在支持多种多样的工作负载，包括无状态、有状态和数据处理工作负载。如果应用程序可以在容器中运行，那么它应该也可以在Kubernetes上很好地运行。
- 不部署源代码，也不构建应用程序。持续集成（CI）、交付和部署（CD）工作流取决于组织的文化、偏好和技术要求。
- 不提供应用程序级别的服务作为内置服务，例如中间件（消息中间件）、数据处理框架（Spark）、数据库（MySQL）、缓存、集群存储系统（Ceph）。这样的组件可以在Kubernetes上运行，并且可以由运行在Kubernetes上的应用程序通过可移植机制（如开放服务代理）来访问。
- 不要求日志记录、监视或警报解决方案。它提供了一些集成作为概念证明，并提供了收集和导出指标的机制。
- 不提供或不要求配置语言/系统（如Jsonnet），它提供了声明性API，该声明性API可以由任意形式的声明性规范构成。
- 不提供也不采用任何全面的机器配置、维护、管理或自我修复系统。

此外，Kubernetes不仅仅是一个编排系统，实际上它消除了对编排的需求。编排的技术定义是执行已定义的工作流程，例如：首先执行A，然后执行B，再执行C。相比之下，Kubernetes包含一组独立的、可组合的控制过程，这些过程连续地将当前状态驱动到所提供的所需状态。如何从 A 到 C 无关紧要，也不需要集中控制，这使系统更易于使用、功能更强大，且使系统更健壮、更具弹性和可扩展性。

3. Kubernetes 的架构

Kubernetes 遵循微服务架构理论，整个系统被划分为各个功能独立的组件，组件之间边界清晰、部署简单，能够方便地在各种操作系统和环境中运行。Kubernetes 是主从分布式结构，其节点在角色上分为 Master 节点和 Node 节点，Pod 是 Kubernetes 中最小的部署单元，是作为应用负载的组件，由 Kubernetes 统一创建、调度和管理。图 7-9 展示了 Kubernetes 集群架构。

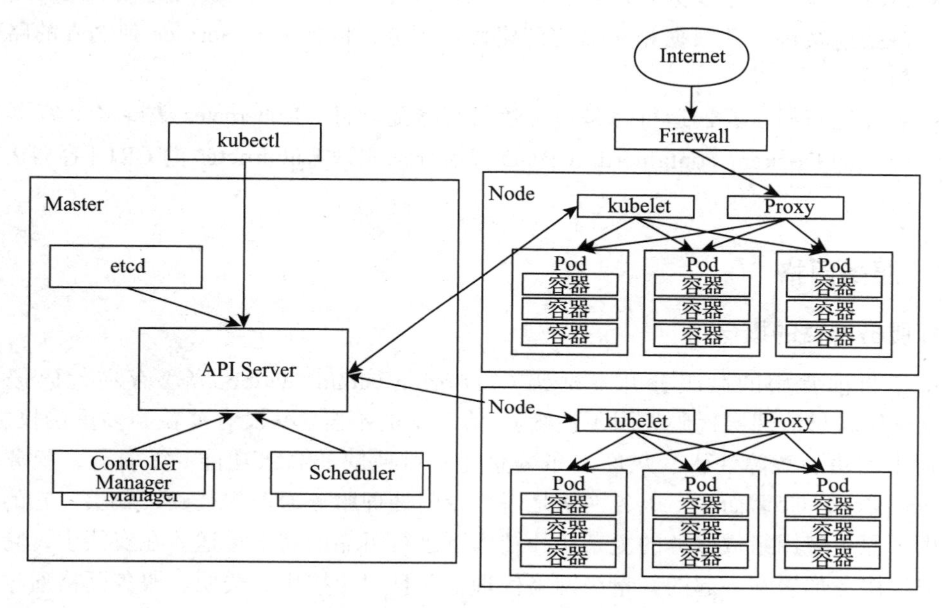

图 7-9　Kubernetes 集群架构

（1）Master 组件

Master 组件是 Kubernetes 的控制节点，负责整个系统的调度和管理，主要包含以下 4 个组件。

- API Server。API Server 是 Kubernetes 集群的控制节点，主要负责响应用户请求和各组件的协调工作，它封装了 Kubernetes 资源对象的增删改查操作，提供了一个 RESTful 接口给外部用户和各个组件内部调用，并将其维护的 REST 对象放入 etcd 中进行持久化存储。
- etcd。etcd 是兼具一致性和高可用性的键值数据库，可以作为保存 Kubernetes 所有集群数据的后台数据库。
- Controller Manager。Controller Manager 是集群内部的管理和控制中心。如果有节点在集群运行期间意外崩溃，Controller Manager 将及时发现并处理该故障。若 Pod 副本数未达到资源对象预期的数量，Controller Manager 将及时地对 Pod 副本数量进行相应的增减，使集群能够始终按照预期的状态进行工作。
- Scheduler。Scheduler 是 Kubernetes 的默认调度器。Scheduler 负责接收 Controller

Manager创建的新Pod，为其找到一个合适的节点，并将绑定的信息通过API Server发送到etcd中存储。目标节点中的kubelet会监听到此信息，它负责Pod接下来的具体创建工作。

（2）Node组件

Node组件在每个节点上运行，维护运行的Pod并提供Kubernetes运行环境。

- kubelet。kubelet负载管理控制Pod，主要负责如下两项任务：一方面从API Server接收创建Pod的请求并在宿主机上启动该Pod；另一方面，负责监控Pod的运行情况并将相关信息返回给API Server。
- Proxy。Proxy主要为Pod集合创建代理服务，它从API Server获取Service的资源描述文件，并根据相关描述创建代理服务，以便处理Service到Pod的路由和转发。
- 容器运行时。容器运行时是负责运行容器的软件。Kubernetes支持多个容器运行时，如Docker、containerd、CRI-O以及任何实现Kubernetes的CRI（容器运行时接口）。

7.2.4 服务网格

1. 服务网格的概念

由于目前常用的微服务开发框架（如Spring Cloud、Dubbo等）存在代码侵入性强（业务代码与治理层代码界限不清晰）、治理功能不全（并没有覆盖到多重授权机制、动态请求路由、故障注入、灰度发布等企业不可或缺的高级功能）等痛点，服务网格（Service Mesh）应运而生。服务网格是一个专门处理服务通信的基础设施层。它的职责是在由云原生应用组成服务的复杂拓扑结构下进行可靠的请求传送。在实践中，它是一组和应用服务部署在一起的轻量级网络代理，并且对应用服务透明。服务网格通过将服务通信及相关管控功能从业务程序中分离并下沉到基础设施层，微服务治理与业务逻辑完全解耦，让开发人员更加专注于业务本身。

2. 服务网格的架构

服务网格从总体架构上来讲比较简单，在服务网格中，每个服务实例都与一个反向代理服务器实例（称为服务代理、sidecar代理或sidecar）配对。服务实例和sidecar代理共享一个容器，容器由容器编排工具（如Kubernetes、Nomad、Docker Swarm、DC/OS）管理。服务代理负责与其他服务实例进行通信，并支持服务（实例）发现、负载平衡、身份验证和授权、安全通信等功能。

服务网格还包括一个用于管理服务之间交互的控制平面（control plane），这些交互由它们的sidecar代理协调。

更进一步说，服务网格是一个专用的基础设施层，旨在“在微服务架构中实现可靠、快速和安全的服务间调用”。它不是一个“服务”的网格，而是一个“代理”的网格，可以将服务插入这个代理，从而使网络抽象化。

在典型的服务网格中，这些代理作为一个sidecar（边车）被注入每个服务部署中。服务不直接通过网络调用服务，而是调用它们本地的sidecar代理，而sidecar代理又代表服务管理请求，从而封装了服务间通信的复杂性。相互连接的 sidecar 代理集实现了所谓的数据平面，这与用于配置代理和收集指标的服务网格组件（控制平面）形成对比。

如图 7-10 所示，图中的方块代表服务实例及其 sidecar，方块之间的连线代表服务间的调用请求关系，这些服务实例的调用请求均由 sidecar 代理处理，所有的 sidecar 都受服务网格的控制平面管理。

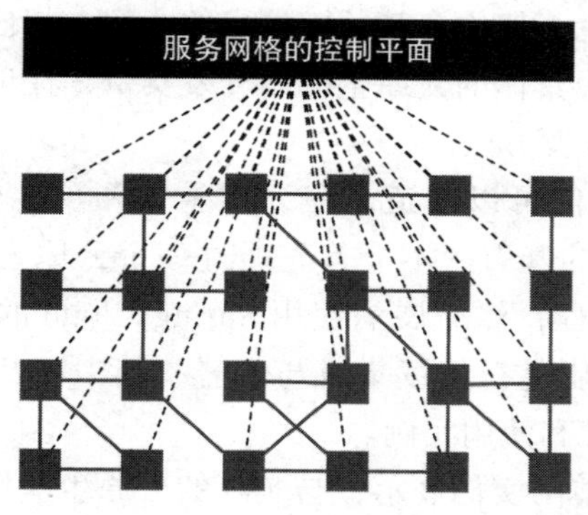

图 7-10 服务网格架构

总而言之，服务网格的基础设施层主要分为两部分：控制平面与数据平面。当前流行的两款开源服务网格 Istio 和 Linkerd 实际上都属于这种结构。

3. 服务网格的特点

相较于 Spring Cloud 等微服务开发框架，服务网格改善了一些行业的痛点并提供了许多新的优势。

服务网格通过把 SDK 中的大部分功能从应用中剥离出来，拆解为独立的进程，以 sidecar 的模式进行部署，将微服务治理与业务逻辑解耦，使开发人员更加专注于业务本身。

服务网格可以实现异构系统的统一治理。一个大型系统的服务通常不是由同一种语言或框架开发的，为了能够统一管控这些服务，以往的做法是为每种语言、每种框架都开发一套完整的 SDK，维护成本非常高。有了服务网格之后，通过将主体的服务治理能力下沉到基础设施，只需要提供一个轻量级的 SDK，甚至很多情况下不需要一个单独的 SDK，就可以方便地实现多语言、多协议的统一流量管控、监控等需求。

因为服务网格是一个专用的基础设施层，所有的服务间通信都要通过它，所以服务网格可以很容易地捕获来源、目的地、协议、URL、状态码、延迟、持续时间等数据，做到一定的可观察性；同时也能通过服务网格为服务提供智能路由（蓝绿部署、金丝雀发布、A/B test）、超时重试、熔断、故障注入、流量镜像等各种控制功能，做到对微服务的流量控制。

在某种程度上，单体架构应用受其单地址空间的保护。然而，一旦单体架构应用被分解为多个微服务，网络就会成为一个重要的攻击面。更多的服务意味着更多的网络流量，这对黑客来说意味着有更多的机会来攻击信息流。而服务网格恰恰提供了保护网络调用的功能和基础设施。服务网格的安全优势主要体现在以下三个核心领域：服务的认证、服务间通信的加密、安全相关策略的强制执行。

服务网格目前仍然是一项新兴技术，还处在发展阶段，它也存在一定的局限性，如增加了链路的复杂性、对运维人员的要求更高、延迟更高等。

7.3　云原生应用开发

经过前面对云原生概念、架构及其关键技术的介绍，相信读者已经对云原生有了一定的了解，本节将介绍一个具体的云原生应用开发实例，让读者深入理解云原生的概念并初步掌握云原生应用的开发方法。

从前两节的讲述中我们可以知道，在云原生中两项比较重要的技术是微服务和容器，它们是构成云原生的基石。本节首先通过一个云原生应用设计开发实例来介绍云原生应用的设计开发流程，然后展示使用 Spring Cloud 的开发简单实例，最后将介绍如何对开发的微服务应用进行持续集成与部署，其中涉及目前热门的容器编排系统 Kubernetes 的资源对象概念和使用实例。

本节内容只是进行简单的实例展示，与实际的云原生应用开发差别仍然很大，但是可以帮助读者对于云原生应用开发与微服务架构应用开发有一个初步的认识。

7.3.1　实例概述

本节采用的实例为一个线上考试系统。线上考试系统（ES）是一个集题库、组卷、发布、考试、评卷、系统考试报告业务闭环的考试平台，在设计上使用 SaaS 模式基于 Spring Cloud 的微服务技术构建。考虑到未来平台的业务延伸目标客户对象为组织机构而非个人群体，在数据的设计模式上为每一个租户新建独立的 Schema 或者 Database 共享数据库实例，因为考试服务为互联网应用，所以选择 Spring Cloud 微服务技术为项目基础支撑技术，同时使用 Kubernetes 容器编排系统进行考试系统的部署和运维。

图 7-11 为考试系统用例图，可以看出考试系统主要分为基础数据服务、系统管理、试卷中心、考试中心四个模块，微服务也大致分为这几个服务。

7.3.2　系统设计

系统设计是应用开发中的重要一环，好的系统设计可以提高开发效率。云原生应用一般采用微服务架构设计，这比传统的单体式架构更加复杂，也更难理解。本节将通过考试系统展示使用 Spring Cloud 框架的微服务架构设计实例。

1. 系统架构设计

整体系统架构采用分布式体系架构设计，前端由 Nginx 服务器反向代理，访问网关，由网关将请求分发给对应微服务，服务与服务之间通过 Feign 进行数据接口的调用，服务均被注册至 Eureka 中，将 Spring Cloud 微服务使用 Kubernetes 进行容器化部署。考试系统架构图如图 7-12 所示。

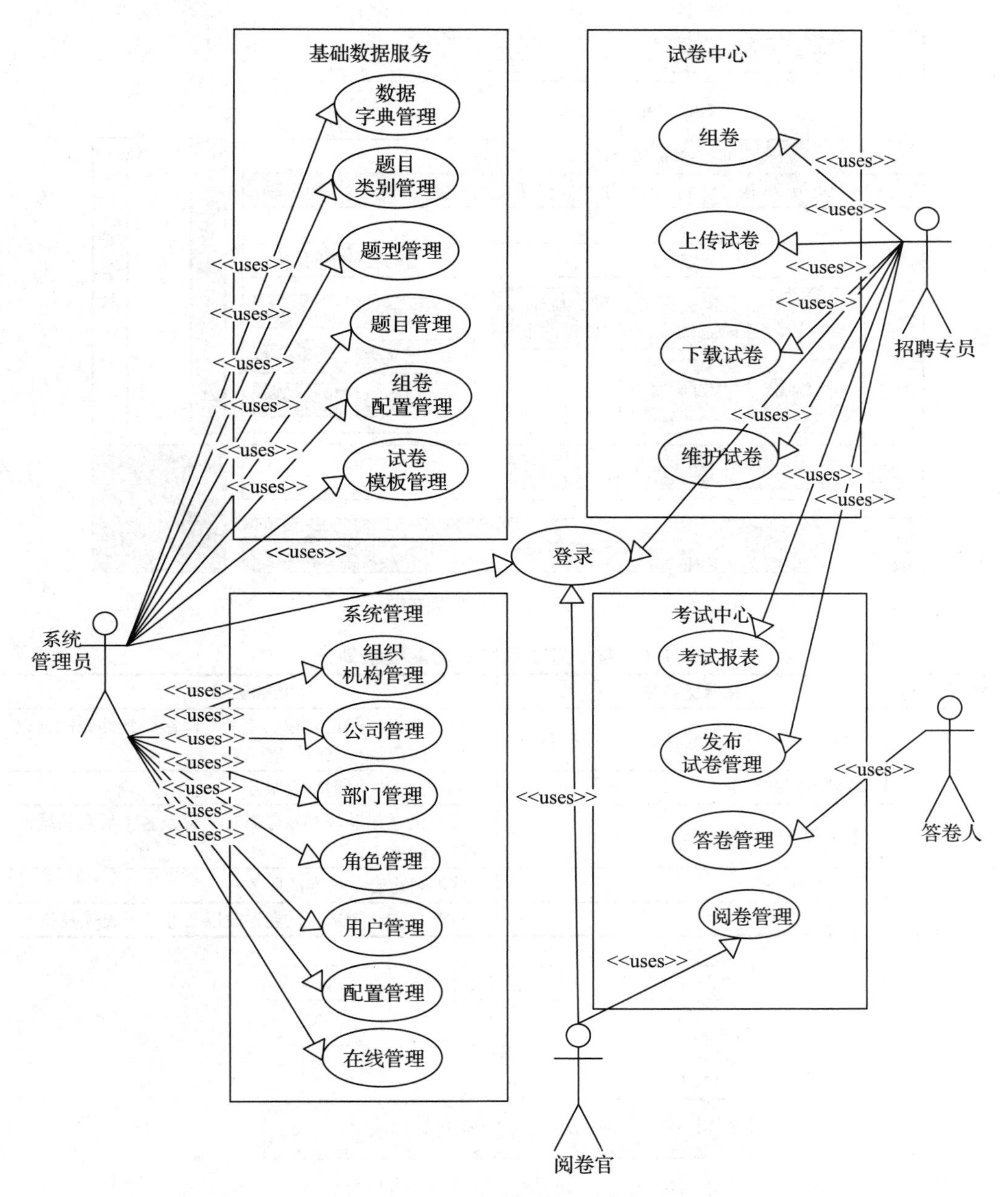

图 7-11 考试系统用例图

2. 功能模块划分

整个考试系统的功能模块划分如表 7-1 所示。

3. 基础框架设计

各个微服务需要使用系统的公共功能，公共功能包含基础工具类、报文规范、日志和异常处理、自定义注解、消息队列等基础服务。设计公共功能基础框架的好处是节省了开发的时间和精力，同时减少了代码的冗余，也让模块化的基础框架能更好地迭代升级。基础框架与微服务的关系如图 7-13 所示。

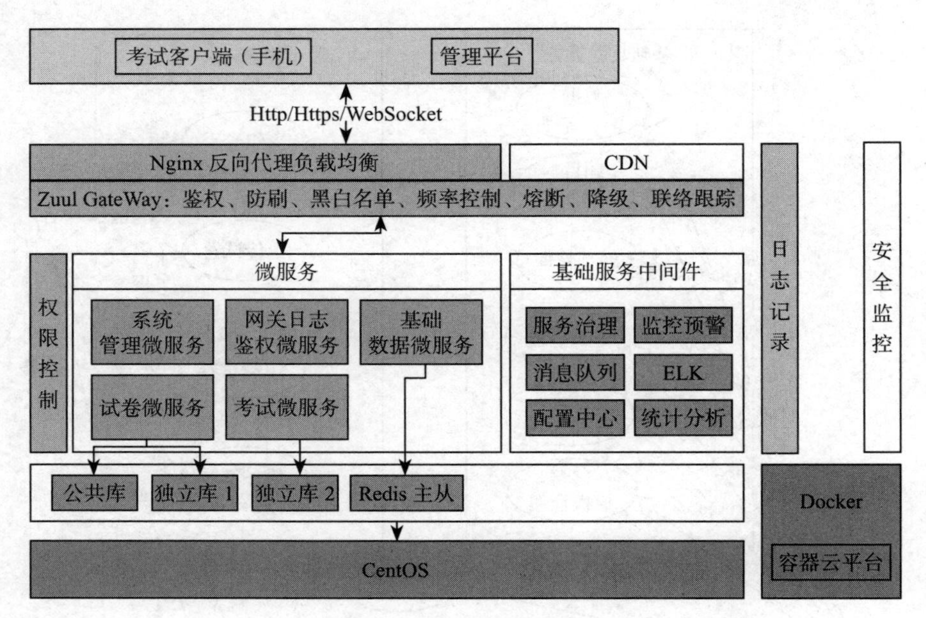

图 7-12　考试系统架构图

表 7-1　整个考试系统的功能模块划分

微服务编号	微服务名称	功能说明
1	网关服务、日志中间件、认证授权服务	负责鉴权、黑白名单、熔断、降级、链路跟踪，以及日志的记录和统一收集
2	基础数据微服务	基础数据的增删改查服务
3	系统管理微服务	用户的登录验证和权限管理，以及整个后台系统的管理的服务
4	试卷微服务	将题目组合成试卷的服务
5	考试微服务	试卷发布、考试、试卷评改以及考试报表等服务

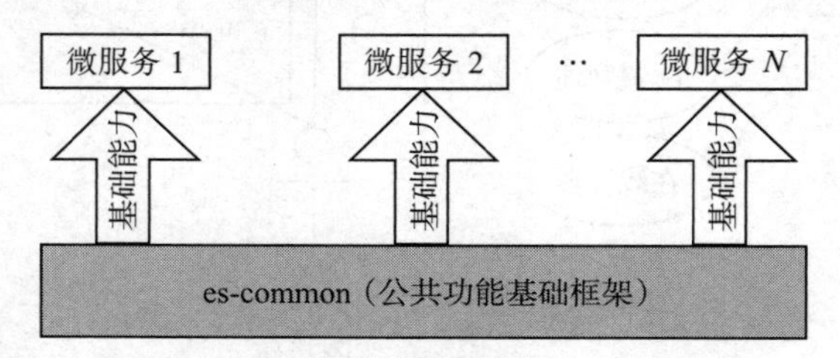

图 7-13　基础框架与微服务的关系

基础框架主要分为以下 5 个部分。

- es-util——一些工具类，如字符串操作、日期操作、文件操作、对象转化、短信邮箱接口、CDN 存储等。
- es-log——统一异常处理切面、错误码，统一日志收集切面。
- es-core——Entity、DTO、Controller 等 Base 类、请求应答报文类、封装公共字段注解自动注入功能切面。
- es-cache-redis——Redis API 封装、Redis 分布式锁。
- es-config——集成 Swagger，便于查看 API 发布。

4. 功能模块详细设计

以系统管理微服务为例，系统管理微服务主要包括组织机构管理模块、公司管理模块、部门管理模块、资源管理模块、职位管理模块、用户管理模块、角色管理模块、参数管理模块、用户在线管理模块和登录模块。接下来将通过系统管理微服务的设计来介绍单个微服务的设计。

系统管理微服务的设计主要包括以下几个方面。

（1）各个层级 POJO 的 Base 类设计

每个层级的 Base 类一般包含该层级所有 POJO 类所需的共通属性，例如 id、status、version、createTime、updateTime 等，每个层级的 POJO 类均需继承对应层级的 Base 类。设计 Base 类可以减少代码冗余，同时对于共同属性的统一处理操作会更加容易实现。

（2）Controller 的 Base 类设计

Controller 类同样需要设计一个 Base 类，在 BaseController 类中可以编写一些 Controller 类共用的方法，如分页方法，下面的代码为 BaseController 类中编写的分页方法。

```
1. protected <T> Page<T> doBeforePagination(int pageNum,int pageSize){
2.     return PageHelper.startPage(pageNum, pageSize, "id desc");
3.   }
```

（3）持久层框架的设计

底层数据库可以使用 MySQL，MySQL 是最流行的关系数据库管理系统。持久层框架可以使用 MyBatis，MyBatis 是一款优秀的持久层框架，使用 MyBatis 可以通过简单的 XML 或注解来进行配置并将接口和 Java 的 POJO（Plain Ordinary Java Object，普通的 Java 对象）映射成数据库中的记录，避免手动编写复杂的 Java 代码去操作数据库。可以配合 TK.MyBatis 插件（内部实现了对单表的基本数据操作），提升开发效率。如果需要 Redis 作为缓存，Spring Cloud 也支持通过注解的方式对 API 设置 Redis 缓存。

（4）错误码的设计

错误码是系统设计中重要的一环，在设计错误码时要有一定的规律，同时注意设计文档的记录和保留。可以参考如下方式进行错误码的设计。

- 实现一个 BaseExceptionCode 作为本微服务的错误码枚举基类，用来抛出该微服务的通用异常。
- 系统管理微服务的总体错误码以基类的 2200×× 为基础，每个模块各不相同。例如，组织机构管理模块的错误码均为 2201×× 格式，公司管理模块的错误码均为 2202×× 格式。

（5）API 的设计

微服务之间一般通过 API 相互调用请求资源，所以 API 的设计十分关键。可以参考如下方式进行 API 设计。

- 查询 API 统一使用“/统一前缀/微服务/功能/query/×××”来进行标识。
- 更新 API 统一使用“/统一前缀/微服务/功能/update/×××”来进行标识。
- 删除 API 统一使用“/统一前缀/微服务/功能/delete/×××”来进行标识。
- 新增 API 统一使用“/统一前缀/微服务/功能/save/×××”来进行标识。
- 特殊 API 统一使用“/统一前缀/微服务/功能/特殊请求/×××”来进行标识。

5. 动态模型设计

动态模型用于描述系统的过程和行为，通常使用时序图、流程图、状态图和活动图等描述系统的动态模型。动态模型将需求设计明确化、可视化，使用户和开发人员更容易理解构思中的系统。同时可以借助对动态模型的评估，来发现系统中设计的缺陷，防止到开发时才发现漏洞，以避免不必要的损失。

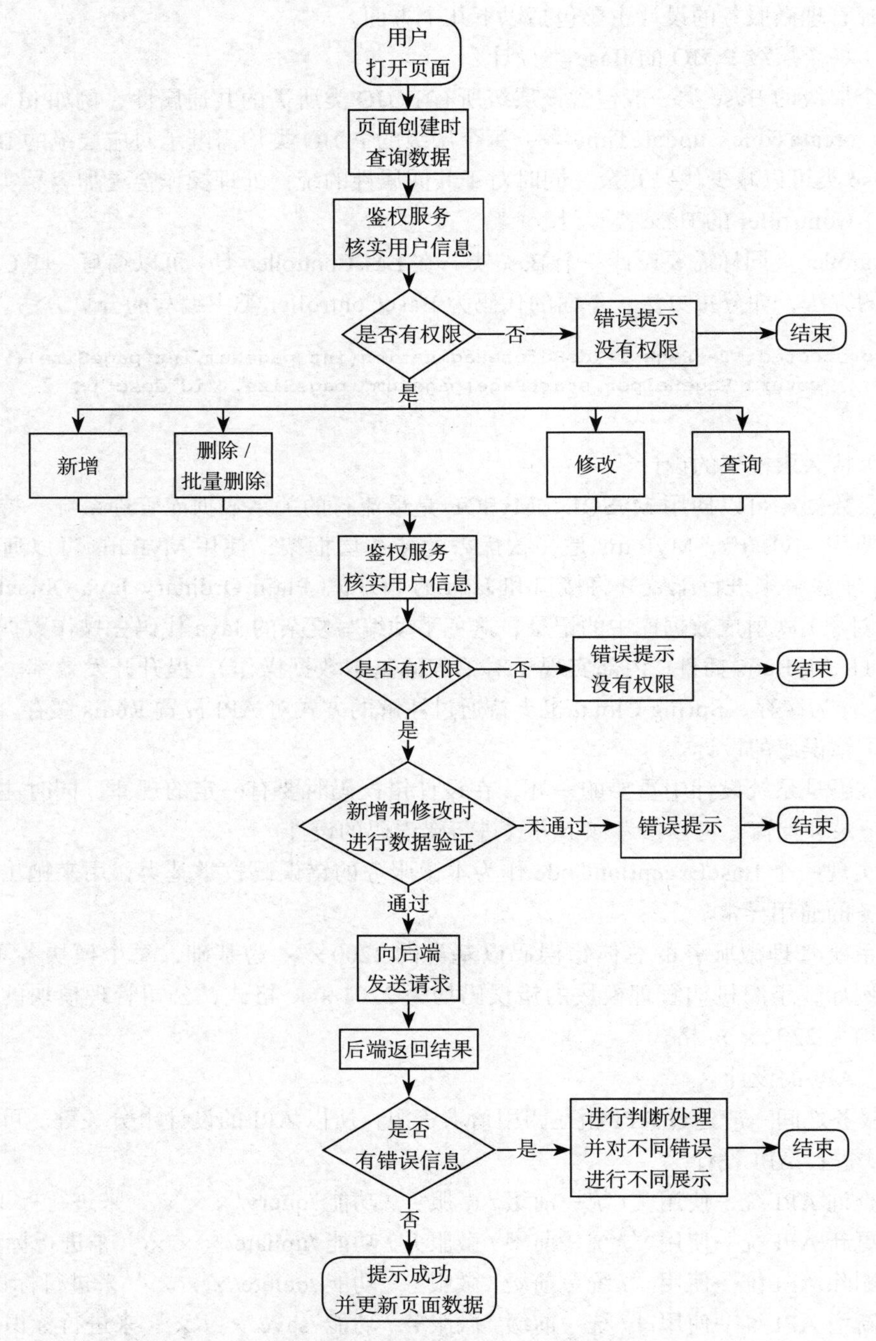

图 7-14 系统管理微服务中的功能流程图

图 7-14 为系统管理微服务中的功能流程图，每个服务的功能可能都不相同，但是所有服务的功能基本都遵守该流程框架。

流程图主要用于表示业务流程、系统流程或算法等，它展示了活动之间的流程和控制流。流程图更关注活动、动作以及它们之间的关系，对于业务过程的可视化和读者理解非常有用。除流程图外，时序图也是常用的动态模型描述手段。时序图主要用于表示对象之间的交互和消息传递顺序。时序图关注的是交互的时间顺序，显示了对象之间的消息传递、方法调用和响应，特别适用于描述系统的动态行为。图 7-15 为系统网关的工作时序图。

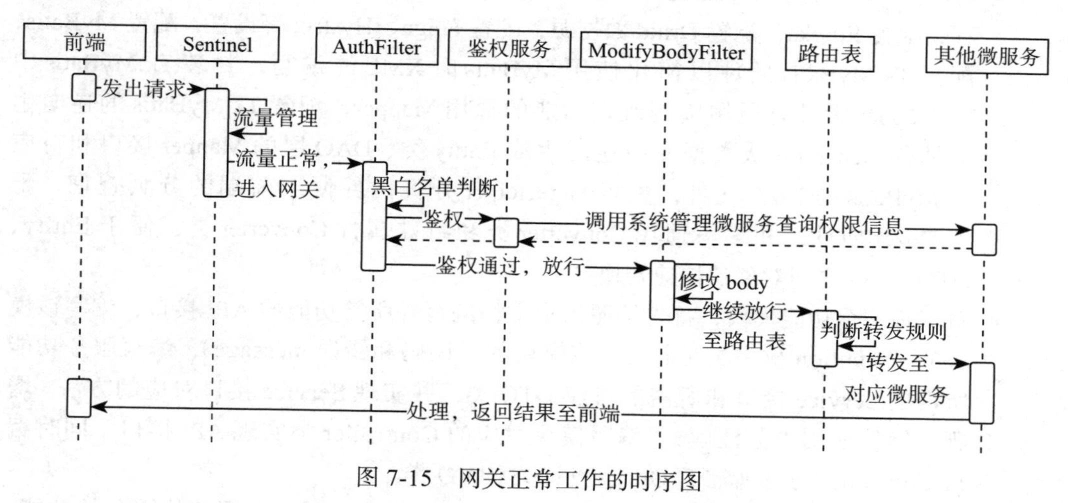

图 7-15　网关正常工作的时序图

该时序图展示了网关各组件间的交互时间顺序，前端发起的请求会先进入 Sentinel 流控组件，Sentinel 根据设置好的流控规则对进入网关的流量进行统计。若流量正常，请求进入网关，则请求会先被 AuthFilter 鉴权过滤器拦截，在其中会先判断是否属于黑白名单，然后调用鉴权服务，对请求携带的 Token 与其用户权限进行检查。鉴权通过后，请求会被下一个过滤器 ModifyBodyFilter 拦截，拆开请求体，修改 CommonRequest 为其中的 VO 或 DTO 对象。随后请求即将被转发至对应微服务，Gateway 会查询路由表，根据 URL 判断其对应的微服务，最后转发至其他微服务完成业务。若该微服务配置了灰色发布，则少量请求中的版本号会被改写为测试版本号，被转发至测试版本微服务，实现对新版本的灰色发布。

7.3.3　系统实现

1. 系统实现流程

采用微服务架构的云原生应用一般不是小型应用，通常由多个工程师共同开发。以线上考试系统（ES）为例，可以参照下列步骤，以小组为单位进行开发。

1）首先在本地和服务器上配置好所需要的环境，如 Redis、MySQL 等必需组件。搭建公用代码仓库，以便后续使用 Git 进行持续集成、快速迭代开发，同时可以进行 Spring Cloud Config 配置，以便分布式部署同步配置文件。

2）根据所设计的 E-R 图构建相应的数据库和表，规范好每个字段对应的属性和主外键约束，并录入一些示例数据。

3）由于项目是小组开发的，每位工程师开发各自负责的基础框架，并把它们集成为基础框架 es-common。

4）进行第一次集成开发，每位工程师开发自己负责的部分，开发完成后进行第一次集成测试。

- 先搭建起项目的整体框架结构，将每一层的 Package 划分好，如 API、Controller、Service、DAO、POJO、Exception 等。
- 将开发所需要的插件配置好，如在 Spring Cloud 中配置服务器上的 Redis 作为缓存，配置 Eureka，配置 Druid 数据源，配置 Feign、Hystrix 等设置，配置 MyBatis，配置 Tk.MyBatis 插件以简化使用 MyBatis 时 XML 的编写，封装 Tk.MyBatis 中的 Mapper 为具有通用增删改查功能的通用 Mapper，配置 Tk.MyBatis 的逆向生成插件 Generator 从数据库中逆向生成 Entity 类、DAO 层的 Mapper 接口和对应的 MyBatis 的 XML 文件，配置 PageHelper 分页插件便于前端的分页查询，配置 Dozer 插件，并编写通用 Converter 类和特殊属性 Converter 类，便于 Entity、DTO、VO 之间对象的快速转换。
- 对于每一个功能模块，首先按照需求文档编写好所需功能的 API 接口，编写该模块的 Exception 枚举类（定义了该模块的错误码和错误 message），编写服务功能所需的 Service 接口和所需的对应 DTO 类，并实现 Service 接口对应的方法（增删改操作使用事务注解）。编写模块对应的 Controller 类实现 API 接口，同时编写 Controller 方法所需的 Query 查询类和 VO 类。
- 开发后端时，需要留好其他服务所需的接口，使用 Feign 调用其他服务的功能，同时对于每个 Feign Client 都要设置其 Hystrix 断路器类，防止调用失败。

5）进行第二次集成开发，每位组员开发各自负责的部分，开发完成后进行第二次集成测试。开发模式按照第一次集成开发的模式。

6）前端开发，可以使用 Vue 框架来进行前端的开发，由于后端使用了微服务架构，微服务使用 API 通信，可以很容易做到前后端分离，可以自由选择具体的前端开发。下面给出一个使用 Vue 开发的示例。

- 使用 vue-admin-template 模板进行开发。
- 前端最先使用 mock 插件生成的 mock 数据进行界面的开发和功能的测试。
- 在开发完一个模块功能后端后，本地与前端对接，去除 mock 数据。
- 使用 Vuex 来存储用户 Token 和属性数据等。
- 封装请求应答的对象 JSON 格式，使之与后端的请求应答的封装类对应，并在前端拦截请求应答进行统一封装。
- 当开发完资源管理模块后，前端加入动态挂载路由功能，通过后端返回的数据来动态挂载页面，实现权限隔离。
- 当开发完用户管理模块后，结合网关功能，前端编写用户登录界面，实现登录功能，去除 mock 数据。

7）最终集成测试各个模块功能，修复 Bug。

8）将本地部署的服务迁到云服务器，使用 Kubernetes 进行编排管理。

2. 开发可能需要的软件

开发可能需要的软件如表 7-2 所示。

表 7-2 开发可能需要的软件

序号	软件名称	说明
1	JDK1.8	Java 开发的基础工具和环境
2	IDEA ultimate 2020.1.1	流行的 Java IDE
3	Redis 5.0.8	缓存
4	Spring cloud H 版本	微服务框架，构建分布式系统
5	Spring boot 2.2.8	简化和加速基于 Spring 框架的应用程序开发的开源框架
6	RabbitMQ 3.8.4	消息队列
7	Vue 2.6.10	现代 JavaScript 框架，用于构建前端
8	MySQL 5.7	数据库
9	Tk.MyBatis 2.1.5	MyBatis 的通用 Mapper 插件，用于快速开发
10	Maven 3.3.9	Java 项目管理工具，依赖管理、构建自动化
11	Navicat Premium 12	数据库可视化管理工具
12	Git 2.26.2	用于代码持续集成
13	Xshell 6	远程连接工具
14	VSCode	轻量级跨平台代码编辑器
15	Node.js 12.17.0	Vue 必备组件
16	PowerDesigner 16.5	E-R 图绘图工具
17	Office Project2010	项目过程管理工具
18	Visio 2010	各种图绘图工具
19	StarUML 3.2.2	UML 图绘图工具
20	Postman 7.25.0	API 测试工具

3. 开发可能需要的插件

开发可能需要的插件如表 7-3 所示。

表 7-3 开发可能需要的插件

序号	插件名称	说明
1	Spring Boot 2.2.8	简化和加速基于 Spring 框架的应用程序开发的开源框架
2	Nacos 2.2.1	微服务注册与发现解决方案
3	Spring Cloud Hoxton.SR6	微服务框架，构建分布式系统
4	Druid 1.1.17	数据源连接池
5	Tk.MyBatis 2.1.5	MyBatis 通用 Mapper 插件
6	MyBatis Generator 1.3.7	MyBatis 数据库逆向生成 Entity、Mapper 及其 XML 插件
7	Tk.MyBatis Mapper Generator 1.1.5	Tk.MyBatis Generator 插件
8	mysql-connector-java 5.1.49	MySQL 连接驱动
9	lombok	注解插件
10	hibernate-validator 6.0.10.Final	通过注解数据验证插件
11	javax.validation 2.0.1.Final	通过注解数据验证插件
12	Dozer 6.2.0	快速转换对象插件
13	Fastjson 1.2.68	JSON 与 Java 对象装换插件
14	PageHelper 1.2.13	分页插件

可以通过 Maven 和 Spring 配置文件配置以上插件。

4. 后端服务的开发

基本所有模块的功能均可以参考如下开发流程。

1）编写所需功能的 API。系统管理微服务 API 如图 7-16 所示。

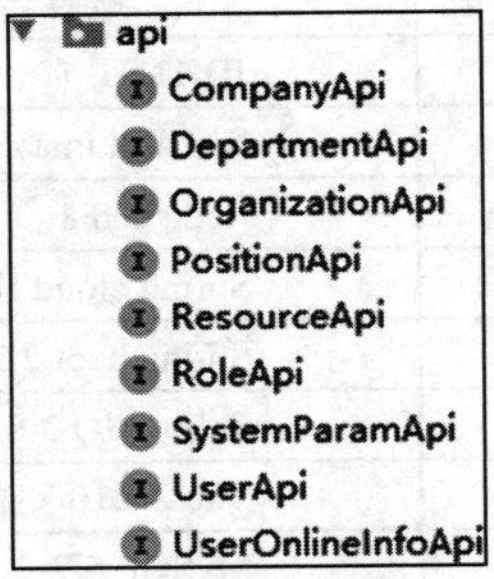

api
- CompanyApi
- DepartmentApi
- OrganizationApi
- PositionApi
- ResourceApi
- RoleApi
- SystemParamApi
- UserApi
- UserOnlineInfoApi

图 7-16　系统管理微服务 API

2）编写该功能模块对应的 ExceptionCode 枚举类，在 Service 层抛出 Service 异常，在 Controller 层抛出 Business 异常。

3）编写该功能所涉及的 DTO、VO、Query、QueryVO 等 POJO。

4）编写 Service 接口与对应的实现类，实现类主要使用所配置的 Tk.MyBatis 通用 Mapper 实现，无须 XML 配置的单表增删改查操作。

5）编写 Controller 对 API 进行实现。

6）在 Controller 中使用 Service 进行服务调用，并进行一些数据验证，不符合则抛出异常，可以使用自定义注解的方式通过面向切面编程的方法进行统一异常处理。

7）Controller 的方法中需要对入参进行参数验证、以保证进入方法中参数的合法性，可以手动编写参数检验代码，或通过使用 Spring 的 @Validated 注解等方式进行参数验证。

5. 前端的实现

由于采用了微服务的后端架构开发，服务间均采用 API 通信，因此可以很容易做到前后端分离，此时采用何种前端开发技术全凭读者的喜好，前端开发等内容不是本节的重点，这里不再赘述。

7.3.4　Spring Cloud 的使用实例

通过上述云原生应用实例的学习，相信读者已经对云原生应用的设计和开发流程有了一定的了解，但是由于该实例的开发涉及许多业务相关的方面，并不适合对于微服务架构开发技术的学习，因此我们使用一个 Spring Cloud 的简单开发实例来让读者理解如何使用 Spring Cloud 中的各个组件来开发微服务。

本小节将介绍 Spring Cloud 中各个组件的简单开发实例，组件对应的功能描述可参见 7.2.1 节的内容，这里不再赘述。

1. 服务注册和发现

（1）创建服务注册中心（Eureka Server）

创建一个 Maven 工程，并在 pom 文件中引入 Spring Cloud Eureka Server 相关依赖。

启动一个服务注册中心，只需要一个注解 @EnableEurekaServer，需要在 Springboot 工程的启动 Application 类上加该注解。

```
1. @SpringBootApplication
2. @EnableEurekaServer
3. public class EurekaServerApplication {
4.
5.     public static void main(String[] args) {
6.         SpringApplication.run( EurekaServerApplication.class, args );
7.     }
8. }
```

Eureka 是一个高可用的组件，它没有后端缓存，每一个实例注册之后需要向注册中心发送心跳（因此可以在内存中完成），默认情况下，Eureka Server 也是一个 Eureka Client，必须要指定一个 Server。Eureka Server 的配置文件 application.yml 如下：

```
1. server:
2.     port: 8761
3.
4. eureka:
5.     instance:
6.         hostname: localhost
7.     client:
8.         registerWithEureka: false
9.         fetchRegistry: false
10.        serviceUrl:
11.            defaultZone: http://${eureka.instance.hostname}:${server.//port}/
                   eureka/
12.
13. spring:
14.     application:
15.         name: eureka-server
```

通过 eureka.client.registerWithEureka:false 和 fetchRegistry:false 来表明自己是一个 Eureka Server。

（2）创建服务提供者（Eureka Client）

创建一个 Maven 工程，并在 pom 文件中引入 Spring Cloud Eureka Client 相关依赖。

通过注解 @EnableEurekaClient 表明自己是一个 Eureka Client。在配置文件中注明自己的服务注册中心的地址，application.yml 配置文件如下：

```
1. server:
2.     port: 8762
3.
4. spring:
5.     application:
6.         name: service-hi
7.
8. eureka:
9.     client:
10.        serviceUrl:
11.            defaultZone: http://localhost:8761/eureka/
```

启动工程，打开 http://localhost:8761，即 Eureka Server 的网址，就可以看到注册中心。

2. 服务消费者（Feign）

新建一个 Maven 工程，并在 pom 文件中引入 Feign 的起步依赖 spring-cloud-starterfeign、Eureka 的起步依赖 spring-cloud-starter-netflix-eureka-client 和其他相关依赖。

如同 Eureka Client 一样，将 Client 注册至注册中心。

在程序的启动类 ServiceFeignApplication，加上 @EnableFeignClients 注解，开启 Feign 的功能：

```
1. @SpringBootApplication
2. @EnableEurekaClient
3. @EnableDiscoveryClient
4. @EnableFeignClients
5. public class ServiceFeignApplication {
6.
7.     public static void main(String[] args) {
8.         SpringApplication.run( ServiceFeignApplication.class, args );
9.     }
10. }
```

定义一个 Feign 接口，通过 @ FeignClient（“服务名”）来指定调用哪个服务。比如在代码中调用了 service-hi 服务的“/hi”接口，代码如下：

```
1. @FeignClient(value = "service-hi")
2. public interface SchedualServiceHi {
3.     @RequestMapping(value = "/hi",method = RequestMethod.GET)
4.     String sayHiFromClientOne(@RequestParam(value = "name") String name);
5. }
```

之后就可以通过 Spring Cloud 的自动注入注解 @Autowired 对其他微服务进行调用，Feign 会负责调用，并自动实现负载均衡。

3. 断路器（Hystrix）

这里使用 Feign 中的断路器，Feign 是自带断路器的，在 D 版本的 Spring Cloud 之后，它默认未打开。需要在配置文件中进行配置来打开它，在配置文件中加入以下代码：

```
feign.hystrix.enabled=true
```

要开启 Feign，只需在 @Feign 注解中加上 fallback 的指定类，例如：

```
1. @FeignClient(value = "service-hi",fallback = SchedualServiceHiHystric.class)
2. public interface SchedualServiceHi {
3.     @RequestMapping(value = "/hi",method = RequestMethod.GET)
4.     String sayHiFromClientOne(@RequestParam(value = "name") String name);
5. }
```

SchedualServiceHiHystric 需要实现 SchedualServiceHi 接口，并将其注入 IoC 容器中，代码如下：

```
1. @Component
2. public class SchedualServiceHiHystric implements SchedualServiceHi {
3.     @Override
4.     public String sayHiFromClientOne(String name) {
5.         return "sorry "+name;
6.     }
7. }
```

启动 service-feign 工程，在浏览器中打开 http://localhost:8765/hi?name= client，注

意此时 service-hi 工程没有启动，网页显示：sorry client。

这证明断路器起到了作用。

4. 路由网关

在 Spring Cloud 微服务系统中，一种常见的负载均衡方式是，客户端的请求首先经过负载均衡（Zuul、Nginx），然后到达服务网关（Zuul 集群），再到具体的服务。服务被统一注册到高可用的服务注册中心集群，服务中所有的配置文件由配置服务管理，配置服务的配置文件放在 Git 仓库中，方便开发人员随时更改配置。

（1）创建 Zuul 网关

新建一个 Maven 工程，在 pom 文件中引入 Zuul 所需的 spring-cloud-starter-netflix-zuul、spring-cloud-starter-netflix-eureka-client 和其他相关依赖。

在其入口 Application 类中加上注解 @EnableZuulProxy，开启 Zuul 的功能：

```
1. @SpringBootApplication
2. @EnableZuulProxy
3. @EnableEurekaClient
4. @EnableDiscoveryClient
5. public class ServiceZuulApplication {
6.
7.     public static void main(String[] args) {
8.         SpringApplication.run( ServiceZuulApplication.class, args );
9.     }
10.}
```

配置文件 application.yml 如下：

```
1. eureka:
2.     client:
3.         serviceUrl:
4.             defaultZone: http://localhost:8761/eureka/
5. server:
6.     port: 8769
7. spring:
8.     application:
9.         name: service-zuul
10. zuul:
11.     routes:
12.         api-a:
13.             path: /api-a/**
14.             serviceId: service-ribbon
15.         api-b:
16.             path: /api-b/**
17.             serviceId: service-feign
```

该配置文件首先指定服务注册中心的地址为 http://localhost:8761/eureka/，服务的端口为 8769，服务名为 service-zuul；以 /api-a/ 开头的请求都被转发给 service-ribbon 服务；以 /api-b/ 开头的请求都被转发给 service-feign 服务。

（2）服务过滤

Zuul 不仅是路由，还能过滤，做一些安全验证。下面的代码展示了 Zuul 的鉴权功能：使用了 JWT 进行 Token 生成，在 header 中携带对应的 Token 和 userId 的请求才允许访问。

```
1. @Component
2. @Slf4j
3. public class AuthFilter extends ZuulFilter {
4.     @Override
5.     public String filterType() {
6.         return "pre";
7.     }
8.
9.     @Override
10.    public int filterOrder() {
11.        return 0;
12.    }
13.
14.    @Override
15.    public boolean shouldFilter() {
16.        return true;
17.    }
18.
19.    @Override
20.    public Object run() {
21.        RequestContext ctx = RequestContext.getCurrentContext();
22.        HttpServletRequest request = ctx.getRequest();
23.        log.info("{} >>> {}", request.getMethod(), request.getRequestURL());
24.        if(request.getRequestURI().contains("/login")){
25.            return null;
26.        }
27.        String accessToken = request.getHeader("token");
28.        accessToken = (accessToken == null) ? "": accessToken;
29.        String userId = request.getHeader("userId");
30.        userId = (userId == null) ? "-1": userId;
31.        long tokenUserId = JwtUtil.verify(accessToken);
32.        if(tokenUserId != Long.parseLong(userId)) {
33.            ctx.getResponse().setContentType("text/html;charset=UTF-8");
34.            ctx.setSendZuulResponse(false);
35.            ctx.setResponseStatusCode(401);
36.            ctx.setResponseBody("非法的服务访问");
37.        }
38.        return null;
39.    }
40.}
```

其中：

- filterType 返回一个字符串，代表过滤器的类型。在 Zuul 中定义了 4 种不同生命周期的过滤器类型，具体如下。
  - pre：路由之前的过滤器类型。
  - routing：路由之时的过滤器类型。
  - post：路由之后的过滤器类型。
  - error：发送错误调用。
- filterOrder：过滤的顺序。
- shouldFilter：可以写逻辑判断，确定是否要过滤，true 表示永远过滤。

- run：过滤器的具体逻辑。可以很复杂，包括查询 SQL、NoSQL 去判断该请求到底有没有权限访问。

5. 分布式配置中心（Spring Cloud Config）

（1）构建配置服务器

创建一个 Maven 工程，引入配置服务器所需的 spring-cloud-config-server 和其他相关依赖。

在程序的入口 Application 类加上 @EnableConfigServer 注解，开启配置服务器的功能，代码如下：

```
1. @SpringBootApplication
2. @EnableConfigServer
3. public class ConfigServerApplication {
4.
5.     public static void main(String[] args) {
6.         SpringApplication.run(ConfigServerApplication.class, args);
7.     }
8. }
```

在程序的配置文件 application.properties 中做以下配置：

```
1. spring.application.name=config-server
2. server.port=8771
3.
4. spring.cloud.config.server.git.uri=https://××××××.com/××××××（填写 git
                                                               仓库地址）
5. spring.cloud.config.server.git.searchPaths=example
6. spring.cloud.config.label=master
7. spring.cloud.config.server.git.username=example-username
8. spring.cloud.config.server.git.password=example-password
```

其中：

- spring.cloud.config.server.git.uri：配置 Git 仓库地址。
- spring.cloud.config.server.git.searchPaths：配置仓库路径。
- spring.cloud.config.label：配置仓库的分支。
- spring.cloud.config.server.git.username：访问 Git 仓库的用户名（私有仓库时填写）。
- spring.cloud.config.server.git.password：访问 Git 仓库的用户密码（私有仓库时填写）。

（2）构建配置客户端

创建 Maven 项目，引入 spring-cloud-starter-config 和其他相关依赖。其配置文件 bootstrap.properties 如下：

```
1. spring.application.name=config-client
2. spring.cloud.config.label=master
3. spring.cloud.config.profile=dev
4. spring.cloud.config.uri= http://localhost:8771/
5. server.port=8778
```

其中：

- spring.cloud.config.label 指明远程仓库的分支。

- spring.cloud.config.profile
  - dev 表示开发环境配置文件。
  - test 表示测试环境配置文件。
  - pro 表示正式环境配置文件。
- spring.cloud.config.uri 指明配置服务中心的网址。

程序的入口类，写一个 API 接口“ / hi”，返回从配置中心读取的 foo 变量的值，代码如下：

```
1. @SpringBootApplication
2. @RestController
3. public class ConfigClientApplication {
4.
5.     public static void main(String[] args) {
6.         SpringApplication.run(ConfigClientApplication.class, args);
7.     }
8.
9.     @Value("${foo}")
10.    String foo;
11.    @RequestMapping(value = "/hi")
12.    public String hi(){
13.        return foo;
14.    }
15.}
```

其中远程仓库中的 config-client-dev.properties 文件中有一个属性：

```
1. foo = foo version 3
```

访问该 API 接口，将返回 foo version 3。

这就说明，配置客户端从配置服务器获取了 foo 的属性，而配置服务器是从 Git 仓库读取的，如图 7-17 所示。

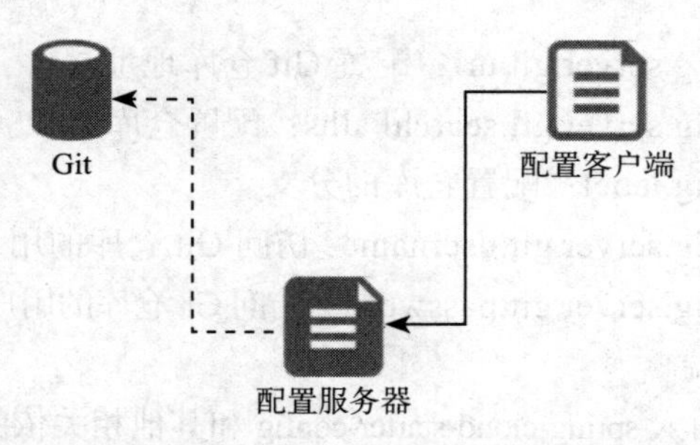

图 7-17　Spring Cloud Config 工作模式

7.3.5　持续集成与部署

1. 使用的技术

- Git 2.26.2
- Jenkins 2.303.2
- Docker 19.03.13
- Kubernetes v1.19

2. 统一的代码仓库

对于团队性质的开发项目，必须拥有一个统一的代码仓库。一般在 GitHub、Gitee、GitLab 等公有或私有的代码仓库平台上构建一个 Project 作为项目的统一代码仓库，这些平台上的项目都属于 Git 的远程仓库。

Git 是一个开源的分布式版本控制工具，用于敏捷、高效地处理任何或小或大的项目。如果没有分布式的版本控制，那么团队合作将成为一场噩梦，会出现代码不同步、手动合并代码工作量大等问题。我们可以使用简单的命令通过 Git 实现克隆远程统一仓库工作副本、更新其他人推送的修改内容、检查本地修改、将本地修改副本推送至远程统一仓库、自动合并冲突代码等操作。

3. 使用 Jenkins 持续集成

Jenkins 是一个开源的、提供友好操作界面的持续集成工具，起源于 Hudson，主要用于持续、自动的构建 / 测试软件项目。Jenkins 使用 Java 语言编写，可在 Tomcat 等流行 Servlet 容器中运行，也可独立运行，通常与版本控制工具（SCM)、构建工具结合使用。常用的版本控制工具有 SVN、Git，常用的构建工具有 Maven、Ant、Gradle。

通过对 Jenkins 进行配置，可以做到远程代码仓库一旦有更新，Jenkins 就自动编译更新后的项目代码、进行项目构建，并给出项目的构建结果和构建稳定性。通过 Jenkins，我们可以做到自动化的持续集成，大大提升了团队的项目开发效率。

对于本项目实例，Jenkins 可以结合 Git 版本控制工具和 GitHub 等云远程代码仓库使用，并选择 Maven 作为项目构建工具。限于篇幅，这里不再给出详细的 Jenkins 配置方案，有兴趣的读者可以自行查阅相关内容。

4. 将 Spring Cloud 微服务封装为 Docker 镜像

1）创建 Spring Cloud 微服务对应的 Dockerfile 文件。这里使用 7.3.4 节中的 service-hi 服务提供者，具体如下：

```
1. FROM java:8
2. VOLUME /tmp/service-hi
3. ADD service-hi-0.0.1-SNAPSHOT.jar /service-hi.jar
4. EXPOSE 8762
5. ENTRYPOINT ["java","-jar","/ service-hi.jar"]
```

2）使用命令 docker build -t service-hi:v0.0.1 构建 Docker 镜像。

3）使用命令 docker run --name service-hi -d -p 8762:8762 service-hi:v0.0.1，运行构建好的微服务镜像，并将宿主机的 8762 端口映射到容器的 8762 端口。

4）在 Eureka 注册中心中查看注册项，注册上后表示镜像能够正常使用。

5. 使用 Kubernetes 中的 Deployment 部署高可用微服务

这里使用的 Kubernetes 集群是由 Minikube 构建的，Minikube 是一个在单机环境下快速搭建 Kubernetes 集群的工具，读者也可以选择使用其他方案构建 Kubernetes 集群。Minikube 自带 Docker 引擎，也可以使用命令 eval $（minikube docker-env）来关联本机 Docker 与 Minikube 中的 Docker。关联后，Docker 只能看到一些 Minikube 自带的镜像，需要重新构建镜像。

（1）Pod

Pod是可以在Kubernetes中创建和管理的、可部署的最小计算单元。Pod可以由一个甚至是一组共享相同运行环境的容器组成。

一般一个Pod中只运行一个容器。但是，如果两个容器需要共享数据卷，或者它们需要进行进程间通信，或者以其他方式紧密耦合，使用Pod也能实现。另外，Pod可以让我们不受Docker容器的限制，如果需要，可以使用其他技术来实现，比如Rkt。

Pod主要具有如下属性。

- 每个Pod在Kubernetes集群中都有一个唯一的IP地址。
- Pod可以包含多个容器。这些容器共享相同的端口空间，因此它们可以通过localhost进行通信（由此可见，它们不能使用相同的端口），与其他Pod的容器进行通信必须使用其Pod的IP地址。
- Pod中的容器共享相同的数据卷、IP地址、端口空间、IPC命名空间。

以下是Pod service-hi的清单（manifest）文件service-hi-pod.yaml：

```
1. apiVersion: v1
2. kind: Pod                                        # 1
3. metadata:
4.     name: service-hi                             # 2
5.     labels:
6.         app: service-hi
7. spec:                                            # 3
8.     containers:
9.         - name: service-hi                       # 4
10.            image: service-hi:v0.0.1             # 5
11.            ports:
12.                -containerPort: 8762             # 6
```

其中：

- kind指定我们想要创建的Kubernetes资源的种类，这个例子中是Pod。
- name定义资源的名称。我们将它命名为service-hi。
- spec是用于定义资源的期望状态的对象。Pod spec最重要的参数是容器的数组。
- name是Pod中容器的唯一名称。
- image是要在此Pod中启动的容器镜像。
- containerPort表示容器所要监听的端口。这只是面向读者的一个指示信息（删除该端口并不会限制访问）。

执行以下命令可以创建Pod：

```
kubectl create pod -f service-hi-pod.yaml
```

（2）Service

为了把服务暴露出来，我们需要创建一个Service，Service类似反向代理和负载均衡。Kubernetes的Service资源为一组提供相同功能服务的Pod充当入口。

通过标签（label）来实现Service定位到Pod。

从上文Pod service-hi的定义文件service-hi-pod.yaml中的第5和第6行可以看到，

Pod 被打上了“app: service-hi”标签，而 Service 也使用同一标签来定位 Pod。Service 应用一个“筛选器”(selector)，以定义要定位哪个标记的 Pod。

定义文件 service-hi-svc.yaml 如下所示：

```
1. apiVersion: v1
2. kind: Service                    # 1
3. metadata:
4.     name: service-hi-svc
5. spec:
6.     type: NodePort               # 2
7.     ports:
8.         - port: 8762             # 3
9.           nodePort: 8762         # 4
10.    selector:                    # 5
11.        app: service-hi          # 6
```

其中：

- kind 为一个 Service。
- type 为规格类型，我们选择 NodePort 是因为要将该服务的端口暴露出来。
- port 指定 Service 接收请求的端口。
- nodePort 指定请求暴露的端口。
- selector 包含选择 Pod 的参数的对象。
- app:service-hi 定义了要定位的是打了“app: service-hi”标签的 Pod。

执行以下命令创建该 Service，把服务和 8762 端口暴露出来。

```
kubectl create -f service-hi-svc.yaml
```

（3）Deployment

Deployment 可以创建指定数量的 Pod 并将其部署到各个 Node 上，可完成更新、回滚等操作。创建一个定义文件 service-hi-deployment.yaml，该 Deployment 包括两个 Pod 来实现高可用性微服务的部署，其中 Kubernetes 会自动实现负载均衡。

```
1. apiVersion: apps/v1
2. kind: Deployment                                  # 1
3. metadata:
4.     name: service-hi-deployment
5. spec:
6.     selector:
7.         matchLabels:
8.             app: service-hi
9.     replicas: 2                                   # 2
10.    minReadySeconds: 15
11.    strategy:
12.        type: RollingUpdate                       # 3
13.        rollingUpdate:
14.            maxUnavailable: 1                     # 4
15.            maxSurge: 1                           # 5
16.    template:                                     # 6
17.        metadata:
18.            labels:
19.                app: service-hi                   # 7
```

```
20.         spec:
21.             containers:
22.                 - image: service-hi:v0.0.1
23.                     name: service-hi-pod
24.                     ports:
25.                         - containerPort: 8762
```

其中:

- kind 为一个 Deployment。
- replicas 是 Deployment Spec 对象的一个属性，用于定义需要运行几个 Pod。这里是两个。
- type 指定了这个 Deployment 在迁移版本时使用的策略。RollingUpdate 策略将保证实现零当机时间部署。
- maxUnavailable 是 RollingUpdate 对象的一个属性，用于指定执行滚动更新时不可用的 Pod 的最大数（与预期状态相比）。我们的部署有两个副本，这意味着在终止一个 Pod 后，仍然有一个 Pod 在运行，这样可以保持应用程序的可访问性。
- maxSurge 是 RollingUpdate 对象的另一个属性，用于定义可以添加到部署中的最大 Pod 数量（与预期状态相比）。这意味着在迁移到新版本时，我们可以添加一个 Pod，也就是同时有 3 个 Pod。
- template 指定 Deployment 创建新 Pod 所用的 Pod 模板。你马上就会发现它与 Pod 的定义相似。
- app: service-hi 是使用该模板创建出来的 Pod 所使用的标签。

使用以下命令创建 Deployment:

```
kubectl apply -f service-hi-deployment.yaml
```

运行 kubectl get rs 查看 Deployment 运行情况。在 Eureka 注册中心中查看注册项，注册上后表示部署成功。

6. 零停机时间滚动部署

编辑 service-hi-deployment.yaml 文件，修改容器镜像来引用新的镜像 service-hi:v0.0.2，保存并执行以下命令:

```
kubectl apply -f service-hi-deployment.yaml --record
```

可以使用以下命令检查滚动部署的状态:

```
1. kubectl rollout status deployment service-hi-deployment
2. Waiting for rollout to finish: 1 old replicas are pending termination...
3. Waiting for rollout to finish: 1 old replicas are pending termination...
4. Waiting for rollout to finish: 1 old replicas are pending termination...
5. Waiting for rollout to finish: 1 old replicas are pending termination...
6. Waiting for rollout to finish: 1 old replicas are pending termination...
7. Waiting for rollout to finish: 1 of 2 updated replicas are available...
8. deployment " service-hi-deployment " successfully rolled out
```

从输出可知，部署工作已经完成。它完成的方式是副本被逐一替换，这意味着应用程序始终处于运行状态。

在应用新的 Deployment 后，Kubernetes 会对新旧状态进行比较。在我们的示例中，新状态请求两个使用 service-hi:v0.0.2 的 Pod。这与当前运行状态不同，因此它会启用 RollingUpdate。

RollingUpdate 会根据我们指定的规则进行操作，即"maxUnavailable: 1"和"maxSurge: 1"。这意味着部署时只能终止一个 Pod，并且只能启动一个新的 Pod。该过程会不断重复，直到所有的 Pod 都被更换。

7. 回滚

如果当前版本有问题，则需要回滚至前一个版本。执行以下命令：

```
kubectl rollout history deployment service-hi-deployment
```

返回：

```
1. deployments " service-hi-deployment "
2. REVISION  CHANGE-CAUSE
3. 1         <none>
4. 2         kubectl.exe apply --filename=service-hi-deployment.yaml --record=
                 true
```

再执行：

```
kubectl rollout undo deployment service-hi-deployment --to-revision=1
```

返回：

```
deployment " service-hi-deployment " rolled back
```

第二个版本的 CHANGE-CAUSE 是"kubectl.exe apply –filename= service-hi-deployment.yaml --record=true"的原因是在应用新镜像时使用了 --record 标识。

7.4 云原生技术特色

7.4.1 云原生应用的 12 要素

12 要素（12-Factor）应用是一系列云原生应用架构的模式集合，最初由 Heroku 提出。这些模式可以用来说明什么样的应用才是云原生应用，它们关注速度、安全、通过声明式配置扩展、可横向扩展的无状态 / 无共享进程以及部署环境的整体松耦合，如 Cloud Foundry、Heroku 和 Amazon Elastic Beanstalk 都对部署 12 要素应用进行了专门的优化。在 12 要素的背景下，应用是指独立的可部署单元，而组织中经常把一些互相协作的可部署单元称作一个应用。

如今，软件通常被作为一种服务来交付，12 要素为构建如下的软件即服务（SaaS）应用提供了方法论。

- 使用标准化流程自动配置，从而使新的开发者花费最少的学习成本加入这个项目。
- 尽可能和操作系统划清界限，在各个系统中提供最大的可移植性。
- 适合部署在现代的云计算平台，从而在服务器和系统管理方面节省资源。

- 将开发环境和生产环境之间的差异降至最低，并使用持续交付实施敏捷开发。
- 可以在工具、架构和开发流程不发生明显变化的前提下实现扩展。

1. 基准代码（Codebase）

12-Factor应用通常会使用版本控制系统加以管理，如Git。一份用来跟踪代码所有修订版本的数据库被称作代码库。

"一份基准代码"是指基准代码和应用之间总是保持一一对应的关系。

- 一旦有多个基准代码，则不是一个应用，而是一个分布式系统。分布式系统中的每个组件都是一个应用，每个应用都可以使用12-Factor原则进行开发。
- 多个应用共享一份基准代码有悖于12-Factor原则。解决方法是将共享的代码拆成独立的类库，通过依赖管理去使用它们。

"多份部署"是指每个应用只对应一份基准代码，但可以同时存在多份部署，每份部署相当于运行一个应用的实例。

多份部署的区别在于：

- 可以存在不同的配置文件对应不同的环境，例如开发环境、测试环境、预发布环境、生产环境等。
- 可以使用不同的版本。例如：开发环境的版本可能高于预发布环境，还没有同步到预发布环境的版本，同理，预发布环境版本可能高于生产环境版本。

2. 依赖（Dependency）

大多数编程语言都会提供一个包管理系统或工具，其中包含所有的依赖库，例如Golang的vendor目录中存放了该应用的所有依赖包。

12-Factor原则下的应用会通过依赖清单来显式确切地声明所有的依赖项。在运行工程中通过依赖隔离工具来保证应用不会去调用系统中存在但依赖清单中未声明的依赖项。

显式声明依赖项的优点在于可以简化环境配置流程，开发者关注应用的基准代码，而依赖库则由依赖库管理工具来管理和配置。例如，Golang中的包管理工具dep等。

3. 配置（Config）

通常，应用的配置在不同的发布环境中（例如开发、预发布、生产环境）会有很大的差异，其中包括：

- 数据库、Redis等后端服务的配置。
- 每份部署特有的配置，例如域名。
- 第三方服务的证书等。

12-Factor原则要求代码和配置严格分离，配置单独存储，避免将配置硬编码写在代码中。配置在不同的部署环境中存在较大差异，但是代码却是完全一致的。

要判断一个应用是否正确地将配置排除在代码外，应该看应用的基准代码是否可以立即开源而不担心暴露敏感信息。

12-Factor原则建议将应用的配置存储在环境变量中，环境变量可以方便在不同的部署环境中修改，而不侵入原有的代码。例如，Kubernetes的大部分代码配置是通过环境变量的方式传入的。

在 12-Factor 应用中，环境变量的粒度要足够小且相对独立。当应用需要扩展时，可以平滑过渡。

4. 后端服务（Backing Service）

后端服务是指程序运行时需要通过网络调用的各种服务，例如数据库（MySQL，CouchDB）、消息 / 队列系统（RabbitMQ，Beanstalkd）、SMTP 邮件发送服务（Postfix），以及缓存系统（Memcached）。

后端服务可以根据管理对象分为本地服务（例如本地数据库）和第三方服务（例如 Amazon S3）。对于 12-Factor 应用来说，后端服务都是附加资源，没有区别对待，当其中一份后端服务失效后，可以切换到原先备份的后端服务中，而不需要修改代码（可能需要修改配置）。12-Factor 应用与后端服务保持松耦合的关系。

5. 构建、发布、运行（Build、Release、Run）

基准代码转化成一份部署需要经过以下三个阶段。

- 构建阶段：指代码转化为可执行包的过程。构建过程会使用指定版本的代码，获取依赖项，编译生成二进制文件和资源文件。
- 发布阶段：将构建的结果与当前部署所需的配置结合，并可以在运行环境中使用。
- 运行阶段（运行时）：指针对指定的发布版本在执行环境中启动一系列应用程序的进程。

12-Factor 应用严格区分构建、发布、运行三个步骤，每一个发布版本对应一个唯一的发布 ID，可以使用时间戳或递增的版本序列号。

如果需要修改，则要产生一个新的发布版本，如果需要回退，则回退到之前指定的发布版本。

部署新代码之前，由开发人员触发构建操作，构建阶段可以相对复杂一些，方便错误信息被展示出来并得到妥善处理。运行阶段可以人为触发或自动运行，运行阶段应该保持尽可能少的模块。

6. 进程（Processe）

12-Factor 应用的进程必须是无状态且无共享的，任何需要持久化的数据都要存储在后端服务中，例如数据库。

内存区域或磁盘空间可以作为进程在做某种事务型操作时的缓存，例如下载一个很大的文件、对其进行操作并将结果写入数据库的过程。12-Factor 应用根本不用考虑这些缓存的内容是否可以保留给之后的请求来使用，这是因为应用启动了多种类型的进程，将来的请求多半会由其他进程来服务。即使在只有一个进程的情形下，先前保存的数据（内存或文件系统中）也会因为重启（如代码部署、配置更改或运行环境将进程调度至另一个物理区域执行）而丢失。

12-Factor 应用更倾向于在构建步骤执行二进制文件的编译，而不是在运行阶段。

一些互联网系统依赖于“黏性 Session”，这是指将用户 Session 中的数据缓存至某个进程的内存中，并将同一用户的后续请求路由到同一个进程。黏性 Session 是 12-Factor 极力反对的。Session 中的数据应该保存在 Memcached 或 Redis 这样的带有过期时间的缓存中。

7. 端口绑定（Port Binding）

应用通过端口绑定提供服务，并监听发送至该端口的请求。通过端口绑定提供服务的方式意味着一个应用也可以成为另一个应用的后端服务，例如提供某些 API 请求。

8. 并发（Concurrency）

12-Factor 应用中，开发人员可以将不同的工作分配给不同类型的进程，例如 HTTP 请求由 Web 进程来处理，常驻的后台工作由 worker 进程来处理（Kubernetes 的设计中就是经常用不同类型的 manager 来处理不同的任务）。

12-Factor 应用的进程具有无共享、水平分区的特性，使得水平扩展较为容易。

12-Factor 应用的进程不需要守护进程或者写入 PID 文件，而是通过进程管理器（例如 systemd）来管理输出流、响应崩溃的进程，以及处理用户触发的重启或者关闭超级进程的操作。

9. 易处理（Disposability）

12-Factor 应用的进程是易处理的，即它们可以快速地启动和停止，这样有利于快速部署和弹性伸缩实例。

进程应用追求最小的启动时间，这样可以敏捷发布，增强健壮性，出现问题时也可以快速在别的机器上部署一个实例。

进程一旦接收到终止信号（SIGTERM）就会优雅退出。就网络进程而言，优雅退出是指停止监听服务的端口，拒绝所有新的请求，并继续执行当前已接收的请求，然后退出。此类型的进程所隐含的要求是 HTTP 请求大多都很短，而且在长时间轮询中，客户端在丢失连接后应该立马尝试重连。对于 worker 进程来说，优雅退出是指将当前任务退回队列，例如在 RabbitMQ 中，worker 可以发送一个 NACK 信号。在 Beanstalkd 中，任务终止并退回队列会在 worker 断开时自动触发。有锁机制的系统诸如 Delayed Job 则需要确定是否释放了系统资源。此类型的进程所隐含的要求是，任务都可以重复执行。

进程还应该在面对突然崩溃时保持健壮，例如底层硬件故障。虽然这种情况比起优雅退出来说少之又少，但也有可能发生。一种推荐的方式是使用一个健壮的后端队列，它可以在客户端断开或者超时时自动退回任务。无论如何，12-Factor 应用都应该设计能够应对意外的、不优雅的退出。

10. 开发环境与线上环境等价（Dev/Prod Parity）

不同的发布环境可能存在以下差异。

- 时间差异：开发到部署的周期较长。
- 人员差异：开发人员只负责开发，运维人员只负责部署。分工过于隔离。
- 工具差异：不同环境的配置和运行环境，使用的后端类型可能不同。

12-Factor 应用想要做到持续部署就必须缩小本地与线上的差异。

- 缩小时间差异：开发人员可以每隔几小时甚至几分钟就部署代码。
- 缩小人员差异：开发人员不要只编写代码，更应该密切参与部署过程以及代码在线上的表现。

- 缩小工具差异：尽量保证开发环境和线上环境的一致性。

11. 日志（Logs）

日志应该是事件流的汇总。12-Factor 应用本身不考虑存储自己的日志输出流，不去写或者管理日志文件，而是通过标准输出（stdout）的方式实现。

日志的标准输出可以通过其他组件截获，与其他的日志输出流整合，一并发给统一的日志中心处理，用于查看或存档。例如日志收集开源工具 Fluentd。

截获的日志流可以输出至文件或者在终端实时查看。最重要的是，可以把它们发送到 Splunk 这样的日志索引以及分析系统，提供后续的分析统计及健康告警等功能。例如：

- 找出过去一段时间的特殊事件。
- 图形化一个大规模的趋势，比如每分钟的请求量。
- 根据用户定义的条件触发告警，比如每分钟报错数超过某个告警线。

12. 管理进程（Admin Processe）

将管理任务当作一次性进程来运行。一次性管理进程应该和正常的常驻进程使用相同的运行环境。这些管理进程使用与其他进程相同的代码和配置，基于某个发布版本运行。后台管理代码应该随其他应用程序代码一起发布，从而避免同步问题。

7.4.2 云原生应用与传统应用的差别

1. 需求设计

同传统应用一样，云原生应用在需求分析时也主要面向产品业务或客户需要进行分析，但是在需求设计阶段，云原生应用则要比传统应用更多考虑功能性需求以外的非功能性需求。

云原生应用是面向“云”而设计的应用，因此通常采用微服务作为应用架构设计，这对于架构师的能力要求比较高。如何将业务拆分为一个个微服务、每个微服务需要实现的业务逻辑是什么、如何设计每个微服务的接口、如何降低微服务间的耦合等都是在云原生应用需求设计阶段需要回答的问题。除此之外，微服务架构还带来许多应用运营上的需求，如隔离故障、容错、自动恢复、弹性扩缩容、高可用性、分布式一致性、跨云部署等，这些都不能直接使用传统应用的解决方案而是需要重新为云原生应用进行设计的需求。

当然，云原生应用在设计阶段比传统应用考虑得更多是为了在应用上线之后的部署与运维阶段可以更加关注业务本身，而不是把时间精力花费在对于基础设施的维护上。在软件生命周期中，开销最大的阶段就是软件应用的运维阶段，云原生应用的这些需求设计是让应用能够安全、健康、稳定、可持久运维的有力保障。

2. 开发流程

在开发流程上，云原生应用一般采用微服务架构进行开发，每个微服务各自独立，只需要实现自己的业务逻辑，微服务之间通过轻量级的通信手段（如 HTTP）进行数据请求，这样很容易做到高内聚、低耦合。而传统应用一般采用单体式架构，业务功能之间在系统内部相互调用，耦合严重。

由于云原生应用的特性，团队借助DevOps更容易达成协作，能够采用敏捷开发的模式开发应用，而传统应用往往由于部门墙导致团队彼此孤立，且一般采用瀑布式开发，开发周期更长，更容易出现的问题。

3. 部署

（1）传统部署时代

早期，组织在物理服务器上运行应用程序。因为无法为物理服务器中的应用程序定义资源边界，所以会导致资源分配问题。例如，如果在物理服务器上运行多个应用程序，则可能会出现一个应用程序占用大部分资源的情况，结果可能导致其他应用程序的性能下降。一种解决方案是在不同的物理服务器上运行每个应用程序，但是由于资源利用不足而无法扩展，并且组织维护许多物理服务器的成本很高。

（2）虚拟化部署时代

作为解决方案，引入了虚拟化技术。虚拟化技术允许在单个物理服务器的CPU上运行多个虚拟机（VM）。虚拟化技术允许应用程序在VM之间隔离，并提供一定程度的安全性，因为一个应用程序的信息不能被另一应用程序随意访问。

虚拟化技术能够更好地利用物理服务器上的资源，因为可轻松地添加或更新应用程序，所以能实现更好的可伸缩性，并能降低硬件成本。

每个VM都是一台完整的计算机，在虚拟化硬件上运行所有组件，包括其自己的操作系统。

（3）容器部署时代

容器类似于VM，但是它们具有被放宽的隔离属性，可以在应用程序之间共享操作系统（OS）。因此，容器被认为是轻量级的。容器与VM类似，具有自己的文件系统、CPU、内存、进程空间等。由于与基础架构分离，因此它们可以跨云和OS发行版本进行移植。

容器因具有许多优势而变得流行起来，下面列出了容器的一些优势。

- 敏捷应用程序的创建和部署：与使用VM镜像相比，容器镜像的创建更加简便和高效。
- 持续开发、集成和部署：通过快速简单的回滚（由于镜像不可变性），支持可靠且频繁的容器镜像构建和部署。
- 关注开发与运维的分离：在构建/发布时而不是在部署时创建应用程序容器镜像，从而将应用程序与基础架构分离。
- 可观察性不仅可以显示操作系统级别的信息和指标，还可以显示应用程序的运行状况和其他指标信号。
- 跨开发、测试和生产的环境一致性：在便携式计算机上与在云中的运行相同。
- 跨云和操作系统发行版本的可移植性：可在Ubuntu、RHEL、CoreOS、本地、Google Kubernetes Engine和其他任何地方运行。
- 以应用程序为中心的管理：提高抽象级别，从在虚拟硬件上运行OS到使用逻辑资源在OS上运行应用程序。

- 松散耦合、分布式、弹性、解放的微服务：应用程序被分解成较小的独立部分，并且可以动态部署和管理，而不是在一台大型单机上整体运行。
- 资源隔离：通过虚拟化技术将应用程序与其他容器隔离，确保它们之间的运行不会互相干扰，提高性能与资源的可预测性和安全性。
- 资源利用：容器在物理主机上高效使用系统资源，允许多个容器共享相同的内核，以减少资源浪费并实现高密度部署。容器可以根据需要动态调整资源，提高整体的资源利用率。

4. 运维

（1）传统运维与云原生运维对比

传统运维与云原生运维的对比如表 7-4 所示。

表 7-4　传统运维与云原生运维的对比

云原生运维	传统运维
注重应用运维（业务）	基础运维工作量大
运维工具普遍服务化、集成化	用户需要部署各种运维工具
弹性、敏捷	难以进行基础设施弹性扩缩容
自动化运维	人工操作较多

图 7-18 是传统运维到云原生运维的价值过渡，通过构建云原生基础架构，在传统运维中的需求、开发、测试、部署等链路可以被云原生基础架构提供的云原生能力覆盖，形成较为自动化的价值交付体系，减少运维的投入。云原生运维相较于传统运维的一个特征是往更高阶领域去涉足，将更贴近业务、理解业务，通过数据与 AI 的能力，提升业务持续服务的能力及用户体验，同时确保整个价值交付链的畅通与高效。

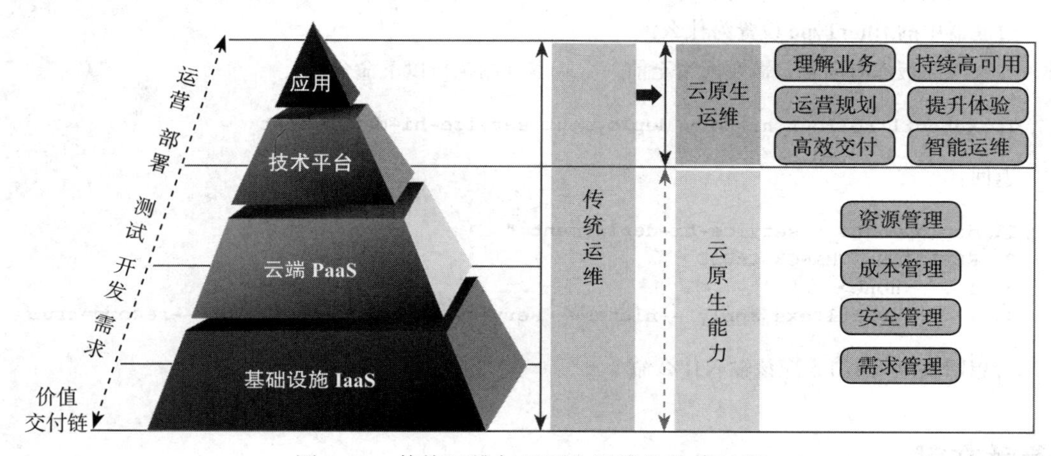

图 7-18　传统运维与云原生运维的价值过渡

在云原生背景下，我们对运维体系进行了升级，在原有基础运维能力上确定了以下几个目标。

- 具备服务全链路质量监控覆盖，涵盖数据域与业务域。
- 具备一定智能化的资源动态调度、伸缩机制。
- 具备一定的故障预警、根因分析、问题定位能力。

- 服务具备在交付不同阶段（测试、预发布、运营）抵御异常的能力。
- 具备资源高效交付的流程机制与快速上线的能力。
- 具备多云的资源编排与管理的能力。
- 具备业务快速上云的机制，确保切换过程的高可用性。

广义而言，运维的本质就是多个运营事件的有机串联，来达到质量、效率、成本、安全多维收益，而编排是实现有机串联的有效手段，除了可以沉淀运维经验外，还可以有效实现共享。

（2）云原生运维的要求

- **运维标准与规范**：标准的运维规范。
- **监控**：以应用为中心，可视化展示多种指标数据。
- **日志**：高效的日志分析能力。
- **链路拓扑**：具备应用链路分析功能。

习题

1. 请思考有哪些技术能比较好地适应云原生的理念，成为云原生的代表技术，并列举几个。
2. 如何理解"云原生"的概念？
3. 微服务架构的设计与单体式架构有什么不同？
4. 微服务架构适合所有应用开发吗？
5. 容器与虚拟机有什么不同？
6. Kubernetes 的重要组件有哪些？请举出几个，它们各有什么作用？
7. 若想同通过 Zuul 网关对访问请求进行安全验证，对不符合要求的请求进行过滤，应该将 Zuul 过滤器中的 filterType 设置为什么？
8. 如果当前版本有问题，需要回滚至前一个版本，则执行以下命令：

```
1. kubectl rollout history deployment service-hi-deployment
```

返回：

```
1. deployments " service-hi-deployment "
2. REVISION  CHANGE-CAUSE
3. 1     <none>
4. 2     kubectl.exe apply --filename= service-hi-deployment.yaml --record=true
```

若想回滚至版本 1，应该输入什么命令？

参考文献

[1] STINE M. Migrating to Cloud Native Application Architectures [M]. New York:O'Reilly Media, 2015.

[2] CNCF Cloud Native Definition v1.0 [EB/OL]. (2018-06-11)[2023-10-26]. https://github.com/cncf/toc/blob/main/DEFINITION.md.

[3] 什么是云原生架构？它和传统架构有什么区别 [EB/OL]. (2020-02-24)[2023-10-26]. https://

blog.csdn.net/qierkang/article/details/104482247.
[4] 什么是云原生 [EB/OL]. (2019-06-02) [2023-10-26]. https://www.jianshu.com/p/a37baa7c3eff.
[5] 网易云基础服务架构团队 . 云原生应用架构实践 [M]. 北京：电子工业出版社，2017.
[6] 微服务 [EB/OL]. (2021.10.01)[2023-10-26]. https://zh.wikipedia.org/wiki/%E5%BE%AE%E6%9C%8D%E5%8B%99.
[7] Spring Cloud Overview [EB/OL]. Spring, https://spring.io/projects/spring-cloud, 2020.
[8] Spring Cloud Dalston 中文文档 [EB/OL]. [2023-10-26].Spring Cloud 中文网，https://www.springcloud.cc/spring-cloud-dalston.html.
[9] MyBatis 简介 [EB/OL]. (2021-04-26)[2023-10-26]. mybatis, https://mybatis.org/mybatis-3/zh/index.html.
[10] 史上最简单的 SpringCloud 教程 [EB/OL].(2017-04-12)[2023-10-26]. https://blog.csdn.net/forezp/article/details/70148833.
[11] BERNSTEIN D. Containers and Cloud: From LXC to Docker to Kubernetes[J]. Cloud Computing, IEEE, 2014, 1(3):81-84.
[12] YADAV R R , SOUSA E T G , CALLOU G R A . Performance Comparison Between Virtual Machines and Docker Containers[J]. IEEE Latin America Transactions, 2018, 16(8):2282-2288.
[13] 平凡 . 基于 Kubernetes 的资源调度器优化策略研究 [D]. 西安：西安邮电大学，2019.
[14] 唐瑞 . 基于 Kubernetes 的容器云平台资源调度策略研究 [D]. 成都：电子科技大学，2017.
[15] Kubernetes Documentation Concepts[EB/OL]. [2023-10-26].https://kubernetes.io/docs/concepts/.
[16] Learn Kubernetes in Under 3 Hours: A Detailed Guide to Orchestrating Containers [EB/OL]. (2018-04-14)[2023-10-26]. freeCodeCamp, https://www.freecodecamp.org/news/learn-kubernetes-in-under-3-hours-a-detailed-guide-to-orchestrating-containers-114ff420e882/.
[17] Istio Handbook——Istio 服务网格进阶实战 [EB/OL]. [2023-10-26]. ServiceMesher, https://www.servicemesher.com/istio-handbook/.
[18] Jenkins 详细教程 [EB/OL].(2018-03-05)[2023-10-26].https://www.jianshu.com/p/5f671aca2b5a.
[19]WIGGINS Adam.The Twelve-Factor App[EB/OL]. [2023-10-26].12factor, https://12factor.net/.
[20] 聊聊云原生的 12 要素 [EB/OL]. (2021-08-20)[2023-10-26].CSDN, https://blog.csdn.net/xz821324537/article/details/119815003.
[21] VERMA M, DHAWAN M. Towards a More Reliable and Available Docker-based Container Cloud[J]. arXiv preprint arXiv:1708.08399, 2017.
[22] 云原生背景下的运维价值思考与实践 [EB/OL]. [2023-10-26]. https://blog.csdn.net/Tencent_TEG/article/details/110211457, 2020-11-26.

第8章 云计算安全技术与标准

8.1 云计算安全的概念与现状分析

8.1.1 云计算安全的概念

云计算安全（cloud computing security），也简称为云安全（cloud security），是一个演化自计算机安全、网络安全甚至是更广泛的信息安全的子领域，而且还在持续发展中。云安全是指一套广泛的政策、技术与被部署的控制方法，用来保护资料、应用程序与云计算的基础设施。

注意，这里的云安全（云计算安全）与“基于云”（cloud-based）的安全软件（安全即服务，security as a service）不是一个概念，后者如商业软件厂商所提供的基于云的杀毒或弱点管理服务，它融合了并行处理、网格计算、未知病毒行为判断等新兴技术和概念，通过网状的大量客户端对网络中的软件行为进行异常监测，获取互联网中木马、恶意程序的最新信息，把这些信息传送到服务器端进行自动分析和处理，再把病毒和木马的解决方案分发到每一个客户端。云计算安全是与云计算、云存储同一类型的新型信息技术，是传统IT领域安全概念在云计算时代的延伸。

总之，对于云安全一词，目前还没有明确的定义。但是，可以从两方面来理解云安全。第一，云计算本身的安全通常称为云计算安全，主要是针对云计算自身存在的安全隐患，研究相应的安全防护措施和解决方案，如云计算安全体系架构、云计算应用服务安全、云计算环境的数据保护等，云计算安全是云计算健康可持续发展的重要前提。第二，云计算在信息安全领域的具体应用称为安全云计算，主要利用云计算架构、采用云服务模式，实现安全的服务化或者统一安全监控管理，如瑞星的云查杀模式和360的云安全系统等。

这里主要关注的是云计算安全技术，它包括两个方面：一方面是用户的数据隐私保护，另一方面是针对传统互联网和硬件设备的安全。

由于云计算是架构在传统服务器设施上的一种服务的交互和使用模式，因此传统互联网环境下存在的诸多安全问题都可能在云计算环境中出现，加之云计算规模大、价格低、资源共享等自身特点，又引入了新的安全问题。下面来看看云计算安全与传统安全的相同点和不同点。

云安全与传统安全的相同点如下。

- 安全目标相同：云安全和传统安全的目的都是保护信息、数据的安全和完整。
- 系统资源类型相同：云计算和传统计算使用的系统资源类型相同，都包括计算、网络、存储三类资源，云计算和传统计算都基于这三类资源进行安全防护。
- 基础安全技术相同：云安全和传统安全使用的加解密技术、安全基础设施的类型相同，云安全依然需要防火墙、IDS/DPI/IPS等基本防护手段。

云计算特有的安全问题如下。

- 云计算服务模式导致的信任问题。用户在公有云上存储数据或托管应用程序时，会失去对物理资源的直接控制，导致用户的隐私安全以及服务的可靠性难以得到有效的保证。关于此类安全问题，业界发生过一些重大安全问题，比如：2017年，云安全服务商 Cloudflare 被曝泄露网络会话中的加密数据长达数月；2018 年 8 月，腾讯云运维人员在数据迁移时的不规范操作，导致前沿数控自媒体公司的所有数据丢失，平台业务全部停运。
- 集中管理的数据安全问题。云计算依托于海量数据并且将多个用户的数据存储在一起，数据容易被泄露给其他用户并且一旦发生数据泄露，造成的损失很大。比如，2011 年 3 月，谷歌邮箱再次爆发大规模的用户数据泄露事件，约 15 万用户的邮件和聊天记录被删除，部分用户的账户被重置。
- 虚拟化环境下的技术及管理问题。云基础设施中广泛使用虚拟化技术，改变了操作系统和基础硬件之间的关系，引入了额外的配置管理问题。2018 年 6 月 15 日，因重复分配内部 IP 地址，大量谷歌云虚拟机实例出现断网的问题。
- 公开的基础设施带来的安全威胁。云计算平台聚集了大量用户应用和数据资源，更容易吸引黑客的攻击，对于云服务商来说，面临更大的外部攻击压力。2019 年 9 月 6 日，维基百科受到大规模持续的分布式拒绝攻击，导致世界各地对维基百科网站的访问中断了 9 小时。除外部的攻击，云服务商也要防御来自内部恶意用户的攻击。2021 年 4 月 6 日，全球最大的代码托管平台 GitHub 云服务器遭黑客利用 Actions 功能进行非法挖矿。

8.1.2 云计算安全现状分析

云计算发展到今天，其概念、技术层次、架构体系逐渐清晰，逐渐形成了完整的产业链结构，但是在云计算的安全方面仍然存在较大的问题。McAfee 一项 2017 年的调查显示，83% 的用户将敏感数据存储在云上，四分之一的企业用户有过公有云数据被盗的经历，五分之一的企业公有云基础设施受到过攻击。总之，云计算服务从诞生的那一天起，频频出现一些安全事件，即使是业界实力强劲的领先企业，也难免遭受威胁的攻击。下面列举一些重要云计算安全事件。

2009 年 2 月 24 日，谷歌的 Gmail 电子邮箱爆发全球性故障，服务中断时间长达 4 小时。针对这一事件，谷歌向企业、政府机构和其他付费 Google Apps Premier Edition 客户提供 15 天免费服务，补偿服务中断给客户造成的损失，每人合计 2.05 美元。

2009 年 2 月和 7 月，亚马逊的简单存储服务（Simple Storage Service，S3）两次中断，导致依赖于网络单一存储服务的网站被迫瘫痪等。

2009 年 3 月 17 日，微软的云计算平台 Azure 停止运行约 22 小时。虽然，微软没有给出详细的故障原因，但 Azure 平台的宕机进一步暴露了云计算的巨大隐患。

2009 年 6 月，Rackspace 遭受了严重的云服务中断故障。供电设备跳闸，备份发电机失效，不少机架上服务器停机。这场事故造成了严重的后果。

2010 年 1 月，约 6.8 万名 Salesforce.com 用户经历了至少 1 小时的宕机。这次中断事故让人们开始质疑 Salesfore.com 的软件锁定行为，即将该公司的 Force.com 平台绑定到 Salesforce.com 自身的服务。这次事件又一次提醒人们：百分之百可靠的云计算服务目前还不存在。

2010 年 3 月，VMware 的合作伙伴 Terremark 发生了 7 小时的停机事件，让许多客户开始怀疑其企业级的 vCloud Express 服务。此次停机事件险些将 vCloud Express 的未来断送掉，受影响用户称故障由“连接丢失”导致。

2010 年 6 月，Intuit 的在线记账和开发服务经历了大崩溃，包括 Intuit 自身主页在内的线上产品近两天内都处于瘫痪状态。但这才是开始，大约 1 个月后，Intuit 的 QuickBooks 在线服务在停电后瘫痪。

2011 年 4 月中旬，索尼公司的 playstation 网络 (PSN) 遭遇黑客，7700 万用户的姓名、地址和信用卡数据可能被泄露。

2011 年 4 月 21 日凌晨，亚马逊爆出了史上最大的停机事件。亚马逊公司在北弗吉尼亚州的云计算中心宕机，导致亚马逊云服务中断持续了近 4 天。

2011 年 5 月 2 日，索尼服务器再遭黑客攻击，2500 万用户的姓名、地址和密码等数据被窃，此次事件致使 1 亿多用户的个人数据安全受到威胁。

2011 年 5 月，微软位于北美的一座数据中心网络中断，造成微软云端服务中断 3 小时，使部分客户无法使用包含 Outlook 网络程序在内的 Office 365 Exchange Online 等服务。

2018 年 6 月 27 日，阿里云出现运维失误，导致一些客户访问阿里云官网控制台和使用部分产品功能出现问题，受影响的范围包括阿里云官网控制台，以及 MQ、NAS、OSS 等产品功能。

2018 年 7 月 24 日，腾讯云广州区域部分用户出现资源访问失败、控制台登录异常等情况。经排查，是因腾讯云广州一区的主备两条运营商网络链路同时中断所导致。实际上主备两条运营商网络链路同时被挖断并不常见。

2019 年 3 月 2 日，阿里云出现大规模宕机故障，导致位于华北地区的多家互联网公司的多个 App 和网站陷入卡顿。

2020 年 4 月 10 日，华为云北京机房发生故障，华为云登录、管理后台无法访问，宕机持续 3 小时，其间部分公司业务无法正常维持。

2020 年 8 月谷歌旗下多项服务发生异常，官方抢修 5 小时后才恢复正常；同年 9 月，谷歌系统瘫痪，Gmail、YouTube、谷歌云端系统死机；同年 12 月，谷歌服务器中断，导致全球范围内多个国家的用户无法使用 YouTube、Gmail、Google Search 等服务。

2020 年 8 月 27 日，澳洲电信 Telstra 位于英国首都伦敦的托管数据中心发生火灾并引起宕机；2021 年 3 月 10 日，欧洲云计算巨头 OVH 位于法国斯特拉斯堡的数据中心发生火灾，导致跨 464 000 个域的 360 万个网站下线；2021 年 4 月 4 日，美国主机托管公司 WebNX 位于犹他州的奥格登数据中心着火，导致奥格登市部分 IT 服务瘫痪数日。

2021 年 6 月 8 日，云计算公司 Fastly 修改了一项服务配置，导致使用该公司 CDN 服务的网站崩溃约 1 小时，其中包括 GitHub、谷歌、亚马逊、Reddit、推特、eBay 等。

目前来说制约云计算发展的安全因素主要源于技术、管理和法律三个方面。

（1）技术方面

- 云计算系统庞大，发生故障时，如何快速定位故障、无缝自动切换到备用系统成为挑战。

- 传统的基于物理安全边界的防护机制难以有效保护基于共享虚拟化环境下的用户应用及信息安全。
- 现有基础设施无法满足云计算的需求，例如现有交换设备、安全设备和网络设备可能无法满足内外之间大流量的处理要求。
- 服务器虚拟化后带来的安全隐患，包括网络架构改变引起的使用风险、虚拟机溢出导致虚拟机失去安全系统的保护、虚拟机迁移以及虚拟机间通信导致服务器更容易遭受渗透攻击等。

（2）管理方面

- 用户与服务提供商之间在安全界面上难以达成一致，安全责任不清。
- 云计算平台可能被恶意利用，给安全监管带来挑战。
- 云计算数据管理权与所有权分离，高权限管理员的权限容易被滥用。
- 安全防御两极分化，大公司对安全比较重视，而中小型公司由于业务量不多并且能力有限，基本无安全防御能力。

（3）法律方面

- 多租户、虚拟化、分布式存储等特点给司法取证带来挑战。
- 云计算应用具有地域性弱、信息流动性大的特点，在政府信息安全监管、隐私保护等方面可能存在法律差异与纠纷。
- 知识产权部门对云计算中的操作方法、软件逻辑构思、功能设计不予保护，从而使得版权保护模式和内容依云计算服务模式的不同而有所不同。

IDC 在 2009 年底发布的一项调查报告显示，云计算服务面临的前三大市场挑战分别为服务安全性、稳定性和性能表现。2009 年 11 月，Forrester Research 公司的调查结果显示，有 51% 的中小型企业认为安全性和隐私问题是它们尚未使用云服务的最主要原因。Gartner 2009 年的调查结果显示，70% 以上受访企业的 CTO 认为近期不采用云计算的首要原因在于存在数据安全性与隐私性的忧虑。2011 年 IDC 调查结果（图 8-1）显示，76% 的受访企业认为，是否投资建立云数据中心，安全性成为首要业务驱动因素。由此可见，要让企业和组织大规模应用云计算技术与平台，放心地将自己的数据交付于云服务提供商管理，就必须全面分析并着手解决云计算所面临的各种安全问题。

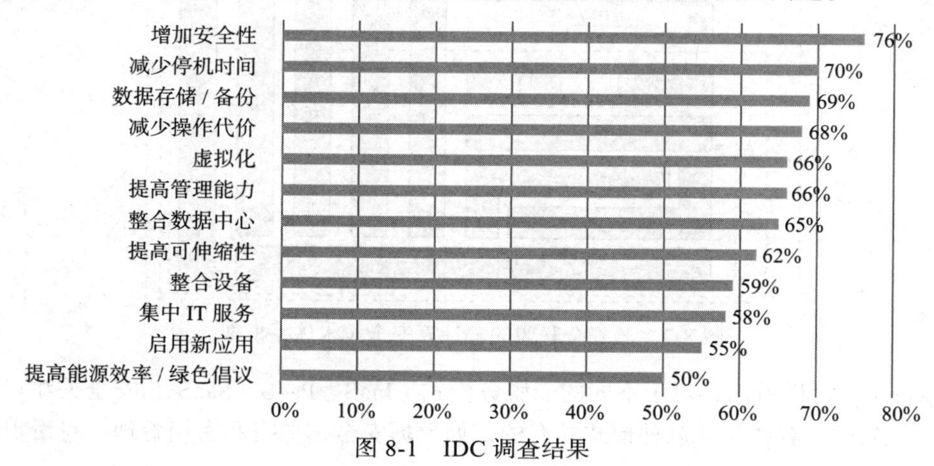

图 8-1 IDC 调查结果

虽然云计算安全面临着严峻的考验，但各方也在致力于改善当前云计算的种种难题。云提供商也在致力于提升云计算的安全水平，通过自身评估与第三方工具，例如CSASTAR 项目、DIACAP 认证，以及 FedRAMP 认证项目等方式评估云提供商的通用安全水准；各大企业、研究机构也在积极推进安全技术的研发，使云安全技术日渐成熟；国内外大量标准化组织也参与到云计算标准的制定工作中，并且发布了大量标准草案，涵盖云计算相关技术、服务、安全等各个领域，为云计算的规范化起到了一定的指导作用。后续将从云计算安全技术和云计算技术标准两个方面进行介绍。

8.2　云计算安全技术

云计算本质上是物理的机器集群，因此云安全是传统安全技术的延续，但因为云计算环境具有大规模、高动态、不可信、分布式等特点，所以某些方面的技术对云安全来说尤为重要，并且在云环境下一些传统技术有了新的发展。对于不同的云安全组织及公司，云计算安全技术的关注点有所不同，如表 8-1 所示。

表 8-1　云计算安全技术的关注点

组织 / 公司	云计算安全技术的关注点							
	认证和访问管理	数据安全	应用安全	数据备份恢复	服务安全	网络	管控	虚拟化安全
云安全联盟	√	√	√	√	√		√	√
美国 Gartner 公司	√	√		√				
美国国家标准技术研究院	√	√					√	√
微软	√	√			√			
IBM	√	√	√			√		√
VMWare		√		√		√		√

云安全联盟（Cloud Security Alliance，CSA）从云服务模式（IaaS、PaaS、SaaS）角度提出了一个云计算安全技术体系框架，该框架描述了三种基本云服务的层次及其依赖关系，并实现了从云服务模式到安全控制框架的映射，如图 8-2 所示。

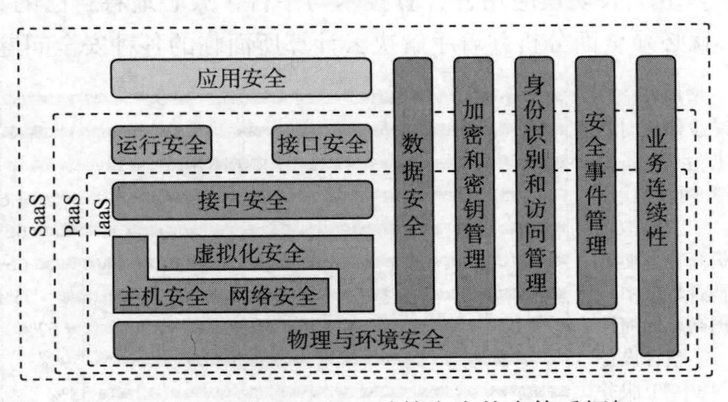

图 8-2　云安全联盟的云计算安全技术体系框架

从图 8-2 可以看出，对于不同的云服务模式（IaaS、PaaS、SaaS），安全关注点是不一样的。当然，有些是这三种模式共有的，如数据安全、加密和密钥管理、身份识别和访问管理、安全事件管理、业务连续性等。

（1）IaaS 层安全

IaaS 涵盖从机房设备到硬件平台的所有基础设施资源层面，它包括将资源抽象化的能力，并交付到这些资源的物理或逻辑网络连接，终极状态是 IaaS 提供商提供一组 API，允许用户管理基础设施资源以及进行其他形式的交互。IaaS 层安全主要包括物理与环境安全、主机安全、网络安全、虚拟化安全、接口安全，以及数据安全、加密和密钥管理、身份识别和访问管理、安全事件管理、业务连续性等。

（2）PaaS 层安全

PaaS 位于 IaaS 之上，用以与应用开发框架、中间件能力以及数据库、消息和队列等功能集成。PaaS 允许开发者在平台之上开发应用，开发的编程语言和工具由 PaaS 提供。PaaS 层的安全主要包括接口安全、运行安全以及数据安全、加密和密钥管理、身份识别和访问管理、安全事件管理、业务连续性等。

（3）SaaS 层安全

SaaS 位于 IaaS 和 PaaS 之上，它能够提供独立的运行环境，用以交付完整的用户体验，包括内容、展现、应用和管理能力。SaaS 层的安全主要是应用安全，同样也包括数据安全、加密和密钥管理、身份识别和访问管理、安全事件管理、业务连续性等。

8.2.1 身份认证技术

身份认证是云安全防护的第一步，是系统审查用户身份的过程，从而确定该用户是否具有对某种资源的访问和使用权限。除传统的 HTTP 认证外，针对云计算独特的环境，还存在几种身份认证技术。

1. API 调用源鉴定

云服务商提供了大量 API 服务和资源访问，对 API 进行鉴定可以帮助云服务商验证 API 调用源的身份、防止数据篡改和重放攻击等安全问题。

鉴定 API 调用源身份的常用方法是访问密钥（access key），通常在用户创建时由云服务商进行分配，用户也可以为部署的应用请求分配访问密钥。访问密钥由访问密钥 ID（access key ID）和秘密访问密钥（secret access key）组成。在访问 API 时，可以使用秘密访问密钥对 API 请求进行签名，然后将访问密钥 ID 与 API 请求一起发送给 API 服务器，当服务器收到 API 请求后会根据访问密钥 ID 验证秘密访问密钥是否正确。

访问密钥用于云内部鉴定 API 调用，对于外部 API 调用（例如第三方调用）来说，可以使用开放授权（Open Authorization，OAuth）进行 API 调用源鉴定。第三方认证流程中一般包含以下角色。

- 资源拥有者（resource owner）：有权授予对保护资源访问权限的实体，通常是应用的使用者，例如应用使用用户。
- 资源服务器（resource server）：存储受保护资源的服务器，通常为云服务商提供的存储服务器。
- 客户端（client）：需要使用受保护数据的第三方。
- 认证服务器（authorization server）：服务提供商专门用来处理认证授权的服务器。

OAuth 的流程如图 8-3 所示，资源拥有者通过应用客户端发起数据请求（如图中步骤 A），通过在认证服务器中提供访问隐私数据的 API 接口，OAuth 能够对资源拥有者身份和客户端发起的 API 调用进行鉴别（如图中步骤 B 和步骤 C），从而允许客户端在资源拥有者授权的情况下访问存储在资源服务器中的各种数据（如图中步骤 D），并且在授权过程中资源拥有者无须将认证凭证（如用户名和密码等）提供给客户端（如图中步骤 E）。

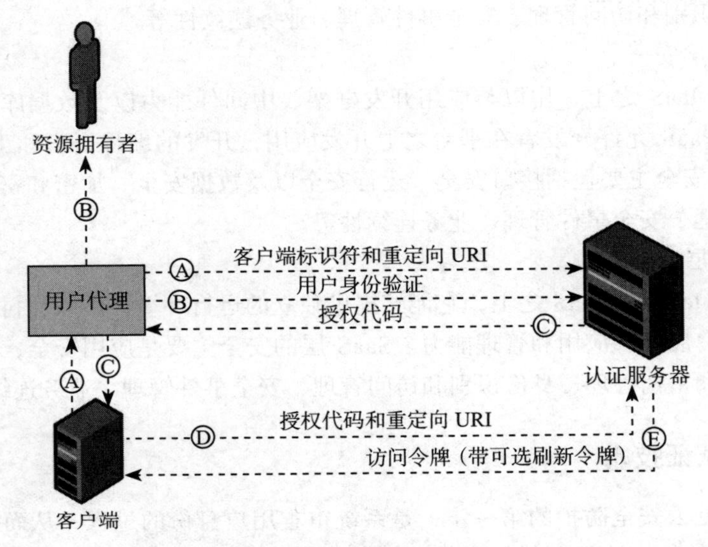

图 8-3　OAuth 的流程

2. 联合身份认证技术

在许多云计算使用场景下，用户可能使用了云服务商提供的多个服务，因此为了防止用户重复多次进行身份认证，云计算中普遍采用基于单点登录的联合身份验证。单点登录使用户只需要一次登录即可访问所有互相信任的服务，而不需要为每个服务单独进行身份认证，实现单点登录的常见技术有 SAML 和 OpenID。

安全断言标记语言（Security Assertion Markup Language，SAML）是一个基于 XML 的安全协议，用于在不同的安全域之间进行交换认证和授权数据。SAML 中定义了身份提供者（Identity Provider，IDP）和服务提供者（Service Provider，SP），当需要进行身份认证时，SP 会向 IDP 发起验证用户身份的请求，随后 IDP 将会要求用户提供认证信息，一旦用户被 IDP 认证以后，访问其他在 IDP 注册过的 SP 就可以直接登录而不需要再进行身份认证。这个过程中，SP 与 IDP 之间是不需要进行交互的。

OpenID 是一个以用户为中心的身份验证框架，用户需要预先在 OpenID 提供者（OpenID Provider，OP）注册一个统一身份标识符，当需要使用 OpenID 支持方（OpenID Relying Part，RP）的服务时，以该身份标识符而不是以传统的用户名和密码进行身份认证，在 RP 收到该用户的身份标识符后会与 OP 进行验证确认。

3. 跨域身份认证

现代计算机网络的同源策略限制了跨域的流量，而如今的云服务通常部署在分布式集群上，传统的身份认证技术将身份认证的 session 信息存储在服务器端，如果需要实现跨域身份认证，则需要花费大量资源解决 session 共享问题。JWT（JSON Web Token）是目前云环境中最流行的跨域认证解决方案，当用户通过认证以后，服务器会给用户签发一个 JWT，此后用户都可以使用该 JWT 直接访问受保护的资源。JWT 将认证信息存储在客户端，从而大大减少了服务器跨域身份认证的开销。

4. 多因素身份认证

云计算数据泄露问题日益严重，基于密码的认证难以在如今的网络环境中保护用户的重要信息，并且新型的身份认证技术需要对企业的架构进行一定的调整。因此在从传统身份认证向更高级的身份认证过渡的阶段，许多企业采用多因素身份认证（Multi-Factor Authentication，MFA）保证云环境的安全。

多因素身份认证是一种通过牺牲便利性换取安全性的身份认证技术，它需要用户提供多种认证凭证，这些认证凭证通常分为以下三类。

- 密码：静态密码、动态令牌、手机验证码、邮箱验证码等。
- 物理硬件：带有密令的 U 盘、银行卡、钥匙等。
- 生物识别特征：指纹、声纹、面部特征等。

8.2.2 访问控制技术

访问控制是云计算保证数据安全的重要机制，它只允许经过授权的用户访问对应权限的数据，并防止非法用户访问受保护的网络资源，如图 8-4 所示。

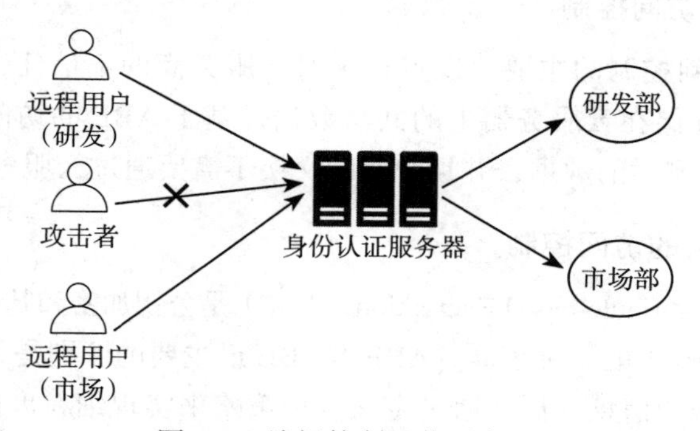

图 8-4 访问控制运作示意图

虽然各大云提供商都支持传统的访问控制技术，如 DAC、MAC、RBAC，但是传统的访问控制技术已不能满足云计算的复杂场景，具体表现在以下方面。

- 传统的访问控制构建在可信的边界保护下形成的“安全域”，但是云计算中用户不能完全控制自己的资源，“安全域”不适用于云环境。
- 传统的访问控制属于分散式管理模式，一台云服务器上可能有多个主体和客体，需要有集中的访问控制模型支持。
- 传统的访问控制在设计上针对相对固定的权限分配，而云计算用户种类众多、层次复杂，各个角色拥有的权限可能频繁变化。

下面分别对不同类型的访问控制技术进行介绍。

1. 基于任务的访问控制

基于任务的访问控制（Task-Based Access Control，TBAC）是一种主动安全模型，它以工作流中的任务为中心，而不是以系统为中心。主动的安全管理方法会根据正在进行的任务动态地、实时地进行权限的管理，在这期间权限被不断地监测、激活和停用。此外，TBAC 模型在很大程度上是自我管理的，它不需要人工地对各种主客体的权限进行配置，从而减少了与细粒度主客体安全管理有关的开销。

TBAC 最大的特点是使权限的授予、使用跟踪和撤销自动化，并与各种任务的进展相协调。因此 TBAC 非常适用于具有多个访问、控制和决策点的分布式计算和信息处理活动。

2. 基于属性的访问控制

基于属性的访问控制（Attribute-based Access Control，ABAC）是针对云计算高动态性开放网络的访问控制技术。ABAC 将任何与安全相关的特征定义为属性（attribute），在访问控制的过程中主体和客体不直接交互，而是将每一个访问控制中的元素描述为对应的属性，从而根据属性建立一个统一的访问控制机制，这不仅降低了访问控制的开销，还允许 ABAC 应用于具有海量用户的大规模访问控制。

与其他访问控制模型不同的是，ABAC 还考虑了环境属性，这是一种自定义的动态属性，例如时间、地点、历史、技术等信息。环境属性使 ABAC 具有极高的灵活性，使其能够根据复杂的场景细粒度地对资源访问的权限进行配置。

3. 基于 ABE 的访问控制

基于 ABE 的访问控制的主要出发点在于对云服务商的不信任，一个典型的场景是客户端请求服务端存储在云服务器上的共享数据，基于 ABE 的访问控制可以实现在云服务器上仅仅存储加密后的数据，并且密钥的交换不需要通过云服务商。

4. 基于属性加密的访问控制

基于属性加密（Attribute-based Encryption，ABE）是公钥加密和基于身份加密（Identity-based Encryption，IBE）的一种扩展，ABE 与 IBE 最主要的区别是，ABE 使用属性集合描述用户身份或数据的信息特征，通过定义各种策略来实现细粒度的访问控制能力，只有属性符合定义的访问策略，才能够进行数据解密。

ABE 分为 CP-ABE 和 KP-ABE。CP-ABE 中每个客户端都有其属性，每个数据都有服务端定义的访问策略，这些策略声明了具有哪些属性的客户端才有权限解密数据；而在 KP-ABE 中，属性是用来描述服务器数据的，访问策略是由客户端设定的，服务端无法决定数据能被具有哪些属性的客户端获取。

两种 ABE 实现的访问控制的区别实际上在于数据的控制权主体，如果服务端需要控制客户端能够获取的数据种类，那么可以使用 CP-ABE 在分布式系统中实现细粒度的数据共享；如果客户端需要控制数据的获取，那么可以使用 KP-ABE 根据需要获取对应的数据，例如付费视频网站。

注意，ABAC 是将客户端划分为多个客户端属性，将服务端数据划分为多个服务端数据属性，然后在客户端属性和服务端数据属性之间建立一系列一对一的访问控制策略；而基于 ABE 的访问控制（以 CP-ABE 为例）是为单个客户端赋予多个属性，单个服务端数据定义多个策略，形成一系列多对多的访问控制策略。

8.2.3 网络隔离技术

虚拟局域网（Virtual Local Area Network，VLAN）最初用于解决大规模网络导致的广播报文泛滥问题，它将一个网络划分为多个逻辑上的子网络，从而实现不同网络广播域的隔离，如图 8-5 所示。VLAN 被运用于云计算中，对云主机网络进行安全域划分，例如接入域、管理域、业务域等，并用防火墙等进行安全域的隔离，确保安全域之间的数据传输符合相应的访问控制策略，网络安全问题不会扩散。

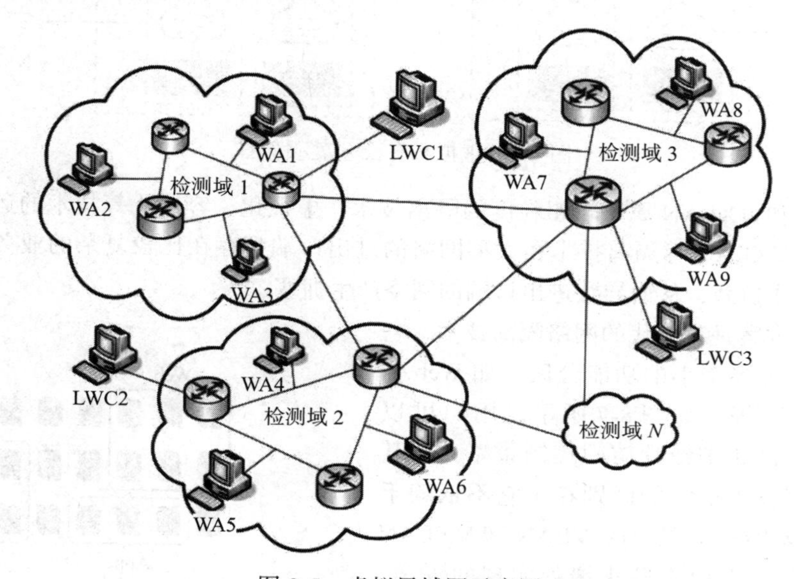

图 8-5 虚拟局域网示意图

随着云计算技术的不断发展，租户隔离、虚拟网络隔离、应用隔离等隔离需求都会耗费大量的 VLAN，导致 VLAN 的数量逐渐紧缺，因此虚拟扩展本地网络（Virtual eXtensible Local Area Network，VXLAN）被提出。VXLAN 是一种将以太网报文封装成 UDP 报文的隧道技术，因此可以实现二三层网络的传输。相比 VLAN，VXLAN 扩展了网络规模、提高了网络部署的灵活性和网络传输效率、解决了 IP 地址冲突的问题，更能适应大规模多租户的网络环境。

虚拟私有云（Virtual Private Cloud，VPC）最初是 AWS 在公有云多租户环境上建立互相隔离的虚拟网络的技术，VXLAN 技术与 AWS VPC 技术类似。但目前来说，各大云服务商更多将 VPC 视为一种常见的私有云网络服务，即在公共资源池中划分出客户私有网络区域，使其他租户无法进入该网络区域。图 8-6 是一个虚拟私有云方案的示意图，图中存在两个 VPC，VPC1 与 VPC2 之间相互隔离，不同 VPC 之间可以通过创建对等连接进行相互通信。在 VPC 内部，用户可以像使用传统网络架构那样根据自己的需求进行建立防火墙、划分子网等操作来实现满足自己需求的网络。

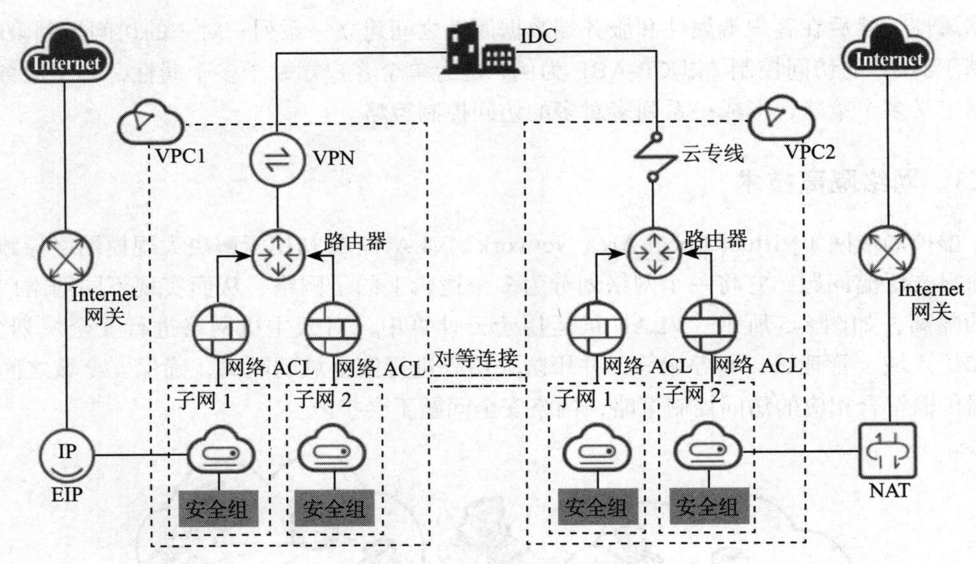

图 8-6 虚拟私有云方案示意图

VLAN 和 VXLAN 属于较粗粒度的隔离技术，虚拟化、容器化等技术的运用使传统的 VLAN、VXLAN 等隔离技术在大型网络的进出口端都存在比较复杂的业务访问关系和较重的工作负载，从而导致进出口端的网络产生拥塞。

微隔离方案是新一代的网络隔离技术，它将网络划分为多个小的功能分区，如 Web 分区、App 分区等，如图 8-7 所示，用户可以对每个分区设置细致的访问控制策略。与其他网络隔离技术最大的区别在于它不依赖于传统的防火墙进行隔离：VLAN 和 VXLAN 都是基于服务器 IP 在防火墙处实现的隔离，而微隔离网络的隔离是在认证服务器处实现的，只有通过了认证服务器的认证，才能访问网络资源，将认证服务器分布式地实现在网络内部，可以减轻整个网络进出口端的网络压力。相比传统的防火墙隔离，微隔离更具有灵活性，当有主机上下线时可以随时更改区域划分的范围，从而动态地更新服务的主机 IP 域，更加适合动态变化的云计算环境。

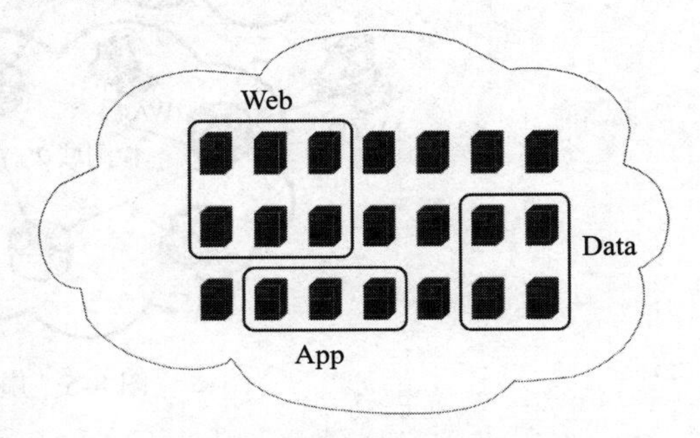

图 8-7 微隔离方案示意图

8.2.4 远程访问技术

远程用户或企业合作伙伴如果想访问内网，传统的访问方法是使用虚拟接入网络（Virtual Private Network，VPN），VPN 用于在公共网络中建立临时的、经过加密的私有网络连接，常用的 VPN 有 IPSec VPN 和 SSL VPN。

IPSec VPN 基于 IPSec 安全标准在公有网络中建立网络与网络之间的连接，因此要求两端网络出口都部署 IPsec VPN 网关；而 SSL VPN 基于 SSL 加密协议建立终端与网络之间的连接，仅需要在服务端部署 SSL VPN 网关。相比之下，IPSec VPN 具有更高的安全性；而 SSL VPN 部署更加简单、可扩展性强，可以实现更细粒度的访问控制。图 8-8 是一种常见的远程接入架构，IPSec VPN 用于混合云中的云间互联或分支机构的接入，SSL VPN 则用于内部员工远程接入云服务器。

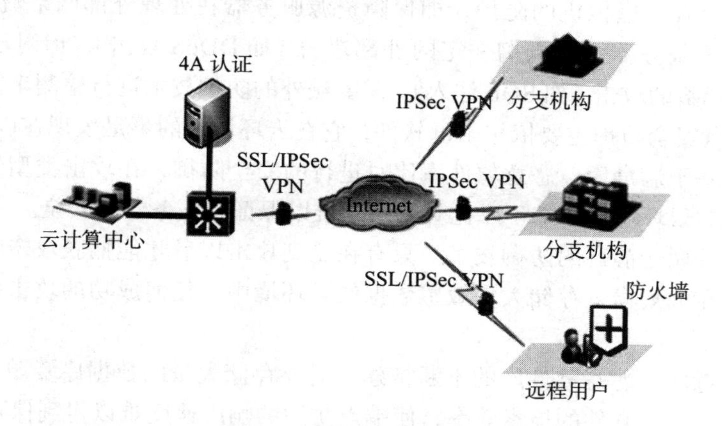

图 8-8 常见的远程接入架构

虽然 VPN 可以保证基本的连接安全并且大部分云服务商提供的远程访问方案也是 VPN，但是 VPN 信息容易被泄露、可扩展性差、应对网络攻击能力弱等问题在云计算中不容忽视，具体体现在以下方面。

- VPN 信息容易被泄露，一旦攻击者通过 VPN 建立连接，就获取了授权用户拥有的全部内网权限。
- 在大规模的云环境中，为每一个用户部署 VPN、编写权限规则的开销是非常大的，并且后续的维护也较为烦琐。
- VPN 网关作为内网和公网之间的桥梁，容易遭受各种网络攻击，并且一旦遭受攻击，就基本失去远程访问内网的能力。

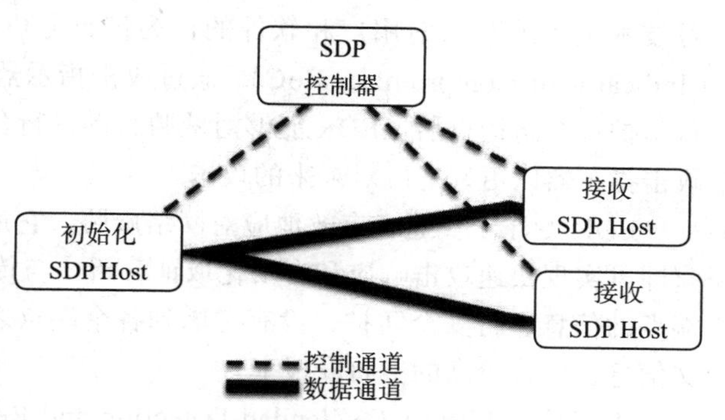

图 8-9 SDP 身份验证和连接建立

基于上述问题，软件定义的边界（Software Defined Perimeter，SDP）被提出，它被认为是替代 VPN 远程访问的最佳技术之一。相比 VPN，SDP 的访问控制是动态的，不仅表现在权限策略上是动态可变化的，也表现在建立连接时使用的密钥也是动态变化的，因此过期的密钥泄露在 SDP 中不会导致入侵问题；SDP 是基于身份建立连接的，因此只需要对每个身份制定访问策略，而当用户变动时只需要修改其对应的身份即可，能够应对大规模环境下的扩展；SDP 将身份认证服务器和资源访问服务器分离，如图 8-9 所示，在访问资源服务器之前，SDP 控制器会验证请求者的身份，只有通过认证的请求者才能与资源服务器建立连接，这使资源服务器的 IP 信息不暴露在公共网络中，对外实现零连接和零可见性，基本上可以抵御任何基于网络的攻击。

8.2.5 端点防护技术

从广义上讲，任何连接到网络的设备都被称为端点（endpoint），这里的端点防护是指资源服务器及其上虚拟机的防护，即保障资源服务器在处理外部网络流量时的安全。网络边缘的网关服务器可以抵御一定的外部攻击（如DDoS攻击），但对于病毒、恶意软件这类较为隐蔽的攻击（如SQL注入），需要额外的防护技术进行检测来保障端点的安全。传统的端点安全防护主要依靠杀毒软件，它在云环境中的不足表现在以下几个方面。

- 杀毒是基于病毒库、恶意软件库比对进行的安全防御，在攻击类型复杂多样且快速变化的云环境中，基于库比对的防护难以保证云服务器的安全。
- 杀毒软件属于静态的防御技术，只有在受到攻击以后才能捕获攻击特征并记录到库中，在大规模、存储大量敏感数据的云环境中，任何成功的攻击都会带来严重的损失。
- 随着病毒库、恶意软件库的不断扩建，需要存储大量的数据库资源，同时也会降低病毒、恶意软件的检索效率，使端点防护的响应速度难以得到保障。
- 反病毒程序旨在保护一个单一的端点，在许多情况下只对该端点提供可见性，每个端点孤立地进行安全防护，没有协作关系。

端点保护平台（Endpoint Protection Platform，EPP）建立了一个公共的数据库平台和一个统一的控制平台，管理员可以根据共享数据在控制平台上对各个设备进行远程管理。EPP只是传统端点防护在云计算环境下的扩展，它暂时缓解了本地存储带来的信息臃肿问题，但是没有从本质上改变静态、孤立的端点防护机制。

端点检测与响应（Endpoint Detection and Response，EDR）是一种主动防御技术，主要思想是监控端点的活动和事件，产生关键上下文以自动检测和分析攻击，它在传统的端点安全防护基础上扩展了威胁检测和响应取证两个能力。

EDR的危险检测建立在已有的云端威胁情报、用户和软件的行为上，通过机器学习技术主动地对当前用户和软件的行为进行分析，从而训练出一个准确的攻击指示器（Indicator of Compromise，IoC），通过攻击指示器来判断当前任何可能出现的威胁并进行防护；在防护过后，EDR能够对威胁自动进行分析，获取威胁的典型特征，反复训练攻击指示器以更好地应对未来的攻击。

EDR专注于快速、有效地应对网络威胁，它最大的优势在于不需要过分依赖外部专家即可实现快速攻击响应和自动化取证分析。与传统端点防护类似，EDR仅仅基于单一端点的信息进行安全防护，没有考虑到各个端点之间的联系，会产生大量不完整的上下文信息，导致较高的威胁误报率。

扩展检测与响应（eXtended Detection and Response，XDR）解决了EDR孤立防护的问题，是EDR在整个网络中的推广。XDR同样也使用机器学习技术分析可能的攻击，不同的是XDR的数据来源于端点、网络、其他云服务器等整个网络架构，能够为攻击分析提供全方位的数据支持，从而实现更深入、更准确的攻击检测和响应。

8.2.6 数据加密技术

数据加密的目的是防止他人拿到数据的原始文件后进行数据的窃取。数据加密在云计算中的具体应用形式为：在用户侧使用密钥对数据进行加密，然后将其上传至云计算环境中，如图 8-10 所示，使用时再实时解密，避免将解密后的数据存放在任何物理介质上。数据加密已经存在多种成熟的算法，比如对称加密、公钥加密、iSCSI 加密等，在此基础上针对云计算不同的场景又发展出多种新型的加密技术。

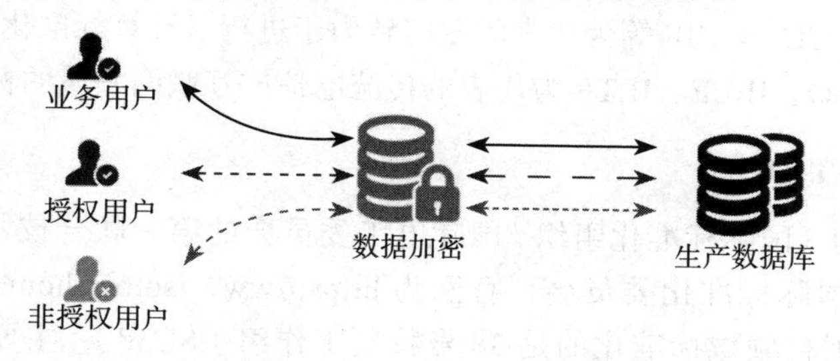

图 8-10 云计算加密场景

在某些情况下，云服务器不止需要对数据进行简单的存储和传输，还需要利用其集成的环境和强大的算力对数据进行计算，这意味着服务器需要得到原始数据才能执行计算服务，为了能够在加密状态下对数据进行操作，诞生了同态加密技术（homomorphic encryption)。与传统密码算法不同的是，同态加密算法的密文计算算法能对加密的数据进行计算而无须先将其解密，因此云服务器上并不需要获取原始数据，也不会得到计算后的真实数据，在完成计算后服务器将加密后的计算结果传输给用户，用户对其进行解密即可得到真实数据。

云环境中存在大量数据共享的场景，目前主流的共享数据加密技术分为属性加密技术（ABE）和代理重加密技术，访问控制中介绍的属性加密技术常用于用户与服务器等一对多的共享数据加密，而代理重加密技术的应用场景为用户与用户等一对一的数据共享，一种典型的场景是数据请求方向云服务器发起数据拥有方的私有数据请求。

代理重加密（Proxy Re-Encryption，PRE）实质上是一种密文之间的密钥转换机制，它使用对称加密算法对原始数据进行加密，然后通过非对称加密算法生成重加密密钥作为中间桥梁，在云环境下实现安全的端到端对称密钥交换，当数据请求方获得对称密钥之后，即可解密获得原始数据。

8.3 云计算技术标准

随着云计算的不断发展，它未来将会转变为一种电信基础设施服务，充分市场化的公共云服务需要涉及服务提供商之间的接口（类似于运营商间的网络与业务互联），以及服务提供商与用户之间的接口（类似于运营商与终端用户之间的接口），这些接口都需要进行标准化，以实现服务提供商之间业务的互通，同时避免服务提供商对用户的锁定。

如果没有对云计算的技术、服务、管理、接口等进行标准化，各个云服务商难以实现互联互通，形成较大规模的云计算服务体系，云计算产业也难以得到健康、规范化的发展。

8.3.1 国际云计算组织及技术标准

各国政府在积极推动云计算发展的同时，也积极推动云计算标准的制定工作。全世界已经有30多个标准组织宣布加入云计算标准的制定行列，这些标准组织大致可分为以下3种类型。

- 以DMTF、OGF、SNIA等为代表的传统IT标准组织或产业联盟，这些标准组织中有一部分原来是专注于网格标准化的，现在转而进行云计算的标准化。
- 以CSA、OCC、CCIF等为代表的专门致力于进行云计算标准化的新兴标准组织。
- 以ITU、ISO、IEEE、IETF为代表的传统电信或互联网领域的标准组织。

1. ISO/IEC JTC1

ISO/IEC JTC1（国际标准化组织/国际电工委员会的第一联合技术委员会）是一个信息技术领域的国际标准化委员会，官网为https://www.iso.org/home.html。其中负责云计算和分布式平台领域标准化的是38号特别工作组（SC38），主要内容包括：基础概念和技术、运营问题，云计算系统之间及云计算系统与其他分布式系统之间的交互问题。截至2019年，ISO/SEC JTC1/SC38发布了15个标准，一些重要的标准如表8-2所示。

表8-2　ISO/IEC JTC1相关标准

ISO/IEC标准	名称	发布时间	描述
ISO/IEC 17203	Information technology —Open Virtualization Format(OVF) specification	2017	为虚拟机上运行的软件定义一种开放、安全、可移植、高效、可扩展的打包和分发格式
ISO/IEC 17788	Information technology—Cloud computing–Overview and vocabulary	2014	提供关于云计算的概述、术语和定义
ISO/IEC 17789	Information technology — Cloud computing – Reference architecture	2014	指定云计算参考架构（CCRA）。参考架构包括云计算角色、云计算活动、云计算功能组件及其关系
ISO/IEC 17826	Information technology — Cloud Data Management Interface (CDMI)	2012	指定访问云存储和管理存储数据的接口
ISO/IEC 17963	Web Services for Management (WS-Management) Specification	2013	描述基于SOAP的Web服务协议，用于特定管理领域
ISO/IEC 19941	Information technology — Cloud computing – Interoperability and portability	2017	指定云计算互操作性和可移植性类型、云计算这两个交叉方面之间的关系和交互，以及用于讨论互操作性和可移植性的常用术语和概念
ISO/IEC TR 22678	Information technology — Cloud computing – Guidance for policy development	2019	提供关于管理或规范云服务提供商（CSP）、云服务的政策以及管理组织中云服务使用的政策和实践的国际标准

2. ITU-T

ITU-T（国际电信联盟电信标准分局）是国际电信联盟管理下专门制定电信标准的分支机构，官网为https://www.itu.int/zh/ITU-T/Pages/default.aspx。其中第13研究组（SG13）负责云计算的标准化工作，该小组制定了详细说明云计算生态系统要求和功能架构的标准，涵盖支持XaaS（X即服务）的云间和云内计算和技术。这项工作包括云计算模型的基础设施和网络方面，以及互操作性和数据可移植性的部署注意事项和要求，表8-3是SG13发布的一些标准。

表 8-3 ITU-T 相关标准

ITU 标准	名称	发布时间	描述
Y.3501	Cloud computing framework and high-level requirements	2016	通过对几个用例的分析得出一个云计算框架以确定云计算的高级要求
Y.3507	Functional requirements of physical machine	2018	介绍物理机，包括物理机组件、物理机类型、物理机中的虚拟化以及物理机中组件的可扩展性
Y.3510	Cloud computing infrastructure requirements	2016	提出针对云计算基础设施的要求，其中包括计算、存储和网络资源的重要功能，以及资源的抽象和控制功能
Y.3511	Framework of inter-cloud computing	2014	根据若干使用案例对所提供的不类型服务进行研究，提出多云服务提供商的交互框架，通常被称作云间计算
Y.3514	Cloud computing - Trusted inter-cloud computing framework and requirements	2017	规定可信云间计算的架构，提出可信云间的一般要求以及与可信云间的治理、管理、复原力、安全性和机密性相关的具体要求

3. CSA

CSA（云安全联盟）是一个非营利组织，旨在推广云安全的最佳实践方案和开展云安全培训。CSA 在全球范围内设立了美洲区、亚太区、欧非区和大中华区四大区，其中 CSA 大中华区在网信办、工信部、公安部的支持下，成为网络安全领域首家在中国正式注册备案的境外非政府组织，并在上海设立中国总部。CSA 大中华区的官方网址为 https://c-csa.cn/。表 8-4 是 CSA 发表的一些报告与建议书。

表 8-4 CSA 相关报告和建议书

名称	工作组	最新版本发表时间	描述
Security Guidance for Critical Areas of Focus in Cloud Computing	Security Group	2017	它是 CSA 其他概念指南的概念框架，内容包括云计算定义、云逻辑模型、云概念架构和参考模型、云安全模型、合规范围和责任
Cloud Security Alliance Code of Conduct for GDPR Compliance	Privacy Level Agreement	2019	CSA 行为准则旨在为欧盟 GDPR 合规行为准则提供一个一致且全面的框架，以及有关云服务提供商提供的数据保护级别的透明度指南
Top Threats to Cloud Computing: Egregious Eleven	Top Threats	2019	该报告为组织提供了对云安全问题的最新专家解读，以便就云采用策略做出有根据的风险管理决策

8.3.2 国内云计算技术标准

在我国，云计算相关的标准化工作自 2008 年底开始被科研机构、行业协会及企业关注，并成立了相关的联盟、协会及标准化工作组以开展相关的标准化工作，如中国通信标准化协会、中国电子学会云计算专家委员会、全国信息计划标准化技术委员会等。

总体而言，我国的云计算标准化工作还处于起步阶段。当前的工作首先对国际标准组织及协会的云标准进行梳理，对中国国内云计算商业应用进行调研，并基于此规划我国的云计算标准体系及开展云计算标准的制定。虽然目前在云计算产业与服务方面，我国并未在国际上取得领先的地位，但在云计算的国际标准化方面，国内许多企业与研究机构都在积极参与。中国标准是四级结构：国家标准、行业标准、地方标准、企业标准。如图 8-11 和图 8-12 所示，国家标准信息查询网站为 http://www.gov.cn/fuwu/bzxxcx/bzh.htm。

国家标准信息查询

请输入标准编号或名称关键字　查询

国家标准公告	更多>>
2020年第31号	2020-12-24
2020年第30号	2020-12-22
2020年第28号	2020-12-14
2020年第27号	2020-11-24
2020年第26号	2020-11-19
2020年第25号	2020-11-17
2020年第24号	2020-11-09
2020年第23号	2020-11-09
2020年第22号	2020-10-21
2020年第21号	2020-10-11

行业标准备案月报	更多>>
2020年第12号	2021-01-01
2020年第11号	2020-12-01
2020年第10号	2020-11-01
2020年第9号	2020-10-01
2020年第8号	2020-09-01
2020年第7号	2020-08-01
2020年第6号	2020-07-01
2020年第5号	2020-06-01
2020年第4号	2020-05-01
2020年第3号	2020-04-01

地方标准备案月报	更多>>
2020年第12号	2021-01-01
2020年第11号	2020-12-01
2020年第10号	2020-11-01
2020年第9号	2020-10-01
2020年第8号	2020-09-01
2020年第7号	2020-08-01
2020年第6号	2020-07-01
2020年第5号	2020-06-01
2020年第4号	2020-05-01
2020年第3号	2020-04-01

图 8-11　国家标准信息查询网站首页

云计算　查询

国家标准 34

序号	标准编号	标准名称	发布日期	实施日期
1	GB/T 34077.5-2020	基于云计算的电子政务公共平台管理规范 第5部分：技术服务体系	2020-09-29	2021-04-01
2	GB/T 38249-2019	信息安全技术 政府网站云计算服务安全指南	2019-10-18	2020-05-01
3	GB/T 37732-2019	信息技术 云计算 云存储系统服务接口功能	2019-08-30	2020-03-01
4	GB/T 37734-2019	信息技术 云计算 云服务采购指南	2019-08-30	2020-03-01
5	GB/T 37735-2019	信息技术 云计算 云服务计量指标	2019-08-30	2020-03-01
6	GB/T 37736-2019	信息技术 云计算 云资源监控通用要求	2019-08-30	2020-03-01
7	GB/T 37739-2019	信息技术 云计算 平台即服务部署要求	2019-08-30	2020-03-01
8	GB/T 37738-2019	信息技术 云计算 云服务质量评价指标	2019-08-30	2020-03-01
9	GB/T 37737-2019	信息技术 云计算 分布式块存储系统总体技术要求	2019-08-30	2020-03-01
10	GB/T 37740-2019	信息技术 云计算 云平台间应用和数据迁移指南	2019-08-30	2020-03-01
11	GB/T 37741-2019	信息技术 云计算 云服务交付要求	2019-08-30	2020-03-01
12	GB/T 37972-2019	信息安全技术 云计算服务运行监管框架	2019-08-30	2020-03-01
13	GB/T 36623-2018	信息技术 云计算 文件服务应用接口	2018-09-17	2019-04-01

图 8-12　在国家标准信息查询网站查询“云计算”的结果

1.《云计算综合标准化体系建设指南》

2015 年 11 月，工业和信息化部办公厅印发《云计算综合标准化体系建设指南》（以下简称《指南》），《指南》确定了云计算标准研制方向，以云计算综合标准化体系框架为基础，通过研究及分析信息技术和通信领域已有标准，提出现有标准缺失的，并能直接反映云计算特征，有效解决应用和数据迁移、服务质量保证、供应商绑定、信息安全和隐私保护等问题的 29 个标准研制方向。

《指南》构建了云计算综合标准化体系框架，包括云基础标准、云资源标准、云服务标准和云安全标准 4 个部分，如图 8-13 所示。各个部分的概况如下。

- 云基础标准。用于统一云计算及相关概念，为其他各部分标准的制定提供支撑。主要包括云计算术语、参考架构、指南等方面的标准。
- 云资源标准。用于规范和引导建设云计算系统的关键软硬件产品研发，以及计算、存储等云计算资源的管理和使用，实现云计算的快速弹性和可扩展性。主要包括关键技术、资源管理和资源运维等方面的标准。
- 云服务标准。用于规范云服务设计、部署、交付、运营和采购，以及云平台间的数据迁移。主要包括服务采购、服务质量、服务计量和计费、服务能力评价等方面的标准。
- 云安全标准。用于指导实现云计算环境下的网络安全、系统安全、服务安全和信息安全，主要包括云计算环境下的安全管理、服务安全、安全技术和产品、安全基础等方面的标准。

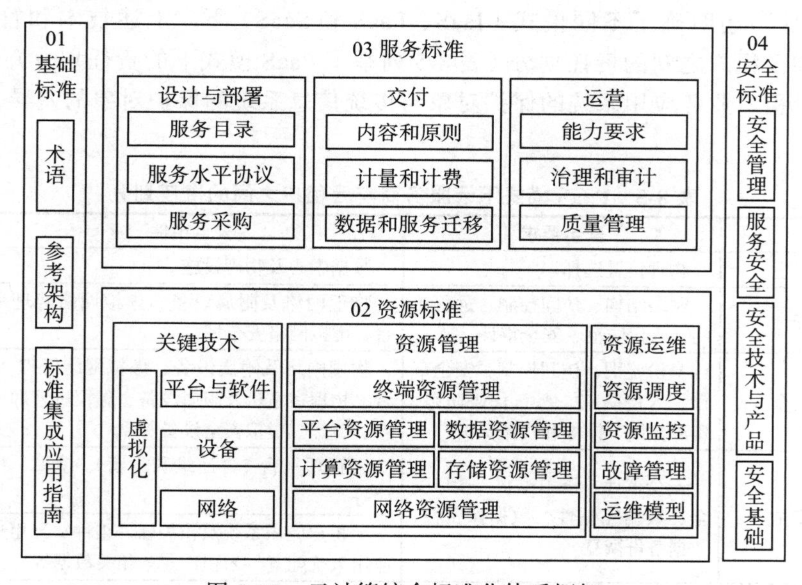

图 8-13 云计算综合标准化体系框架

2.《信息安全技术 网络安全等级保护基本要求 第 2 部分：云计算安全扩展要求》

公安部在 2017 年 5 月 8 日正式发布 GA/T 1390.2—2017《信息安全技术　网络安全等级保护基本要求　第 2 部分：云计算安全扩展要求》（以下简称“云等保”），“云等保”对《信息安全技术　网络安全等级保护基本要求　第 1 部分：安全通用要求》进行了扩展，形成了云计算安全扩展要求，用于指导分等级的非涉密云计算系统的安全建设和监督管理。

“云等保”规定了不同保护等级云计算平台及云租户业务应用系统的安全保护要求，将安全等级划分为四级，并将安全保护要求分为技术要求和管理要求两大类。

安全保护技术要求包括以下方面。

- 物理和环境安全：对数据中心及物理设施物理位置的选择进行要求。

- 网络和通信安全：对物理网络及虚拟网络的网络架构、访问控制、入侵防范、安全审计进行要求。
- 设备和计算安全：对物理设备、虚拟机管理平台和镜像等的身份鉴别、访问控制、安全审计、入侵防范、资源控制、镜像和快照的保护进行要求。
- 应用和数据安全：对云管理平台、云租户系统配置、云租户应用软件和数据等的安全审计、资源控制、接口安全、数据完整性、数据保密性、数据备份恢复、剩余信息保护进行要求。

安全保护管理要求包括以下方面。

- 安全管理机构和人员：对录用、授权、审批的流程和文档进行要求。
- 安全建设管理：对云计算平台安全方案设计、测试验收、云服务商选择、供应链管理等进行要求。
- 安全运维管理：对云计算平台的环境管理、配置管理、监控和审计管理的相关流程、策略和数据进行要求。

"云等保"还明确了不同模式（IaaS、PaaS和SaaS）下，上述技术和管理要求在云服务商和云租户之间的责任划分（表8-5列举了PaaS模式下的责任划分），以及云计算平台和云租户业务应用系统的保护对象与传统信息系统的保护对象的差异，如表8-6所示。

表8-5 PaaS模式下云服务商与云租户之间的责任划分

层面	安全要求	安全组件	责任主体
物理和环境安全	物理位置选择	数据中心及物理设施	云服务商
网络和通信安全	网络结构、访问控制、远程访问、入侵防范、安全审计	物理网络及附属设备、虚拟网络管理平台、虚拟网络安全域	云服务商
设备和计算安全	身份鉴别、访问控制、安全审计、入侵防范、恶意代码防范、资源控制、镜像和快照保护	物理网络及附属设备、虚拟网络管理平台、物理宿主机及附属设备、虚拟机管理平台、镜像、虚拟安全设备等	云服务商
应用和数据安全	安全审计、资源控制、接口安全、数据完整性、数据保密性、数据备份恢复	云管理平台（含运维和运营）、镜像、快照等	云服务商
		云租户应用系统及相关软件组件、云租户应用系统配置、云租户业务相关数据等	云租户
安全管理机构和人员	授权和审批	授权和审批流程、文档等	云服务商
安全建设管理	安全方案设计、测试验收、云服务商选择、供应链管理	云计算平台接口、安全措施、供应链管理流程、安全事件和重要变更信息	云服务商
		云服务商选择及管理流程	云租户
安全运维管理	监控和审计管理	监控和审计管理的相关流程、策略和数据	云服务商

表8-6 云计算系统与传统信息系统保护对象的差异

层面	云计算平台和云租户业务应用系统保护对象	传统信息系统保护对象
物理和环境安全	机房及基础设施	机房及基础设施
网络和通信安全	网络结构、网络设备、安全设备、虚拟化网络结构、虚拟网络设备、虚拟安全设备	传统的网络设备、传统的安全设备、传统的网络结构
设备和计算安全	网络设备、安全设备、虚拟网络设备、物理机、宿主机、虚拟机、虚拟机监视器、云管理平台、数据库管理系统、终端、存储	传统主机、数据库管理系统、终端

（续）

层面	云计算平台和云租户业务应用系统保护对象	传统信息系统保护对象
应用和数据安全	应用系统、云应用开发平台、中间件、云业务管理系统、配置文件、镜像文件、快照、业务数据、用户隐私、鉴别信息等	应用系统、中间件、配置文件、业务数据、用户隐私、鉴别信息等
安全建设管理	云计算平台接口、云服务商选择过程、SLA、供应链管理过程等	N/A

虽然各国都在大力开展云计算标准化工作，在术语的定义、架构设计、安全标准、可移植性方面都有了不少成果，但就目前标准化的研究进展而言，存在以下问题。

- 缺乏统一的意见：云计算在目前来说并不成熟，还有许多未能解决的技术障碍，同时由于各种原因，许多云服务提供商不愿公开自己的技术。不同组织对云计算技术的理解可能存在差异，导致对于相同或相似的标准的制定存在意见上的分歧。
- 标准化进展不一：各个技术方面的标准化研究进展不同，云计算术语、参考架构、密码技术等方面有许多成果，但在数据主权和隐私、云计算服务交付和服务质量等方面进展较为缓慢。
- 研究内容重叠：各个组织之间的职能划分不明确，存在大量的重复性研究，降低了云计算标准的研究效率。
- 缺乏领头人：目前云计算标准研究众说纷纭，缺乏一个行业认可的领头人对零散的、存在争议的标准进行评估整合，对各个标准化组织的工作进行协调分配。
- 标准难以落实：现有的云服务提供商建立在已存在的复杂云网络架构下，并且目前的标准化工作还停留在基础的理论制定阶段，对于特定的产品还没有确切的参考标准，导致标准难以真正落实到实际的生产中。

习题

1. 什么是云计算安全？云计算安全与传统网络安全相比有什么特殊之处？
2. 云计算有哪些常见的身份认证技术？它们用于什么场景？
3. 适用于云计算的新一代网络隔离技术需要具备哪些主要特性？
4. 为什么说 VPN 不适合公共云环境？
5. 云环境中数据加密的主要场景有哪些？
6. 云计算标准具体涉及哪些方面的标准？国内外的云计算标准有何异同点？
7. 我们通常在访问网站 A 时，可通过某社交网站 B 的账号授权进行登录，省去在了 A 网站填写各种注册信息的过程。请问这种方式属于哪一种安全技术？从功能上看这种技术存在什么安全隐患？

参考文献

[1] 柳青 . 我国云计算安全问题及对策研究 [J]. 电信网技术，2012，3（3）：5-7.
[2] 冯登国，张敏．云计算安全研究 [J]．软件学报，2011，22（1）：71-83.

[3] 赵越．计算安全技术研究 [J]. 吉林建筑工程学院学报，2012，29（1）：86-88.

[4] 陈军，薄明霞，王渭清．云安全研究进展及技术解决方案发展趋势 [J]. 现代电信科技，2011，6：50-54.

[5] 张韬．国内外云计算安全体系架构研究状况分析 [J]. 广播与电视技术，2011，11：123-127.

[6] 汪来富，沈军，金华敏．电信级云计算平台安全策略研究 [J]. 电信科学，2011，10：19-23.

[7] 杨斌，邵晓，肖二永．云计算安全问题探析 [J]. 计算机安全，2012，3：63-66.

[8] 易涛．云计算虚拟化安全技术研究 [J]. 信息安全与通信保密，2012，5：63-65.

[9] 何明，沈军，金涛．云主机安全运营技术探析 [J]. 电信技术，2011，11：9-11.

[10] 房晶，吴昊，白松林．云计算安全研究综述 [J]. 电信科学，2011，4：37-42.

[11] 工信部．云计算综合标准化体系建设指南 [Z]. 2015.

[12] 张宁，臧亚丽，田捷．生物特征与密码技术的融合——一种新的安全身份认证方案 [J]. 密码学报，2015，2（2）：159-176.

[13] 胡荣，谢浩安．云计算标准研究综述 [J]. 电脑编程技巧与维护，2016，3：59-61.

[14] 周长春，田晓丽，张宁，等．云计算中身份认证技术研究 [J]. 计算机科学，2016，43（S1）：339-341+369.

[15] CANTOR S, MOREH J, PHILPOTT R, et al. Metadata for the OASIS security assertion markup language (SAML) V2. 0[J]. Oasis Standard，2005.

[16] RECORDON D, REED D. OpenID 2.0: a platform for user-centric identity management[C]//Proceedings of the second ACM workshop on Digital identity management. 2006: 11-16.

[17] 熊达鹏，陈亮，王鹏，等．云计算访问控制技术研究进展 [J]. 装备学院学报，2017，28（2）：71-76.

[18] THOMAS R K, SANDHU R S. Task-based authorization controls (TBAC): a family of models for active and enterprise-oriented authorization management[M]//Database security XI. Springer, Boston, MA, 1998: 166-181.

[19] YUAN E, TONG J. Attributed based access control (ABAC) for web services[C]//IEEE International Conference on Web Services (ICWS’05). IEEE, 2005.

[20] BETHENCOURT J, SAHAI A, WATERS B. Ciphertext-policy attribute-based encryption[C]//2007 IEEE symposium on security and privacy (SP’07). IEEE, 2007: 321-334.

[21] GOYAL V, PANDEY O, SAHAI A, et al. Attribute-based encryption for fine-grained access control of encrypted data[C]//Proceedings of the 13th ACM conference on Computer and communications security.2006: 89-98.

[22] 华为云社区．虚拟私有云 [EB/OL]. (2020-07-06)[2023-10-26]. https://bbs.huaweicloud.com/blogs/181238.

[23] CSDN 博客．软件定义边界（SDP）简介 [EB/OL]. (2020-02-14)[2023-10-26]. https://blog.csdn.net/baidu_41700102/article/details/104314375.

[24] CSDN 博客．OAuth 2.0 基础概述 [EB/OL]. (2014-12-01)[2023-10-26]. https://www.cnblogs.com/Irving/p/4134629.html.

第 9 章　大数据技术与编程

云计算是基础，没有云计算，难以实现大数据存储与计算；大数据是应用，没有大数据，云计算就缺少了目标与价值。云计算和大数据之间的关系既相辅相成又密不可分。本章将重点介绍大数据分析计算技术，首先给出了大数据产生的背景与大数据概述，然后介绍大数据处理的关键技术以及大数据计算模式，最后通过基于 Hadoop 和 Spark 的编程实践带领读者初步入门大数据编程，并给出基于这些平台的相关应用开发案例，提供相关操作过程和源代码。

9.1　大数据产生的背景与大数据概述

9.1.1　大数据产生的背景

早在 1980 年，著名未来学家阿尔文·托夫勒便在《第三次浪潮》一书中，将大数据热情地赞颂为“第三次浪潮的华彩乐章”。但当时数据世界尚处于萌芽阶段，全球第一批数据中心和首个关系数据库便是在那个时代出现的。

2005 年左右，人们开始意识到用户在使用 Facebook、YouTube 以及其他在线服务时生成了海量数据。同年，专为存储和分析大型数据集而开发的开源框架 Hadoop 问世，NoSQL 也在同一时期开始普及。Hadoop 及后来 Spark 等开源框架的问世对于大数据的发展具有重要意义，正是它们降低了数据存储成本，让大数据更易于使用。在随后的几年里，大数据数量进一步呈爆炸式增长。时至今日，全世界的“用户”（不仅有人，还有机器）仍在持续生成海量数据。

随着物联网的兴起，如今越来越多的设备接入了互联网，它们大量收集客户的使用模式和产品性能数据，机器学习的出现也进一步加速了数据量的增长。然而，尽管大数据已经出现了很长一段时间，人们对它的利用才刚刚开始。如今，云计算进一步释放了大数据的潜力，通过提供真正的弹性 / 可扩展性，让开发人员能够轻松启动 Ad Hoc 集群来测试数据子集。现在，数据已经爆炸式增长到足以引发全世界的一次技术变革。于是，“第三次浪潮”——大数据技术应运而生。

9.1.2　大数据的定义

大数据一词由英文“ Big Data”翻译而来，是近几年兴起的概念，目前还没有一个统一的定义。相比于过去的“信息爆炸”概念，它更强调数据量的“大”。大数据的“大”是相对而言的，是指所处理的数据规模巨大到无法通过目前主流数据库软件工具，在可以接受的时间内完成抓取、存储、管理和分析，并从中提取出人类可以理解的信息。这个“大”是与时俱进的，不能以超过多少 TB 的数据量来界定大数据与普通数据。随着大数据处理技术的不断进步，大数据的标准也在不断提高。

相对于过去的“海量数据”概念而言，大数据还有数据类型复杂多变的特点。互联网上流动的各种数据类型迥异，收集和处理这些数据，特别是非结构化数据也是大数据研究的一个重要方面。业界普遍认同大数据具有 5V 特征，即数据量大、变化速度快、多类型、真实性与高价值。简而言之，大数据可以被认为是数据量巨大且结构复杂多变的数据集合。

9.1.3　大数据的 5V 特征

尽管目前大数据的重要性已被社会各界认同，但大数据的定义却众说纷纭，Apache Hadoop 组织、麦肯锡、国际数据公司等其他研究者都对大数据有不同的定义。但无论是哪种定义，都具有一定的狭义性，因此，我们可以通过大数据的 5V 特征对大数据进行识别。同时，企业内部在思考如何构建数据集时，也可以从此特征入手。图 9-1 所示就是大数据的 5V 特征图。

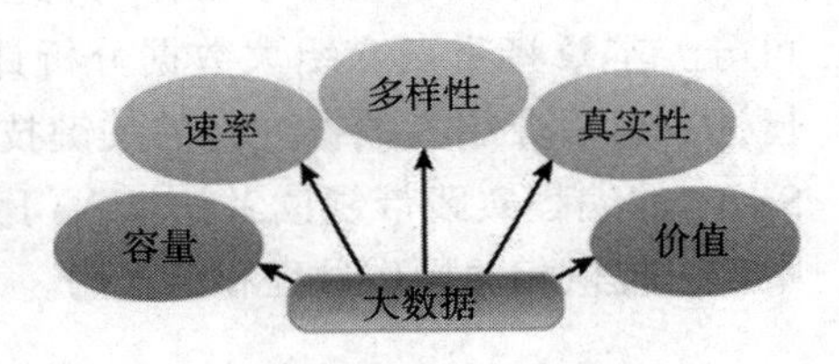

图 9-1　大数据的 5V 特征图

1. 容量（Volume）

这是指大规模的数据量，并且数据量呈持续增长趋势。目前一般是指超过 10TB 规模的数据量，但未来随着技术的进步，符合大数据标准的数据集大小也会变化。大规模的数据对象构成的集合被称为数据集。

不同的数据集具有维度不同、稀疏性不同（有时一个数据记录的大部分特征属性都为 0）、分辨率不同（分辨率过高，数据模式可能会被淹没在噪声中；分辨率过低，数据模式无从显现）的特性。

因此数据集也具有不同的类型，常见的数据集类型包括记录数据集（是记录的集合，即数据库中的数据集）、基于图形的数据集（数据对象本身用图形表示，且包含数据对象之间的联系）和有序数据集（数据集属性涉及时间及空间上的联系，存储时间序列数据、空间数据等）。

2. 速率（Velocity）

这是指数据生成、流动速率快。数据流动速率是指对数据采集、存储以及分析具有价值信息的速度，因此也意味着数据的采集和分析等过程必须迅速、及时。

3. 多样性（Variety）

这是指大数据包括多种不同格式和不同类型的数据。数据来源包括人与系统交互时产生的数据以及机器自动生成的数据，数据来源的多样性导致数据类型的多样性。根据数据是否具有一定的模式、结构和关系，数据可分为三种基本类型：结构化数据、非结构化数据、半结构化数据。

- 结构化数据：遵循一个标准的模式和结构，以二维表格的形式存储在关系数据库中的行数据。
- 非结构化数据：不遵循统一的数据结构或模型的数据（如文本、图像、视频、音频等），不方便用二维逻辑表来表现。

- 半结构化数据：有一定的结构性，但本质上不具有关系性，介于完全结构化数据和完全非结构化数据之间的数据。

此外，特别要说明一下元数据的概念。元数据又称中介数据、中继数据，为描述数据的数据（data about data），主要是描述数据属性的信息，用来支持指示存储位置、历史数据查找、资源查找、文件记录等功能。

4. 真实性（Veracity）

这是指数据的质量和保真性。大数据环境下的数据最好具有较高的信噪比，信噪比与数据源和数据类型无关。

5. 价值（Value）

这是指大数据的低价值密度。随着数据量的增长，数据中有意义的信息却没有呈相应比例增长。价值同时与数据的真实性和数据处理时间相关，如图 9-2 所示。

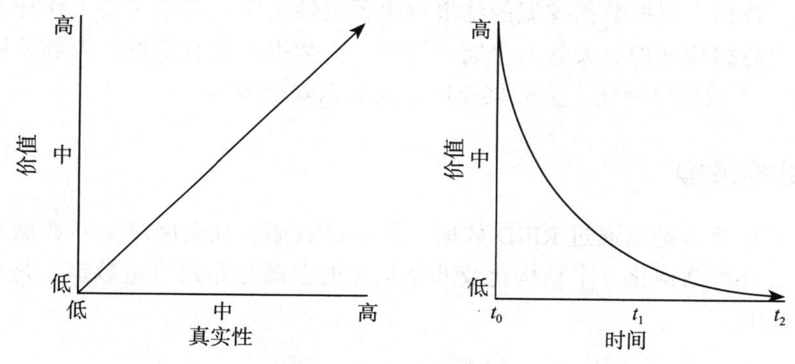

图 9-2　价值与数据真实性和数据处理时间的关系

9.1.4　大数据发展趋势

随着对大数据技术研究的深入，大数据的应用和发展将涉及人们生产生活的方方面面。作为自 2012 年起就持续开展的一项活动，中国计算机学会（CCF）大数据专家委员会每年在中国大数据技术大会（BDTC）的开幕式上，都会正式发布下一年度的大数据十大发展趋势预测，目前“大数据发展趋势预测”已经形成了良好的品牌效应。近 8 年的大数据发展趋势可参考中国计算机学会网站。每次预测都是基于对大专委专家委员观点的收集整理、投票、汇总、解读，最终形成年度预测，此预测是大专委群体智慧的结晶，对大数据相关理论研究和应用开展具有较好的指导和参考意义。

在大数据应用需求的驱动下，计算技术体系正在重构，从“以计算为中心”向“以数据为中心”转型，在新的计算技术体系下，一些基础理论和核心技术问题亟待破解。梅宏院士等在论文《大数据技术前瞻》中提出了新型大数据系统技术发展的十大趋势。

- 数据与应用进一步分离，实现数据要素化。
- 数联网成为数字化时代的新型信息基础设施。

- 从单域到跨域数据管理，促进数据要素的共享与协同。
- 大数据管理与处理系统体系结构异构化日趋明显。
- 扩展性优先设计到性能优先设计。
- 近数处理成为突破大数据处理系统性能瓶颈的重要途径。
- 从单域单模态分析到多域多模态融合，实现广谱关联计算。
- 从聚焦关联到探究因果，实现分析结果可解释。
- 高能效大数据技术是可持续发展的关键。
- 大数据标准规范和以开源社区为核心的软硬件生态系统将成为发展的重点。

9.2 大数据处理关键技术

数据处理是对纷繁复杂的海量数据价值的提炼，而其中最有价值的地方在于预测性分析，即可以通过数据可视化、统计模式识别、数据描述等数据挖掘形式帮助数据科学家更好地理解数据，根据数据挖掘的结果得出预测性决策。其中主要工作环节包括：大数据采集、大数据预处理、大数据存储及管理、大数据分析及挖掘、大数据展现及应用（大数据检索、大数据可视化、大数据应用、大数据安全等）。

9.2.1 大数据采集

大数据采集通常是指通过RFID数据、传感器数据、社交网络交互数据及移动互联网数据等方式获得结构化、半结构化及非结构化的多源分布式海量数据，是大数据知识服务模型的基础。

1. 大数据采集方法

大数据采集方法主要有数据库采集、网络数据采集、文件采集，具体介绍如下。

- 数据库采集：流行的数据库采集工具有ETL工具——Sqoop，传统的关系数据库MySQL和Oracle依然是许多企业采用的数据存储方式。当然，目前开源的Kettle和Talend本身也集成了大数据内容，可实现HDFS、HBase和主流NoSQL数据库之间的数据同步和集成。
- 网络数据采集：一种借助网络爬虫或网站公开API，从网页获取非结构化或半结构化数据，并将其统一结构化为本地数据的数据采集方式。
- 文件采集：包括实时文件采集和处理技术Flume、基于ELK的日志采集和增量采集等。

2. 数据采集与大数据采集的区别

数据采集和大数据采集的区别如图9-3所示，传统的数据采集存在许多不足，其来源单一，存储、管理和分析数据量也相对较小，大多采用关系数据库和并行数据仓库处理。对依靠并行计算提升数据处理速度方面而言，传统的并行数据库技术追求高度一致性和容错性，根据CAP理论，难以保证其可用性和扩展性。

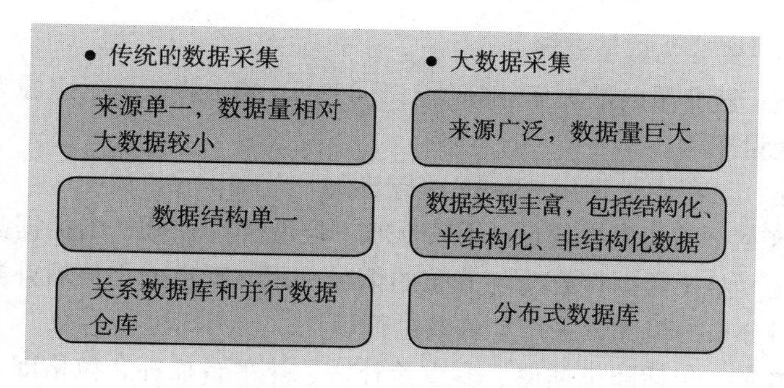

图 9-3 数据采集和大数据采集的区别

3. 大数据采集平台

下面介绍几款应用广泛的大数据采集平台，供读者参考使用。

- Apache Flume：Flume 是 Apache 旗下的一款开源、高可靠、高扩展、容易管理、支持客户扩展的数据采集系统。Flume 使用 JRuby 来构建，所以依赖 Java 运行环境。
- Fluentd：Fluentd 是另一个开源的数据收集框架。Fluentd 使用 C/Ruby 开发，使用 JSON 文件来统一日志数据。它的可插拔架构支持各种不同种类和格式的数据源和数据输出，它同时也提供了高可靠性和很好的扩展性。Treasure Data 公司对该产品提供支持和维护。
- Logstash：Logstash 是著名的开源数据栈 ELK（数据搜索引擎 ElasticSearch，数据采集系统 Logstash，数据分析与可视化系统 Kibana）中的 L。Logstash 用 JRuby 开发，所以运行时依赖 JVM。
- Splunk Forwarder：Splunk 是一个分布式的机器数据平台，主要有三个角色。Search Head 负责数据的搜索和处理，提供搜索时的信息抽取；Indexer 负责数据的存储和索引；Forwarder 负责数据的收集、清洗、变形，并把数据发送给 Indexer。

9.2.2 大数据预处理

大数据预处理是指在进行数据分析之前，先对采集到的原始数据所进行的诸如“清洗、填补、平滑、合并、规格化、一致性检验”等一系列操作，旨在提高数据质量，为后期的数据分析工作奠定基础。数据预处理主要包括四个部分：数据清理（清洗）、数据集成、数据归约、数据变换（转换）。

1. 数据清理

数据清理是指利用 ETL 等清洗工具，对有遗漏数据（缺少感兴趣的属性）、噪声数据（数据中存在错误或偏离期望值的数据）、不一致数据进行处理。主要方法包括缺失值的处理、离群点处理、噪声处理等。

（1）缺失值的处理

现实世界中，在获取信息和数据的过程中会存在各种原因导致数据丢失和空缺。对于这些缺失值的处理，基于变量的分布特性和变量的重要性（信息量和预测能力）应采用不同的方法，主要分为以下几种。

- 删除变量：若变量的缺失率较高（大于 80%）、覆盖率较低，且重要性较低，可以直接将变量删除。
- 定值填充：工程中常见用 -9999 进行替代。
- 统计量填充：若缺失率较低（小于 95%）且重要性较低，则根据数据分布的情况进行填充。对于数据符合均匀分布的情况，用该变量的均值填补缺失，对于数据存在倾斜分布的情况，采用中位数进行填补。
- 插值法填充：包括随机插值、多重差补法、热平台插补、拉格朗日插值、牛顿插值等。
- 模型填充：使用回归、贝叶斯、随机森林、决策树等模型对缺失数据进行预测。
- 哑变量填充：若变量是离散型且不同值较少，可将其转换成哑变量，例如，性别（SEX）变量存在 male、famale、NA 三个不同的值，可将该列转换成 IS_SEX_MALE、IS_SEX_FEMALE、IS_SEX_NA。若某个变量存在十几个不同的值，可根据每个值的频数将频数较小的值归为一类，以便降低维度。此做法可最大化保留变量的信息。

（2）离群点处理

异常值是数据分布的常态，处于特定分布区域或范围之外的数据通常被定义为异常或噪声。异常分为两种："伪异常"，由于特定的业务运营动作产生，是正常反映业务的状态，而不是数据本身的异常；"真异常"，不是由于特定的业务运营动作产生，而是数据本身的分布异常，即离群点。检测离群点的方法主要有以下几种。

- 简单统计分析：根据箱线图、各分位点判断是否存在异常，例如 pandas 的 describe 函数可以快速发现异常值。
- 基于绝对离差中位数：这是一种稳健对抗离群数据的距离值方法，采用计算各观测值与平均值的距离总和的方法，放大了离群值的影响。
- 基于距离：通过定义对象之间的邻近性度量，根据距离判断异常对象是否远离其他对象，缺点是计算复杂度较高，不适用于大数据集和存在不同密度区域的数据集。
- 基于密度：离群点的局部密度显著低于大部分近邻点，适用于非均匀的数据集。
- 基于聚类：利用聚类算法，丢弃远离其他簇的小簇。

（3）噪声处理

噪声是变量的随机误差和方差，是观测点和真实点之间的误差。通常的处理方法是：对数据进行等频或等宽分箱操作，然后用每个箱的平均数、中位数或者边界值（不同数据分布，处理方法不同）代替箱中所有的数，起到平滑数据的作用。另一种做法是，建立该变量和预测变量的回归模型，根据回归系数和预测变量，反解出自变量的近似值。

2. 数据集成

数据集成是指把不同来源、格式、特点性质的数据在逻辑上或物理上有机地集中，以便更好地共享和利用数据。数据的广泛存在性使数据越来越多地散布于不同的数据管理系统中，为了便于进行数据分析，需要进行数据的集成。数据集成看起来并不是一个新的问题，但是大数据时代的数据集成却有新的需求，因此也面临着广泛的异构性、数据质量和规模问题等新挑战。传统的数据集成着重解决三个问题：模式匹配、数据冗余、数据值冲突检测与处理。

大数据时代的数据集成主要处理以下问题。

- 实体识别：匹配多个信息源在现实世界中的等价实体。
- 冗余与相关分析：属性重复，属性相关冗余，元组重复。
- 数据冲突和检测：对现实世界的同一实体，来自不同数据源的属性定义不同。原因是表示方法、度量单位、编码或比例存在差异。

传统的数据集成方法主要有以下三种。

- 联邦数据库：各数据源的数据视图，集成为全局模式。
- 中间件集成：通过统一的全局数据模型来访问异构的数据源。
- 数据复制：将各个数据源的数据复制到同一处，即数据仓库。

3. 数据归约

数据归约是指在最大限度保持数据原貌的基础上，最大限度地精简数据量，以得到较小数据集的操作，包括数据方聚集、维度归约、数据压缩、数值归约、概念分层等。

- 维度归约：用于检测并删除不相关、弱相关或冗余的属性。
- 数量归约：用替代的、较小的数据表示形式替换原数据，来减少数据量。如维度变换，即将现有数据降低到更小的维度，尽量保证数据信息的完整性。这里介绍常用的几种有损失的维度变换方法，可以提高实践中建模的效率。
  - 主成分分析（PCA）和因子分析（FA）：PCA 通过空间映射的方式，将当前维度映射到更低的维度，使每个变量在新空间的方差最大。FA 则是找到当前特征向量的公因子（维度更小），用公因子的线性组合来描述当前的特征向量。
  - 奇异值分解（SVD）：SVD 的降维可解释性较低，且计算量比 PCA 大，一般用在稀疏矩阵上降维，例如图片压缩、推荐系统。
  - 聚类：将某一类具有相似性的特征汇聚到单个变量，从而大大降低维度。
  - 线性组合：对多个变量做线性回归，根据每个变量的表决系数，赋予变量权重，可根据权重将该类变量组合成一个变量。
- 数据压缩：用数据编码或数据转换将原来的数据集合压缩为一个较小规模的数据集合。

4. 数据变换

数据变换是指对所抽取出来的数据中存在的不一致进行处理的过程。数据变换包括对数据进行规范化处理、离散化处理、稀疏化处理，使其适用于挖掘。

- 规范化处理：数据中不同特征的量纲可能不一致，数值间的差别也可能很大，不进行规范化处理可能会影响到数据分析的结果，因此，需要对数据按照一定比例进行缩放，使之落在一个特定的区域内，便于进行综合分析。特别是基于距离的挖掘方法（如聚类、KNN、SVM）一定要做规范化处理。

- 离散化处理：数据离散化是指将连续的数据进行分段，使其变为一段段离散化的区间。分段的原则有基于等距离、等频率或优化的方法。
- 稀疏化处理：针对离散型且标称变量，无法进行有序的标签编码时，通常考虑将变量做 0 和 1 哑变量的稀疏化处理。

9.2.3　大数据存储及管理

1. 大数据存储背景

（1）存储规模大

大数据的显著特征就是数据量大，起始计算量单位至少是 PB，甚至会采用更大的单位（EB 或 ZB），导致存储规模相当大。

（2）种类和来源多样化，存储管理复杂

目前，大数据主要来源于搜索引擎服务、电子商务、社交网络、音视频、在线服务、个人数据业务、地理信息数据、传统企业、公共机构等领域。因此数据呈现方法多样，可以是结构化、半结构化和非结构化的数据形态，这不仅导致原有的存储模式无法满足数据时代的需求，还使存储管理更加复杂。

（3）对数据的种类和水平要求高

大数据的价值密度相对较低，数据增长速度快、处理速度快、时效性要求高，在这种情况下如何结合实际的业务，有效地组织管理、存储这些数据，以便能从浩瀚的数据中挖掘其更深层次的数据价值的问题急需解决。

在大数据时代的背景下，海量数据的整理成为各个企业急需解决的问题。随着云计算、物联网等技术的快速发展，多样化已经成为数据信息的一个显著特点，为了充分发挥信息应用价值，需要针对不同的大数据应用特征，从多个角度、多个层次对大数据进行存储和管理。由于大数据具有海量、多样性等特征，其存储管理技术要求比传统数据管理要求更高，传统的关系数据库已经无法满足数据多样性的存储要求。大数据的存储与管理需要用更先进的存储技术，大数据存储与管理主要技术有分布式文件系统、分布式数据库、NoSQL 数据库。

2. 常用工具

大数据存储与管理分为两个部分，一部分是底层的文件系统，另一部分是之上的数据库或数据仓库。

（1）文件系统

大数据文件系统其实是大数据平台架构中最为基础的组件，其他的组件或多或少都会依赖这个基础组件，目前应用最为广泛的大数据存储文件系统非 Hadoop 的 HDFS 莫属，除此之外，还有发展势头不错的 Ceph。

- HDFS：HDFS 是一个高度容错性（多副本，自恢复）的分布式文件系统，能提供高吞吐量的数据访问，非常适合大规模数据集上的访问，不支持低延迟数据访问，不支持多用户写入、任意修改文件。HDFS 是 Hadoop 大数据工具栈里最基础也是最重要的一个组件，它基于 Google 的 GFS 开发。
- Ceph：Ceph 是一个符合 POSIX、开源的分布式存储系统。它最早是加州大学圣克鲁兹分校（USSC）Sage Weil博士的一项有关存储系统的研究项目，Ceph的主要目标是设计成基于POSIX的没有单点故障的分布式文件系统，使数据能容错和无缝地复制。真正让Ceph叱咤风云的是开源云计算解决方案OpenStack，OpenStack+Ceph的方案已被业界广泛使用。

（2）数据库或数据仓库

针对大数据的数据库大部分是NOSQL数据库，这里顺便澄清一下，NoSQL的真正意义是Not only SQL，并非RMDB的对立面。

- HBase：是一个开源的面向列的非关系型分布式数据库（NoSQL），它参考了谷歌的BigTable建模，实现的编程语言为Java。它是Apache软件基金会的Hadoop项目的一部分，运行于HDFS文件系统之上，为Hadoop提供类似于BigTable规模的服务。因此，它可以容错地存储海量稀疏的数据。
- MongoDB：一个基于分布式文件存储的数据库，主要面向文档存储，旨在为Web应用提供可扩展的高性能数据存储解决方案。它是介于关系数据库和非关系数据库之间的开源产品，是非关系数据库当中功能最丰富、最像关系数据库的产品。
- Cassandra：是一个混合型的非关系的数据库（一个NoSQL数据库），类似于Google的BigTable，由Facebook开发的开源分布式NoSQL数据库系统。
- Neo4j：一个高性能的NoSQL图形数据库，它将结构化数据存储在网络上而不是表中。

9.2.4 大数据分析及挖掘

1. 数据分析

数据分析是指用适当的统计分析方法对收集来的大量数据进行分析，从中提取有用信息并形成结论从而对数据加以详细研究和概括总结的过程。这一过程也是质量管理体系的支持过程。在实际使用中，数据分析可帮助人们做出判断，以便采取适当行动。

数据分析的数学基础在20世纪早期就已确立，但直到计算机的出现才使实际操作成为可能，并使数据分析得以推广。数据分析是数学与计算机科学相结合的产物。

2. 数据挖掘

数据挖掘（data mining）是一个跨学科的计算机科学分支。它是用人工智能、机器学习、统计学和数据库的交叉方法在相对较大型的数据集中发现模式的计算过程。

数据挖掘过程的总体目标是从一个数据集中提取信息，将其转换成可理解的结构，以进一步使用。除了原始分析步骤之外，它还涉及数据库和数据管理、数据预处理、模型与推断、兴趣度度量、复杂度考虑，以及发现结构、可视化及在线更新等后处理。数据挖掘是数据库知识发现（Knowledge-Discovery in Databases，KDD）的分析步骤，本质上属于机器学习的范畴。

3. 数据分析和数据挖掘的区别

由上文可知，当人们提及数据挖掘时，一般指的都是用人工智能、机器学习、统计学和数据库的方法应用于较大型数据集，是KDD的一个步骤，本质上是一种计算过程，目的是发现潜在的知识规则（discovering pattern）或模式。数据分析一般包含检查、清理、转换和建模的过程，本质上是人的智能活动的结果，目的是发现有用信息、建设性结论以及辅助决策。

但是在实际应用中，我们不应该硬性地把两者割裂开，正确的思路和方法应该是：针对具体的业务分析需求，先确定分析思路，然后根据这个分析思路去挑选和匹配合适的分析算法、分析技术。一个具体的分析需求一般都会有两种以上不同的思路和算法，最后可根据验证的效果和资源匹配等系列因素进行综合权衡，从而决定最终的思路、算法和解决方案。

4. 数据挖掘方法

数据挖掘分为有指导（有监督）的数据挖掘和无指导（无监督）的数据挖掘。有指导的数据挖掘是指利用可用的数据建立一个模型，通常的方法有分类算法、回归算法等，其中常见的分类算法有逻辑回归、简单贝叶斯、决策树、神经网络，常见的回归算法有线性回归、决策树、神经网络、时间序列。无指导的数据挖掘是指在所有的属性中寻找某种关系，通常的方法有关联规则、序列模式、聚类，每种方法都有不少实现算法。

9.2.5 大数据展现及应用

大数据的使用对象不只是程序员和专业工程师，如何将大数据技术的分析成果展现给普通用户或者公司决策者，这就用到大数据展现的可视化技术，它是目前解释大数据最有效的手段之一。大数据展现及应用主要包括大数据检索、大数据可视化、大数据应用、大数据安全等，下面分别简单介绍其中涉及的主要技术和方法。

1. 大数据检索

大数据检索是大数据展现及应用中的重要一环，因为数据集很大且很复杂，所以需要特别的硬件和软件工具，下面介绍几种流行的大数据检索工具。

（1）Apache Drill

Apache Drill是一个低延迟的分布式海量数据（涵盖结构化、半结构化以及嵌套数据）交互式查询引擎，使用ANSI SQL兼容语法，支持本地文件、HDFS、HBase、MongoDB等后端存储，支持Parquet、JSON、CSV、TSV、PSV等数据格式。受Google的Dremel启发，Drill满足上千节点的PB级别数据的交互式商业智能分析场景。

（2）Presto

FaceBook于2013年11月份开源了Presto——一个分布式SQL查询引擎，它被设计为用来专门进行高速、实时的数据分析。它支持标准的ANSI SQL，包括复杂查询、聚合（aggregation）、连接（join）和窗口函数（window function）。Presto设计了一个简单的数据存储的抽象层，以便在不同数据存储系统（包括HBase、HDFS、Scribe等）之上都可以使用SQL进行查询。

（3）Apache Kylin

这是一个开源的分布式分析引擎，提供Hadoop/Spark之上的SQL查询接口及多维分析（OLAP）能力以支持超大规模数据，最初由 eBay 公司开发并贡献至开源社区。它能在亚秒内查询巨大的 Hive 表。

2. 大数据可视化

大数据可视化是指根据数据的特性，如时间信息和空间信息等，找到合适的可视化方式，例如图表 (Chart)、图 (Diagram) 和地图 (Map) 等，将数据直观地展现出来，以帮助人们理解数据，同时找出包含在海量数据中的规律或者信息。数据可视化起源于图形学、计算机图形学、人工智能、科学可视化以及用户界面等领域的相互促进和发展，是当前计算机科学的一个重要研究方向，它利用计算机对抽象信息进行直观的表示，以便于快速检索信息和增强认知能力。下面介绍几个常用的可视化工具。

（1）Jupyter：大数据可视化的一站式商店

Jupyter 是一个开源项目，通过十多种编程语言实现大数据分析、可视化和软件开发的实时协作。它的界面包含代码输入窗口，并通过运行输入的代码以基于所选择的可视化技术提供视觉可读的图像。

但是，以上提到的功能只是冰山一角。 Jupyter Notebook 可以在团队中共享，以实现内部协作，并促进团队共同合作进行数据分析。 团队可以将 Jupyter Notebook 上传到 GitHub 或 GitLab，以便能共同影响结果。团队可以使用 Kubernetes 将 Jupyter Notebook 包含在 Docker 容器中，也可以在任何其他使用 Jupyter 的机器上运行 Notebook。 在最初使用 Python 和 R 时，Jupyter Notebook 正在积极地引入 Java、Go、C #、Ruby 等其他编程语言编码的内核。

除此以外，Jupyter 还能够与 Spark 这样的多框架进行交互，这使得对从具有不同输入源的程序收集的大量密集数据进行数据处理时，Jupyter 能够提供一个全能的解决方案。

（2）Google Chart：Google 支持的免费而强大的整合功能

Google Chart 也是大数据可视化的解决方案之一，它得到了 Google 的大力技术支持，并且完全免费，Google Chart 提供了大量的可视化类型，包括简单的饼图、时间序列、多维交互矩阵等。图表可供调整的选项有很多，如果需要对图表进行深度定制，还可以参考官方提供的详细文档。

（3）D3.js：以任何你需要的方式直观地显示大数据

D3.js 代表 Data Driven Document——一个用于实时交互式大数据可视化的 JS 库。由于这不是一个工具，因此用户在使用它来处理数据之前，需要对 JavaScript 有很好的理解，并以一种能被其他人理解的形式呈现。除此以外，这个 JS 库还将数据以 SVG 和 HTML5 格式呈现，所以像 IE 7 和 IE 8 这样的旧式浏览器不能利用 D3.js 功能。

从不同来源收集的数据（如大规模数据）将与实时的 DOM 绑定并以极快的速度生成交互式动画（2D 和 3D）。D3 架构允许用户通过各种附件和插件密集地重复使用代码。

3. 大数据应用

创造大数据价值的关键在于大数据的应用，随着大数据技术的飞速发展，大数据应用已经融入各行各业。大数据的典型应用领域有电商领域、传媒领域、金融领域、交通领域、电信领域、安防领域、医疗领域等。大数据应用以大数据技术为基础，对各行各业或生产生活方面提供决策参考。

电商领域是大数据应用最广泛的领域之一，比如精准广告推送、个性化推荐、大数据杀熟等都是大数据应用的例子，其中大数据杀熟已经被明令禁止。

传媒领域得益于大数据的应用，可以做到精准营销，直达目标客户群体。不仅如此，传媒领域在猜你喜欢、交互推荐方面也因为大数据的应用而更加准确。

金融领域也是大数据应用的重要领域，比如信用评估，利用的就是客户的行为大数据，根据客户的行为大数据，综合评估出客户端信用。

交通领域的大数据应用是与我们息息相关的，比如道路拥堵预测，可以根据司机位置大数据准确判断哪里是拥堵的，进而给出优化出行路线。还比如智能红绿灯、导航最优规划，这些也都是交通领域应用大数据的体现。

电信领域也有大数据应用的身影，比如电信基站选址优化，就是利用了电信用户位置的大数据，还比如舆情监控、客户用户画像等，都是电信领域应用大数据的结果。

大数据应用也可以用于安防领域，比如犯罪预防，通过对大量犯罪细节的数据进行分析、总结，从而得出犯罪特征，进而实现犯罪预防，天网监控等也是大数据应用的具体案例。

医疗领域的大数据应用主要体现在智慧医疗方面，比如通过某种典型病例的大数据可以得出该病例的最优疗法等。除此之外，医疗领域的大数据应用还体现在疾病预防、病源追踪等方面。

4. 大数据安全

大数据安全是涉及技术、法律、监管、社会治理等领域的综合性问题，其影响范围涵盖国家安全、产业安全和个人合法权益。同时，大数据在数量规模、处理方式、应用理念等方面的革新，不仅促使大数据平台自身安全需求发生变化，还带动数据安全防护理念随之改变，同时引发了对高水平隐私保护技术的需求和期待。

如图9-4所示，大数据安全技术体系分为大数据平台安全、数据安全和个人隐私保护三个层次，自下而上为依次承载的关系。

（1）大数据平台安全

大数据平台安全是对大数据平台传输、存储、运算等资源和功能的安全保障，包括传输交换安全、存储安全、计算安全、平台管理安全以及基础设施安全。

传输交换安全是指保障与外部系统交换数据过程的安全可控，需要采用接口鉴权等机制，对外部系统的合法性进行验证，采用通道加密等手段保障传输过程的机密性和完整性。存储安全是指对平台中的数据设置备份与恢复机制，并采用数据访问控制机制来防止数据的越权访问。计算组件应提供相应的身份认证和访问控制机制，确保只有合法的用户或应用程序才能发起数据处理请求。平台管理安全包括平台组件的安全配置、资源安全调度、补丁管理、安全审计等内容。此外，平台软硬件基础设施的物理安全、网络安全、虚拟化安全等是大数据平台安全运行的基础。

（2）数据安全

数据安全是指平台为支撑数据流动安全所提供的安全功能，包括数据分类分级、元数据管理、质量管理、数据加密、数据隔离、防泄露、追踪溯源、数据销毁等内容。

大数据促使数据生命周期由传统的单链条逐渐演变为复杂多链条形态，增加了共享、交易等环节，且数据应用场景和参与角色愈加多样化，在复杂的应用环境下，保证国家重要数据、企业机密数据以及用户个人隐私数据等敏感数据不发生外泄，是数据安全的首要需求。海量多源数据在大数据平台汇聚，一个数据资源池同时服务于多个数据提供者和数据使用者，强化数据隔离和访问控制，实现数据“可用不可见”，是大数据环境下数据安全的新需求。利用大数据技术对海量数据进行挖掘并分析所得结果可能包含涉及国家安全、经济运行、社会治理等敏感信息，需要对分析结果的共享和披露加强安全管理。

（3）个人隐私保护

个人隐私保护是指利用去标识化、匿名化、密文计算等技术保障个人数据在平台上处理、流转过程中不泄露个人隐私或个人不愿被外界知道的信息。个人隐私保护是建立在数据安全防护基础上的保障个人隐私权的更深层次安全要求。然而，大数据时代的隐私保护也不再是狭隘地保护个人隐私权，而是在个人信息收集、使用过程中保障数据主体的个人信息自决权利。实际上，个人信息保护已经成为一个涵盖产品设计、业务运营、安全防护等在内的体系化工程，不是一个单纯的技术问题。

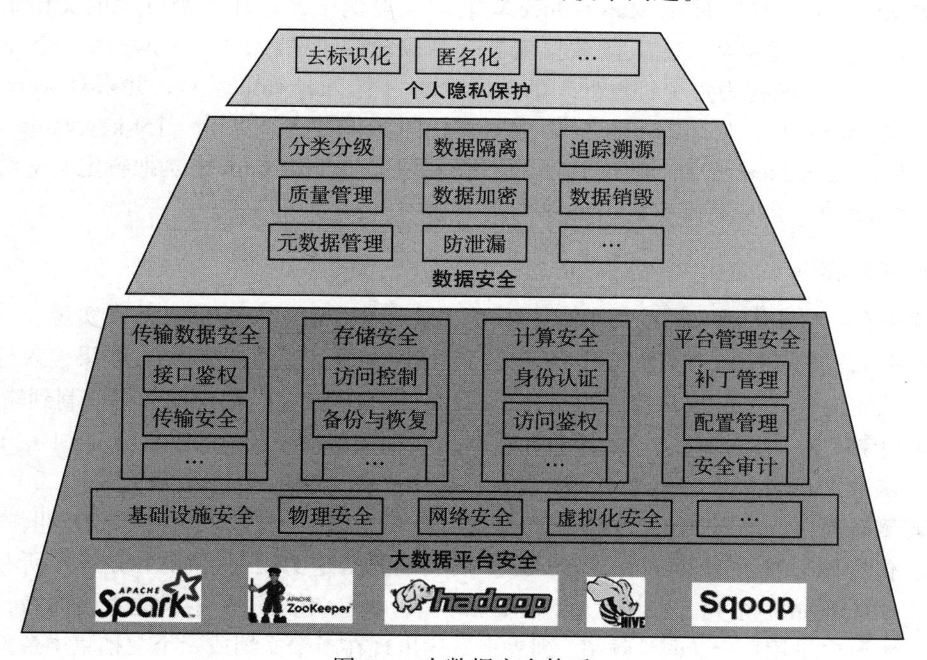

图 9-4　大数据安全体系

9.3　大数据计算模式

9.3.1　MapReduce

从计算模式看，MapReduce 本质上是一种面向大数据的批处理计算模式。MapReduce 是 Google 公司提出的一种用于大规模数据集（大于 1TB）的并行运算的编程模型。它源自函数式编程理念，模型中的概念 Map（映射）和 Reduce（归纳）都是从函数式编程语言中借来的，当前的软件实现是指定一个 map（映射）函数，用来把一组键值对映射成一组新的键值对，指定一个并发的 reduce（归纳）函数，用来保证所有映射的键值对中的每一个共享相同的键组。

MapReduce 的运行模型如图 9-5 所示。图中有 n 个 Map 操作和 m 个 Reduce 操作。简单地说，一个 map 函数就是对一部分原始数据进行指定的操作。每个 Map 操作都针对不同的原始数据，因此，Map 操作之间是互相独立的，这就使得它们可以充分并行化。一个 Reduce 操作就是对每个 Map 操作所产生的一部分中间结果进行合并操作，每个 Reduce 操作所处理的 Map 操作的中间结果是互不交叉的，所有 Reduce 操作产生的最终结果经过简单连接就形成了完整的结果集，因此，Reduce 操作也可以在并行环境下执行。

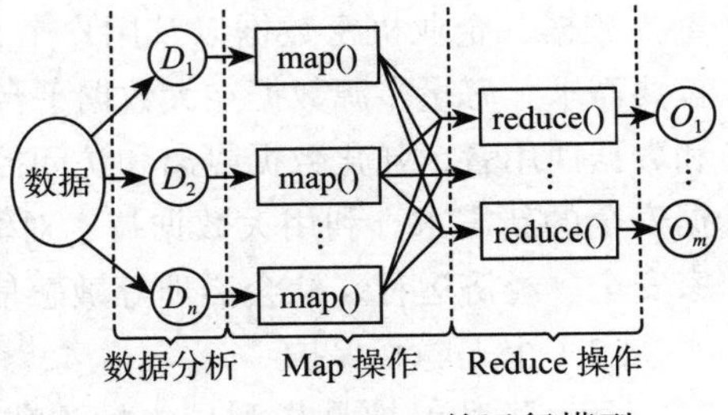

图 9-5　MapReduce 的运行模型

1. MapReduce 经典实例

WordCount 是用于展示 MapReduce 功能的经典例子，它在一个巨大的文档集中统计各个单词的出现次数。输入的数据集被分割成比较小的段，每个小段由一个 map 函数来处理。map 函数为每个经过处理的单词生成一个 <key,value> 对，并入对 word 这个单词生成 <word,1>。MapReduce 框架把所有相同 key 的值合并到一个 <key,value> 对里面，然后触发 reduce 函数针对各个 key 值进行处理，WordCount 中是把特定 key 对应的 value 叠加起来，形成特定单词的出现次数。

2. 其他实例

这里有一些让人感兴趣的简单程序，可以容易地用 MapReduce 计算来实现。

- 分布式的 Grep（UNIX 工具程序，可完成文件内的字符串查找）：如果输入行匹配给定的样式，map 函数就输出这一行。reduce 函数就是把中间数据复制到输出。
- 计算 URL 访问频率：map 函数处理 Web 页面请求的记录，输出（URL，1）。reduce 函数把相同 URL 的 value 都加起来，产生一个（URL, 记录总数）对。
- 倒转网络链接图：map 函数为每个链接输出（目标，源）对，一个 URL 叫作目标，包含该 URL 的页面叫作源。reduce 函数根据给定的相关目标 URL 连接所有的源 URL 形成一个列表，产生（目标，源列表）对。对于每个主机的术语向量，一个术语向量用一个（词，频率）列表来概述出现在一个文档或一个文档集中最重要的一些词。map 函数为每一个输入文档产生一个（主机名，术语向量）对（主机名来自文档的 URL）。reduce 函数接收给定主机的所有文档的术语向量，它把这些术语向量加在一起，丢弃低频的术语，然后产生一个最终的（主机名，术语向量）对。
- 倒排索引：map 函数分析每个文档，然后产生一个（词，文档号）对的序列。reduce 函数接收一个给定词的所有对，排序相应的文档 ID，并且产生一个（词，文档 ID 列表）对。所有的输出对集形成一个简单的倒排索引。它可以简单地增加跟踪词位置的计算。
- 分布式排序：map 函数从每个记录提取 key，并且产生一个（key，record）对。reduce 函数不改变任何的对。

3. MapReduce 实现原理

根据 J. Dean 的论文，中间结果的 <key,value> 对是先被写入本地文件系统然后再由 Reduce 任务做处理。Apache 的另一个 MapReduce 实现也应用了同样的架构，它的具体细节与 Google 的 MapReduce 类似，这里不再赘述。下面详细描述 Google 的 MapReduce 实现具体细节。

（1）MapReduce 执行流程

Map 调用把输入数据自动分割成 M 片并将其分布到多台机器上，输入的片能够在不同的机器上被并行处理。Reduce 调用则通过分割函数分割中间 key，从而形成 R 片［例如，hash(key)mod$R$]，它们也会被分布到多台机器上。分割数量 R 和分割函数由用户来指定。图 9-6 中显示了 Google 实现的 MapReduce 操作的全部流程，当用户的程序调用 MapReduce 函数的时候，将发生下面的一系列动作。

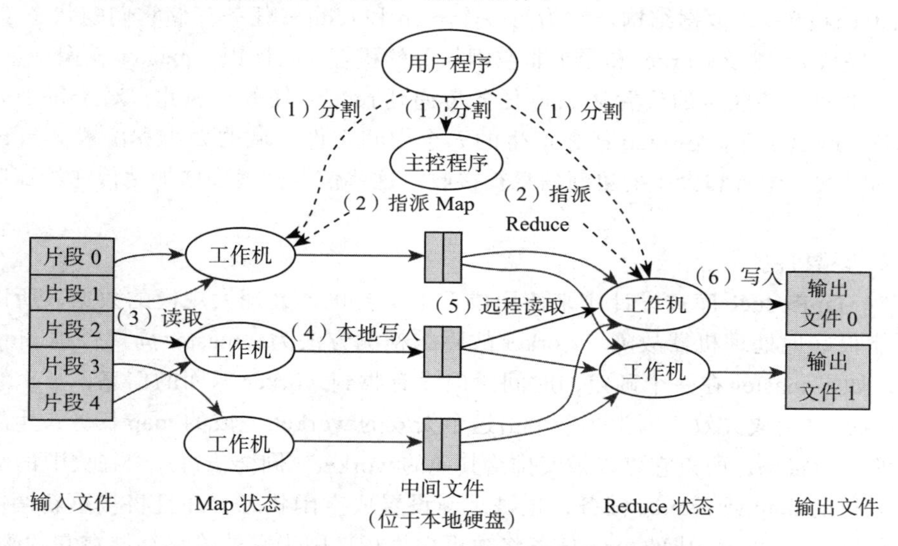

图 9-6　Google 实现的 MapReduce 操作的全部流程

1）在用户程序中的 MapReduce 库首先将输入文件分割成 M 个片，每个片的大小一般为 16 ～ 64MB(用户可以通过可选的参数来控制)。然后在机群中开始大量地复制程序。

2）这些程序拷贝中的一个是 master，其他的拷贝都是由 master 分配任务的 worker。有 M 个 map 任务和 R 个 reduce 任务将被分配。master 分配一个 map 任务或 reduce 任务给一个空闲的 worker。

3）一个被分配了 map 任务的 worker 读取相关输入片段的内容。它从输入数据中分析出 key/value 对，然后把 key/value 对传递给用户自定义的 map 函数。由 map 函数产生的中间 key/value 对被缓存在内存中。

4）缓存在内存中的 key/value 对被周期性地写入到本地磁盘，通过分割函数把它们写入 R 个区域。在本地磁盘上的缓存对的位置被传送给 master，master 负责把这些位置传送给 reduceworker。

5）当一个 reduceworker 得到 master 的位置通知的时候，它使用远程过程调用来从 mapworker 的磁盘上读取缓存的数据。当 reduceworker 读取了所有的中间数据后，它通过排序使具有相同key的内容聚合在一起。因为许多不同的key映射到相同的reduce任务，所以排序是必须的。如果中间数据比内存还大，那么还需要一个外部排序。

6）reduceworker迭代排过序的中间数据，对于遇到的每一个唯一的中间key，它把key和相关的中间value集传递给用户自定义的reduce函数。reduce函数的输出被添加到这个reduce分割的最终的输出文件中。

当所有的map和reduce任务都完成后，master唤醒用户程序。这时，在用户程序里的MapReduce调用返回到用户代码。在成功完成之后，MapReduce执行的输出存放在R个输出文件中(每一个reduce任务产生一个由用户指定名字的文件)。通常，用户不需要将这R个输出文件合并成一个文件，他们经常把这些文件当作一个输入传递给其他的MapReduce调用，或者在可以处理多个分割文件的分布式应用中使用它们。

（2）master的数据结构

master保持一些数据结构。它为每一个map和reduce任务存储它们的状态（空闲，工作中，完成)，以及worker机器(非空闲任务的机器)的标识。master就像一个管道，通过它，中间文件区域的位置从map任务传递到reduce任务。因此，对于每个完成的map任务，master存储由map任务产生的R个中间文件区域的大小和位置。当map任务完成的时候，位置和大小的更新信息被接收。这些信息被逐步增加地传递给那些正在工作的reduce任务。

（3）容错机制

因为MapReduce库被设计用来使用成百上千台机器处理大规模的数据，所以这个库必须能很好地处理机器故障。worker故障的检测方法为：master周期性地ping每个worker，如果master在一个确定的时间段内没有收到worker返回的信息，那么它将把这个worker标记成失效。因为每一个由这个失效的worker完成的map任务被重新设置成初始的空闲状态，所以它可以被安排给其他的worker。同样，每一个在失败的worker上正在运行的map或reduce任务，也被重新设置成空闲状态，并且将被重新调度。在一个失败机器上已经完成的map任务将被再次执行，因为它的输出存储在它的磁盘上，所以不可访问。已经完成的reduce任务将不会被再次执行，因为它的输出存储在全局文件系统中。当一个map任务首先被workerA执行之后，又被worker B执行了(因为worker A失效了)，重新执行这个情况被通知给所有执行reduce任务的worker。任何还没有从worker A读数据的reduce任务将从workerB读取数据。MapReduce可以处理大规模worker失败的情况。例如，在一个MapReduce操作期间，在正在运行的机群上进行网络维护导致80台机器在几分钟内不可访问，MapReduce master只是简单地再次执行已经被不可访问的worker完成的工作，继续执行，最终完成了这个MapReduce操作。

应对master故障，可以很容易地让master周期性地写入上面描述的数据结构的检查点。如果这个master任务失败了，可以从上次最后一个检查点开始启动另一个master进程。然而，因为只有一个master，所以它的失败比较麻烦。因此现在的实现是，如果master失败，就中止MapReduce计算。客户可以检查这个状态，并且可以根据需要重新执行MapReduce操作。在错误面前的处理机制当用户提供的Map和Reduce操作对它的输出值是确定的函数时，我们的分布式实现产生与全部程序正确地顺序执行一样的输出。

我们依赖对map和reduce任务的输出进行原子提交来完成这个性质。每个工作中的任务把它的输出写到私有临时文件中。一个 reduce 任务产生一个这样的文件，而一个 map 任务产生 R 个这样的文件（一个 reduce 任务对应一个文件）。当一个 map 任务完成的时候，worker 发送一个消息给 master，在这个消息中包含这 R 个临时文件的名字。如果 master 从一个已经完成的 map 任务再次收到一个完成的消息，它将忽略这个消息。否则，它在 master 的数据结构里记录这 R 个文件的名字。当一个 reduce 任务完成的时候，这个 reduceworker 原子把临时文件重命名为最终的输出文件。如果相同的 reduce 任务在多个机器上执行，多个重命名调用将被执行，并产生相同的输出文件。我们依赖于由底层文件系统提供的原子重命名操作来保证，最终的文件系统状态仅仅包含一个 reduce 任务产生的数据。我们的 map 和 reduce 操作大部分都是确定的，并且我们的处理机制等价于一个顺序的执行的事实，使程序员可以很容易地理解程序的行为。当 map 或 reduce 操作是不确定的时候，我们提供虽然比较弱但是合理的处理机制。在一个非确定操作的前面，一个 reduce 任务 R_1 的输出等价于一个非确定顺序程序执行产生的输出。然而，一个不同的 reduce 任务 R_2 的输出也许符合一个不同的非确定顺序程序执行产生的输出。考虑 map 任务 M 和 reduce 任务 R_1、R_2 的情况。我们设定 $e(R_i)$ 为已经提交的 R_i 的执行（有且仅有一个这样的执行）。这个比较弱的语义出现，因为 $e(R_1)$ 也许已经读取了由 M 的执行产生的输出，而 $e(R_2)$ 也许已经读取了由 M 的不同执行产生的输出。

（4）存储位置

在计算机环境里，网络带宽是一个相当缺乏的资源。我们通过把输入数据(由 GFS 管理)存储在机器的本地磁盘上来保存网络带宽。GFS 把每个文件分成 64MB 的块，然后将每个块的几个拷贝存储在不同的机器上（一般是 3 个拷贝）。MapReduce 的 master 考虑输入文件的位置信息，并且努力在一个包含相关输入数据的机器上安排一个 map 任务。如果这样做失败了，它尝试在该任务输入数据的附近安排一个 map 任务（例如，分配到与包含输入数据块在一个 switch 里的 worker 机器上执行）。当 MapReduce 操作在一个机群中的部分机器上的时候，大部分输入数据在本地被读取，因此不消耗网络带宽。

（5）任务粒度

像上面描述的那样，我们将 map 阶段细分成 M 片，将 reduce 阶段细分成 R 片。M 和 R 应当比 worker 机器的数量大许多。每个 worker 执行许多不同的操作来提高动态负载均衡，也可以从一个 worker 失效中加速恢复，这台机器上许多已经完成的 map 任务可以被分配到所有其他的 worker 机器上。M 和 R 的范围是有大小限制的，因为 master 必须做 $O(M+R)$ 次调度，并且在内存中保存 $O(M\times R)$ 个状态 [此因素使用的内存是很少的，在 $O(M\times R)$ 个状态片里，大约每个 map 任务 /reduce 任务对使用一个字节的数据]。此外，R 经常被用户限制，因为每一个 reduce 任务最终都是一个独立的输出文件。实际上，我们倾向于选择 M，以便每个单独的任务大概都是 16 ～ 64MB 的输入数据（使上面描述的位置优化是最有效的），我们把 R 设置成希望使用的 worker 机器数量的小倍数。例如，在 M=200 000、R=5000、使用 2000 台 worker 机器的情况下执行 MapReduce 计算。

（6）备用任务

落后者是延长 MapReduce 操作时间的原因之一：一个机器花费一段异乎寻常的长时间来完成最后的 map 或 reduce 任务中的一个。有很多原因可能产生落后者。例如，一个有坏磁盘的机器经常发生可以纠正的错误，这样就使读性能从 30MB/s 降低到 3MB/s。

机群调度系统也许已经在这个机器上安排了其他的任务，由于计算要使用 CPU、内存、本地磁盘、网络带宽，因此它执行 MapReduce 代码很慢。问题是，在机器初始化时的 Bug 会引起处理器缓存的失效：一台被影响的机器的计算性能会受到上百倍的影响。我们有一个一般的机制来缓解落后者的问题。当一个 MapReduce 操作将要完成的时候，master 调度备用进程来执行那些剩下的还在执行的任务。无论是原来的还是备用的，只要执行完成了，工作都被标记成完成。我们调整了这个机制，通常只会占用多几个百分点的机器资源，这可以显著地减少完成大规模 MapReduce 操作的时间。

4. MapReduce 的优势

MapReduce 的优势如下。

- 移动计算而不是移动数据，避免了额外的网络负载。
- 任务之间相互独立，可以更容易地处理局部故障，对于单个节点的故障，只需要重启该节点任务即可。它避免了故障蔓延到整个集群，能够容忍同步中的错误。对于拖后腿的任务，也可以启动备份任务以加快任务完成。
- 理想状态下 MapReduce 模型是可线性扩展的，它是为了使用便宜的商业机器而设计的计算模型。
- MapReduce 模型结构简单，终端用户至少只需要编写 Map 和 Reduce 函数。
- 相对于其他分布式模型，MapReduce 的一大特点是其平坦的集群扩展代价曲线。因为 MapReduce 在启动作业、调度等管理操作的时间成本相对较高，MapReduce 在节点有限的小规模集群中的表现并不十分突出。但在大规模集群中，MapReduce 的表现非常好。

5. MapReduce 的劣势

MapReduce 的劣势如下。

- MapReduce 模型本身有诸多限制，比如缺乏一个中心用于同步各个任务。
- 用 MapReduce 模型来实现常见的数据库连接操作非常麻烦且效率低下，因为 MapReduce 模型是没有索引结构的，通常整个数据库都会通过 Map 和 Reduce 函数。
- MapReduce 集群管理比较麻烦，在集群中调试、部署以及日志收集工作都很困难。
- 单个 Master 节点有发生单点故障的可能性且可能会限制集群的扩展性。
- 当中间结果必须保留的时候，作业的管理并不简单。
- 对于集群的参数配置的最优解并非显然，许多参数都需要有丰富的应用经验才能确定。

9.3.2 Spark

Spark 由加州大学伯克利分校 AMP 实验室开发，可用来构建大型的、低延迟的数据分析应用程序。本质上，Spark 是一种面向大数据处理的分布式内存计算模式或框架。Spark 启用了内存分布数据集，除了能够提供交互式查询外，它还可以优化迭代工作负载。Spark 是在 Scala 语言中实现的，它将 Scala 用作其应用程序框架，而 Scala 语言的特点也铸就了大部分 Spark 的成功。Spark 是类似于 Hadoop MapReduce 的通用并行框架，但在迭代计算上比 MapReduce 性能更优，现在是 Apache 孵化的顶级项目。与 Hadoop 不同，Spark 和 Scala 能够紧密集成，其中的 Scala 可以像操作本地集合对象一样轻松地操作分布式数据集。尽管创建 Spark 是为了支持分布式数据集上的迭代作业，但是实际上它是对 Hadoop 的补充，可以在 Hadoop 文件系统中并行运行。可以通过名为 Mesos 的第三方集群框架支持此行为。

虽然 Spark 与 Hadoop 有相似之处，但它提供了一个新的具有有用差异的集群计算框架。首先，Spark 是为集群计算中特定类型的工作负载而设计的，即那些在并行操作之间重用工作数据集（比如机器学习算法）的工作负载。为了优化这些类型的工作负载，Spark 引入了内存集群计算的概念，可在内存集群计算中将数据集缓存在内存中，以缩短访问延迟。

Spark 还引入了名为弹性分布式数据集 (RDD) 的抽象。RDD 是分布在一组节点中的只读对象集合。这些集合是弹性的，如果一部分数据集丢失，则可以对它们进行重建。重建部分数据集的过程依赖于容错机制，该机制可以维护“血统”（即允许基于数据衍生过程重建部分数据集的信息）。RDD 被表示为一个 Scala 对象，可以通过读取文件来创建 RDD，并对其进行各种转换操作，比如可以将 RDD 转换为一个并行化的切片。注意，RDD 是不可变的数据结构，每次对 RDD 进行转换操作都会生成一个新的 RDD。因此，在做完所有需要的转换之后，如果要重新使用结果 RDD，最好将其持久化以提高性能。

Spark 中的应用程序称为驱动程序，这些驱动程序可实现在单一节点上执行的操作或在一组节点上并行执行的操作。与 Hadoop 类似，Spark 支持单节点集群或多节点集群。对于多节点操作，Spark 依赖于 Mesos 集群管理器。Mesos 为分布式应用程序的资源共享和隔离提供了一个有效平台。该设置允许 Spark 与 Hadoop 共存于节点的一个共享池中。

1. Spark 生态环境

Spark 有一套生态环境，而这套蓝图是 AMP 实验室正在绘制的。Spark 在整个生态系统中的地位如图 9-7 所示，它是基于 Tachyon 的。底层的 Mesos 类似于 YARN 调度框架，在其上也可以搭载 Spark、Hadoop 等环境。Shark 类似 Hadoop 里的 Hive，而其性能比 Hive 要快成百上千倍，不过 Hadoop 注重的不一定是最快的速度，而是廉价集群上离线批量的计算能力。此外，图 9-7 中还有图数据库 GraphX、流处理组件 Spark Streaming 以及机器学习的 ML Base。也就是说，Spark 这套生态环境把大数据领域的数据流计算和交互式计算都包含了，而另外一块批处理计算应该由 Hadoop 占据，同时 Spark 也可以同 HDFS 交互以便取得其中的数据文件。Spark 的迭代、内存运算能力以及交互式计算为数据挖掘、机器学习提供了很必要的辅助。

2. Spark 总体架构

Spark 总体架构如图 9-8 所示，其中各组件介绍如下。

- Driver Program：运行 main 函数并且新建 SparkContext 的程序。
- SparkContext：Spark 程序的入口，负责调度各个运算资源，协调各个 Worker Node 上的 Executor。
- Application：基于 Spark 的用户程序，包含了 Driver 程序和集群上的 Executor。
- Cluster Manager：集群的资源管理器，例如 Standalone、Mesos、YARN。

- Worker Node：集群中任何可以运行应用代码的节点。
- Executor：在一个 Worker Node 上为某应用启动的进程，该进程负责运行任务，并且负责将数据存储在内存或者磁盘上。每个应用都有各自独立的 Executor。
- Task：被送到某个 Executor 上的工作单元。

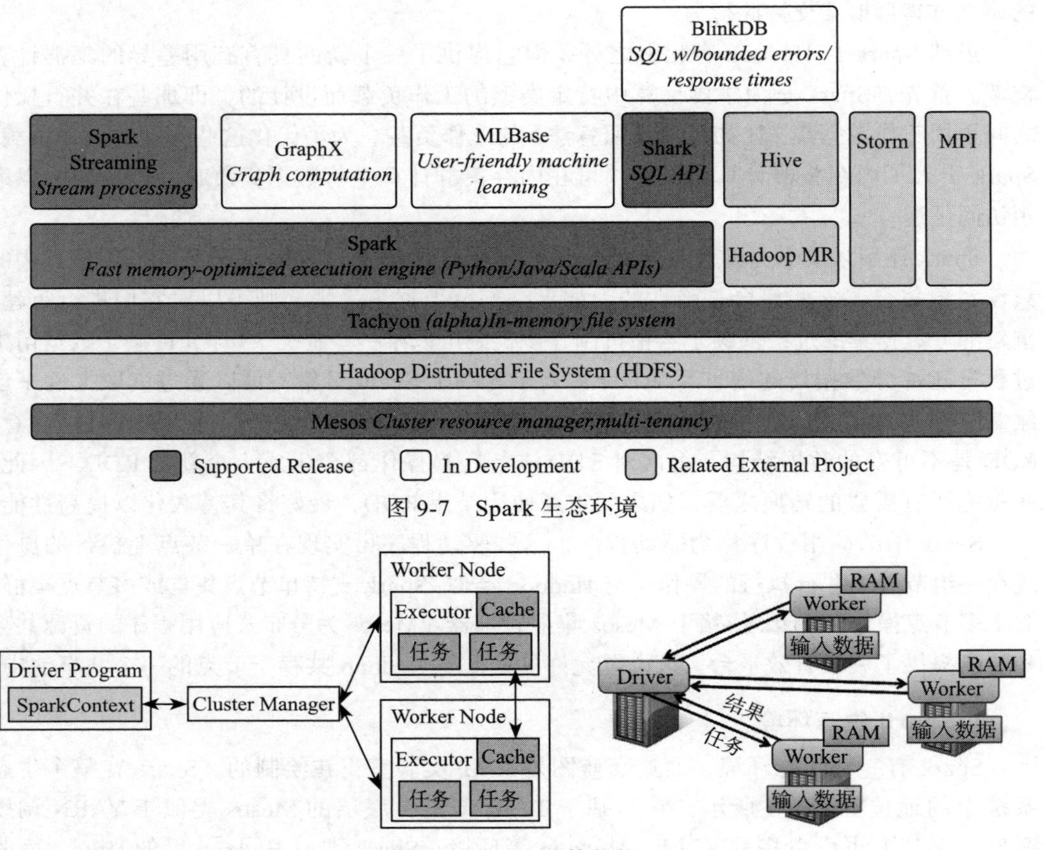

图 9-7 Spark 生态环境

图 9-8 Spark 总体架构

在 Spark 集群中，有两个重要的部件，即 Driver 和 Worker。Driver 程序是应用逻辑执行的起点，类似于 Hadoop 架构中的 JobTracker，而多个 Worker 用来对数据进行并行处理，相当于 Hadoop 的 TaskTracker。尽管不是强制的，但数据通常与 Worker 搭配，并在集群内的同一套机器中进行分区。在执行阶段，Driver 程序会将代码或 scala 闭包传递给 Worker 机器，同时对相应分区的数据进行处理。数据会经历转换的各个阶段，同时尽可能地保持在同一分区之内。执行结束之后，Worker 会将结果返回到 Driver 程序。一个用户程序从提交到最终到集群上执行的过程如下。

1）SparkContext 连接到 Cluster Manager，并且向 Cluster Manager 申请 Executor。

2）SparkContext 向 Executor 发送应用代码。

3）SparkContext 向 Executor 发送任务，Executor 会执行被分配的任务。

3. 弹性分布式数据集

提及 Spark，就不得不提 Spark 的核心数据结构弹性分布式数据集（RDD）。它是逻辑集中的实体，但在集群中的多台机器上进行了分区。通过对多台机器上不同 RDD 联合分区的控制，就能够减少机器之间数据混合（data shuffling）。Spark 提供了一个 partition-by 运算符，能够通过在集群中多台机器之间对原始 RDD 进行数据再分配来创建一个新的 RDD。

RDD 可以随意在 RAM 中进行缓存，因此它提供了更快速的数据访问。目前缓存的粒度处在 RDD 级别，因此只能是全部 RDD 被缓存。在集群中有足够的内存时，Spark 会根据 LRU 驱逐算法将 RDD 进行缓存。

RDD 提供了一个抽象的数据架构，我们不必担心底层数据的分布式特性，而应用逻辑可以表达为一系列转换处理。通常应用逻辑是以一系列 Transformation 和 Action 来表达的。在执行 Transformation 过程中原始 RDD 是不变而不灭的，Transformation 后产生的是新的 RDD。前者在 RDD 之间指定处理的相互依赖关系有向无环图（DAG），后者指定输出的形式。调度程序通过拓扑排序来决定 DAG 执行的顺序、追踪最源头的节点或者代表缓存 RDD 的节点。

用户通过选择 Transformation 的类型并定义 Transformation 中的函数来控制 RDD 之间的转换关系。用户调用不同类型的 Action 操作来把任务以自己需要的形式输出。Transformation 在定义时并没有立刻被执行，而是等到第一个 Action 操作到来时，再根据 Transformation 生成各代 RDD，最后由 RDD 生成最后的输出。

4. RDD 依赖的类型

在 RDD 依赖关系有向无环图中，两代 RDD 之间的关系由 Transformation 来确定，根据 Transformation 的类型，生成的依赖关系有两种形式：宽依赖（wide dependency）与窄依赖（narrow dependency）。

如图 9-9 所示，窄依赖是指父 RDD 的每一个分区最多被一个子 RDD 的分区所用，表现为一个父 RDD 的分区对应于一个子 RDD 的分区或多个父 RDD 的分区对应于一个子 RDD 的分区，也就是说一个父 RDD 的一个分区不可能对应一个子 RDD 的多个分区。窄依赖的 RDD 可以通过相同的键进行联合分区，整个操作都可以在一台机器上进行，不会造成网络之间的数据混合。

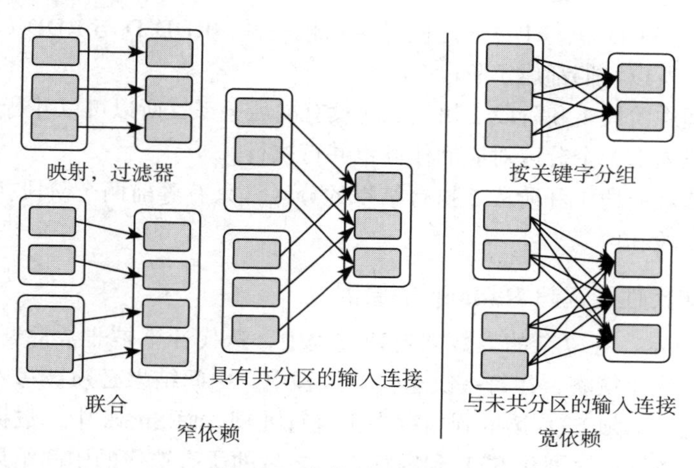

图 9-9　窄依赖和宽依赖

宽依赖是指子 RDD 的分区依赖于父 RDD 的多个分区或所有分区，也就是说存在一个父 RDD 的一个分区对应一个子 RDD 的多个分区。宽依赖的 RDD 就会涉及数据混合。调度程序会检查依赖性的类型，将窄依赖的 RDD 划到一组处理当中，即阶段（stage）。宽依赖在一个执行中会跨越连续的阶段，同时需要显式指定多个子 RDD 的分区。

5. RDD 任务生成模式

如图 9-10 所示，一个实心小方框代表一个 RDD 的分区（partition），几个分区合成一个 RDD，图中的箭头代表 RDD 之间的关系。用户提交的计算任务是一个由 RDD 构成的 DAG，如果 RDD 的转换是宽依赖，那么这个宽依赖转换就将 DAG 分为了不同的阶段。由于宽依赖会带来“洗牌”（shuffle），因此不同的阶段是不能并行计算的，后面阶段的 RDD 的计算需要等待前面阶段的 RDD 的所有分区全部计算完以后才能进行。把一个 DAG 划分成多个阶段以后，每个阶段都代表了一组由关联的、相互之间没有宽依赖关系的任务组成的任务集合。在运行的时候，Spark 会把每个任务集合提交给任务调度器进行处理。如何切分 DAG（Spark 划分任务阶段）呢？ Spark 将每一个任务分为不同的阶段，根据是否 shuffle 来切成多个小 DAG（即 stage），凡是 RDD 之间是窄依赖的，都归到一个阶段里，在每个阶段内部将具有窄依赖的转换流水线化。

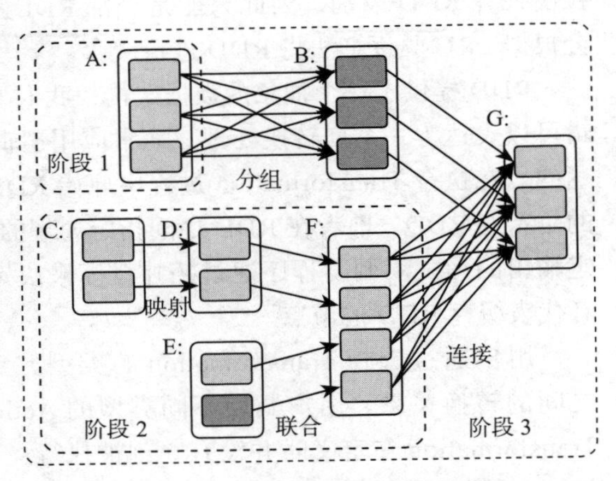

图 9-10　Spark 任务生成模式

- RDD B 与 RDD G 属于窄依赖，所以它们属于同一个阶段，RDD B 与父 RDD A 之间是宽依赖的关系，它们不能被划分在一起，所以 RDD A 自己组成阶段 1。
- RDD F 与 RDD G 属于宽依赖，它们不能被划分在一起，所以最后一个阶段的范围也就限定了，RDD B 和 RDD G 组成了阶段 3。
- RDD F 与 RDD D、RDD E 之间是窄依赖关系，RDD D 与 RDD C 之间也是窄依赖关系，所以它们都属于阶段 2。
- 执行过程中阶段 1 和阶段 2 相互之间没有前后关系，所以可以并行执行，相应地，每个阶段内部各个分区对应的任务也并行执行。
- 阶段 3 依赖阶段 1 和阶段 2 执行结果的分区，只有等前两个阶段执行结束后才可以启动阶段 3。

6. Spark 迭代性能远超 Hadoop 的原因

如图 9-11 所示，在复杂的大数据处理过程中，迭代计算是非常常见的。Hadoop 对于迭代计算没有优化策略，在每一次迭代的过程中，中间结果必须被写入到磁盘中，并且在写一个迭代时必须 ETL 读取到内存中再进行处理。而 Spark 中，数据只有在第一个迭代的过程中把数据反序列化 ETL 到内存中，之后的所有迭代的中间结果都保存在内存中，极大地减少了 I/O 操作次数，其在迭代计算中的效率自然比 Hadoop 高出许多。

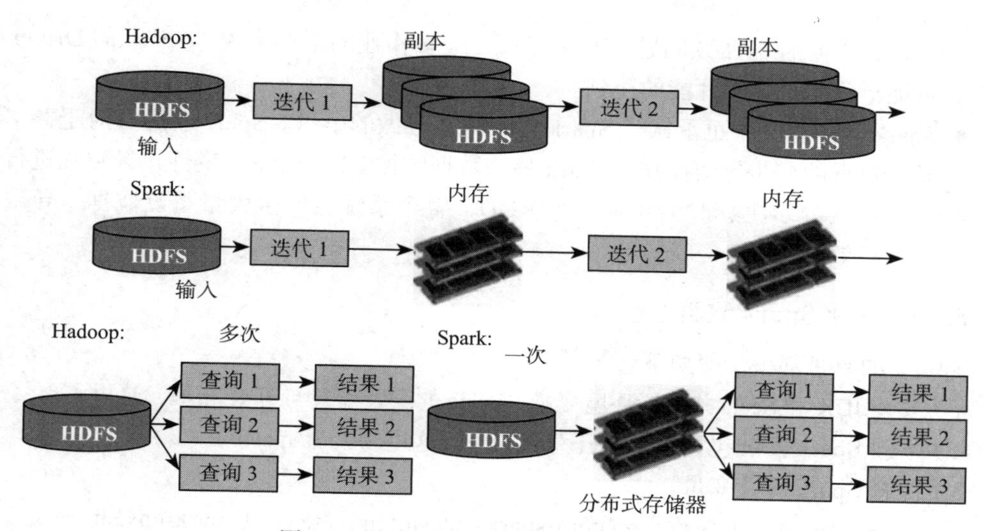

图 9-11　Spark 与 Hadoop 迭代过程比较

在实际操作中，多次读取同一块数据并做不同的计算也是比较常见的。Hadoop 在这方面并没有做优化，每一次查询操作都必须从 HDFS 上读取数据，导致更多的硬盘开销。而 Spark 只有在第一次调用 HDFS 数据时才反序列化读取到内存中，以后每次针对这一数据的查询都直接通过内存来读取。

7. Spark 的优缺点

Spark 的优点如下。

- 相对于 Hadoop 来说，Spark 的执行效率更高，当整个集群内存足够保存查询过程中的所有 RDD 时，Spark 的查询效率可以超过 Hadoop 50 ～ 100 倍。这样的低延迟在大数据量处理中可以被认为是实时给予结果。特别是针对重复使用同一块数据或者迭代使用不同的数据的过程，Spark 更是远胜于 Hadoop。
- 由于 Spark 能够实时地给予用户查询结果，它能够做到与用户互动式的查询，不需要用户长时间等待。而 Hadoop 的作业长时延导致其处理只能是批处理，即用户批量输入任务然后等待任务结果。
- 快速的故障恢复。RDD 的 DAG 令 Spark 具有故障恢复的能力。当发生节点故障的时候，Spark 会在其他的节点上根据 DAG 重新构建故障节点的 RDD。由于 RDD 的依赖机制中的窄依赖只在单个节点上运行，除了生成初始 RDD 之外只在内存中进行，因此处理速度很快。宽依赖虽然需要网络通信但是其计算也全部在内存中，因此 RDD 的故障恢复速度要比 Hadoop 快。
- 在 Spark 中，一个 Action 生成一个作业，而在不同的 Action 之间，RDD 是可以共享的。上一个 Action 使用或生成的 RDD 可由下一个 Action 调用，因此实现作业之间的数据共享。对于 Hadoop 来说，其中间结果是保存在 Mapper 的本地文件系统中的，无法让中间结果在作业之间共享。而作业结果又保存在 HDFS 上，读取下一个作业的时候还要重新做 ETL。

Spark 的缺点如下。

- Spark 的架构借鉴了 Hadoop 的 Master-Slave 架构，因此它也有与 Hadoop 相同的

Master 节点性能瓶颈问题。对于多用户、多作业的集群来说，Spark 的 Driver 很可能形成整个集群性能的瓶颈。

- Spark 官方论文中也承认了 Spark 也有不适合做的事情。Spark 不适合对于共享状态、数据的异步更新操作。Spark 核心数据结构 RDD 的不可变性，导致在进行每一个小的异步更新时会生成一个 RDD，整个系统会产生大量重复数据，导致系统处理效率低下。

8. 简单搭建 Spark 集群

Spark 的单机部署步骤如下。

1）安装 JDK 和 Scala 并配置环境变量。Scala 的安装配置与 JDK 相似，这里不再赘述。

2）下载 Spark 安装包并解压到任意目录下（这里为 /opt/spark/）。

3）配置 Spark 环境变量。

在 Spark 的根目录下执行：cp conf/spark-env.sh.template conf/spark-env.sh。

目前 Spark 环境不依赖 Hadoop，也就不需要 Mesos，所以配置的东西很少。最简单的配置信息有：

```
export SCALA_HOME=/opt/scala-2.10.3
export JAVA_HOME=/usr/java/jdk1.7.0_17
```

4）构建 Spark

在 Spark 的根目录下运行 sbt/sbt assembly 命令完成后，就会下载 Spark 部署所需的依赖包，如图 9-12 所示。

```
[root@centos6-vb spark-0.9.0-incubating]# ./sbt/sbt assembly
Attempting to fetch sbt
######################################################################## 100.0%
Launching sbt from sbt/sbt-launch-0.12.4.jar
Getting net.java.dev.jna jna 3.2.3 ...
downloading http://repo1.maven.org/maven2/net/java/dev/jna/jna/3.2.3/jna-3.2.3.jar ...
        [SUCCESSFUL ] net.java.dev.jna#jna;3.2.3!jna.jar (20629ms)
:: retrieving :: org.scala-sbt#boot-jna
        confs: [default]
        1 artifacts copied, 0 already retrieved (838kB/44ms)
Getting org.scala-sbt sbt 0.12.4 ...
downloading http://repo.typesafe.com/typesafe/ivy-releases/org.scala-sbt/sbt/0.12.4/jars/sbt.jar
...
        [SUCCESSFUL ] org.scala-sbt#sbt;0.12.4!sbt.jar (2381ms)
downloading http://repo.typesafe.com/typesafe/ivy-releases/org.scala-sbt/main/0.12.4/jars/main.ja
r ...
        [SUCCESSFUL ] org.scala-sbt#main;0.12.4!main.jar (19743ms)
downloading http://repo.typesafe.com/typesafe/ivy-releases/org.scala-sbt/compiler-interface/0.12.
4/jars/compiler-interface-bin.jar ...
        [SUCCESSFUL ] org.scala-sbt#compiler-interface;0.12.4!compiler-interface-bin.jar (3265ms)
downloading http://repo.typesafe.com/typesafe/ivy-releases/org.scala-sbt/compiler-interface/0.12.
4/jars/compiler-interface-src.jar ...
        [SUCCESSFUL ] org.scala-sbt#compiler-interface;0.12.4!compiler-interface-src.jar (2180ms)
downloading http://repo.typesafe.com/typesafe/ivy-releases/org.scala-sbt/precompiled-2_8_2/0.12.4
```

图 9-12　下载 Spark 所需的依赖包

编译后的结果如图 9-13 所示。

```
[warn] Strategy 'first' was applied to 241 files
[info] Checking every *.class/*.jar file's SHA-1.
[info] Assembly up to date: /opt/spark/spark-0.9.0-incubating/assembly/target/sc
ala-2.10/spark-assembly-0.9.0-incubating-hadoop1.0.4.jar
[success] Total time: 156 s, completed Feb 28, 2014 6:28:13 PM
[root@centos6-vb spark-0.9.0-incubating]#
```

图 9-13　编译后的结果

编译后的jar文件路径为spark-0.9.0-incubating/assembly/target/scala-2.X/spark-assembly-0.9.0-incubating-hadoop1.0.4.jar（在Eclipsevs创建Spark应用时，需要把这个jar文件添加到构建路径）。

5）通过 >[bin]#./spark-shell命令可以进入Scala解释器环境。如图9-14所示，在解释器环境下（Spark交互模式）测试Spark，便可知Spark是否正常运行。

```
scala> var data=Array(1,2,3,4,5,6)
data: Array[Int] = Array(1, 2, 3, 4, 5, 6)

scala> val distData = sc.parallelize(data)
distData: org.apache.spark.rdd.RDD[Int] = ParallelCollectionRDD[0] at parallelize at <cor

scala> distData.reduce(_+_)
14/02/28 18:15:54 INFO SparkContext: Starting job: reduce at <console>:17
14/02/28 18:15:54 INFO DAGScheduler: Got job 0 (reduce at <console>:17) with 1
output partitions (allowLocal=false)
14/02/28 18:15:54 INFO DAGScheduler: Final stage: Stage 0 (reduce at <console>:17)
14/02/28 18:15:54 INFO DAGScheduler: Parents of final stage: List()
14/02/28 18:15:54 INFO DAGScheduler: Missing parents: List()
14/02/28 18:15:54 INFO DAGScheduler: Submitting Stage 0
(ParallelCollectionRDD[0] at parallelize at <console>:14), which has no missing parents
14/02/28 18:15:55 INFO DAGScheduler: Submitting 1 missing tasks from Stage 0
(ParallelCollectionRDD[0] at parallelize at <console>:14)
14/02/28 18:15:55 INFO TaskSchedulerImpl: Adding task set 0.0 with 1 tasks
14/02/28 18:16:00 INFO TaskSetManager: Starting task 0.0:0 as TID 0
on executor localhost: localhost (PROCESS_LOCAL)
14/02/28 18:16:00 INFO TaskSetManager: Serialized task 0.0:0 as 1077 bytes in 88 ms
14/02/28 18:16:01 INFO Executor: Running task ID 0
14/02/28 18:16:02 INFO Executor: Serialized size of result for 0 is 641
14/02/28 18:16:02 INFO Executor: Sending result for 0 directly to driver
14/02/28 18:16:02 INFO Executor: Finished task ID 0
14/02/28 18:16:02 INFO TaskSetManager: Finished TID 0 in 6049
ms on localhost (progress: 0/1)
14/02/28 18:16:02 INFO DAGScheduler: Completed ResultTask(0, 0)
14/02/28 18:16:02 INFO DAGScheduler: Stage 0 (reduce at <console>:17) finished in 6.167
s
14/02/28 18:16:02 INFO TaskSchedulerImpl: Remove TaskSet 0.0 from pool
14/02/28 18:16:02
INFO SparkContext: Job finished: reduce at <console>:17, took 7.928379191 s
res0: Int = 21</console></console></console></console></console></console></console></cor
```

图9-14 Spark测试图

至此，Spark单机部署搭建成功。

多个集群的全分布部署也很简单，像Hadoop配置过程一样，主要步骤如下。

1）在各个节点安装JDK、Scala并配置环境变量。

2）各个节点配置同一个账户的免密码登录。

3）复制Spark文件夹到各个节点的相同的目录。

4）在conf/slaves文件中添加各个节点的主机名。

5）在Spark的sbin目录下运行 ./start-all.sh就可以启动集群。

这里启动的集群只是最简配置下的基于Hadoop 1.X集群，如果需要配置高可用性、高性能的集群，仍需参考官方配置文档。

9.3.3 流式计算

1. 流数据

流式大数据是随着时间而无限增加的数据序列，简称为流数据。与传统的静态数据相比，这些数据具有鲜明的流式特征。

- 流数据的数据量是庞大的，且随着时间的增加，数据规模将持续无限扩大，我们无法掌握数据的全貌，流数据是无穷的数据序列。

- 流数据具有时效性，延时过长会使其丧失价值，因此，需要保证对数据的实时更新、处理和反馈，数据的实时性要求高。
- 流数据通常是由多个数据源持续形成的，不同数据源的产生和传输速率不同，因此，数据具有突发性，是不断变化的，数据的顺序也是随机的。
- 流数据的处理往往是单次处理，且与数据元素流入顺序有关。若非专门存储，不能多次、随机访问这些数据元素。

很明显，根据流数据的数据特征，我们需要计算架构是：可靠的，能够处理无限流数据；延时短的，能够实时处理流数据，把握流数据的价值；有良好伸缩性的，能够根据数据量的突发变化快速扩展或回收计算资源。

通常，处理海量数据有两种计算模式，即批量计算和流式计算，它们的特点比较如表9-1所示。相比之下，批量计算是先将数据存储到硬盘中，进行数据积累后再处理硬盘中的数据，需要的存储空间较大，且由于集中处理，对计算资源的利用率较低，但对数据的准确性和持久性要求较高。流式计算直接在内存中处理数据，不需要将数据存储至硬盘中，处理的速度和实时性相对较高。两种计算模式的处理过程如图9-15所示。显然，流式计算能更好地处理流数据。

表9-1 计算模式特点对比

对比项	批量计算	流式计算
数据类型	静态离线数据	实时动态数据
数据规模	数据的有限集合	无限扩大的数据集合
数据存储	硬盘	无须存储
存储空间	大	小
实时性	低	高
准确性	高	低
持久性	高	低

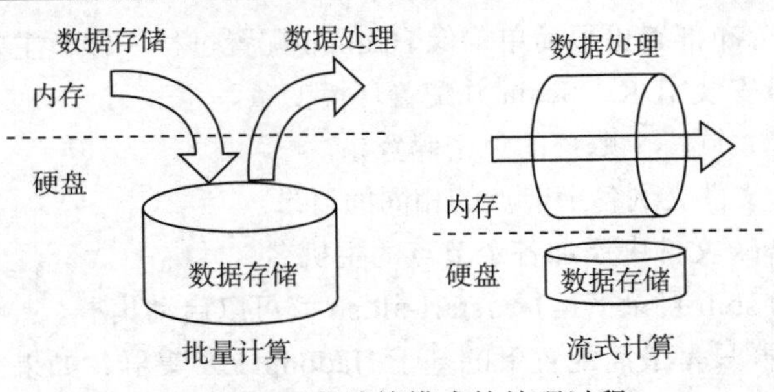

图9-15 两种计算模式的处理过程

2. 流式计算系统

流式计算是对流式数据进行实时分析计算的一种技术，它能很好地满足流数据处理的实时性和可靠性的要求，因此，已经有许多流式计算系统投入使用。目前，比较具有代表性的大数据流式计算系统有Spark Streaming系统、Storm系统、S4系统和Kafka系统。其中，Spark Streaming系统、Storm系统和Kafka系统采用的是有中心的主从式架构，S4系统采用的是去中心化的对等式架构。

（1）系统架构

- 主从式架构：如图 9-16 所示，系统包括一个主节点与多个从节点，各个从节点之间没有数据交换。主节点负责分配系统资源和任务，同时，完成系统容错、负载均衡等工作；从节点负责完成主节点分配的任务，每个从节点都受主节点的控制。
- 对等式架构：如图 9-17 所示，系统中每个节点是对等的，节点的功能相同，对资源的使用权限也相同，能够更好地实现负载均衡。对等架构有良好的伸缩性，能够更好地应对流数据的突发性。另外，当部分节点失效时，对其他节点的影响很小，系统的容错性较强。

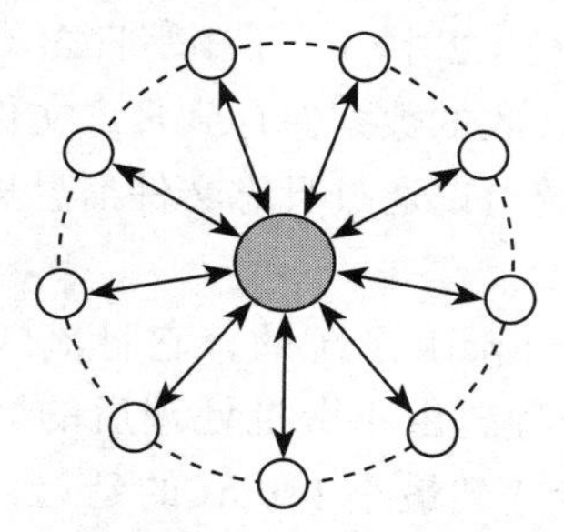

图 9-16　主从式架构

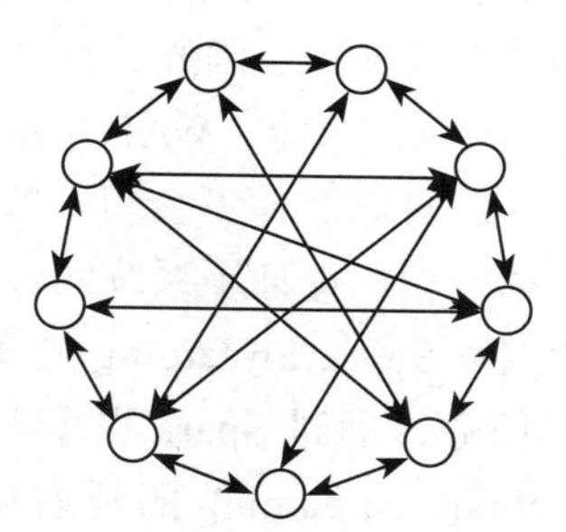

图 9-17　对等式架构

（2）应用场景

大数据流式计算主要有金融银行业、互联网、物联网等三个典型领域的应用场景。

- 金融银行业。金融银行业的日常运营业务有大量数据，不同银行、不同部门的内部的流动数据规模也很大，且数据结构各不相同。在风险管理、营销管理和商业智能方面，流式计算能够转换不同结构的数据项，提取数据特征，实现数据流的快速实时处理，实现系统的监控和优化。
- 互联网。互联网上每天都有大量的数据流动，它们以文字、图片、音频等形式存在。互联网企业通过分析用户的查询历史、浏览历史、地理位置等信息，提供用户偏好的新闻、广告等，提升用户体验，获得点击付费的广告盈利。它们对系统的实时性、吞吐量要求很高。
- 物联网。在物联网领域，传感器产生庞大的数据量。电力、交通、环境等行业都需要传感器采集大量的数据以实现对整个系统的监控和决策分析。而传感器的数量众多、种类各异，采集的数据的结构和种类也具有多样性，因此，需要大数据流式计算来保障系统的实时性和可靠性。

（3）典型的流式计算系统

Spark Streaming 系统

Spark Streaming 系统是在 Spark 基础上扩展的实时计算框架，能够实现高吞吐量的、容错处理的流式数据处理。如图 9-18 所示，Spark Streaming 对实时流数据的处理流程是，将流数据按照时间间隔分为许多微小的批量数据，即微批数据，通过 Spark Engine 以批处理的方式处理微批数据，最后得到处理后的结果。

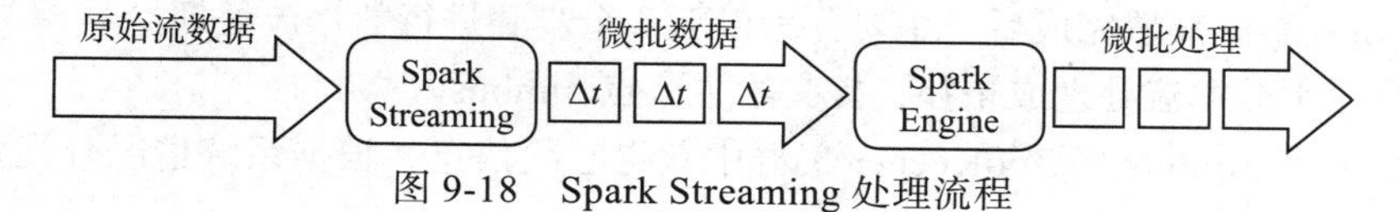

图 9-18　Spark Streaming 处理流程

其中，Spark Streaming 中将流数据分为许多微批数据的引擎为 Spark Core，它将流数据分为许多段微小的数据，再将这些数据转换成 RDD（Resilient Distributed Dataset），利用 Spark 系统的 Spark Engine 对 RDD 进行 Transformation 处理，将结果保存在内存中。

- 容错性：Spark Streaming 的容错机制由 Spark RDD 提供。因为 RDD 是不可变的、可以被重计算的分布式数据集，它记录了操作的先后关系。若 RDD 的其中一个分区丢失，则通过执行同样的 Spark 计算，就能得出丢失的分区。当原始数据存储在具有容错性的文件系统（如 HDFS）中时，可以通过上述容错机制重新生成 RDD，使其具有容错性。但是如 Kafka 等文件系统不具有容错性，则可能会丢失内存中的数据。因此，在 Spark Streaming 1.2 中引入了预写日志（Write Ahead Log，WAL）功能，WAL 功能将所有系统接收的数据保存到日志文件中。当数据丢失时，日志文件不会写入数据，这样系统可以通过日志文件信息重新发送丢失的数据，同样保证了系统的容错性。
- 实时性：Spark Streaming 的实时性是基于 Spark 系统的，它将流式计算分解成多个任务，通过 Spark 引擎对数据进行处理。由于微批处理后的数据量相对较少，Spark Streaming 的延迟减小，目前能达到最小 100ms 的延迟，能够满足实时性要求不是非常高的工作需求。通过 Spark Streaming 处理流数据，可以比 MapReduce 的数据处理速度更快。但是由于处理流数据的方法依旧是批处理的方法，需要将数据进行缓存，占用内存资源多，大量数据的传入和传出会影响数据处理的速度，因此，Spark Streaming 适用于重视吞吐率、延迟要求较低的工作。

Storm 系统

Storm 系统是由 Twitter 支持开发的一个分布式、实时的高容错开源流式计算系统。它侧重于低延迟，是要求实时处理的工作负载的最佳选择。与 Spark 系统的微批数据处理不同，Storm 系统采用的是原生流数据处理，即直接处理每个到达的数据。很明显，原生流数据处理的速度优于微批数据处理，但是，这种处理方式需要到考虑每个数据，需要系统的成本比较高。

Storm 系统计算的作业逻辑单元是拓扑（topology），是一个 Thrift 结构，因此需要将原生数据流转换处理成拓扑。拓扑包括 spout 和 bolt 两种组件，spout 是拓扑的起始单元，它从外部数据源中读取原生数据流，通过 nextTuple 方法将数据组织成元组发送给 bolt；bolt 是拓扑的处理单元，与 spout 相互连接，将接收到的元组进行过滤、聚合、连接等处理，以流的形式输出结果。多个 spout 和 bolt 连接形成的网络为拓扑，如图 9-19 所示。

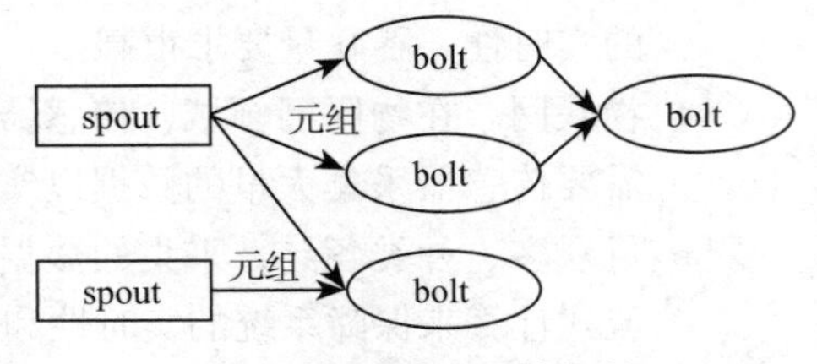

图 9-19　Storm 系统拓扑

Storm 系统采用的是主从式架构，它主要由一个主节点 nimbus、多个从节点 supervisor 和 ZooKeeper 集群组成，主节点和从节点由 ZooKeeper 进行协调，Storm 系统架构如图 9-20 所示。

当 Storm 系统部署完成后，主要分为以下 4 个步骤进行数据流处理。

1）将原生数据流处理成拓扑，提交给主节点 nimbus。

2）主节点 nimbus 从 ZooKeeper 集群中获得心跳信息，根据系统情况分配资源和任务给从节点 supervisor 执行。

3）从节点监听到任务后启动或关闭 worker 进程执行任务。

4）worker 执行任务，把相关信息发送给 ZooKeeper 集群存储。

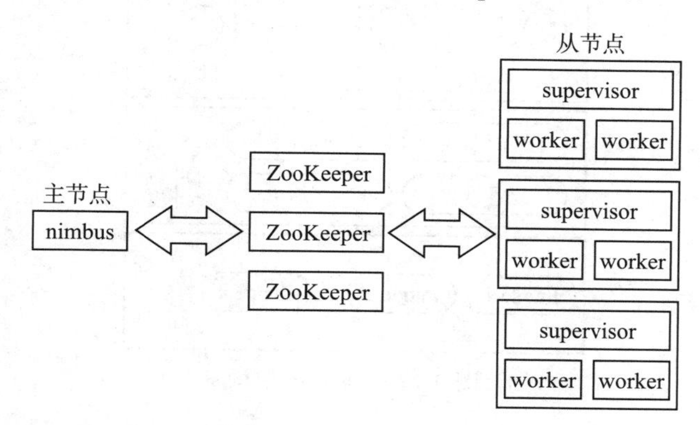

图 9-20 Storm 系统架构

每个拓扑是由不同的从节点上的 worker 共同组成的。ZooKeeper 集群是系统的外部资源，存储了拓扑信息和各节点的状态信息，主节点和从节点间通过 ZooKeeper 集群传送信息，没有直接交互。主节点 nimbus 根据 ZooKeeper 集群的心跳信息进行系统状态监控和配置管理。系统数据交互示意图如图 9-21 所示。

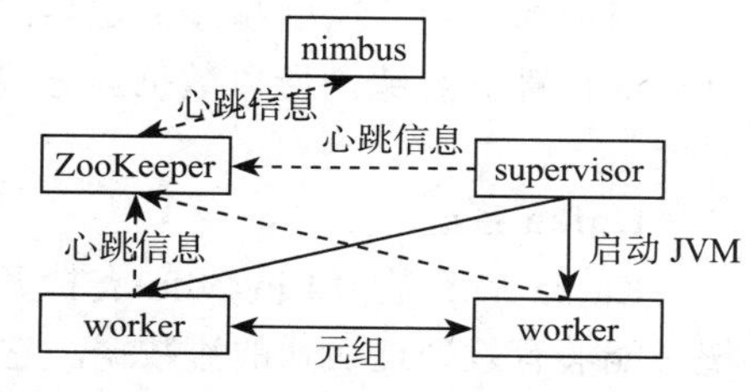

图 9-21 系统数据交互示意图

Storm 系统是面向单条数据的，能够很好地实现对数据的简单业务处理，延时极低，很适合实时处理工作。但是由于单条数据的丢失很难维护，Storm 系统不适合处理逻辑较复杂、容错性要求高的工作。

S4 系统

S4 系统（Simple Scalable Streaming System）是用 Java 语言开发的通用、分布式、低延时、可扩展、可拔插的大数据流式计算系统，它采用的也是原生流数据处理。

S4 系统的基本计算单元为处理单元（Processing Element，PE），它包括四个部分，即函数、事件类型、主键、键值。其中，函数表示 PE 的功能与配置，事件类型表示 PE 接收的事件类型，主键和键值构成键值对 (K,A)，是由数据项抽象形成的。每个 PE 只处理事件类型、主键、键值都匹配的事件。若某一事件没有可匹配的 PE，系统会创建一个新的处理单元。键值对 (K,A) 构成数据流，在 PE 间流动，与各 PE 构成一个有向无环图，即任务拓扑，如图 9-22 所示。

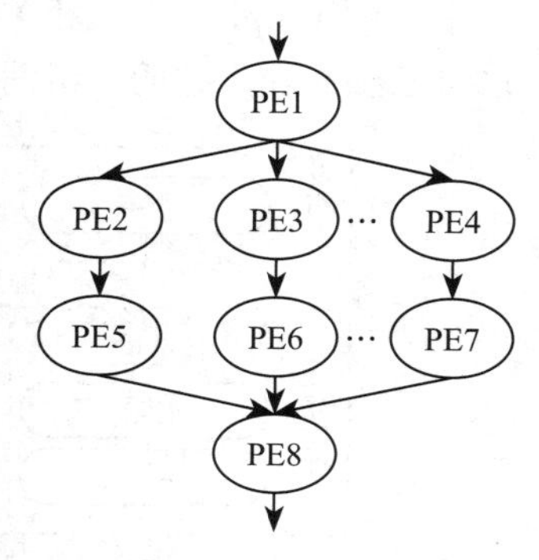

图 9-22 S4 系统任务拓扑

如图 9-23 所示，S4 系统由用户空间、资源调度空间和 S4 处理节点空间组成。用户空间允许多个用户通过本地客户端驱动实现请求；资源调度空间通过 TCP/IP 实现用户的客户端驱动与客户适配器的连接和通信，支持多个用户并发请求；S4 处理节点空间由多个处理节点 Pnode 组成，完成用户服务请求的计算。S4 处理空间节点采用的是对等式架构，没有中心节点，各个处理节点之间相互独立，系统具有高并发性。

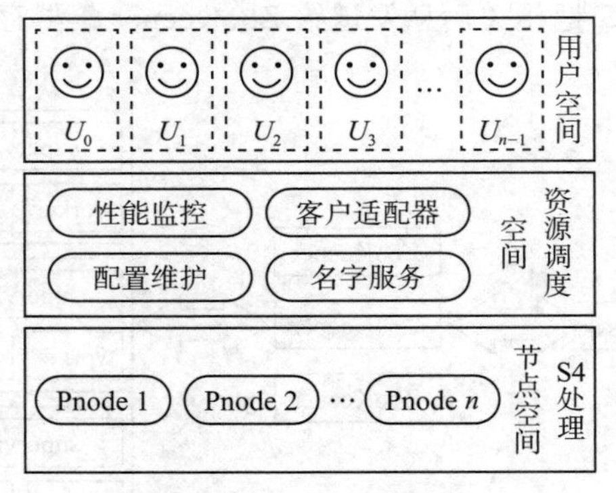

图 9-23　S4 系统架构

S4 系统的伸缩性、扩展性很好，也能满足低时延、高吞吐量的工作负载要求。但是，当数据流到达速度超过一定界限时，系统的错误率会随着到达速度的提高而增加，且仅支持部分容错。所以数据流速度突然变大、容错要求高的工作负载不适合采用 S4 系统。

Kafka 系统

Kafka 系统是由 LinkedIn 支持开发的分布式、高吞吐量、开源的发布订阅消息系统，能够有效处理活跃的流数据。它侧重于系统吞吐量，通过分布式结构，实现了每秒处理数十万条消息的需求。同时通过数据追加的方式，实现磁盘数据的持久化存储，优化了传输机制，能够有效节省资源和存储空间。

如图 9-24 所示，Kafka 系统的架构由消息发布者（producer）、缓存代理（broker）和订阅者（consumer）三类组件构成，它们三者之间的传输数据为消息（message），消息为字节数组，支持 String、JSON、Avro 等数据格式。其中，消息发布者可以向 Kafka 系统的一个主题（topic）推送相关消息，缓存代理存储已发布的消息，订阅者从缓存代理处拉取自己感兴趣主题的一组消息。三者的状态管理及负载均衡都由 ZooKeeper 集群负责。

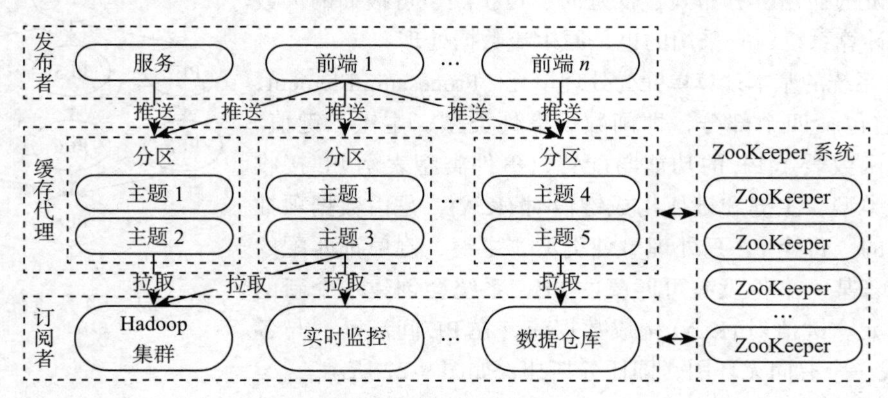

图 9-24　Kafka 系统架构

Kafka 系统消息处理的流程如下。

1）系统根据消息源的类型将其分为不同的主题，每个主题包含一个或多个分区。

2）消息发布者按照指定的分区方法，给每个消息绑定一个键值，保证将消息推送到相应的主题的分区中，每个 partition 代表一个有序的消息队列。

3）缓存代理将消息持久化到磁盘，设置消息的保留时间，系统仅存储未读消息。

4）订阅者订阅了某一个主题，则从缓存代理中拉取该主题的所有具有相同键值的消息。

Kafka 系统具有可扩展性、低延迟性，能够快速处理大量流数据，特别适合于吞吐量高的工作负载。但是它也存在一些不足：仅支持部分容错，节点故障则会丢失其内存中的状态信息；若代理缓存故障，则其保存的数据不可用，因为没有副本节点。

3. 流式计算系统对比

根据前面介绍的各个系统的特点，不同系统的性能对比如表 9-2 所示。从以下 3 个方面的比较可以发现，不同的系统可以满足不同的业务需求。

- 容错机制。Spark Streaming 和 Storm 采用作业级容错机制，若数据处理过程发生异常，相应的组建会重新发送该数据，保证每个数据都被处理过。而 S4 系统和 Kafka 系统仅支持部分容错，若节点失效，则内存中的数据丢失。
- 负载均衡。Spark Streaming 能够根据每个节点的状态将任务动态分配到不同的节点，实现负载均衡，Kafka 系统则是利用 Zookeeper 集群实现负载均衡。Storm 系统增删节点后，已存在的任务拓扑不会均衡调整，而 S4 系统无法实现动态部署节点，所以不支持负载均衡。
- 状态持久化。Spark Streaming 和 S4 系统支持状态持久化。Spark Streaming 调用 persist 方法，系统自动将数据流中的 RDD 持久化到内存中。而 Storm 系统和 Kafka 系统不支持状态持久化，Kafka 系统支持消息持久化。

表 9-2　流式计算系统对比

性能指标	Spark Streaming	Storm 系统	S4 系统	Kafka 系统
系统架构	主从式架构	主从式架构	对等式架构	主从式架构
开发语言	Java	Clojure, Java	Java	Scala
数据传输方式	拉取	拉取	推送	推送、拉取
容错机制	作业级容错	作业级容错	部分容错	部分容错
负载均衡	支持	不支持	不支持	部分支持
资源利用率	高	高	低	低
状态持久化	支持	不支持	支持	不支持
编程模型	纯编程	纯编程	编程 +XML	纯编程

可见，不同的系统的优劣不同，根据业务需求选择适用的系统，才能最大地发挥系统的长处，以便有效、快速的处理流式数据。

9.4　基于 Hadoop 的大数据编程实践

9.4.1　Hadoop 环境的搭建

HDFS 的部署模式可分为单机模式、伪分布模式和全分布模式。其中单机模式和伪分布模式只在实验或编程测试时使用，生产环境中只使用全分布模式。

单机模式和伪分布模式只需要一台普通的计算机就可以完成搭建。单机模式直接下载 Hadoop 的二进制 tar.gz 包，解压并配置 Java 路径即可使用，这里不做赘述。下面对伪分布模式的搭建进行详细描述，此描述只针对 Hadoop 2.10.0 版本。

1. 单机伪分布环境搭建

环境要求：Linux 操作系统 CentOS 7 发行版，Java 环境（1.8 版本的 JDK）。

1）下载 Hadoop 压缩包并解压到任意目录，由于权限问题建议解压到当前用户的主目录（home）。如图 9-25 所示，下载地址为：http://mirror.bit.edu.cn/apache/hadoop/common/hadoop-2.10.0/hadoop-2.10.0.tar.gz。

```
[root@liqingyu softwares]# wget http://mirror.bit.edu.cn/apache/hadoop/common/hadoop-2.
10.0/hadoop-2.10.0.tar.gz
--2020-03-13 20:34:26--  http://mirror.bit.edu.cn/apache/hadoop/common/hadoop-2.10.0/ha
doop-2.10.0.tar.gz
Resolving mirror.bit.edu.cn (mirror.bit.edu.cn)... 202.204.80.77, 219.143.204.117, 2001
:da8:204:1205::22
Connecting to mirror.bit.edu.cn (mirror.bit.edu.cn)|202.204.80.77|:80... connected.
HTTP request sent, awaiting response... 200 OK
Length: 392115733 (374M) [application/octet-stream]
Saving to: 'hadoop-2.10.0.tar.gz.3'

 2% [>                                          ] 9,415,580    594KB/s  eta 8m 28s
```

图 9-25　下载 Hadoop

2）修改 Hadoop 的配置文件 etc/hadoop/hadoop-env.sh、etc/hadoop/hdfs-site.xml、etc/hadoop/core-site.xml。（如果只是部署 HDFS 环境，只需要修改这三个文件，如需配置 MapReduce 环境，请参考相关文档。）

etc/hadoop/Hadoop-env.sh 中将 JAVA_HOME 的值修改为 JDK 所在路径，例如：

```
export  JAVA_HOME=/home/Hadoop/jdk
conf/core-site.xml 修改如下:
<configuration>
<property>
        <name>fs.default.name</name>
        <value>HDFS://localhost:9000</value>
    </property>
</configuration>
```

conf/HDFS-site.xml 修改如下（这里只设置了副本数为 1）：

```
<configuration>
<property>
    <name>dfs.replication</name>
    <value>1</value>
</property>
</configuration>
```

3）配置 ssh 自动免密登录。运行 ssh-keygen 命令并一路回车使用默认设置，产生一对 ssh 密钥。执行 ssh-copy-id -i ~/.ssh/id_rsa.pub localhost 命令，把刚刚产生的公钥加入当前主机的信任密钥中，这样当前使用的用户就可以使用 ssh 免密登录到当前主机。

4）第一次启动 HDFS 集群时需要格式化 HDFS，在 master 主机上执行 hadoop namenode-format 进行格式化。

如果格式化成功，则在 Hadoop 所在的目录下执行 sbin/start-dfs.sh 开启 HDFS 服务。查看 HFDS 是否正确运行，可以执行 jps 命令进行查询，如图 9-26 所示。

```
hadoop@master:~/jdk/bin$ ./jps
3160 Jps
3076 SecondaryNameNode
2895 DataNode
2737 NameNode
```

图 9-26　查看进程

至此，HDFS 伪分布环境搭建完成。

2. 多节点全分布搭建

对于多节点搭建而言，本实例中，每个节点都需要使用固定 IP 并保持相同的 Hadoop 配置文件，每个节点 Hadoop 和 JDK 所在的路径都相同、存在相同的用户且配置好免密登录。

1）与单机伪分布模式相同，下载 Hadoop 的二进制包，并解压备用。

2）修改 Hadoop 配置文件，这与伪分布模式有些不同。

etc/hadoop/hadoop-env.sh 中将 JAVA_HOME 的值修改为 JDK 所在的路径，如图 9-27 所示。

```
# The java implementation to use.  Required.
export JAVA_HOME=/home/hadoop/jdk
```

图 9-27　配置 hadoop-env.sh

etc/hadoop/core-site.xml 的修改如图 9-28 所示。

```
<configuration>
<property>
      <name>fs.default.name</name>
      <value>hdfs://master:9000</value>
</property>
</configuration>
```

图 9-28　配置 core-site.xml

etc/hadoop/hdfs-site.xml 的修改如图 9-29 所示，其中 dfs.name.dir 和 dfs.data.dir 可以任意指定，注意权限问题。

```
<configuration>
        <property>
                <name>dfs.secondary.http.address</name>
                <value>slave1:50090</value>
        </property>
<property>
      <name>dfs.name.dir</name>
      <value>/home/hadoop/hadoop/hadoop-2.10.0/tmp/name</value>
</property>
<property>
      <name>dfs.data.dir</name>
      <value>/home/hadoop/hadoop/hadoop-2.10.0/tmp/data</value>
</property>
</configuration>
```

图 9-29　配置 hdfs-site.xml

先执行 mv mapred-site.xml.template mapred-site.xml，然后修改 mapred-site.xml，如图 9-30 所示。

```
<configuration>
    <property>
        <name>mapreduce.framework.name</name>
        <value>yarn</value>
    </property>
</configuration>
```

图 9-30 配置 mapred-site.xml

etc/hadoop/yarn-site.xml 的修改如图 9-31 所示。

```
<configuration>
    <property>
        <name>yarn.resourcemanager.hostname</name>
        <value>master</value>
    </property>

    <property>
        <name>yarn.nodemanager.aux-services</name>
        <value>mapreduce_shuffle</value>
    </property>

    <property>
        <name>yarn.nodemanager.aux-services.mapreduce.shuffle.class</name>
        <value>org.apache.hadoop.mapred.ShuffleHandler</value>
    </property>

</configuration>
```

图 9-31 配置 yarn-site.xml

在 etc/hadoop/masters（需要自己新建文件）中添加 secondary namenode 主机名，比如任意 slave 的主机名。

在 etc/hadoop /slaves 中添加各个 slave 的主机名，每行一个主机名。

3）配置 hosts 文件或做好 DNS 解析。

为了简便起见，这里只介绍 hosts 的修改，DNS 服务器的搭建与配置请读者选择性学习。在 /etc/hosts 中添加所有主机的 IP 以及主机名。每个节点都使用相同的 hosts 文件，例如，设置内容如图 9-32 所示。

```
192.168.1.100 master
192.168.1.101 slave1
192.168.1.102 slave2
```

图 9-32 配置 hosts

4）配置 ssh 自动登录，确保 master 主机能够使用当前用户免密登录到各个 slave 主机上。在 master 上执行 ssh-keygen 命令，如图 9-33 所示。

使用以下命令将 master 的公钥添加到全部节点的信任列表上。

```
ssh-copy-id  -i  ~/.ssh/id_rsa.pub  master
ssh-copy-id  -i  ~/.ssh/id_rsa.pub  slave1
```

```
ssh-copy-id  -i  ~/.ssh/id_rsa.pub  slave2
```

5）第一次启动 HDFS 集群时需要格式化 HDFS，在 master 主机上执行 hadoop namenode-format，这一操作和伪分布模式相同。

```
hadoop@master:~$ ssh-keygen
Generating public/private rsa key pair.
Enter file in which to save the key (/home/hadoop/.ssh/id_rsa):
Created directory '/home/hadoop/.ssh'.
Enter passphrase (empty for no passphrase):
Enter same passphrase again:
Your identification has been saved in /home/hadoop/.ssh/id_rsa.
Your public key has been saved in /home/hadoop/.ssh/id_rsa.pub.
The key fingerprint is:
a8:8c:af:44:02:bc:a9:c7:1f:46:da:d7:cf:dc:45:ab hadoop@master
The key's randomart image is:
+--[ RSA 2048]----+
|                 |
|.                |
|..               |
|. o    .         |
|.o. . . S     .  |
|.+ * . .      . .|
|. * * . .     o  |
| o + o   + . o   |
|  ..o     + E    |
+-----------------+
```

图 9-33　创建公钥

启动 HDFS 集群，在 master 主机上的 Hadoop 所在目录下运行 sbin/start-dfs.sh 启动 dfs。运行 sbin/start-yarn.sh 启动 yarn。

运行 jps 可检查各个节点是否顺利启动，如图 9-34、图 9-35 和图 9-36 所示。

```
[hadoop@master hadoop-2.10.0]$ jps
3522 Jps
3251 ResourceManager
2954 NameNode
```

图 9-34　master 节点的进程

```
[hadoop@slave1 ~]$ jps
4921 DataNode
5130 NodeManager
5274 Jps
5038 SecondaryNameNode
```

图 9-35　slave1 节点的进程

```
[hadoop@slave2 ~]$ jps
4784 DataNode
5046 Jps
4911 NodeManager
```

图 9-36　slave2 节点的进程

9.4.2　基于 MapReduce 的程序实例（HDFS）

本例基于 IntelliJ IDEA 2019.1.3 x64 和 Hadoop 2.10.0 组成的环境。

1. 配置 IntelliJ IDEA 环境与 Maven 依赖

通过 Maven 有助于导入 Hadoop 所需的依赖包，使用户可以免去下载各种复杂依赖包的烦恼。

1）新建 maven 工程，将其命名为 bigdata，如图 9-37 所示。

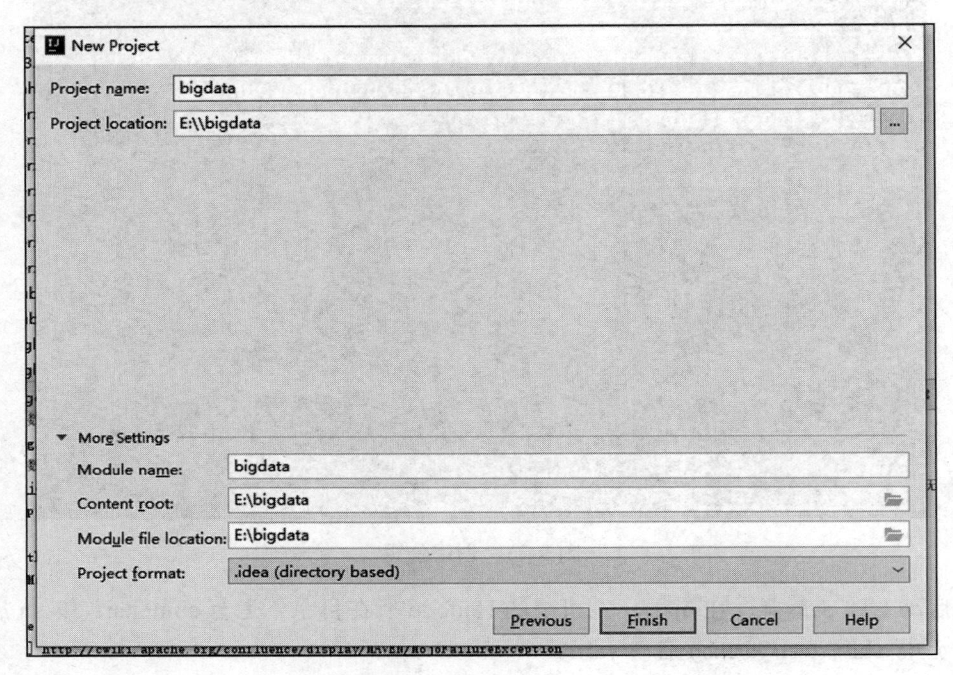

图 9-37　创建 maven 工程

2）添加 maven 依赖，添加如下 dependency：

```
<dependency>
        <groupId>org.apache.hadoop</groupId>
        <artifactId>hadoop-common</artifactId>
        <version>2.10.0</version>
    </dependency>
    <dependency>
        <groupId>org.apache.hadoop</groupId>
        <artifactId>hadoop-client</artifactId>
        <version>2.10.0</version>
    </dependency>
    <dependency>
        <groupId>org.apache.hadoop</groupId>
        <artifactId>hadoop-hdfs</artifactId>
        <version>2.10.0</version>
    </dependency>
    <dependency>
        <groupId>org.apache.hadoop</groupId>
        <artifactId>hadoop-mapreduce-client-core</artifactId>
```

```
                <version>2.10.0</version>
        </dependency>
        <dependency>
            <groupId>org.apache.hadoop</groupId>
            <artifactId>hadoop-mapreduce-client-jobclient</artifactId>
            <version>2.10.0</version>
        </dependency>
        <dependency>
            <groupId>log4j</groupId>
            <artifactId>log4j</artifactId>
            <version>1.2.17</version>
        </dependency>
```

3）编写 wordcount 程序。在 /src/main/java 下新建 MapReduce 包，在包内新建 WordCount 类，在 WordCount.java 下编写源代码。

4）将 maven 工程打包。在右侧的 maven 工具栏中选择 Lifecycle/package，单击 Run maven build 按钮，如图 9-38 所示。

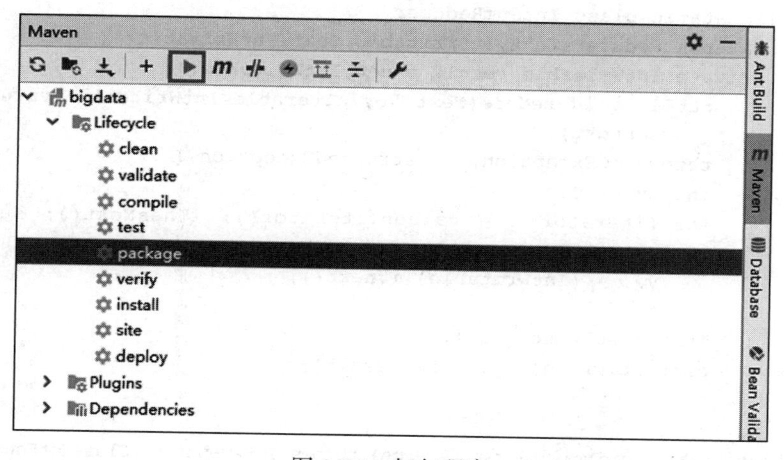

图 9-38 打包程序

打包完成后，在项目的 target 文件夹中找到打包好的 bigdata-1.0-SNAPSHOT.jar，将其重命名为 WordCount.jar。

2. 特别的数据类型介绍

Hadoop 提供了如下的数据类型，这些数据类型都实现了 WritableComparable 接口，以便用这些类型定义的数据可以被序列化来进行网络传输、文件存储以及大小比较。

- BooleanWritable：标准布尔型数值。
- ByteWritable：单字节数值。
- DoubleWritable：双字节数。
- FloatWritable：浮点数。
- IntWritable：整型数。
- LongWritable：长整型数。
- Text：使用 UTF8 格式存储的文本。
- NullWritable：当 <key,value> 中的 key 或 value 为空时使用。

3. 基于新 API 的 WordCount 分析

基于新 API 的 WordCount 源代码如下。

```
public class WordCount {
    public static class TokenizerMapper
        extends Mapper<Object, Text, Text, IntWritable>{
        private final static IntWritable one = new IntWritable(1);
        private Text word = new Text();
        public void map(Object key, Text value, Context context)
        throws IOException, InterruptedException {
            StringTokenizer itr = new StringTokenizer(value.toString());
            while (itr.hasMoreTokens()) {
            this.word.set(itr.nextToken());
            context.write(this.word, one);}
        }
    }
}
public static class IntSumReducer
    extends Reducer<Text,IntWritable,Text,IntWritable> {
    private IntWritable result = new IntWritable();
        public void reduce(Text key, Iterable<IntWritable> values,Context
            context)
        throws IOException, InterruptedException {
        int sum = 0;
        for (Iterator i = values.iterator(); i.hasNext(); sum += val.
            get()) {
            val = (IntWritable) i.next();
            }
        This.result.set(sum);
        context.write(key, this.result);
    }
}
public static void main(String[] args) throws IOException, ClassNotFoundException,
    InterruptedException {
    Configuration conf = new Configuration();
    String[] otherArgs = new GenericOptionsParser(conf, args).getRemainingArgs();
    if (otherArgs.length != 2) {
        System.err.println("Usage: wordcount <in> <out>");
        System.exit(2);
    }
    Job job = Job.getInstance(conf, "word count");
    job.setJarByClass(WordCount.class);
    job.setMapperClass(WordCount.TokenizerMapper.class);
    job.setCombinerClass(WordCount.IntSumReducer.class);
    job.setReducerClass(WordCount.IntSumReducer.class);
    job.setOutputKeyClass(Text.class);
    job.setOutputValueClass(IntWritable.class);
    FileInputFormat.addInputPath(job, new Path(otherArgs[0]));
    FileOutputFormat.setOutputPath(job, new Path(otherArgs[1]));
    System.exit(job.waitForCompletion(true) ? 0 : 1);
 }
}
```

Map 过程的源代码如下。

```
public static class TokenizerMapper
        extends Mapper<Object, Text, Text, IntWritable>{
    private final static IntWritable one = new IntWritable(1);
    private Text word = new Text();
    public void map(Object key, Text value, Context context)
        throws IOException, InterruptedException {
        StringTokenizer itr = new StringTokenizer(value.toString());
        while (itr.hasMoreTokens()) {
            this.word.set(itr.nextToken());
            context.write(this.word, one);
        }
    }
}
```

Map 过程需要继承 org.apache.Hadoop.MapReduce 包中的 Mapper 类，并重写其 map 方法。通过在 map 方法中添加两行把 key 值和 value 值输出到控制台的代码，可以发现 map 方法中 value 值存储的是文本文件中的一行（以回车符为行结束标记），而 key 值为该行的首字母相对于文本文件的首地址的偏移量。然后 StringTokenizer 类将每一行拆分为一个个的单词，并将 <word,1> 作为 map 方法的结果输出，其余的工作都交由 MapReduce 框架处理。

Reduce 过程的源代码如下。

```
public static class IntSumReducer
    extends Reducer<Text,IntWritable,Text,IntWritable> {
    private IntWritable result = new IntWritable();
        public void reduce(Text key, Iterable<IntWritable> values,Context context)
        throws IOException, InterruptedException {
        int sum = 0;
        for (Iterator i = values.iterator(); i.hasNext(); sum += val.get()) {
            val = (IntWritable) i.next();
        }
        This.result.set(sum);
        context.write(key, this.result);
    }
}
```

Reduce 过程需要继承 org.apache.Hadoop.MapReduce 包中的 Reducer 类，并重写其 reduce 方法。Map 过程输出的 <key,values> 中 key 为单个单词，而 values 是对应单词的计数值所组成的列表，Map 的输出就是 Reduce 的输入，所以 reduce 方法只要遍历 values 并求和，即可得到某个单词的总次数。

执行 MapReduce 任务，其源代码如下。

```
public static void main(String[] args) throws Exception {
    Configuration conf = new Configuration();
        String[] otherArgs = new GenericOptionsParser(conf, args).getRemainingArgs();
    if (otherArgs.length != 2) {
        System.err.println("Usage: wordcount <in> <out>");
        System.exit(2);
    }
    Job job = new Job(conf, "word count");
```

```
    job.setJarByClass(WordCount.class);
    job.setMapperClass(WordCount.TokenizerMapper.class);
    job.setCombinerClass(WordCount.IntSumReducer.class);
    job.setReducerClass(WordCount.IntSumReducer.class);
    job.setOutputKeyClass(Text.class);
    job.setOutputValueClass(IntWritable.class);
    FileInputFormat.addInputPath(job, new Path(otherArgs[0]));
    FileOutputFormat.setOutputPath(job, new Path(otherArgs[1]));
    System.exit(job.waitForCompletion(true) ? 0 : 1);
}
```

在 MapReduce 中，由 Job 对象负责管理和运行一个计算任务，并通过 Job 的一些方法对任务的参数进行相关的设置。此处设置了使用 TokenizerMapper 完成 Map 过程中的处理，使用 IntSumReducer 完成 Combine 和 Reduce 过程中的处理。还设置了 Map 过程和 Reduce 过程的输出类型：key 的类型为 Text，value 的类型为 IntWritable。任务的输出和输入路径则由命令行参数指定，并由 FileInputFormat 和 FileOutputFormat 分别设定。完成相应任务的参数设定后，即可调用 job.waitForCompletion() 方法执行任务。

4. WordCount 处理过程

下面对 WordCount 进行更详细的讲解。其详细执行步骤如下。

1）将文件拆分成 split，由于测试用的文件较小，因此每个文件为一个 split，将文件按行分割形成 <key,value> 对，如图 9-39 所示。这一步由 MapReduce 框架自动完成，其中偏移量（即 key 值）包括了回车所占的字符数（在 Windows 和 Linux 环境下会有所不同）。

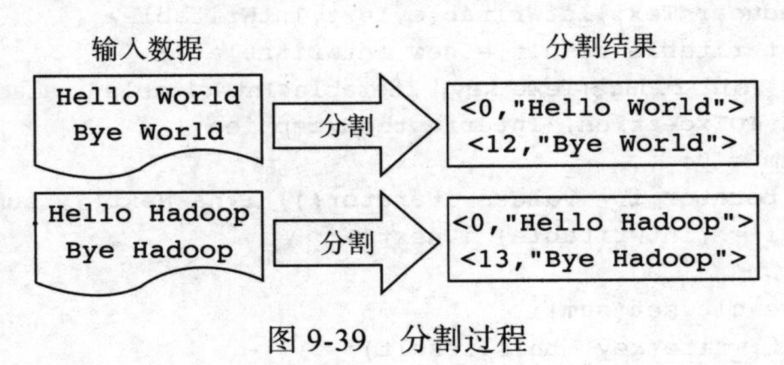

图 9-39　分割过程

2）将分割好的 <key,value> 对交给用户定义的 map 方法进行处理，生成新的 <key,value> 对，如图 9-40 所示。

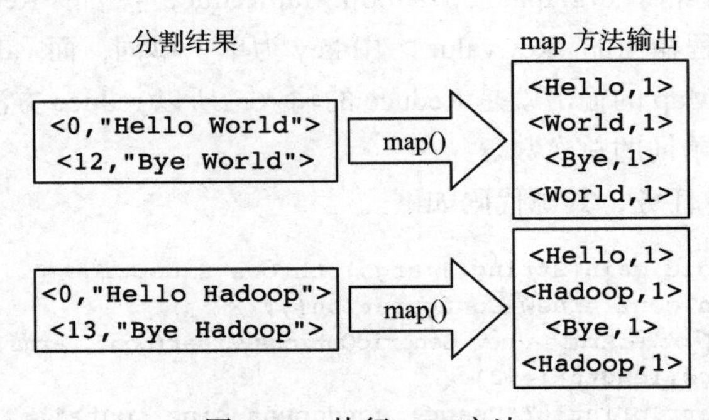

图 9-40　执行 map 方法

3）得到 map 方法输出的 <key,value> 对后，Mapper 会将它们按照 key 值进行排序，并执行 Combine 过程，将 key 值相同的 value 值累加，得到 Mapper 的最终输出结果，如图 9-41 所示。

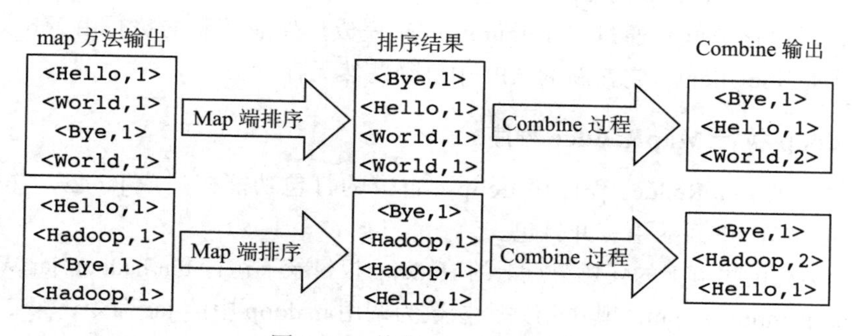

图 9-41　执行 Combine 过程

4）Reducer 先对从 Mapper 接收的数据进行排序，再交由用户自定义的 reduce 方法进行处理，得到新的 <key,value> 对，并作为 WordCount 的输出结果，如图 9-42 所示。

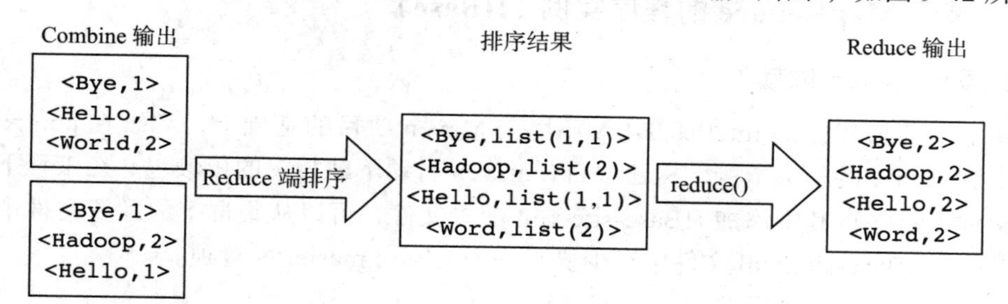

图 9-42　Reduce 端排序及输出结果

5. MapReduce 的改变

Hadoop 从 MapReduce Release 0.20.0 版本开始，包括了一个全新的 MapReduce Java API，有时候也称为上下文对象。新的 API 在类型上不兼容以前的 API，所以，以前的应用程序需要重写才能使新的 API 发挥作用。

新的 API 和旧的 API 之间有下面几个明显的区别。

- 新的 API 倾向于使用抽象类，而不是接口，因为这更容易扩展。例如，你可以添加一个方法（用默认的实现）到一个抽象类而不需要修改类之前的实现方法。在新的 API 中，Mapper 和 Reducer 是抽象类。
- 新的 API 在 org.apache.Hadoop.MapReduce 包（和子包）中。之前版本的 API 则是放在 org.apache.Hadoop.mapred 中的。
- 新的 API 广泛使用 context object（上下文对象），并允许用户代码与 MapReduce 系统进行通信。例如，MapContext 基本上充当着 JobConf 的 OutputCollector 和 Reporter 的角色。
- 新的 API 同时支持“推”和“拉”式的迭代。在这两个新旧 API 中，键 / 值记录对被推至 Mapper 中，但除此之外，新的 API 允许把记录从 map() 方法中拉出，这也适用于 Reducer。“拉”式迭代的一个有用的例子是分批处理记录，而不是一个接一个地处理记录。

- 新的API统一了配置。旧的API有一个特殊的JobConf对象用于作业配置，这是一个对于Hadoop的Configuration对象的扩展。在新的API中，这种区别没有了，所以作业配置通过Configuration来完成。作业控制的执行由Job类来负责，而不是JobClient，它在新的API中已经荡然无存。

6. Hadoop执行MapReduce程序

将编写好的MapReduce程序用Eclipse自带的打包功能构建成jar包，并把需要的第三方jar包放在lib目录下一并打包。

在正常运行的集群上的任意节点上的Hadoop根目录下运行bin/hadoop jar WordCount.jar Wordcount input output。其中第一个参数为调用hadoop中的jar命令，第二个参数为打包好的jar包的位置，第三个参数为jar包中的完整的类名，需包括类所在的包。之后的参数作为MapReduce程序中main函数的参数传递给main函数。

9.4.3 基于MapReduce的程序实例（HBase）

1. 添加maven依赖

在上一节搭建好的IntelliJ IDEA环境与Maven项目的基础上，继续在pom.xml文件中添加HBase的相关依赖，构建项目，maven自动下载相关的依赖包。在工程下创建conf文件夹，并在其中添加HBase-site.xml配置文件，可以从集群上的配置文件中获取配置文件。HBase-site.xml文件中至少要有一个HBase.master配置项。

新增dependency如下：

```
<dependency>
    <groupId>org.apache.hbase</groupId>
    <artifactId>hbase-shaded-client</artifactId>
    <version>2.2.4</version>
</dependency>
<dependency>
    <groupId>org.apache.hbase</groupId>
    <artifactId>hbase-common</artifactId>
    <version>2.2.4</version>
</dependency>
<dependency>
    <groupId>org.apache.hbase</groupId>
    <artifactId>hbase-client</artifactId>
    <version>2.2.4</version>
</dependency>
<dependency>
    <groupId>org.apache.hbase</groupId>
    <artifactId>hbase-mapreduce</artifactId>
    <version>2.2.4</version>
</dependency>
<dependency>
    <groupId>org.apache.hbase</groupId>
    <artifactId>hbase-server</artifactId>
    <version>2.2.4</version>
</dependency>
<dependency>
```

```
        <groupId>org.apache.hbase</groupId>
        <artifactId>hbase-endpoint</artifactId>
        <version>2.2.4</version>
    </dependency>
    <dependency>
        <groupId>org.apache.hbase</groupId>
        <artifactId>hbase-metrics-api</artifactId>
        <version>2.2.4</version>
    </dependency>
    <dependency>
        <groupId>org.apache.hbase</groupId>
        <artifactId>hbase-thrift</artifactId>
        <version>2.2.4</version>
    </dependency>
    <dependency>
        <groupId>org.apache.hbase</groupId>
        <artifactId>hbase-rest</artifactId>
        <version>2.2.4</version>
    </dependency>
```

HBase 的 lib 目录下的 Hadoop-core 文件版本需要与 Hadoop 的版本对应，否则会出现无法连接的情况。

2. 基于 HBase 的 WordCount 实例程序

本例中是由 MapReduce 读取 HDFS 上的文件，经过 WordCount 程序处理后写入 HBase 的表中。因为采用新的 API 代码，所以 Mapper 的代码与上一节中相同，Reducer 和 Main 函数需要重新编写。

下面给出 Reducer 的代码实例：

```
public static class IntSumReducer extendsTableReducer
    <Text,IntWritable,ImmutableBytesWritable > {
    private IntWritable result = new IntWritable();
    public void reduce(Text key, Iterable<IntWritable> values,
        Context context) throws IOException, InterruptedException{
        int sum = 0;
        for (IntWritable val : values) {
            sum += val.get();
        }
        result.set(sum);
        Put put = new Put(key.getBytes());//put 实例化，每一个词存一行
        //列族为 content，列修饰符为 count，列值为数目
        put.addColumn(Bytes.toBytes("content"),Bytes.toBytes("count"), Bytes.
            toBytes(String.valueOf(sum)));
        context.write(new ImmutableBytesWritable(key.getBytes()), put);
    }
}
```

由上面的代码可知，IntSumReducer 继承自 TableReduce，在 Hadoop 里面 TableReducer 继承 Reducer 类，它的原型为 TableReducer<KeyIn,Values,KeyOut>。可以看出，HBase 中读出的 Key 类型是 ImmutableBytesWritable，意为不可变类型，因为 HBase 中的所有数据都是用字符串存储的。

```
public static void main(String[] args) throws Exception {
    TableName tablename  = TableName.valueOf("wordcount");
    //实例化Configuration，注意不能用 new HBaseConfiguration()了
    Configuration conf = HBaseConfiguration.create();
    Connection conn = ConnectionFactory.createConnection(conf);
    Admin admin = conn.getAdmin();
    if(admin.tableExists(tablename)){
        System.out.println("table exists! recreating ...");
        admin.disableTable(tablename);
        admin.deleteTable(tablename);
    }
    TableDescriptorBuilder tdb = TableDescriptorBuilder.newBuilder(tablename);
    HTableDescriptor htd = new HTableDescriptor(tablename);
    HColumnDescriptor hcd = new HColumnDescriptor("content");
    tdb.addFamily(hcd);                          //创建列族
    admin.createTable(tdb.build());   //创建表
    String[] otherArgs = new GenericOptionsParser(conf, args).getRemainingArgs();
    if (otherArgs.length != 1) {
        System.err.println("Usage: wordcount <in> <out>"+otherArgs.length);
        System.exit(2);
    }
    Job job = Job.getInstance(conf, "word count");
    job.setJarByClass(WordCountHBase.class);
    job.setMapperClass(TokenizerMapper.class);
    //job.setCombinerClass(IntSumReducer.class);
    FileInputFormat.addInputPath(job, new Path(otherArgs[0]));
    //此处的TableMapReduceUtil注意要用Hadoop.HBase.MapReduce包中的，而不是
    // Hadoop.HBase.mapred包中的
    TableMapReduceUtil.initTableReducerJob(tablename, IntSumReducer.class,
        job);
    //key和value到类型设定最好放在initTableReducerJob函数后面，否则会报错
    job.setOutputKeyClass(Text.class);
    job.setOutputValueClass(IntWritable.class);
    System.exit(job.waitForCompletion(true) ? 0 : 1);
    }
}
```

在job配置的时候没有设置job.setReduceClass()而是用TableMapReduceUtil.initTableReducerJob (tablename, IntSumReducer.class, job)来执行reduce类。

需要注意的是，此处的TableMapReduceUtil是Hadoop.HBase.MapReduce包中的，而不是Hadoop.HBase.mapred包中的，否则会报错。

3. 基于HBase的WordCount实例程序

下面介绍如何进行读取，读取数据比较简单，编写Mapper函数，读取<key,value>值即可，Reducer函数直接输出得到的结果。

```
public static class TokenizerMapper extends TableMapper<Text, Text>{
    public void map(ImmutableBytesWritable row, Result values, Context
        context) throws IOException, InterruptedException {
    StringBuffer sb = new StringBuffer("");
    for(java.util.Map.Entry<byte[],byte[]>value:values.getFamilyMap("content".
        getBytes()).entrySet()){
            //将字节数组转换成String类型，需要new String();
```

```
                String str = new String(value.getValue());
                if(str != null){
                    sb.append(new String(value.getKey()));
                    sb.append(":");
                    sb.append(str);
                }
            context.write(new Text(row.get()), new Text(new String(sb)));
        }
    }
```

map 函数继承到 TableMapper 接口，从 result 中读取查询结果。

```
public static class IntSumReducer
    extends Reducer <Text,Text,Text,Text> {
    private Text result = new Text();
    public void reduce(Text key, Iterable<Text> values, Context context)
        throws IOException, InterruptedException {
        for (Text val : values) {
            result.set(val);
            context.write(key,result);
        }
    }
}
```

reduce 函数没有改变，直接输出到文件中即可。

```
public static void main(String[] args) throws Exception {
    String tablename  = "wordcount";
    // 实例化 Configuration，注意不能用 new HBaseConfiguration() 了
    Configuration conf = HBaseConfiguration.create();
    String[] otherArgs = new GenericOptionsParser(conf,args).getRemainingArgs();
    if (otherArgs.length != 2) {
        System.err.println("Usage: wordcount <in> <out>"+otherArgs.length);
        System.exit(2);
        }
        Job job = Job.getInstance(conf, "word count");
        job.setJarByClass(ReadHBase.class);
        FileOutputFormat.setOutputPath(job, new Path(otherArgs[1]));
        job.setReducerClass(IntSumReducer.class);
        // 此处的 TableMapReduceUtil 注意要用 Hadoop.HBase.MapReduce 包中的，而不是
        //Hadoop.HBase.mapred 包中的
        Scan scan = new Scan(args[0].getBytes());
        TableMapReduceUtil.initTableMapperJob(tablename, scan, TokenizerMapper.
            class, Text.class, Text.class, job);
        System.exit(job.waitForCompletion(true) ? 0 : 1);
    }
}
```

其中，如果输入的两个参数 aa 和 ouput 分别是开始查找的行（这里为从 aa 行开始找）和输出文件到存储路径（这里为存储到 HDFS 目录的 output 文件夹下）。

要注意的是，在 job 的配置中需要实现 initTableMapperJob 方法。与第一个例子类似，在 job 配置的时候不用设置 job.setMapperClass() 而是用 TableMapReduceUtil.initTableMapperJob(tablename, scan, TokenizerMapper.class, Text.class, Text.class, job) 来执行 mapper 类。Scan 实例是查找的起始行。

4. Hadoop 执行读写 HBase 的 MapReduce 程序

该程序的运行过程与 Hadoop 运行普通程序类似。要特别注意的是，需要把涉及的 HBase 的相关 jar 包打包到程序 jar 包的 lib 目录下。

控制台的输出结果如图 9-43 所示。

```
liucheng@ubuntu:~/hadoop-0.20.2$ ./bin/hadoop jar avgscore.jar  com/picc/test/Av
gScore  input/student.txt out1
13/06/12 03:10:12 WARN mapred.JobClient: Use GenericOptionsParser for parsing th
e arguments. Applications should implement Tool for the same.
13/06/12 03:10:13 INFO input.FileInputFormat: Total input paths to process : 1
13/06/12 03:10:17 INFO mapred.JobClient: Running job: job_201306080852_0008
13/06/12 03:10:18 INFO mapred.JobClient:  map 0% reduce 0%
13/06/12 03:12:54 INFO mapred.JobClient:  map 100% reduce 0%
13/06/12 03:13:09 INFO mapred.JobClient:  map 100% reduce 100%
13/06/12 03:13:17 INFO mapred.JobClient: Job complete: job_201306080852_0008
13/06/12 03:13:17 INFO mapred.JobClient: Counters: 17
13/06/12 03:13:17 INFO mapred.JobClient:   Job Counters
13/06/12 03:13:17 INFO mapred.JobClient:     Launched reduce tasks=1
13/06/12 03:13:17 INFO mapred.JobClient:     Launched map tasks=1
13/06/12 03:13:17 INFO mapred.JobClient:     Data-local map tasks=1
13/06/12 03:13:17 INFO mapred.JobClient:   FileSystemCounters
13/06/12 03:13:17 INFO mapred.JobClient:     FILE_BYTES_READ=33
13/06/12 03:13:17 INFO mapred.JobClient:     HDFS_BYTES_READ=56
13/06/12 03:13:17 INFO mapred.JobClient:     FILE_BYTES_WRITTEN=98
13/06/12 03:13:17 INFO mapred.JobClient:     HDFS_BYTES_WRITTEN=18
13/06/12 03:13:17 INFO mapred.JobClient:   Map-Reduce Framework
13/06/12 03:13:17 INFO mapred.JobClient:     Reduce input groups=3
13/06/12 03:13:17 INFO mapred.JobClient:     Combine output records=3
13/06/12 03:13:17 INFO mapred.JobClient:     Map input records=9
13/06/12 03:13:17 INFO mapred.JobClient:     Reduce shuffle bytes=33
13/06/12 03:13:17 INFO mapred.JobClient:     Reduce output records=3
13/06/12 03:13:17 INFO mapred.JobClient:     Spilled Records=6
13/06/12 03:13:17 INFO mapred.JobClient:     Map output bytes=63
13/06/12 03:13:17 INFO mapred.JobClient:     Combine input records=9
13/06/12 03:13:17 INFO mapred.JobClient:     Map output records=9
```

图 9-43　MapReduce 控制台输出

9.5　基于 Spark 的大数据编程实践

9.5.1　基于 Spark 的程序实例

1. 基于 Scala 的 Spark 程序开发环境搭建

1）在 IntelliJ IDEA 中，依次选择 File → Settings，在打开的列表中选择 Plugins，在 Marketplace 中搜索 Scala，选择提示为 Languages 的插件，单击 Install 进行安装，如图 9-44 所示。

2）插件安装完成后，根据提示重新启动 IntelliJ IDEA，新建一个项目，在左侧选择 Scala，在右侧选择 IDEA，单击 Next 按钮，如图 9-45 所示。然后，在 Scala SDK 选项后面单击 Create 按钮（如图 9-46 所示），在弹出的对话框中选择相应的 SDK 版本，单击 Download 按钮，如图 9-47 所示。下载完成后即成功安装 Scala SDK。

2. 基于 Scala 语言开发 Spark 程序

创建一个 Maven 项目，在 main 文件夹下创建 scala 文件夹，然后右键单击 scala 文件夹，选择 Mark Directory as，在弹出的菜单中选择 Sources Root，设置成源码文件夹。增加一个 Scala Class，并将其命名为 WordCount。

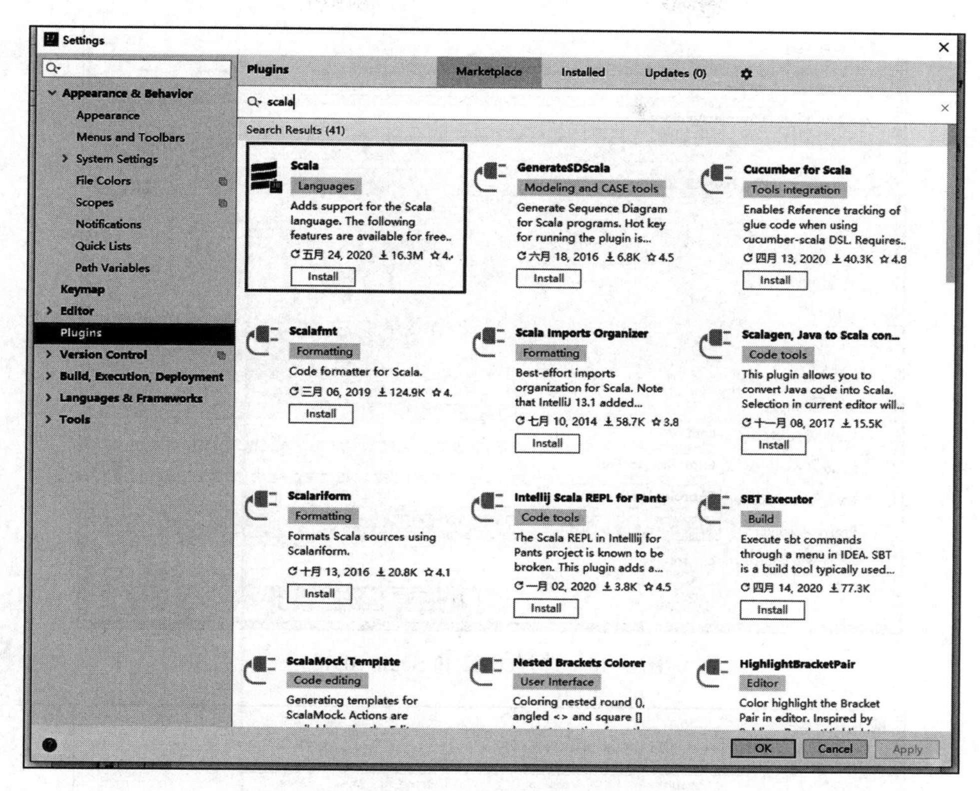

图 9-44　安装 Scala 插件

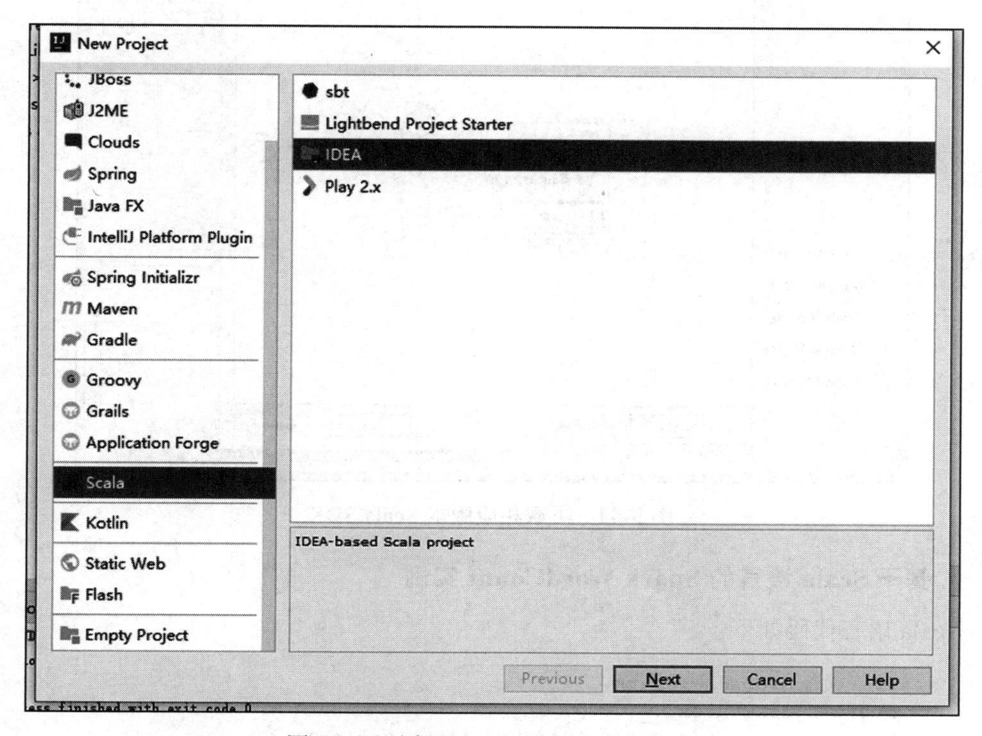

图 9-45　选择基于 IDEA 的 Scala 项目

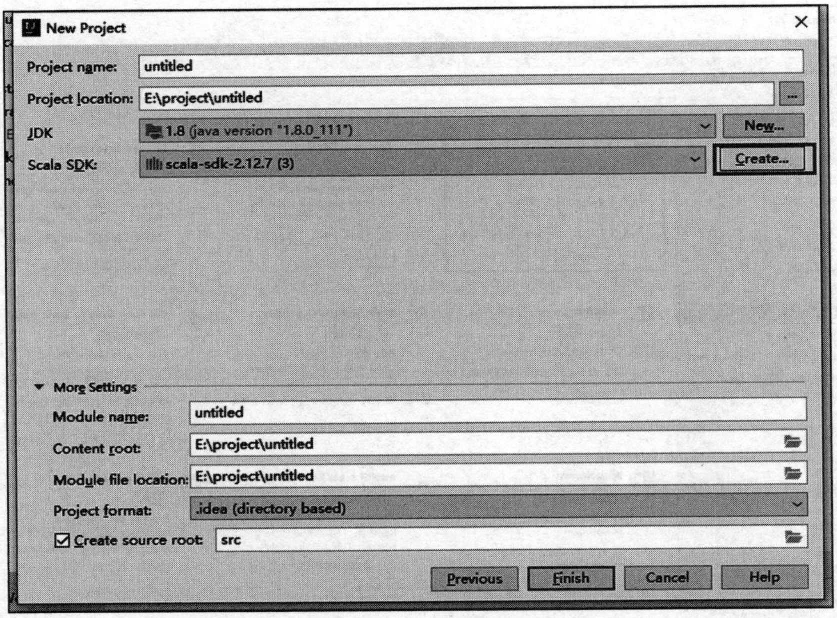

图 9-46　选择 JDK 和 Scala SDK

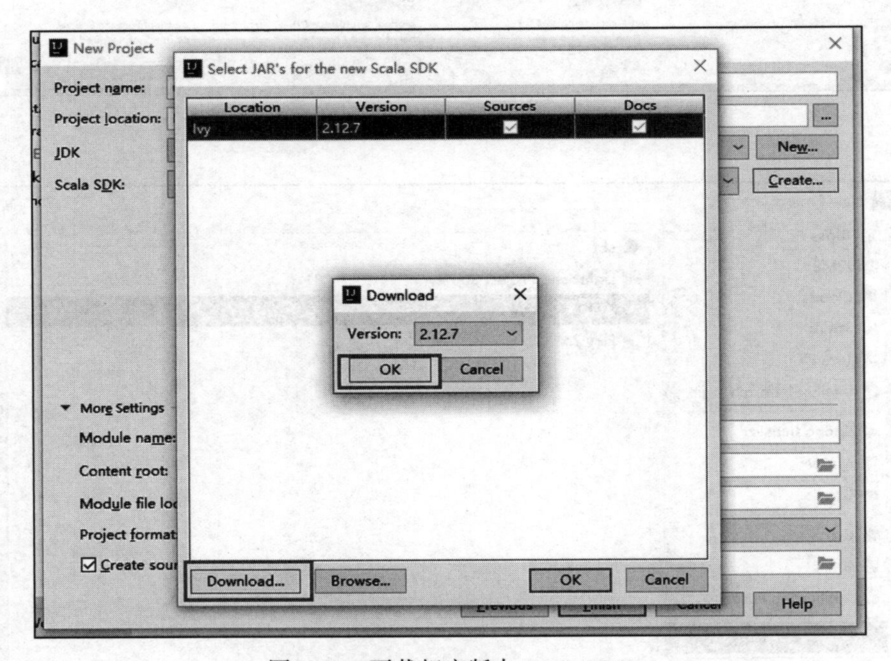

图 9-47　下载相应版本 Scala SDK

3. 基于 Scala 语言的 Spark WordCount 实例

Scala 语言代码如下：

```
import org.apache.spark._
import SparkContext._
object WordCount { def main(args: Array[String]) {
    if (args.length != 3 ){
```

```
            println("usage is org.test.WordCount <master> <input> <output>")
            return
        }
        val sc = new SparkContext(args(0), "WordCount",
        System.getenv("SPARK_HOME"), Seq(System.getenv("SPARK_TEST_JAR")))
        val textFile = sc.textFile(args(1))
        val result = textFile.flatMap(line => line.split("\\s+")).map(word =>
            (word, 1)).reduceByKey(_ + _)
        result.saveAsTextFile(args(2))
    }
}
```

在 Scala 工程中，右击 WordCount.scala，选择 Export，并在弹出框中选择 Java → JAR File，进而将该程序编译成 jar 包，可以把它命名为 spark-wordcount-in-scala.jar。

该 WordCount 程序接收三个参数，分别是 master 位置、HDFS 输入目录和 HDFS 输出目录，为此，可编写 run_spark_wordcount.sh 脚本：

```
# 配置 Hadoop 配置文件变量
export YARN_CONF_DIR=/opt/hadoop/yarn-client/etc/hadoop/
# 配置 Spark-assemble 程序包的位置，可以将该 jar 包放置在 HDFS 上，避免每次运行都上传一次
SPARK_JAR=./assembly/target/scala-2.13.2/spark-assembly-0.8.1-incubating-
    hadoop2.10.0.jar
# 在 spark 的根目录下执行
./bin/spark-submit
# 自己编译好的 jar 包中指定要运行的类名
--class WordCount \
# 指定 Spark 运行于 Spark on Yarn 模式下，这种模式有两种选择，即 yarn-client 和 yarn-cluster
   分别对应于开发测试环境和生产环境
--master yarn-client \
# 指定刚刚编译好的 jar 包，也可以添加一些其他的依赖包
--jars spark-wordcount-in-scala.jar \
# 配置 worker 数量、内存、核心数等
—num-workers 1 \
—master-memory 2g \
—worker-memory 2g \
—worker-cores 2
# 传入 WordCount 的 main 方法的参数，可为多个，用空格分隔
hdfs://hadoop-test/tmp/input\ hdfs:/hadoop-test/tmp/output
```

直接运行 run_spark_wordcount.sh 脚本即可得到运算结果。

4. 基于 Java 语言开发 Spark 程序

基于 Java 语言开发 Spark 程序的方法与普通的 Java 程序开发方法一样，只要将 Spark 开发程序包 spark-assembly 的 jar 包作为三方依赖库即可。下面给出 Java 版本的 Spark WordCount 程序。

```
package org.apache.spark.examples;
import org.apache.spark.api.java.JavaPairRDD;
import org.apache.spark.api.java.JavaRDD;
import org.apache.spark.api.java.JavaContext;
import org.apache.spark.api.java.function.FlatMapFunction;
import org.apache.spark.api.java.function.Function2;
import org.apache.spark.api.java.function.PairFunction;
```

```
import scala.Tuple2;
import java.util.Arrays;
import java.util.List;
import java.util.regex.Pattern;
public final class JavaWordCount {
    private static final Pattern SPACE = Pattern.compile(" ");
    public static void main(String[] args) throws Exception {
        if (args.length < 2) {
            System.err.println("Usage: JavaWordCount <master> <file>");
            System.exit(1);
        }
        JavaSparkContext ctx = new JavaSparkContext(args[0],
                "JavaWordCount",
                System.getenv("SPARK_HOME"),
                JavaSparkContext.jarOfClass(JavaWordCount.class));
        JavaRDD<String> lines = ctx.textFile(args[1], 1);
        JavaRDD<String> words = lines.flatMap(
                new FlatMapFunction<String, String>() {
                    @Override
                    public Iterable<String> call(String s) {
                        return Arrays.asList(SPACE.split(s));
                    }
                });
        JavaPairRDD<String, Integer> ones = words.map(
                new PairFunction<String, String, Integer>() {
                    @Override
                    public Tuple2<String, Integer> call(String s) {
                        return new Tuple2<String, Integer>(s, 1);
                    }
                });
        JavaPairRDD<String, Integer> counts = ones.reduceByKey(
                new Function2<Integer, Integer, Integer>() {
                    @Override
                    public Integer call(Integer i1, Integer i2) {
                        return i1 + i2;
                    }
                });
        List<Tuple2<String, Integer>> output = counts.collect();
        for (Tuple2<?, ?> tuple : output) {
            System.out.println(tuple._1() + ": " + tuple._2());
        }
        System.exit(0);
    }
}
```

5. 在 Spark 集群上运行 Scala 或 Java 的程序

不管是 Scala 还是 Java 程序，都能够用 IntelliJ IDEA 打包成 jar 包。在集群上用 spark-submit 命令运行，具体的命令格式是：

```
spark-submit \
--class org.apache.spark.examples.JavaWordCount \
--master spark://spark1:7077 \
/opt/spark/lib/spark-examples-2.4.5-hadoop2.7.jar \
hdfs://spark1:9000/user/root/input
```

其中第一个参数 class 代表需要运行的类，可以是 Java 或 Scala 的类；master 指定运行程序的集群 URI，Spark 集群的协议标识符为 spark://，默认端口号为 7077；倒数第二个参数是程序所在的 jar 包；后面的一些参数是传递给所运行的类的 main 方法的参数。

当然，spark-submit 命令还可以在 jar 包位置之前添加更多的参数，以优化 spark 的性能，这里只做简要介绍，更多参数请参考 Apache Spark 官方文档。

9.5.2 Spark 的 RDD 编程实践

1. RDD 概览

RDD 是 Spark 提供的最主要的抽象，其全称是弹性分布式数据集（resilient distributed dataset），它是一个分布在集群节点上的元素集合，可以进行并行操作。可以从 Hadoop 文件系统中的一个文件或者程序中现有的 Scala 集合开始创建 RDD 并对它进行转换。用户可以将 RDD 持久化在内存中，这样就可以通过并行操作高效地重用 RDD。除此之外，RDD 还可以从节点故障中自动恢复。

2. RDD 的创建

在 Spark 中创建 RDD 的方式大概可以分为三种：从集合中创建 RDD；从外部存储创建 RDD；从其他 RDD 创建。对于从集合中创建 RDD，Spark 主要提供了两个函数：parallelize 和 makeRDD。也就是说，创建 RDD 有两种方法：并行化程序中的现有集合，如图 9-48 所示；引用外部存储系统中的数据集，比如本地文件系统、HDFS、HBase 或任何提供 Hadoop InputFormat 的数据源，如图 9-49 所示。parallelize 和 makeRDD 的区别是：调用 parallelize() 方法时，在不指定分区数的情况下使用系统给出的分区数；而调用 makeRDD() 方法时，会为每个集合对象创建最佳分区，这对后续的调用优化很有帮助。

```
scala> val rdd1=sc.parallelize(list)
rdd1: org.apache.spark.rdd.RDD[Int] = ParallelCollectionRDD[4] at parallelize at <console>:26

scala> val rdd2=sc.makeRDD(list)
rdd2: org.apache.spark.rdd.RDD[Int] = ParallelCollectionRDD[5] at makeRDD at <console>:26
```

图 9-48 使用并行化方式创建 RDD（parallelize 方法和 makeRDD 方法）

```
scala> val rdd3=sc.textFile("hdfs://hadoop1:9000/hello.txt")
rdd3: org.apache.spark.rdd.RDD[String] = hdfs://hadoop1:9000/hello.txt MapPartitionsRDD[7] at textFile
at <console>:24
```

图 9-49 通过读取 HDFS 中的文件创建 RDD（textFile 方法）

3. RDD 的 Transformation 操作

RDD 支持 Transformation 和 Action 两种操作。例如，对于大家耳熟能详的 MapReduce，在 Spark 中，map 是一个 Transformation 操作，通过函数传递数据集中的每个元素，并返回一个新的 RDD；reduce 是一个 Action 操作，使用某些函数聚合 RDD 中的所有元素，并将最终结果返回到程序中。

Spark 中所有的 Transformation 操作都是惰性的，即 Transformation 操作不会立即计算结果，只有运行到 Action 操作时，才会开始计算 Transformation 的结果，这样的设计使 Spark 的运行更加灵活、高效。常见的 Transformation 操作和常见的 Action 操作如表 9-3 和表 9-4 所示。

表 9-3 常见的 Transformation 操作

Transformation 操作	含义	示例
map(func)	遍历集合中的每个元素都执行函数 func	scala> val list=List(1,2,3,4,5,6) list: List[Int] = List(1, 2, 3, 4, 5, 6) scala> sc.makeRDD(list).map(x=>x+1).collect() res0: Array[Int] = Array(2, 3, 4, 5, 6, 7)
filter(func)	选择集合中执行函数 func 后返回 true 的元素	scala> sc.makeRDD(list).filter(x=>x%2==0).collect() res1: Array[Int] = Array(2, 4, 6)
flatMap (func)	类似于 map，但是相比于 map，每个元素可以返回一个集合，然后把多个集合拍扁（flat）为一个集合	scala> val list=List("Hello Spark","Hello Scala") list: List[String] = List(Hello Spark, Hello Scala) scala> sc.makeRDD(list).flatMap(x=>x.split(" ")).collect() res0: Array[String] = Array(Hello, Spark, Hello, Scala)
union (otherDataset)	将两个集合合并到一起	scala> val list1=List(1,2,3,4,5,6) list1: List[Int] = List(1, 2, 3, 4, 5, 6) scala> val list2=List(5,6,7,8,9) list2: List[Int] = List(5, 6, 7, 8, 9) scala> sc.makeRDD(list1).union(sc.makeRDD(list2)).collect() res2: Array[Int] = Array(1, 2, 3, 4, 5, 6, 5, 6, 7, 8, 9)
intersection (otherDataset)	求两个集合的交集并去重	scala> val list1=List(1,2,3,4,5,6,5) list1: List[Int] = List(1, 2, 3, 4, 5, 6, 5) scala> val list2=List(5,6,7,8,9,6) list2: List[Int] = List(5, 6, 7, 8, 9, 6) scala> sc.makeRDD(list1).intersection(sc.makeRDD(list2)).collect() res4: Array[Int] = Array(6, 5)
distinct([numPartitions])	去除集合中的重复元素（重复元素会保留一个）	scala> val list=List(1,2,3,4,4,5,7,6,5,3,1) list: List[Int] = List(1, 2, 3, 4, 4, 5, 7, 6, 5, 3, 1) scala> sc.makeRDD(list).distinct().collect() res0: Array[Int] = Array(4, 1, 6, 3, 7, 5, 2)

（续）

Transformation 操作	含义	示例
groupByKey([numPartitions])	父 RDD 元素需要为（K,V）的键值对，含有相同 Key 的元素的组成迭代器 Iterable<V>，返回（K，Iterable<V>）的键值对	scala> val list=List(("class1","zhangsan"),("class1","lisi"),("class2","wangwu"),("class2","zhaoliu")) list: List[(String, String)] = List((class1,zhangsan), (class1,lisi), (class2,wangwu), (class2,zhaoliu)) scala> sc.makeRDD(list).groupByKey().collect() res4: Array[(String, Iterable[String])] = Array((class1,CompactBuffer(zhangsan, lisi)), (class2,CompactBuffer(wangwu, zhaoliu)))
reduceByKey(func,[numPartitions])	父 RDD 元素需要为（K,V）的键值对，对含有相同 Key 元素的 Value 进行 func 中指定的 reduce 操作，通常为 x+y（可以简写成 _+_）	scala> val list=List(("zhangsan",10),("lisi",14),("zhangsan",8),("lisi",5)) list: List[(String, Int)] = List((zhangsan,10), (lisi,14), (zhangsan,8), (lisi,5)) scala> sc.makeRDD(list).reduceByKey(_+_).collect() res5: Array[(String, Int)] = Array((zhangsan,18), (lisi,19))
sortByKey([ascending],[numPartitions])	父 RDD 元素需要为（K,V）的键值对，对元素根据 Key 进行升序（默认）或降序排序	scala> val list=List((10,"zhangsan"),(14,"lisi"),(8,"wangwu"),(5,"zhaoliu")) list: List[(Int, String)] = List((10,zhangsan), (14,lisi), (8,wangwu), (5,zhaoliu)) scala> sc.makeRDD(list).sortByKey().collect() res12: Array[(Int, String)] = Array((5,zhaoliu), (8,wangwu), (10,zhangsan), (14,lisi)) scala> sc.makeRDD(list).sortByKey(false).collect() res13: Array[(Int, String)] = Array((14,lisi), (10,zhangsan), (8,wangwu), (5,zhaoliu))
join(otherDataset,[numPartitions])	对元素为（K,V）键值对的集合与另一个元素为（K,W）键值对的集合进行连接操作，返回（K,（V,W））	scala> val list1=List(("zhangsan","165cm"),("lisi","180cm"),("wangwu","170cm"),("zhaoliu","175cm")) list1: List[(String, String)] = List((zhangsan,165cm), (lisi,180cm), (wangwu,170cm), (zhaoliu,175cm)) scala> val list2=List(("zhangsan","50kg"),("lisi","75kg"),("zhaoliu","65kg")) list2: List[(String, String)] = List((zhangsan,50kg), (lisi,75kg), (zhaoliu,65kg)) scala> sc.makeRDD(list1).join(sc.makeRDD(list2)).collect() res0: Array[(String, (String, String))] = Array((zhangsan,(165cm,50kg)), (zhaoliu,(175cm,65kg)), (lisi,(180cm,75kg)))
cartesian (otherDataset)	返回两个集合的笛卡儿积	scala> val list1=List(1,2,3,4) list1: List[Int] = List(1, 2, 3, 4) scala> val list2=List("a","b","c") list2: List[String] = List(a, b, c) scala> sc.makeRDD(list1).cartesian(sc.makeRDD(list2)).collect() res0: Array[(Int, String)] = Array((1,a), (1,b), (1,c), (2,a), (2,b), (2,c), (3,a), (3,b), (3,c), (4,a), (4,b), (4,c))

表 9-4 常见的 Action 操作

Action 操作	含义	示例

collect()	以数组的方式返回集合中的元素	`scala> val list=List(1,2,3,4,5)`
		`list: List[Int] = List(1, 2, 3, 4, 5)`
		
		`scala> sc.makeRDD(list).collect()`
		`res3: Array[Int] = Array(1, 2, 3, 4, 5)`

reduce(func)	根据 func 的规则，reduce 集合中的所有元素	`scala> val list=List(1,2,3,4,5)`
		`list: List[Int] = List(1, 2, 3, 4, 5)`
		
		`scala> sc.makeRDD(list).reduce(_+_)`
		`res4: Int = 15`

count()	返回集合中元素的个数	`scala> val list=List(1,2,3,4,5)`
		`list: List[Int] = List(1, 2, 3, 4, 5)`
		
		`scala> sc.makeRDD(list).count()`
		`res5: Long = 5`

take(*n*)	返回集合中前 *n* 个元素	`scala> val list=List(1,2,3,4,5)`
		`list: List[Int] = List(1, 2, 3, 4, 5)`
		
		`scala> sc.makeRDD(list).take(3)`
		`res6: Array[Int] = Array(1, 2, 3)`

first()	返回集合中第一个元素 [类似于 take（1）]	`scala> val list=List(1,2,3,4,5)`
		`list: List[Int] = List(1, 2, 3, 4, 5)`
		
		`scala> sc.makeRDD(list).first()`
		`res7: Int = 1`

saveAsTextFile(path)	将结果写入本地文件或者 HDFS 中或者其他支持 Hadoop 的文件系统	`scala> val list=List(1,2,3,4,5)`
		`list: List[Int] = List(1, 2, 3, 4, 5)`
		
		`scala> sc.makeRDD(list).saveAsTextFile("hdfs://hadoop1:9000/result1")`

countByKey()	父 RDD 元素需要为（K,V）的键值对，对 Key 相同的元素进行计数	`scala> val list=List(("class1","zhangsan"),("class1","lisi"),("class2","wangwu"),("class2","zhaoliu"))`
		`list: List[(String, String)] = List((class1,zhangsan), (class1,lisi), (class2,wangwu), (class2,zhaoliu)`
		`)`
		
		`scala> sc.makeRDD(list).countByKey()`
		`res9: scala.collection.Map[String,Long] = Map(class1 -> 2, class2 -> 2)`

foreach(func)	对集合中的每个元素执行函数 func	`scala> val list=List(1,2,3,4,5)`
		`list: List[Int] = List(1, 2, 3, 4, 5)`
		
		`scala> sc.makeRDD(list).foreach(x=>{println("The number is "+x)})`
		`The number is 1`
		`The number is 2`
		`The number is 3`
		`The number is 4`
		`The number is 5`

4. RDD 的 Action 操作

Action 是数据真正执行的部分，利用 Action 的相关算子执行数据的计算部分。下面介绍几种常见的 Action 操作。

习题

1. 简述大数据的定义及其特征。
2. 简述当今流行的大数据处理模型 MapReduce 的数据处理过程及其优劣势。
3. 大数据分析中的聚类与分类有什么区别？
4. 为什么 Spark 在处理迭代计算时比 MapReduce 性能更好？
5. 请给出 Spark 总体架构，并说明 Spark 中 RDD 所支持的两种类型操作及其区别？

参考文献

[1] 林伟伟，刘波. 分布式计算、云计算与大数据 [M]. 北京：机械工业出版社，2015.
[2] 梅宏，杜小勇，金海，等. 大数据技术前瞻 [J]. 大数据，2023，9（1）：1-20.
[3] 林伟伟，彭绍亮. 云计算与大数据技术理论及应用 [M]. 北京：清华大学出版社，2019.

第 10 章　实时医疗大数据分析案例

10.1　案例背景与需求概述

10.1.1　背景介绍

目前我国的医疗行业现状是，优质医疗资源集中在大城市，地方和偏远地区医疗条件较差，医疗资源的配置不合理，导致出现了大量的长尾需求，催生了广阔的互联网医疗市场。在此背景下，互联网的“连接”属性得以发挥，有效促进了长尾市场的信息流通，降低了扩大受众群的成本，而大数据技术的应用能够使医疗服务更加完善和精准。

医疗大数据的应用主要是指利用互联网以及大数据技术对各个层次的医疗信息和数据进行挖掘和分析，为医疗服务的提升提供有价值的依据，使医疗行业运营更高效、服务更精准，最终降低患者的医疗支出。

本案例将先介绍某医院的医疗大数据分析需求，然后采用多种大数据技术组件，形成从 ETL、非格式化存储到大数据挖掘分析以及可视化等一系列数据解决方案。

10.1.2　基本需求

在本案例中，以心脏病临床诊断数据为处理对象，通过对以往的病例进行归类打标签，预先评估出一些用于模型训练的病理数据，利用大数据分析引擎（Hadoop、Spark 等）计算出病理分类决策模型，再利用实时大数据平台建立实时大数据处理原型，对前端数据源传送过来的新病例加以预测和评估。演示部分包括平台建立、模型训练及评估等多项内容。

分类模型选择随机森林算法，心脏病临床诊断数据包括 13 个医疗诊断属性，可以从下面的网址下载数据：http://archive.ics.uci.edu/database/45/heart+disease。

本案例使用的是 processed.cleveland.data 文档中的数据，先将数据保存到本地桌面的 data.txt 文件中以待后用，数据的部分截图如图 10-1 所示。

```
63.0,1.0,1.0,145.0,233.0,1.0,2.0,150.0,0.0,2.3,3.0,0.0,6.0,0
67.0,1.0,4.0,160.0,286.0,0.0,2.0,108.0,1.0,1.5,2.0,3.0,3.0,2
67.0,1.0,4.0,120.0,229.0,0.0,2.0,129.0,1.0,2.6,2.0,2.0,7.0,1
37.0,1.0,3.0,130.0,250.0,0.0,0.0,187.0,0.0,3.5,3.0,0.0,3.0,0
41.0,0.0,2.0,130.0,204.0,0.0,2.0,172.0,0.0,1.4,1.0,0.0,3.0,0
56.0,1.0,2.0,120.0,236.0,0.0,0.0,178.0,0.0,0.8,1.0,0.0,3.0,0
62.0,0.0,4.0,140.0,268.0,0.0,2.0,160.0,0.0,3.6,3.0,2.0,3.0,3
57.0,0.0,4.0,120.0,354.0,0.0,0.0,163.0,1.0,0.6,1.0,0.0,3.0,0
63.0,1.0,4.0,130.0,254.0,0.0,2.0,147.0,0.0,1.4,2.0,1.0,7.0,2
53.0,1.0,4.0,140.0,203.0,1.0,2.0,155.0,1.0,3.1,3.0,0.0,7.0,1
57.0,1.0,4.0,140.0,192.0,0.0,0.0,148.0,0.0,0.4,2.0,0.0,6.0,0
56.0,0.0,2.0,140.0,294.0,0.0,2.0,153.0,0.0,1.3,2.0,0.0,3.0,0
56.0,1.0,3.0,130.0,256.0,1.0,2.0,142.0,1.0,0.6,2.0,1.0,6.0,2
44.0,1.0,2.0,120.0,263.0,0.0,0.0,173.0,0.0,0.0,1.0,0.0,7.0,0
52.0,1.0,3.0,172.0,199.0,1.0,0.0,162.0,0.0,0.5,1.0,0.0,7.0,0
57.0,1.0,3.0,150.0,168.0,0.0,0.0,174.0,0.0,1.6,1.0,0.0,3.0,0
48.0,1.0,2.0,110.0,229.0,0.0,0.0,168.0,0.0,1.0,3.0,0.0,7.0,1
```

图 10-1　部分源数据

数据集中包含 14 个字段，每个字段以逗号作为分隔符，最后一个字段是后面案例演示中要预测的结果数据，其中每个字段的含义如表 10-1 所示。

表 10-1 数据集中每个字段的含义

序号	字段简写	字段含义
1	age	年龄
2	sex	性别（1 = male; 0 = female）
3	cp	胸痛类型 • Value 1: typical angina • Value 2: atypical angina • Value 3: non-anginal pain • Value 4: asymptomatic
4	trestbps	静息血压（in mm Hg on admission to the hospital）
5	chol	血清胆汁储备（mg/dl）
6	fbs	空腹血糖 > 120 mg/dl (1 = true; 0 = false)
7	restecg	静息心电图结果 • Value 0: normal • Value 1: having ST-T wave abnormality (T wave inversions and/or ST elevation or depression of > 0.05 mV) • Value 2: showing probable or definite left ventricular hypertrophy by Estes' criteria
8	thalach	达到的最大心率
9	exang	运动性心绞痛（1 = yes; 0 = no）
10	oldpeak	运动相当于休息引起的 ST 段压低
11	slope	运动峰值 ST 段的斜率 • Value 1: upsloping • Value 2: flat • Value 3: downsloping
12	ca	荧光染色的主要血管数（0 ～ 3）
13	thal	3 = normal; 6 = fixed defect; 7 = reversable defect
14	num	心脏病的诊断（血管造影疾病状态）

案例目标是实现如下几个功能。

- 使用 ETL 工具将病理数据导入 HDFS，作为训练数据。
- 基于 Spark MLlib 的 Random Forests 算法从病理数据中训练分类模型。
- 模拟数据源向 Kafka 传送测试实例。
- 通过 Spark Streaming 从 Kafka 中接收该实例，并交给分类模型做出决策，预测结果。

整个流程以 HDFS 为中心存储，中间结果存储、中间输出结果以及最终结果都存储在 HDFS 中，由 ETL 工具转存到其他存储系统中。

10.2 设计方案

案例流程图如图 10-2 所示，利用 Kettle 工具将训练数据从本地存储传输到 HDFS，利用 Spark MLlib 训练分类模型，通过 MSE（最小均方误差）以及错误率来评估出最佳模型。为了模拟真实的运行环境，利用 Kafka 作为企业级分布式消息总线，搭建消息分发环境，输入端将用于分析的病例数据输入 Kafka，使用 Spark Streaming 作为消费者，从 Kafka 消息队列中拉取数据，经分类模型给出预测结果，最终将结果存储在 HDFS 上。

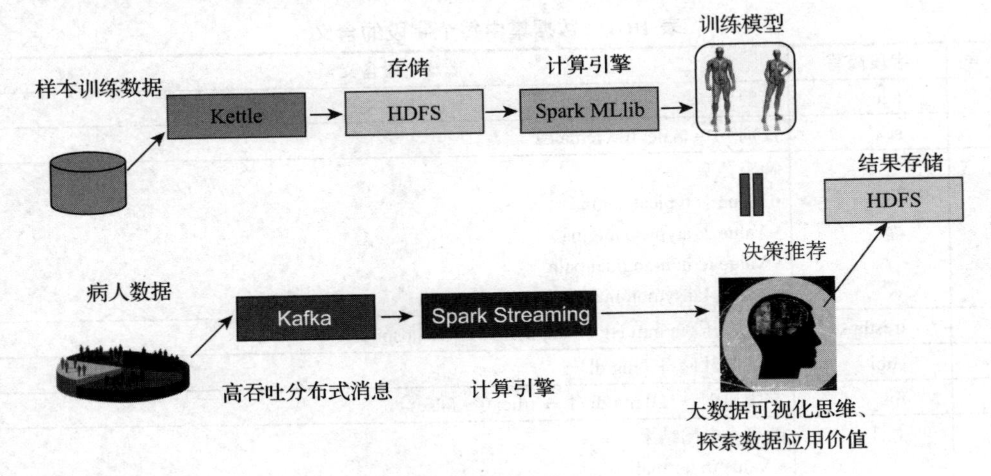

图 10-2 案例流程图

10.2.1 ETL

为对接企业内部传统存储系统与大数据处理平台，可以采用 Sqoop 或 Kettle 等分布式 ETL 工具，将文本或存储在 Oracle、SQL Server 等关系数据库中的海量格式化数据导入 HBase、HDFS 等 NoSQL 数据库中，也可以将经过 Hadoop、Spark 等大数据计算平台处理后的结果数据导出到关系数据库中，展现在原应用系统中。利用 Kettle 进行数据传输的流程图如图 10-3 所示。

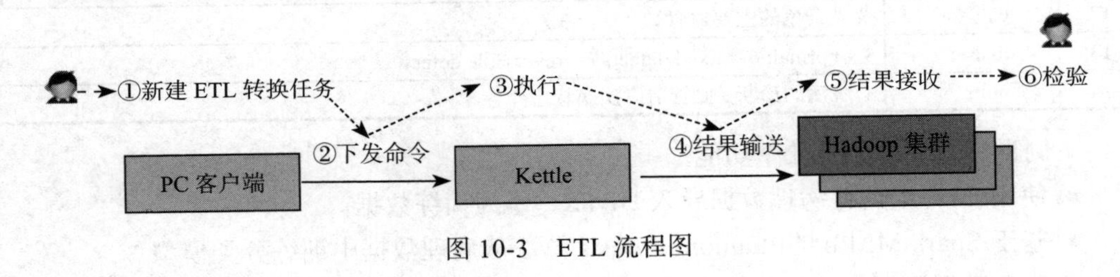

图 10-3 ETL 流程图

10.2.2 非格式化存储

以 HDFS、HBase 等分布式存储系统为核心存储，通过 ETL 传输工具（如 Sqoop、Kettle 等）将非格式化数据（如网站日志、服务器日志等）从磁盘存储直接导入 HDFS，并通过 Hive 等查询工具建立基本的格式化结构；也可以将原关系数据库中存储的格式化数据，以文本形式或以 Sequence 结构的二进制形式存储在 HDFS 中。

10.2.3 流处理

为应对海量数据实时处理的需求，采用分布式消息系统，构建企业级消息总线，用 Spark Streaming 或 Storm 作为流数据处理平台，实时消费发布的海量消息数据。具体设计方案为：基于 Kafka 构建企业级消息总线，输入端采用统一的消息结构接收不同应用程序产生的海量消息，输出端独立开发面向流处理、持久化等不同业务场景的消费者插件。本例中使用 Spark Streaming 作为消费者程序从 Kafka 中拉取对应消息，如图 10-4 所示。

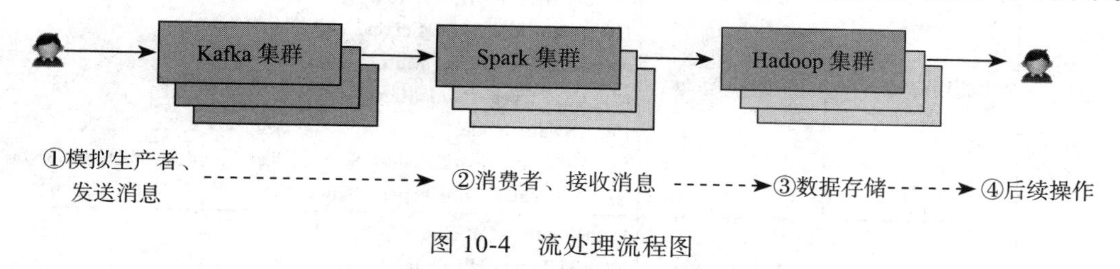

图 10-4 流处理流程图

10.2.4 训练模型与结果预测

基于心脏病临床数据的检测模型，以 Random Forests 为分类模型，从病例数据中训练出病理预估模型，并通过错误率、MSE 等指标量化模型评估，然后根据训练好的模型对测试数据进行分析与评估，并给出预测的结果。

10.3 环境准备

在开始整个案例之前，环境的搭建是必不可少的，这里推荐使用 Ambari 进行整个大数据平台的搭建。Apache Ambari 项目旨在通过开发用于配置、管理和监控 Apache Hadoop 集群的软件，使管理 Hadoop 集群更方便、更简单。Ambari 提供了一个直观的、易于使用的 Hadoop 管理 Web UI，在此基础上，可以创建、管理、监视 Hadoop 的集群。这里的 Hadoop 是广义的，指的是 Hadoop 整个生态圈（例如 Hive、HBase、Sqoop、Zookeeper、Spark 等），而并不仅特指 Hadoop。用一句话来说，Ambari 就是为了让 Hadoop 以及相关的大数据软件更容易使用的一个工具。

整个环境平台的搭建可以参考官方文档（当前最新版本为 2.7.5.0），网址为 http://docs.cloudera.com/HDPDocuments/Ambari/Ambari-2.7.5.0/index.html。

安装 Ambari 时建议自行搭建一个本地库（local repository）进行安装，官方文档中有介绍，这里不再详述。

10.3.1 节点规划

案例的节点规划如表 10-2 所示。

表 10-2 案例的节点规划

节点	IP	类型	主要组件及服务
master	192.168.71.139	Ambari-Server Ambari-Agent	App Timeline Server、HCat Client HDFS Client、Hive Client MapReduce2 Client、Metrics Collector Metrics Monitor、NameNode Pig、ResourceManager Spark Client、Tez Client YARN Client、ZooKeeper Client

（续）

节点	IP	类型	主要组件及服务
slave0	192.168.71.140	Ambari-Agent	DataNode、HCat Client、HDFS Client History Server、Hive Client Hive Metastore、HiveServer2 MapReduce2 Client、Metrics Monitor MySQL Server、NodeManager Pig、SNameNode Spark Client、Spark History Server、Tez Client、WebHCat Server YARN Client、ZooKeeper Client
slave1	192.168.71.138	Ambari-Agent	DataNode、HCat Client HDFS Client、Hive Client Kafka Broker、MapReduce2 Client Metrics Monitor、NodeManager Pig、Spark Client Tez Client、YARN Client ZooKeeper Client、ZooKeeper Server
slave2	192.168.71.142	Ambari-Agent	DataNode、HCat Client HDFS Client、Hive Client Kafka Broker、MapReduce2 Client Metrics Monitor、NodeManager Pig、Spark Client Tez Client、YARN Client ZooKeeper Client、ZooKeeper Server
slave3	192.168.71.141	Ambari-Agent	DataNode、HCat Client HDFS Client、Hive Client Kafka Broker、MapReduce2 Client Metrics Monitor、NodeManager Pig、Spark Client Tez Client、YARN Client ZooKeeper Client、ZooKeeper Server
repo	192.168.71.144	本地仓库	

10.3.2　软件选型

案例的软件选型如表 10-3 所示。

表 10-3　案例的软件选型

操作系统 / 软件名称	版本号
CentOS	6.6
Apache Ambari	2.2.0.0
HDP	2.3.4.0-3485
HDFS	2.7.1.2.3
MapReduce2	2.7.1.2.3
YARN	2.7.1.2.3
Tez	0.7.0.2.3
Pig	0.15.0.2.3
ZooKeeper	3.4.6.2.3

（续）

操作系统 / 软件名称	版本号
Ambari Metrics	0.1.0
Kafka	0.9.0.2.3
Spark	1.5.2.2.3

建议至少安装 HDFS、MapReduce、YARN、ZooKeeper、Kafka 以及 Spark，另外，安装 Ambari 的过程中无须一次性安装完所有组件，安装完毕后还可以自行添加组件，因此不必担心忽略了某些组件的安装。

10.4 实现方法

经过上面的说明，相信读者已经明白了本案例的基本设计方案并完成了整体环境的搭建，那么本节就开始最关键的实践部分。

这部分的主要内容如下：首先，我们将一开始下载并保存好的 data.txt 病理数据经过 ETL 工具处理，最终将数据存储到 HDFS 中，作为训练数据集；接着，通过实现一个程序，模拟 Kafka 与 Spark Streaming 的交互，Spark Streaming 将从 Kafka 处读取数据并最终把这些数据存储到 HDFS 中，作为测试数据集；最后，通过使用 Spark MLlib，根据训练数据集进行模型训练，然后利用训练好的模型对测试数据集进行预测，并将最终预测结果存储到 HDFS 中。

整个实现的流程分为 3 个环节，具体介绍如下。

10.4.1 使用 Kettle、Sqoop 等 ETL 工具将数据导入 HDFS

本环节是 ETL 环节，即使用 ETL 工具对原始数据（data.txt）进行清理并把该数据导入 HDFS 中，所以这个环节的内容可以概括为以下两点。

- 清理：源病理数据中有些记录的某个字段中含有“?”，会对后面的模型训练产生影响，因而需要把这部分数据清理掉。
- 导入：将清理后的数据导入 HDFS 中，作为训练数据集。

流行的 ETL 工具有很多，这里使用 Kettle 进行实例的演示。

1. 新建“转换”

首先，请确保你的系统已经配置好 Java 环境，如果是在 Windows 系统下使用 Kettle，可双击解压后的 Kettle 工具包目录下的 Spoon.bat 文件，进入 Kettle 图形操作界面，单击“文件”→“新建”→“转换”(Ctrl+N)，如图 10-5 所示。

2. 配置 Hadoop 集群信息

在左侧的“主对象树”分页中找到 Hadoop Cluster 项，在此处新建一个 Cluster，并填写相关信息，如图 10-6 所示。

注意：这里只配置了 HDFS 的相关信息，并没有对其他信息进行配置，因为本案例只需将数据导入 HDFS，所以并不需要用到其他组件。另外，此处的 Username 和

Password 是不起作用的，Hadoop 集群认证用户名时将根据使用者当前的主机名称进行判断，如本案例使用的主机名为 hdfs，使用不恰当的用户名，将会导致将数据导入 HDFS 的过程中出现权限受限问题。

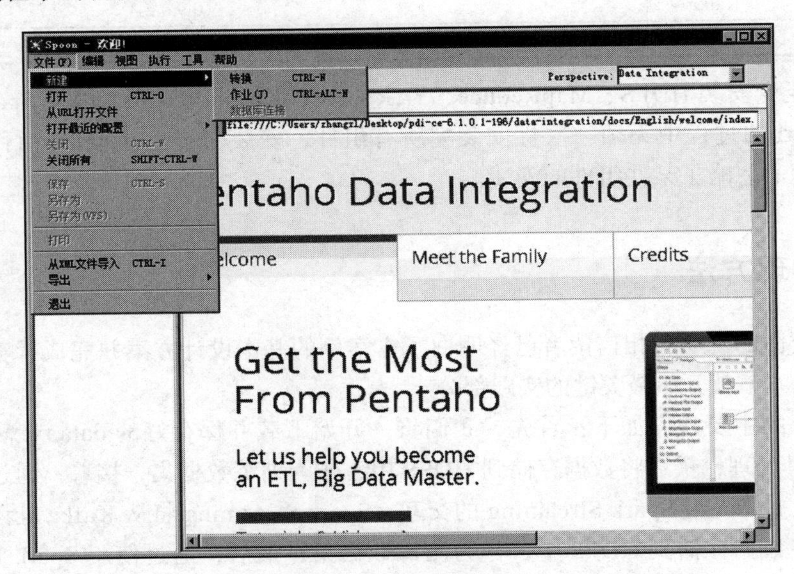

图 10-5　新建“转换”

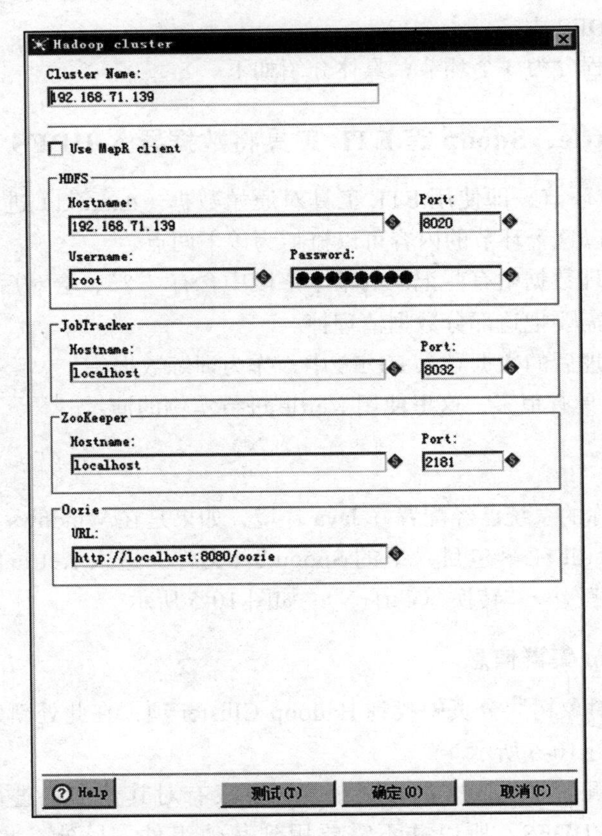

图 10-6　新建一个 Cluster

接下来，可以单击“测试”按钮，查看配置的信息是否能够链接到Hadoop集群，如图10-7所示，确认正常后单击“确定”，完成配置。

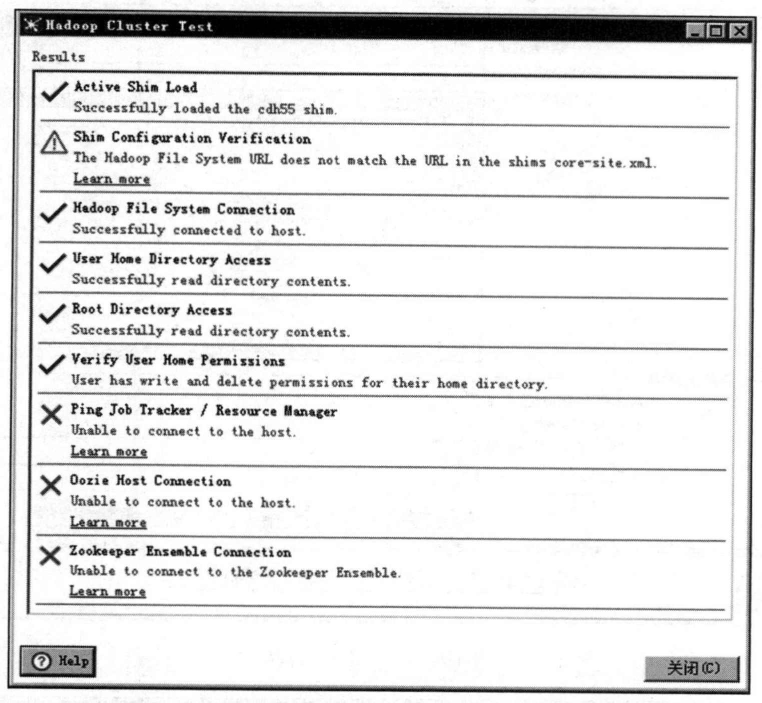

图10-7　查看配置的信息是否能够链接到Hadoop集群

3. 配置“输入”与“输出”

在“核心对象”→“输入”处拖出一个“文本文件输入”，在Big Data目录下拖出Hadoop File Output，如图10-8所示。

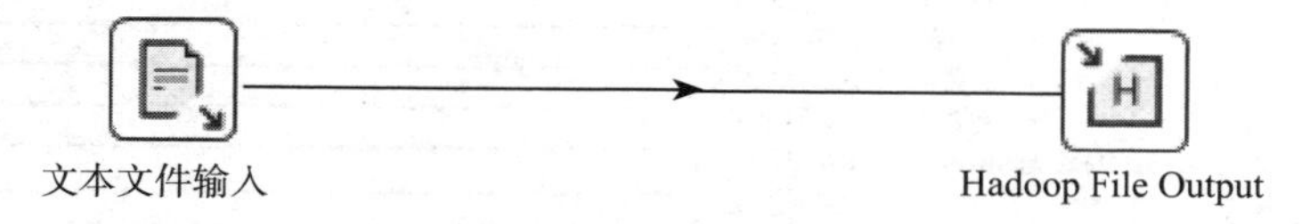

图10-8　“文本文件输入”和Hadoop File Output

双击“文本文件输入”进行如下信息配置。

- “文件”分页：在“选中的文件”栏中填入要导入的数据路径，此处为C:\Users\zhangzl\Desktop\data.txt，如图10-9所示。
- “内容”分页：将“分隔符”改为“,”，对应源数据的逗号分隔符，取消“头部”勾选，如图10-10所示。
- “过滤”分页：填写“过滤字符串”为“?”，这里是为了将源数据中含有“?”的数据清理掉，如图10-11所示。
- “字段”分页：单击“获取字段”按钮，如图10-12所示。

建议先单击“预览记录”按钮，看下是否符合预期结果，最后单击“确定”按钮完成配置。

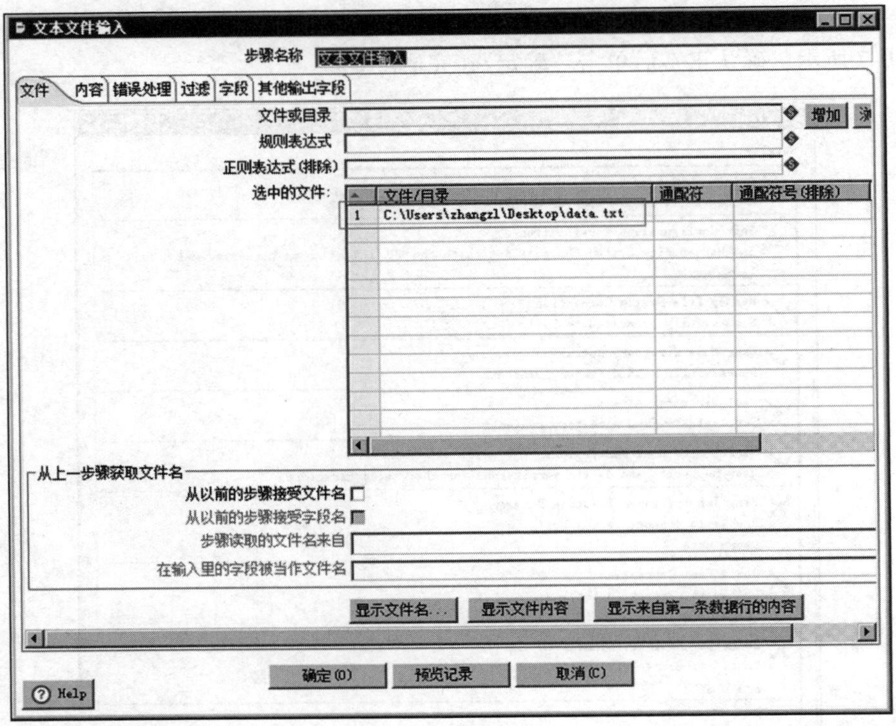

文本文件输入

步骤名称 文本文件输入

文件 内容 错误处理 过滤 字段 其他输出字段

文件或目录 增加 浏

规则表达式

正则表达式(排除)

选中的文件:

	文件/目录	通配符	通配符号(排除)
1	C:\Users\zhangzl\Desktop\data.txt		

从上一步骤获取文件名

从以前的步骤接受文件名

从以前的步骤接受字段名

步骤读取的文件名来自

在输入里的字段被当作文件名

显示文件名... 显示文件内容 显示来自第一条数据行的内容

确定(O) 预览记录 取消(C)

Help

图 10-9 “文件”分页

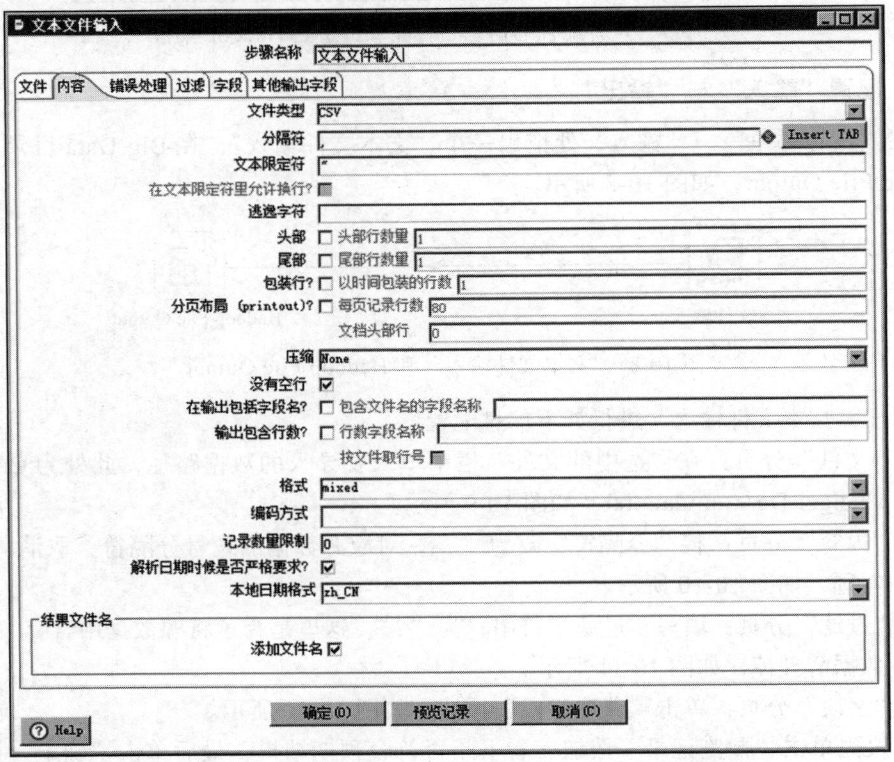

文本文件输入

步骤名称 文本文件输入

文件 内容 错误处理 过滤 字段 其他输出字段

文件类型 CSV

分隔符 , Insert TAB

文本限定符 "

在文本限定符里允许换行?

逃逸字符

头部 头部行数量 1

尾部 尾部行数量 1

包装行? 以时间包装的行数 1

分页布局 (printout)? 每页记录行数 80

文档头部行 0

压缩 None

没有空行

在输出包括字段名? 包含文件名的字段名称

输出包含行数? 行数字段名称

按文件取行号

格式 mixed

编码方式

记录数量限制 0

解析日期时候是否严格要求?

本地日期格式 zh_CN

结果文件名

添加文件名

确定(O) 预览记录 取消(C)

Help

图 10-10 “内容”分页

图 10-11 “过滤”分页

图 10-12 “字段”分页

接着双击 Hadoop File Output 进行如下信息配置。

- “文件”分页：选择在前面配置好的 Hadoop Cluster，然后在 Folder/File 处填写导入数据后的路径，此处为 /data/test/data.txt，扩展名为空即可，如图 10-13 所示。
- “内容”分页：将“分隔符”改为“,”，取消“头部”勾选，如图 10-14 所示。
- “字段”分页：单击“获取字段”按钮，最后单击“确定”按钮，完成配置，如图 10-15 所示。

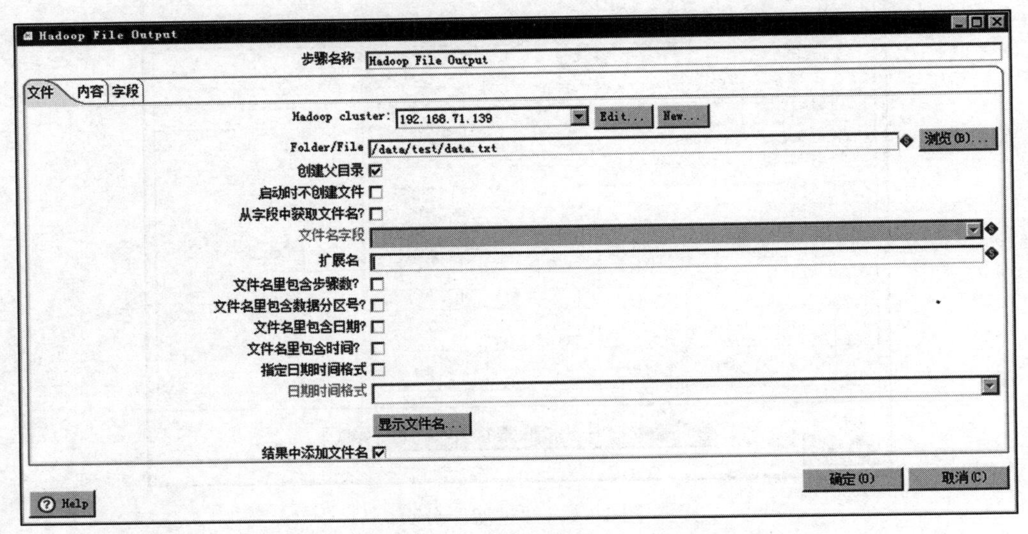

图 10-13　“文件”分页

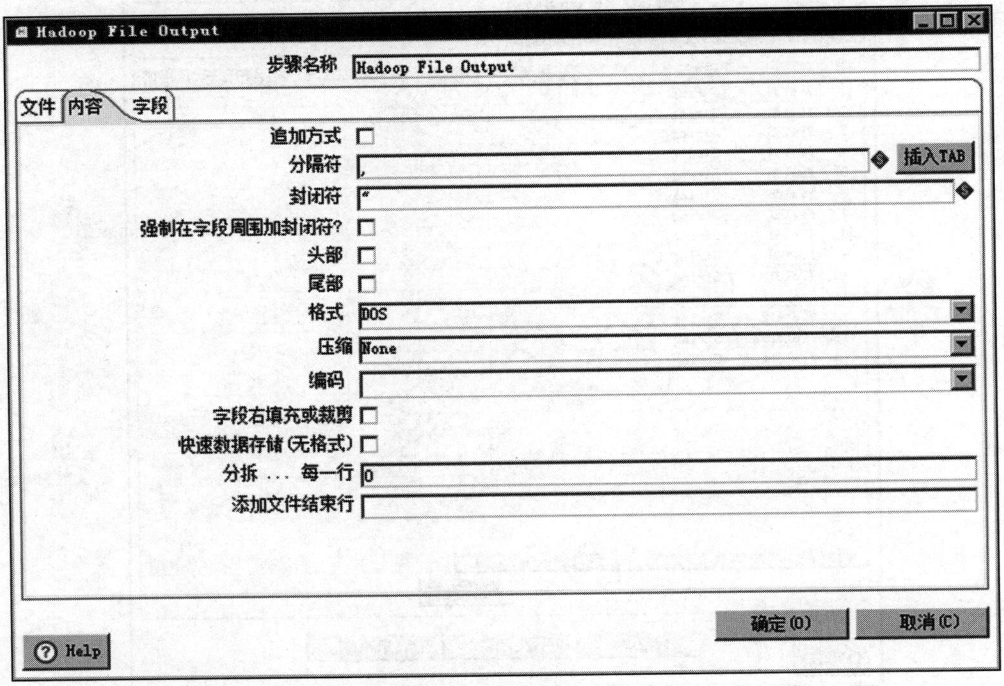

Hadoop File Output
步骤名称　Hadoop File Output
文件　内容　字段
追加方式
分隔符　,　插入TAB
封闭符　"
强制在字段周围加封闭符?
头部
尾部
格式　DOS
压缩　None
编码
字段右填充或裁剪
快速数据存储(无格式)
分拆 ... 每一行　0
添加文件结束行
确定(O)　取消(C)
Help

图 10-14　“内容”分页

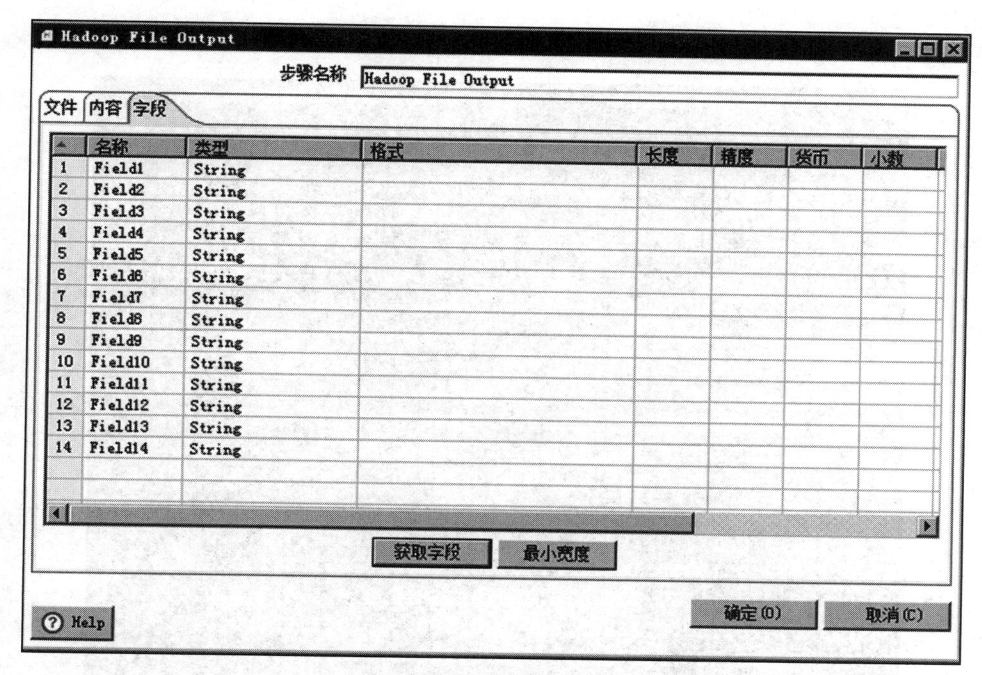

图 10-15 “字段”分页

4. 执行“转换”

通过上面的步骤，已经完成了基本的配置，现在可以开始运行这个“转换”了。

单击左上角的“运行”按钮，过一段时间后，可以在界面下方的“执行结果”处看到详细的信息，包括执行历史、日志等，如图 10-16 所示。一旦在执行过程中发生错误，错误行就会变红，这时可以在“日志”分页中查看日志，并根据日志反馈的信息进行相应检查。

执行结果

执行历史 | 日志 | 步骤度量 | 性能图 | Metrics | Preview data

	步骤名称	复制的记录行数	读	写	输入	输出	更新	拒绝	错误	激活	时间	速度（条记录/秒）	Pri/in/out
1	文本文件输入	0	0	297	297	0	1	0	0	已完成	0.1s	5,121	-
2	Hadoop File Output	0	297	297	0	298	0	0	0	已完成	0.5s	646	-

图 10-16 查看“执行结果”

5. 查看导入后的结果

前面把数据导入到了路径 /data/test/data.txt 中，现在来看一下 HDFS 中这个文件是否存在，如图 10-17 所示。

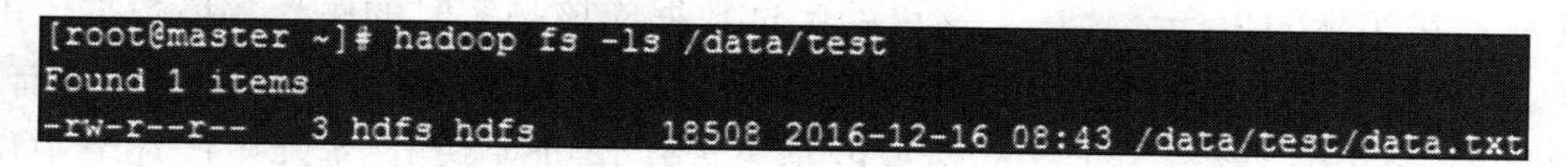

```
[root@master ~]# hadoop fs -ls /data/test
Found 1 items
-rw-r--r--   3 hdfs hdfs      18508 2016-12-16 08:43 /data/test/data.txt
```

图 10-17 查看 /data/test/data.txt 文件是否存在

可见确实有一个 data.txt 文件，继续查看该文件的内容，如图 10-18 所示。

```
[root@master ~]# hadoop fs -cat /data/test/data.txt
63.0,1.0,1.0,145.0,233.0,1.0,2.0,150.0,0.0,2.3,3.0,0.0,6.0,0
67.0,1.0,4.0,160.0,286.0,0.0,2.0,108.0,1.0,1.5,2.0,3.0,3.0,2
67.0,1.0,4.0,120.0,229.0,0.0,2.0,129.0,1.0,2.6,2.0,2.0,7.0,1
37.0,1.0,3.0,130.0,250.0,0.0,0.0,187.0,0.0,3.5,3.0,0.0,3.0,0
41.0,0.0,2.0,130.0,204.0,0.0,2.0,172.0,0.0,1.4,1.0,0.0,3.0,0
56.0,1.0,2.0,120.0,236.0,0.0,0.0,178.0,0.0,0.8,1.0,0.0,3.0,0
62.0,0.0,4.0,140.0,268.0,0.0,2.0,160.0,0.0,3.6,3.0,2.0,3.0,3
57.0,0.0,4.0,120.0,354.0,0.0,0.0,163.0,1.0,0.6,1.0,0.0,3.0,0
63.0,1.0,4.0,130.0,254.0,0.0,2.0,147.0,0.0,1.4,2.0,1.0,7.0,2
53.0,1.0,4.0,140.0,203.0,1.0,2.0,155.0,1.0,3.1,3.0,0.0,7.0,1
57.0,1.0,4.0,140.0,192.0,0.0,0.0,148.0,0.0,0.4,2.0,0.0,6.0,0
56.0,0.0,2.0,140.0,294.0,0.0,2.0,153.0,0.0,1.3,2.0,0.0,3.0,0
56.0,1.0,3.0,130.0,256.0,1.0,2.0,142.0,1.0,0.6,2.0,1.0,6.0,2
44.0,1.0,2.0,120.0,263.0,0.0,0.0,173.0,0.0,0.0,1.0,0.0,7.0,0
52.0,1.0,3.0,172.0,199.0,1.0,0.0,162.0,0.0,0.5,1.0,0.0,7.0,0
57.0,1.0,3.0,150.0,168.0,0.0,0.0,174.0,0.0,1.6,1.0,0.0,3.0,0
48.0,1.0,2.0,110.0,229.0,0.0,0.0,168.0,0.0,1.0,3.0,0.0,7.0,1
54.0,1.0,4.0,140.0,239.0,0.0,0.0,160.0,0.0,1.2,1.0,0.0,3.0,0
48.0,0.0,3.0,130.0,275.0,0.0,0.0,139.0,0.0,0.2,1.0,0.0,3.0,0
49.0,1.0,2.0,130.0,266.0,0.0,0.0,171.0,0.0,0.6,1.0,0.0,3.0,0
64.0,1.0,1.0,110.0,211.0,0.0,2.0,144.0,1.0,1.8,2.0,0.0,3.0,0
58.0,0.0,1.0,150.0,283.0,1.0,2.0,162.0,0.0,1.0,1.0,0.0,3.0,0
58.0,1.0,2.0,120.0,284.0,0.0,2.0,160.0,0.0,1.8,2.0,0.0,3.0,1
```

图 10-18 查看 data.txt 文件的内容

由此可知数据已经导入成功，而且已经去掉了含有“?”的数据（源数据共 303 行，导入后剩下 297 行）。当然，这里只是简单地使用 Kettle 导入数据到 HDFS，其实 Kettle 还有许多高级和复杂的操作，比如链接数据库、排序等，甚至是使用 Kettle 集群提高执行效率，但是请明确你的数据量是否大到真的需要使用 Kettle 集群，否则有可能适得其反。最后，作为 ETL 工具，Kettle 的功能是十分强大的，感兴趣的读者可以自行参考相关资料。

10.4.2 基于 Spark Streaming 开发 Kafka 连接器组件

本环节是 Kafka 与 Spark Streaming 交互的环节，我们将实现一个程序，实现 Spark Streaming 从 Kafka 处读取数据并最终把该数据存储到 HDFS 中，作为测试数据集用于最后的预测。本环节包括两大部分内容。

- 测试前面提到的环境搭建时安装的 Kafka 集群是否能够正常运作。
- 创建 Kafka producer，输入测试数据，Spark Streaming 从 Kafka 处读取数据并最终将该数据存储到 HDFS，模拟读取“医疗数据”的过程。

注意：在实际的生产环境中，这里的测试数据应该是实时的医疗环境数据，由于缺少真实的环境，因此这里以源数据集的前 21 条记录作为测试数据。其实这样也有好处：因为源病理数据集已经给出了实际情况的结果（第 14 个字段），实际生产环境中肯定是没有的（因为这正是要预测的），这样使用模型根据测试数据集的前 13 个字段预测最终结果后，还能够与实际情况进行对比，即判断预测成功还是失败。

Spark Streaming 模块是对于 Spark Core 的一个扩展，目的是以高吞吐量和容错的方式处理持续性的数据流。目前 Spark Streaming 支持的外部数据源有 Flume、Kafka、Twitter、ZeroMQ、TCP Socket 等。

Kafka 是一个分布式的、高吞吐量、易于扩展的基于主题发布 / 订阅的消息系统，最早由 Linkedin 开发，并于 2011 年开源并贡献给 Apache 软件基金会。一般来说，Kafka 有以下几个典型的应用场景：作为消息队列、流计算系统的数据源、系统用户行为数据源、日志聚集等。

有关 Kafka 的详细介绍，可查阅官网：http://kafka.apache.org/intro.html。

1. 下载用例程序相关的 jar 包

本实例用到的 jar 包为 spark-streaming-kafka_2.10-1.5.2.jar、kafka_2.10-0.9.0.2.3.4.51-1.jar、metrics-core-2.2.0.jar 和 zkclient-0.7.jar。

其中第一个 jar 包可以到 Maven 仓库下载，网址为 http://mvnrepository.com/，剩下 3 个 jar 包同样可以到 Maven 仓库下载，但是考虑到兼容性问题，更推荐使用已安装 Kafka 的 lib 目录下的 jar 包。然后，把上述 4 个 jar 包上传到 Spark 集群的每个机器上，这里放到 Spark 的 lib 目录下。注意：实际开发中请根据 Spark 和 Kafka 版本下载正确的 jar 包，否则会出现兼容性问题。

2. 程序代码解析

开发一个从 Kafka 到 HDFS 的流处理程序，主要代码如下：

```
import org.apache.spark.streaming.Seconds
import org.apache.spark.streaming.StreamingContext
import org.apache.spark.streaming.kafka.KafkaUtils
import org.apache.log4j.{Logger,Level}
// 屏蔽不必要的日志显示在终端上
Logger.getLogger("org").setLevel(Level.WARN)
Logger.getLogger("akka").setLevel(Level.WARN)
// 从 SparkConf 创建 StreamingContext 并指定 10s 的批处理大小
val ssc = new StreamingContext(sc, Seconds(10))
// 初始化相关参数值
val zkQuorum = "slave1:2181,slave2:2181,slave3:2181"
val group = "test-consumer-group"
val topics = "mytest"
val numThreads = 1
val topicMap = topics.split(",").map((_,numThreads.toInt)).toMap
val lineMap = KafkaUtils.createStream(ssc,zkQuorum,group,topicMap)
val lines = lineMap.map(_._2)
// 保存数据到 hdfs 中
lines.saveAsTextFiles("hdfs://master:8020/data/testdata/prefix", "")
// 在 shell 上打印数据

lines.print
// 启动流计算环境 StreamingContext 并等待它完成
ssc.start
// 等待作业完成
ssc.awaitTermination
```

3. 测试 Kafka 集群

Kafka 集群安装在 slave1、slave2、slave3 三个节点上，如表 10-4 所示。

表 10-4　主机及其 IP 地址

主机	IP 地址
slave1	192.168.71.138
slave2	192.168.71.142
slave3	192.168.71.141

首先，为了测试 Kafka 集群是否能够正常工作，先创建一个 Kafka topic（mytest），如图 10-19 所示。

```
[root@slave1 kafka-broker]# bin/kafka-topics.sh --create \
> --replication-factor 3 \
> --partition 3 \
> --topic mytest \
> --zookeeper slave1:2181,slave2:2181,slave3:2181
Created topic "mytest".
```

图 10-19　创建一个 Kafka topic

然后，在 slave1 上创建一个 producer，先不输入数据，如图 10-20 所示。

```
[root@slave1 kafka-broker]# bin/kafka-console-producer.sh \
> --broker-list slave1:6667 \
> --topic mytest
```

图 10-20　在 slave1 上创建一个 producer

然后，在 slave2 和 slave3 上分别创建一个 consumer，如图 10-21 和图 10-22 所示。

```
[root@slave2 kafka-broker]# bin/kafka-console-consumer.sh --zookeeper slave2:2181 --topic mytest
{metadata.broker.list=slave2:6667,slave1:6667,slave3:6667, request.timeout.ms=30000, client.id=console-con
sumer-54803, security.protocol=PLAINTEXT}
```

图 10-21　在 slave2 上创建一个 consumer

```
[root@slave3 kafka-broker]# bin/kafka-console-consumer.sh --zookeeper slave3:2181 --topic mytest
{metadata.broker.list=slave2:6667,slave1:6667,slave3:6667, request.timeout.ms=30000, client.id=console-con
sumer-20277, security.protocol=PLAINTEXT}
```

图 10-22　在 slave3 上创建一个 consumer

接着回到在 slave1 创建的 producer，输入测试数据“Hello World”，如图 10-23 所示。

```
[root@slave1 kafka-broker]# bin/kafka-console-producer.sh \
> --broker-list slave1:6667 \
> --topic mytest
Hello World
```

图 10-23　输入测试数据“Hello World”

此时可以看到，slave2 和 slave3 的 consumer 均收到了从 slave1 的 producer 发出的消息，如图 10-24 和图 10-25 所示。

这证明 Kafka 集群是可以正常运作的，接下来让开始与 Spark Streaming 的交互。

```
[root@slave2 kafka-broker]# bin/kafka-console-consumer.sh --zookeeper slave2:2181 --topic mytest
{metadata.broker.list=slave2:6667,slave1:6667,slave3:6667, request.timeout.ms=30000, client.id=console-con
sumer-54803, security.protocol=PLAINTEXT}
Hello World
```

图 10-24 slave2 收到了 producer 发出的消息

```
[root@slave3 kafka-broker]# bin/kafka-console-consumer.sh --zookeeper slave3:2181 --topic mytest
{metadata.broker.list=slave2:6667,slave1:6667,slave3:6667, request.timeout.ms=30000, client.id=console-con
sumer-20277, security.protocol=PLAINTEXT}
Hello World
```

图 10-25 slave3 收到了 producer 发出的消息

4. Spark Streaming 从 Kafka 读取数据并存储到 HDFS

重新在 slave1 上启动一个 Kafka producer 等待输入（topic 参数使用已经创建好的 mytest），如图 10-26 所示。

```
[root@slave1 kafka-broker]# bin/kafka-console-producer.sh --broker-list slave1:6667 --topic mytest
```

图 10-26 重新在 slave1 上启动一个 Kafka producer

登录 master 主机，由于我们希望以 Spark 集群的方式执行提交的任务，因此先修改 Spark 目录下 conf/slaves 文件的内容，指定 Spark 的 slave 节点，如图 10-27 所示，然后在 master 主机上启动 Spark 主节点以及从节点，如图 10-28 所示。

```
# A Spark Worker will be started on each of the machines listed below.
slave0
slave1
slave2
slave3
~
```

图 10-27 指定 Spark 的 slave 节点

```
[root@master spark-client]# ./sbin/start-all.sh
starting org.apache.spark.deploy.master.Master, logging to /var/log/spark/spark-root-org.apache.spark
.deploy.master.Master-1-master.out
slave2: starting org.apache.spark.deploy.worker.Worker, logging to /var/log/spark/spark-root-org.apac
he.spark.deploy.worker.Worker-1-slave2.out
slave3: starting org.apache.spark.deploy.worker.Worker, logging to /var/log/spark/spark-root-org.apac
he.spark.deploy.worker.Worker-1-slave3.out
slave1: starting org.apache.spark.deploy.worker.Worker, logging to /var/log/spark/spark-root-org.apac
he.spark.deploy.worker.Worker-1-slave1.out
slave0: starting org.apache.spark.deploy.worker.Worker, logging to /var/log/spark/spark-root-org.apac
he.spark.deploy.worker.Worker-1-slave0.out
```

图 10-28 在 master 主机上启动 Spark 主节点以及从节点

再开启一个窗口 ssh 到 slave1 主机，以 hdfs 身份启动 Spark（在 --jars 参数上写上用到的 jar 包，请注意：一定要写对 jar 包的路径，以“,”隔开不同的 jar 包，千万不能以空格隔开），如图 10-29 所示。

Spark 启动之后，可以键入“:paste”命令，这样就可以直接复制我们写好的程序，建议先在文档编辑器或 IDE 上写好程序，再把代码复制到 Spark shell 上运行，键入 Ctrl+D 后程序开始运行（也可以一步一步地执行代码段），如图 10-30 所示。

```
[root@slave1 lib]# su hdfs
[hdfs@slave1 lib]$ spark-shell --jars ./spark-streaming-kafka_2.10-1.5.2.jar,./kafka_2.10-0.9.0.2.3.4.51-1
.jar,./kafka-clients-0.9.0.2.3.4.0-3485.jar,./zkclient-0.7.jar,./metrics-core-2.2.0.jar  --master spark://
master:7077
16/11/23 05:40:33 WARN NativeCodeLoader: Unable to load native-hadoop library for your platform... using b
uiltin-java classes where applicable
16/11/23 05:40:34 INFO SecurityManager: Changing view acls to: hdfs
16/11/23 05:40:34 INFO SecurityManager: Changing modify acls to: hdfs
16/11/23 05:40:34 INFO SecurityManager: SecurityManager: authentication disabled; ui acls disabled; users
with view permissions: Set(hdfs); users with modify permissions: Set(hdfs)
16/11/23 05:40:34 INFO HttpServer: Starting HTTP Server
16/11/23 05:40:34 INFO Server: jetty-8.y.z-SNAPSHOT
16/11/23 05:40:34 INFO AbstractConnector: Started SocketConnector@0.0.0.0:60687
16/11/23 05:40:34 INFO Utils: Successfully started service 'HTTP class server' on port 60687.
Welcome to
      ____              __
     / __/__  ___ _____/ /__
    _\ \/ _ \/ _ `/ __/  '_/
   /___/ .__/\_,_/_/ /_/\_\   version 1.5.2
      /_/
```

图 10-29　以 hdfs 身份启动 Spark

```
scala> :paste
// Entering paste mode (ctrl-D to finish)

import org.apache.spark.streaming.Seconds
import org.apache.spark.streaming.StreamingContext
import org.apache.spark.streaming.kafka.KafkaUtils
import org.apache.log4j.{Logger,Level}
Logger.getLogger("org").setLevel(Level.WARN)
Logger.getLogger("akka").setLevel(Level.WARN)
val ssc = new StreamingContext(sc, Seconds(10))
val zkQuorum = "slave1:2181,slave2:2181,slave3:2181"
val group = "test-consumer-group"
val topics = "mytest"
val numThreads = 1
val topicMap = topics.split(",").map((_,numThreads.toInt)).toMap
val lineMap = KafkaUtils.createStream(ssc,zkQuorum,group,topicMap)
val lines = lineMap.map(_._2)
lines.saveAsTextFiles("hdfs://master:8020/data/testdata/prefix", "")
lines.print
ssc.start
ssc.awaitTermination
```

图 10-30　运行代码

在继续下一步操作之前，请先看一下各个代码段的作用，可以看到，创建 StreamingContext 时指定了 10s 的批处理大小，这里可以理解为每间隔 10s 从 Kafka 的 mytest 中读取一次数据。

经过 20s 后，回到前面创建的 Kafka producer 中，输入用作测试的数据（这里以原数据源的前 21 条数据作为测试数据），如图 10-31 所示。

切回到 Spark shell 中，可以看到在时间戳为 1482652780000ms 时读到数据，如图 10-32 所示。

然后，查看 HDFS 上的 /data/testdata 目录，如图 10-33 所示。

```
[root@slave1 kafka-broker]# bin/kafka-console-producer.sh --broker-list slave1:6667 --topic mytest
63.0,1.0,1.0,145.0,233.0,1.0,2.0,150.0,0.0,2.3,3.0,0.0,6.0,0
67.0,1.0,4.0,160.0,286.0,0.0,2.0,108.0,1.0,1.5,2.0,3.0,3.0,2
67.0,1.0,4.0,120.0,229.0,0.0,2.0,129.0,1.0,2.6,2.0,2.0,7.0,1
37.0,1.0,3.0,130.0,250.0,0.0,0.0,187.0,0.0,3.5,3.0,0.0,3.0,0
41.0,0.0,2.0,130.0,204.0,0.0,2.0,172.0,0.0,1.4,1.0,0.0,3.0,0
56.0,1.0,2.0,120.0,236.0,0.0,0.0,178.0,0.0,0.8,1.0,0.0,3.0,0
62.0,0.0,4.0,140.0,268.0,0.0,2.0,160.0,0.0,3.6,3.0,2.0,3.0,3
57.0,0.0,4.0,120.0,354.0,0.0,0.0,163.0,1.0,0.6,1.0,0.0,3.0,0
63.0,1.0,4.0,130.0,254.0,0.0,2.0,147.0,0.0,1.4,2.0,1.0,7.0,2
53.0,1.0,4.0,140.0,203.0,1.0,2.0,155.0,1.0,3.1,3.0,0.0,7.0,1
57.0,1.0,4.0,140.0,192.0,0.0,0.0,148.0,0.0,0.4,2.0,0.0,6.0,0
56.0,0.0,2.0,140.0,294.0,0.0,2.0,153.0,0.0,1.3,2.0,0.0,3.0,0
56.0,1.0,3.0,130.0,256.0,1.0,2.0,142.0,1.0,0.6,2.0,1.0,6.0,2
44.0,1.0,2.0,120.0,263.0,0.0,0.0,173.0,0.0,0.0,1.0,0.0,7.0,0
52.0,1.0,3.0,172.0,199.0,1.0,0.0,162.0,0.0,0.5,1.0,0.0,7.0,0
57.0,1.0,3.0,150.0,168.0,0.0,0.0,174.0,0.0,1.6,1.0,0.0,3.0,0
48.0,1.0,2.0,110.0,229.0,0.0,0.0,168.0,0.0,1.0,3.0,0.0,7.0,1
54.0,1.0,4.0,140.0,239.0,0.0,0.0,160.0,0.0,1.2,1.0,0.0,3.0,0
48.0,0.0,3.0,130.0,275.0,0.0,0.0,139.0,0.0,0.2,1.0,0.0,3.0,0
49.0,1.0,2.0,130.0,266.0,0.0,0.0,171.0,0.0,0.6,1.0,0.0,3.0,0
64.0,1.0,1.0,110.0,211.0,0.0,2.0,144.0,1.0,1.8,2.0,0.0,3.0,0
```

图 10-31　输入用作测试的数据

```
-------------------------------------------
Time: 1482652760000 ms
-------------------------------------------

-------------------------------------------
Time: 1482652770000 ms
-------------------------------------------

-------------------------------------------
Time: 1482652780000 ms
-------------------------------------------
63.0,1.0,1.0,145.0,233.0,1.0,2.0,150.0,0.0,2.3,3.0,0.0,6.0,0
67.0,1.0,4.0,160.0,286.0,0.0,2.0,108.0,1.0,1.5,2.0,3.0,3.0,2
67.0,1.0,4.0,120.0,229.0,0.0,2.0,129.0,1.0,2.6,2.0,2.0,7.0,1
37.0,1.0,3.0,130.0,250.0,0.0,0.0,187.0,0.0,3.5,3.0,0.0,3.0,0
41.0,0.0,2.0,130.0,204.0,0.0,2.0,172.0,0.0,1.4,1.0,0.0,3.0,0
56.0,1.0,2.0,120.0,236.0,0.0,0.0,178.0,0.0,0.8,1.0,0.0,3.0,0
62.0,0.0,4.0,140.0,268.0,0.0,2.0,160.0,0.0,3.6,3.0,2.0,3.0,3
57.0,0.0,4.0,120.0,354.0,0.0,0.0,163.0,1.0,0.6,1.0,0.0,3.0,0
63.0,1.0,4.0,130.0,254.0,0.0,2.0,147.0,0.0,1.4,2.0,1.0,7.0,2
53.0,1.0,4.0,140.0,203.0,1.0,2.0,155.0,1.0,3.1,3.0,0.0,7.0,1
...

-------------------------------------------
Time: 1482652790000 ms
-------------------------------------------
```

图 10-32　在时间戳为 1482652780000ms 时读到数据

可以看到以“prefix”（saveAsTextFile 函数设置）+“–”+时间戳命名的文件夹已经生成，而且对应的每个时间戳都会有相应的文件夹，接下来查看时间戳为 1482652780000ms 的文件夹内容，会发现存储的信息与前面输入的数据是一致的，如图 10-34 所示。

```
[hdfs@master spark-client]$ hadoop fs -ls /data/testdata
Found 4 items
drwxr-xr-x   - hdfs hdfs          0 2016-12-24 23:59 /data/testdata/prefix-1482652760000
drwxr-xr-x   - hdfs hdfs          0 2016-12-24 23:59 /data/testdata/prefix-1482652770000
drwxr-xr-x   - hdfs hdfs          0 2016-12-24 23:59 /data/testdata/prefix-1482652780000
drwxr-xr-x   - hdfs hdfs          0 2016-12-24 23:59 /data/testdata/prefix-1482652790000
```

图 10-33　查看 HDFS 上的 /data/testdata 目录

```
[hdfs@master spark-client]$ hadoop fs -cat /data/testdata/prefix-1482652780000/*
63.0,1.0,1.0,145.0,233.0,1.0,2.0,150.0,0.0,2.3,3.0,0.0,6.0,0
67.0,1.0,4.0,160.0,286.0,0.0,2.0,108.0,1.0,1.5,2.0,3.0,3.0,2
67.0,1.0,4.0,120.0,229.0,0.0,2.0,129.0,1.0,2.6,2.0,2.0,7.0,1
37.0,1.0,3.0,130.0,250.0,0.0,0.0,187.0,0.0,3.5,3.0,0.0,3.0,0
41.0,0.0,2.0,130.0,204.0,0.0,2.0,172.0,0.0,1.4,1.0,0.0,3.0,0
56.0,1.0,2.0,120.0,236.0,0.0,0.0,178.0,0.0,0.8,1.0,0.0,3.0,0
62.0,0.0,4.0,140.0,268.0,0.0,2.0,160.0,0.0,3.6,3.0,2.0,3.0,3
57.0,0.0,4.0,120.0,354.0,0.0,0.0,163.0,1.0,0.6,1.0,0.0,3.0,0
63.0,1.0,4.0,130.0,254.0,0.0,2.0,147.0,0.0,1.4,2.0,1.0,7.0,2
53.0,1.0,4.0,140.0,203.0,1.0,2.0,155.0,1.0,3.1,3.0,0.0,7.0,1
57.0,1.0,4.0,140.0,192.0,0.0,0.0,148.0,0.0,0.4,2.0,0.0,6.0,0
56.0,0.0,2.0,140.0,294.0,0.0,2.0,153.0,0.0,1.3,2.0,0.0,3.0,0
56.0,1.0,3.0,130.0,256.0,1.0,2.0,142.0,1.0,0.6,2.0,1.0,6.0,2
44.0,1.0,2.0,120.0,263.0,0.0,0.0,173.0,0.0,0.0,1.0,0.0,7.0,0
52.0,1.0,3.0,172.0,199.0,1.0,0.0,162.0,0.0,0.5,1.0,0.0,7.0,0
57.0,1.0,3.0,150.0,168.0,0.0,0.0,174.0,0.0,1.6,1.0,0.0,3.0,0
48.0,1.0,2.0,110.0,229.0,0.0,0.0,168.0,0.0,1.0,3.0,0.0,7.0,1
54.0,1.0,4.0,140.0,239.0,0.0,0.0,160.0,0.0,1.2,1.0,0.0,3.0,0
48.0,0.0,3.0,130.0,275.0,0.0,0.0,139.0,0.0,0.2,1.0,0.0,3.0,0
49.0,1.0,2.0,130.0,266.0,0.0,0.0,171.0,0.0,0.6,1.0,0.0,3.0,0
64.0,1.0,1.0,110.0,211.0,0.0,2.0,144.0,1.0,1.8,2.0,0.0,3.0,0
```

图 10-34　存储的信息与前面输入的数据一致

10.4.3　基于 Spark MLlib 开发数据挖掘组件

完成上面两个环节的实践后，此时 HDFS 中已经有了两个数据集，即训练数据集和实时医疗数据集（即测试数据集），那么接下来就围绕这两个数据集进行实现。

这个环节的主要内容如下。

- 利用训练数据集训练模型。
- 使用模型对测试数据集进行结果预测，最终将结果保存至 HDFS 中。

注意：最终结果将包含 15 个字段，其中前 14 个字段是原数据集中的数据，第 15 个字段则是模型预测的结果，因此我们可以直接看出模型预测的效果。

1. 程序代码解析

开发一个从 HDFS 上读取训练数据（也就是经过 ETL 后的数据），对流处理持久化数据应用 Random Forests 算法进行病理预测评估的程序。

代码主要包含以下两大部分。

- 训练模型：读取 HDFS 上的训练数据，并应用 Random Forests 算法进行模型的训练。

```
import org.apache.spark.mllib.tree.RandomForest
import org.apache.spark.mllib.tree.model.RandomForestModel
import org.apache.spark.mllib.regression.LabeledPoint
import org.apache.spark.mllib.linalg.Vectors
import org.apache.log4j.{Logger,Level}
Logger.getLogger("org").setLevel(Level.WARN)
Logger.getLogger("akka").setLevel(Level.WARN)
//读取训练数据
val data = sc.textFile("hdfs://master:8020/data/test/data.txt").map {
    line =>
        val items = line.split(",")
        LabeledPoint(items(13).toDouble, Vectors.dense(Array(
            items(0).toDouble, items(1).toDouble, items(2).toDouble,
            items(3).toDouble, items(4).toDouble, items(5).toDouble,
            items(6).toDouble, items(7).toDouble, items(8).toDouble,
            items(9).toDouble, items(10).toDouble, items(11).toDouble,
            items(12).toDouble
        )))
    }
//将训练集随机分成两份，比例为 7：3
val splits = data.randomSplit(Array(0.7, 0.3))
//取上面的 30% 数据量作为测试模型的准确率
val (_, testData) = (splits(0), splits(1))
val numClasses = 5
val categoricalFeaturesInfo = Map[Int, Int]()
val numTrees = 500
val featureSubsetStrategy = "auto"
val impurity = "gini"
val maxDepth = 4
val maxBins = 100
//使用随机森林算法训练模型
val model: RandomForestModel = RandomForest.trainClassifier(data, numClasses,
    categoricalFeaturesInfo,
    numTrees, featureSubsetStrategy, impurity, maxDepth, maxBins)
val labelAndPreds = testData.map { point =>
    val prediction = model.predict(point.features)
    (point.label, prediction)
}
//计算错误率
val testErr = labelAndPreds.filter(r => r._1 != r._2).count.toDouble /
    testData.count()
//计算 MSE 值
val mse: Double = Math.sqrt(labelAndPreds.map(l => (l._1 - l._2) * (l._1 -
    l._2)).reduce(_ + _)) / testData.count()
//打印错误率
println("Test Error = " + testErr)
//打印 MSE 值
println("MSE = " + mse)
```

- 使用模型：读取 HDFS 上的测试数据集，使用训练好的模型对测试数据集进行预测评估并保存结果到 HDFS 中。

```
//读取测试数据
val users = sc.textFile(hdfs://master:8020/data/testdata/
    prefix-1482652780000/*).map {
```

```
    line =>
        val items = line.split(",")
        (Vectors.dense(Array(
            items(0).toDouble, items(1).toDouble, items(2).toDouble,
            items(3).toDouble, items(4).toDouble, items(5).toDouble,
            items(6).toDouble, items(7).toDouble, items(8).toDouble,
            items(9).toDouble, items(10).toDouble, items(11).toDouble,
            items(12).toDouble
        )), items(13))
}
//对测试数据进行预测评估
val result = users.map(l => (l, model.predict(l._1)))
result.foreach(l => println("predict for user " + l._1._1(0) + " whose actual
    class is " + l._1._2 + " and the predict class is " + l._2))
//保存结果
result.map(l =>
    l._1._1(0) + "," + l._1._1(1) + "," + l._1._1(2)
        + "," + l._1._1(3) + "," + l._1._1(4) + "," + l._1._1(5)
        + "," + l._1._1(6) + "," + l._1._1(7) + "," + l._1._1(8)
        + "," + l._1._1(9) + "," + l._1._1(10) + "," + l._1._1(11)
        + "," + l._1._1(12) + "," + l._1._2 + "," + l._2.toInt
```

2. 模型训练及预测结果

类似于 10.4.2 节，在 master 主机上启动 Spark 主节点以及从节点，接着以 HDFS 身份启动 Spark，唯一不同的在于无须使用参数 --jars，如图 10-35 所示。

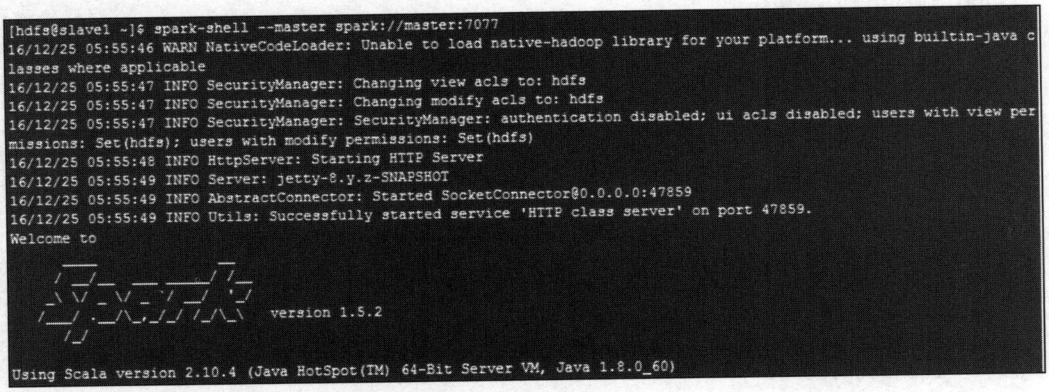

```
[hdfs@slave1 ~]$ spark-shell --master spark://master:7077
16/12/25 05:55:46 WARN NativeCodeLoader: Unable to load native-hadoop library for your platform... using builtin-java c
lasses where applicable
16/12/25 05:55:47 INFO SecurityManager: Changing view acls to: hdfs
16/12/25 05:55:47 INFO SecurityManager: Changing modify acls to: hdfs
16/12/25 05:55:47 INFO SecurityManager: SecurityManager: authentication disabled; ui acls disabled; users with view per
missions: Set(hdfs); users with modify permissions: Set(hdfs)
16/12/25 05:55:48 INFO HttpServer: Starting HTTP Server
16/12/25 05:55:49 INFO Server: jetty-8.y.z-SNAPSHOT
16/12/25 05:55:49 INFO AbstractConnector: Started SocketConnector@0.0.0.0:47859
16/12/25 05:55:49 INFO Utils: Successfully started service 'HTTP class server' on port 47859.
Welcome to
      ____              __
     / __/__  ___ _____/ /__
    _\ \/ _ \/ _ `/ __/  '_/
   /___/ .__/\_,_/_/ /_/\_\   version 1.5.2
      /_/

Using Scala version 2.10.4 (Java HotSpot(TM) 64-Bit Server VM, Java 1.8.0_60)
```

图 10-35　在 master 主机上启动 Spark 主节点以及从节点

现在就可以开始进行模型的训练了，键入“ :paste”命令后，输入训练模型代码段，如图 10-36 所示。

可以看到，模型的错误率以及 MSE 值分别为 0.2 与 0.08551619373301012（如图 10-37 所示），这个训练的结果比较好。注意：可以将这里的模型保存起来，以后进行加载使用，所以当我们觉得某次训练的模型很不错时，可以选择将其保存起来。

下面给出参考指令：

```
model.save(sc, "myModelPath")
val sameModel = RandomForestModel.load(sc, "myModelPath")
```

那么接下来使用模型对测试数据进行预测评估，并保存到 HDFS 上，如图 10-38 所示。

```
scala> :paste
// Entering paste mode (ctrl-D to finish)

import org.apache.spark.mllib.tree.RandomForest
import org.apache.spark.mllib.tree.model.RandomForestModel
import org.apache.spark.mllib.regression.LabeledPoint
import org.apache.spark.mllib.linalg.Vectors
import org.apache.log4j.{Logger,Level}
Logger.getLogger("org").setLevel(Level.WARN)
Logger.getLogger("akka").setLevel(Level.WARN)
val data = sc.textFile("hdfs://master:8020/data/test/data.txt").map {
      line =>
        val items = line.split(",")
        LabeledPoint(items(13).toDouble, Vectors.dense(Array(
          items(0).toDouble, items(1).toDouble, items(2).toDouble,
          items(3).toDouble, items(4).toDouble, items(5).toDouble,
          items(6).toDouble, items(7).toDouble, items(8).toDouble,
          items(9).toDouble, items(10).toDouble, items(11).toDouble,
          items(12).toDouble
        )))
    }
val splits = data.randomSplit(Array(0.7, 0.3))
val (_, testData) = (splits(0), splits(1))
val numClasses = 5
val categoricalFeaturesInfo = Map[Int, Int]()
val numTrees = 500
val featureSubsetStrategy = "auto"
val impurity = "gini"
val maxDepth = 4
val maxBins = 100
val model: RandomForestModel = RandomForest.trainClassifier(data, numClasses, categoricalFeaturesInfo,
      numTrees, featureSubsetStrategy, impurity, maxDepth, maxBins)
val labelAndPreds = testData.map { point =>
      val prediction = model.predict(point.features)
      (point.label, prediction)
}
val testErr = labelAndPreds.filter(r => r._1 != r._2).count.toDouble / testData.count()
val mse: Double = Math.sqrt(labelAndPreds.map(l => (l._1 - l._2) * (l._1 - l._2)).reduce(_ + _)) / testData.count()
println("Test Error = " + testErr)
println("MSE = " + mse)
```

图 10-36 输入训练模型代码段

```
Test Error = 0.2
MSE = 0.08551619373301012
```

图 10-37 模型的错误率以及 MSE 值

```
scala> :paste
// Entering paste mode (ctrl-D to finish)

val users = sc.textFile("hdfs://master:8020/data/testdata/prefix-1482652780000/*").map {
      line =>
        val items = line.split(",")
        (Vectors.dense(Array(
          items(0).toDouble, items(1).toDouble, items(2).toDouble,
          items(3).toDouble, items(4).toDouble, items(5).toDouble,
          items(6).toDouble, items(7).toDouble, items(8).toDouble,
          items(9).toDouble, items(10).toDouble, items(11).toDouble,
          items(12).toDouble
        )), items(13))
    }
val result = users.map(l => (l, model.predict(l._1)))
result.foreach(l => println("predict for user " + l._1._1(0) + " whose actual class is " + l._1._2 + " and the predict
class is " + l._2))
result.map(l =>
      l._1._1(0) + "," + l._1._1(1) + "," + l._1._1(2)
        + "," + l._1._1(3) + "," + l._1._1(4) + "," + l._1._1(5)
        + "," + l._1._1(6) + "," + l._1._1(7) + "," + l._1._1(8)
        + "," + l._1._1(9) + "," + l._1._1(10) + "," + l._1._1(11)
        + "," + l._1._1(12) + "," + l._1._2 + "," + l._2.toInt
).repartition(1).saveAsTextFile("hdfs://master:8020/data/result")
```

图 10-38 使用模型对测试数据进行预测评估

等待代码执行完毕后，可以到 HDFS 的 /data/result 目录下查看保存的结果。如图 10-39 所示，结果数据共有 15 个字段，其中第 15 个字段是模型预测的结果，第 14 个字段是源数据实际数值，图中标记出了预测错误的数据项。细心的读者可以发现，数据顺序其实已经被打乱了，这是因为我们的程序运行于 Spark 集群上，出于效率考虑，Spark 根据其策略将数据进行了 split 以及重组，因而最终数据的顺序与原来并不一致。

至此，整个案例过程已经结束，后面将介绍本案例的一些不足与扩展。

```
[root@master spark-client]# hadoop fs -cat /data/result/*
56.0,0.0,2.0,140.0,294.0,0.0,2.0,153.0,0.0,1.3,2.0,0.0,3.0,0,0
56.0,1.0,3.0,130.0,256.0,1.0,2.0,142.0,1.0,0.6,2.0,1.0,6.0,2,0
44.0,1.0,2.0,120.0,263.0,0.0,0.0,173.0,0.0,0.0,1.0,0.0,7.0,0,0
52.0,1.0,3.0,172.0,199.0,1.0,0.0,162.0,0.0,0.5,1.0,0.0,7.0,0,0
57.0,1.0,3.0,150.0,168.0,0.0,0.0,174.0,0.0,1.6,1.0,0.0,3.0,0,0
48.0,1.0,2.0,110.0,229.0,0.0,0.0,168.0,0.0,1.0,3.0,0.0,7.0,1,0
54.0,1.0,4.0,140.0,239.0,0.0,0.0,160.0,0.0,1.2,1.0,0.0,3.0,0,0
48.0,0.0,3.0,130.0,275.0,0.0,0.0,139.0,0.0,0.2,1.0,0.0,3.0,0,0
49.0,1.0,2.0,130.0,266.0,0.0,0.0,171.0,0.0,0.6,1.0,0.0,3.0,0,0
63.0,1.0,1.0,145.0,233.0,1.0,2.0,150.0,0.0,2.3,3.0,0.0,6.0,0,0
67.0,1.0,4.0,160.0,286.0,0.0,2.0,108.0,1.0,1.5,2.0,3.0,3.0,2,2
67.0,1.0,4.0,120.0,229.0,0.0,2.0,129.0,1.0,2.6,2.0,2.0,7.0,1,3
37.0,1.0,3.0,130.0,250.0,0.0,0.0,187.0,0.0,3.5,3.0,0.0,3.0,0,0
41.0,0.0,2.0,130.0,204.0,0.0,2.0,172.0,0.0,1.4,1.0,0.0,3.0,0,0
56.0,1.0,2.0,120.0,236.0,0.0,0.0,178.0,0.0,0.8,1.0,0.0,3.0,0,0
62.0,0.0,4.0,140.0,268.0,0.0,2.0,160.0,0.0,3.6,3.0,2.0,3.0,3,3
57.0,0.0,4.0,120.0,354.0,0.0,0.0,163.0,1.0,0.6,1.0,0.0,3.0,0,0
63.0,1.0,4.0,130.0,254.0,0.0,2.0,147.0,0.0,1.4,2.0,1.0,7.0,2,2
53.0,1.0,4.0,140.0,203.0,1.0,2.0,155.0,1.0,3.1,3.0,0.0,7.0,1,1
57.0,1.0,4.0,140.0,192.0,0.0,0.0,148.0,0.0,0.4,2.0,0.0,6.0,0,0
64.0,1.0,1.0,110.0,211.0,0.0,2.0,144.0,1.0,1.8,2.0,0.0,3.0,0,0
```

图 10-39 查看保存的结果

10.5 不足与扩展

这里提出一些本案例存在的不足之处以及可以扩展的地方，有兴趣的读者可以尝试在实践的过程中加入自己的想法。

- 本案例中数据集的数据量相对较小，建议读者尝试使用数据量更大的数据集进行实践，一般而言，训练数据集越大，训练后模型的可靠性越高。
- 读者可以自行编写程序，比如实现按时间间隔反复向 Kafka“生产”数据的功能，模拟实际的生产环境，达到真正的“实时”效果。
- 请尝试使用其他应用与 Kafka 进行交互。
- 除随机森林算法外，思考是否还有其他方法进行数据的预测与分析。
- 本案例只演示了导入数据到 HDFS，同样，可以尝试从 HDFS 导出数据，譬如将最后 HDFS 的预测结果利用 ETL 工具等导出到数据库或者其他文件系统，使用用户友好的方式展示结果，比如用网页展示等。

习题

1. 实时医疗大数据分析的核心预测模型是什么？
2. 结合实时医疗大数据分析案例，给出实时大数据分析处理的技术架构（图）和流程。
3. 用 Spark Streaming 处理实时大数据时为什么还需要 Kafka？ Kafka 主要应用场景有哪些？
4. 请根据教材内容思考复现实时医疗大数据分析的实现程序。

参考文献

[1] 李可，李昕．基于 Hadoop 生态集群管理系统 Ambari 的研究与分析 [J]. 软件，2016，000（002）:93-97.
[2] 崔有文，周金海．基于 KETTLE 的数据集成研究 [J]. 计算机技术与发展，2015，25（4）：153-157.
[3] SHVACHKO K, KUANG H, RADIA S, et al. The hadoop distributed file system[C]//IEEE, Symposium on MASS Storage Systems and Technologies. IEEE Computer Society, 2010:1-10.
[4] ZAHARIA M, CHOWDHURY M, FRANKLIN M J, et al. Spark: Cluster computing with working sets[J]. IEEE International Conference on Cloud Computing Technology and Science, 2010:10.
[5] BREIMAN L. Random Forests[J]. Machine Learning, 2001, 45(1):5-32.
[6] SUN K, MIAO W, ZHANG X, et al. An improvement to feature selection of random forests on spark[C]//IEEE, International Conference on Computational Science and Engineering. 2014:774-779.
[7] GENUER R, POGGI J M, TULEAU-MALOT C, et al. Random forests for big data[J]. Big Data Research, 2017, 9:28-46.
[8] MENG X, BRADLEY J, YAVUZ B, et al. MLlib: machine learning in apache spark[J]. Computer Science, 2015, 17(1):1235-1241.

第 11 章 保险大数据分析案例

11.1 案例背景与需求概述

11.1.1 背景介绍

随着大数据概念的提出以及近年来大数据技术的迅猛发展，大数据已经渗透到各行各业，传统的保险业也毫不例外。在传统的保险业环境下，随着保险公司信息化建设的不断深入以及移动互联网对保险销售、运营和服务模式的持续影响，保险公司已经积累而且将会积累更多的数据。而保险行业的立命之本就是大数法则，数据对保险公司具有至关重要的意义。

随着大数据在各个行业的落地，保险行业也积极探索大数据的应用，主要有以下两个视角：各种新型的大数据技术基于各类传统数据在各个业务场景中的运用，即通过新技术解决既有问题；基于各类新数据的创新型运用，新数据是指企业的全新数据，以及新型数据与传统数据的结合。

大数据的本质是解决预测问题，大数据的核心价值就在于预测，保险业经营的核心也是基于预测。毫不夸张地说，保险公司是否关注大数据时代的到来，能否对于大数据时代有积极的应对，是决定其未来发展的关键因素。

11.1.2 基本需求

这里将介绍某大型保险公司的三个业务场景，即基于用户的家谱信息挖掘、基于历史销售数据的用户推荐和基于历史销售策略的回归检验，并在最后给出本案例所需要实现的功能目标。

1. 基于用户的家谱信息挖掘

传统保险业的保险销售方式主要以业务员线下销售为主，保险业务员通过打电话或者上门拜访的方式推销公司的产品。这种盲目的营销方式在过往取得了不错的效果，通过撒网式的销售维持了很长一段时间的销售业绩。随着保险业的逐步发展，人们购买保险的意愿逐步升高，保险购买的潜在群体正在快速扩大，如何更精准地了解用户的购买意向成为各保险公司迫切的需求。

保险的种类十分多样，如图 11-1 所示。按被保险的目标物进行分类，保险大致分为人寿保险和财产保险两类。人寿保险主要有保障功能保险和储蓄理财功能保险两大分类，主要针对人做出相应的保障。财产保险主要有车辆保险、责任保险和保证保险等，主要针对物品做出相应的保障。

根据某大型保险公司过往的销售经验，保险的购买行为往往呈现出家庭性质，如妻子会给丈夫购买人身保险，父母会给孩子购买健康保险或者教育保险等，于是自然而然地就产生了对家庭关系挖掘的需求。可以通过保单上的信息或投保人与受益人的关系对家庭关系进行挖掘。

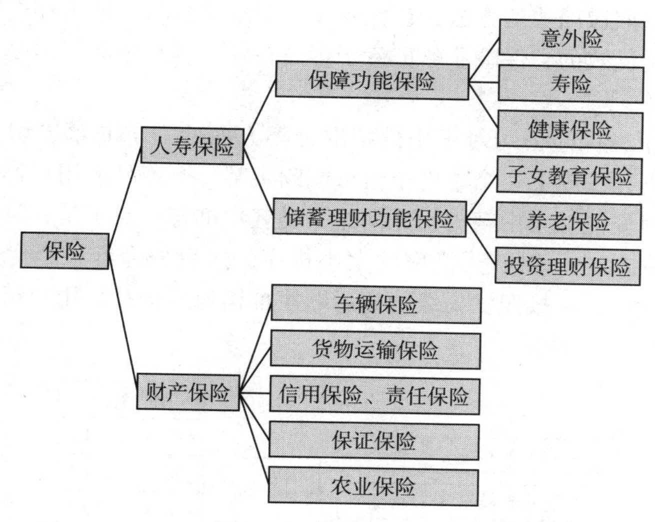

图 11-1　保险的分类

通过技术手段对公司所有的交易数据进行处理，挖掘出用户的家庭关系，保存起来供其他业务使用。比如保险业务员在拜访客户的时候，便可以得知其家庭有多少成员，每个成员的属性，如年龄、职业、收入、购买过的保险明细和保险理赔情况等。通过家谱信息，销售员便可以精准地推荐产品给其家庭中的其他人，以达到精准营销的目的。家谱信息挖掘的案例图如图 11-2 所示。

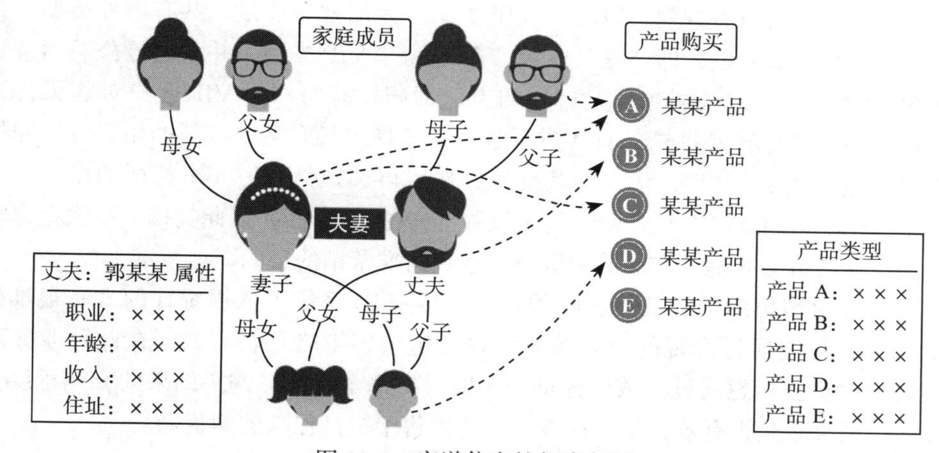

图 11-2　家谱信息挖掘案例图

2. 基于历史销售数据的用户推荐

保险公司通过保险业务员销售产品，每个保险业务员都依靠自身的力量拓展新客户和维系老客户。通常来说，保险业务员倾向于向老客户或者 VIP 客户推销新的产品，因为这类客户的购买力和购买意愿更强，这是符合营销学规律的。但是有时候，拓展新的客户可能更加重要，毕竟保险产品大部分属于长期投资型，购买之后十年甚至二十年内该客户不会再去购买保险，而以往依靠保险业务员经验的销售模式往往将着眼点只放在老客户身上，对于新客户或者潜在的高购买力客户缺乏发现方法。因此，保险公司在拓展新客户时通常采取撒网式的方法，让保险业务员依靠自身的能力逐个拜访客户。可想而知，这种方法是低效的，保险业务员疲于奔命在各个客户中间，但是真正有购买能力的客户可能少之又少。

在这个前提下，保险公司对于用户精准分类方面的需求非常迫切，公司希望能够通过过往交易数据，发现下一个季度中最可能购买某一个产品的用户群，使保险业务员在销售该产品的时候能够集中精力优先向这一类客户推荐。对于某一种特定的产品，经过算法分类出来的客户，以购买概率的大小排序，然后分为若干个优先级的客户，保险业务员便以此为标准，按照优先级的先后顺序推销保险产品。用户精准筛选案例图如图 11-3 所示。

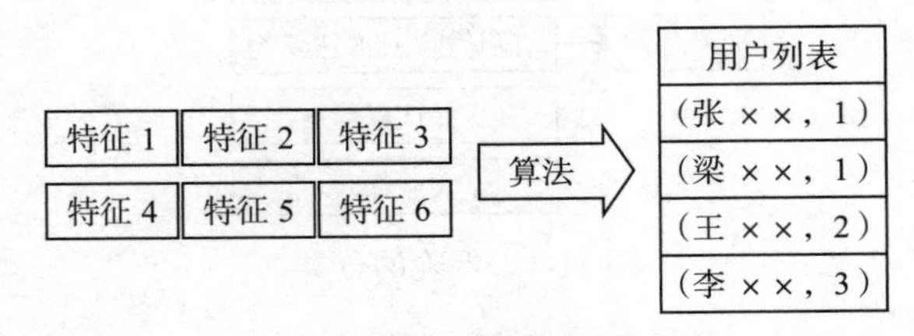

图 11-3 用户精准筛选案例图

3. 基于历史销售策略的回归检验

保险公司在销售某款产品的时候，根据用户的若干特征制定优先级推荐销售策略。业务人员先筛选具有这些特征的用户，然后优先向这些用户进行销售。具体的特征及其类型如表 11-1 所示，在这些特征中，“VIP 类型”为离散型变量，共有十种类型，其余 7 个特征均为布尔型变量，即“是”或者“不是”。“VIP 类型”并不是该公司用来制定销售策略的特征，不过公司想通过一定的方法回归检验每一类 VIP 客户对购买行为的影响程度。该公司做产品推销的具体过程是：先选择出具有某个特征的用户，比如特征“2014/2015 连续购买客户”，优先向其推销，然后再选择具有另一个特征的用户，比如“普通客户积分 30 000 以上且近两年购买过”，向其推销产品，以此类推。该大型保险公司以往通过这种策略来提升产品的销售额，达到精准营销的目的。

这些特征对销售的结果具体影响如何，在传统 BI 系统下依据统计的方法很难得出相关的结论，只能通过宏观的销售额来大致确定销售策略是否有效。在此种业务环境下，该大型保险公司想通过大数据分析的手段得出每个特征对购买结果的影响程度，检验以往的推销策略是否有效，从而在下一年的销售中提高保险的销售额。

表 11-1 需要回归检验的用户特征

特征名	类型
VIP 类型	INT
2013/2014 连续购买且 2015 年中断客户	BOOLEAN
2014/2015 连续购买客户	BOOLEAN
VIP 客户（贵宾卡及以上客户）	BOOLEAN
第二份保单	BOOLEAN

（续）

特征名	类型
普通客户持 3 份合同 / 保费 2 万元以上 / 近两年购买过	BOOLEAN
普通客户积分 30 000 以上且近两年购买过	BOOLEAN
止收客户	BOOLEAN

根据上述三个业务场景，总结出本案例需要实现以下 3 个功能目标。

- 根据销售数据中投保人与受益人的关系信息，基于 GraphX 进行家谱信息的挖掘。
- 根据某保险产品的历史销售数据，基于分片的随机森林算法进行用户推荐，并按用户购买该产品的概率大小进行排序。
- 根据历史销售数据的用户特征数据，基于 FP-Growth 关联规则挖掘算法进行回归检验，比较各特征对销售结果的影响。

11.2 设计方案

对于上述需求环节提到的三个业务场景，我们将分别使用以下三种算法：基于 GraphX 的并行家谱挖掘算法、基于分片技术的随机森林算法以及基于内存计算的 FP-Growth 关联规则挖掘算法。也就是说，本案例将包含三个实验，分别对应于三个业务需求，并将依赖于 Spark 平台进行整个案例的实现。下面介绍每个算法的建模过程。

11.2.1 基于 GraphX 的并行家谱挖掘算法

传统的家谱挖掘算法需要自上而下多次扫描所有的数据，十分消耗系统资源，甚至很容易出现极端情况，导致挖掘结果出现异常，使用图算法则能够有效地提高效率。家谱挖掘抽象的执行过程是将所有关系的集合 G 看作一张大“图”，然后挖掘出 G 中所有的最大联通分量集合 $g=\{g_i|i \in N, g_i \in G\}$，具体如图 11-4 所示，每个连通分量 $g_i(i=1,2,3,\cdots,n)$ 即为一个家庭。

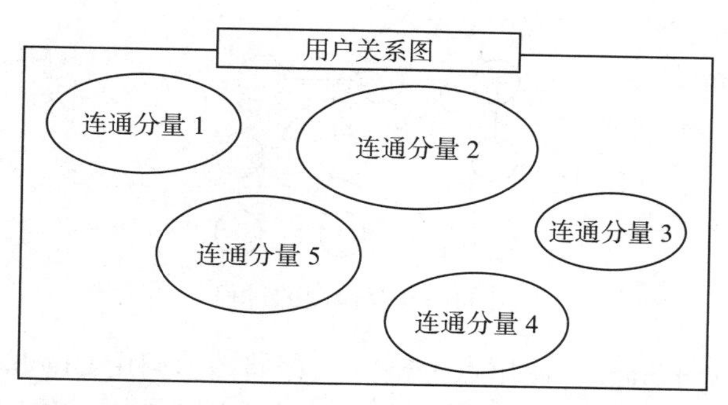

图 11-4 家谱挖掘抽象过程

算法的执行过程主要分为两步：第一步是利用数据存储图，第二步是通过图计算出所有连通分量。GraphX 是 Spark 生态下的图处理计算框架，十分适合业务的需求。

1. 存储图

巨型图的存储总体上有边分割和点分割两种存储方式，如图 11-5 所示。2013 年，

GraphLab 2.0 将其存储方式由边分割变为点分割，在性能上取得了大幅提升，目前基本上被业界广泛接受并使用。

- 边分割（edge-cut）：每个顶点都存储一次，但有的边会被打断并分到两台机器上。这样做的好处是节省存储空间，坏处是对图进行基于边的计算时，对于一条两个顶点被分到不同机器上的边来说，要跨机器通信传输数据，内网通信流量大。
- 点分割（vertex-cut）：每条边只存储一次，并且只会出现在一台机器上。邻居多的点会被复制到多台机器上，增加了存储开销，同时会引发数据同步问题。好处是可以大幅减少内网通信量。

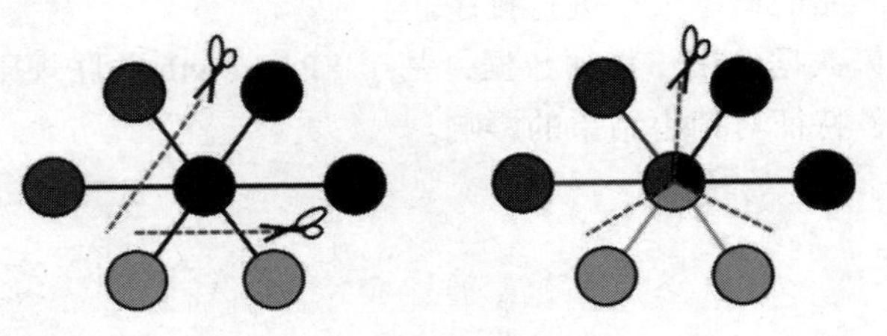

图 11-5　边分割（左）与点分割（右）

存储图时需要点集和边集，点集可以使用用户映射表，边集则可以使用用户关系表。用点集和边集存储图的过程如图 11-6 所示。

点集

id	属性
134	（19，学生）
5	（45，工人）
754	（78，退休）
111	（28，文员）

边集

投保人 id	受益人 id	属性
134	5	（A，男，女）
754	544	（C，男，女）
111	754	（R，女，女）
897	5	（C，女，男）

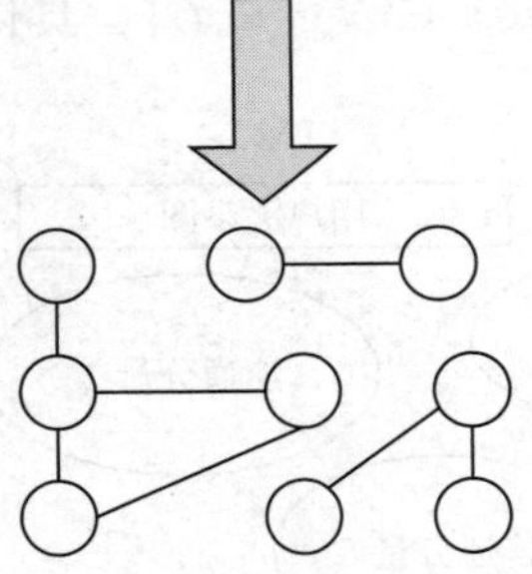

图 11-6　存储图的过程

Graphx 借鉴 PowerGraph，使用点分割方式存储图。调用 GraphX 中的 graph.vertices 类存储点集，调用 graph.edges 类存储边集。在图的存储方面，使用点分割的形式存储图，用以下三个 RDD 存储图的数据信息。

- VertexTable(id, data)：其中 id 为 Vertex id，data 为 Edge data。
- EdgeTable(pid, src, dst, data)：其中 pid 为 Partion id，src 为源顶点 id，dst 为目的顶点 id。
- RoutingTable(id, pid)：其中 id 为 Vertex id，pid 为 Partion id。

点分割存储实现示意图如图 11-7 所示，在保存图之前，先对图进行分割，使其分为若干个子图，如图 11-7 左边所示，将图分为了两个子图。VertexTable 和 RoutingTable 是针对全局而言的，VertexTable 列出图中的所有点，RoutingTable 除了列出图中所有点以外，还按照划分区间标注其所在分区。EdgeTable 分别存储每个分区，将其中的边一一保存下来。

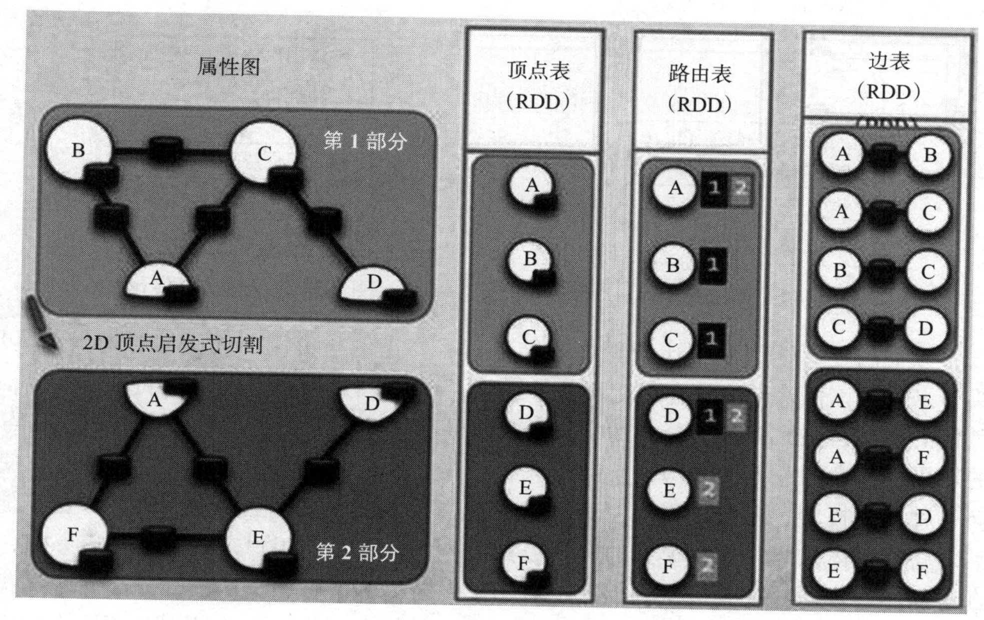

图 11-7　点分割存储实现示意图

2. 计算连通分量

使用深度优先算法对图进行搜索，每次搜索从序号最小的点出发，依据图中的连通情况一直搜索至该分量无其他顶点为止，保存该连通分量的边集信息，每个连通分量的序号为初始搜索的序号。随后，在未搜索的点中从序号最小的点继续搜索，直到所有的点都搜索完毕。算法过程如图 11-8 所示。

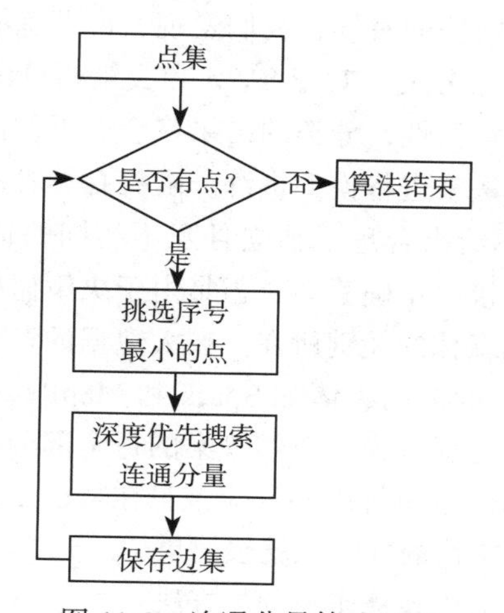

图 11-8　连通分量算法过程

11.2.2 基于分片技术的随机森林算法

对于用户是否会购买某款保险产品，在数据挖掘领域可以归结为一个二分类问题。对于该问题的建模，应该分为两个步骤进行。第一，结合过往历史数据训练出分类模型，具体如图11-9所示；第二，对未购买的用户进行购买行为的预测，输出用户购买保险的结果，具体如图11-10所示。

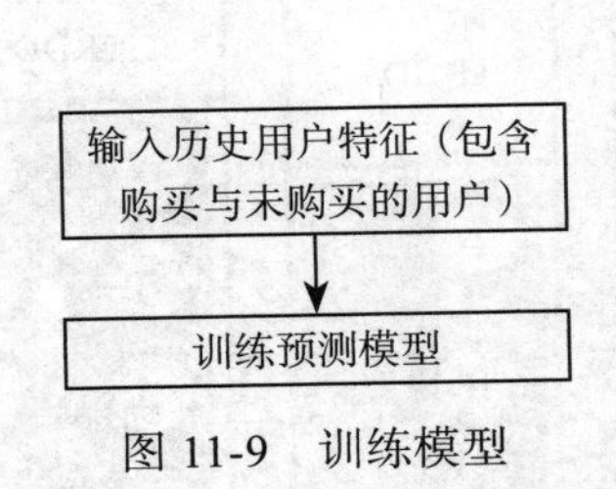

图11-9　训练模型

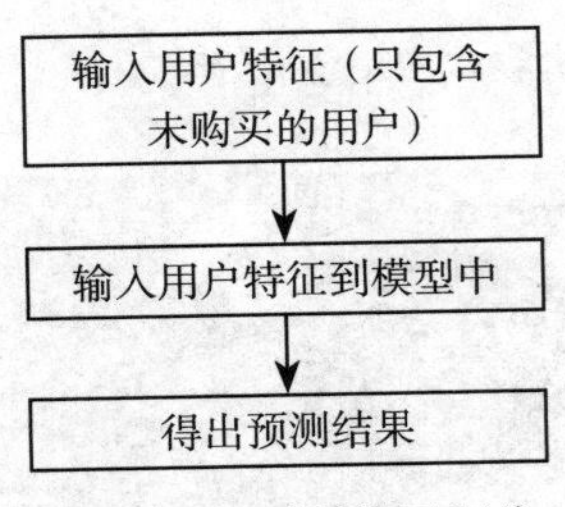

图11-10　预测购买行为

二分类问题要达到一个比较理想的结果，需要正例与负例的比例相对均衡。但是，购买与未购买该保险产品的客户比例几乎达到了1 ： 24，如果采用常规的分类模型，因为负例的比例占绝大多数，分类的结果会严重地偏向负例这一方。比如，在识别病毒攻击的场景下，大约一万次的网络访问中只有一次是真正的病毒攻击，在这种情况下使用任何一种分类模型，预测结果为"不是病毒攻击"，准确率也能达到99.99%。在传统的分类问题评价体系下，这个模型的表现极其优秀，但是对于用户来说是不可容忍的，因为真正的病毒攻击并没有被识别出来。对于正例与负例严重不平衡的二分类问题，我们称之为不平衡二分类问题。在这种应用场景下，我们宁愿将"安全访问"预测为"病毒攻击"，也不愿意将"病毒攻击"预测为"安全访问"。

对于不平衡分类问题，最优的解决方法是从分类方法、抽样手段和评判准则三方面来考虑。

1. 分类方法

分类模型多种多样，主要包括朴素贝叶斯分类、SVM分类、决策树、AdaBoost和随机森林等。在审查待分析数据的时候，我们发现，待训练的维度相互之间存在不独立的现象，故不采用朴素贝叶斯分类。对于SVM和决策树算法，由于数据分布不均匀且每个特征都存在着严重的不均衡性，分类的结果将会严重偏向多数类的一方。因此，对于此业务将选用随机森林算法来进行模型训练。随机森林算法由若干棵决策树构成，每一棵决策树都能对正确目标给出合理、独立且互不相同的估计，这些树的集体平均预测应该比任一个体的预测更接近正确答案。正是由于决策树构建过程中的随机性，才有了这种独立性，这就是随机森林的关键所在。在大数据的背景下，随机森林非常有吸引力，因为决策树往往是独立构造的，诸如Spark和MapReduce这样的大数据技术本质上适合解决数据并行问题。也就是说，总体答案的每个部分可以通过在部分数据上独立计算来完成。随机森林中的决策树可以并且应该只在特征子集或输入数据子集上进行训练，基于这个事实，决策树构造的并行化就很简单了。

综上所述，该业务采用随机森林作为分类方法。

2. 抽样手段

对于不平衡分类问题，解决数据分配的问题是重中之重。该业务中，我们使用同态集成学习的方法对用户进行分类。过抽样和欠抽样方法都是处理不平衡数据常用的方法，但是必然都会丢失样本的部分特征，寻找一种既能避免样本不平衡带来的分类性能低下又能防止样本特征丢失的方法是抽样手段的关键。最理想的方案便是对数据进行分片处理，在这个问题中，多数类指“未购买”，少数类指“购买”，将多数类平均分成若干个子集，每个子集都和少数类合并为一个新的训练集，每个训练集独立构建分类器，最后集成各个分类器的结果。这种方法能够在不丢失样本特征的前提下有效减少样本不平衡的现象，使得分类性能大大提高。分片示意图如图 11-11 所示。

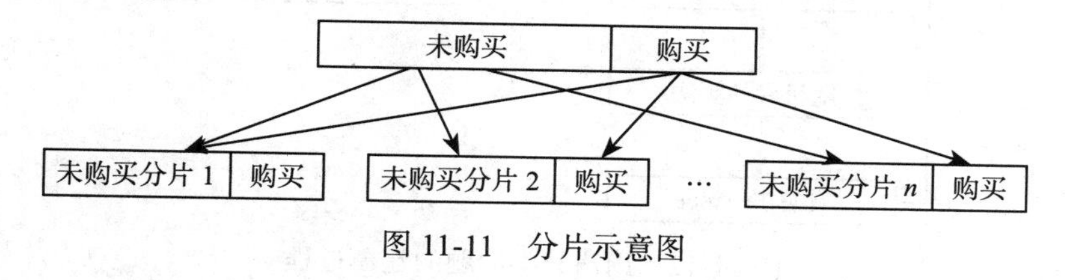

图 11-11 分片示意图

3. 评判准则

精确度是评价分类模型的重要准则，但是对于不平衡分类问题，精确度并不能反映真实的分类性能，为此，针对不平衡分类问题，学术界提出了众多新的评价准则，主要有召回率（recall）、准确率（precision）、F-value 等。对于这里的基于分片技术的随机森林算法，我们使用 F-value 值来评判算法的效果。F-value 的公式如下所示。

$$\text{recall}=\frac{\text{TP}}{\text{TP}+\text{FN}} \tag{11-1}$$

$$\text{precision}=\frac{\text{TP}}{\text{TP}+\text{FP}} \tag{11-2}$$

$$\text{F-value}=\frac{(1+\beta^2)\times\text{recall}\times\text{precision}}{\beta^2\times\text{recall}+\text{precision}} \tag{11-3}$$

上述式子中 TP、FN、FP、TN 代表混合矩阵中的值，其含义如表 11-2 所示。

表 11-2 混合矩阵表

	被分为正例	被分为负例
实际为正例	TP	FN
实际为负例	FP	TN

F-value 计算公式中的 β 取 1，这个值是国际上通用的评判分类模型优劣程度的参数。算法的评判过程是迭代运算不同分片数下 F-value 值的大小，通过该值确定算法在分片数为几的情况下准确程度最高，最后再应用到真实环境下进行用户的精准分类。

综上所述，对该业务的用户分类问题，我们采用“基于分片技术的随机森林算法”建模，建模的过程如图 11-12 所示。

首先对待训练数据的多数类从 1 至 N 进行切分，生成 M 份多数类分片，每一个分片都加入全量的少数类数据组成待训练集。随后分别对每一个待训练集使用随机森林算法，得出 M 个训练模型。最后使用验证集验证模型效果，得出每个分片下的预测“购买”的用户，然后合并 M 个分片的结果，得出所有的“购买”用户并计算 F-value 的值。循环 N 次后便得到了 N 个 F-value 的值，选择 F-value 值最大的分片数，该数即为最终应用的分片个数，建模结束。

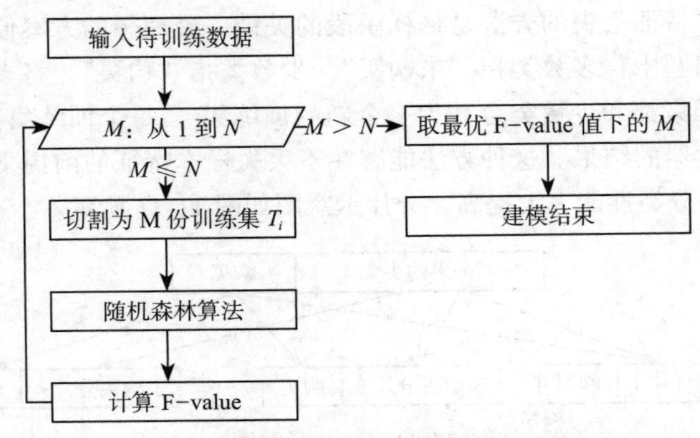

图 11-12　用户分类问题的建模过程

11.2.3　基于内存计算的 FP-Growth 关联规则挖掘算法

对销售策略的回归检验，可以将问题转化为特征对购买结果的影响程度分析，可以将该影响程度看作一个条件概率，即：$\text{effect}(f_i)=P(f_i|r=x)$ 表示某特征，$r=x$ 表示购买的结果，其中 $x=1$ 表示“购买”，$x=0$ 表示“未购买”，所以对于某特征对“购买”这个结果的影响程度，我们可以通过计算来评判。

对于这个需求，我们很自然地想到使用贝叶斯公式直接进行计算，但是贝叶斯公式在这个需求下存在以下的缺点：

- 计算烦琐，对每个特征都需要计算一次，效率非常低下。
- 贝叶斯公式只能通过人为指定特征的方法计算，即数据分析人员只能先感性地估计哪些特征对购买结果有利，再去运算。在多特征分析的情况下，特征的组合非常多，这种方式极难发现隐藏的影响关系。
- 很难对使用贝叶斯公式计算出来的影响程度进行评判，容易出现影响程度高但是项集很少的“假策略”。

综上所述，最终考虑选择使用关联规则分析的方法。关联规则分析最早应用于“购物篮”分析，用以发现商品间隐藏的关联关系。数据分析人员首先将所有的成交记录以表的形式收集起来，然后对经常出现在一起的商品集合进行挖掘，比如“尿布”与“啤酒”经常会出现在同一条购物列表中。关联规则是形如 $X \rightarrow Y$ 的蕴含式，其中 X 和 Y 分别称为关联规则的先导和后继。关联规则 $X \rightarrow Y$，由支持度和置信度确定，通过支持度过滤掉小的项集，然后用置信度分析出 X 和 Y 之间的关联性。

关联规则分析有两种常见算法：Apriori 算法和 FP-Growth 算法。Apriori 算法是最具影响力的关联规则分析算法之一，其思想简单、实现方便，但是该算法需要多次扫描数据库并产生大量中间结果，应用面比较窄，因此在大数据环境下不适宜用来做关联规则的分析。FP-Growth 算法则相反，它采用分而治之的方法，将数据做切分后分配到各个部分中，每个部分都将其项集压缩到一个频繁项集树（FP-tree）中，然后从树的子节点以深度优先的方法挖掘出频繁项集。FP-Growth 算法只需要扫描数据库两遍，并且将频繁项集计算时间大大压缩，因此在时间和空间性能上都比 Apriori 算法优异许多。因此，回归检验分析最终决定使用 FP-Growth 算法，结合 Spark 分布式内存计算的特性对算法进行重构，提出了“基于内存计算的 FP-Growth 关联规则挖掘算法”。

回归检验的建模过程如图 11-13 所示，具体分以下几个步骤。

1）构建数据全集 D，每行都包括用户身份证号，特征集合中的特征依次为：“VIP 类型”“2013/2014 连续购买 2015 年中断客户”“2014/2015 连续购买客户”“VIP 客户（贵宾卡及以上客户）”“第二份保单”“普通客户持 3 份合同 / 保费 2 万元以上 / 近两年购买过”“普通客户积分 30 000 以上且近两年购买过”“止收客户”和“是否购买该产品”。

2）挖掘频繁项集，设定支持度为 s，挖掘出现次数大于 s 的子集。

3）挖掘关联规则，设定置信度 c，挖掘置信程度大于 c 的规则，并通过计算提升度（lift）系数来评判关联规则的相关性。

lift 系数是置信度与期望支持度的比值，通俗地解释就是反映了“特征 A 的出现”对特征 B 的出现概率产生了多大的影响。置信度（confidence）是对关联规则的准确度的衡量，支持度（support）是对关联规则重要性的衡量。支持度大说明这条规则在所有事务中有较大的代表性，因此支持度越大，关联规则越重要。有些关联规则置信度虽然很高，但支持度却很低，说明使用该关联规则的机会很小，因此也不重要。lift 系数结果含义如式（11-4）所示。

$$\text{lift}\begin{cases}<1, \text{负相关} \\ =1, \text{相互独立} \\ >1, \text{正相关}\end{cases} \tag{11-4}$$

当 lift 小于 1 时，表示特征的影响为负相关，lift 等于 1 时，特征之间相互独立、互不影响，当 lift 大于 1 时，特征的影响为正相关。

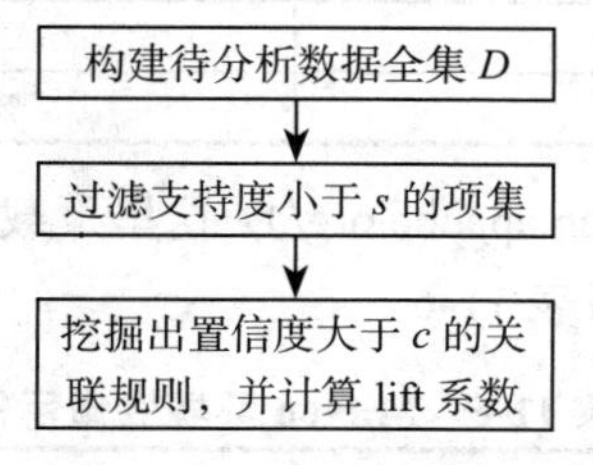

图 11-13　回归检验的建模过程

11.3　环境准备

在开始案例之前，首先介绍整体开发环境的搭建，我们将基于 IntelliJ IDEA+Maven 搭建 Spark 开发环境，表 11-3 是我们的软件选型。

注意：必须保证 Spark 与 Scala 的版本是兼容的，否则将会在实验过程中出现问题。至于如何查询某个版本的 Spark 对应使用的 Scala 版本，可以在 Spark 对应版本的官方文档中找到，这里以 Spark 2.0.0 为例，通过网址 http://spark.apache.org/docs/2.0.0/，可以看到如图 11-14 所示的信息，即 Spark 2.0.0 支持 Scala 的版本为 2.11.x。

表 11-3　软件选型

操作系统 / 软件名称	版本号
Windows	10
Java	1.8.0_74
Scala	2.11.8
IntelliJ IDEA	2016.3
Maven	3.3.9
Spark	2.0.0

Spark runs on Java 7+, Python 2.6+/3.4+ and R 3.1+. For the Scala API, Spark 2.0.0 uses Scala 2.11. You will need to use a compatible Scala version (2.11.x).

图 11-14　版本信息

接下来开始开发环境的搭建。

1）到 Java 官网（http://www.oracle.com/technetwork/java/javase/downloads/index.html）下载并安装 JDK，配置 Java 环境变量（包括 JAVA_HOME、Path、CLASSPATH），可参考表 11-4。

表 11-4　Java 环境变量示例

JAVA_HOME	C:\Program Files\Java\jdk1.8.0_74
Path	%JAVA_HOME%\bin; %JAVA_HOME%\jre\bin
CLASSPATH	.; %JAVA_HOME%\lib\dt.jar; %JAVA_HOME%\lib\tools.jar

2）同样地，到 Scala 官网 (http://www.scala-lang.org/) 下载并安装 Scala，配置环境变量，可参考表 11-5。

表 11-5　Scala 环境变量示例

SCALA_HOME	C:\Program Files (x86)\scala
Path	%SCALA_HOME%\bin

3）下载 Maven（http://maven.apache.org/），这里下载的是 apache-maven-3.3.9-bin.zip，然后配置相关环境变量，可参考表 11-6。

表 11-6　Maven 环境变量示例

M2_HOME	E:\Program Files\apache-maven\apache-maven-3.3.9
Path	%M2_HOME%\bin

4）下载并安装 IntelliJ IDEA（http://www.jetbrains.com/idea/download/#section=windows），然后安装 Scala 插件。依次选择 Configure → Plugins → Browse Repositories，输入 scala，如图 11-15 所示，然后安装即可。

接着在 IntelliJ IDEA 中配置 Maven，依次选择 Configure → Settings，在搜索框中输入 maven，可以看到如图 11-16 所示的页面，在此进行相关参数配置。

5）最后就可以开始创建一个 Maven 项目了，项目命名为 insuranceBigData，并配置相关参数，如图 11-17 ～图 11-19 所示。

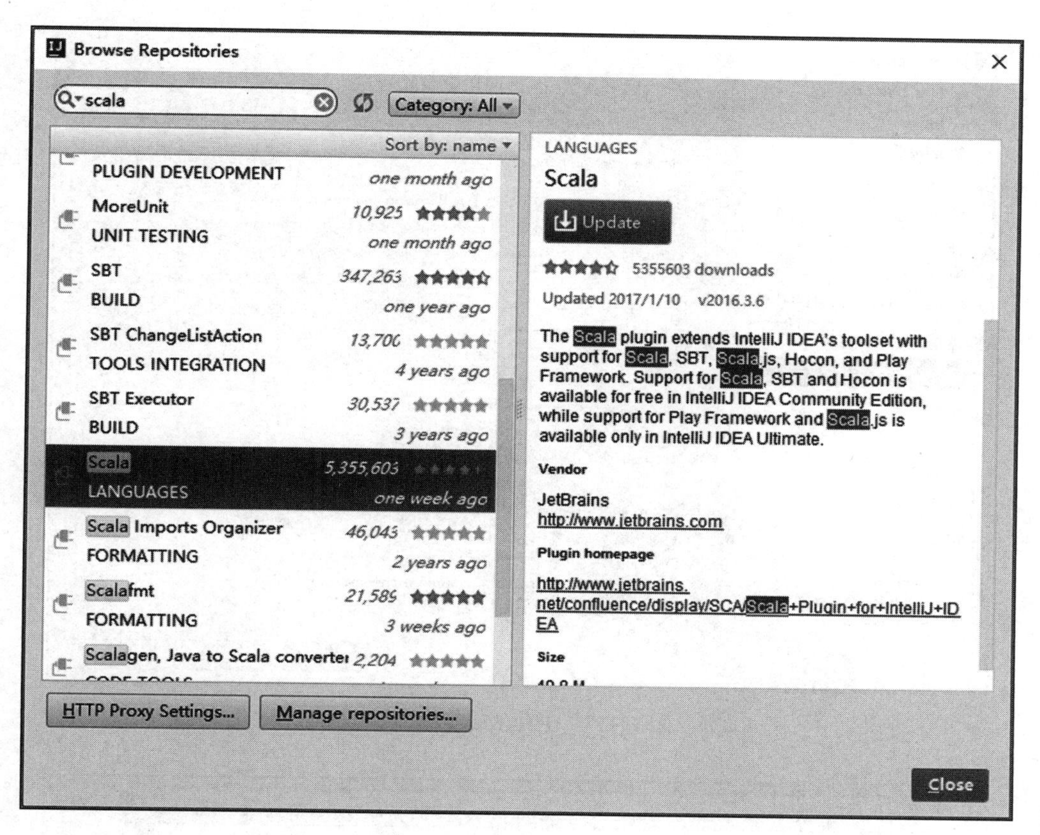

图 11-15　安装 Scala 插件

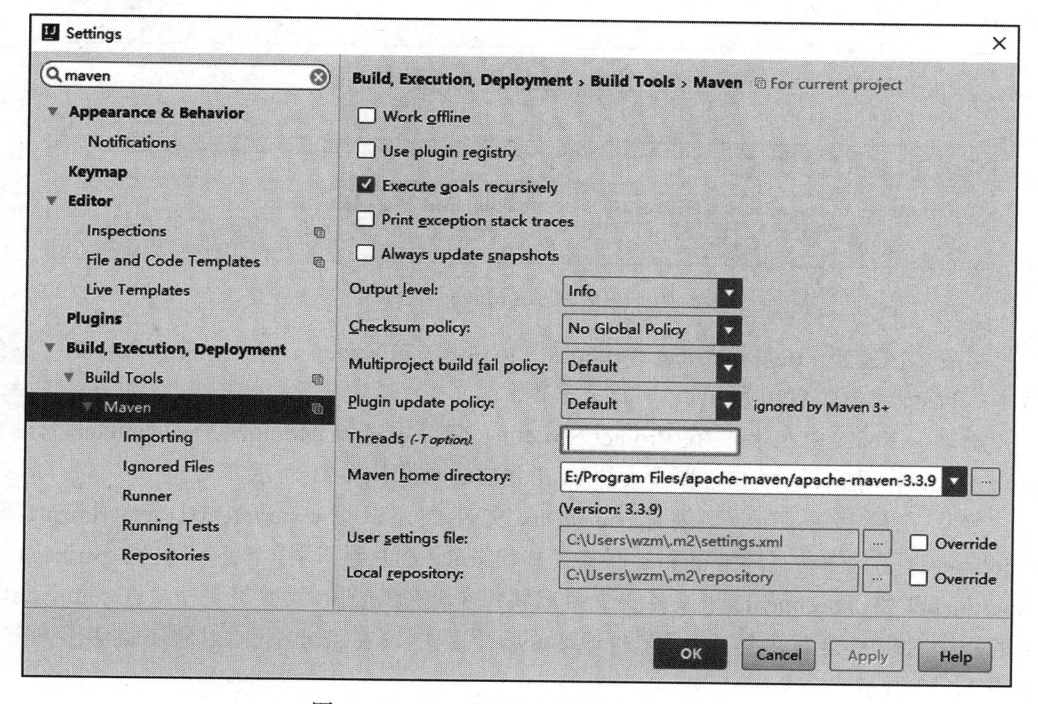

图 11-16　IntelliJ IDEA 的 Maven 配置

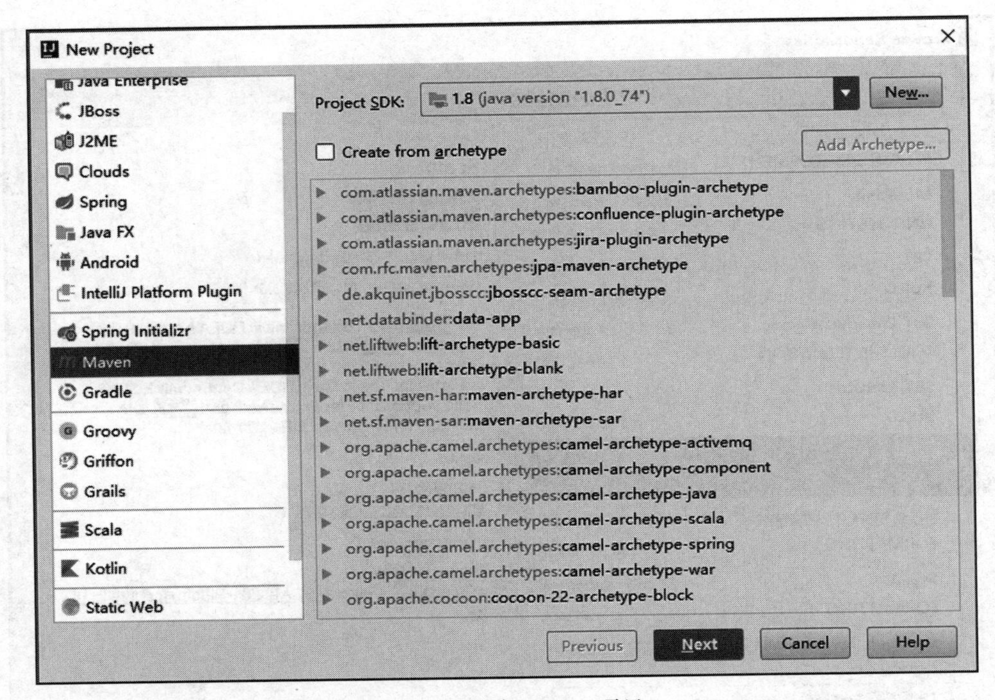

图 11-17　创建 Maven 项目 1

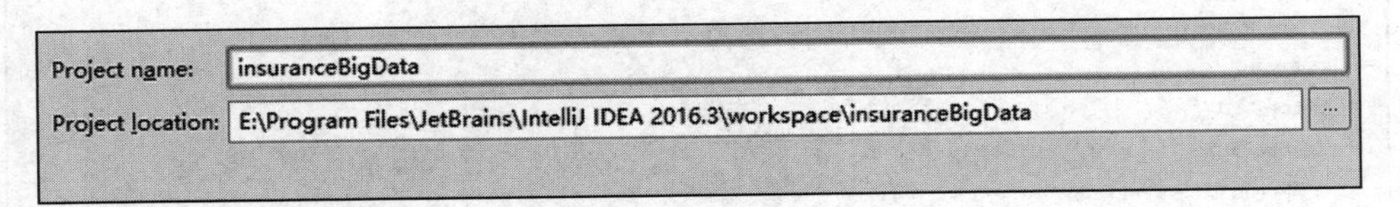

图 11-18　创建 Maven 项目 2

Project name: insuranceBigData
Project location: E:\Program Files\JetBrains\IntelliJ IDEA 2016.3\workspace\insuranceBigData

图 11-19　创建 Maven 项目 3

接着依次选择 File → Project Structure → Global Libraries → + → Scala SDK，选择版本 2.11.8，如图 11-20 所示。

添加完 Scala SDK 后，在 Project Structure 窗口中选择 Modules → Dependencies → + → Library，然后选择上一步导入的 Scala SDK，如图 11-21 所示。

然后在项目根目录下创建 sourceData 文件夹，以及 experiment1、experiment2 和 experiment3 子文件夹，再在 main 文件夹下新建 scala 文件夹，同样在其下创建 experiment1、experiment2 和 experiment3 子文件夹，最后将每个实验用到的数据集文档放在 sourceData 下的每个对应实验文件夹下，而每个实验的源代码则写在 scala 下的对应实验文件夹下，如图 11-22 所示。

最后修改项目的 pom.xml 文件，如图 11-23 所示。

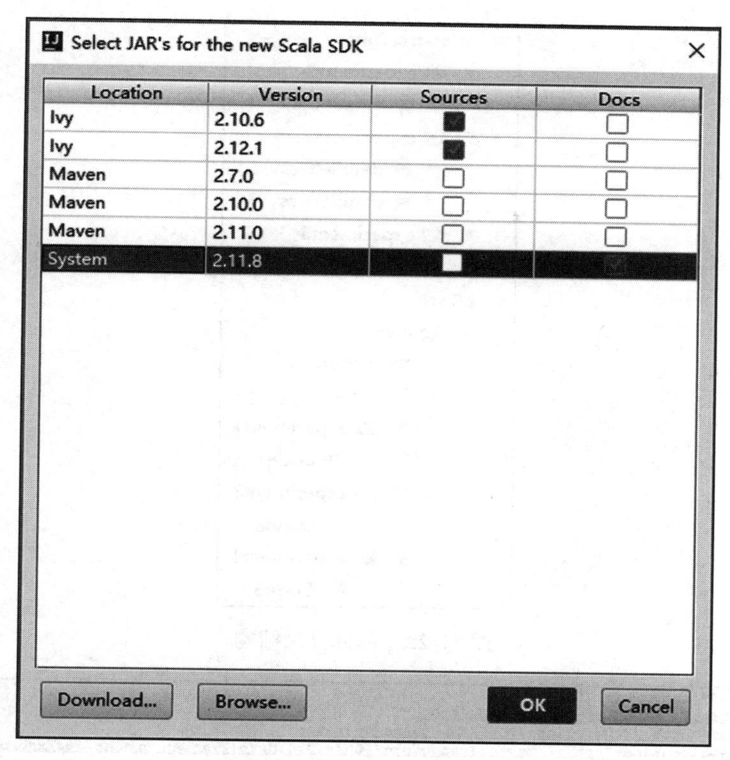

图 11-20　添加 Scala SDK

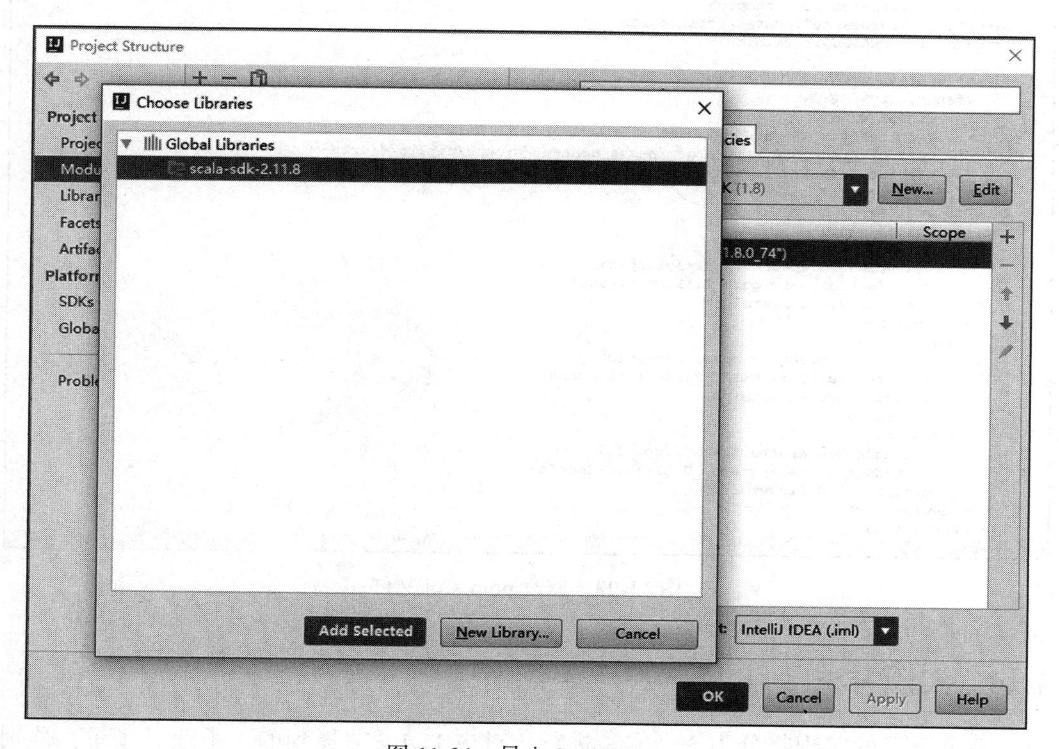

图 11-21　导入 Scala SDK

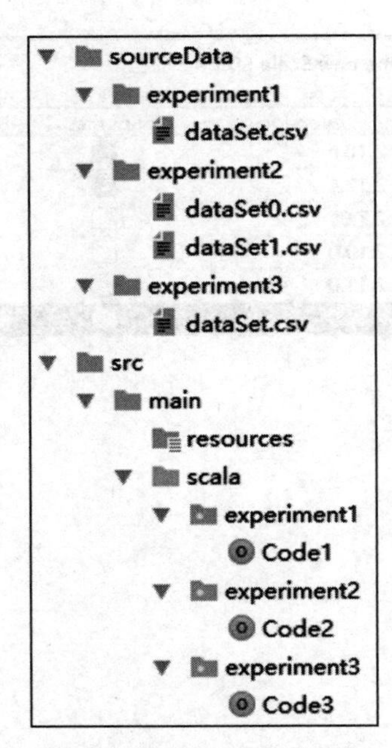

图 11-22　部分目录结构

```xml
<?xml version="1.0" encoding="UTF-8"?>
<project xmlns="http://maven.apache.org/POM/4.0.0"
         xmlns:xsi="http://www.w3.org/2001/XMLSchema-instance"
         xsi:schemaLocation="http://maven.apache.org/POM/4.0.0 http://maven.apache.org/xsd/maven-4.0.0.xsd">
    <modelVersion>4.0.0</modelVersion>

    <groupId>cn.experiment</groupId>
    <artifactId>insuranceBigData</artifactId>
    <version>1.0-SNAPSHOT</version>

    <repositories>
        <repository>
            <id>ali</id>
            <name>aliyun maven</name>
            <url>http://maven.aliyun.com/nexus/content/groups/public/</url>
            <layout>default</layout>
        </repository>
    </repositories>
    <dependencies>
        <dependency>
            <groupId>org.apache.spark</groupId>
            <artifactId>spark-core_2.11</artifactId>
            <version>2.0.0</version>
        </dependency>
        <dependency>
            <groupId>org.apache.spark</groupId>
            <artifactId>spark-mllib_2.11</artifactId>
            <version>2.0.0</version>
        </dependency>
        <dependency>
            <groupId>org.apache.spark</groupId>
            <artifactId>spark-graphx_2.11</artifactId>
            <version>2.0.0</version>
        </dependency>
    </dependencies>
</project>
```

图 11-23　修改 pom.xml 文件

11.4　实现方法

整个案例的实现将分为 3 个实验进行，对应 11.1.2 节提到的三个业务场景，分别为：基于 GraphX 的并行家谱挖掘、基于分片技术的随机森林模型用户推荐以及基于 FP-

Growth 关联规则挖掘算法的回归检验。

11.4.1 基于 GraphX 的并行家谱挖掘

本节主要介绍基于图计算的并行家谱挖掘实验，主要包括相关数据的准备、程序的实现和最后的结果分析。

1. 数据准备

本节用到的数据集为 dataSet.csv，源数据的格式及字段的含义如图 11-24 所示。

dataSet				
tid	bid	relation	tsex	bsex
1	93806	R	F	F
2	2540	S	M	F
3	93807	C	F	M
4	13565	S	M	F
tid 表示投保人 id，bid 表示受益人 id，relation 表示投保人与受益人关系，tsex 表示投保人性别，bsex 表示受益人性别				

图 11-24 样例源数据

注意：源文件不包含每个字段的标签名，只包含数据，图 11-24 中的字段名只是为了方便介绍，另外，字段之间以逗号分隔，后面两个实验的数据同样如此。

2. 程序代码解析

（1）构建点集和边集

从数据集 dataSet.csv 中读取数据，构建点集 users 以及边集 relation，出于数据的原因以及简单起见，点集的属性为用户 id 本身，边集的属性为 (relation,tsex,bsex)，具体代码如图 11-25 所示。

```
val family = sc.textFile("sourceData/experiment1/dataSet.txt").map { l =>
    val items = l.split(",")
    (items(0), items(1), items(2), items(3), items(4))
}
val user: RDD[(VertexId, String)] = family.map { line =>
    (line._1 + "," + line._2)
}.flatMap(line => line.split(","))
  .distinct()
  .map(line => (line.toLong, line))
val relation: RDD[Edge[(String, String, String)]] = family.map {
    line =>
        Edge(line._1.toLong, line._2.toLong, attr = (line._3, line._4, line._5))
}
```

图 11-25 点集与边集的构建

（2）构造图与计算连通分量

将边集与点集构建完毕后，调用 GraphX 的 Graph 类构建图，然后调用 connected-

Components() 函数计算连通分量，具体实现如图 11-26 所示。

```
val graph = Graph(user, relation)
val cc = graph.connectedComponents()
```

图 11-26　构建图与计算连通分量

（3）挖掘家谱

进行家谱挖掘，并保存挖掘结果，代码如图 11-27 所示。

```
val edges = family.map {
    line =>
        (line._1.toLong, (line._1, line._2, line._3, line._4, line._5))
}.join(verts).map {
    line =>
        (line._2._2, (line._2._1))
}.groupBy(line => line).map(line => (line._1, line._2.count(a => 1 == 1)))

val data = edges.map {
    line =>
        (line._1._1.toLong, (line._1._2._1, line._1._2._2, line._1._2._3, line._1._2._4, line._1._2._5, line._2))
}.groupBy(line => line._1).map {
    line =>
        (line._1, line._2.map(line => "[" + line._2 + "]").toSeq)
}

data.repartition(1).saveAsTextFile("output/experiment1/familyResult")
```

图 11-27　家谱挖掘

3. 程序运行及结果分析

在之前创建好的项目中输入代码，运行程序并等待程序运行完毕，我们便可以看到，在项目的根目录下已经生成家谱挖掘的结果，如图 11-28 所示。

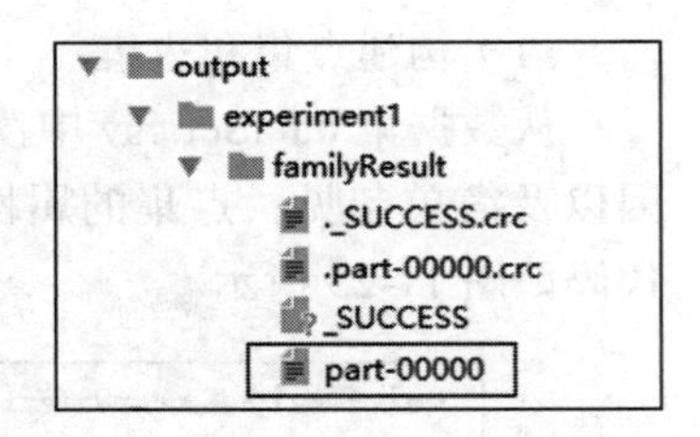

图 11-28　挖掘结果文件

在 output/experiment1/familyResult 目录下，打开文件 part-00000，可以看到如图 11-29 所示的数据集。

```
1   (41234,List([(41234,132539,S,F,M,1)]))
2   (65722,List([(65722,158080,P,M,F,2)]))
3   (28730,List([(28730,120490,C,F,M,1)], [(40363,35921,S,M,F,1)], [(35921,40363,P,F,M,2)], [(35921,28730,R,F,F,3)]))
4   (91902,List([(91902,188481,S,F,M,1)]))
5   (68522,List([(68522,161197,S,M,F,1)]))
6   (74884,List([(74884,168336,P,F,F,2)]))
7   (82512,List([(82512,177223,P,M,F,2)]))
8   (32676,List([(32676,124335,P,M,F,1)], [(32676,132021,P,M,F,1)]))
```

图 11-29　部分家谱挖掘结果

可以看到，结果数据集的每行代表一个家庭，第一个数字代表家庭的编号，List 为该家庭所有关系的集合，即程序执行过后每个家庭的原始结果如图 11-30 所示。

依据家庭中每个连通子分量的值，即可构建出家庭的图谱。结合交易数据，即可查询出家庭中每个成员的所有自然属性以及曾经买过何种保险产品。作为扩展，可以尝试把挖掘结果通过可视化的方式展现出来。

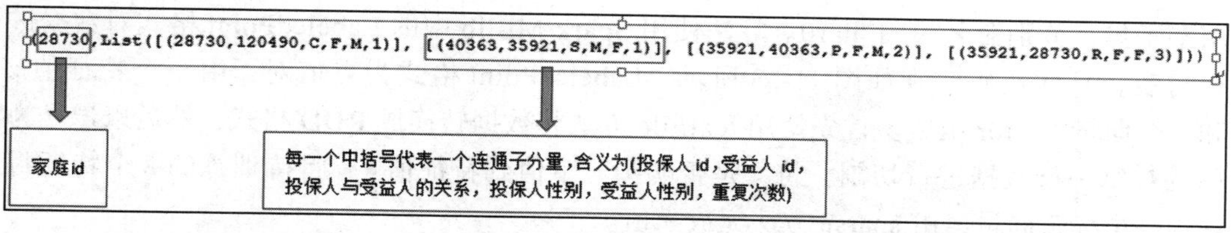

```
28730,List([(28730,120490,C,F,M,1)], [(40363,35921,S,M,F,1)], [(35921,40363,P,F,M,2)], [(35921,28730,R,F,F,3)]))
```

家庭id

每一个中括号代表一个连通子分量，含义为(投保人id，受益人id，投保人与受益人的关系，投保人性别，受益人性别，重复次数)

图 11-30 原始挖掘结果

11.4.2 基于分片技术的随机森林模型用户推荐

本节主要介绍基于分片技术的随机森林模型对历史交易数据进行预测及用户推荐，主要包括相关数据的准备、程序的具体实现和最后的结果分析。

1. 数据准备

本节用到两个数据集，对应文档 dataSet0.csv 和 dataSet1.csv，其中 dataSet0.csv 是没有购买某一保险产品的用户的数据集，dataSet1.csv 则是购买了某一保险产品的用户的数据集。两个数据集均包括 10 个维度，分别为用户 id、VIP 类型、有效保费、是否 VIP、年龄层、近三年是否购买短期长险、近一年是否购买短期长险、近三年是否购买长险、近一年是否购买长险和是否购买，其数据结构和样例数据如图 11-31 和图 11-32 所示。可以看出，dataSet0.csv 数据集比 dataSet1.csv 要大得多，这对应了在设计环节讨论到的二分类问题的正例与负例比例相差较大的问题。

dataSet0									
userId	f1	f2	f3	f4	f5	f6	f7	f8	r
1	2	5	0	4	1	0	1	0	0
2	2	3	0	4	0	0	1	0	0
3	2	3	0	3	0	0	0	0	0
5	2	3	0	4	0	0	1	1	0
userId：用户 id　f1 ～ f8：用户特征　r：购买结果									

图 11-31 dataSet0.csv 样例源数据

dataSet1									
userId	f1	f2	f3	f4	f5	f6	f7	f8	r
4	6	6	1	5	1	1	1	1	1
6	4	6	1	5	1	1	1	1	1
75	2	3	0	4	0	0	1	1	1
134	2	3	0	3	0	0	1	1	1
userId：用户 id　f1 ～ f8：用户特征　r：购买结果									

图 11-32 dataSet1.csv 样例源数据

2. 程序代码解析

（1）将数据打包成 LabeledPoint 格式

为了接下来便于对数据进行分片，首先将原始数据集切分为“购买”和“未购买”

两个子集，分别命名为 r1 和 r0。算法使用 Spark MLlib 中的 LabeledPoint 格式对数据进行封装，具体代码实现如图 11-33 所示。LabeledPoint 格式为点值对，由一个特征值 x 和一个向量 Vector 组成。首先使用 textFile 方法将数据转换成 RDD 格式，然后以逗号为单位对每一行数据进行切割。将“是否购买”赋值到特征值 x，将待训练的 8 个特征封装为一个稀疏向量，由 sparse 方法完成赋值。

```
//读入 r=1 数据集
val r1 = sc.textFile("sourceData/experiment2/dataSet1.csv").map { line =>
    val parts = line.split(",")
    LabeledPoint(parts(9).toDouble, Vectors.sparse(8, Array(0, 1, 2, 3, 4, 5, 6, 7),
        Array(parts(1).toDouble, parts(2).toDouble, parts(3).toDouble,
            parts(4).toDouble, parts(5).toDouble, parts(6).toDouble, parts(7).toDouble, parts(8).toDouble)))
}.cache()
//读入 r=0 数据集
val r0 = sc.textFile("sourceData/experiment2/dataSet0.csv").map { line =>
    val parts = line.split(",")
    LabeledPoint(parts(9).toDouble, Vectors.sparse(8, Array(0, 1, 2, 3, 4, 5, 6, 7),
        Array(parts(1).toDouble, parts(2).toDouble, parts(3).toDouble,
            parts(4).toDouble, parts(5).toDouble, parts(6).toDouble, parts(7).toDouble, parts(8).toDouble)))
}.cache()
```

图 11-33　LabeledPoint 封装

（2）对数据集作分片处理

首先将 r0 的数据平均分为 M 份，然后每一份数据都拼接全量的 r1 数据组成训练集，具体代码实现如图 11-34 所示。首先构建随机切分的种子数组 ar，然后使用 randomSplit 函数对 r0 数据集做切分，随后循环地将 r1 数据与切分后的数据拼接起来，最后将待训练的数据集按 3 ∶ 7 的比例随机切分为“训练集”和“预测集”。

```
val ar = new Array[Double](20)
for (i <- 0 to num) {
    ar(i) = 1
}
//对数据做随机切分
val randomItem = r0.randomSplit(ar, seed = 13L)

//每个分片的数据集做训练
for (n <- 0 to num) {
    val data = r1.union(randomItem(n))
    //将数据集分成“训练集”以及“预测集”
    val splits = data.randomSplit(Array(0.7, 0.3))
    val (trainingData, testData) = (splits(0), splits(1))
```

图 11-34　对数据做分片处理

（3）模型训练

将上一步骤中的数据输入到随机森林算法中并配置相关参数，经过一系列的训练后生成模型。具体代码如图 11-35 所示。在参数配置方面，numClasses 表示分类的种类数，此处为 2，numTrees 为森林中树的棵数，featureSubsetStrategy 为子树构建规则，此处由算法决定，impurity 为损失函数，算法采用 gini 函数，maxDepth 为数最大深度，maxBins 为最大桶个数。

```
val numClasses = 2
val categoricalFeaturesInfo = Map[Int, Int]()
val numTrees = 3
val featureSubsetStrategy = "auto"
val impurity = "gini"
val maxDepth = 5
val maxBins = 32
//训练模型
val model = RandomForest.trainClassifier(trainingData, numClasses, categoricalFeaturesInfo,
    numTrees, featureSubsetStrategy, impurity, maxDepth, maxBins)
```

图 11-35　模型训练

（4）结果预测

将历史的交易数据输入到模型中，预测出有可能购买的用户。具体代码如图 11-36 所示。此处的关键是要将隐藏在特征中的用户 id（即 “ point._2”）取出来，与预测结果组成 <用户 id，结果> 键值对。随后将各个分片的结果合并到 result 集合中。

```
//对历史交易数据集做预测
myPredict = predictData.map { point =>
    val prediction = model.predict(point._1)
    (point._2, prediction)
}
//每个分片的预测结果拼接起来
if (n == 0) {              //分片数为 1 时
    result = myPredict
} else {                   //分片数大于 1 时
    result = result.union(myPredict)
}
```

图 11-36　结果预测

（5）计算评判参数

这部分的具体代码如图 11-37 所示。在得出预测结果 result 后，要与历史交易数据中真正购买的用户做比对，得出模型预测准确的集合。之后分别计算召回率 recall、准确率 precision 和 F-value 值，供后续模型分析使用。

（6）保存用户的分类情况

用户分类的具体代码如图 11-38 所示。最终推荐的结果 result 经过 reduceByKey 的操作之后将各个分片的结果相加到一起，随后再做 map 处理，将分片的分类结果除以分片的总数，得出该用户最终购买的概率大小，生成 rx 数据集并保存。rx 数据集即算出的输出结果 predictResult，其数据结构为 “(用户 id，购买概率)”。

```
//拼接后的数据，以用户id为单位做reduceByKey操作
val r = result.reduceByKey((x, y) => (x + y))
//reduceByKey之后除以分片的个数，即得到用户概率
val rx = r.sortBy(l => l._2, false).map(l => (l._1, l._2 / (num + 1)))
println("total = " + rx.count())
println("total predict = " + rx.filter(l => l._2 != 0).count())

//保存推荐结果
rx.repartition(1).saveAsTextFile("output/experiment2/split" + (num + 1))

//过滤出概率大于零的项
val duibi = rx.filter(l => l._2 != 0)
//读取真实数据下已经购买过的用户
val peoplex = sc.textFile("sourceData/experiment2/dataSet1.csv").map { line =>
    val parts = line.split(",")
    //数据格式为(用户id, 1)
    (parts(0), parts(9).toDouble)
}.cache()
//对比两份数据，做reduceByKey处理，求出概率大于1的项集
val xx = duibi.union(peoplex).reduceByKey((x, y) => x + y).filter(l => l._2 > 1)
println("total correct = " + xx.count())
val a = xx.count().toDouble
val b = rx.filter(l => l._2 > 0).count().toDouble
val c = peoplex.count().toDouble
//计算准确率
println("split " +
  (num + 1) + " precision is " + a / b)
//计算召回率
println("split " + (num + 1) + " recall is " + a / c)
//计算F1
println("F1 is " + (2 * a / b * a / c) / (a / b + a / c) + "\n\n")
```

图11-37　计算评判参数

```
    //model.save(sc, "target/tmp/myDecisionTreeClassificationModel/" + num + "/" + n)
    //val sameModel = RandomForestModel.load(sc, "target/tmp/myDecisionTreeClassificationModel/" + num + "/" + n)
}
//拼接后的数据，以用户id为单位做reduceByKey操作
val r = result.reduceByKey((x, y) => (x + y))
//reduceByKey之后除以分片的个数，即得到用户概率
val rx = r.sortBy(l => l._2, false).map(l => (l._1, l._2 / (num + 1)))
println("total = " + rx.count())
println("total predict = " + rx.filter(l => l._2 != 0).count())

//保存推荐结果
rx.repartition(1).saveAsTextFile("output/experiment2/split" + num)
```

图11-38　计算用户分类结果

3. 程序运行及结果分析

将代码写好之后，运行程序并等待程序运行完毕，从输出信息中可以看到每一个分片数随机森林模型对历史交易数据计算得出的 recall、precision 和 F-value 值的结果。分片数为 10 的结果，如图 11-39 所示。

```
分片数为10的结果
Test Error 0 = 0.21719961240310076
Test Error 1 = 0.223355846146477
Test Error 2 = 0.2194713951154232
Test Error 3 = 0.21383617812529798
Test Error 4 = 0.2160603584987265
Test Error 5 = 0.21333968556455454
Test Error 6 = 0.21656776643721815
Test Error 7 = 0.2165498832165499
Test Error 8 = 0.21688781664656212
Test Error 9 = 0.21731158930811542
avg error = 0.21705801314620254
total = 508513
total predict = 74052
total correct = 11800
split 10 precision is 0.1593474855506941
split 10 recall is 0.5676624813585414
F1 is 0.2488427756513671
```

图 11-39　分片数为 10 的结果

结果中的 Test Error 为每个分片中随机森林的预测错误率，avg error 为所有分片的平均错误率，total 表示分析数据的总量，total predict 表示通过模型预测为购买的总数，total correct 为与真实购买情况比对后预测正确的总数，precision 为准确率，recall 为召回率，F1 为 F-value 值。

此次程序运行后每个分片的准确率、召回率以及 F-value 值如图 11-40～图 11-42 所示。

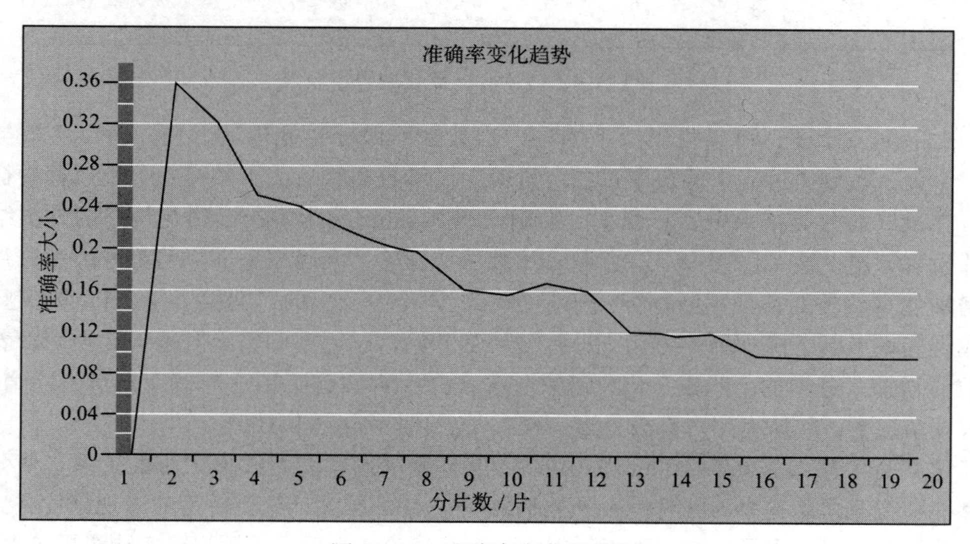

图 11-40　准确率变化趋势图

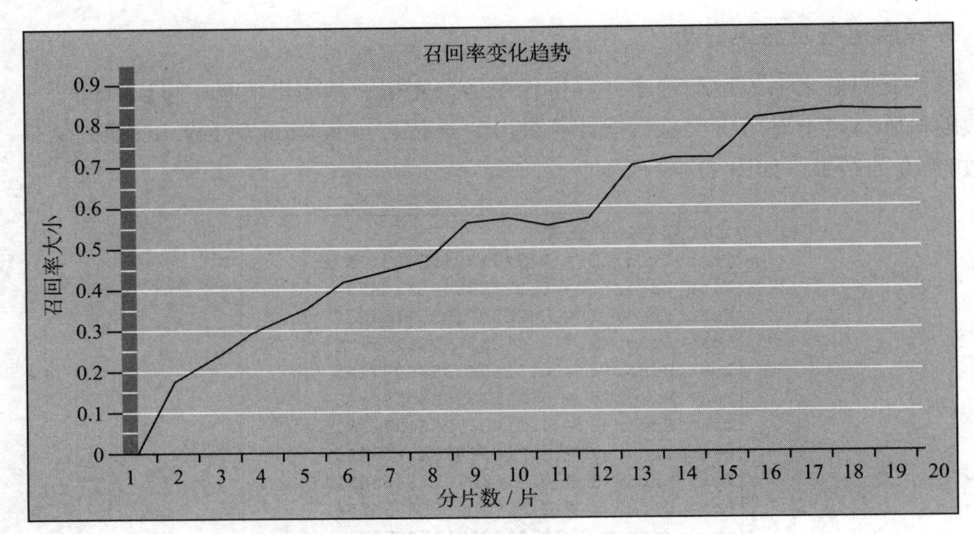

图 11-41　召回率变化趋势图

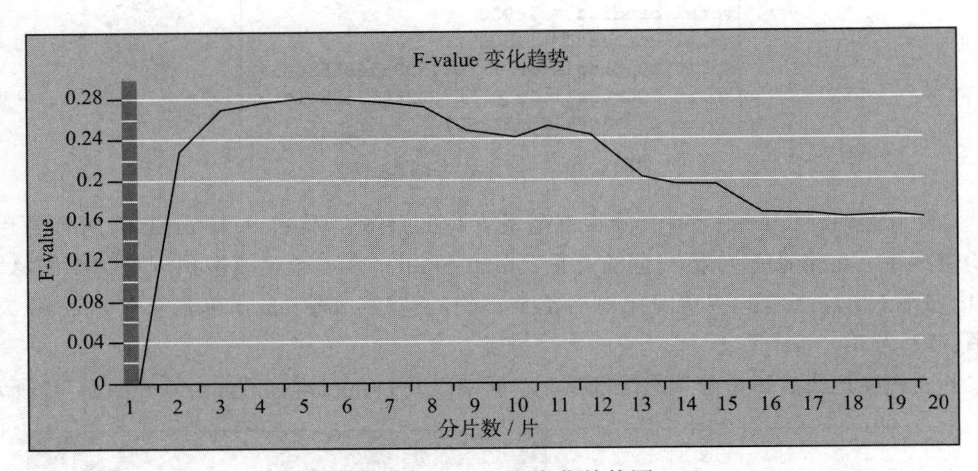

图 11-42　F-value 变化趋势图

由上面三个图，可以得出以下结论，当数据不做分片处理的时候，由于多数类的占比太大，在分类过程中的决策过程严重偏向了多数类，造成少数类在分类过程中被忽视。在最终的分类结果中，召回率、准确率和 F-value 均为零，证明在最终的分类结果中并没有分出“购买”用户。一方面分片数从 2 开始，准确率呈下降趋势，因为分片数的增加使少数类的特征不断加强，于是在每个分片中分出的“购买”用户将越来越多，造成准确率不断下降；另一方面，分片数从 2 开始，召回率却呈上升趋势，因为随着分片数的增加，分出的“购买”用户越来越多，命中真实购买用户的概率自然不断增加，在极端情况下，将所有用户都分类为“购买”，召回率自然为 100%。

这就是为什么需要 F-value。F-value 能够平衡准确率和召回率大小的关系，使分类模型能够在兼顾准备率的同时扩大分类基数，F-value 越大，分类模型的表现越优秀。比如，分类模型只分出了一个“购买”用户，而经过验证之后，该用户确实购买了该保险，模型的准确率为 100%，但是对于决策者来说，这样的分类方法是没有效益的，反过来说，分类模型如果分出了一大堆的“购买”用户，经过验证之后发现真实购买的用户大多数都在这堆客户中间，但是对于决策者来说，这和撒网式的销售方式无异，因此这种方法也是缺乏效益的。

在此业务背景下，F-value 的值呈先上升后下降的趋势，当分片数为 6 时，分类模型的 F-value 值达到最大，结合设计方案环节提到的内容，F-value 越大，分类模型的表现越优秀。因此，我们仅以此次程序运行结果分析而言，分片数为 6 时的模型分类效果最好，接下来查看分片数为 6 的模型对历史数据的预测结果，打开 output/experiment1/familyResult 目录下的 part-00000 文件，可以看到预测结果数据，如图 11-43 所示。

```
(78242,1.0)
(7622,1.0)
(27422,1.0)
(84507,0.8333333333333334)
(341415,0.8333333333333334)
(274692,0.8333333333333334)
```

图 11-43 预测结果数据

也就是说，这个分片数为 6 的随机森林模型认为 id 为 27422 的客户 100% 购买该保险产品，而 id 为 84507 的客户则有 83.33% 的可能性购买该产品，因此业务员应该优先选择向 id 为 27422 的客户推销该款保险产品。

11.4.3 基于 FP-Growth 关联规则挖掘算法的回归检验

本节主要介绍基于内存计算的 FP-Growth 关联规则挖掘算法，首先阐述相关数据的准备，随后介绍程序的具体实现过程，最后对运行结果进行详细的分析。

1. 数据准备

本节用到的数据集为 dataSet.csv，源数据的格式及字段的含义可参考图 11-44。数据集包括 10 个维度，其中字段 userid 表示用户 id，字段 v 以及字段 a ~ g 的含义如图 11-44 所示，字段 r 表示购买结果（0 代表没有购买，1 则代表已购买）。

dataSet									
userid	v	a	b	c	d	e	f	g	r
1	1	0	0	0	1	0	0	0	0
2	1	0	0	0	1	0	0	0	0
3	1	0	1	0	0	0	0	0	0
4	1	0	0	0	0	0	0	1	0
userid：用户 id　v 以及 a ~ g：用户特征　r：购买结果									

图 11-44 样例源数据

2. 程序代码解析

1）构建数据总集 D，每行都包括用户身份证号，特征集合 f={a,b,c,d,e,f,g,r}。f 中的特征请参考图 11-44。对原始数据集做切分，将其转换为 RDD 格式的数据。具体实现如图 11-45 所示。

```
val item = sc.textFile("sourceData/experiment3/dataSet.csv").map { line =>
    val items = line.trim.split(",")
    Array("a="+items(2), "b="+items(3), "c="+items(4), "d="+items(5), "e="+items(6), "f="+items(7), "g="+items(8), "r="+items(9))
}
```

图 11-45 构建数据总集 D

2）挖掘频繁项集。首先指定最小支持度为 0.0001，数据分片数目为 10，即数据会被并行到十个节点中执行。随后按照项集的频繁程度排序，得到频繁项集。这里的支持度之所以设置得很小，是因为我们想要分析每个特征对购买结果的影响，但是像包含 (a=1, r=1) 的数据项在源数据集中却只有 24 项，因此如果将最小支持度设置得比较大，将不会输出相关频繁项集。具体过程如图 11-46 所示。

```
val fpg = new FPGrowth()
  .setMinSupport(0.0001)
  .setNumPartitions(10)
val model = fpg.run(item)

model.freqItemsets.sortBy(l => l.freq, false).collect().foreach { itemset =>
    if (1 == 1) {
        println(itemset.items.mkString("[", ",", "]") + ", " + itemset.freq.toDouble)
    }
}
```

图 11-46　挖掘频繁项集

3）挖掘关联规则。首先指定最小置信度为 0.01，随后依据上一步产生的频繁项集生成关联规则，这里只输出关联规则的后继为 r=1 的结果，因为我们比较关心购买结果为 1(已购买) 的信息，并输出其置信度以及提升度。具体过程如图 11-47 所示。

```
val freqItemsets = model.freqItemsets.filter(l => l.freq > 1)
val arule = new AssociationRules()
  .setMinConfidence(0.01)
//设置置信度
val results = arule.run(freqItemsets)
//输出关联规则及其置信度、lift值，1531为r=1的数据量，33873为总数据量
results.sortBy(l => l.confidence, false).collect().foreach { rule =>
    if (rule.antecedent.mkString("[", ",", "]").contains("=1")
      && rule.consequent.mkString("[", ",", "]").contains("r=1")) {
        println(
            rule.antecedent.mkString("[", ",", "]")
              + " => " + rule.consequent.mkString("[", ",", "]")
              + ", " + rule.confidence + " lift = " + rule.confidence / 1531 * 33874
        )
    }
}
```

图 11-47　挖掘关联规则

3. 程序运行及结果分析

像前面两个实验一样，将代码写好之后，便开始运行程序，等待程序运行完毕后，从输出结果中可以找到所有先导为单特征的关联规则，如图 11-48 所示。其中第一个数值为关联规则的置信度，第二个数值为 lift 系数。以横向条状图显示各个特征的出单率及 lift 系数，如图 11-49 和图 11-50 所示。

```
[a=1] => [r=1], 0.020168067226890758 lift = 0.4462267206033296
[b=1] => [r=1], 0.03348837209302326 lift = 0.7409439035134356
[c=1] => [r=1], 0.11501925545571245 lift = 2.5448479812585263
[d=1] => [r=1], 0.02114260008996851 lift = 0.4677886580323927
[e=1] => [r=1], 0.0673469387755102 lift = 1.4900785134432613
[f=1] => [r=1], 0.09921671018276762 lift = 2.1952102160229066
[g=1] => [r=1], 0.030072003388394747 lift = 0.6653553512596235
```

图 11-48　部分运行结果

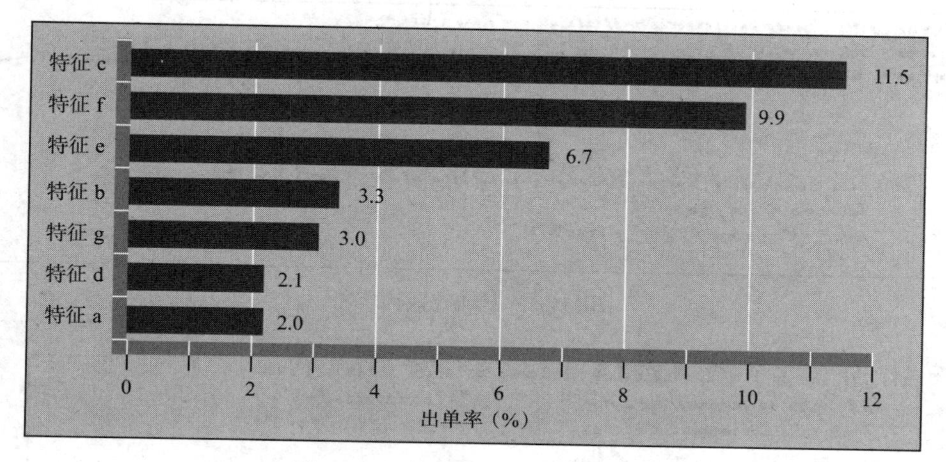

图 11-49　单特征对出单率的影响

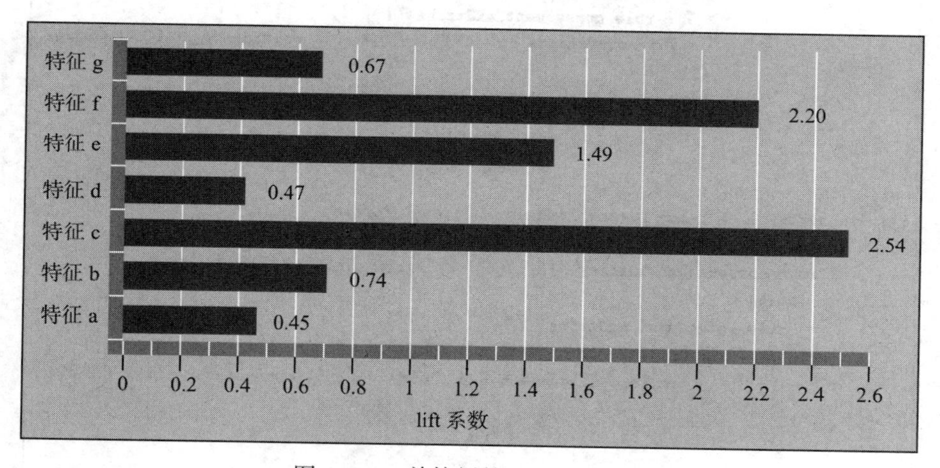

图 11-50　单特征的 lift 系数大小

源数据集共有 33874 个客户，其中购买客户有 1531 个，占 4.5%，未购买客户有 32343 个，占 95.5%。在 8 个特征中，VIP 类型为离散特征，共有 10 个等级，分别为 1 ～ 10，其余 7 个特征为布尔类型，均为“0”或者“1”。

对于特征 a ～ g，结合图 11-49 及图 11-50 可以直观地看到，不同特征对购买行为的影响程度不同。比如，对于特征 c（即“是否 VIP”）其置信度达到了 11.5%，即属于 VIP 类型的客户最终有 11.5% 的客户购买了该保险，比总体的出单率 4.5% 大。另外，特征 c 的 lift 系数为 2.54，对购买行为的影响呈现较大的正相关性，证明公司对拥有 VIP 这一特征的用户推销产品是正确的策略。然而对于特征 a（即“2013/2014 连续购买 2015 年中断客户”），其置信度为 2.0%，即属于该类型的客户最终只有 2.0% 的客户购买了该保险。另外，特征 a 的 lift 系数为 0.45，表示该特征对用户的购买行为呈负相关性，即拥有该特征的用户会抑制“购买”这一行为，因此在后续的推销中，需要减弱甚至忽略这个特征的影响，重新指定新的推销策略。

对于特征 v，即客户的 VIP 类型，为离散特征，共有 10 个等级。我们修改源代码，如图 11-51 及图 11-52 所示，其他代码内容保持不变。

```
val item = sc.textFile("sourceData/experiment3/dataSet.csv").map { line =>
    val items = line.trim.split(",")
    Array("a="+items(2), "b="+items(3), "c="+items(4), "d="+items(5), "e="+items(6), "f="+items(7), "g="+items(8), "r="+items(9))
}
```

↓

```
val item = sc.textFile("sourceData/experiment3/dataSet.csv").map { line =>
    val items = line.trim.split(",")
    Array("v=" + items(1), "r=" + items(9))
}
```

图 11-51　代码修改内容 1

```
results.sortBy(l -> l.confidence, false).collect().foreach { rule ->
    if (rule.antecedent.mkString("[", ",", "]").contains("-1")
     && rule.consequent.mkString("[", ",", "]").contains("r-1")) {
      println(
          rule.antecedent.mkString("[", ",", "]")
            + " -> " + rule.consequent.mkString("[", ",", "]")
            + ", " + rule.confidence + " lift - " + rule.confidence / 1531 * 33874
      )
    }
}
```

↓

```
results.sortBy(l -> l.confidence, false).collect().foreach { rule ->
    if (rule.antecedent.mkString("[", ",", "]").contains("v")
     && rule.consequent.mkString("[", ",", "]").contains("r-1")) {
      println(
          rule.antecedent.mkString("[", ",", "]")
            + " -> " + rule.consequent.mkString("[", ",", "]")
            + ", " + rule.confidence + " lift - " + rule.confidence / 1531 * 33874
      )
    }
}
```

图 11-52　代码修改内容 2

重新运行程序，可以看到如图 11-53 所示的输出结果。

为了更加直观，同样以图表的方式呈现出来，如图 11-54 和图 11-55 所示。

由图 11-54 可以看出，VIP 等级低的客户占大多数，其中人数占比最多的为 VIP2，占 27.9%。通过算法计算，每个等级对“购买”行为的置信度如图 11-55 所示。从图 11-55 中我们发现，VIP 等级越高的客户，其购买的欲望更高。举个例子，对于 VIP2 这个等级的客户，其占比达到了 27.9%，但是其购买的置信度只有 5.4%，即他们的基数虽然大，但是购买的人却很少；而对于 VIP9 这个等级的客户，其占比仅仅为 0.7%，但是其购买的置信度达到了 26.3%，为所有客户中最大，即他们的基数虽然小，但是购买的意愿却非常大。根据这个结果，该大型保险公司在下一季度中可以调整其销售策略，优先对 VIP 为 9 这个等级的客户推销。

```
[v=9] => [r=1], 0.2631578947368421 lift = 5.822475849977655
[v=10] => [r=1], 0.24390243902439024 lift = 5.396441031686607
[v=7] => [r=1], 0.18495297805642633 lift = 4.09216014283696
[v=8] => [r=1], 0.1736745886654479 lift = 3.842621173385619
[v=6] => [r=1], 0.1148936170212766 lift = 2.5420681796072655
[v=5] => [r=1], 0.11431513903192585 lift = 2.52926911794086
[v=3] => [r=1], 0.10304625799172622 lift = 2.2799405246320927
[v=4] => [r=1], 0.07972544878563886 lift = 1.763958100695448
[v=2] => [r=1], 0.054006309148264986 lift = 1.1949116368963606
[v=1] => [r=1], 0.014868897889575784 lift = 0.3289804357357871
```

图 11-53　输出结果

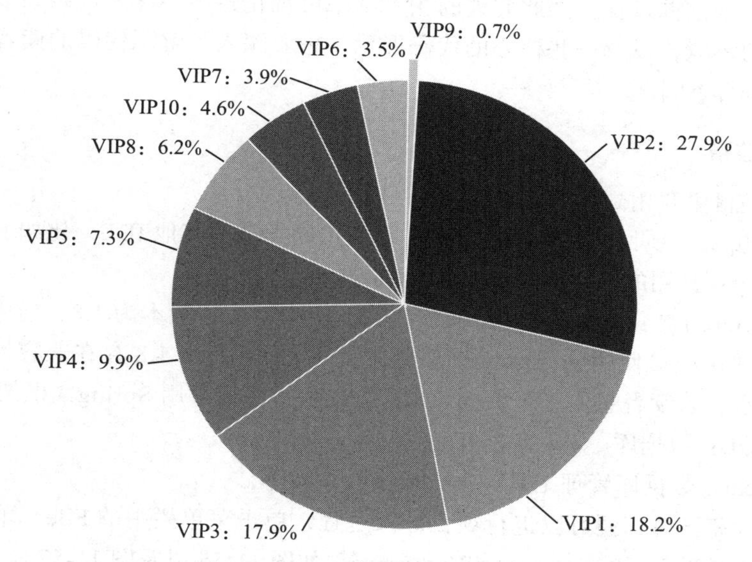

图 11-54　VIP 各等级出单的占比

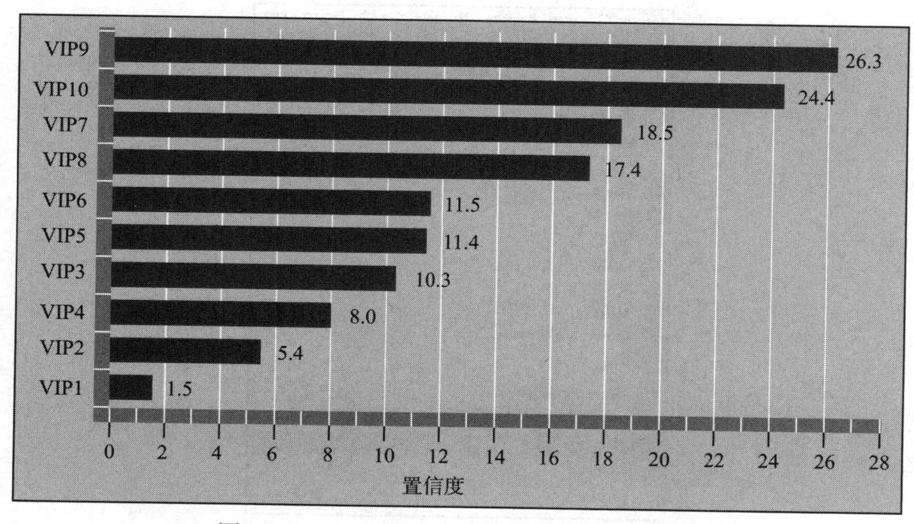

图 11-55　VIP 各等级对产品购买的影响程度

综上所述，根据程序运行的结果，该大型保险公司用以精准营销的 7 个特征并不全是有效的策略，其中通过“VIP 客户（贵宾卡及以上客户）”“普通客户持 3 份合同 / 保费 2 万元以上 / 近两年购买过”“普通客户积分 30000 以上且近两年购买过”这三个特征制定的销售策略是正确的，相反，通过“2013/2014 连续购买 2015 年中断客户”“2014/2015 连续购买客户”“第二份保单”“止收客户”这四个特征制定的销售策略是不合理的。根据分析结果，该大型保险公司对制定销售策略的特征进行了调整，并已经将新的特征运用到了 2016 年第一季度产品推销的策略制定中。

11.4.4　结果可视化

本节将介绍上述三个实验的实验结果的可视化，由于本案例的内容主要体现在上述三个实验的数据挖掘过程，因此此处的相关结果可视化将不会深入代码细节，而会简单介绍所用到的环境，以及一些核心的代码展示，想要深入了解源代码的读者，可以到案例附属代码自行查阅。

1. 环境准备

可视化项目主要用到如下工具。

- Myeclipse：项目开发使用的 IDE，可使用同类型的其他 IDE，比如 Eclipse。
- Tomcat：常用的轻量级 Web 应用服务器。
- Java JDK 1.7：Java 运行环境，当前 Java JDK 最新版本为 1.8，但由于我们提供的可视化项目使用的 Spring 框架版本为 3.2，与 Java 1.8 存在兼容性问题，请务必注意，若读者想要基于 Java 1.8 运行本项目，请改用 Spring 4 框架。
- MySQL：数据库。
- Navicat：数据库管理工具，大大提高开发效率。

环境配置完毕后，便可以进行项目导入过程，单击菜单栏中的 File，单击 Import 导入项目，选择 Existing Projects into Workspace，如图 11-56 以及图 11-57 所示。

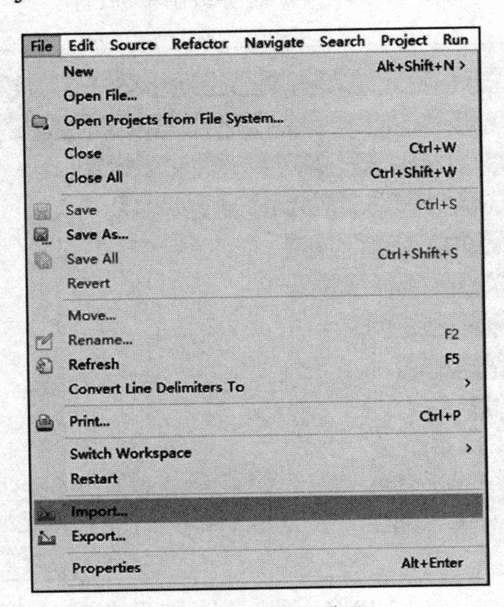

图 11-56　导入项目 1

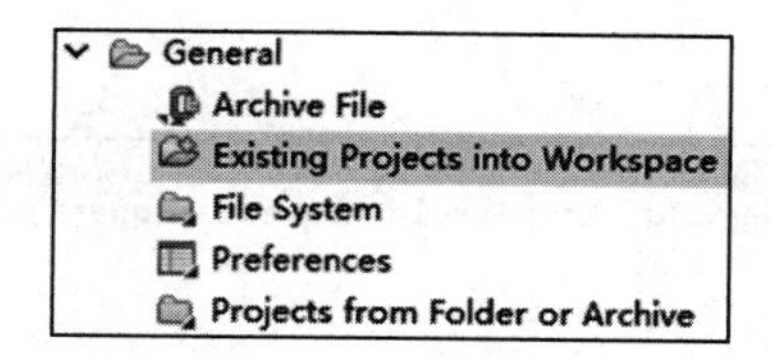

图 11-57　导入项目 2

导入项目后，找到项目路径下的数据库配置文件 jdbc.properties，如图 11-58 所示。

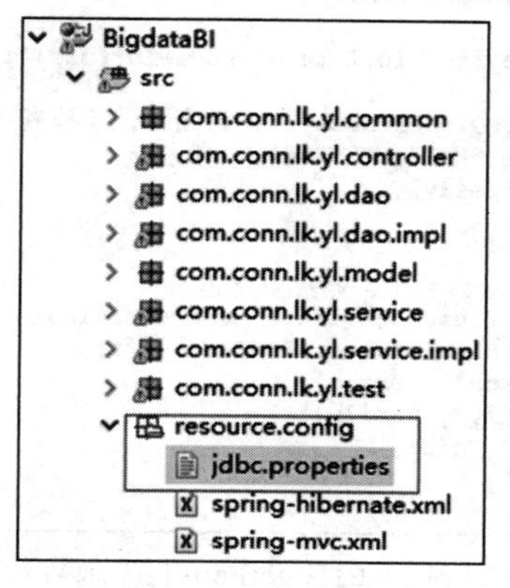

图 11-58　jdbc.properties 文件

修改 jdbc.properties 文件的内容为相应的数据库配置，如图 11-59 所示。

```
#mvsql
jdbc.mysql.url= jdbc:mysql://127.0.0.1:3306/yc?useUnicode=true&characterEncoding=utf8

jdbc.mysql.username=root

jdbc.mysql.password=root

jdbc.mysql.dirverClass=com.mysql.jdbc.Driver
```

图 11-59　数据库配置样例

随后，便可以运行项目，可以看到主页如图 11-60 所示。

图 11-60　主页

2. 家谱展示

家谱展示涉及的后台代码主要由 getFamily()、findFid()、findFamily() 和 findPerson() 这 4 个函数组成。

其中，findFid() 函数用于查询输入的用户 id 所在的家庭编号。findFamily() 函数根据家庭 id 从数据库中找出所有该家庭 id 的数据项，主要用于构造边集。findPerson () 函数则根据家庭 id 从数据库中找出所有属于该家庭 id 的成员 id，主要用于构造点集。最后，通过 getFamily() 函数返回数据到对应的前端页面以供使用。这 4 个函数详细内容如

图 11-61 和图 11-62 所示。

```
@RequestMapping("/findFamily")
public String getFamily(String uid, HttpServletRequest request){
    //先通过uid查找出家庭号fid
    //判断uid是否为整数
    try {
          Integer.parseInt(uid);
        } catch (NumberFormatException e) {
            JOptionPane.showMessageDialog(null,"id格式错误","出错了",
                    JOptionPane.ERROR_MESSAGE);
            return "/jsp/FindUserFamily";
        }
    int fid = this.userService.findFid(Integer.parseInt(uid));
    if(fid == -1){
        JOptionPane.showMessageDialog(null,"查无此人，请检查用户id再重新输入","出错了",
                JOptionPane.ERROR_MESSAGE);
        return "/jsp/FindUserFamily";
    }
    //要加入相应的错误输入判断
    //随后通过fid查出整个家庭的关系，然后解析出来
    List<Integer> person = this.userService.findPerson(fid);
    List<Edges> family = this.userService.findFamily(fid);
    request.setAttribute("person", person);
    request.setAttribute("family", family);
    request.setAttribute("uid", uid);
    return "/jsp/getGraphChat";
}
```

图 11-61 getFamily() 函数

```
public int findFid(int uid) {
    String sql = "select distinct id from Edges where bid=? or tid=?";
    Query query = sessionFactory.getCurrentSession().createQuery(sql);
    query.setInteger(0, uid);
    query.setInteger(1, uid);
    if(query.list().size()<1){
        return -1;
    }else{
        return (Integer) query.list().get(0);
    }

}

@SuppressWarnings("unchecked")
public List<Edges> findFamily(int id) {
    String hql = "select e.tid,e.bid,r.chinese from Edges as e, Relate as r where id = ? and e.relation=r.relate";
    Query query = sessionFactory.getCurrentSession().createQuery(hql);
    query.setInteger(0, id);
    return query.list();
}

public List<Integer> findPerson(int id) {
    String sql1 = "select distinct tid from Edges where id=?";
    String sql2 = "select distinct bid from Edges where id=?";
    Query query1 = sessionFactory.getCurrentSession().createQuery(sql1);
    Query query2 = sessionFactory.getCurrentSession().createQuery(sql2);
    query1.setInteger(0, id);
    query2.setInteger(0, id);
    List<Integer> temp = query1.list();
    temp.addAll(query2.list());
    return temp;
}
```

图 11-62 findFid()、findFamily() 和 findPerson() 函数

参考 11.4.1 节生成的家谱挖掘的结果，对该原始数据进行格式化处理，并编写对应 SQL 文件（可在教材附带的源代码中找到），然后通过 Navicat 导入 MySQL 数据库中，效果最后如图 11-63 所示。

表结构中，id 表示家庭号，tid 表示投保人 id，bid 表示受益人 id，relation 表示 tid 对 bid 的关系，tsex 表示投保人性别，bsex 表示受益人性别。

单击主页上的“家谱展示”，在输入框中输入用户的 id，id 可以在数据库中查询，如图 11-64 所示。

id	tid	bid	relation	tsex	bsex
1	1	93806	R	F	F
2	2540	95870	P	F	M
2	2	2540	S	M	F
3	3	93807	C	F	M
4	13565	105710	C	F	F
4	4	13565	S	M	F
4	13565	109186	C	F	M
4	13565	4	S	F	M
5	5	93808	C	F	F
6	6	93809	P	M	F
7	7	94048	C	F	M
7	7	93810	S	F	M
8	8	98562	C	M	M
8	8	93811	S	M	F

图 11-63　edges 表

6712　提交

图 11-64　查询用户家谱

提交后显示以该用户为中心的家谱信息。将鼠标放置在边上可显示其相互之间的关系，如图 11-65 所示。

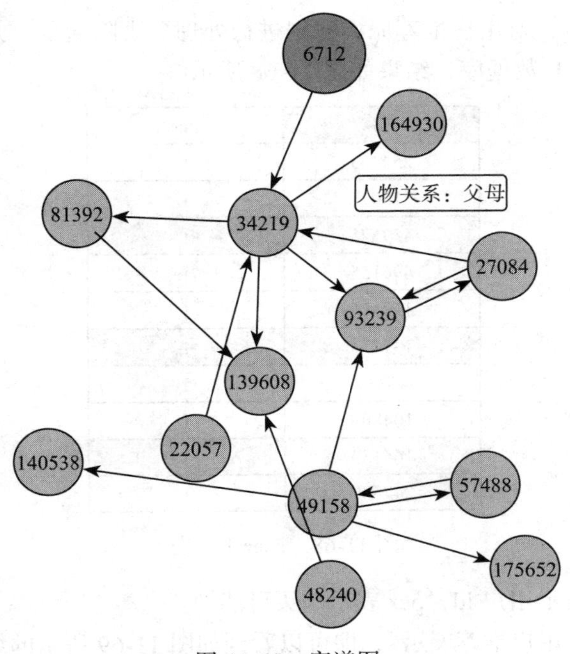

图 11-65　家谱图

3. 用户推荐展示

用户推荐展示涉及的后台代码主要由 getUserChar() 和 getUserCount() 这两个函数组成。其中，getUserCount () 函数用于统计某一购买可能性范围的用户数，而 getUserChar () 函数则负责记录 5 个购买可能性范围的用户数，并在最后返回数据到对应的前端页面以供使用。这两个函数的详细内容如图 11-66 及图 11-67 所示。

```
@RequestMapping("/getUserChar")
public String getUserChar(HttpServletRequest request){
    int user80 = this.userService.getUserCount("1");
    int user60 = this.userService.getUserCount("0.8");
    int user40 = this.userService.getUserCount("0.6");
    int user20 = this.userService.getUserCount("0.4");
    int user0 = this.userService.getUserCount("0.2");
    int notBuy = this.userService.getUserCount("0");
    request.setAttribute("user80", user80);
    request.setAttribute("user60", user60);
    request.setAttribute("user40", user40);
    request.setAttribute("user20", user20);
    request.setAttribute("user0", user0);
    request.setAttribute("sum", user80+user60+user40+user20+user0);
    request.setAttribute("all", user80+user60+user40+user20+user0+notBuy);
    return "/jsp/getUserChar";
}
```

图 11-66　getUserChar() 函数

```
public int getUserCount(String range) {
    String sql = "from UserChar where per<=? and per>?";
    Query query = sessionFactory.getCurrentSession().createQuery(sql);
    double temp = Double.parseDouble(range);
    query.setDouble(0, temp);
    query.setDouble(1, (float) (temp-0.2));
    return query.list().size();
}
```

图 11-67　getUserCount () 函数

类似于家谱展示，对用户推荐原始数据进行处理，去除括号，并编写好相应的 SQL 文件后，导入 MySQL 数据库，结果如图 11-68 所示。

id	per
254463	1
310071	1
459525	1
496155	1
110316	1
131733	1
45339	1
104805	1
164139	1
247500	1

图 11-68　userchar 表

表结构中，id 表示用户 id，per 表示购买可能性。

单击主页上的“用户推荐展示”，即可以看到如图 11-69 所示的统计结果。

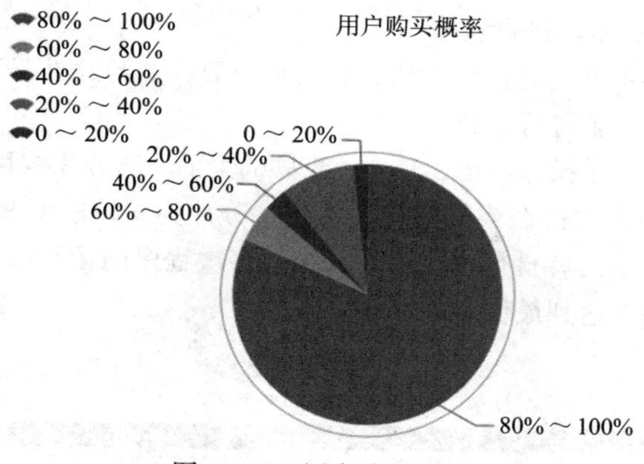

图 11-69 用户购买概率

4. 回归检验展示

由于该处数据量较小，直接复制控制台中的数据，并填写到项目中的 getUserChar.jsp 中的相应位置即可，如图 11-70 与图 11-71 所示。

```
yAxis : [
    {
        type : 'category',
        data : ['vip1','vip2','vip3','vip4','vip5','vip6','vip7','vip8','vip10','vip9']
    }
],
series : [
    {
        name:'vip',
        type:'bar',
        barWidth:'15',
        data:[1.5, 5.4, 8.0, 10.3, 11.4, 11.5, 17.4, 18.5, 24.4, 26.3]
    }
```

图 11-70 getUserChar.jsp

```
yAxis : [
    {
        type : 'category',
        data : ['特征a','特征b','特征c','特征d','特征e','特征f','特征g']
    }
],
series : [
    {
        name:'feature',
        type:'bar',
        barWidth:'15',
        data:[2.0,3.3,11.5,2.1,6.7,9.9,3.0]
    }
```

图 11-71 getUserChar.jsp

然后单击主页上的“回归检验展示”，即可以看到如图 11-72 和图 11-73 所示的结果。

11.5 不足与扩展

本案例仍存在一些不足之处以及可以扩展的地方，有兴趣的读者可以尝试在实践的过程中加入自己的想法。

- 尝试在 Linux 环境下进行整个案例的实现，以集群环境运行 Spark，并配合

HDFS 等大数据组件进行实验。

- 尝试其他处理不平衡数据的方法，如欠抽样等，并与此处基于分片技术的随机森林算法预测的结果进行比较。
- 出于时间以及简单操作考虑，11.4.2 节只试验了一遍分片数目从 1 循环至 20 的随机森林模型的评估，在该次运行结果中，分片为 6 的模型 F-value 值最高，并不具备一般性，请读者自行修改程序，统计多次程序的运行结果，找出在此业务环境下，模型性能达到最佳的分片数。

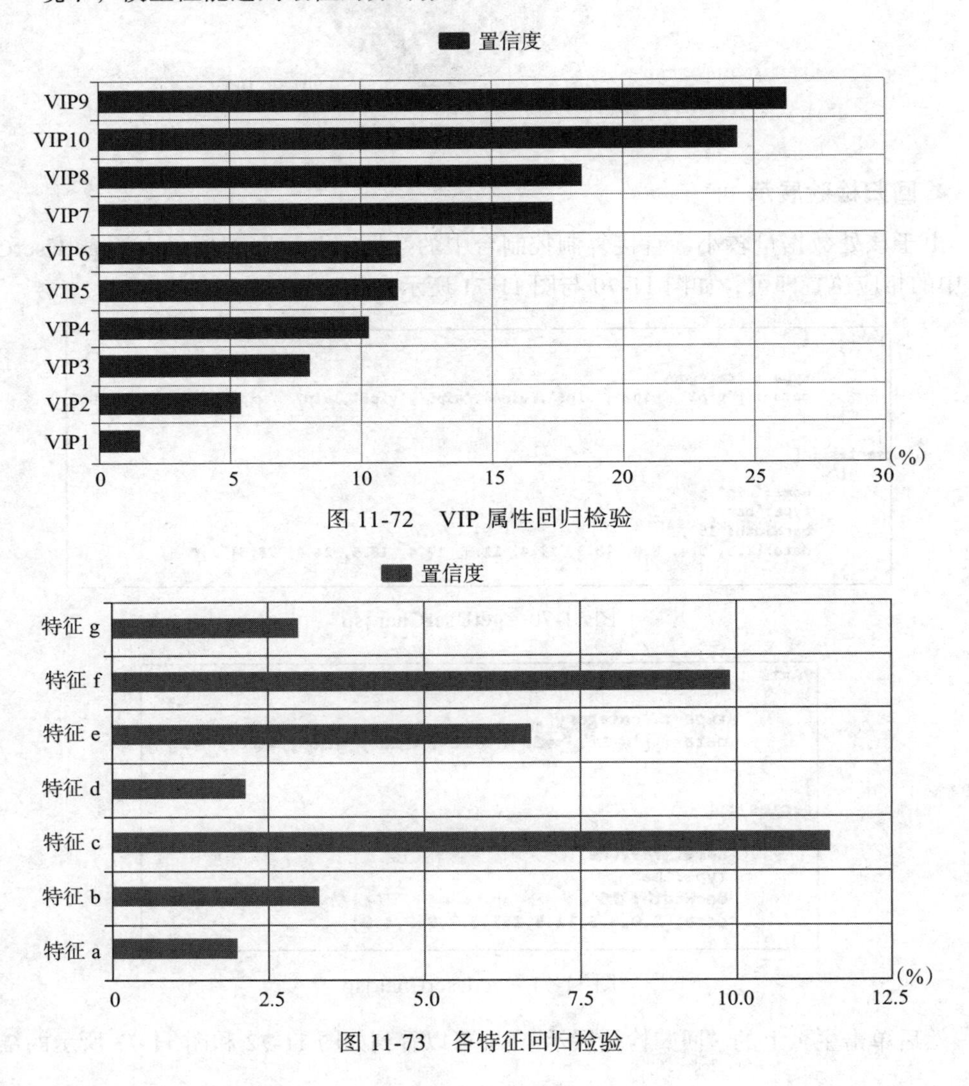

图 11-72　VIP 属性回归检验

图 11-73　各特征回归检验

习题

1. 保险大数据分析主要有哪些应用需求？
2. 大数据的核心价值是什么？
3. 保险大数据分析 3 个案例（基于用户的家谱信息挖掘、基于历史销售数据的用户推荐、基于历史销售策略的回归检验）使用的核心算法分别是什么？

4. 请根据教材内容重现 3 个案例的实现程序。

参考文献

[1] RYZA S, LASERSON U, OWEN S,et al. Advanced analytics with Spark[M].Sebastopol: O'Reilly Media,2015.

[2] ISARD M, BUDIU M, YU Y, et al. Dryad: distributed data-parallel programs from sequential building blocks[C]//European Conference on Computer Systems.ACM, 2007,41(3):59-72.

[3] ZAHARIA M, CHOWDHURY M, FRANKLIN M J, et al. Spark: Cluster computing with working sets[J]. Book of Extremes, 2010, 15(1):1765-1773.

[4] FRANKLIN M. MLlib: a distributed machine learning library[J]. NIPS Machine Learning Open Source Software, 2013.

[5] XIN R S, GONZALEZ J E, FRANKLIN M J, et al. GraphX: a resilient distributed graph system on Spark[C]//First International Workshop on Graph Data Management Experiences & Systems. ACM, 2013:1-6.

[6] GUERON M , ILIA R , MARGULIS G . Pregel: a system for large-scale graph processing[J]. American Journal of Emergency Medicine, 2009, 18(18):135-146.

[7] MARTELLA C, SHAPOSHNIK R, LOGOTHETIS D. Giraph in the Clouda[M]// Practical Graph Analytics with Apache Giraph. Apress, 2015.

[8] GONZALEZ J E, XIN R S, DAVE A, et al. GraphX: graph processing in a distributed dataflow framework[C]// Proceedings of the 11th USENIX conference on Operating Systems Design and Implementation. USENIX Association, 2014:599-613.

[9] BOYD D, CRAWFORD K. Critical Questions for Big Data[J]. Information Communication & Society, 2012, 15(5):1-18.

[10] VAVILAPALLI V K, MURTHY A C, DOUGLAS C, et al. Apache Hadoop YARN: yet another resource negotiator[C]// Symposium on Cloud Computing. ACM, 2013:1-16.

[11] WIERZBICKI S, KRASKOWSKI W, KOLATOR B. Analysis of the Feasibility of Usage of Standalone Controllers for Control of Spark-Ignition Engines[J]. Applied Mechanics and Materials, 2016, 817:245-252.

[12] 刘宏，王俊．中国居民医疗保险购买行为研究——基于商业健康保险的角度 [J]. 经济学：季刊，2012（4）：1525-1548.

[13] WAGNER R, HAN Y. An efficient and fast parallel-connected component algorithm[J]. Journal of the ACM, 1990, 37(3):626-642.

[14] SILL L A. Introduction to Cataloging and Classification[J]. Library Collections Acquisitions & Technical Services, 2007, 31(2):110-111.

[15] ABOLKARLOU N A, NIKNAFS A A, EBRAHIMPOUR M K. Ensemble imbalance classification: Using data preprocessing, clustering algorithm and genetic algorithm[C]//2014 4th International eConference on Computer and Knowledge Engineering (ICCKE). IEEE, 2014.

[16] NG W W Y, HU J, YEUNG D S, et al. Diversified sensitivity-based undersampling for imbalance classification problems[J]. IEEE Transactions on Cybernetics, 2014, 45(11):2402-2412.

[17] BREIMAN L. Random Forests[J]. Machine Learning, 2001, 45(1):5-32.

[18] CHAWLA N V, BOWYER K W, HALL L O, et al. SMOTE: synthetic minority over-sampling technique[J]. Journal of Artificial Intelligence Research, 2002, 16(1):321-357.

[19] PERRONE D, HUMPHREYS D, LAMB R A, et al. Evaluation of image deblurring methods via a classification metric[C]//Conference on electro-optical remote sensing, photonic technologies, and applications VI. 2012:854215.1-854215.8.

[20] 蔡伟杰，张晓辉，朱建秋，等.关联规则挖掘综述 [J]. 计算机工程，2001，27（5）：31-33.

[21] BORGELT C, KRUSE R. Induction of association rules: apriori implementation[M]. New York: Physica-Verlag HD, 2002.

[22] BORGELT C. An implementation of the FP-growth algorithm[J]. Osdm Proceedings of International Workshop on Open Source Data Mining Frequent Pattern，2010:1-5.

[23] 杨明，尹军梅，吉根林.不平衡数据分类方法综述 [J]. 南京师范大学学报：工程技术版，2008（4）：7-12.